2021 年河南省通信学会学术年会论文集

（下　册）

石三平　主　编
郭德源　副主编

黄河水利出版社
·郑州·

图书在版编目(CIP)数据

2021年河南省通信学会学术年会论文集:上、下册/石三平主编. —郑州:黄河水利出版社,2022. 5

ISBN 978-7-5509-3301-9

Ⅰ. ①2… Ⅱ. ①石… Ⅲ. ①通信技术-学术会议-文集 Ⅳ. ①TN91-53

中国版本图书馆CIP数据核字(2022)第091422号

策划编辑:岳晓娟 电话:0371-66020903 E-mail:2250150882@qq.com

出 版 社:黄河水利出版社 网址:www.yrcp.com

地址:河南省郑州市顺河路黄委会综合楼14层 邮政编码:450003

发行单位:黄河水利出版社

发行部电话:0371-66026940、66020550、66028024、66022620(传真)

E-mail:hhslcbs@126.com

承印单位:河南博雅彩印有限公司

开本:787 mm×1 092 mm 1/16

印张:46.75(总)

字数:1448千字(总)

版次:2022年5月第1版 印次:2022年5月第1次印刷

定价:198.00元

河南省通信学会学术年会论文集

编委会委员名单

序 言

2021年是不平凡的一年。世界经济正加速数字化转型，全球产业链和供应链面临重构，世界面临百年未有之大变局。国内迎来中国共产党成立100周年，又是“十四五”开局之年，互联网、大数据、云计算、人工智能、区块链等技术加速创新，日益融入经济社会发展各领域全过程。河南省第十一届党代会以来，各企业锚定“两个确保”，推进“十大战略”，5G建设作为新基建的重要内容正在我省加速建设和布局。作为河南省内信息通信领域创新驱动的促进平台，学术交流的主渠道，河南省通信学会牢记为全省通信行业发展服务，为科学技术工作者服务的宗旨，始终坚持开展有深度、高层次的学术交流，促进产、学、研、用结合，推广先进技术，促进科技成果转化。正是在此大背景下，河南省通信学会2021年学术论文评选活动应运而生。

从2021年5月开始，河南省通信学会发起年度学术论文征集活动，共收到参评论文437篇，分别来自河南联通、河南移动、河南电信、河南铁塔、河南铁通、河南电力、中讯设计院、省通信建设管理咨询公司、中通建设计院、中通建四局、省通信工程局、黄河水利委员会、省信息咨询设计研究院、河南广电、日海恒联、河南工业职业技术学院等16家会员单位。全省通信科技工作者踊跃撰稿，各会员单位积极参与，充分体现了广大通信科技工作者对学术研究的热情，活跃了学会学术氛围，推动了我省通信行业的科技进步。

创新是引领高质量发展的第一动力，人才是第一资源。按照《河南省通信学会2021年度学术论文评审办法》，2021年10月12日至12月8日，河南省通信学会组织20名专家评委，历时50多天，共评出一等奖18篇、二等奖38篇、三等奖56篇、优秀论文112篇。参评论文均经过权威性第三方查重审验，评审结果也在河南省通信学会网站进行了公示。2021年学术论文评审工作时间紧、任务重，从征集到完成评审，历经“7·20”水灾、8月和11月的疫情等严峻形势，学会学术委员会和专家评委，百忙之中，加班加点伏案评审，以自己的辛勤汗水，为广大通信科技工作者竭诚服务，为全省通信科技的发展做出了积极的贡献。

本届学术论文评比活动是成功的。组织过程完美体现了四个结合：电子档和纸质档相结合、初审和会审相结合、分散与集中相结合、线上和线下相结合。尤其是专家随机抽取，初审过程背对背，专家评委严格保密等系列动作，为评审顺利进行提供了重要的保障，使整个评审过程显得透明、紧凑、顺畅、圆满。客观地说，本次论文评比活动积极推动了通信科技学术交流，调动了通信科技工作者的创新积极性,成效显著,硕果盈心。

2022年是加快数字经济发展,加快高速泛在、天地一体、云网融合、智能敏捷、绿色低碳、安全可控的智能化综合性数字信息基础建设的关键时期,河南省通信学会将紧抓新基建和数字化转型的重大机遇,围绕通信生产和技术上的难点、热点以及先进科技推广应用等方面的课题,组织相应的学术会议和咨询活动,总结经验,找到对策,解决行业发展的实际问题。锚定5G/6G通信、未来网络、区块链、边缘计算、算力网络等未来网络通信领域的核心技术,以创新推动行业高质量发展,我们责无旁贷!以信息通信技术的进步全面繁荣我省数字经济社会,我们心向往之!

石三平

2022年1月21日

目　录

序　言　石三平

无　线

5G 波束"1+X"立体覆盖应用研究 …… 许　强　杨国颖　李自富　招明伟　庞启文(3)
5G 端网业协同精准化流量迁移方案研究与应用 …… 张　洁　常海成　张玉良　郝建民(15)
5G 室分从难运维到精准运维 …… 常海成　王永谦　赵　宇　苗　剑(27)
基于频繁项集挖掘算法的通信基站故障快速修复 …… 杨聪聪　李锐锐　李汶龙(40)
基于 AI 预测工具的 LTE 低速率小区影响因素分析 …… 雷　振(46)
基于大数据赋能的基站自动化分级评估研究 …… 范　勇　林　康　芦　健　王　堃　张嘉元(50)
应急通信场景下的 5G 无线网络优化技术研究与应用 …… 王　培　梁松柏　徐　波　韩广平(55)
基于 XGBoost 的移网用户感知模型研究 …… 李亚婷　张龙飞　毛晓晨　何颖辉　闫亚峰(66)
封闭金属吊顶 5G 室内覆盖解决方案 …… 吴　迪　毕　猛　田彦豪(71)
4G/5G 多维度协同优化助力用户满意度提升课题研究 …… 李　琛　郝建民(77)
电信 5G 网络在特高压电力场景中的应用研究 …… 魏瑶瑶　苗　剑(82)
基于 5G 技术的无人机基站巡检应用研究 …… 曹伟豪　郝建民(91)
基于业务模型视角重构 LTE 网络优化 …… 郭天赐　蒋云波(97)
5G 基站大数据归集平台的搭建与应用
…… 林　康　范　勇　颜　安　葛中魁　王　堃　张一帆(108)
关于 5G 网络优先建设区域甄选方法的研究 …… 徐　波　庞启文　李文生　王　培(115)
基于不同场景的 5G 覆盖性能研究 …… 韩广平　李新卫　刘彦君　聂　平(120)
5G 基站节能策略研究 …… 夏　伟　刘旭东　薛龙来　宁亚可(130)
基于层次分析法(AHP)的 U2100 退频分析与研究 …… 衡丽花　刘旭东(137)
基于大数据技术的零业务小区处理智能调度系统 …… 毛晓晨　刘　博　闫亚峰(141)
地铁隧道场景 5G 覆盖解决方案研究 …… 田彦豪　毕　猛　吕正春　陈小奎(146)
基于 5G 网络新特性的扫码业务空口提速提质应用 …… 魏瑶瑶　王永谦(153)
基于动态频谱共享功能的 2.1G 频率重耕 …… 魏瑜瑶　常海成　陈谱滟　李　森(162)
5G 流量欠饱和时代,端网业协同全景化提升网络效能的探讨 …… 张　杰　席雷振　潘团团(167)
一种解决 5G 同频干扰方法的研究 …… 王建辉　化冬梅(177)
5G ToB 业务智能化寻呼研究 …… 刘建刚　黄　伟　胡文忻　段　朋(181)
面向场景化频率规划演进,打造未来 5G 极简网络 …… 李　军(187)

计算机

面向 BRAS 智能化运维及管道流量价值挖掘 …… 王莉莉　郝文胜(195)
云网融合方案落地的探索与实践 …… 徐晓蕾(202)
智能化 BRAS 设备监控助力互联网业务感知提升 …… 张豫婷　姬盈利　周　鹏　关启峰(208)
校园 5G 融合专网解决方案的研究与应用 …… 杨亚红(213)

基于4G/5G融合的联通承载网流量模型研究及部署实现 … 段俊娜 项朝君 黄华峰 马森娜(218)
基于虚拟化技术的5G核心网自动化拨测系统研究与应用 …… 孙 瑜 郭 威 高 磊 张科锋 时利鹏(225)
IP城域网OLT单上联保护系统 …… 李江波(231)
计算机智能算法在通信工作中的应用 …… 赵海广(234)
中国电信基于5G网络下AGV to B业务的应用研究 …… 吕维帅 崔聚奎 余良智 张天然(241)
中国电信驻马店分公司VoLTE网络丢包优化研究 …… 陈 豪 刘倩倩 曹 俊 韩亚威 王志伟(248)
基于漏斗型流控算法的5G容灾策略研究 …… 刘召阳 张秀成 陈海洋(258)
携号转网智能路由技术研究,推进网间IMS互联互通部署 …… 侯华杰 谌伟超 路建国 殷智刚 叶玉龙(262)
5G国际漫游网络架构分析及部署方案研究 …… 许元波(269)
基于IP城域网网络质量监测系统设计与实践 …… 徐路法 冯红霞 张静杰 田丽华 张红艳(276)
基于流量分析的DNS隐藏隧道检测技术 …… 韦峻峰(286)
基于TWAMP协议的5G端到端业务预警系统研究与应用 …… 汪 锋 李君政 亢芳芳 江 恒(291)
基于端到端业务质量分析推进网服一体化的研究与实践 …… 郭玥秀(296)
大区化5G核心网部署研究 …… 孔令义 阎艳芳 郝双洋 常占庭 武俊芹(307)
中国联通5G RADIUS取号优化方案研究与部署 …… 龚建勇 郭 威 郝双洋 孙 瑜(312)
开封联通IP城域网质量监测系统的优化研究 …… 张秋瑾 王 红 张迎芳(316)
利用大数据平台提升VoLTE语音网络质量研究 …… 王亚蕊 魏瑶瑶(320)
区块链移动互联网恶意程序APP和DAPP安全检测研究 …… 杨毅刚 田 科 张亚军(329)
创新5G互操作信令流程,破解5G用户占用端局容量难题 …… 周忠良 王纪君 宋 科(334)
基于核心网O域大数据的不良语音分析系统 …… 周忠良 王纪君 刘富丽 宋 科(338)
云化核心网智能运维方案探讨 …… 张秀成 和 静 原晓艳 刘召阳 王玉星 刘海瑞(343)
新型通信业数字化设计平台 …… 臧军超 张海涛 杨 伟 王 鹏(347)

电　源

基于强化学习的预测型机房空调智能控制系统 …… 刘 博(355)
卫辉核心机房动力保障之背水一战 …… 卢锦辉 李军华(359)
数据中心柴油发电机差动保护探讨 …… 冯燕华 郑 欧(363)
同局址成对部署路由器供电安全性分析 …… 汪 浩 陈亚玲 邓彩利 徐双燕(368)
5G通信形势下智能新风节能空调的应用 …… 王 超 牛联峰 孙新庆(372)
基于5G技术背景下对通信机房动力环境监控系统的设计 …… 王俏蕊 刘 平 白宇洁 闫正群 牛联峰 周乐天 孙新庆 刘 勇 李二凯 郑 斌 范 伟 陈高华(376)
运营商自有产权局站能耗成本综合管控模式的探索与创新 …… 郑 露 高 扬 张艳卫 曲 强(379)

光通信

宽带客户满意度AI分析及提升 …… 范世才 孙 宇 姚振芳 李 攀(387)
关于OTN网络资源可视和容量预测的研究与实现 …… 姚艳燕(393)
无线RAN和PTN跨域联合数智化诊断 …… 李 锐(398)

基于工业互联网一体化的骨干承载网实现与研究
…………………………………………………… 崔 静 项朝君 段俊娜 马森娜 刘 倩(404)
基于 SDN 的政企精品网业务模型开发及应用 …………………………………………………… 李燕华(409)
OTN 网络中 SDN 负载均衡技术的研究与应用 ………………………………… 王 佳 李军华(418)
基于 5G 承载的网络时钟同步部署研究及实现 …………… 刘 倩 项朝君 黄华峰 段俊娜(423)
浅析新疆和田县经济新区网络专项规划 …………………………………………………… 赵海广(431)
IPTV 传输系统的一键关停系统的设计与实现 …………… 孔 珍 宋帅峰 高 路 张孟阳(438)
基于大数据技术的传输网络开环预警系统研究 …………………………………………… 李 威(443)
基于大数据智能应用实现中继电路自动化开通 …………………………………………… 刘昆仑(450)
深度挖掘感知劣化根源,助力政企家宽客户满意度双领先 ………………………………… 朱 珂(455)
宽带用户体验管理方案的研究和实践 ………………………………………… 姚艳燕 何 锋(461)

线 路

光纤振动传感原理的监测系统在长途干线光缆维护领域的应用 ……………… 冯书涛 吕晓华 (471)

物联网

基于区块链和物联网技术的电动自行车智慧管理系统
…………………………………………………… 刘彦伯 陈 哲 白 琳 裴照华 于建伟(479)
基于信息熵的车联网物理层假冒攻击检测方法 …………………………………………… 辛改成(484)
多特征融合的物联网智能终端识别技术研究与实现
…………………………………………………… 陈雪莉 张秀成 杨亚红 刘海瑞 种颖珊(490)
智慧合杆在 5G 智慧城市建设中的应用研究 ………………… 谷 山 许长峰 张晓平 邵 铃(495)
NB 网络在自动抄表业务的行业方案研究与应用
…………………………………………………… 陈 豪 刘倩倩 曹 俊 赵 垒 孙泽宇(501)

云计算大数据

基于二进制 PSO-GWO 算法的大数据特征选择 …………… 崔广伟 韩 勇 姬莉莉 刘体平(513)
基于 OB 域融合的 5G 潜在用户挖掘方案的探索与实践
………………………… 毕冀宾 高 扬 张艳卫 熊贤柱 曲 强 翟 弦 柴玉晓(520)
基于密度聚类和大数据挖掘算法的云化网络故障智能定位研究 …… 杜洁璇 曾东升 牛燕萍(528)
图像识别在通信工程施工中的应用 ……………………………………………… 王军威 李广彬(534)
面向垂直行业的差异化服务能力体系建设与研究
…………………………………………………… 孔令义 阎艳芳 郝双洋 常占庭 武俊芹(541)
基于大数据和机器学习的用户感知分析系统项目研究 ………………………… 刘晓惠 何雪峰(547)
一种基于 Python 的互联网专线端口核查工具的研究与应用 ………………… 雷 旭 苏梦茹 (552)
基于视频图像的公交客流量统计算法研究 ………………………………………… 杨利涛 李德恒(558)
政企 IP 专线运行参数自动预警及一键诊断的实现 ………… 潘 超 张 艳 牛 冉 梁 璐(565)
黄河坝岸险情监测预警报警系统研究及应用 …………………………………… 王小远 杨雁茗(571)
基于大数据的人工智能技术在云网电路开通的应用研究 ……………………………… 刘昆仑(575)
网络费用管理中电表防篡改智能图像识别的技术和应用 … 吴荣宇 王天增 王明强 王金金(583)
基于容器化的运营商计费网话单集中采集研究与实践 ………………………………… 张 聘(589)
5G 赋能金融业大数据风控 ……………………………………………………… 白亚威 王巧丽(597)
数字化晨会看板——探索数据视觉引领新运营 ………………………………… 王宏宇 高 峰(601)

基于集约化管理的电话营销探索与实践 …… 李艺珠　李纪梅(605)
5G全域多功能智慧庭审系统 …… 边　防　李佳展　周　莹(609)
郑州联通工号权限风险管控系统研发项目 …… 田毅涛(613)
区块链+共建共享助力网络高质量运营 …… 李　琛　郝建民(619)
移动网智能化网络投诉处理系统研究 …… 李　琛　郝建民(624)
人工智能在云网事件智能化运维中的应用研究 …… 李　威(632)
基于大数据+人工智能的语音智能评测系统研发与应用 …… 周忠良　王纪君　宋　科(640)

边缘计算

5G移动边缘设备MEC组网部署研究及实现 …… 葛中魁　韩广平　张嘉元　白　洁(649)
5G+MEC边缘组网技术架构及商用实例浅析 …… 岳笑哲(655)

管理创新

基于多人制衡式金库模式加强高危操作事中控制 …… 李　洋(667)
基于RPA的网络运营数字化转型研究与实践 …… 郭　威　常艳生　孙　瑜　陈德玉　陈　倩(673)
风险操作智能管控系统 …… 王亮亮　牛照坤(680)
多维度提升边缘用户感知 …… 洪清玲　宋太奎(684)
“装维云助手APP”应用推广 …… 祁　骏　王立澎　陈伟光(695)
“1+3模式”深化网格服务赋能 …… 王　达　苗晓巧　刘艺玮(700)
基于数字化应用实践的财务数字化转型探讨 …… 秦莉婷(703)
中国电信新乡分公司饮马口机房“7·21”防汛抢修 …… 高桂梅　韩　军(708)
多数据融合,实现互联网重点业务流量及质量精细化管理 …… 李汶龙　郝文胜　王莉莉(712)
控源头、搭平台,实现政企欠费精细化管控 …… 王　珂(721)

电　源

基于强化学习的预测型机房空调智能控制系统

刘　博

摘　要:为了减少机房空调的无效能耗,最大限度地降低机房PUE能耗水平,中国电信河南分公司综合利用云计算、物联网和人工智能技术,自主设计研发了一套"基于强化学习的预测型机房集群空调控制系统",实现了一种能够自动的机房人工智能批量空调自动控制系统。

关键词:PUE;DQN;人工智能;控制系统

1　引言

随着基础通信业务的不断深入发展,特别是5G建设的启动,使得各类通信基站、机房的数量成倍增加,整个通信行业面临巨大的节能减排压力。机房空调是机房内的主要耗电设备,因此节能减排首当其冲的就是减少空调的能耗成本。

据统计,在基站的总耗电量中,基站主设备耗电量占51%,空调耗电占46%,其他配套设备耗电3%。为了降低空调能耗,中国电信河南公司组织相关主管进行了深入讨论,我们常用的能耗控制方式主要通过设定空调温度,在秋冬季节定期关机等,管控比较粗犷。此外,在现场调研时,发现普遍存在机房空调温度设置不合理、工作模式不合理等问题,造成空调无效运转,产生较大浪费,导致机房PUE升高。

为了解决上述问题,需要一种空调集群统一控制系统,实现全区空调的统一设置、统一管理,在环境允许的前提下,尽可能降低空调的运转时长,提高空调运行效率。这种控制要求的精细程度很高,如果靠人工控制,是不可能实现实时精确控制目标的,因此系统需要人工智能的方式来自动控制,自动根据外界环境来决定空调的开关机。

2　解决方案

本文所介绍的基于强化学习的空调智能控制系统,可以根据机房温度变化情况和其他信息,自动学习获得适合该机房的良好空调控制逻辑。

每个机房的硬件环境千差万别,与之相适应的空调控制逻辑也是不同的。在保证机房设备不高温的前提下,要减少浪费,最大化利用空调的能力,就需要为每个机房设置特定的空调运行策略。

策略初始值由机房管理员根据经验做初步设定,随着机房内外部环境的改变,策略需要适时的调整。我们引入增强学习模块,引入DQN算法,赋予空调控制器自学习的能力。可以根据动环监控数据的反馈,自动学习每个机房不同的空调控制方案,全自动的匹配机房专属的智能控制逻辑。

DQN是一种基于价值的强化学习算法,机器根据外界环境的改变做出一系列动作,根据环境反馈的信息来计算奖励值,并最终根据奖励的多少来持续优化动作策略。DQN的伪指令如图1所示。

假设一个完整周期结束后,智能体共记获取了U_t的价值,那么DQN算法就是要找到最优的Action组合,使得U_t最大。

$$U_t = R_t + \gamma R_{t+1} + \gamma^2 R_{t+2} + \gamma^3 R_{t+3} + \cdots$$

γ是折扣率,R是t时间取得的奖励分。假定初始时间为t,结束时间为te,$te>t$。则S_t为初始环境,a_t为t时刻系统采取的动作a。那么系统做过a_t后,将导致S_{t+1}即$t+1$时刻的环境,同时环境会带来t

时刻动作 a 的奖励 $r(r_t)$。以此类推,直到 t_e 时刻,每一步动作 a 的奖励 r 之和,就是 U_t。

$$\begin{aligned} U_t &= R_t + \gamma \cdot R_{t+1} + \gamma^2 \cdot R_{t+2} + \gamma^3 \cdot R_{t+3} + \gamma^4 \cdot R_{t+4} + \cdots \\ &= R_t + \gamma \cdot \underbrace{(R_{t+1} + \gamma \cdot R_{t+2} + \gamma^2 \cdot R_{t+3} + \gamma^3 \cdot R_{t+4} + \cdots)}_{=U_{t+1}} \end{aligned}$$

根据上述推导,可以得到 $U_t = R_t + U_{t+1}$。我们可以用神经网络函数 $Q(s_t, a_t; w)$ 来对动作 a 打分,用于近似 U_t,w 是神经网络参数。则 $Q(s_{t+1}, a_{t+1}; w)$ 是对 U_{t+1} 的近似。因此,可以得到:

Algorithm 1 Deep Q-learning with Experience Replay

```
Initialize replay memory D to capacity N
Initialize action-value function Q with random weights
for episode = 1, M do
    Initialise sequence s_1 = {x_1} and preprocessed sequenced φ_1 = φ(s_1)
    for t = 1, T do
        With probability ε select a random action a_t
        otherwise select a_t = max_a Q*(φ(s_t), a; θ)
        Execute action a_t in emulator and observe reward r_t and image x_{t+1}
        Set s_{t+1} = s_t, a_t, x_{t+1} and preprocess φ_{t+1} = φ(s_{t+1})
        Store transition (φ_t, a_t, r_t, φ_{t+1}) in D
        Sample random minibatch of transitions (φ_j, a_j, r_j, φ_{j+1}) from D
        Set y_j = { r_j                                  for terminal φ_{j+1}
                  { r_j + γ max_a' Q(φ_{j+1}, a'; θ)     for non-terminal φ_{j+1}
        Perform a gradient descent step on (y_j − Q(φ_j, a_j; θ))^2 according to equation 3
    end for
end for
```

图 1

$$Q(s_t, a_t; w) = R_t + \gamma Q(s_{t+1}, a_{t+1}; w)$$

记 $\gamma Q(s_{t+1}, a_{t+1}; w)$ 为 y_t。

相应的 Loss 函数:

$$L_t = \frac{1}{2}[\,Q(s_t, a_t; w) - y_t\,]^2$$

用梯度下降更新神经网络参数 w:

$$w_{t+1} = w_t - \alpha \cdot \left.\frac{\partial L_t}{\partial w}\right|_{w = w_t}$$

这样,神经网络参数就可以随着 t 的推移,越来越接近最优解。

基于上述 DQN 算法,我们设计了空调智能控制系统。系统包括如下主要功能模块,分为 4 层 10 项功能,见图 2。

图 2

从下往上,依次介绍:

(1)信号传输层。信号传输层主要完成空调信息的采集和控制指令的发送。信号传输层作为系统与空调交互、管理平台交互的层级,必须确保稳定的运行。其中,RS485 模组负责与空调直接交互,将控制指令发送给空调,并获取空调的运行情况。控制指令包括风力的加减、温度的升降、压缩机开关、机器开关、运行模式设定。运行情况包括:设定温度值、出风温度值、回风温度值、出风速度、压缩机运行状态、机器运行状态。

NBIoT 模块负责与集中控制层连接,将空调运行情况、控制指令执行情况通过 NB 网络传递给集中控制层。接收集中控制层下发的已训练好的控制模型,接收集中控制层的直接指令。

(2)边缘计算层。边缘计算层主要完成离线的 DQN 模型运算,利用集中控制层训练好的 DQN 模型,运算出最佳的 Action。同时也负责离线数据的存储,无网络信号时将离线的环境状态存储下来,等待信号好时重传。

边缘 OS 是边缘计算层的核心,安装有本地的 python 运行环境。通过本地 python 环境运行集中控制层训练好的模型,完成模型运算功能。

(3)集中控制层。集中控制层在云端运行,由多台服务器集群组成。负责强化学习和指令转换。其中,强化学习模块收集信号传输层发来的数据,基于获取到的机房现场环境信息和发送的指令信息,结合系统预设的奖励,以 DQN 算法训练控制逻辑模型。

系统设置的关键参数如下:①环境:机房内部温度,机房外部温度。②动作(仅控制压缩机):开启、关闭、保持。③奖惩机制:a. 每开启 15 min 减 1 分。b. 每关闭 15 min 加 1 分。c. 动环监控温度超过 29 ℃减 10 分。d. 10 min 内执行开关机切换动作减 2 分。

指令转换模块负责对接各类空调不同的 AT 指令。模块将相同涵义的控制指令,翻译成不同厂家的 AT 指令,用于实际控制不同厂家不同型号的空调。

(4)交互层。交互层负责与系统管理员交互,呈现管理 WEB 界面,能够进行空调运行策略的设定,并展示各类统计报表。

控制方面,系统能够支持 3 种控制模式:常开、智能、常关(见图 3)。以适应不同场景下的控制需求。

县区	机房	空调名称	控制IP	空调型号	控制
市区	利君	一号空调	10.72.86.21	海信HF-125LW/TSO6S	常开 智能 常关
市区	利君	二号空调	10.72.86.22	海信HF-125LW/TSO6S	常开 智能 常关
市区	工区路	一号空调	10.72.86.23	海信KF-75LW	常开 智能 常关
市区	北京路	一号空调	10.72.86.24	海信KF-75LW	常开 智能 常关
市区	荣基广场	一号空调	10.72.86.25	海信HF-125LW/TSO6S	常开 智能 常关
市区	荣基广场	二号空调	10.72.86.26	海信HF-125LW/TSO6S	常开 智能 常关

图 3

统计报表可显示每个局站空调的运行时间,每个地(市)、县(区)的所有局站空调平均运行时间、总运行时间,并根据空调额定功率估算机房 PUE 和空调能耗。

3　实验及应用

为测算系统效能,在系统上线前,选取环境各不相同但空调型号相同的 5 个机房的空调进行了测试(见图 4)。测试条件为:在夏季传统运行情况下,设定空调模式为制冷,温度设定为 26 ℃,风量设置为高风。经测试,这 5 个机房日均单空调能耗为 67.78 kW·h,4 d 共计耗能 1 355.768 kW·h。

在上述运行条件下,空调一天 24 h 的能耗分布情况如图 5 所示。可以看出,传统运行模式下,空调电耗分小时的峰谷不明显。小时电耗在 2.2~3.0 kW·h 之间波动。

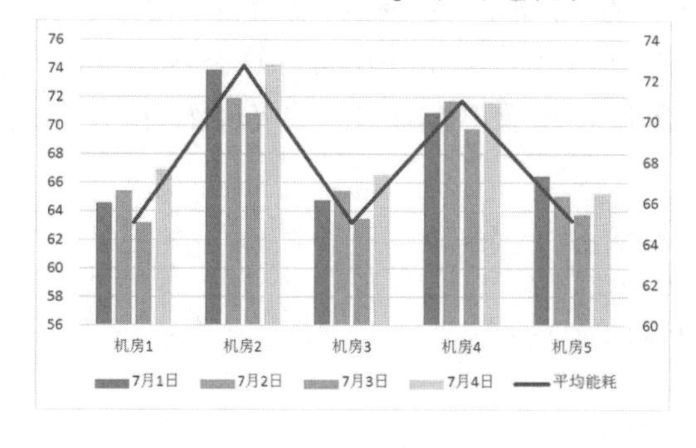

图 4

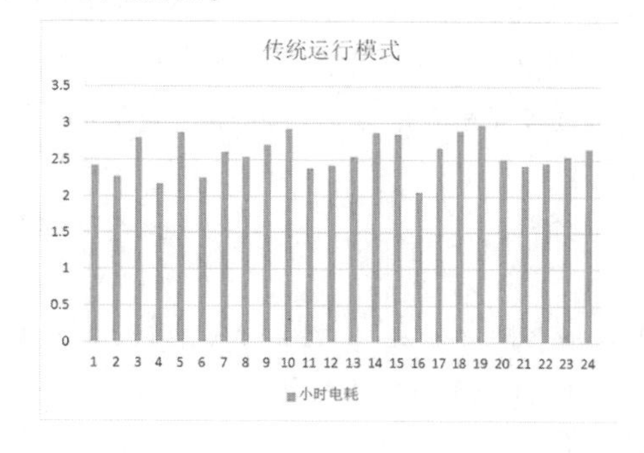

图 5

完成相关机房日常电耗的采集后,7 月 5 日凌晨开始应用空调智能控制系统。测试基础条件保持不变,即在夏季传统运行情况下,设定空调模式为制冷,温度设定为 26 ℃,风量设置为高风。经测试,应用空调智能控制系统后,这 5 个机房日均单空调能耗降低至 37.7 kW·h,4 d 共计耗能 734.08 kW·h。

在上述运行条件下,空调一天 24 h 的能耗分布情况如下图。可以看出,智能运行模式下,空调电耗分小时的峰谷显著。小时电耗在 0.1~3.0 kW·h 之间波动。

根据上述监测数据可计算出,智能控制模式相比传统运行模式的 1 355.768 kW·h,4 d 共计节省电量 621.688 kW·h。传统模式下,空调全天能耗水平没有显著变化。而智能控制模式下,在业务闲时、外界温度较低的时段,空调能够自适应的停止压缩机运转,以显著较低的功耗运行,进而达到显著降低能耗的效果。

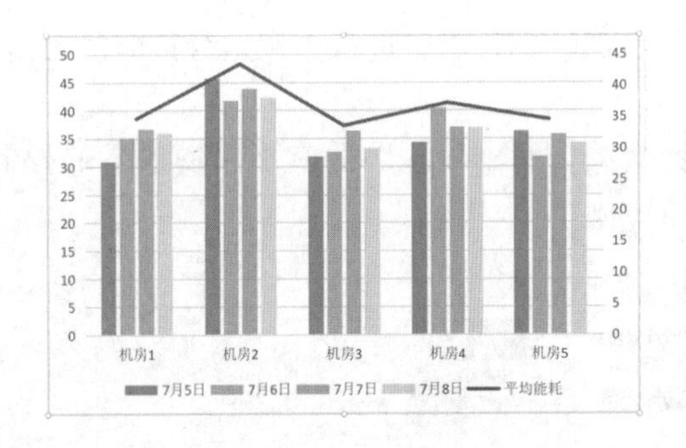

图 6

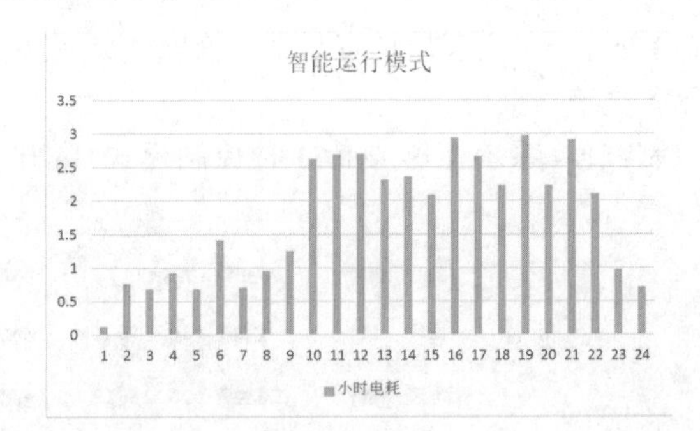

图 7

此项目于 2019 年首先在信阳部署上线,共计部署信阳 46 台空调。至 2019 年 10 月中旬,经核算共计节省空调电费 6 万余元。2020 年继续在开封部署上线。经测算,开封已部署上线的机房中,平均每台空调节约电费约 13 元/d。

通过系统在信阳和开封的安装部署,发现有线网络连接在实际部署中难度较大。在项目实施时,空调控制器的 IP 地址需要整体规划,根据空调所在机房的网络设备部署情况来确定网络承载方案,采用专有 VPN 形式部署。另外,在施工前,还需要明确控制设备上联设备及端口,提前在边缘节点上配置准确的 IP 地址,才能确保安装一次成功。

因此,采用有线网络连接方案会造成很高的施工难度。我们调整网络接入方式为 NB 网络,以降低施工难度,同时增强网络连接稳定性。

4　结束语

基于强化学习的预测型机房空调智能控制系统,综合运用了人工智能、大数据、物联网、云计算、边缘计算技术,让机器自动根据每个机房不同的环境,自动学习适合该机房的空调控制策略。对于 3 匹空调,夏季平均每台空调每天能够节约电费 13 元左右。按照每年 6 个月空调使用量计算,全年每台空调能够节约电费 2000 多元。推广此项目对运营商的节能减排、降本增效工作有很好的促进作用。

参考文献

[1] 赵凯琳,靳小龙,王元卓. 小样本学习研究综述[J]. 软件学报,2021,32(2):349-369.

[2] 文丹. 基于迭代优化的空调温湿度控制算法[J]. 现代电子技术, 2020,43(24):38-41.

[3] 李新叶,龙慎鹏,朱婧. 基于深度神经网络的少样本学习综述[J]. 计算机应用研究,2020,37(8):2241-2247.

[4] Hang Song, Youbo Liu, Junbo Zhao, et al. Prioritized Replay Dueling DDQN Based Grid-Edge Control of Community Energy Storage System[J]. IEEE TRANSACTIONS ON SMART GRID, 2021.

[5] Mazhar Ali, Asad Mujeeb, Hameed Ullah, et al. Reactive Power Optimization Using Feed Forward Neural Deep Reinforcement Learning Method : (Deep Reinforcement Learning DQN algorithm)[C]. 2020 Asia Energy and Electrical Engineering Symposium, 2020.

卫辉核心机房动力保障之背水一战

卢锦辉 李军华

摘 要:本文从在核心机房出现暴雨水淹、市电长期停电的重大险情下,如何采取切实有效的应急措施,确保人身、设备及供电安全,相关经验总结供大家借鉴。

关键词:卫辉;核心机房;水淹;供电;安全;保障

1 前言

2021 年 7 月 18 日起新乡地区持续特大暴雨,卫辉城区出现严重内涝,卫辉(市)分公司核心机房出现重大险情。为保障供电安全、网络畅通,新乡联通人奋战十昼夜,谱写了一场可歌可泣"卫辉保卫战"。

2 机房灾情

卫辉续特大暴雨造成城区严重内涝(见图 1),供电公司路边高压分接箱及供电线路设备全部被淹,全城市电停电且来电时间遥遥无期。

图 1

核心机房院内积水一直在上涨,已漫到柴油机房、电力室窗户下沿,存在电力设备被淹及短路、漏电、人身触电、供电中断等风险。因机房前道路及院内积水太深,省公司和当地供电公司紧急调度的大型应急发电车无法驶入,且水位已漫过发电车出线端子及控制屏,根本无法正常发电使用,只能依靠局院内固定柴油机发电供电。

3 保障措施

面对天灾劫难,我们制订了系统的、针对性的供电保障方案及操作要点,以保障发电机长期正常运行、电力室水位控制在安全线以下、严防电力设备短路漏电、确保人身及设备安全,优先保证分组、传输、ONU、OLT 等重要设备业务不中断。

3.1 合理带载 加强巡检 发电机长期运行无故障

发电机带载功率有限,抽水泵数量不断增加的情况下,要确保发电机长期运行无故障。

3.1.1 油机配置及带载能力

核心机房配备两台 240 kVA 固定柴油机,其中一台柴油机已使用了 26 年,带载能力仅有额定值的 90%。作为发电机出风口油机房大门,出风面积偏小,随着院内积水升高,门口的防水沙袋越来越高,一定程度影响了发电机排风效果。为保障柴油机长期可靠运行,我们采用两台油机轮换带载发电,负载率控制在 80%以下。

单台发电机长期带载能力 = 240 kVA×0.8(功率因数)×0.9(油机老化)×0.8(负载率上限)= 138.24(kW)

3.1.2 负荷合理压降分配

局院用电总负荷 = 开关电源 1+开关电源 2+ UPS 设备+机房空调+办公等+水泵

开关电源 1：原直流负荷 985 A，关掉基站 BBU、直流远供设备及其他非特重要业务后，负荷压降到 610 A，输入功率=610 A×54 V(电压)/0.95(效率)/1 000=34.7(kW)。

开关电源 2(基站 5G 设备)和 UPS 设备[营业计费(营业厅因水淹已停业)、动环监控、视频会议等]：非特别重要负荷，直接断电。

机房空调：只开启一台，温度设定在 30 ℃以上，用电功率最大约 20 kW 且非连续。

办公等：普通空调全部关闭，其他负荷尽量压缩后约 5 kW。

水泵：电力室、院内共 16 台不同型号水泵连续抽水，总功率约 65 kW。

局院保障用电负荷=34.7+20+5+65=124.7(kW)

最大程度压降负荷后，单台发电机长期运行还可以再增加 13.5 kW 功率(138.24-124.7)，考虑到水泵启动时负载电流为正常的 2~3 倍，还可以满足后续 1~2 台 7 kW 应急备用水泵使用。

3.1.3　加强油机巡检维修

由于日常维护保养到位，定期更换机油和“三滤”，运行时加强巡检维修、及时断掉机房非重要负荷。在水泵用电量不断增加的情况下，确保油机输出电压、电流、频率、机油压力、水温等参数保持正常，两台大功率发电机连续轮换运行十个昼夜，没有出现故障停机(见图 2)。

3.2　严控电力室水位　确保人身设备安全

3.2.1　惊险场面

电力室主要设备是一套 2 000 A 分离式开关电源(交流屏、整流屏、直流屏各一台)、两组 2 000 AH 蓄电池、一台 UPS 设备及配套蓄电池。

因局院内水位越来越高，加上长期浸泡，电力室墙体下沿(其中两面墙为后期改造简单隔断)、电缆沟、墙壁插座孔、大门封堵的沙袋缝隙，甚至地板下多处进水喷水，且越来越严重。不足 30 m^2 的电力室，从两三台小水泵间歇性抽水，最后到十台 5 kW 以上水泵同时连续抽水，才能保证屋内水位平衡。

3.2.2　应急措施

首先断开 UPS 输入输出开关、拆除电源线缆、拆除蓄电池正负极及中间几个电池连接端子(因电池整组电压超过 400 V，电力室人员多，须防止触电)。

开关电源交流屏下端输出开关、整流柜最下端的整流模块，以及直流屏最下方母排及输出熔断器，距离地面高度 30~40 cm。因配置有冗余，我们及时关掉并抽出最下端的整流模块，重点关注其他关键部位，做好随时断开空开、拔出熔断器的应急操作。

每当两台油机切换在切换时，因水泵水泵停转，机房水位会急速上升，距离空开、铜排、整流模块等带电部位不足 10 cm。油机切换前必须提前通知电力室负责人，组织足够人手用塑料盆不停拼命往外泼水。

3.2.3　安全警示

电力室情况复杂、人员多，电缆沟里全是积水(见图 3)。要做到提前检查确认电力电缆无中间接头；要仔细检查水泵管箍，防止脱落水喷溅到设备，并设专人看护水泵运转情况，关键时可以立即断开水泵开关；要不断巡查关键部位并嘱托大家，防止人员疲惫脚底打滑触碰到带电部位；要确保电缆、铜排、空开不短路不漏电漏电，保证人身及设备安全。

3.3　按最坏打算　做最全预案

3.3.1　三种最坏情况

分析最严重的三种情况：一是发电机机房水淹或大门出风口过度加高，造成油机被动停机；二是两台发电机超长时间运行均出现故障，现场条件恶劣无法及时修复；三是电力室进水严重不可控制。这三种情况均会造成电力室水位过高，使交流开关、开关电源正负极母排及熔断器、蓄电池被淹，存在短路和漏电危险，为保证人身及设备安全，需要立即断开蓄电池及断掉网络。

图2

图3

3.3.2　制定断网步骤

我们提前制定了断网操作步骤:①断开列头柜内所有输出空开(负载接近零,避免断开蓄电池电缆时打火);②操作人员穿绝缘鞋带绝缘手套站在木质椅子上,断开两组电池的两根正极电缆(蓄电池总熔断器出厂时已经用螺丝固定死,操作不安全合理;另外负极接线距离地面太近到时候已经被水淹没,-48 V电压只是在干燥空气中安全,在水中不建议带电操作;电池架接地线要提前断掉),以上器具要提前准备,电池螺丝要提前试松动。

3.3.3　备用供电方案

院内积水大型设备无法运输,大容量蓄电池因承重因素无法在楼上安装,提前最严重情况下的备用方案:用几套小型设备分散供电代替集中供电,只为最重要负荷供电。

目前是一楼电力室一套2 000 A开关电源同时为三楼机房五个列头柜供电,为传统的集中供电模式。

我们提前在三楼机房及楼顶临时搭建两套小型供电系统(15 kW汽油机、600 A组合开关电源、500 AH蓄电池的小型组合),提前安装布线调试正常,主要为两个带分组传输、ONU、OLT等最关键设备的列头柜供电。注意因汽油机运行稳定性及过载能力差,需要另外准备4台以上备用(两用四备),同时注意开关电源模块开启合理数量,必要时调整模块输出限流值,保证汽油机在带正常负荷时尽量为蓄电池充电。

3.4　鼓舞士气　齐心协力渡难关

持续暴雨、严重内涝(见图4),多数卫辉联通员工家里房屋被淹损失惨重、更有家人生病失联。亲人望眼欲穿,怎奈忠孝不得两全,只能选择舍弃小家,连续几天几夜坚守阵地,身心极度疲惫几近崩溃。

危机困难时刻,省、地市领导奔赴抢险一线,兄弟及协作单位支援。同志们兄弟一般相互开导安抚、彼此帮助鼓励,共患难、共命运、同战斗。

图4

4　取得成效

危机时刻新乡联通人凝聚信心、指挥得力、处理得当、保障有力。连续奋战十昼夜,确保人员安全、动力不断、网络畅通。

关键时刻诠释了客户至上、提升了联通口碑、体现了央企担当,守住了60万人民的生命线,谱写了一场可圈可点、可歌可泣“卫辉保卫战”。

5　经验总结

未来这种 N 年不遇的极端灾害天气仍会出现，为确保动力设备系统安全可靠运行，须未雨绸缪、防患于未然：

(1)核心局高低压配电、通信电源设备在规划建设时必须考虑暴雨水淹，包括地面高度、墙体强度(简易隔断墙慎用)、电缆沟及其他管孔的有效可靠封堵，在空间、承重条件运行下，尽量考虑安装在二楼及以上。

(2)柴油机房要考虑进风和排风面积，在大门防水淹做封堵时，仍然可以满足长期满负荷运行的进风出风需求。

(3)应急发电车供电输出端子及控制屏位置普遍距离地面较低，仅 50~70 cm，不能适应严重水淹场景，建议订货时考虑改进。

(4)发电机的维护保养必须严格按作业计划执行，长期运行发电最好由厂家工程师现场支撑保障。

(5)积水长期不落时，机房门口沙袋墙难以持久可靠防漏，要尽快在门内砌砖石墙防护。

(6)交流屏、直流屏中最重要的负荷，尽量使用上端的空开和熔断器，必要时可断开和拆除下端的空开和熔断器。

(7)电池组安装接线时，为防止负极水淹漏电，尽量让负极处于高位(正极工作电压为 0)，做断开操作时也更方便安全。

(8)提前做好针对性的局院水淹应急预案，危机时刻指挥者要保持冷静清醒、自信果断，激发人员动力，保障动力安全。

6　结束语

灾害天气的残酷、机房水淹的严峻、动力保障的重要、应急抢修的惊险，通过这次卫辉核心机房动力保障的背水一战再次得到了验证；规划建设的科学前瞻、应急预案的实用合理、暴雨水淹的预防应对、专业人员的培养锻炼、团队精神的历练打造，都是我们动力专业需要重点关注和加强的。

动力是一种专业，更是一种精神！

数据中心柴油发电机差动保护探讨

冯燕华　郑　欧

摘　要:数据中心柴油发电机差动保护作为发电机的关键保护,对于其安全运行至关重要,本文以工程实例,对柴油发电机差动保护进行探讨。

关键词:柴油发电机;短路电流;差动互感器;差动保护;比率差动保护

1　前言

随着我国云计算产业的蓬勃发展,各大运营商及互联网企业都加速推进数据中心建设,而发电机是数据中心供电系统的重要组成部分,为IT和动力负载提供可靠的后备电源保障,已成为影响数据中心供电可靠性的重要因素。差动保护作为发电机定子绕组相间短路故障的主保护,对柴油发电机安全运行极为重要。本文以工程实例说明对差动保护的选择。

2　数据中心柴油机并机系统结构

大型数据中心因耗电量较大,常采用10 kV柴油发电机并机模式,某数据中心10 kV柴油发电机并机系统结构如图1所示,N+1台柴油发电机并机后输出给负载,其并机控制柜安装三组互感器,用途分别为测量、过流和速断保护、差动保护。

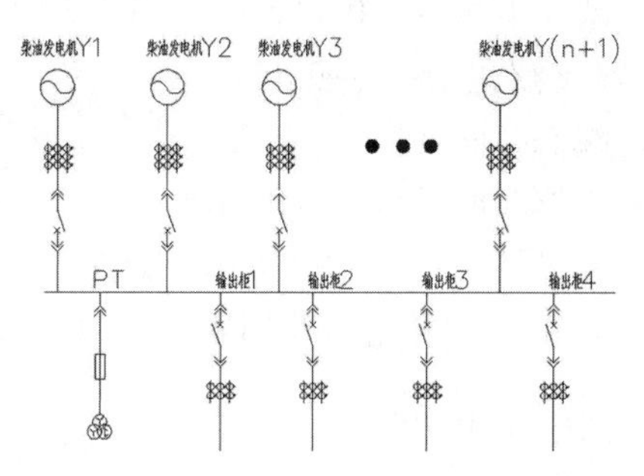

图1　数据中心柴油机并机系统结构图

3　差动保护原理

差动保护分为纵联差动保护和横联差动保护,横联差动保护主要反映并联元件同端电流差;纵联差动保护主要反映同一元件或串联元件出、入端电流差。对于发电机而言,横联差动保护主要用于其同相绕组匝间短路保护,本文不再详细讨论。

纵联差动保护原理如图2所示,安装在发电机两端的两个同型号变比的电流互感器以极性相反的方式并联接入差动继电器中。当正常运行时或者区域外故障时,流经继电器的电流大小相等,方向相反,差动继电器不动作。当区域内发生故障时,若为单台发电机,流经继电器电流为单个互感器感应电流,若为多台发电机并联,则为两个同向感应电流之和,因此流经继电器电流不为零,差动继电器动作。

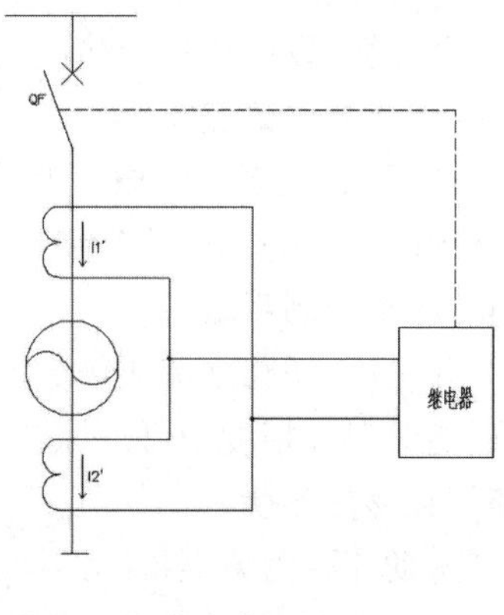

图2　纵联差动保护原理图

4　短路电流计算

发电机在发生短路时,端电压急剧下降,在发电机励磁装置的调节下,其端电压逐渐回升。由于励磁装置反应时间的滞后及发电机励磁绕组的电感效应,励磁电流需要经过一段时间才能起作用,于是发电机短路电流周期分量先衰减后上升,最终进入稳定状态。因此,发电机短路过程一般分为三个阶段:①超瞬态阶段,持续时间在

20 ms 以内;②瞬态阶段,持续 20~50 ms;③稳态阶段。

发电机空载时,短路后 1/2 周期(短路时间 $t=T/2$ 时)短路电流计算公式如下(忽略短路瞬态时间常数及电枢电阻的影响):

$$i_{zG0}=\frac{U}{X'_d}+\left(\frac{1}{X''_d}-\frac{1}{X'_d}\right)Ue^{-\frac{T}{2}\times\frac{1}{T''_d}} \tag{1}$$

$$i_{fG0}=\frac{\sqrt{2}U}{X''_d}e^{-\frac{T}{2}\times\frac{1}{T_a}} \tag{2}$$

式中:i_{zG0} 为短路电流周期分量,A; i_{fG0} 为短路电流费周期分量,A; U 为相电压,V; X''_d 为发电机超瞬态电抗; X'_d 为发电机瞬态电抗;T_d 为发电机超瞬态时间常数;T_a 为发电机电枢时间常数。

带载时,仅考虑短路电流周期分量的增加,计算公式如下:

$$i_{zG}=i_{zG0}\times 1.1 \tag{3}$$

$$i_{fG}=i_{fG0} \tag{4}$$

以斯坦福 HV804S 发电机为例,相关参数如下:

额定容量——2 401 kVA;

额定电压等级——10.5 kV;

相数——3 相;

频率——50 Hz;

瞬态电抗——0.211;

超瞬态电抗——0.157;

瞬态时间常数——0.2;

电枢时间常数——0.064。

经过计算单台发电机出口处 $T/2$ 时刻空载最大相电流周期分量为 736 A,负载最大相电流周期分量为 810 A,短路电流非周期分量为 1 017 A,短路冲击电流为 2 126 A。

5 互感器选型

5.1 基本要求

数据中心柴油机纵连差动互感器一组安装于并机控制柜中,另一组安装于发电机内部定子处,两组互感器稳态及暂态特性应一致,包含变比、标准准确级数、准确限值系数、10%误差曲线、伏安特性等基本一致。

5.2 变比选择

经计算,发电机额定输出电流为 132 A,因此选用 200/5 或者 200/1 差动电流互感器。

5.3 互感器准确度等级

选用 5P 或者 10P 电流互感器。额定准确限值一次侧电流下的最大复合误差分别为 5%和 10%,额定一次电流下的比值差分别为±1%和±3%。

5.4 准确限制系数

并机后,短路电流成倍数增加,因此可不考虑全量程中均可保证电流互感器的精度,仅在保护定值附近能够保证精度即可。综合考虑成本等需要,选用常规 15 或 20 倍限值系数电流互感器。

5.5 互感器容量

差动互感器典型接线结构如图 3 所示,根据厂家提供的技术资料,继电器交流阻抗按照 $Z_j=0.05\ \Omega$ 估算,继电器接入电缆最大能够使用 4 mm^2 铜线,互感器至继电器最远距离约为 180 m,电缆交流阻抗计算如下:

$$Z_1\approx R_1=\rho\frac{R}{L}=0.017\,54\times 180\div 4=0.79(\Omega) \tag{5}$$

端子排接触电阻 R_{jc} 取 0.1 Ω。在三相电流互感器完全星形接的情况下，电缆线路最大阻抗为：

$$Z = 2Z_1 + Z_j + R_{jc} = 2 \times 0.79 + 0.05 + 0.1 = 1.73(\Omega) \tag{6}$$

采用 5A 电流互感器，则要求互感器容量：

$$S \geqslant i^2 Z = 25 \times 1.73 = 43.25(\text{VA}) \tag{7}$$

采用 1A 电流互感器，则要求互感器容量：

$$S \geqslant i^2 Z = 1^2 \times 1.73 = 1.73(\text{VA}) \tag{8}$$

6 保护整定值

6.1 传统差动继电器

传统差动继电器工程造价相对较为便宜，但由于电流互感器励磁特性、二次短路电流畸变等因素，在发生较大的外部故障时，有可能在二次侧产生很大的差流，导致互感器误动作，极大影响了纵连差动保护的可靠性。

6.2 单斜率比率制动式差动保护

比率差动速断保护示意图如图 4 所示。

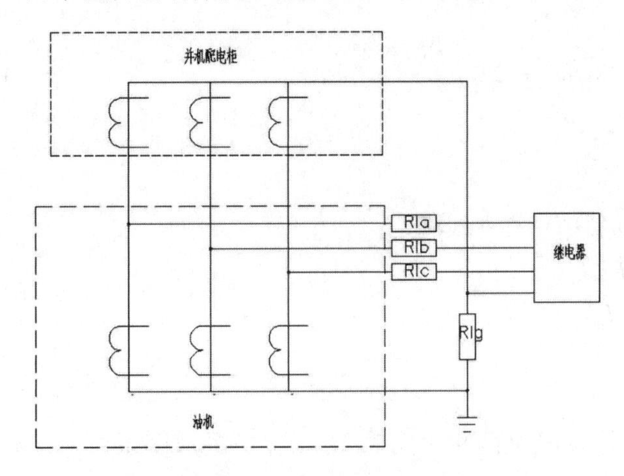

图 3　差动保护接线示意图

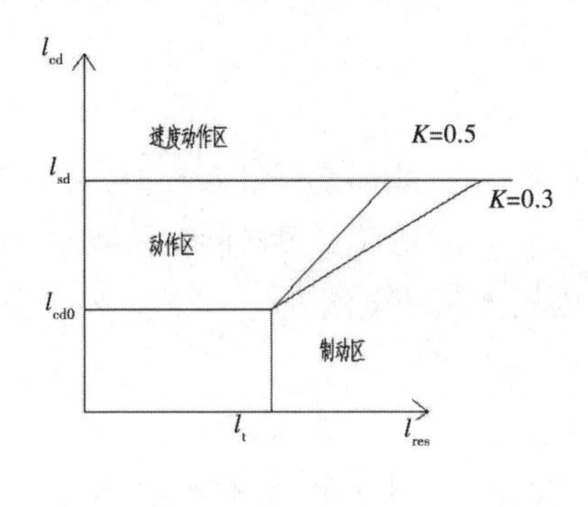

图 4　比率差动速断保护示意图

相关参数如下：

I_{cd}——差动电流；

I_{res}——制动电流；

I_t——拐点电流；

I_{sd}——差动速断保护值；

K——比率制动系数，单斜率曲线取 0.3~0.5；

I_{cd0}——差动最小动作电流。

比率差动保护一般依靠综保方式实现，综保安装与柴油发电机组并机控制柜当中，其整定值计算如下：

(1)最小动作电流确定，最小动作电流按照躲过发电机额定负荷时最大不平衡电流来整定。

$$I_{cd} \geqslant K_{rel}(K_{er} + \Delta m) I_{gn} \tag{9}$$

式中　I_{cd}——最小动作电流；

K_{rel}——可靠系数，取 1.5~2.0；

K_{er}——电流互感器综合误差，取 0.1；

Δm——装置调整误差引起的不平衡误差；

I_{gn}——二次侧额定电流。

当 K_{rel} 取2时,得出 $I_s \geqslant 0.24\ I_{gn}$,工程上一般取0.2~0.3 I_{gn},对于正常回路不平衡较大的状况,应查明原因。当用10 P电流互感器时,二次侧最大不平衡电流为6%,采用5 P电流互感器时二次侧最大不平衡电流为2%,综合考虑两侧二次回路侧差异、测量回路误差、保护可靠度等因素,此处最小动作电流取0.3倍额定电流。

(2)确定拐点电流,拐点电流一般取:$I_t=(0.7\sim1)I_{gn}$,实际取值为 $1I_{gn}$。

(3)确定制动特性斜率 K,按照区域外最大穿越性短路电流作用下可靠不误动作条件整定,计算步骤如下:

①计算机端保护区域外三相短路时通过发电机时三相最大短路电流 $I_{K,max}^{(3)}$,表达式为:

$$I_{K,max}^{(3)} = \frac{1}{X_d''} \times \frac{S_B}{U_N\sqrt{3}} \tag{10}$$

式中　X_d''——发电机超瞬态电抗;

S_B——基准容量。

忽略电缆等因素的影响,可按照三相短路电流周期分量来取值,其得出的短路电流值相对较大。

②计算差动回路的最大不平衡电流 $I_{unb,max}$,其表达式为:

$$I_{unb,max} = (K_{ap}K_{cc}K_{er} + \Delta m)\frac{I_{K,max}^{(3)}}{n_a} \tag{11}$$

式中　K_{ap}——非周期分量系数,取1.5~2.0;

K_{cc}——电流互感器同型系数,取0.5;

因最大制动电流 $I_{res,max}=I_{K,max}^{(3)}/n_a$,所以制动斜率特性曲线满足:

$$K \geqslant \frac{K_{rel}I_{unb,max} - I_t}{I_{res,max} - I_{cd0}} \tag{12}$$

式中　K_{rel}——可靠系数,取 $K_{rel}=2$;

一般上 $K=0.3\sim0.5$,此处实际取0.5。

(4)灵敏度计算,按照上述式子进行设置时,发电机两相短路时,差动保护灵敏度系数一定满足 $K_{sen}\geqslant2$ 的要求,因此可不必进行灵敏度校验。

(5)差动速断保护值,差动速断保护值用于发电机内部故障时快速跳闸,需躲过发电机出口处最大差动电流,一般取4~6倍发电机额定电流,此处取6倍发电机额定电流。

6.3　多折线制动特性比率制动差动保护

一般来讲,电流互感器励磁特性在进入饱和阶段是一个非线性的曲线,因此差动互感器差流理论上也应该是一个非线性曲线,多折线制定特性比率制动差动保护是将单折线斜率变为多段,跟接近于实际电流误差,优点是减小了制动区,灵敏度相对更高,缺点是由于误差的不确定性,斜率和起点难以确定,实际使用中,往往依靠经验简单化整定。

6.4　变斜率制动特性的纵联差动保护

相比于固定斜率制动特性的纵连差动保护,其更加接近实际故障时差流误差曲线。其比率制动系数可跟随制动电流的增大逐步地提高,这样一方面提高了保护的在区外较大穿越性短路电流下的制动特性;另一方面由于与单拐点相比,在较小制动电流下其制动系数也较低,增加了在区内较小故障电流下的灵敏度。这种原理比单拐点比例制动原理在保护灵敏度和制动性有极大优势,比多折线制动原理的差动保护性能优越,更科学。

7　结束语

柴油发电机作为数据中心最重要的后备电源设备,其价值较高,而差动保护作为其关键保护,对于保障其安全运行至关重要。正确选用柴发差动保护互感器,并对相关整定值进行合理设置,能够使发电机系统在短路故障发生后快速的切除故障,从而保障数据中心供电安全。

参考文献

[1] 刘屏周,卞凯生,任元会,等. 工业与民用配电设计手册[M]. 4 版. 北京:中国电力出版社,2016.
[2] 张白帆. 低压成套开关设备的原理及其控制技术[M]. 3 版. 北京:机械工业出版社,2017.

同局址成对部署路由器供电安全性分析

汪　浩　陈亚玲　邓彩利　徐双燕

摘　要：近期中国联通河南省公司连续多次下发网络健壮性排查整治工作要求，反复强调同局址成对部署(互为备用)路由器由两套不同的电源系统供电。安阳分公司在进行排查整治过程中发现，不仅要核查本级同局址成对部署路由器的供电系统，还必须一并核查同局址相邻层级路由器或用户设备的供电系统，才能彻底保障业务安全性。本文对本级路由器与相邻层级路由器口字形组网、全交叉组网、本级路由器与用户设备(包括用户路由器)V 字形组网，分情况对供电安全性进行了详细分析，并给出了如何提高供电安全性的结论。

关键词：成对部署；路由器；供电；安全性

1　前言

IP 网络(包括互联网、IP 承载网及其本地延伸、DCN、IP RAN 等)中为保障安全性，路由器往往成对部署，成对的两台路由器互为备份。对本地网而言，核心路由器要求异局址部署，汇聚、接入、用户路由器考虑线路接入成本一般同局址部署。成对(互为备份)的两台路由器同局址部署时，为提高供电安全性，要求由两套不同的电源系统供电。为彻底保障业务安全性，还必须考虑相邻层级路由器或用户设备的供电系统，现分情况做深入分析如下。

2　本级路由器与相邻层级路由器口字形组网

(1)如果口字形相连的相邻层级两台路由器都不在本局址，则无须讨论。

(2)如果口字形相连的相邻层级两台路由器其中一台在本局址，分以下 3 种情况：

①本局址三台路由器分别由不同的三套电源系统供电，如图 1 所示。其中任意一套电源系统发生故障，都不会影响业务。可以采用此种供电方式。

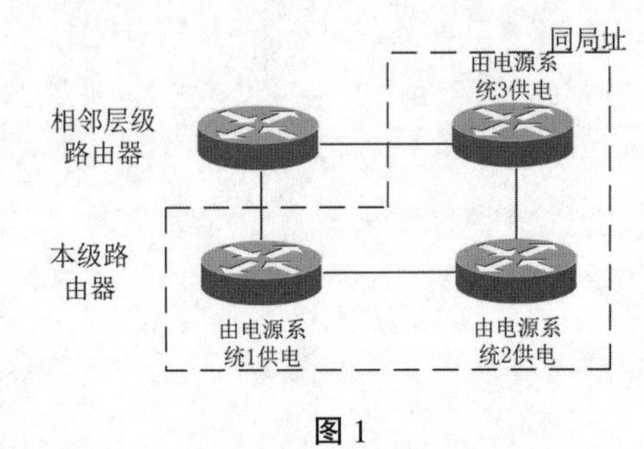

图 1

②本局址上下级相连的两台路由器由同一套电源系统供电，本级另一台路由器由另一套电源系统供电，如图 2 所示。其中任意一套电源系统发生故障，都不会影响业务。可以采用此种供电方式。

③本局址上下级不相连的两台路由器由同一套电源系统供电，本级另一台路由器由另一套电源系统供电，如图 3 所示。当电源系统 1 发生故障时，业务发生中断，两套不同电源系统供电没有起到保护作用。应禁止采用此种供电方式。

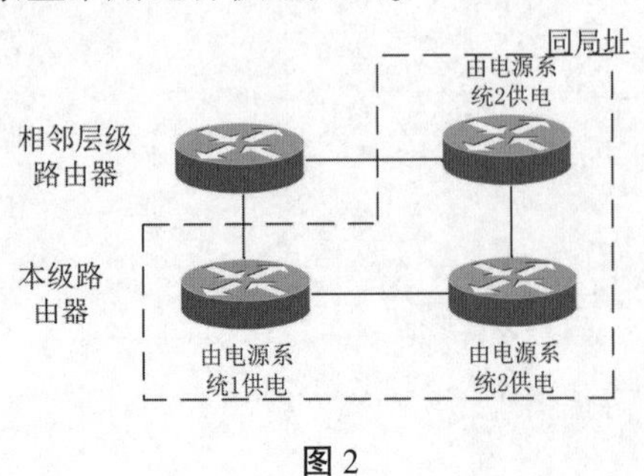

图 2

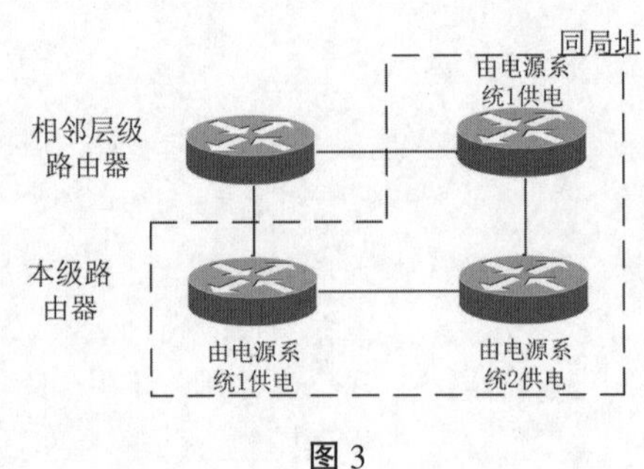

图 3

(3)如果口字形相连的相邻层级两台路由器都在本局址,分以下5种情况:

①四台路由器分别由不同的四套电源系统供电,如图4所示。其中任意一套电源系统发生故障,都不会影响业务。可以采用此种供电方式。

②四台路由器由不同的三套电源系统供电,其中一侧上下级相连的两台路由器由同一套电源系统供电,如图5所示。其中任意一套电源系统发生故障,都不会影响业务。可以采用此种供电方式。

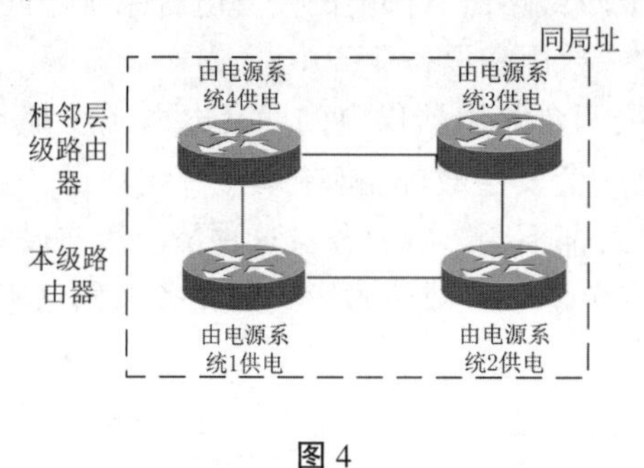

图4

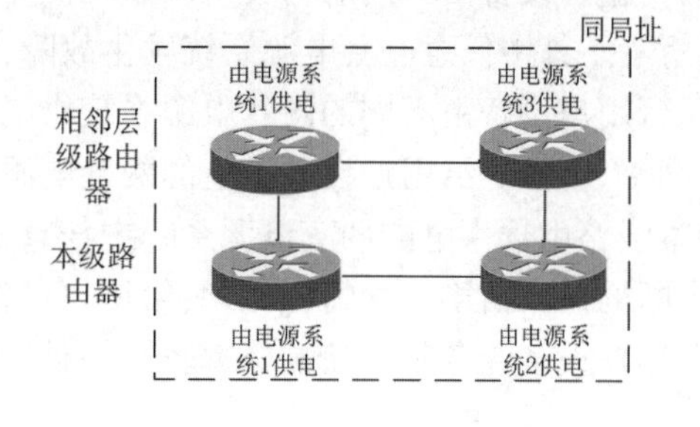

图5

③四台路由器由不同的三套电源系统供电,其中一对上下级不相连的两台路由器由同一套电源系统供电,如图6所示。当电源系统1发生故障时,业务发生中断,两套不同电源系统供电没有起到保护作用。应禁止采用此种供电方式。

④四台路由器由不同的两套电源系统供电,上下级相连的两台路由器由同一套电源系统供电,如图7所示。其中任意一套电源系统发生故障,都不会影响业务。可以采用此种供电方式。

⑤四台路由器由不同的两套电源系统供电,上下级不相连的两台路由器由同一套电源系统供电,如图8所示。其中任意一套电源系统发生故障,都会导致业务中断。其安全性低于同级成对两台路由器由同一套电源系统供电,严禁采用此种供电方式。

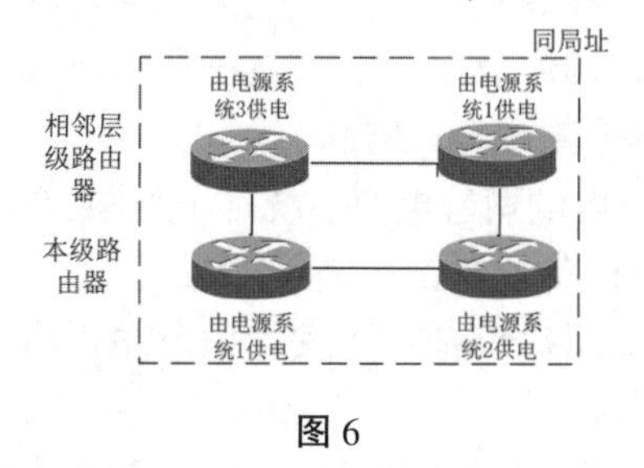

图6

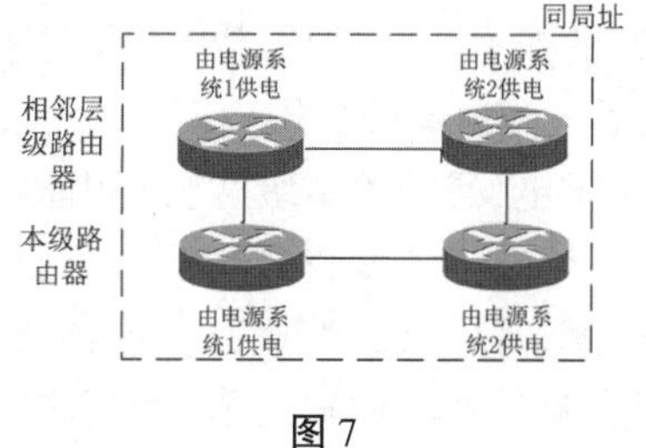

图7

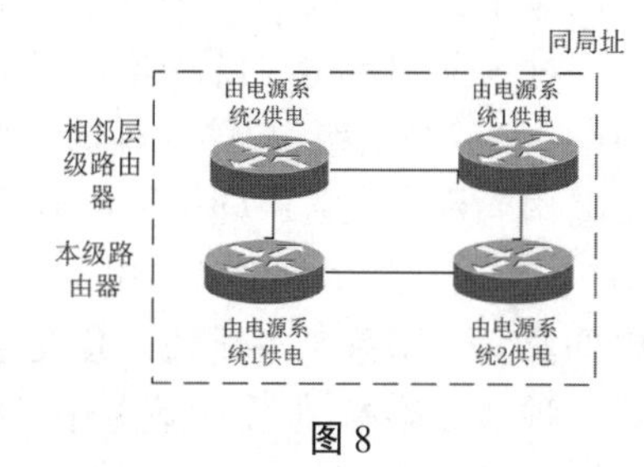

图8

(4)结论。两层级路由器口字型组网且由两套及以上不同的电源系统供电时,禁止一对上下级不相连的两台路由器由同一套电源系统供电,严禁每对上下级不相连的两台路由器都由同一套电源系统供电。

3　本级路由器与相邻层级路由器全交叉组网

全交叉组网如图9所示。显然,这种组网无论相邻层级两台路由器是否在本局址,均无须考虑相邻层级两台路由器有哪套电源系统供电,只需要求同层级膩及同局址成对部署的两台路由器由两套不同的电源系统供电即可。这种组网安全性和链路负荷均衡性都优于口字形组网。但这种组网占用的传输资源(或光缆线路资源)、四台路由器的端口资源均较口字形组网增加了一倍;路由器数据配置也复杂了许

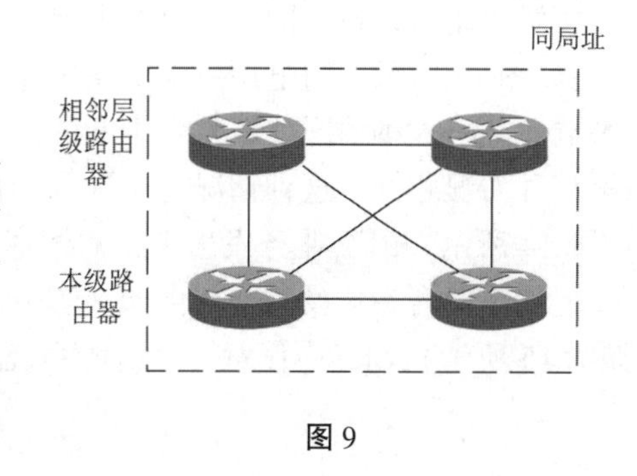

图9

多,路由器的 CPU 和内存资源占用也有所增加。故现网中较少采用全交叉组网。

4　本级路由器与用户设备(包括用户路由器)V 字形组网

(1)如果用户设备不在本局址,则无须讨论。

(2)如果用户设备在本局址,以两台用户设备为例进行讨论,分以下 4 种情况:

①两台用户设备由不同的两套电源系统供电,且与给本级两台路由器供电的两套电源系统相同,与如图 10 所示。其中任意一套电源系统发生故障,将导致其中一台用户设备业务中断。

②两台用户设备由不同的两套电源系统供电,且与给本级两台路由器供电的两套电源系统都不相同,与如图 11 所示。给用户设备供电的两套电源系统中任意一套发生故障,将导致一台用户设备业务中断;给本级路由器供电的两套电源系统中任意一套发生故障,都不会影响业务。这种情况用户设备业务发生中断的概率与第一种情况相同;给用户设备供电的一套电源系统故障时影响的业务面积也相同;发生两台用户设备业务都中断的概率较第一种情况略高。

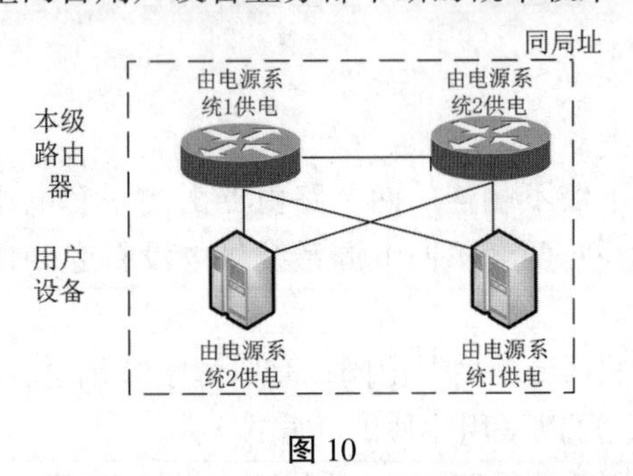

图 10

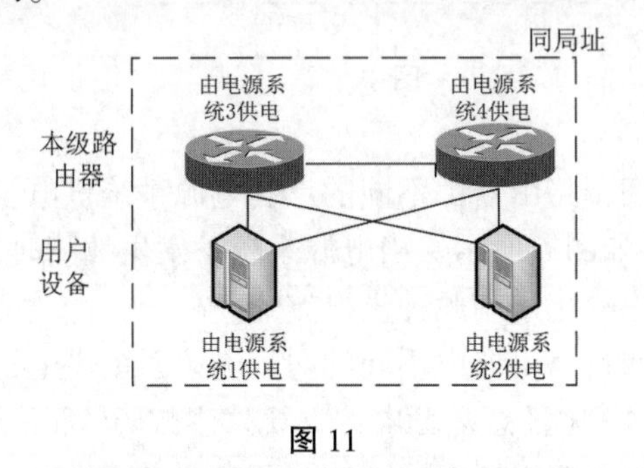

图 11

注 1:设电源系统 1、2、3、4 发生故障的概率依次为 P_1、P_2、P_3、P_4。第一种情况两台用户设备业务都中断的概率为 $P_1 \times P_2$,第二种情况两台用户设备业务都中断的概率为 $P_1 \times P_2 + P_3 \times P_4$。显然,第二种情况比第一种情况两台用户设备业务都中断的概率高。但按维护规程要求,端局及以上电源系统故障概率在 $10^{-6} \sim 10^{-7}$ 数量级,故第二种情况比第一种情况两台用户设备业务都中断的概率略高。

③两台用户设备由同一套电源系统供电,且与给本级两台路由器供电的两套电源系统都不相同,与如图 12 所示。给用户设备供电的电源系统发生故障,将导致两台用户设备业务都中断;给本级路由器供电的两套电源系统中任意一套发生故障,都不会影响业务。这种情况用户设备业务发生中断的概率与第一种情况略高,但发生业务中断时影响的业务面积比第一种情况大。

注 2:设电源系统 1、3、4 发生故障的概率依次为 P_1、P_3、P_4。第一种情况某一台用户设备业务发生中断的概率为 $\max(P_1, P_2)$,第三种情况用户设备业务发生中断的概率为 $P_3 \times P_4 + P_1$。显然,第三种情况用户设备业务发生中断的概率比第一种情况高。但按维护规程要求,端局及以上电源系统故障概率在 $10^{-6} \sim 10^{-7}$ 数量级,故第三种情况用户设备业务发生中断的概率比第一种情况略高。

④两台用户设备由同一套电源系统供电,且与给本级两台路由器供电的两套电源系统中的一套相同,与如图 13 所示。当电源系统 1 发生故障时,两台用户设备业务中断;当电源系统 2 发生故障时,不会影响业务。这种情况业务发生中断的概率与第一种情况基本相同,发生业务中断时影响的业务面积与第三种情况相同。这种情况与本级两台路由器及两台用户设备全部由同一套电源系统供电的情况(如图 14 所示)相比,业务发生中断的概率、发生业务中断时影响的业务面积均相同。

但如果两台用户设备全部由同一套电源系统供电,而本级两台路由器全部由另一套电源系统供电(如图 15 所示),则其中任意一套电源系统发生故障,都会导致业务中断,故严禁采用此种供电方式。

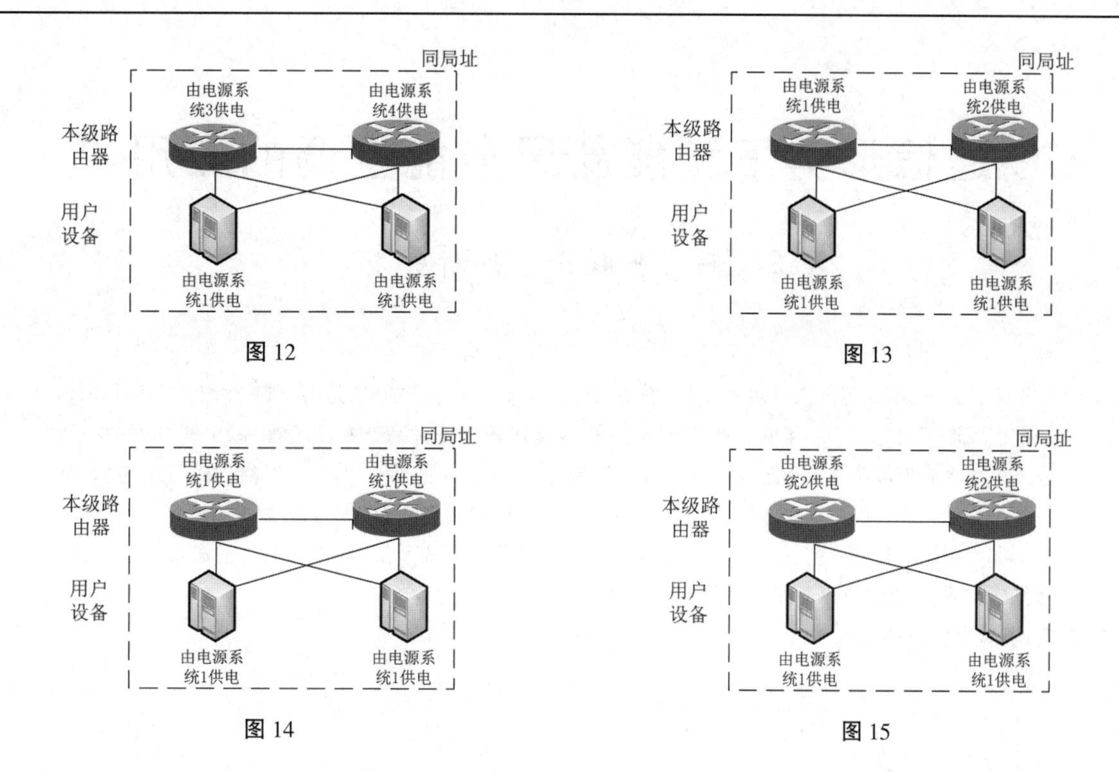

图 12

图 13

图 14

图 15

(3)结论。

多台用户设备尽量由不同的电源系统供电,且应均分在不同的电源系统上,以减小电源系统故障时影响的业务面积。当所有的用户设备只能由同一套电源系统供电时,成对的两台路由器使用两套不同的电源系统供电意义不大;但如果成对的两台路由器使用一套电源系统供电,必须使用给用户设备供电的那套电源系统。

5 结束语

在网络健壮性排查整治工作中,由安阳分公司动力专业吴天君同志的提醒启发了我们去思考这个问题,才开始着手写作本文,在此谨向吴天君同志致谢。本文写作过程中,与安阳分公司数据、传输、交换核心网、动力等专业人员进行了充分的讨论,并且他们将本文付诸网络健壮性排查整治实践中,在此谨向他们致以衷心的谢意。

文中谬误与不足之处还望各位不吝指教。

5G 通信形势下智能新风节能空调的应用

王　超　牛联峰　孙新庆

摘　要:近年来,为了遏制全球气候变暖,各国携手致力于碳中和工作,“做好碳达峰、碳中和工作”是我国未来重点工作方向之一。今年两会上,全国人大代表提出建立一批高技术高能效“碳中和数据中心”,数据中心将成为碳中和重要分支。现如今数字新基建如火如荼,但其也面临严峻的碳排放考验,如何让越来越大规模的数据中心每使用 1 kW · h 电产生更大的边际效益,为实现“碳中和”,数据中心又有哪些节能减排潜力待挖掘?本文介绍了智能新风节能空调系统,利用自然冷源解决机房高温、降低碳排放,智能化降低机房温度从而达到降低 PUE。

关键词:空调;数据中心;PUE

0　引言

数据中心是公认的高耗能行业,也是为数不多的能源消耗占社会总用电量比例持续增长的行业。过去十年间,我国数据中心整体用电量以每年超过 10%的速度递增,2018 年全年共消耗 1 608. 89 亿 kW · h 电量,超过整个上海市用电量。国网能源研究院预测,2020 年用电量将突破 2 000 亿 kW · h,占全社会用电量的比重升至 2. 7%;到 2030 年用电量将突破 4 000 亿 kW · h,占全社会用电量的比重将升至 3. 7%。碳中和是大势所趋,数据中心要实现碳中和,在降低 PUE 的同时,国际通用的做法包括购买碳减排量或绿电(含绿证)、投资可再生能源以及植树造林等。另外,还需要建立相应的碳排放核算及碳中和计算标准。未来,“能耗指标”及“碳排放指标”将会成为数据中心行业竞争的核心竞争力所在。

未来,数据中心在作为经济增长“新引擎”的同时,也将在中国“碳中和”目标的达成中担当起更重要的角色。建设高能效数据中心,持续提升产品方案科技含量,推动中国数据中心向更绿色化、低能耗、可持续的方向转变,是我们共同努力的目标。而数据中心的主要能源消耗在于电,Power Usage Effectiveness 的简写 PUE,是评价数据中心能源效率的重要指标,是数据中心消耗的所有能源与 IT 负载消耗的能源的比值;根据相关统计数据显示,数据中心的制冷功耗占机房总功耗的 40% ~ 50%,机房中的冷却主要是由机房空调负责,所以降低机房空调的耗电量可以有效降低机房的 PUE 值从而达到降低碳排放的目的。

近年来,通信行业在节能减排工作中,比较注重节能技术的创新应用,在国家强化节能减排目标责任制后,节能工作必然向整体规划布局、规模化发展,因此对节能的创新管理上必然提出更高要求。随着机房内的不断扩容,为实现机房节能降耗的目的,河南电信公司设计了一套智能新风节能空调系统,为机房的节能减排提供了全新的解决方案。

1　降低空调的能耗

如何降低空调的能耗,成为节能的关键。目前主流三种节能方式为:换气型、换能型和新型材料的应用。

1. 1　换气型

是将室外的冷空气引入室内,将室内的热空气排出室外,减少机房空调运行,达到节能目的。(新风系统、新风水帘)

1.2 换能型

是通过热交换器将室外冷空气的冷量与室内空气的热量进行交换,减少空调压缩机的运行时间,达到节能目的。(热交换、热管空调)

1.3 新型材料的应用

是通过新型材料的使用,缓解室内温度的升高,从而减少空调压缩机运行时间,达到节能目的。(空调制冷剂、外墙涂膜等)

2 智能新风节能空调系统

2.1 智能新风节能空调系统

智能新风节能空调系统主要组成部分如图1所示。

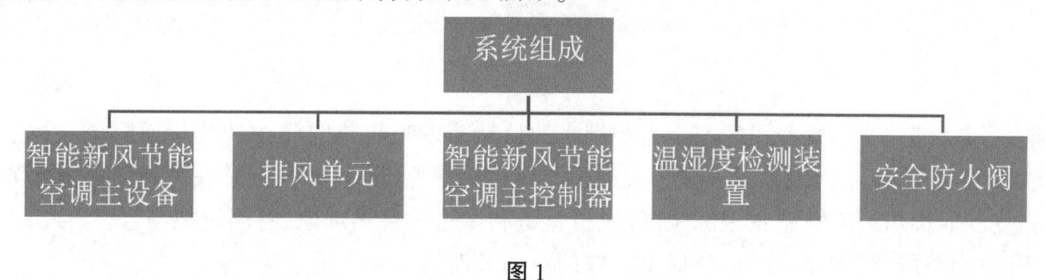

图1

(1)智能新风节能空调系统主机:将室外的空气经过滤网和湿帘过滤后蒸发降温送入机房,对机房内部进行降温,辅助空调运行,为系统工作主设备,整机功率1.4 kW。

(2)排风单元:将室内的热空气导出,与智能新风节能空调系统主机同启同闭,实现机房内空气循环达到降温目的整机功率0.35 kW。

(3)智能新风节能空调主控制器:系统集成单元(含显示面板,控制主板等),设备故障监测,环境温湿度检测,将数据各种状态呈现,并计算数据模型,智能化根据进出风启停命令下发进行参数的调测及设备运行状态的检测,通过检测机房内外的温湿度数据自动控制设备和空调的启停,整套系统的控制中心。

(4)传感器:采集室内外温湿度情况,并随时反馈至控制主机。

(5)防火阀:跟随消防系统联动,保障机房安全。

2.2 智能新风节能空调系统运行示意图

智能新风节能空调系统运行示意图如图2所示。

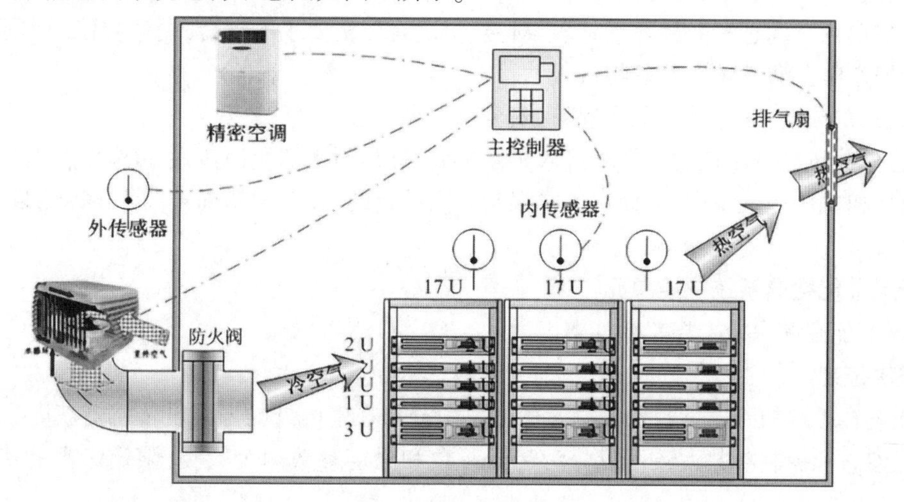

图2

2.3　智能新风节能空调系统工作原理

智能新风节能空调系统主机如图 3 所示：由风机、滤网、湿帘、进水阀、排水阀、抽水泵等组成。

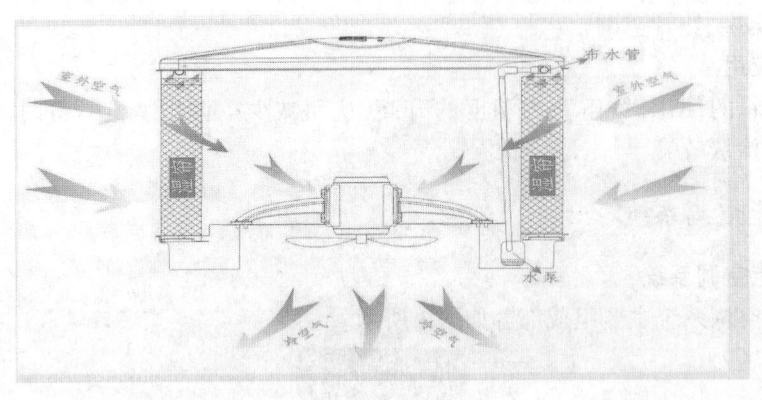

图 3

智能新风节能空调系统冷风的产生是利用水的自然蒸发吸收热空气中的热量而降低进风温度，即是物理学中的蒸发降温（制冷），这一现象在我们日常生活中常遇到，如我们站在海边时感觉特别凉爽，因水涂在皮肤表面风一吹就感觉很凉快，冷风机就是利用这一自然现象，将高科技与直接蒸发制冷技术相结合，开发出集降温、加湿、换气、环保于一体的空调节能机。

智能新风节能空调系统工作原理如图 3 所示：智能新风节能空调系统将室外的自然冷风，经过智能新风节能空调系统主机吸收湿帘的冷量后，经过过滤网过滤，将空气中的灰尘吸附在过滤网的进风侧，把洁净的冷空气从风口送到机房，对室内的下层热空气进行混合降温；同时，利用冷空气下沉热空气上升原理，利用排风单元将机房热空气排出室外，从而降低机房温度达到制冷的目的。智能新风节能空调系统投运后减少空调运行时间，单月节能率可达 70%以上，实现年均整体节能率 30%以上，降低机房空调电费。

3　智能新风节能空调系统特点

3.1　使用范围

智能新风节能空调系统适用场景：智能新风节能空调系统设备安装在机房室外，不占机房内部空间及地面位置，排风机在壁内置安装，也不需要占用机房位置空间，故水帘风系统还适用于空间紧凑的机房，安装方式多样化，可落地安装，壁挂安装，楼顶下翻安装多种方式，满足各种复杂机房条件。适用于所有的机房，机房内空调越多能耗降低越多，对温、湿度有严格要求的场合，更适合使用本系统。

3.2　智能新风节能空调系统主设备特点

整机外壳一次成型，完全杜绝漏水现象，安全有保障。

室外的自然冷风经过主机滤网外壳进入蒸发过滤网层，因水的快速蒸发而吸收空气的热量，使得空气降温，再由风机加压送入室内，从而达到降温与通风的目的，设备水槽内未蒸发的水落回底盘，形成水路内循环（见图 4）。

3.3　智能新风节能空调系统主控单元

智能新风节能空调系统主控单元如图 5 所示。

3.4　智能逻辑控制

（1）智能逻辑控制的判定参数和控制参数主要由分布在室内外的温湿度传感器获取。

（2）判定参数和控制参数大致可以分为运行参数和限定参数两个大类，限定参数的优先级别高于运行参数。

（3）利用室内外传感器经过主控单元收集数据并进行数据建模分析，根据数据分析结果动态调整运行参数，实现智能新风节能空调系统与机房精密空调联动控制，动态化调整机房温度，调整空调启动

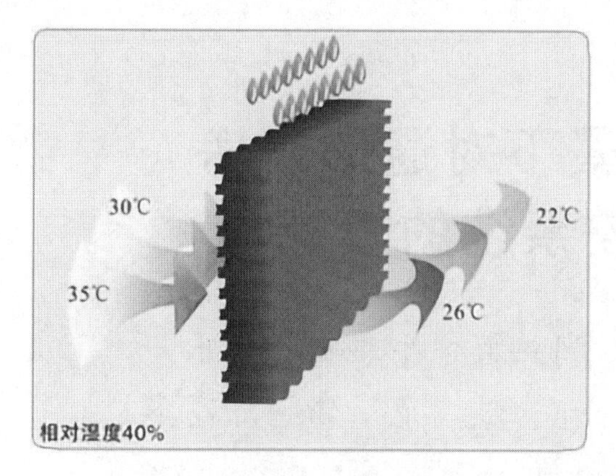

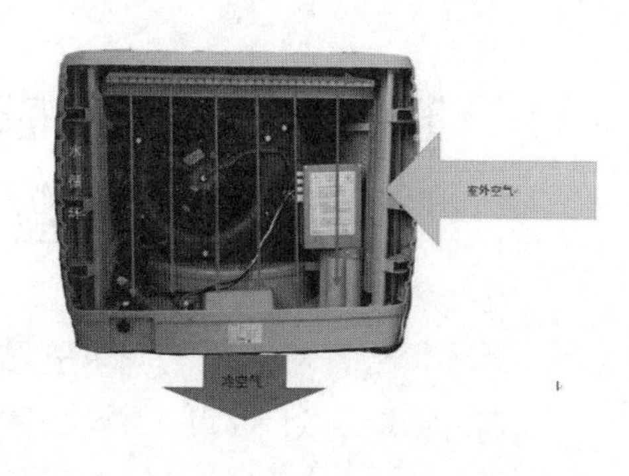

图 4

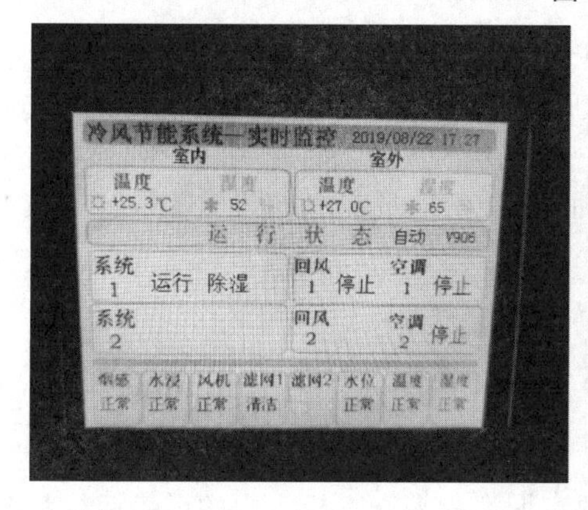

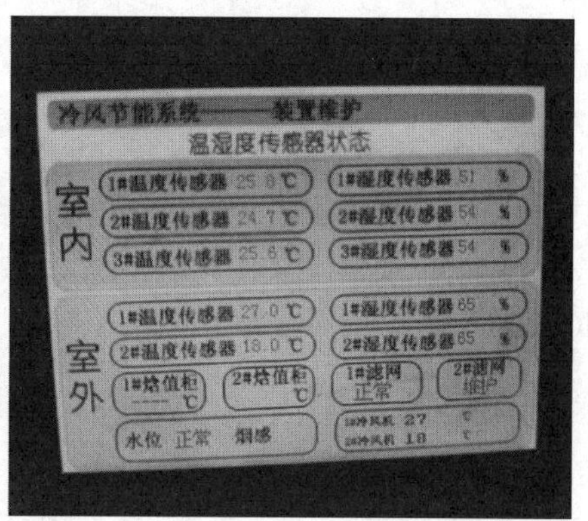

图 5

频率从而降低机房 PUE,达到降低碳排放。逻辑控制主要包括:

当室外温度低于 20 ℃(可配置参数),控制器优先开启智能新风节能空调系统,不启动机房空调。

当室外温度高于 20 ℃(可配置参数)时,若室内温度达到 22 ℃(可配置参数),启动智能智能新风节能空调系统;若室内温度升高到 28 ℃(可配置参数),关闭智能新风节能空调系统启动空调,达到充分的节能效果。

当室内温度达到高温报警温度时,同时启动智能新风节能空调系统和机房空调,以保证机房空调工作异常时的机房降温要求。

当室内温度低于 18 ℃(可配置参数),智能新风节能空调系统停止工作,同时关闭空调。

(4)限定参数主要控制系统特定情况时各组成部件的运行状态。

4　结语

总而言之,伴随着 5G 新技术的不断快速发展和广泛应用,数据中心机房的大量建设投产,为实现“碳中和”,数据中心需要大力使用新的节能技术,挖掘节能潜力,从而降低 PUE;智能新风节能空调系统利用自然冷源将室外冷风经过湿帘吸收了水中热量,变为冷风(通常降 3~10 ℃)进入机房,同时已将湿度带入机房,并降低空调启动频率,节省空调能耗,机房 PUE 大大提高,而且智能新风节能空调系统在气候条件较好的地区可 12 个月全天候开机运行,相比于传统机房空调更节能。

基于5G技术背景下对通信机房动力环境监控系统的设计

王俏蕊　刘　平　白宇洁　闫正群　牛联峰　周乐天
孙新庆　刘　勇　李二凯　郑　斌　范　伟　陈高华

摘　要：随着通信技术的快速更新，机房内的服务器等IT设备负载量剧增，规模也愈发壮大，复杂度也随之变高，对动力设备的需求也越来越严格。因此，动力设备作为整个机房的"心脏"，对动力与环境所设计的监控系统也需与时俱进。文章首先进行了监控系统的基本需求进行描述，然后结合实际机房状况，依据5G技术，对系统的整体框架与性能进行详细分析，最后对通信动力环境监控系统进行具体设计，为机房内各IT设备提供安全可靠、持续稳定的动力保障。

关键词：5G技术；实时监测；动力环境；监控系统

1　前言

目前，在我国，大多数通信局站中的机房都需要定期巡检来查看机房内的设备运行状况，有些级别较高的A、B类机房等均需要专人值守，每天定时巡检机房以排查机房隐患与故障。这种选用专人值守机房的方法固然有一定优点，在短时间内节省了一部分投资，但伴随着机房业务量的增加、设备使用寿命的缩减，却在一定程度上增加了人工投资。同时，机房负载率的升高，要求动力设备的数目也随之变多，进而需要实时监测的设备参数也剧增。对动力系统而言，主要的设备参数包括电流、电压、温湿度、烟感、火警等信息。故障发生时，除了解决故障，还需依据运行信息来初步判断发生故障的原因。但是采用人工定时巡检的方式基本不能精准的获得所需参数，同时也会造成故障分析的原因不够全面。

另一方面，目前的监控系统仅仅做到实时监测与数据记录，发生故障时通知维护人员前去处理，在一定程度上也增加了人工投资。但故障前期类似隐患，存在潜伏期，设备发生故障时会有某些参数存在波动，可以依据参数波动进行故障预测，避免故障突发造成损失[1]。但是这些信息是无法通过人工定时巡检的方式准确获得的。因此，为局站的动力与环境实时监测设计一个高效、具有预测功能等以及运行设备的实时监控十分必要的。

2　5G技术的先进性

目前大多数通信局站采用的是传统方式的动力与环境监控系统。采用集约化管理，网管厂家搭建的平台非常多，彼此之间互不开放，仅通过接口上传告警至另一综合平台。但是，因为底层的数据采集器所用器件老化、寿命降低、产品技术较为落后，所以直接导致在机房内设备采集的数据较多时，上位机侧的监控界面数据刷新较慢，甚至卡死造成某一设备监控中断。同时由于数据传输线路布置复杂，后期动力设备定期淘汰与更换，造成了底层设备监控数据的采集、管理与维护均具有很大困难。

但由于5G通信具有"更高网速、低延时、高可靠、低功率海量连接"等的特点[2]，目前基于5G通信技术所设计的动力与环境监控系统就能够解决传统动环网管系统中的数据上传较慢、存储量大、查找记录速度慢等的问题。通过5G技术还可定期自动上传网管中的历史告警记录至云，方便随时查询，同时可以减小网管系统内存，更进一步方便了动环网管的集约化管理。

3 监控系统的新增功能

所设计的动力与环境网管监控系统的监测对象主要是对通信局站内的高低压配电、UPS、开关电源、高压直流、发电机等动力源设备、精密空调、机房内环境和门禁等,对他们的各项参数进行实时记录跟踪,具有“遥测”“遥调”等基本功能。

与传统的网管监控系统直接读取设备监控屏幕参数相比,增加了与设备进行通信时的进程的自我刷新,在一定时间内接收不到设备的参数时,发出报警,避免了传统网络监控系统中现场设备的监控单元吊死而监控显示无告警等的问题。同时系统还能够在机房内有突发故障告警,依据提前设定好的告警级别、时间、故障点等的详细信息,通过声光告警、短信、电话等的形式来进行通知各个有关工作人员,直接派发给相关机房专业负责人,提高警惕,随时追踪故障处理进展。

4 系统整体设计

4.1 主站监控系统

基于5G通信技术的动力环境监控系统总体结构图如图1所示。从图中可以知道,主站监控系统主要由两个组成部分。

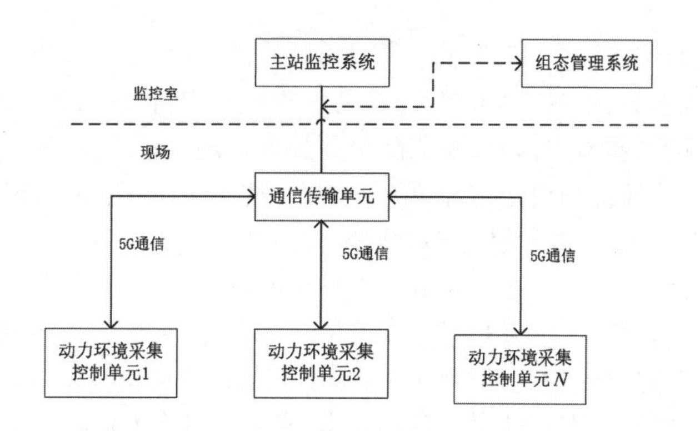

图1 基于5G通信技术的动力环境监控系统总体结构图

4.1.1 现场

现场指的是在通信机房内,对各种动力设备及环境设备的各项参数等的现场采集模块单元。它们被用来实现对各个参数的采集,并对采集到的数据进行处理分析,根据处理结果的相关管控。当检测到某一参数出现异常时,发出声光告警。

在机房内部,现场所需采集到的动力与环境参数信息主要可以分为三个部分:

(1)机房动力源设备的参数采集,如基本的电能信息,包括电压、电流、熔丝的温度、耗电量、运行时间等的信息。

(2)机房内的环境的参数采集,如环境的温湿度、门禁、水浸等信息的统计分析。机房内温度过高会造成电力线缆加速老化,甚至有可能引起火灾;而湿度过高则有可能造成线路短路和设备连接线的腐蚀;门禁信息,可以随时查卡看进出机房人员记录以及进出机房是否关好机房门,防止尾随或不明人员进出等。

(3)动力设备出现难以人为发现的故障的检测判断,如蓄电池漏气、机房内部的一氧化碳、二氧化碳的气体浓度等一些难以人为察觉的烟感参数信息。这些烟感信息参数是火灾发生前的一个重要警示信息。

此外,除以上均需借助传感器检测的参数外,还必须借助视频监控,对机房进行区域监控,动态实时关注通信机房内的施工状态、人员进出以及机房环境等,防止人为损坏机房安全或者设备[3]。

4.1.2　监控室

监控室主要指的是上层监控系统即上位机。该组成部分远离现场,通过远端监控,以便支撑人员对机房各项参数进行管控。

4.2　组态管理系统

从功能上讲,组态管理系统主要是将主站监控系统中的某些参数信息,通过一定传输网络获取以后,在某一设定好的组态界面上进行展示。组态界面可以视为随时可移动的一个灵活性的展示系统,终端可以使电脑、手机、智能平板电脑等设备,仅通过一个客户端,根据不同级别以及机房负责人、专业负责人等的不同设置相应的终端权限,可以做到第一时间掌握机房内各设备参数的动态信息,避免了传统网络监控中通过工单的生成来人为管控机房突发故障等的问题,不仅使维护人员更加快捷方便清晰地了解现场中的各个设备参数的具体信息,有助于提高巡检管理效率,同时降低网络维护中心值班人员的工作量。

组态管理系统是一种根据不同应用定制的系统,将故障信息通过声光告警、短信、电话等的形式来进行通知各个有关工作人员,直接派发给相关机房专业负责人,提高警惕,随时追踪故障处理进展,来满足不同人群的实际应用需要[3]。

5　智能化运用

在机房中的动力设备监测系统中,借助三维模型的搭建,将其与动环系统中原有的数据库进行互联互通,通过点击相应的三维模型,可以更为直观地看到设备的电能路由信息,以及设备自身运行时间、耗电量、功率、电流和电压等的基本参数信息,不但能够更加有效地对动力设备或机房环境进行可视化以及智能化的管理,而且还可以通过与组态管理单元相结合,利用手机、电脑、智能平板电脑等多种终端来对动力设备等运行时的信息和数据参数进行随时调取与曲线分析[4]。

值得一提的是,所设计的系统还具有一定的硬件复位的作用,即对设备自带的监控软件和所用的外接电源的运行状态进行实时监测,一旦发生监控屏幕吊死或者控制程序出现频繁失控、无法自动重启时,系统可以在依据事先制定好的强制复位程序进行强行重启,重启指令下发后,也可快速有效地恢复到原有执行的监控程序,有效地确保了动力设备的安全、平稳和可靠的运行[4]。

6　总结

随着通信网络的不断扩展,通信局站的规模愈发强大,而对局站内的动力源设备与机房环境的要求也愈发严格,它们需确保无时无刻都能够为通信系统提供安全可靠平稳的运行环境。故而,为了满足通信系统日益增长的电能需求,就需要对机房中的动力与环境进行实时的自动监视和有机管理。基于5G通信技术下的机房动环系统的监测,解决了传统网管中数据量大、数据传输慢等的弊端,在一定程度上通过数据收发进程的自我诊断解决了因设备老化使某些设备监控单元吊死而导致监控无法精准监测的问题。同时,系统自动对所采集到的各种数据进行备份并定时上云储存和自我分析,也进一步为确保通信设备的平稳运行提供了较为可靠充分的决策支持[5]。

参考文献

[1] 尚红安. 基于物联网技术的通信动力环境监控系统设计[J]. 信息通信,2018,(11):187-188.
[2] 李加军. 基于4G网络的动力环境监控系统开发[D]. 大连理工大学,2019.
[3] 刘喜庆. 基于泛在网络的智能消防物联网监控系统设计与开发[D]. 南京邮电大学,2019.
[4] 王佳慧. 基于物联网技术的变电站智能辅助控制系统设计[D]. 北京:华北电力大学,2013.
[5] 张丽娜. 基于物联网技术的危险废液监控系统设计[D]. 北京:北京邮电大学,2013.

运营商自有产权局站能耗成本综合管控模式的探索与创新

郑 露 高 扬 张艳卫 曲 强

摘 要:中国电信洛阳分公司以连续三例的创新首创了局站能耗成本的综合管控模式。以“自有局站月度能耗台账(创新工作方法)”为纲,为所有生产局站的实际用电量提供一个标准;以“极简架构的县级公司能耗管理模型(创新工作方法)”为镜,将所有与自建用电量台账数据不符的局站清晰、完整地展现出来;以“使用‘网上国网APP’分析局站用电异常(创新工作案例)”为器,把局站用电异常的原因分析透彻。

关键词:用电量异常;自建能耗台账;能耗管理模型;网上国网APP

1 前言

2020年是河南电信发展的关键之年,洛阳分公司网络运营部在省公司“1335”整体工作思路的指导下,利用网络全面升级的契机,深入挖掘在降本增效大背景下能耗管理的新思路、新技术、新方法,在实际工作中持续输出了多例关于自有产权局站能耗管控方面的创新工作方法或案例。将这些创新有机地结合起来之后,我们得以形成一整套关于自有局站生产能耗的综合管控模式,对网络运维层面的能耗成本管控起到了良好的效果。

自有产权局站的能耗成本管控主要分为两大部分,分别是电费的管控和应急发电费的管控,本文主要讨论电费部分管控模式的探索与创新。应急发电费的管控部分已经先行成文并发表于中国通信学会主办的通信电源技术《2020年中国通信能源会议论文集》,国内标准刊号为CN42-1380/TN、ISSN1009-3664,增刊2020年9月期。

2 创新的背景

对于局站用电及收费金额异常的情况,运营商惯用的方式大多是根据财务报账数据的TOP10进行分析。这种后知后觉的管控模式无法满足管理的及时性和有效性,也缺乏强有力的数据支撑,在处理过程中往往因为对方的拒不配合或故意掩饰宣告无功而返!

为了扭转这个局面,网络运营部动力环境专业在现有动环监控平台的基础上,通过持续性的设备校准、整修和参数优化,在不增加任何成本的条件下解决了自有局站用电计量的问题,事实证明从我方动环监控系统提取的用电量数据与国家电网正常计量数据的偏差度整体不超过5%。同时,我们通过对国家电网官方APP程序及其开放数据的挖掘分析,找到了一套用于稽核局站用电量跑冒滴漏或排除外界干扰的有效方法。

3 创新的思路

要查明和解决局站电费超标的问题,必须要具备三个必要的前提条件。其一要能掌握一套完全自主的局站用电量实测数据,其二要能及时发现供电公司收费用电量与我方不一致的情况,其三要能使用有效的数据分析方式并凭借权威的用电数据查明用电异常的真实原因。按照这个思路,我们在2020年度首创了连续三例能耗管理创新案例并基本达成了预期的管控目的。其中,以“自有局站月度能耗台账(创新工作方法)”为纲,为所有生产局站的实际用电量提供一个标准;以“极简架构的县级公司能耗管理模型(创新工作方法)”为镜,将所有与自建用电量台账数据不符的局站清晰、完整地展现出来;以“使用‘网上国网 APP’分析局站用电异常(创新案例)”为器,把局站用电异常的原因分析透彻。最后通过网络运营部的牵头、引导、支撑,以点带面地调动起各个区县营业部的能耗管控积极性,达到净化内、外部用电环境,最大限度杜绝局站用电跑冒滴漏的目标。

4 创新的实施方案

4.1 建立自有产权局站用电量台账

动环监控平台是建立局站用电量台账的基础。从 2018 年 10 月起,我们指导并推动维护公司花费 4 个多月的时间将动环平台中的智能电表硬件、软件层面的问题或故障进行了彻底的清理和整治,使得我们真正开始具备自主、自由地从动环平台提取任何局站、任何时段原始用电量数据的能力!2019 年 4 月起,我们开始发布第一版洛阳分公司自有产权局站的月度用电量台账。

局站月度用电量台账像一把标尺,给洛阳分公司所有局站提供了实际用电量的参考标准,我们可以基于这个标准来判断供电公司的收费电量是否存在异常。从此我们可以在收到供电公司催费账单的第一时间完成用电量数据比对,尽早地发现和处理收费用电量超过实际用电量的状况。经过两年时间持续使用和优化后的用电量台账详见表 1。

表 1

序号	局站	营业部	能耗异常情况说明	年总电量	202101合计(度	1月平均负载总电流	202101月PUE
53	洛宁县西山底基站	洛阳洛宁		5348.2	1829	40.55	1.07
54	洛宁县兴华基站	洛阳洛宁		5065.1	1733.4	41.05	1.00
55	洛宁陈吴基站	洛阳洛宁		5575	1971.7	48.05	0.97
56	洛宁凡村基站	洛阳洛宁		6420	2192.1	47.9	1.08
57	洛宁县杨坡基站	洛阳洛宁		4289.71	1204.52	28.45	1.00
58	洛宁小界基站	洛阳洛宁		5149.54	1827.22	41.9	1.03
59	洛宁陈吴乡上西沟基	洛阳洛宁		6432.42	2184.07	46.15	1.12
60	洛宁县草庙岭基站	洛阳洛宁		6277.68	2216.65	49.6	1.06
61	孟津公安局基站	洛阳孟津		11356.45	4023.24	97.1	0.98
62	孟津小浪底建管局基	洛阳孟津		5673.48	1981.04	44.2	1.06
63	孟津朝阳游王基站	洛阳孟津		7122.32	2419.1	54.55	1.05
64	孟津会盟高中基站	洛阳孟津		14530.85	4943.17	114.85	1.02

最新版本的用电量台账设计的核心管控要素包括标准局站名称、归属区域、即时年度总电量、月度电量、月度平均负载电流值、月度平均 PUE 值等,每月增加当期的三列能耗数据并以此模式累积当年所有月份的能耗数据至一张表格,以此达到在一张表格内纵向监控区域局站能耗总量、横向监控单个局站能耗趋势的管理效果!

4.2 搭建县公司级别的能耗管控模型及优化

但在实际的工作中,个别网运部已经发现并交由县公司继续跟盯督办的局站用电异常事件经常由于人力的原因而被忽略或者搁置,这暴露出网运部对局站用电集中管控模式的不足和县公司对能耗管控工作的不重视。

经过充分的调研与分析,我们根据县公司报销能耗费用时存在的主要问题,在结合了报账人员合理意见之后,针对性地设计出一套既能方便人员报账,又能兼具最基础能耗费用管控功能的表格,以期用极简的架构建立起县公司级别的能耗管理模型。利用这个模型,县公司可以将与能耗费用相关的工作从机械化、流水账的模式引导至具有实际意义的基础管理模式,实现对异常用电局站的及时发现和严密管控。

该能耗管理模型由两个部分组成。第一部分为基础信息,包括标准局站名称、电表户号、用电协议编号、供电性质、电费单价等。第二部分为动态信息,包含每月的供电局催费用电量、电信自建用电量台账信息等两项内容,填报形式为逐月累积、年度汇总。第一部分是基本固定的内容,各县公司一次准确填报完成后即可固化成形,没有局站增减、电费单价变化等特殊情况则终年不变。第二部分是需要每月动态补充进去的内容,需要县公司手工录入,一共 2 列数据工作量很小,年度汇总完成后也将在一张表格中形成 24 列动态信息。模型设计思路如下。

(1)确定能耗主体。县公司必须按照网运部月度发布的能耗台账中的在运行局站确定能耗主体,并且在管控全程必须引用能耗台账中的标准局站名称。此举目的除限定产生能耗费用的对象外,也为后续从电信自建能耗台账中挂取数据提供了唯一关联项。

(2)确定供电局电表户号、能耗系统实体编码、物理站址编码。此三项内容均为与单个能耗主体存在唯一对应关系的其他专业管理系统的关联项,确保唯一性的同时预留了与其他专业表格的关联口径,为今后进一步扩展模型功能做好准备。

(3)确定电费单价。由县公司网络部和报账员根据往期发票或用电协议登记每个局站的实际电费单价,做到价有可依。从单价数据也可大致分辨出局站供电性质是高压直供、低压直供或第三方转供中的哪一种,以供电性质字段进行反向比对则可以验证单价数据的准确性。

(4)引入电信自建用电量台账中的动环系统监控用电量并以月度形式动态录入。月度数据成形后即可在一张表格中直观地看到单个局站月度监控用电量的环比增减趋势,年度数据成形后更可看到单个局站监控用电量的同比增减趋势。此处数据由于取自我方的自有监控平台,所以其真实性和可用性具有百分之百的保证,也是全部能耗管控措施的根本依据。县公司可以根据网运部每月月初通报的台账数据,利用“标准局站名称”字段轻松挂取数据,每次用时不超过 5 min。

(5)引入供电公司催费用电量并以月度形式动态录入。月度数据成形后即可在一张表格的相邻两列清晰地比对出单个局站的当月用电量是否存在异常,如有异常亦可与前后各月的数据进行横向对比,从而找出异常初始时间点,为能耗纠错提供可信的分析依据。县公司可以根据当地供电局提供的电子表格催费账单,利用“电表户号”字段轻松挂取数据,每次用时不超过 5 min。

目前优化形成的模型配套管控表格详见表 2。灰色部分为基础信息,未填色部分为动态信息。

表 2

序号	区县	费用对象名称	直供电用户编号/转供电合同编号	费用对象编码(JZ/JF开头)	物理站址编号	基站类型	用电形式	含税电价(元)	1月供电局催费电量	1月台账用电量	2月供电局催费电量	2月台账用电量
1												
3												
4												
5												
6												
7												
8												
9												
10												
11												
12												

根据以上能耗管理表格的基本模型,我们在基本 10 列管理信息的基础上,通过对不同字段之间的简单运算或操作,还可以在同一表格中实现另外一些扩展管理的功能。举例如下:

(1)将单个局站电费单价与催费用电量相乘可以得出催费金额的数据,区域内所有局站的催费金额纵向求和即为当期财务报账的电费总金额。

(2)将单个局站的月度催费金额逐月累加,即可得出特定期间内或年度总电费金额。

(3)将当期以外的动态信息隐藏,并在催费电量的右列插入电费金额后打印表格,可以作为县公司财务报账的原始书面凭证。

以极简架构实现能耗管控的责任划小,不仅仅是建立一个对能耗管控工作创新性的落地与执行机制,其本身也体现出节能降耗、提质增效整体工作部署的核心内涵,那就是以最小的成本、最高的效率去完成既定的任务。基于当前县级公司的人力配置和实际工作量,以 8 列固定数据加 2 列月更数据的统计模式,可以便捷地实现超过 5 种以上能耗管理数据的分析和汇总,不失为一套现阶段较为可行的管理方法。同时,作为能耗划小管理工作的必要组成环节,也将极大地弥补网运部局站用电集中管控模式的不足,有助于尽快形成市、县两级公司对生产能耗齐抓共管的良好氛围,并将任何时间出现的用电异常局站毫无遗漏地呈现在我们面前。

4.3　处理电费异常的实操方案

我们拥有了自主的、有说服力的局站基础用电量数据,又创新了严密、高效地核查局站用电异常的管控模式,接下来如何将查出的用电量异常问题及时处理掉成为重中之重的任务。

我们以孟津县公司大批量局站收费用电量超标的案例为分析对象,将我们创新性地利用国家电网“网上国网 APP”查证、处理电费超标的模式进行详细地介绍。

2020 年 7 月,孟津县公司的能源费报账申请单中出现了 8 例大幅超标,用电异常局站占该县局站总数的 42%。网运部立即通知县网络部按照前文所述的“县级公司能耗管理模型”开展进一步的分析,分析思路以拉长数据统计周期、增加局站归属供电所为主,当时结果详见表 3。

表 3

区县	费用对象名称	5月供电局催费电量	5月台账用电量	5月实际与台账差额	差额占比	6月供电局催费电量	6月台账用电量	6月实际与台账差额	差额占比	7月供电局催费电量	7月APP电量	7月台账用电量	7月实际与台账差额	差额占比	所属电站
孟津	孟津会盟高中基站	5065	5066	-1	0.0%	5476	4969.78	506.22	9.2%	5594	5094	5086.98	507.02	9.1%	会盟电站
孟津	孟津会盟二面基站	2980	2383.5	596.5	20.0%	2651	2354.5	296.5	11.2%	3017	2517	2417.8	599.2	19.9%	
孟津	孟津会盟东良基站	3652	3160.04	491.96	13.5%	3524	3106.07	417.93	11.9%	3545	3245	3228.54	316.46	8.9%	
孟津	孟津会盟机房	1922	1922	0	0.0%	1895	1894.46	0.54	0.0%	1833		1831.25	1.75	0.1%	
孟津	孟津白鹤油坊基站	3004	2190.29	813.71	27.1%	3074	2092.25	981.75	31.9%	2343	2343	2117.63	225.37	9.6%	白鹤电站
孟津	孟津白鹤镇赵岭基站	2140	1622.97	517.03	24.2%	2313	1698.39	614.61	26.6%	2082	1713	1761.17	320.83	15.4%	
孟津	孟津华阳产业聚集区基站	2523	2010.89	512.11	20.3%	2248	1926.46	321.54	14.3%	2511	2011	1988.3	522.7	20.8%	
孟津	孟津平乐马村基站	3141	2986.3	154.7	4.9%	3217	2925	292	9.1%	3281		3011.1	269.9	8.2%	平乐电站
孟津	孟津平乐供销社基站					2756	2855.1	-99.1	-3.6%	2146		2790.6	-644.6	-30.0%	
孟津	孟津平乐机房	1273	1156.11	116.89	9.2%	1419	1161.48	257.52	18.1%	1412		1060.83	351.17	24.9%	
孟津	孟津主局机房	20698	20062.5	635.5	3.1%	20231	19503.2	727.8	3.6%	20853	20853	18637.5	2215.5	10.6%	城关电站
孟津	孟津农贸路机房	1574				1639				1684		1674	10	0.6%	
孟津	孟津公安局基站	3509	3576.02	-67.02	-1.9%	3530	3571.68	-41.68	-1.2%	3685		3726.34	-41.34	-1.1%	
孟津	孟津朝阳游王基站	3617	2989.5	627.5	17.3%	3360	2942.25	417.75	12.4%	3761	3261	3167.5	593.5	15.8%	朝阳电站
孟津	孟津马岭基站	2623	2752.5	-129.5	-4.9%	2769	2701.5	67.5	2.4%	2894	2833	2761.3	132.7	4.6%	常袋电站
孟津	孟津送庄镇梁凹基站	3078	2787.76	290.24	9.4%	3486	2853.3	632.7	18.1%	3327	3327	2985.59	341.41	10.3%	宋庄电站
孟津	孟津麻屯机房	2464	2469.74	-5.74	-0.2%	2442	2463.43	-21.43	-0.9%	2455		2493.74	-38.74	-1.6%	麻屯电站
孟津	孟津横水机房	435				419				438					横水电站
孟津	孟津小浪底机房	1352	1351.85	0.15	0.0%	1830	1831.57	-1.57	-0.1%	1802		1800.6	1.4	0.1%	小浪底电站

由此我们得出两点结论:

(1)八个基站中有六个从 4~5 月起开始持续产生超过 10%的用电量偏差,有两个曾经出现单月的偏差减小。

(2)八个基站共涉及四个乡镇供电所,尤其是会盟所和白鹤所,所辖区内所有电信基站均有用电量的偏差。我们怀疑是有人为因素!

经历了与当地供电公司常规沟通协调工作模式的失效后,我们在无奈中选择了利用国家电网的开放数据平台“网上国网 APP”查询分析用电数据的方式,事实证明收到了奇效!

APP 查询到的局站月度用电量竟然有六个不同于乡镇供电所的催费电量,反而与我方能耗台账的数据一致!这一方面说明我们动环平台计量的数据完全准确、可信,另一方面说明国家电网的真实计量数据在基层供电所这个环节被人为修改过。

另外,两个“网上国网 APP”查询月度用电量与供电所催费用电量一致的基站,我们也在 APP 的日用电量查询界面中发现了惊喜!在对 8 月前 16 d 数据的监测对比后发现,这两个基站分别各有 3 d 的用电量存在较大差异,正是这 3 d 导致了整个月份内产生了 428 kW · h 和 209 kW · h 电量的差别,其余时间双方数据基本一致。这种情况可以基本判定双方的计量设备都没有问题,但其中个别日期的计量差异是由于在电业局电表与我方电表之间临时加入了用电设备或原始计量数据被修改导致的。详细分析见表4。

表4

局站	D1	D2	D3	D4	D5	D6	D7	D8	D9	D10	D11	D12	D13	D14	D15	D16	合计(度)	差异量
-	20200801	20200802	20200803	20200804	20200805	20200806	20200807	20200808	20200809	20200810	20200811	20200812	20200813	20200814	20200815	20200816		
[illegible]	73.18	72.42	70.37	78.81	71.21	69.88	67.82	67.68	70	70.56	68.22	70.08	65.2	69.44	68.31	48.2	1114.6	
APP查询数据	74.97	72.46	70.56	78.61	71.81	70.26	67.84	67.72	48.84	[illegible]	[illegible]	[illegible]	45.28	69.47	68.67	68.21	1542.88	[illegible]
[illegible]	99.36	99.3	101.18	98.7	81.28	82.72	88.16	93.18	96.57	87.43	95.61	94.88	94.75	94.16	94.04	91.28	1632.17	
APP查询数据	[illegible]	62.3	102.6	180.5	86.7	94.5	93.9	93.9	97.4	[illegible]	[illegible]	98.3	97.5	96	96	91.8	1741.5	[illegible]

通过对“网上国网APP”的使用和分析,我们达到了“以其之矛、攻其之盾”的管理效果,之前在与供电企业各级机构、各级人员的沟通协调中无据、无力的被动局面至此也得以彻底扭转,并且经过深入了解,该APP目前已经实现对公直供电户号下三年之内月度用电量数据的查询,并且支持对单个户号下连续7 d或30 d内每日用电明细的查询,着实是我们分析和管控能耗成本的好工具!

5　应急发电费创新管控模式简介

该创新依托于现有的动力环境监控平台,通过对至少一种监控参数的判断和分析,实现鉴别局站发电真实性和时间长度的管理技术。该技术不仅可对无人值守现场发电行为的真实性及其持续时长进行有效判断,并且能够在动环平台上提取到相应的底层告警数据作为凭证,在能源费管控工作中起到了良好的效果并且具有非常高的投入产出比。

6　结束语

洛阳电信自有产权局站的能耗成本综合管控模式,依托于自建动力环境监控系统与“网上国网APP”等两个开放的数据平台,通过对基础网络设备的细致维护和管理,辅以管控模式的扁平化改造,最终实现中国电信与国家电网双方能耗数据的即时比对,通过基础数据分析和研判达到综合化核查与处理异常电费的目标! 2020全年累计查出并阻止了局站偷电、漏电事件共计约41起,理论月度节电量合计约32 700 kW·h,年化节电可达39万kW·h 22万元!

本创新管控模式按照普适性的解决问题思路提供了一整套工作方法,通过发现问题、分析问题、设计方案、寻求工具、解决问题的通用流程比较完整地解决了企业在能耗管控中面临的困难,具备相当的推广价值。我们也真诚地希望通过简单的模式复制可以帮助兄弟公司在能耗管控工作中尽快见到效益!

光通信

宽带客户满意度 AI 分析及提升

范世才　孙　宇　姚振芳　李　攀

摘　要：当前，公司对客户感知越来越重要，服务质量很大程度上取决于客户感知，通过将用户网络侧、业务侧、服务侧三方面数据的整合，通过建立大数据分析模型，将大量调查数据和网络侧数据进行分析，找到用户感知低、感知差的主要原因，找到一条提升客户感知的新方法。

关键词：客户感知；大数据；Python；AI 模型

1　前言

1.1　客户感知越来越重要

当前，公司对用户的感知非常重视，满意度和 NPS 指标在专业线 KPI 中占 10 分，而客户感知是客户与服务系统之间互动过程中的“真实瞬间”，服务质量很大程度上取决于客户感知，因此通过对客户感知的分析可以有效找到服务质量中存在的问题，通过解决达到提升客户感知的目的。

1.2　当前宽带服务存在的痛点

随着技术的发展，网络侧的端到端系统逐步具备更强监测能力，从线路质量(光衰)、olt 光功率、用户终端情况等数据，这些数据均能从不同平台获取，但存在以下问题：

设备众多，采集的数据单一，解决的问题单一。

各个平台存在数据孤岛问题，无法统一分析，相互校验。

对客户的感知调查无法转化为理性量化的指标。

1.3　数据挖潜迫在眉睫

通过将用户网络侧、业务侧、服务侧三方面数据的整合，通过建立大数据分析模型，将大量调查数据和网络侧数据进行分析，或可以分析出用户感知低、感知差的主要原因，找到一条提升客户感知的新方法。

建立一套基于 Python 的宽带客户满意度分析系统，采集并储存各相关平台数据，选定合适的 AI 模型，借助大量数据对网络、业务、服务侧数据进行大数据分析，对 AI 模型持续训练，不断修正模型及参数，找到客户感知与网络侧、业务侧的关联关系，发现影响客户感知的关键区域、关键设备、关键指标、关键问题等；同时，根据网业服之间的关联关系，根据当前数据预测现网客户满意度值。

总之，充分利用大数据 AI 模型进行挖掘，发现网业服侧不匹配的问题，并督促相关部门解决，对公司市场方向及设备选型等方面提供有价值的建议，持续提升网络质量，提升用户感知及联通宽带口碑，助力宽带市场发展

2　数据收集建立

收集宽带感知数据、局方信息、号线资源系统信息、iom 系统数据、3A 系统数据、RMS 系统数据、华唐系统数据、浪潮接入网系统数据、端到端系统系统数据。

3　AI 模型选择、建立

分析宽带网络满意度问题、构建模型、选择模型。然后选择一个合适的模型/算法。常见的监督式

机器学习任务就是分类(classification)和回归(regression)。分类认为需要学会从若干变量约束条件中预测出目标变量的值,就是必须预测出新观测值的类型,种类或标签。分类的应用包括预测股票的涨跌,新闻头条是政治新闻还是娱乐新闻。回归问题需要预测连续变量的数值,比如预测新产品的销量,或者依据工作的描述预算工资水平等。与分类方式类似,回归问题需要监督学习。本课题根据输入数据预测用户贬损情况,是一个典型的分类问题。

随机森林(Random Forest)是一种由决策树构成的集成学习算法,基本单元是决策树,通过建立多个决策树模型的组合来解决预测问题。

- 在当前分类算法中,具有极好的准确率。
- 能够有效地运行在大数据集上。
- 能够处理具有高维特征的输入样本,而且不需要降维。
- 能够评估各个特征在分类问题上的重要性(特征权重)。
- 在生成过程中,能够获取到内部生成误差的一种无偏估计。
- 对于缺省值问题也能够获得很好的结果。

经过评估,决定采用随机森林算法作为本项目的分析算法,Python3.7 为编程分析工具。

4 AI 模型训练及数据清洗

将前期获取的宽带满意度相关数据入库,首先进行数据清洗,将无效数据剔除掉,以免影响分析预测结果,如图 1 所示。

数据格式转换,将字符型数据转换为 int 数据(见图 2),便于模型分析。

清洗无效数据

最近一次ONU光衰	近半年光猫测速最后一次结果(Mbps)	实际配置速率		光猫厂家	光猫型号	用户上月使用天数	用户上月使用次数
-21.18		200		HGU全路由桥	FULL-ROUTE	15	15
-21.07		200		HGU全路由桥	FULL-ROUTE	16	21
-20.40	250.57	200	1.25285	HGU全路由桥	FULL-ROUTE	14	15
-17.85	273.65	200	1.36825	HGU全路由桥	FULL-ROUTE	14	17
-15.76	235.24	200	1.1762	华为	HG8321R-GP	26	72
-19.20		200		中兴	ZXHN-F607(	18	21
		200		华为	HG8240	10	19
-23.87	337.96	300	1.126533333	#N/A	FULL-ROUTE	16	24
-14.29	247.41	200	1.23705	#N/A	FULL-ROUTE	16	20
-23.59	248.18	200	1.2409	上海贝尔	I-120E	14	22
-16.95	116.32	100	1.1632	中兴	ZXHN-F607(	17	18

图 1

数据格式转换

字符型数据	int数据
HGU全路由模式通用厂家	0
华为	1
上海贝尔	2
中兴	3
烽火(Fiberhome)	4
HGU路由型通用厂家	5

图 2

数据处理完毕后,根据以往经验,初步选定以下可能影响宽带用户感知的数据进入模型分析(见表 1)。

表 1

数据	说明	数据来源
光猫测速	如果达不到用户开户速率,会让用户体会不到高速上网的感觉,影响用户感知	华唐测速系统
光衰	光衰大容易频繁掉线,影响用户感知	接入网网管
路由器	路由器故障、设置错误或性能不达标,影响用户感知	贬损用户回访
光猫类型	不同光猫性能有差别,可能影响用户感知	RMS 系统
用户上网习惯	分析上网时长及上网次数与用户贬损的关联	3A 系统

将 1~7 月数据输入模型进行训练,训练过程中不断优化参数, 随机森林主要的参数有 n_estimators(子树的数量)、max_depth(树的最大生长深度)、min_samples_leaf(叶子的最小样本数量)、min_samples_ split(分支节点的最小样本数量)、max_features(最大选择特征数),n_estimators 是影响程度最大的参数,我们以其为基准进行调参。

如图 3 所示,当 n_estimators 从 0 开始增大至 25 时,模型准确度有肉眼可见的提升。这也符合随机森林的特点:在一定范围内,子树数量越多,模型效果越好。而当子树数量越来越大时,准确率会发生波动,当取值为 181 时,获得最大得分 0. 867 2。

```python
from sklearn.ensemble import RandomForestClassifier
import csv
from sklearn.cross_validation import train_test_split
from sklearn.metrics import accuracy_score
from sklearn.metrics import confusion_matrix
from sklearn.metrics import classification_report
from sklearn.preprocessing import StandardScaler
data=[]
traffic_feature=[]
traffic_target=[]
csv_file = csv.reader(open('packSize_all.csv'))
for content in csv_file:
    content=list(map(float,content))
    if len(content)!=0:
        data.append(content)
        traffic_feature.append(content[0:6])
        traffic_target.append(content[-1])
print('data=',data)
print('traffic_feature=',traffic_feature)
print('traffic_target=',traffic_target)
scaler = StandardScaler() # 标准化转换
scaler.fit(traffic_feature)  # 训练标准化对象
traffic_feature= scaler.transform(traffic_feature)   # 转换数据集
feature_train, feature_test, target_train, target_test = \
train_test_split(traffic_feature, traffic_target, test_size=0.3,random_state=0)
# clf = RandomForestClassifier(criterion='entropy')
clf = RandomForestClassifier()
clf.fit(feature_train,target_train)
predict_results=clf.predict(feature_test)
print(accuracy_score(predict_results, target_test))
conf_mat = confusion_matrix(target_test, predict_results)
print(conf_mat)
print(classification_report(target_test, predict_results))
```

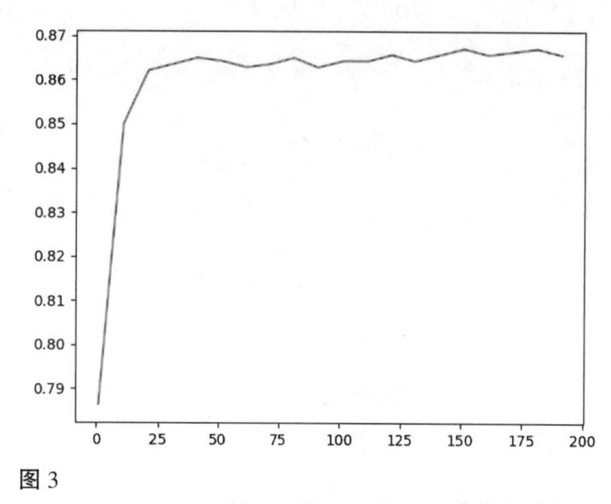

图 3

取了 8 月的 10 711 条数据来进行验证,其中取 7 497 条数据为训练数据,对 3214 条数据进行预测验证,2 769 条数据预测准确,准确率 84. 83%,取得了较为满意的预测精度。

由以上分析结果可得知,影响用户感知的三大因素:路由器问题、测速不达标、光衰不达标(见图 4)。

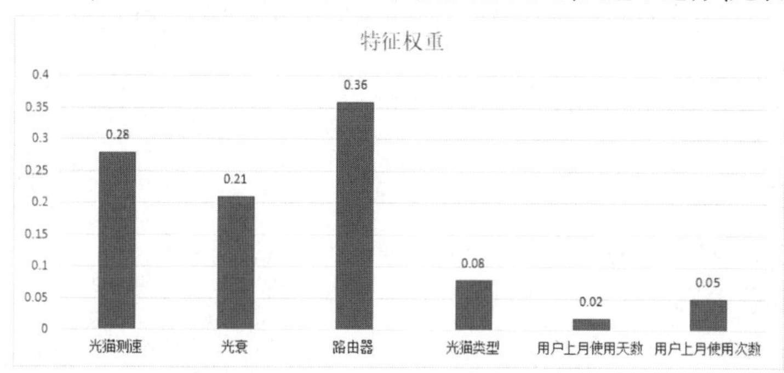

图 4

5 分析总结与项目实施

5.1 针对“光衰不达标”的方案

基于接入网网管每日全量 ONU 收光功率拍照数据,输出光衰质差用户清单;将全量光衰不达标 ONU 与号线资源数据关联,通过对 PON 口、分光器等进行聚类分析,输出设备、线路、末梢问题清单。最终通对掌上装维 APP,将问题清单直接推送到相关责任人进行定向整治。不同类型的判断标准:

(1)OLT 端口原因判定标准:OLT 端口的用户大于等于 10 户,光衰用户占比大于等于 80%。

(2)光交原因判定标准:光交用户大于等于 100 户,光衰用户占比大于等于 30%。

(3)一级分光原因判定标准:一级分光下联用户≥6 户,光衰用户占比≥60%。

(4)分纤盒原因判定标准:光分纤盒≥4 户,光衰用户占比≥80%。

(5)末梢光衰原因的判定:不属于 OLT 端口、光交、分光器、分纤盒原因的光衰用户记为受末梢原因影响的用户(见图 5)。

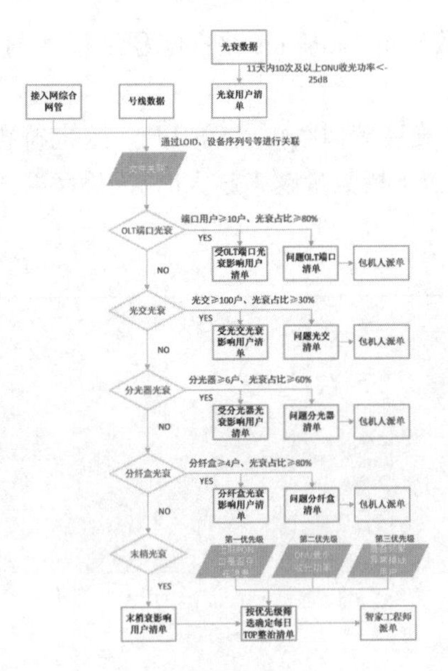

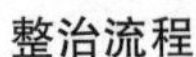
整治流程

掌上装维 APP

图 5

5.2　针对“光猫测速不达标”的方案

整合 RMS 系统数据、CBSS 系统数据、光猫终端字典多平台数据，识别签约速率大于百兆且光猫无 GE 口的用户，并为此类用户打上标签。结合高价值用户清单，输出需要更换千兆光猫的用户清单，旨在实现智家工程师光猫设备精准营销，优化用户宽带上网体验。

通过对 RMS、CBSS 等数据的分析，形成四类端业不匹配用户标签，分别为

(1)高套餐低配光猫的用户。

(2)高套餐低配路由器的用户。

(3)单 GE 光猫 LAN1 口未连接的用户。

(4)网线异常用户。

通过对 AAA、DPI 等数据的分析，形成四类高价值用户标签，分别为：

(1)千兆光猫低套餐的用户。

(2)千兆路由器低套餐的用户。

(3)重点应用型用户(视频/游戏/教育等)。

(4)高流量用户。

通过对测速系统、CBSS 等数据的分析，形成测速不合格用户标签。

针对上述九大用户标签，输出九大用户标签颗粒度的数据汇总信息，横向分析各标签指标占比情况；输出九大用户标签地市颗粒度的数据汇总信息及用户清单(见图 6)。

5.3　针对“路由器问题”的方案

整合 RMS 系统数据、CBSS 系统数据、路由器终端字典多平台数据，识别签约速率大于百兆且为千兆光猫，但其路由器仅支持百兆的用户，并为此类用户打上标签。

分析方法：

S1：根据用户信息将 RMS 系统数据与 CBSS 系统数据打通，建立唯一用户标识。

S2：根据用户信息匹配其使用的光猫型号，在光猫终端字典中找出同一型号的光猫 LAN 口模式(GE 或 FE)，并在用户信息中标注。

S3：若用户光猫 LAN 口支持的最大速率与用户签约速率匹配，则根据用户信息匹配其使用的光猫设备各 LAN 口的下挂设备型号，筛选出下挂设备是路由器的数据。

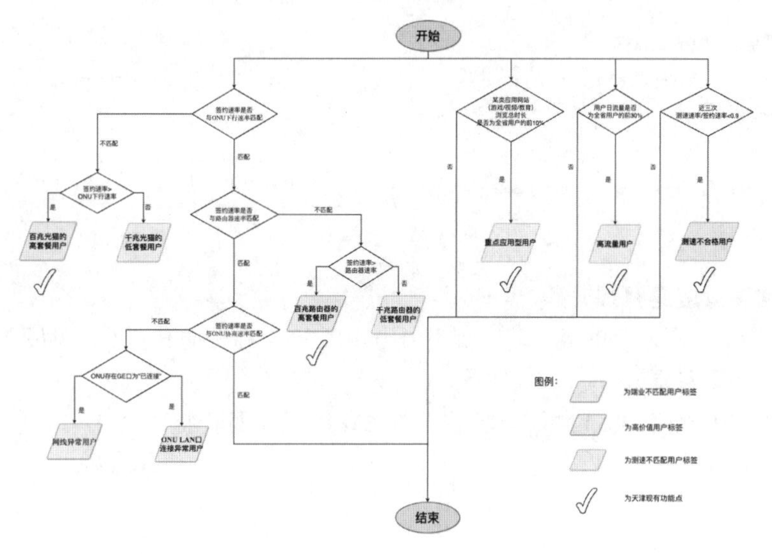

图 6

S4:根据路由器型号在路由器终端字典中找出同一型号的路由器上联端口速率,并在用户信息中标注。

S5:将用户路由器端口速率与用户签约速率进行比对。

若用户签约速率大于百兆且用户使用百兆路由器,则判定为百兆路由器的高套餐用户,输出《端业不匹配—高套餐低配路由器的用户清单》。(例:用户签约速率为 500 M,且用户使用百兆端口路由器,路由器端口无法匹配用户套餐,可以通过营销手段引导用户更换千兆路由器)

输出数据

输出信息字段描述:

(1)集团管理触点:输出《端业不匹配(路由器)—汇总报表》(见图 7)。

省分	宽带用户总数	有效路由器总数	端业不匹配率	签约带宽≤100M				签约>100M			
				宽带用户数	有效路由器数	千兆路由器数	高潜用户占比	宽带用户数	有效路由器数	百兆路由器数	端业不匹配率

图 7

(2)省分赋能触点:输出《端业不匹配—高套餐低配路由器的用户清单》(见图 8)。

端业不匹配—百兆路由器的高套餐用户清单						
序号	用户PPPOE账号	签约速率	ONU设备型号	ONU下挂路由器设备型号	路由器端口速率	速率差值

图 8

对分析出的路由器不匹配用户,结合高价值用户清单,赋能省分公司,并输出需要更换路由器的用户清单,旨在实现智家工程师路由器设备精准营销,优化用户宽带上网体验。

6 结束语

项目实施后,河南联通宽带网络各项指标得到了不同程度的改善与提升,有效提升了河南联通宽带用户实时体验,助力河南联通宽带市场发展。

6.1 光衰合格率逐月上升

8 月份全省 ONU 光衰合格率为 97.8%,较 1 月份提升 0.84PP(见图 9)。

6.2 端业不匹配率逐月好转

8 月份全省 FTTH 端业不匹配率 6.18%, 环比降低 0.42PP,较 1 月份下降 1.6PP(见图 10)。

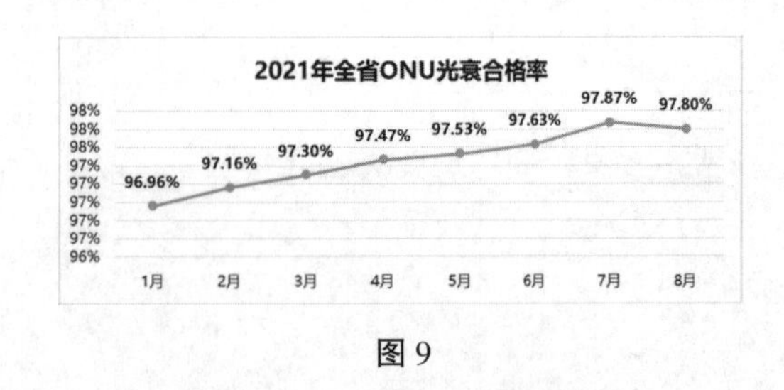

图 9

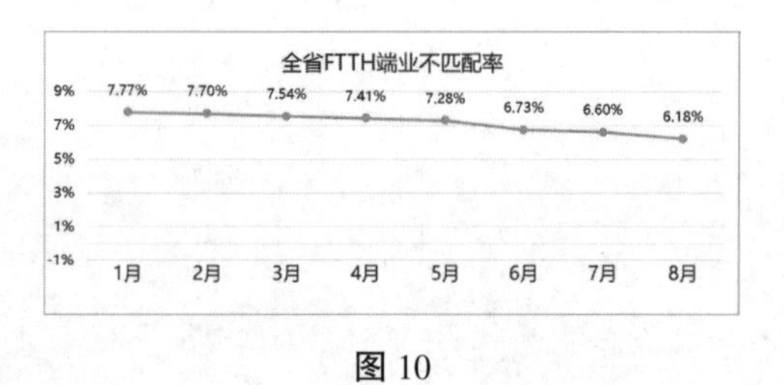

图 10

6.3　全省宽带网络满意度逐月提升

7月份全省宽带网络满意度9.48，环比提升0.03PP,较5月份提升0.58(见图11)。

6.4　全省测速合格率逐月提升

8月份全省测速合格配率98.12%，环比提升0.25PP,较1月份提升0.4PP(见图12)。

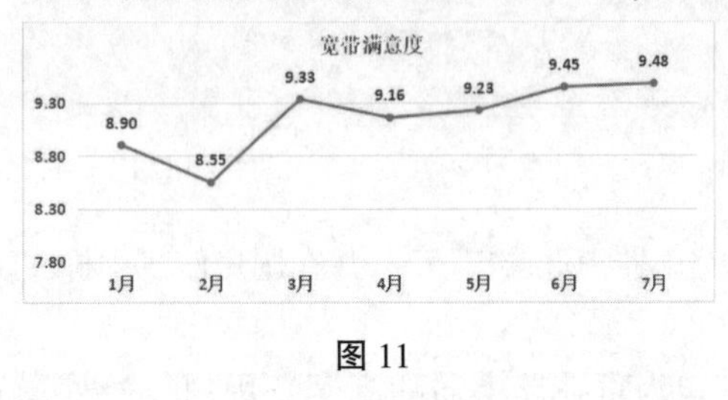

图 11

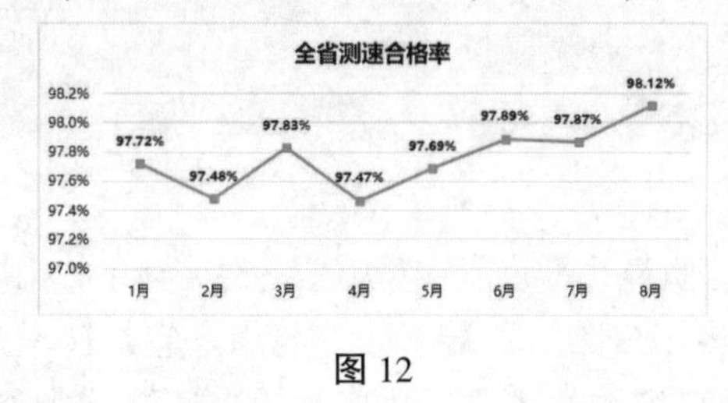

图 12

6.5　全省宽带7天重复故障率逐月好转

8月份全省测速合格配率0.71%,较1月份降低2.29PP(见图13)。

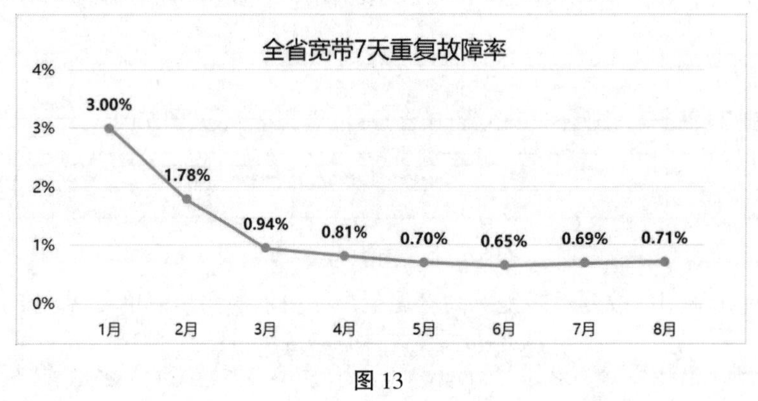

图 13

参考文献

[1] 周志华. 机器学习[M]. 北京:清华大学出版社,2016.

[2] Goodfellow. 深度学习人工智能算法[M]. 北京:人民邮电出版社,2017.

关于 OTN 网络资源可视和容量预测的研究与实现

姚艳燕

摘　要:本方案通过实时采集网管侧资源数据,对网络资源数据进行可视化呈现,并基于历史增长等趋势数据,使用 ARIMA(Autoregressive Integrated Moving Average Model,简记 ARIMA)模型的 AI 算法准确预测网络业务资源需求,实现网络资源评估自动化,提高网络规划效率。

关键词:资源可视化;ARIMA 模型;评估自动化

1　背景介绍

OTN 系统可有效解决长距离传送、纤芯资源受限、时延受限等诸多问题,其架构的合理性直接影响传送网的扩展性和灵活性,应合理规划 OTN 系统网络架构。我公司 OTN 系统经过多年的建设,已经覆盖了干线、本地,本地已经从市县延伸至了乡镇,承载了 SPN、PTN 系统,BRAS 上联、OLT 上联以及各类型集客业务。为了更好地满足业务需求,提前规划和建设 OTN 网络,需要准确分析评估 OTN 资源利用现状并合理预测未来业务需求,但是目前业务资源确认主要依靠人工查询,往往需要数天的时间,预测需求缺少科学的测算工具,如何提高网络业务资源核查效率,实现资源评估自动化,并提高规划的精准性,充分满足未来业务发展需求,是网络规划人员需要迫切解决的问题。

本方案提出了一种 OTN 网络资源可视和容量预测的方法,通过实时采集网管侧资源数据,对网络资源数据进行可视化呈现,直观快速查看资源,包括波道利用率、容量利用率、槽位利用率、端口使用率等使用情况,实现分钟级资源查看和统计报表实时导出。同时采用 ARIMA(差分整合移动平均自回归)模型进行容量预测,实现网络资源评估自动化,提升规划效率,并无缝衔接业务需求,为规划建设、网络优化提供可靠依据。

2　技术方案

OTN 网络资源可视和容量预测方案,通过实时采集网管侧资源数据,对网络资源数据进行可视化呈现(见图 1),从而直观快速查看资源,实现分钟级资源查看和统计报表实时导出。

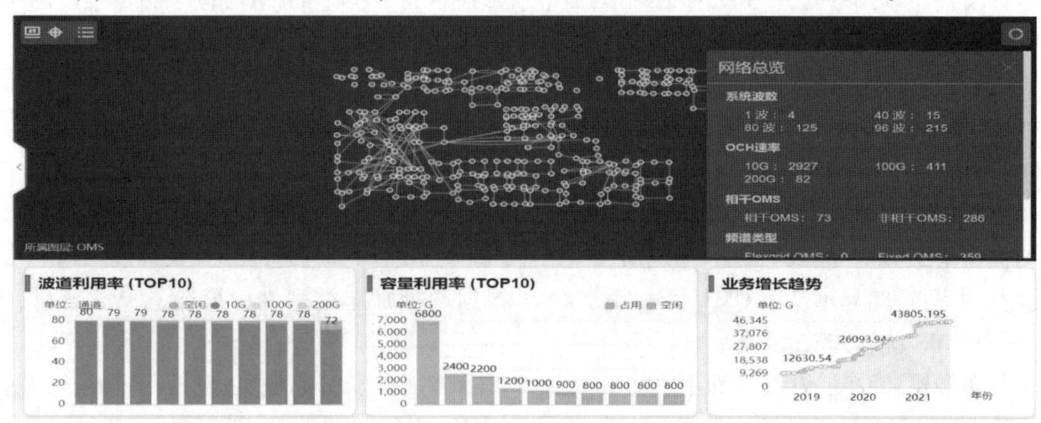

图 1　网络资源可视示意图

同时通过基于历史增长的趋势数据,使用 ARIMA 模型的 AI 算法预测 1~12 月的资源需求,既确保

“仓库有货”随时可用,又避免“库存积压”浪费投资(见图 2)。

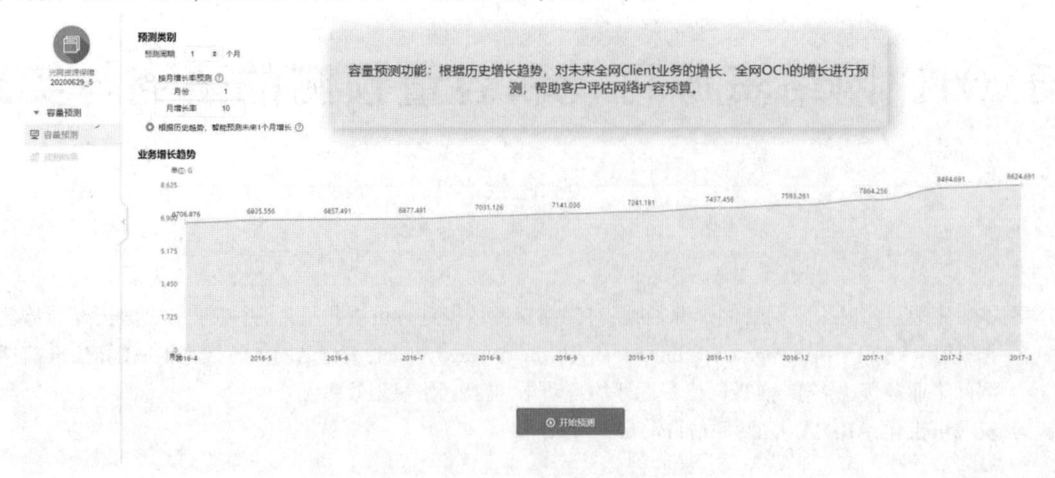

图 2　OTN 网络容量预测示意图

2.1　资源可视

本技术方案提供网络资源的概览,分拓扑概览、波长占用、站点类型统计、业务分布、业务增长趋势、设备槽位统计 6 大功能(见图 3);提供全网资源情况的图形化概览,协助快速掌握网络资源情况。

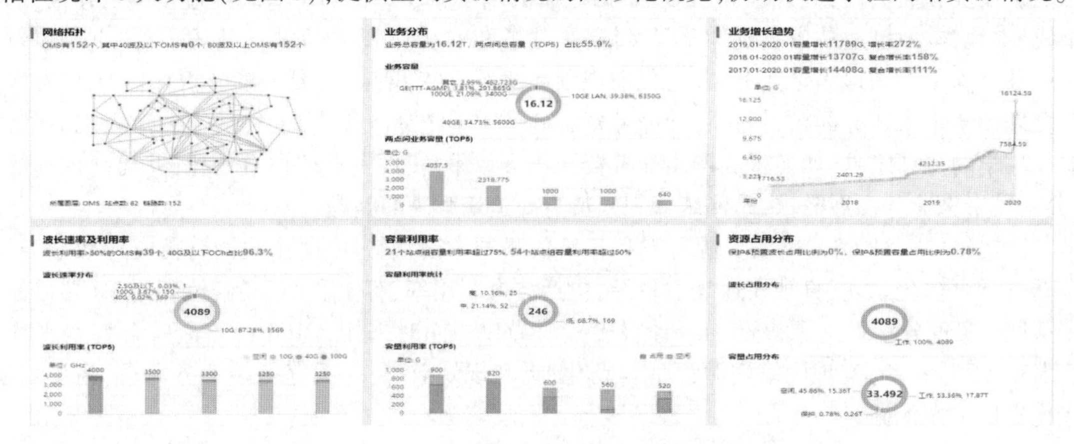

图 3　资源可视整体功能示意图

拓扑卡片展示拓扑概览及站点数量统计;业务分布卡片展示业务类型的统计,以及站点间业务容量的统计;业务增长趋势卡片展示近 3 年的业务容量增长趋势;设备类型及槽位利用率卡片展示设备子架类型的统计及槽位利用率 TOP 5 的网元;站点类型卡片展示站点类型的统计,以及站点维度的统计;波长速率及利用率卡片展示各速率的波长统计,以及波长利用率 TOP 5 的 OMS。拖动卡片可以调整各卡片的位置布局,点击卡片可以跳转到对应的详情页面。

本方案可以可视化呈现 6 个维度的资源情况,看波长、看容量、看业务、看站点(客户侧)、看站点(波分侧)、看设备(见图 4)。

(1)看波长:波道利用率、波长分布概览、波长分布详情、端到端空闲波长;以图形化展示 OMS 链路中波道的占用情况,统计波长利用率,快速定位空闲波道,为扩容时如何进行波长设计提供信息支撑。

波道利用率:饼图显示波道 OMS 利用率分布,可根据四种筛选类型进行筛选。OMS 容量,波长速率过滤,相干 OMS 统计,按频谱类型。

波长分布概览:在 Top30 波道利用率的 OMS 当中识别出各波长分布概览,包括闲置波长;在柱状图上点击 OMS,可以查看出是哪两个站点到站点之间的 OMS;在柱状图上,可看到哪些波长已被占用,哪些波长处于空闲状态,通过颜色标出。

波长分布详情:支持显示查看每一个 OMS 链路中波道的占用情况。

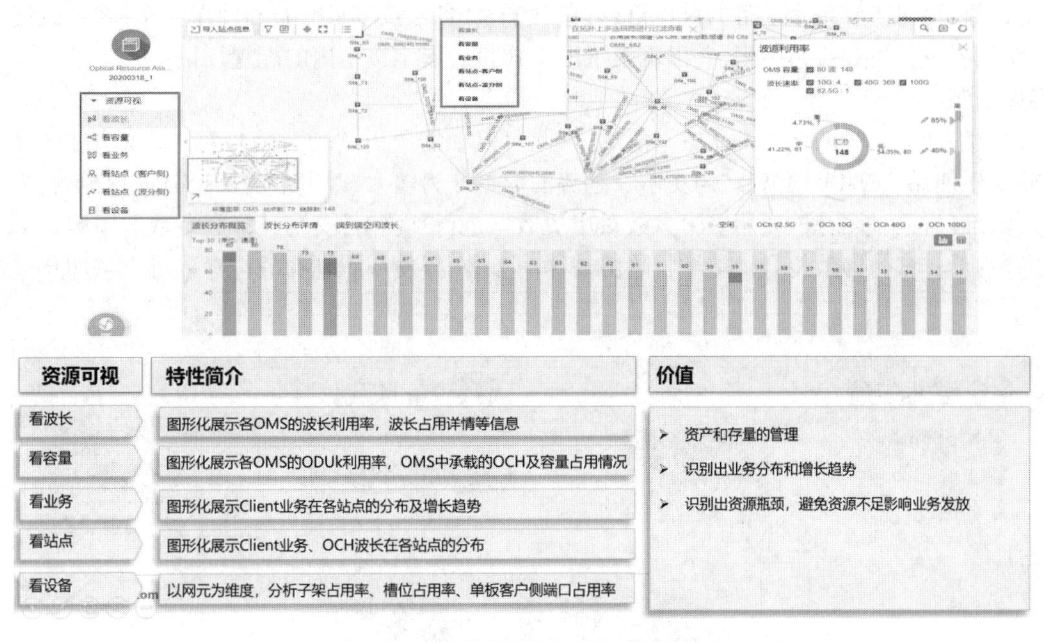

图 4　网络资源可视整体总览图

端到端空闲波长:通过基于 OMS 查看所有源宿站点组的端到端空闲波长数显示,各类 OCh 波长数。

(2)看容量:容量统计、容量分布概览、容量分布详情;看容量界面以图形化展示站点组容量的占用情况,统计容量利用率,快速定位空闲链路,为扩容时如何进行容量规划提供信息支撑。同源同宿(路由可以不同)的 OCh 组即为站点组,在拓扑中每条站点间的连线可代表 1 条或多条 OCh。

容量统计:可按照利用率或容量占用率展示全网的分布情况,一般选择按利用率来筛选出中高利用率的 OCh 提前进行查看,并为扩容提前做准备。

容量分布概览:显示全网站点组容量占用的 Top30;通常高容量也是未来业务扩容主要的线路。

容量分布详情:基于某个站点组,展示 OCh 组的占用容量和空闲 ODUK 数量详情。

(3)看业务:业务容量增长趋势、两点间业务容量;不同信号类型的业务在某一阶段的增长趋势。

业务容量增长趋势:查看具体业务在某一时间段的增长。

两点间业务容量:显示的 Top30 的两点间业务容量。可以选择至少一条链路进行查看各类业务的分布。

(4)看站点(客户侧):容量分布概览、容量分布详情、容量增长趋势,客户侧的意思是指系统输入侧。

容量分布概览:查看全网客户侧站点业务总容量 Top30 的信息。

容量分布详情:查看每一个站点容量的占用情况。

容量增长趋势:查看客户侧业务容量在指定时间段内的增长趋势。

(5)看站点(波分侧):容量分布概览、容量分布详情、容量增长趋势,波分侧的意思是指系统输出侧。

(6)看设备:槽位利用率、设备分布、设备详情;详细展示全网设备的使用情况,便于快速定位空闲子架和槽位,为业务扩容提供准确信息。

槽位利用率:饼图展示的是槽位利用率的比例,分为高中低,默认 60%~80%为利用率程度中等。网元类型也可以单选或者多选。设备分布页签中,展示了全网子架类型的统计,红色代表利用率很高的子架,可以点击在拓扑图中显示出来。设备详情中显示了每个网元的具体槽位,端口,占用率详情。重点关注电网元、光电混合网元的槽位利用率,利用率高的网元需要提前考虑扩容新子架。

设备分布:全网不同类型设备的分布信息以及不同利用率的设备数量。

设备详情:可以查看单个设备的具体信息,包含子架、各槽位单板分布和使用状态、客户侧端口占用详情、线路侧容量详情和端口标识,并以机柜视图方式直观展示机柜内的配置详情。

2.2　容量预测

一般来说,业务容量的增长是比较平滑的,因此可以根据历史的增长趋势对未来的增长进行预测,容量预测特性使用 ARIMA 模型,将历史增长趋势的数据作为输入,对未来增长趋势进行预测,为了尽量提高预测的准确性,预测算法使用多套参数对历史数据进行预测对比,统计多套参数的预测结果偏差识别最佳参数,最佳参数即最符合历史增长趋势规律的参数,再使用识别的最佳参数对未来增长进行预测(见图5)。

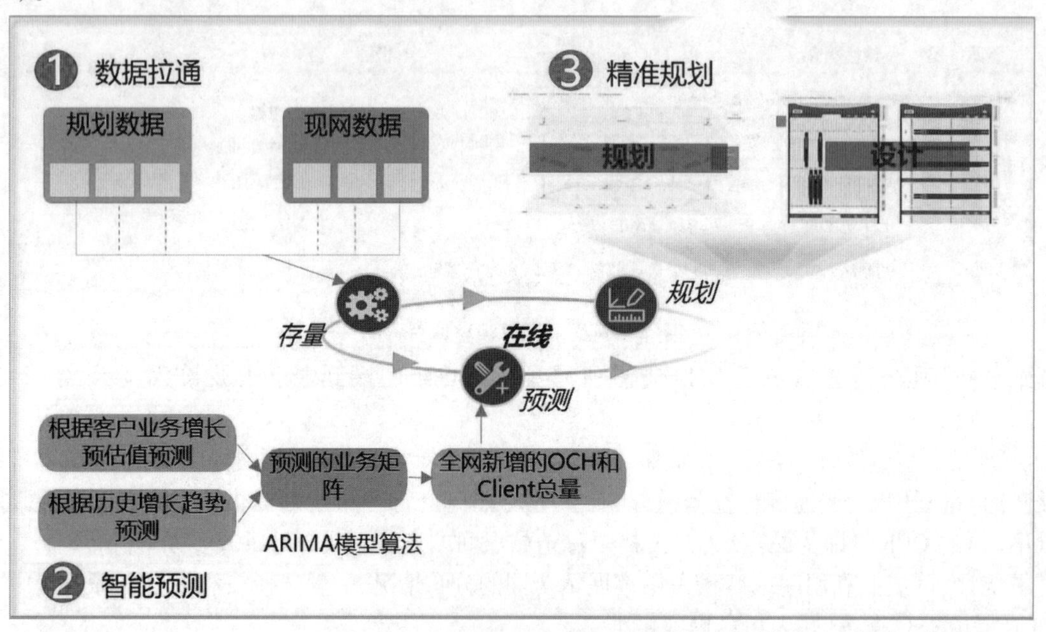

图5　容量预测过程示意图

ARIMA 差分移动平均自回归模型作为一元时间序列分析中的经典模型,是时间序列分析中较为成熟和应用较为广泛的方法之一。由自回归 AR(p)、差分 I(d)和移动平均 MA(q)三个部分组成。ARIMA 模型按照季节性波动分为非季节性 ARIMA 模型与季节性 ARIMA 模型,本方案采取非季节性 ARIMA 模型, 通过差分将非平稳时间序列转化为平稳的时间序列。基于历史增长趋势数据智能预测未来资源增长,对业务容量进行预测性分析,建立适当的数学模型拟合历史时间趋势曲线,根据所建模型预测未来时间序列的趋势曲线,这个预测的前提基于现网容量增长基于时间维度平稳。我们获取到现网历史容量数据分布(2019.6~2020.6),经过一阶差分的时序分析,整体差分序列属于时间平稳序列(见表1)。

表1　历史容量数据分布

时间	总容量(GB)	时间	总容量(GB)
2019年6月	14 660.54	2020年1月	26 621.37
2019年7月	17 623.12	2020年2月	27 093.94
2019年8月	19 069.6	2020年3月	27 793.36
2019年9月	19 311.3	2020年4月	28 613.94
2019年10月	19 803.94	2020年5月	30 103.21
2019年11月	23 032.27	2020年6月	32 293.94
2019年12月	26 093.94		

经过分析和计算,历史容量数据通过做一阶差分序列就会平稳,拟合容量一阶差分的数据,基于极大似然估计方法对 ARMA 模型所涉及的参数进行估计,将历史数据放入 ARIMA 模型进行训练,获得整体最优模型参数,目前可以对 1~12 个月的容量进行容量预测,预测结果如图 6 所示,整体预测准确率大于 90%。

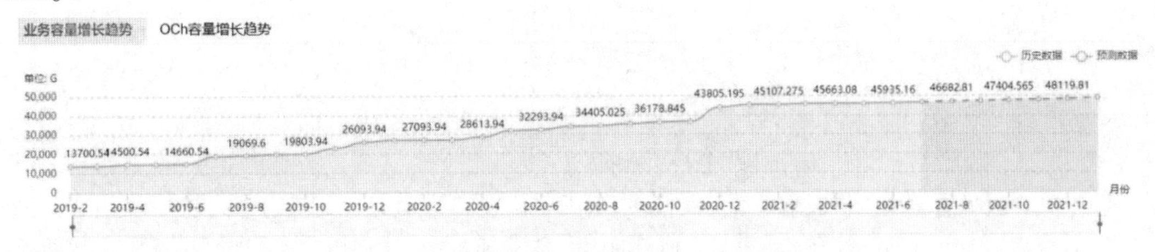

图 6　业务容量预测及 OTN 容量预测趋势

参考整体容量增长预测模型训练的思路,基于历史趋势数据,可以将新增 client 业务数、容量、Och 数量进行增长趋势预测。基于已经采集的历史数据进行未来 1~12 个月的容量进行准确的预测(见图 7),实现自动预测业务和 Och 数量增长的情况。

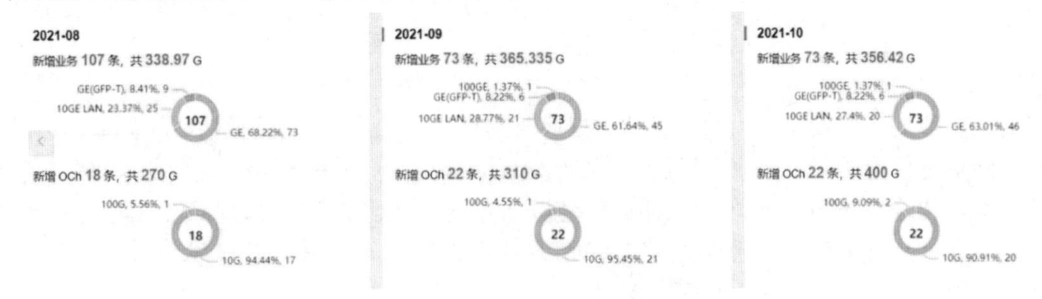

图 7　业务容量预测及 OTN 容量预测结果图

3　应用效果

OTN 网络资源可视和容量预测方案将网络现状结论与优化规划建议在线呈现,能够有效支撑网络进行扩容演进,有效提升网络管理和规划水平,同时通过资源容量增长趋势可预测,提升规划效率,有效节省人力成本。该技术创新方案已完成整体方案试点验证,课题试点过程中基于郑州移动 OTN 网络进行数据试点验证,效果良好。

本方案实现了整体网络资源实时可视化呈现,有效支撑网络进行扩容演进。以郑州举例,每半个月都要查看导波、波道利用率、槽位利用率、光模块状态、业务的工作保护状态等数据,每次操作耗时非常长,同时部分数据需要按照单板粒度统计,网络规模越大耗时越长。以郑州网络规模计算,每次统计都需要 7 人·天的工作量,在该方案上线后,仅需要 3~5 min 就可以实现相关报表的查看和导出。该方案可以有效的提升网络管理和规划水平,从而将有限的人力投入到其他网络工作中去,改善人员层级结构,提升人员技能水平。

无线 RAN 和 PTN 跨域联合数智化诊断

李　锐

摘　要:本文针对当前运维工作面临的故障种类多、根因定位难、现场处理耗时耗力等问题,以提升无线网络质量为出发点,以降本增效为根本,“抓管理、提质量、重实效、建支撑”大力推进运维工作智能化进程,夯实网络根基,提升用户满意度。通过采集无线和传输侧等告警数据,结合大数据挖掘技术与智能 AI 算法,构建无线 RAN 和 PTN 跨域联合数智化诊断系统,实现了故障的可视化定位和根因自动化分析,进而达到缩短故障时长、提升网络质量的目的。

关键词:拓扑还原;跨域联合;RCA 诊断;数智化;AI 智能

1　前言

随着通信行业的高速发展和人们对移动数据业务需求的日益增长,无线网基站的数量逐渐增多,网络结构和无线业务使用场景日趋复杂,设备故障种类繁多、定障率低、网络运维成本高等问题日益突出。如何实现无线与传输网的拓扑自动还原,故障快速分析定位?如何准确定界群障的故障点,有效提升故障处理效率?如何通过远程诊断后自动故障处理,有效降低人工、时间成本等已成为当前运维急需关注的问题。本文将针对如何解决该问题展开探讨论述。

2　总体思路

目前,集中化故障管理和集中基站代维是解决基站故障的主要手段。如何在管理层面组织好某一阶段某一场景的运维工作,如何在技术层面针对某一工单相关的具体基站向代维人员提供标准化、合理化的作业指导,缩短基站故障平均处理时长,是本文价值的主要体现。

无线 RAN 和 PTN 跨域联合数智化诊断系统首先通过采集无线和传输侧数据,进行智能数据整合分析。其中数据整合分析主要通过借助数据清洗算法进行处理和加工,减少人工参与工作量,提升自动化效率(见图 1)。该课题通过无线与传输大数据关联关系,建立精准的拓扑还原模型,依据智能 AI 模型训练,持续丰富模型库、提升准确率以提升故障处理效率。通过诊断表或诊断 API 匹配故障规则、故障树实现故障诊断,诊断成功后,输出对应的根因和处理建议,并实现部分故障的远程智能自动恢复。通过 RAN 和 PTN 跨域联合数智化诊断系统的应用,可大幅减少故障发生时长,提升网络质量。

其次,建立精准的拓扑还原模型,支撑故障快速分析定位,达到无线和传输跨域网络的可视可管(见图 2)。通过研究对比常见的 floyd 算法、Dijkstra 算法、BF 算法的优缺点,综合考虑灵活运用 Dijkstra 算法来进行拓扑结构呈现的方案。

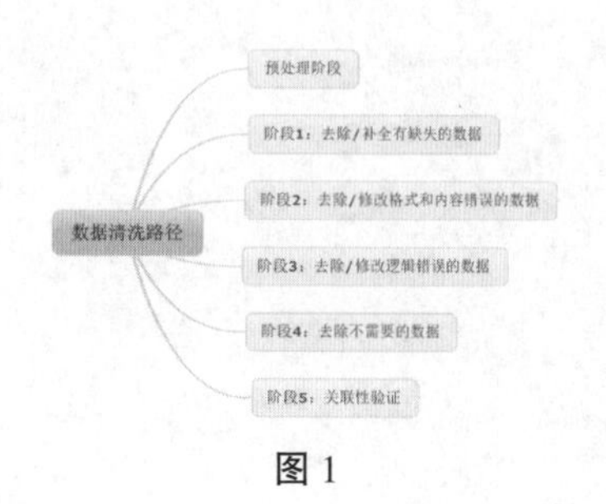

图 1

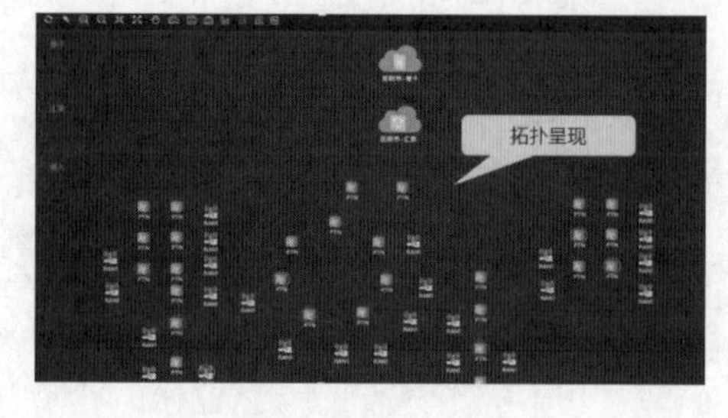

图 2

最后,智能 AI 模型持续训练,丰富模型库,提升定障的准确率以提升处理故障的效率。学习和研究当前智能 AI 的算法(聚类算法、常规分类算法、异常检测算法、深度置信网络、堆叠自动编码器和循环神经网络等),为本项目正常运行提供必要的参考和创新思路。运维设计功能主要包括两部分功能设计:运维规则设计与 AI 辅助规则设计(见图 3)。运维规则设计主要来源于运营商长期积累的相关运维经验,制定分析规则、诊断规则、派发规则、调度规则、激活规则等,将上述规则应用于可视化设计分析中,为自动化运维提供快速设计能力。AI 辅助规则设计则是将由传统技术专家进行专业设计转变为通过 AI 技术辅助进行根因规则设计。将相关网元类型、告警类型、告警信息、告警码、位置信息等作为输入项,通过神经网络相关算法最终输出 AI 辅助规则。

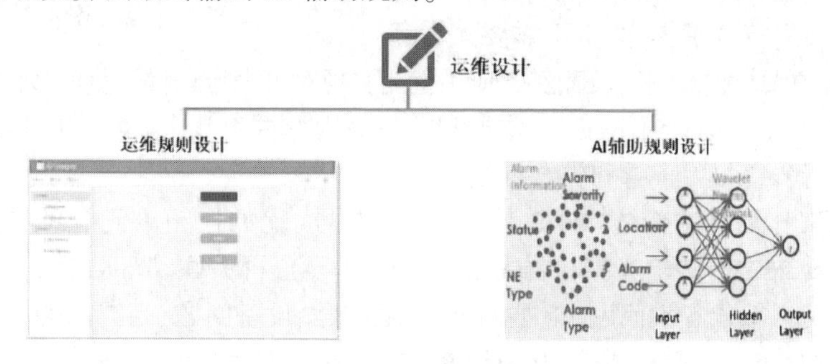

图 3

3 研究内容

通过采集无线和传输侧数据,进行智能数据整合分析,建立精准的拓扑还原模型,支撑故障快速分析定位,达到无线 RAN 和传输 PTN 跨域网络的可视可管。智能 AI 模型并持续训练,丰富模型库,提升定障的准确率以提升处理故障的效率。

3.1 建立拓扑还原模型,实现跨域可视可管

(1)通过联合无线与传输两大专业进行拓扑建模,采集无线与传输网元基础信息建立从基站到传输分段式拓扑结构。采集方案分为两种:

直连 OMC/LLDP 采集:直接采用现网提取数据信息(传输的配置文件、传输侧 ARP 表、无线和传输网元基础信息、LLDP 信息)。

资管数据对接:与资管平台对接采用基站借入录入信息(无线与承载网的跨域连接关系、传输单域连接路径、无线和传输网元基础信息)。

(2)采集无线与传输信息进行数据清洗、解析入库生成拓扑。

数据库在数据挖掘过程中会进行数据清洗。数据清洗主要根据探索性分析后得到的一些结论入手,然后主要对四类异常数据进行处理,分别是缺失值(missing value)、异常值(离群点)、去重处理(Duplicate Data)以及噪声数据的处理。

(3)智能路径计算拓扑还原(TE 隧道、协议邻居关系约束、环组网识别、最短路径法)。

Dijkstra 算法是典型的单源最短路径算法,用于计算一个节点到其他所有节点的最短路径。主要特点是以起始点为中心向外层层扩展,直到扩展到终点。

算法步骤:

①初始时,S 只包含源点,即 $S=\{v\}$,v 的距离为 0。U 包含除 v 外的其他顶点,即:$U=\{$其余顶点$\}$,若 v 与 U 中顶点 u 有边,则 $<u,v>$ 正常有权值,若 u 不是 v 的出边邻接点,则 $<u,v>$ 权值为 ∞。

②从 U 中选取一个距离 v 最小的顶点 k,把 k,加入 S 中(该选定的距离就是 v 到 k 的最短路径)。

③以 k 为新考虑的中间点,修改 U 中各顶点的距离;若从源点 v 到顶点 u 的距离(经过顶点 k)比原来距离(不经过顶点 k)短,则修改顶点 u 的距离值,修改后的距离值的顶点 k 的距离加上边上的权。

④重复步骤②和步骤③直到所有顶点都包含在 S 中。

3.2　故障智能处理

3.2.1　无线故障智能诊断并远程恢复

人们对移动数据需求的提高和无线网络设备不断的更新换代,大量的、各种新型的故障也随之而来,面对越来越多,越来越复杂的故障,仅仅依赖人工分析处理是远远不够的。对于无线网络故障,并不是所有的故障都需要人为上站处理的,对于一些网络拓扑异常、网元信息同步失败、需要复位 APP 等故障,只需要远程处理即可,不需要人工上站进行物理操作,也不需要人为远程操作。通过搭建维护大数据规则库,智能 AI 应用就能实现对可进行远程恢复的故障进行自动修复。

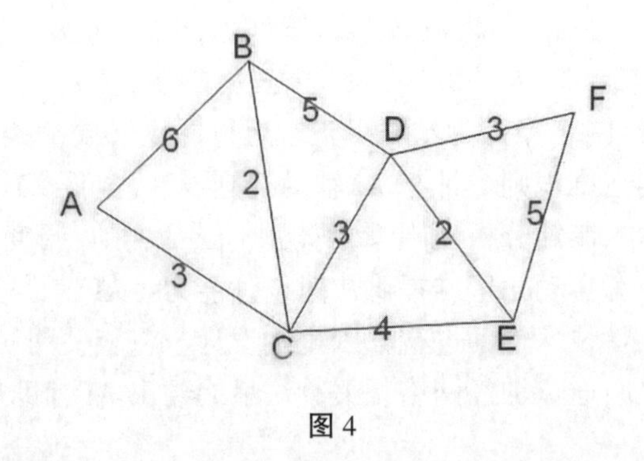

图 4

通过部署 RCA(Root Cause Analysis)根本原因分析规则挖掘工具,根据算法学习出固有规律,形成规则放入 RCA 中进行告警根因查看和告警抑制压减。

通过主告警编号(比如基站断链 40012 等)和次告警号(比如射频单元时钟异常告警 26538、BBU CPRI 光模块故障告警 26230、传输光接口异常告警 26222 等),再关联动环告警日志、基站底层日志和传输网管告警,最后可以输出 5 大问题(电类问题、传输问题、设备问题、高温问题、业务操作)以及相应的 20 小类根因原因(比如电类问题中的电路检修、电源模块故障、电源缺相等;传输问题中的光纤中断、上游站故障、光模块故障等;设备问题中的 BBU 设备故障、RRU 设备故障、GPS 时钟故障等)。

3.2.2　跨域联合无线和传输快速定位群障点

第一步:拓扑建模。跨域联合无线和传输从基站开始分段建立传输拓扑模型,可视化拓扑模型便于直观观察故障点,见图 5。

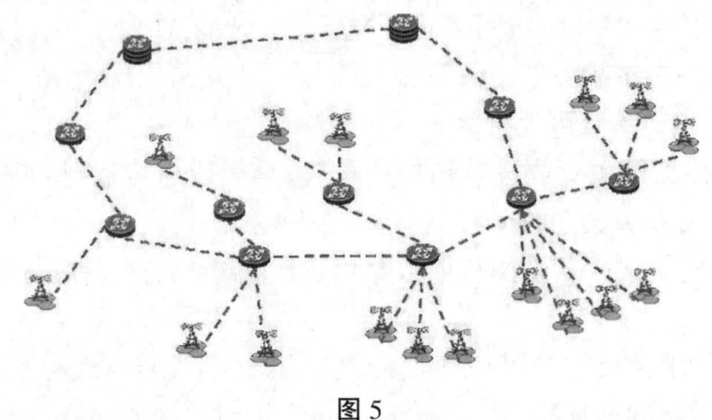

图 5

第二步:T0 时刻 PTN1 脱离网管。拓扑模型进行实时更新快速确定故障发生位置,见图 6。

第三步:T0+T1 时刻 PTN2 脱离网管。联合传输侧进行跨域快速分析,并进行拓扑还原,快速定位群障点,见图 7。

图 6　　　　图 7

告警处理:按照故障发生时间先后,分析群障范围变化并给出群障根因,及时提供精准故障定位给现场运维人员进行修复。

3.3　打造智能 AI 模型训练

随着运营商的网络越来越庞大、复杂,网络中包含大量的、不同功能、不同业务域、不同厂商、不同型号的设备。运营商网络的组网协议、拓扑形态也不一样,且各设备数据格式、传输协议、对网络状况的响应也不统一。以至于对网络群障定位慢、群障发现晚,群障处理难。仅仅依赖运维人员进行分析、上站处理已经不能满足后续网络发展的需求。

研究和灵活运用当前智能 AI 的算法,如 KMeans 聚类算法、常规分类算法(主要涉及逻辑回归,KNN,决策树,随机森林等)、KDS 核密度异常检测、DBN 深度置信网络、SAE 堆叠自动编码器、RNN 循环神经网络,为项目进行提供支撑。

通过构建智能 AI 模型,并积累历史故障数据特性,不断进行模型训练和优化,实时更新根因识别模型库,建立大数据库,不断提高故障定位准确率。发生批量基站突然断站时,智能 AI 将通过对模型库和现网实时数据进行数据清洗,经过最短路径的拓扑还原算法、AI 辅助定界定位算法,匹配模型进行推荐应用。联合无线和传输跨域进行快速定位,并更新到模型库中进行样本反哺,以为后续出现的故障提供数据模型。智能 AI 代替传统人工分析大大提升了群障及时分析定位的效率。

利用 AI 算法实现告警智能分类,针对具体故障提供智能决策,指导运维人员故障处理,建立员工与工单之间的映射,实现工单精准指派,减少工单派发数量,提升工单派发质量,缩短故障恢复时长,最终达到"降本增效"的目的。

4 创新说明

4.1 构建 Flume 采集方式,缩短数据采集时长

基于现有的大数据技术和 AI 技术,部署 Flume 数据采集系统,对移动网络数据进行实时采集。通过对 Flume 中的 source、channel、sink 组件配置,实现预测数据的高效采集。

Flume 是一个分布式、高可靠、高可用的海量日志聚合系统,具有可横向扩展、延展性、可靠性的优势。Event 是 Flume 的基本数据单位,它携带告警日志数据并且携带有头信息。Event 由 Agent 外部的 Source 生成,当 Source 捕获事件后会进行特定的格式化,然后 Source 会把事件推入 Channel 中,它将保存事件直到 Sink 处理完该事件。Sink 负责持久化日志或者把事件推向另一个 Source(见图 8)。

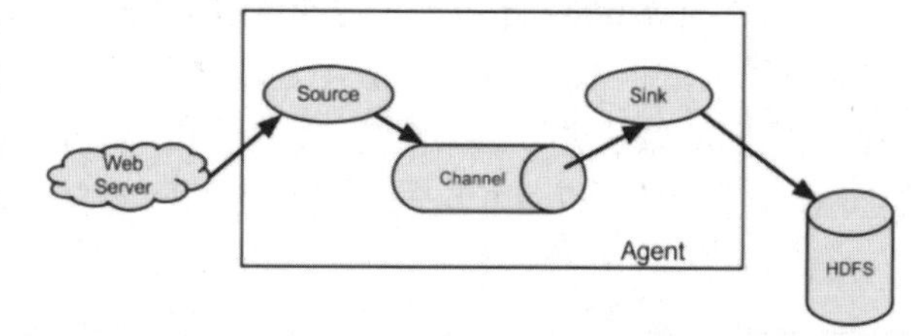

图 8

4.2 打造 Samza 数据处理架构实现数据的格式化

基于目前河南移动大数据平台,搭建 Samza 处理架构,对采集、清洗完成的数据进行格式化处理。便于后续算法执行,数据规范比例达到 98.5%以上。

Samza 可大幅简化很多流处理工作,可实现低延迟的性能。Samza 可以使用以本地键值存储方式实现的容错检查点系统存储数据,提供的高级抽象更易于配合使用(见图 9)。

4.3 挖潜 Dijkstra 算法实现跨域群障可视可管

通过还原的拓扑模型,平面呈现了各个设备间的链接关系,实时展示了故障点位置,从原来的缺乏跨专业群障分析手段,定位效率低(平均 40 多 min)。现在通过 Dijkstra 算法拓扑还原、跨域群障定位可直接观察出故障点精准位置,提高了群障定位的效率(见图 10)。

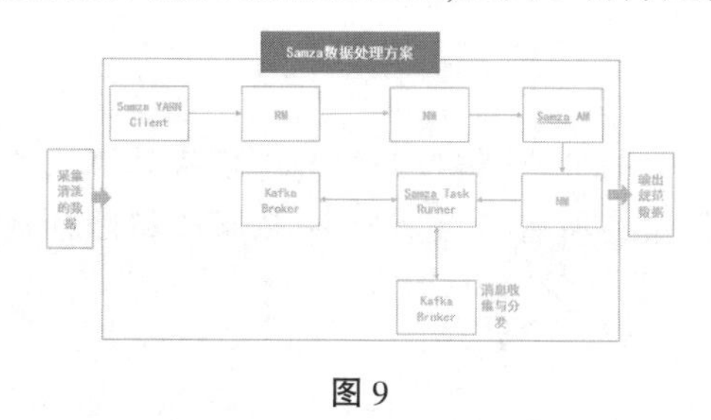

图 9

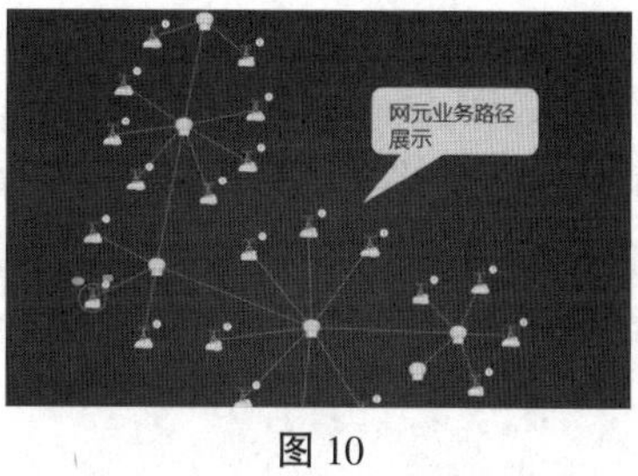

网元业务路径展示

图 10

4.4　无线故障 RCA 智能诊断和排障

部署 RCA(Root Cause Analysis)根本原因分析规则挖掘工具,通过智能故障诊断来快速分析诊断出故障类型,快速反馈给运维人员,节省了人员分析故障的时间(见图 11)。诊断后还可对可进行远程恢复的故障修复。

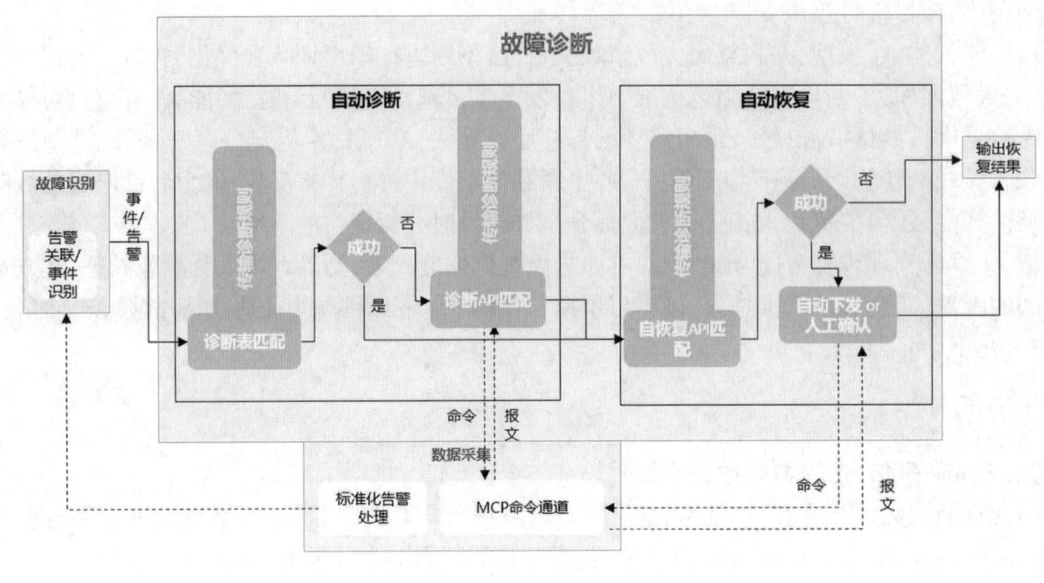

图 11

4.5　智能 AI 模型训练,自主学习

积累历史故障数据特性,构建智能 AI 模型,不断进行模型自主训练和优化,实时更新根因识别模型库,建立故障大数据库,不断提高故障定位准确率。通过对设备特征数据、性能指标、告警日志、告警事件等各项之间的系统进行数据清洗、关联分析等,可以输出原因大类(电类问题、传输问题、设备问题、高温问题、业务操作)以及相应的小类根因原因的自动化分析(见图 12)。

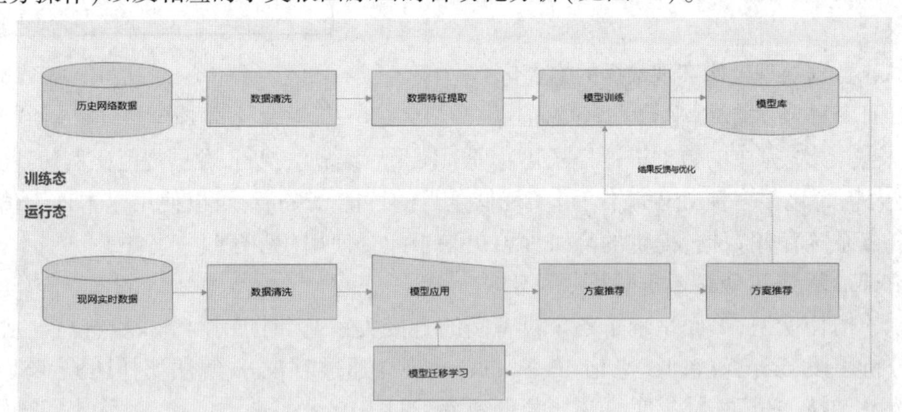

图 12

4.6　并行化应用投票法和随机森林算法

通过对设备特征数据、告警日志、告警事件等各项之间的关联分析,将投票法与随机森林算法相结合实现其并行化应用,将一棵树分成多个条件模式树,然后汇集在所有节点上挖掘,依据支持度计数和置信度进行关联分析,将故障预测率提升至 90%以上(见图 13)。

5　结束语

随着数字化网络的深入建设,大多数故障需要人工定位分析,自动化程度低,对于复杂群障缺乏跨专业分析手段,协调各专业人员定位故障效率低。无线 RAN 和 PTN 跨域联合数智化诊断的应用,不仅

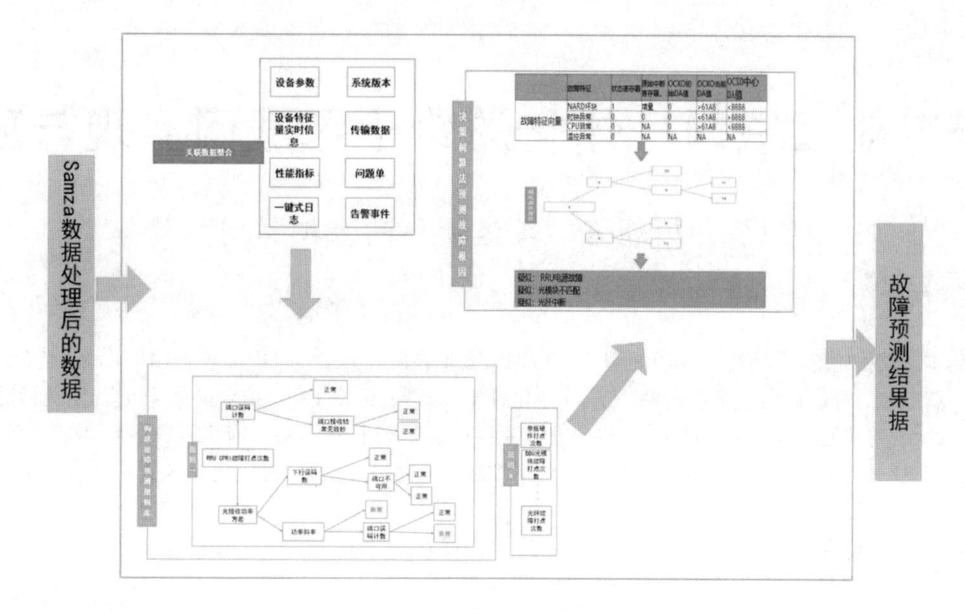

图 13

提高了跨域群障精准定位问题能力,还可以通过智能 AI 进行拓扑还原,直观地看出故障点位置信息,对于可远程恢复的故障进行自动化恢复处理,不断完善大数据算法规则,缩短了业务中断时长,提升了用户体验,从而逐步实现更加稳健和智能的运维体系。

参考文献

[1] 赵鞭,等. 基于 AI-ESTATE 的远程故障诊断系统,2010.
[2] 寇雅楠. 基于 AI 的主动数据挖掘技术在网络故障管理中的应用,2003.
[3] 李宗辉. 人工智能在电网故障诊断中的应用,2018.
[4] 陈波. 基于扩展合同网的协同故障诊断任务分配研究,2017.

基于工业互联网一体化的骨干承载网实现与研究

崔　静　项朝君　段俊娜　马淼娜　刘　倩

摘　要:本文就构建工业互联网一体化的骨干承载网络实现为研究方案。以中国联通 CUII 为基础整合 IP 承载 B 网、DCN 骨干网、云网资源,实现一体化骨干承载网,共享 CUII SDN 能力,构建简洁高效融合的跨域、跨境的 DCI 全云化网络,打造工业互联网高质量企业外网基础网络服务平台,实现了智能控制,提升综合承载效率效益。具有简洁高效智能的云网一体网络基础,支撑各类高品质业务快速高效接入承载。本文还详细阐述了河南联通承担集团试点的成功经验。

关键词:工业互联网;综合承载;云网一体;SDN;联通集团试点

1　前言

随着信息技术环境的日新月异,企业数字化转型已成为当下发展的必由之路。中国联通以全面构建简洁高效智能的云网一体网络基础和跨网 SDN 协同能力,支撑各类高品质业务快速高效接入承载,打造基于工业互联网一体化的骨干承载网络和云网协同产品快速发展与优化为目标。加快多张同质化承载网络,实现综合承载,智能控制和 SDN 能力本地延伸。

2　构造一体化骨干承载网融合背景

当前,随着 5G 的大规模部署,5GC 本地化,B 网承载流量将大幅降低。同时云业务蓬勃发展,云网一体化渐成趋势,未来通信网络云化成为必然。另外,从技术层面看,大容量高性能设备的成熟,为大容量高速转发提供可能,为业务综合承载提供了可能,产业互联网目前已经完成 DCI 平面构建和 SDN 控制器、业务系统开发、上线,实现网络融合后,可共享 SDN 控制系统,实现 SDN 管控能力跨网协同。以网络融合为契机,简化网络,并依托产业互联网 SDN 能力,进一步提升公司工业互联网网络的综合承载效率和效益。

3　产业互联网、IP 承载 B 网、IT 承载网网络发展现状

3.1　联通产业互联网网络现状

(1)网络架构:核心层(CR)+汇聚层(BR)+接入层(AR),覆盖 336 个本地网及 32 个海外 POP。

(2)网络定位:集团未来的产业互联网,为政企大客户提供专线及组网业务。

(3)承载业务:大客户 MPLS VPN 与互联网业务,云联网、云组网等新业务。

(4)SDN 能力:国内首张全面支持 SDN 的全国 IP 骨干网 CUII。SDN 纳管率 100%,SR 功能配置率 100%。全网支持 SDN。聚焦云网融合,可提供弹性、随选的云联网业务。

(5)云联网平台:已纳管联通自有 DC、阿里云、腾讯云、AWS、华为云、京东云、百度云、青云等国内主流云商 51 个,云商国际 20 个,实现腾讯云、阿里云已实现端到端自动化配置。并成功中标工信部 2019 年工业互联网创新发展工程高质量外网专项。

3.2　联通 IP 承载 B 网网络现状

(1)网络架构:核心层+汇聚层+接入层,覆盖 333 个本地网。

(2)网络定位:承载移动业务及内部业务。

(3)承载业务:移动网相关业务,包括 2G/3G/4G CS PS,5G NSA,回传,移动增值业务,互联互通业

务,移动视频分发等及非移动业务,包括数据采集业务,固网视频流量分发,IMS,物联网,Volte 等。

3.3 联通 IT 承载网网络现状

(1)网络定位:IT 承载网,承载公司生产运营的内部业务。

(2)承载业务:MSS、BSS、OSS、各类云资源池等信息化系统业务。

(3)网络架构:省内数据中心+省内骨干+省内接入。

4 构造一体化骨干承载网融合阶段实施方案

4.1 承载网融合总体目标方案

为了能够安全、顺畅的实现三张骨干承载网融合的目标,经过了网络融合方案实验室测试的论证和评估,集团制定了以产业互联网为网络主体,融合 IP 承载 B 网、DCN 骨干业网络资源和业务。融合后的产业互联网保持现有网络架构不变,主要包括核心层(CR)、汇聚层(BR)和接入层(AR/ER)三层架构。DCN 骨干设备、B 网的 CR 和 BR 设备,在网络融合完成后下线。融合后,自治域号使用产业互联网的 9929,以保证国际及国内互联出口的稳定性。

融合后的网络总体目标架构如图 1 所示。

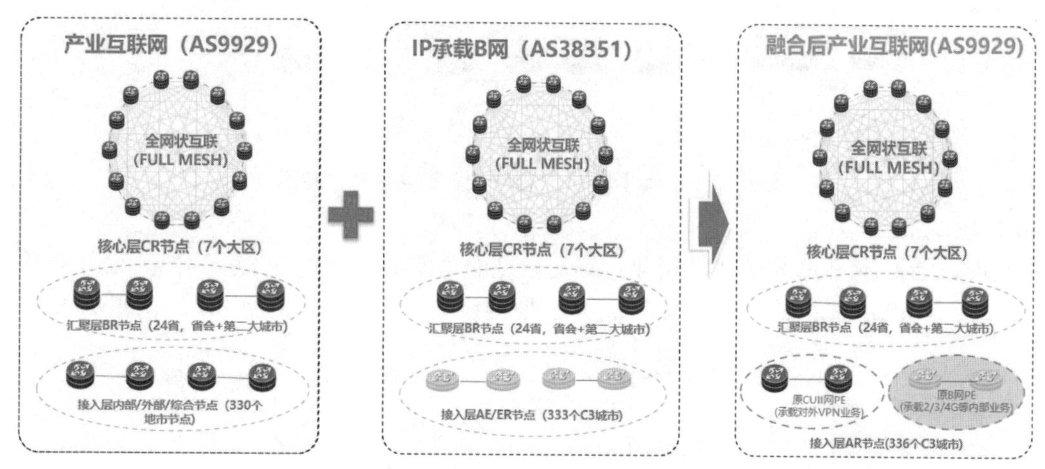

图 1 融合后的产业互联网架构

河南联通以集团制订融合方案为指导,保留产业互联网,将 IP 承载 B 网、IT 网所有相关业务割接至产业互联网对应的骨干层设备,涉及割接电路 2 861 条。河南联通两网融合方案如图 2 所示。

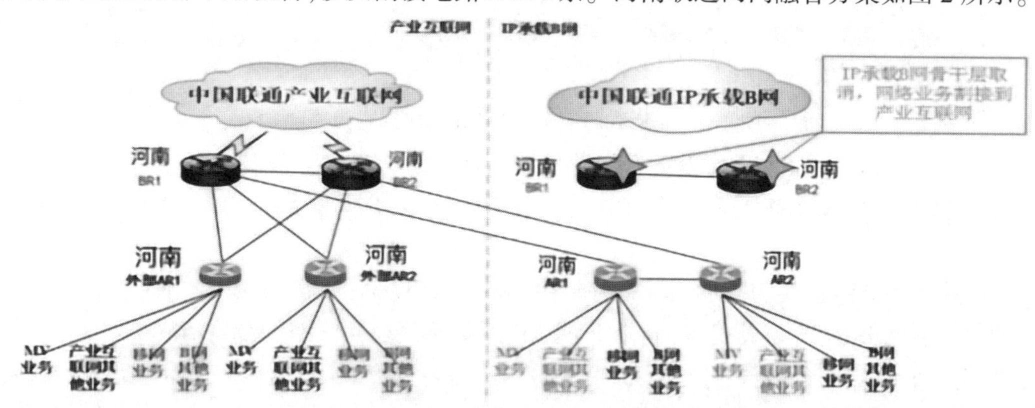

图 2 河南联通两网融合方案

4.2 一体化骨干承载网网融合准备期方案

准备期工作要确保具备两网安全打通的各项条件(设备性能、网络容量、策略配置等),两网可并行操作,具体方案如下。

4.2.1　产业互联网准备期方案

产业互联网融合准备期实施总体视图如图 3 所示。

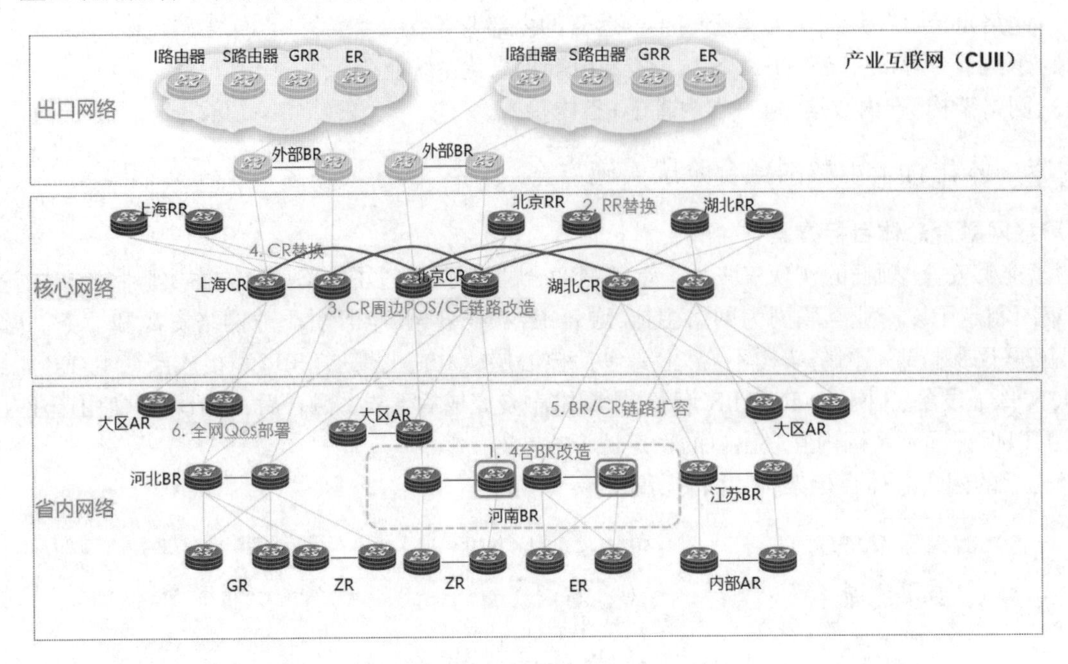

图 3　产业互联网(CUII)融合准备期实施总体视图

4.2.2　BR 优化调整方案

从优化网络结构、降低投资成本及简化运维复杂度的角度出发，产业互联网河南 BR 4 台优化调整为 2 台，改造后新 BR 上联主辅两个大区 CR。从而使网络更加的清晰。河南 BR 优化调整如图 4 所示。

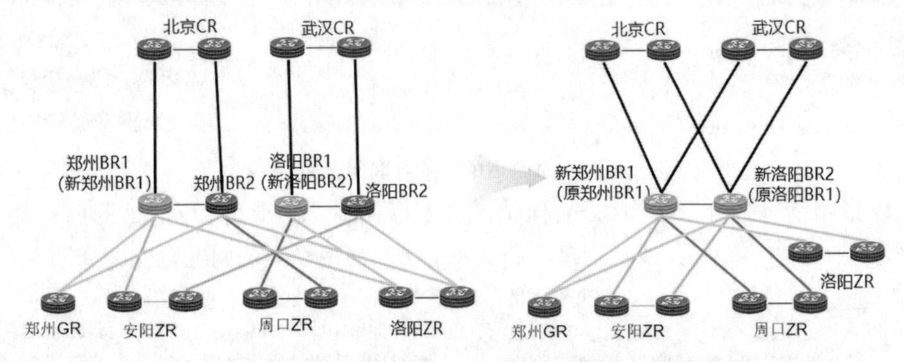

图 4　产业互联网河南 4 台 BR 优化调整为 2 台

(1)全网路由反射器(VPN RR)设备升级替换为高性能 NE40E-X8 设备。

(2)大区 CR 周边 POS/GE 链路改造，CR 之间及 CR 与 BR 之间链路改造为 100GE，CR 与 AR 之间改造为 10GE。

(3)核心层设备升级替换为高性能设备，CR 由 100G/400G 平台升级至 1.6T 平台。

(4)产业互联网 BR/CR 链路扩容，满足 B 网 AR 迁移至产业互联网的带宽需求。

(5)全网 QoS 策略优化调整：产业互联网采用以链路轻载方式为主、区分服务(DiffServ)技术为辅实现 QoS 保障。但是两张骨干承载网中各类不同业务等级的规划和调度策略上存在着差异，为了网络融合后采用统一的 QoS 部署策略，对产业互联网的 QoS 策略进行优化调整。

4.2.3　IP 承载 B 网准备期实施方案

4.2.3.1　设备互联链路 IP 地址修改方案

目前产业互联网全网采用的公网地址互联进行 IGP 的路由发布，两网融合后 B 网 AR 层以上的互联地址包括 AR 之间的互联地址都要按照产业互联网的公网地址规范修改。

4.2.3.2　IP 承载 B 网优化调整 Level 域河南试点方案

1. Level 修改方案背景

两网融合前先要实现网络层面的互通,即两网 IGP 互通。融合后的产业互联网全网域内采用 ISIS 协议,由于两网融合后设备数量巨大,在打通瞬间对设备的冲击较大,为减少对业务的冲击,必须对 IP 承载 B 网的 ISIS 路由域架构进行优化调整,减少长期运行在 level2 域内的设备数量,以降低网络融合打通时的风险控制。

为保证中国联通 IP 承载网融合工作顺利开展,并结合业务承载多样化、支撑实力等因素,集团选取在河南开展 IP 承载 B 网 level 修改实施试点工作。目前河南 IP 承载网 B 网已完成全省 2 台 BR、40 台 AR/ER 设备 level 修改、互联 IP 地址修改,在全国率先完成了该项工作的全省割接。

2. 河南联通 IP 承载 B 网 level 修改试点方案

为减小融合后的 ISIS 域,同时不影响 SDN 的部署,B 网 BR 修改为 level-1-2,B 网 AR 修改为 level-1。

(1)IP 承载 B 网 BR 设备修改 level 方案。BR 的 level 修改为从 level-2 调整为 level-1-2,同时在 BR 上 ISIS 全局下配置 level2 的路由渗透到 level-1 中,在 ISIS 的全局配置下 import-route isis level-2 into level-1。另外,BR 设备的主机地址即 loopback0 的 level 修改为 level-1-2,BR 的互联链路修改为 level-1-2。

(2)IP 承载 B 网 AR/ER 设备修改 level 方案。在两网 IGP 打通后,为减少长期运行在 level-2 域内的设备数量,提高网络稳定性。修改 AR/ER 设备的 level 从 level-2 调整为 level-1,包括 ISIS 全局配置以及所有的端口 level 都改为 level-1。特别需要关注的是修改 AR 上行 BR 端口的 level 时,BR 对应的下行端口也要修改为 level-1。

BR 和 AR 设备 level 修改前后拓扑对此如图 5 所示。

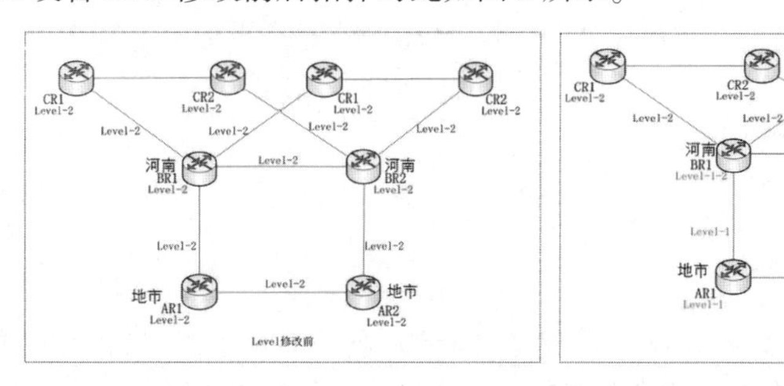

图 5　IP 承载 B 网 BR 和 AR 设备 level 修改前后拓扑对比图

3. IP 承载网 B 网 Level 修改操作步骤

BR 修改 level 操作步骤:

(1)清空河南 BR1 的流量,关闭河南 BR1 的下行和互联端口,进行业务测试。

(2)修改河南 BR1 的 level 为 level-1-2,打开一个下行端口,观察此端口 ISIS 邻居、LDP 邻居路由等是否正常。

(3)打开河南 BR1 其他所有下行端口,互联端口关闭,观察 ISIS 邻居、LDP 邻居路由等是否正常。

(4)恢复河南 BR1 的流量,观察调整后的 BR1 的各种状态、流量、设备的各种利用率和调整之前进行对比,同时进行业务测试。

AR 修改 level 操作步骤:

(1)清空河南鹤壁 AR1 的流量,关闭河南鹤壁 AR1 的下行和互联端口,进行业务测试。

(2)调整河南鹤壁 AR1 的 ISIS 全局 level 为 level-1,包括 ISIS 全局、上行接口,互联端口关闭不要打开。检查 AR1 的 ISIS 邻居、LDP、IGP 路由,包括默认路由是否正常。进行业务测试。

(3)打开河南鹤壁 AR1 下行端口恢复流量,进行业务测试。

(4)河南鹤壁 AR2 操作前三步同河南鹤壁 AR1,修改河南鹤壁 AR1 和河南鹤壁 AR2 互联接口的 Level 为 Level-1 后再打开,然后检查 AR1/AR2 的 isis 邻居、LDP、IGP 路由。

4.2.3.3　全网 QoS 策略优化调整

(1)对于 CR/BR 侧来说,接口的 QOS 需要全部清除,然后按照新的 QOS 队列和带宽分配进行重新配置。

(2)对于 AR/ER 侧来说,主要是涉及互联网业务的 VPN 需要从 AF3 标记调整到 BE,需要完成相应子接口的 QOS 标记删除和新的标记添加。

4.3　探索云网一体化服务

IT 承载网省网出口设备与 CUII 对应地市的 AR 采用 Option-A 背靠背对接,互联链路上针对每个 VPN 实例建立 EBGP 协议。进行 EDC 节点和 DCN 省网出口与 CUII 的连接,实现两网双接,确保网络融合的平滑割接和业务安全,实现互联网高效管理(见图 6)。

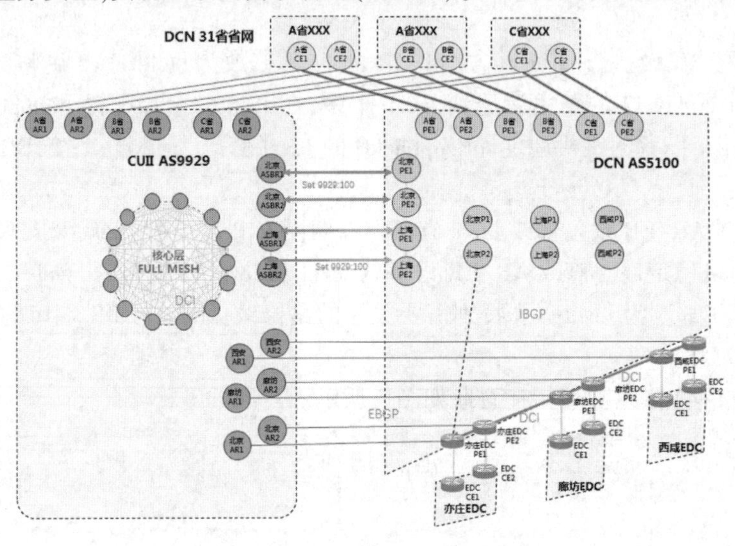

图 6

5　结束语

以网络融合为契机,简化网络,发挥网络资源优势,满足多业务综合承载,具备有差异化服务的能力,利于全国一盘棋布局整合云网资源。构建基于工业互联网一体化的骨干承载网络,不仅大幅降低了网络的建设成本和运维成本,还可以充分共享产业互联网的全网 SDN 能力、大规模接入联通自有 DC 和云商 DC 的优势、全国 334 个本地网双 PE 全覆盖的基础网络能力,以及与国内国际运营商的高可靠互联互通能力,进一步提供工业互联网高质量企业外网基础网络服务平台。

参考文献

[1] 孙少陵. IP 承载网技术发展趋势[J]. 电信网技术,2006(7):5-9.

[2] 李劲,陈佳阳. 综合业务承载网规划设计手册. 通信图书编辑部.

[3] 万芬,余蕾. 5G 时代的承载网[M]. 北京:人民邮电出版社.

[4] 2020 年中国联通产业互联网(CUII)与 IP 承载 B 网融合一期工程可行性研究报告[R].

基于 SDN 的政企精品网业务模型开发及应用

李燕华

摘　要:近年来,随着行业数字化转型和云网融合的发展,基于 OTN 光传送网的专线业务需求快速增长。金融和政企高端客户对专线的质量要求也越来越高,时延、业务快速开通,带宽实时调整等都成为用户的诉求。如何通过 OTN 网络满足客户的这些诉求,是数字化转型下运维工作亟待解决的一个难题。本项目基于河南联通 OTN 网络的 SDN 化,通过单域控制器进行政企精品网业务模型开发应用,对于接入不同厂家 OTN-CPE 的应用场景,采用 CPE-CPE、CPE-CO 两种业务模型,结合政企专线业务带宽需求采用 EoS 业务类型,研究 OTN 各层级电层保护方式,规范出分段 LMSP 保护和 SNCP+LMSP 混合保护两种业务模板,并对两种业务模板下汇聚点的设置进行规范配置,采用最小时延、流量工程等算路策略,实现时延选路,端到端业务发放实现了分钟级业务快速开通,并实现了带宽实时调整,满足了政企客户的专线服务需求。

关键词:SDN;业务模型;CPE-CPE;CPE-CO;OTN-CPE;EoS;分段 LMSP 保护;SNCP+LMSP 混合保护;汇聚点;算路策略;时延选路;端到端业务下发;业务快速开通;实时带宽调整(BOD)

1　前言

2020 年河南省农行、工行等金融用户相继提出生产网改造需求,省行统一管理各地市网点,每个用户都是千量级的跨地市长途专线业务,如何能够将 OTN 网络的 SDN 化快速有效地在政企精品网业务开通中应用,实现端到端业务快速开通,并满足用户带宽实时调整成了亟需解决的问题。河南联通 OTN 网络已完成全省十八个地市的省干、城域、市县、县乡四级覆盖,部署了单域的控制器。通过 OTN 网络的 SDN 化改造和业务模型开发应用可以满足省内政企精品网业务需求。

2　政企精品网业务模型开发

2.1　河南联通 OTN 网络的 SDN 化改造

河南联通全省 OTN 网络覆盖省干、城域、市县、县乡四个层级,包含华为、中兴、烽火和贝尔四个厂家,省内部署了华为的 NCE-T 控制器。经过统计汇总,十八个地市的四级网络架构共有“华为+华为+华为+华为”“华为+华为+中兴+华为”“华为+华为+中兴+贝尔”“华为+华为+烽火+华为”“华为+华为+烽火+贝尔”“华为+华为+华为+贝尔”这六种对接场景。

针对这六种场景进行 SDN 化架构搭建,对于“华为+华为+华为+华为”纯华为组网的 4 个地市通过 OTN 一体化改造将四级网络打通,对于其他五种对接场景的 14 个地市,通过在城域、县局或乡局增加华为 PeOTN 设备并进行相应的 OTN 一体化改造,如图 1 所示。

省干二平面覆盖全省十八个地市的两个核心节点,统一采用华为 9600 设备,对于市县 OTN 采用异厂家设备的地市,县局新增华为 PeOTN 设备,异厂家市县 OTN 提供 OTU2 波道,并对 GCC 字节进行透传,将县局新增的华为 PeOTN 设备与地市省干二平面的两个核心节点贯通。对于县乡 OTN 采用异厂家设备的地市,乡局新增华为 PeOTN 设备,异厂家县乡 OTN 提供 OTU2 波道,并对 GCC 字节进行透传,将乡局新增的华为 PeOTN 设备与县局华为设备贯通,从而实现了省干、城域、市县、县乡四级 OTN 网络的解耦贯通,完成了 OTN 网络的一体化网络架构搭建,通过华为的 NCE-T 控制器实现了对全省四级 OTN 网络的集中控制。

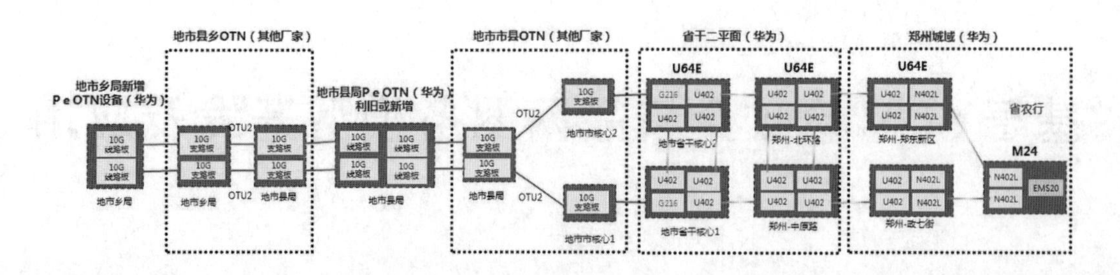

图 1

河南联通部署了华为的 NCE-T 控制器,控制器通过传送控制单元实现对域内网元的集中控制管理并进行端到端业务发放。传送控制单元实现 SDN 的业务控制功能,通过南向接口与物理层设备通信,获取设备资源和网络拓扑信息(见图 2)。

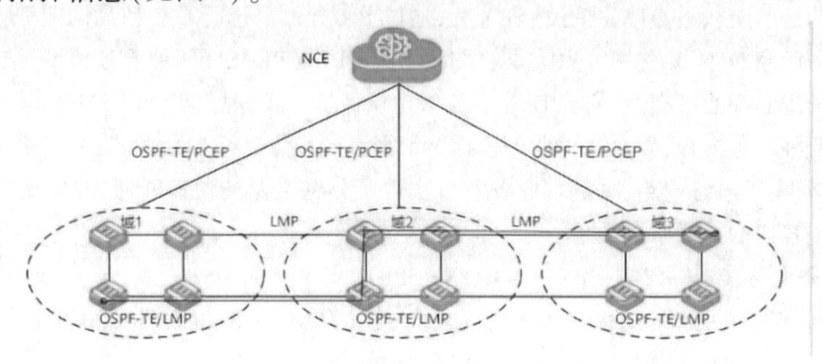

图 2

在控制域打通工作中,需要对传送控制单元和控制域内网元进行基础数据规划配置,包括控制域划分、GRE Tunnel 配置、网元节点 ID 配置、网元 SDN 使能、PCEP 协议认证类型配置、OSPF 协议认证类型配置等(见图 3)。每个控制域纳管的网元数量为 600 个,提前进行多域规划,每个地市一个控制域,每个域选取两个主备网关网元并创建其到控制器的 GRE Tunnel,业务量多的地市后期再增加控制域。如果存在多个地市共用一个控制域的情况,域内可以选取多组主备网关网元并分别创建到控制器的 GRE Tunnel,满足不同的需求。

河南联通OTN网元TSDN域节点ID规划

地市	起始	终结
省公司	10.1.1.*	10.1.34.*
安阳	10.1.35.*	10.1.36.*
濮阳	10.1.37.*	10.1.38.*
鹤壁	10.1.39.*	10.1.40.*
新乡	10.1.41.*	10.1.42.*
焦作	10.1.43.*	10.1.44.*
济源	10.1.45.*	10.1.46.*
三门峡	10.1.47.*	10.1.48.*
开封	10.1.49.*	10.1.50.*
商丘	10.1.51.*	10.1.52.*
周口	10.1.53.*	10.1.54.*
许昌	10.1.55.*	10.1.56.*
漯河	10.1.57.*	10.1.58.*
驻马店	10.1.59.*	10.1.60.*
平顶山	10.1.61.*	10.1.62.*
信阳	10.1.63.*	10.1.64.*
南阳	10.1.65.*	10.1.66.*
郑州	10.1.67.*	10.1.70.*
洛阳	10.1.71.*	10.1.74.*

图 3

控制域内网元的节点 ID 需要统一进行规划,对全省 18 个地市以及省公司根据业务量级进行节点

ID 地址段的预规划,省公司统一规划跨地市项目的节点 ID,地市公司统一规划本地项目的节点 ID,保证节点 ID 的全网唯一性。节点 ID 规划配置后,完成 SDN 使能和 PCEP 协议认证方式配置,控制域内网元就具备了 SDN 功能,控制器就实现了对域内所有网元的集中控制管理,自动发现 TE 链路资源、节点资源、管道资源和交叉资源,实现业务灵活调度和端到端业务快速下发。

通过以上 OTN 网络的架构搭建和控制域配置,河南联通 OTN 网络完成了省干、城域、市县、县乡四级 OTN 网络的 SDN 化改造。

2.2 业务模型研发

2.2.1 业务模型确定

河南联通全省 OTN 网络完成了 SDN 化改造,用户端 OTN-CPE 光纤直入 OTN 网络,就完成了政企精品网全程组网。OTN-CPE 设备可以是多厂家,针对华为 OTN-CPE 接入,华为 NCE-T 控制器能够实现 CPE 端到端管控,采用 CPE-CPE 业务模型;针对异厂家 OTN-CPE 接入,华为 NCE-T 控制器可以管控到 OTN-CPE 的上联端 CO 设备,采用 CPE-CO 业务模型(见图 4)。

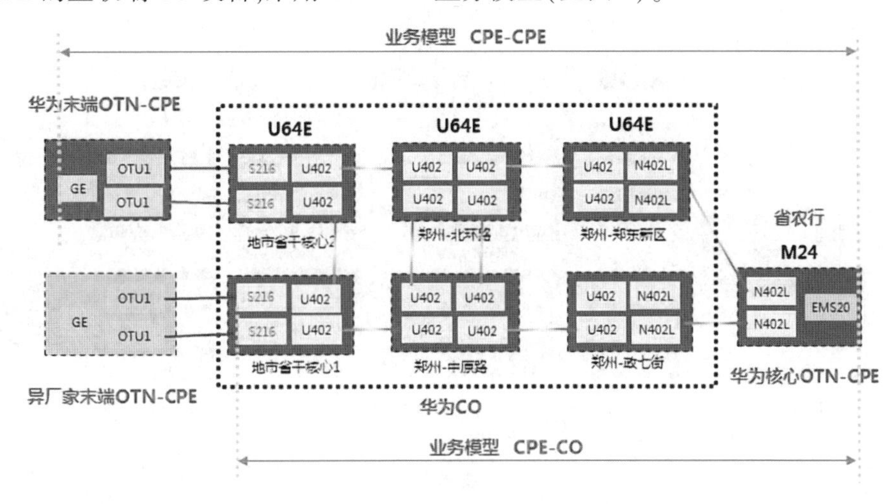

图 4

2.2.2 业务类型选取

河南联通 SDN 化的 OTN 网络,没有启用智能特性,而是采用 SDN 静态网络。结合政企专线带宽需求,对于 500 M 以下专线采用电层 VC 颗粒,选取 EoS 业务类型。

EoS(Ethernet over SDH)业务,由 EoS 单板和 ODU 交叉板配合实现。EoS 单板客户侧接入以太网业务,经过 L2 层的业务处理后,封装映射为 VC 信号,VC 信号经过集中交叉板调度到统一线路单板,统一线路单板完成 VC 信号到 ODUk 信号的复用、映射等处理,输出 OTUk 光信号到线路侧。如果线路侧为 SDH 线路板,则完成 VC 信号到 STM-N 信号的复用、映射等处理,输出 SDH 光信号。

EoS 业务映射结构如图 5 所示。

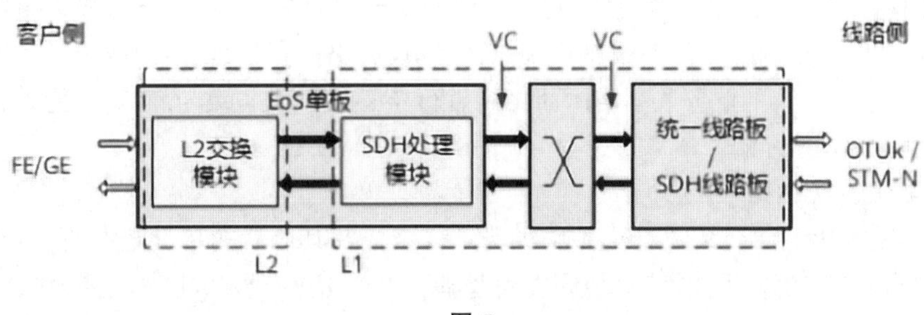

图 5

EoS 业务发放,根据用户配置的业务类型和带宽,自动选择 VCTRUNK 端口并绑定 VC 时隙;驱动网元使用 GMPLS 协议创建 VC4 隧道。驱动源、宿网元配置 VCTRUNK 端口和 VC 隧道的交叉连接,完成

EoS 业务配置。

2.2.3 电层保护方案确定

EoS 业务类型通过电层交叉完成业务配置,且四级 OTN 网络中城域及县乡波分没有配置光层的 OMSP 保护,因此需要对各层级的电层配置相应的保护方式。针对各地市组网情况及目前华为控制器能够实现的保护类型,确定两种保护方案:分段 LMSP 保护和 SNCP+LMSP 混合保护。SNCP 保护利用电层交叉做双发选收,并通过 OTN 开销上报的告警触发倒换,实现对线路板及其以后的单元进行保护。LMSP 保护(链路复用段保护),能够对相邻节点间的 SDH 链路提供复用段级的保护,当工作通道故障时,业务倒换到保护通道。

省核心 OTN-CPE 上联段,末端 OTN-CPE 上联段,这 2 个段落能够实现 CPE 的双上联采用 LMSP 保护,地市核心至省核心段,地市县局至地市核心段,这 2 个段落为多业务共用段落采用 LMSP 保护;地市城域至地市核心,地市乡局至地市县局段,这 2 个段落光层没有 OMSP 保护,环网节点数量较多不适合采用 LMSP 保护,因此采用 SNCP 保护。以洛阳城域青年宫下挂网点业务组网为例,各层级保护方式如图 6 所示。

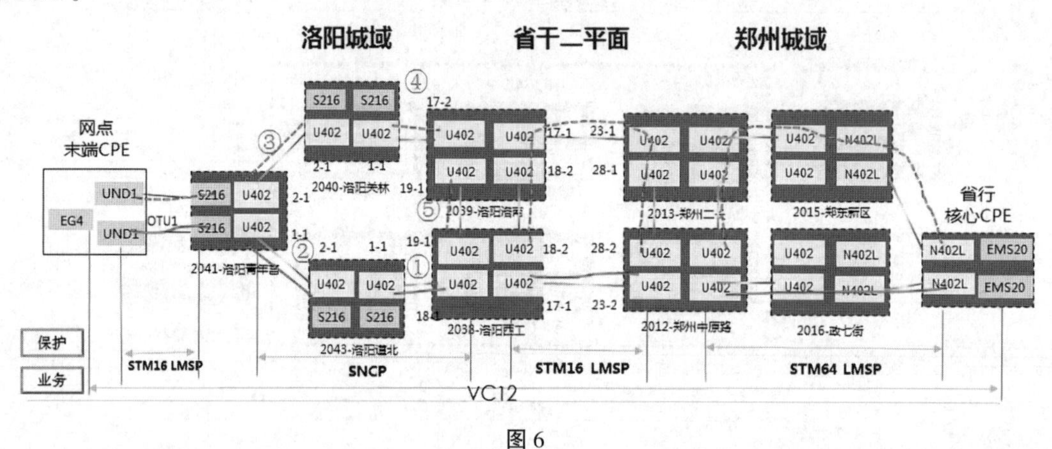

图 6

2.2.4 规范汇聚点设置

对于低速 EoS 业务(VC12 级别),可以通过配置业务汇聚点,将多个业务汇聚到一个管道上承载,在汇聚层网元上可以共享上行的 VC4 隧道,这样可以最大化地复用 VC4 隧道,提高带宽利用率。针对以上两种保护方案下的汇聚点设置进行规范,对于分段 LMSP 保护,建立 LMSP 保护的 CO 设备都需要设置为汇聚点(CO 设备需要配置低阶交叉板),这样从末端往上可以共享每个 LMSP 段的 VC4 隧道,节省带宽资源。对于 SNCP+LMSP 混合保护,SNCP 和 LMSP 的耦合点需要设置为汇聚点,其他建立 LMSP 的 CO 设备也需要设置为汇聚点(CO 设备需要配置低阶交叉板)。

以洛阳城域青年宫下挂网点业务组网为例,为 SNCP+LMSP 混合保护方式,SNCP 和 LMSP 保护的耦合点为洛阳青年宫和洛阳西工,建立 LMSP 的 CO 设备为洛阳西工和郑州中原路,洛阳青年宫、洛阳西工、郑州中原路这 3 个 CO 设备应该设置为汇聚点,但郑州中原路、郑州二长为全省的省核心,不建议处理低阶业务没有配置低阶交叉板,不设置汇聚点,实际设置洛阳青年宫、洛阳西工为汇聚点(见图 7)。

以洛阳西工为上行出口的业务共享洛阳西工到省行核心 CPE 之间建立的 VC4 隧道,最大化地复用 VC4 隧道,提高利用率(见图 8)。

2.2.5 拖延时间设置

SNCP 保护段落利用电层交叉做双发选收实现对线路板及其以后的单元进行保护,SNCP 和 LMSP 保护的耦合点在 SNCP 段落发生倒换时,会偶发引起耦合点的 LMSP 段落也发生倒换,这样就不符合电层保护倒换隔离的要求。需要对 SNCP 和 LMSP 保护的耦合点进行保护拖延时间设定,防止在 SNCP 段落倒换时触发 LMSP 段落发生倒换,实现业务分段保护和倒换隔离。

以洛阳城域青年宫下挂网点业务组网为例,洛阳西工和洛阳青年宫为 SNCP 和 LMSP 保护的耦合

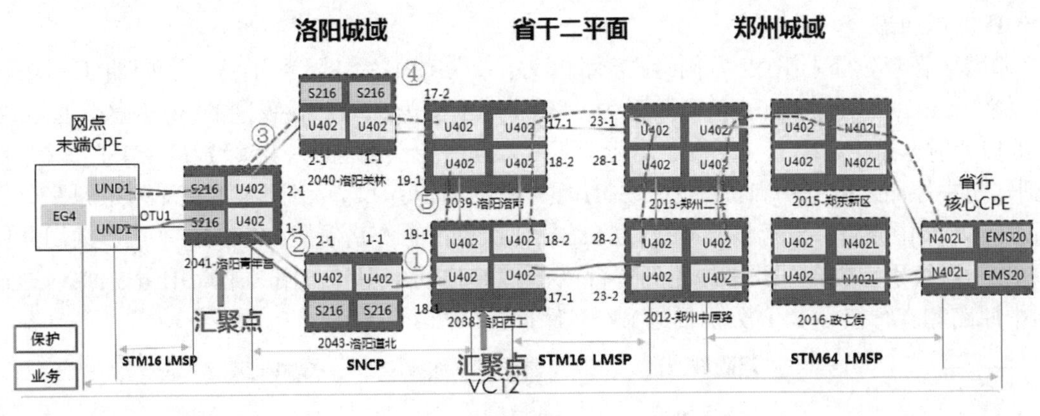

图 7

物理拓扑 [80-532-洛阳农行老城支行营业部] [80-532-洛阳农行老城支行营业部-网元管理器] SDH路径管理-[路径：10334 及其他路径] SDH路径管理-[路径：2595 及其他路径]

序号	级别	源端	源时隙	宿端	宿时隙
1	VC4服务层路径	2038-洛阳西工-OSN9600U64-shelf0-17-U6U402-51(V_SDH-1)	VC4:1	2101-河南省农行A-OSN9600M24-shelf0-8-S8N402L-51(V_SDH-1)	VC4:8
2	VC4服务层路径	2041-洛阳青年宫-OSN9600M24-shelf0-4-V4S216-5(SDH-5)	VC4:1	80-532-洛阳农行老城支行营业部-shelf0-41-H2UND1-51(V_SDH-1)	VC4:1
3	VC4服务层路径	2038-洛阳西工-OSN9600U64-shelf0-18-U6U402-52(V_SDH-2)	VC4:1	2041-洛阳青年宫-OSN9600M24-shelf0-1-U6U402-51(V_SDH-1)	VC4:1
4	VC4服务层路径	2038-洛阳西工-OSN9600U64-shelf0-19-S7N402-51(V_SDH-1)	VC4:3	2041-洛阳青年宫-OSN9600M24-shelf0-2-U6U402-51(V_SDH-1)	VC4:1

图 8

点,业务路径如图 9 所示。

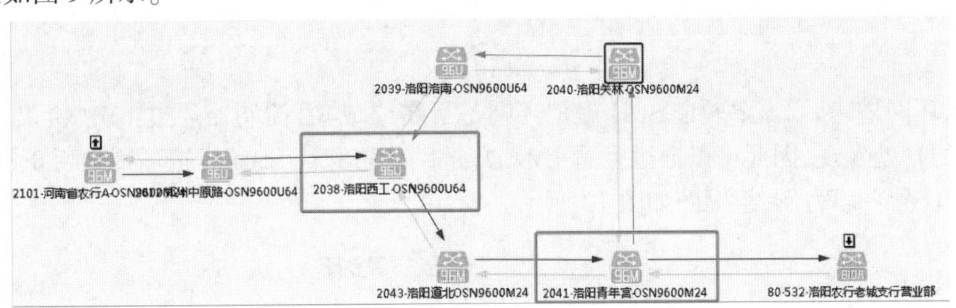

图 9

需要对洛阳西工和洛阳青年宫进行保护拖延时间设置,因电信级保护倒换时间为 50 ms,这个拖延时间要大于 50 ms,设定为 100 ms(见图 10)。

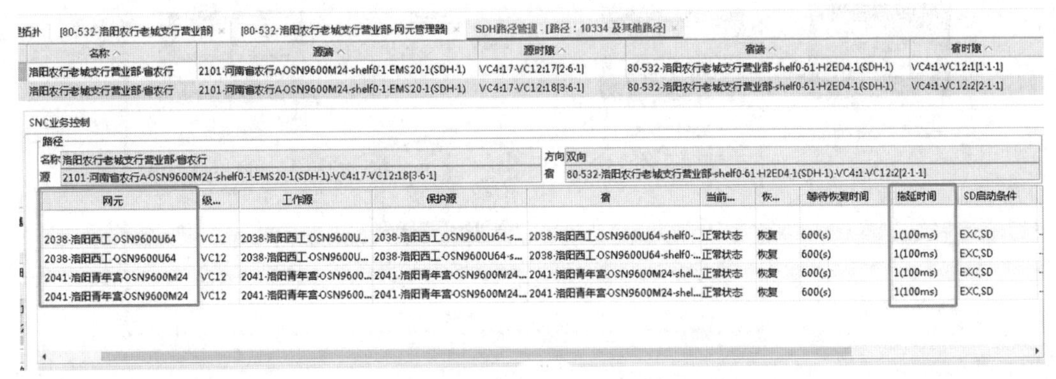

拓扑 [80-532-洛阳农行老城支行营业部] [80-532-洛阳农行老城支行营业部-网元管理器] SDH路径管理-[路径：10334 及其他路径]

名称	源端	源时隙	宿端	宿时隙
洛阳农行老城支行营业部-省农行	2101-河南省农行A-OSN9600M24-shelf0-1-EMS20-1(SDH-1)	VC4:17-VC12:17[2-6-1]	80-532-洛阳农行老城支行营业部-shelf0-61-H2ED4-1(SDH-1)	VC4:1-VC12:1[1-1-1]
洛阳农行老城支行营业部-省农行	2101-河南省农行A-OSN9600M24-shelf0-1-EMS20-1(SDH-1)	VC4:17-VC12:18[3-6-1]	80-532-洛阳农行老城支行营业部-shelf0-61-H2ED4-1(SDH-1)	VC4:1-VC12:2[2-1-1]

SNC业务控制

路径

名称 洛阳农行老城支行营业部-省农行　方向 双向

源 2101-河南省农行A-OSN9600M24-shelf0-1-EMS20-1(SDH-1)-VC4:17-VC12:18[3-6-1]　宿 80-532-洛阳农行老城支行营业部-shelf0-61-H2ED4-1(SDH-1)-VC4:1-VC12:2[2-1-1]

网元	级...	工作源	保护源	宿	当前...	恢...	等待恢复时间	拖延时间	SD启动条件
2038-洛阳西工-OSN9600U64	VC12	2038-洛阳西工-OSN9600U...	2038-洛阳西工-OSN9600U64-s...	2038-洛阳西工-OSN9600U64-shelf0-...	正常状态	恢复	600(s)	1(100ms)	EXC,SD
2038-洛阳西工-OSN9600U64	VC12	2038-洛阳西工-OSN9600U...	2038-洛阳西工-OSN9600U64-s...	2038-洛阳西工-OSN9600U64-shelf0-...	正常状态	恢复	600(s)	1(100ms)	EXC,SD
2041-洛阳青年宫-OSN9600M24	VC12	2041-洛阳青年宫-OSN9600...	2041-洛阳青年宫-OSN9600M24...	2041-洛阳青年宫-OSN9600M24-shel...	正常状态	恢复	600(s)	1(100ms)	EXC,SD
2041-洛阳青年宫-OSN9600M24	VC12	2041-洛阳青年宫-OSN9600...	2041-洛阳青年宫-OSN9600M24...	2041-洛阳青年宫-OSN9600M24-shel...	正常状态	恢复	600(s)	1(100ms)	EXC,SD

图 10

2.3 业务模型应用

2.3.1 SDH 虚拟环网搭建

在 OTN 网络完成 SDN 化改造后,进行 EoS 业务端到端发放前,要先进行各层级 SDH 虚拟环网搭建,就是配置统一线路单板 SDH 虚拟端口和映射关系。对于 LMSP 段落,需要创建两节点间主用 SDH 虚拟通道和备用 SDH 虚拟映射通道,并建立对应的 LMSP 保护。对于 SNCP 段落,需要逐段创建相邻节点间的SDH虚拟通道。

以洛阳城域青年宫下挂网点为例，业务路由为：末端CPE—洛阳青年宫—洛阳西工—郑州中原路—省行核心CPE，洛阳青年宫—洛阳西工为SNCP，5个段为STM-16级别的SDH虚拟通道，创建5个SDH虚拟映射通道①、②、③、④、⑤。洛阳西工—郑州中原路为STM-16级别的LMSP保护，创建洛阳西工到郑州中原路之间主用和备用2个SDH虚拟映射通道⑥和⑦，洛阳西工和郑州中原路分别创建LMSP保护。郑州中原路—省行核心CPE为STM-64级别的LMSP保护(全省18个地市共用此段落因此配置STM-64级别)，创建郑州中原路到省行核心CPE之间主用和备用2个SDH虚拟映射通道⑧和⑨，郑州中原路和省行核心CPE分别创建LMSP保护。如图11所示。

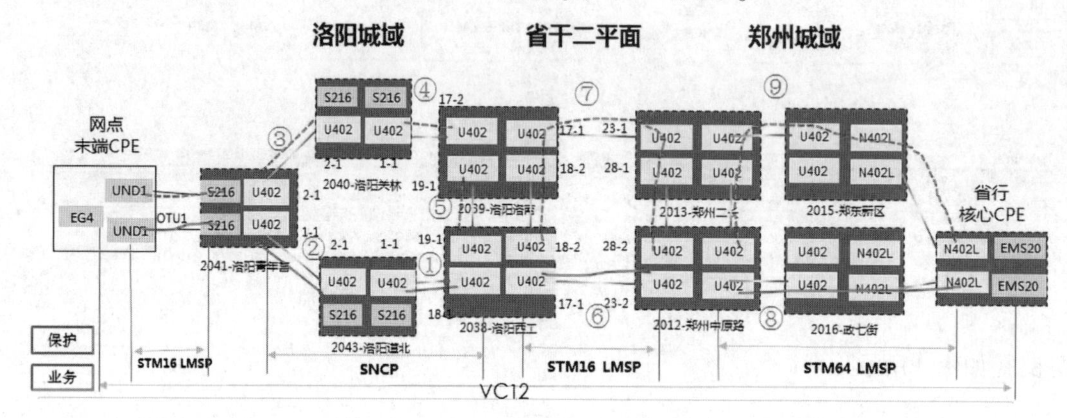

图11

SDH虚拟环网搭建后，需要验证SDH虚拟环网是否搭建成功，控制器通过LMP协议(链路管理协议)实现链路的自动发现，因此可以通过查看LMPTE链路状态验证SDH虚拟环网是否正常。

以周口沈丘县乡环为例，组网图如图12所示。

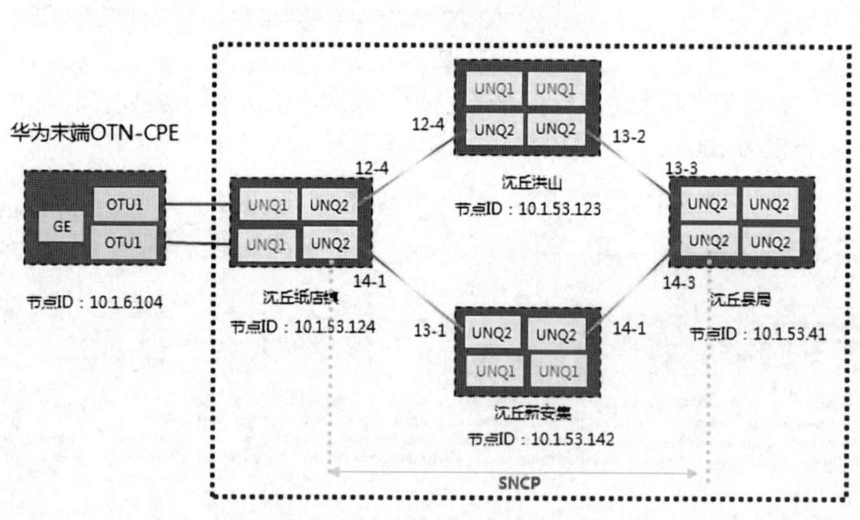

图12

此环网SDH虚拟环网为SNCP环，验证县乡环上各节点的成环端口是否正常，创建的SDH虚拟通道是否正常，以沈丘纸店镇为例，LMP TE链路状态如图13所示。

红色标注为到相邻两个节点的成环端口的LMP TE链路，OTU2物理端口和SDH虚拟通道都是UP正常状态，蓝色标注为到末端网点的LMP TE链路，OTU1物理端口和SDH虚拟通道都是UP正常状态。对环上节点逐个进行LMP TE链路状态检查，在上行和下行LMP TE链路都正常的情况下，SDH虚拟环网搭建成功。

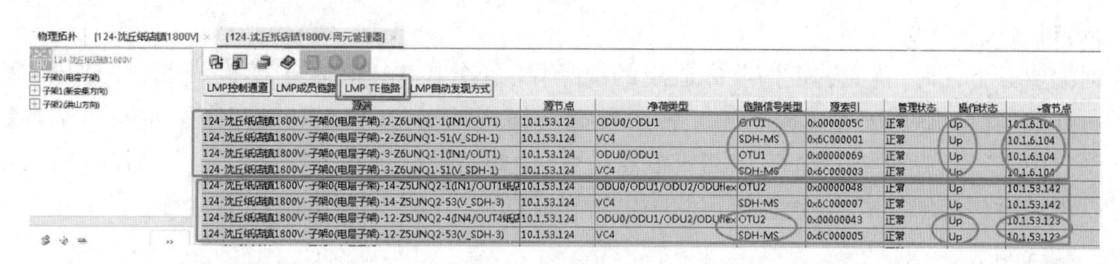

图 13

2.3.2 业务模板确定

不同层级选取对应的电层保护方案,在端到端业务下发前需要设定业务模板。针对两个保护方案分别创建对应的业务模板,分段 LMSP 保护模板和混合保护模板。两个的区别是分段 LMSP 保护的保护类型为链路复用段保护;混合保护的保护类型为 SNCP 保护。如图 14 所示,图 14(a)为分段 LMSP 保护模板,图 14(b)为 SNCP+LMSP 混合保护模板。

(a) (b)

图 14

不同层级选取对应的电层保护方案,在业务模板创建时,还有一个重要参数是路由策略,有最小时延、流量工程、最短距离、最小跳数、最稳定路由。流量工程是综合链路的跳数、距离、链路使用状态等计算代价最优的路径。最小时延是选择端到端时延最小的路径,最小跳数是选择经过节点最少的路径,最短距离是选择经过距离最短的路径,可以结合实际路由情况和用户诉求选择适用的路由策略(见图 15)。

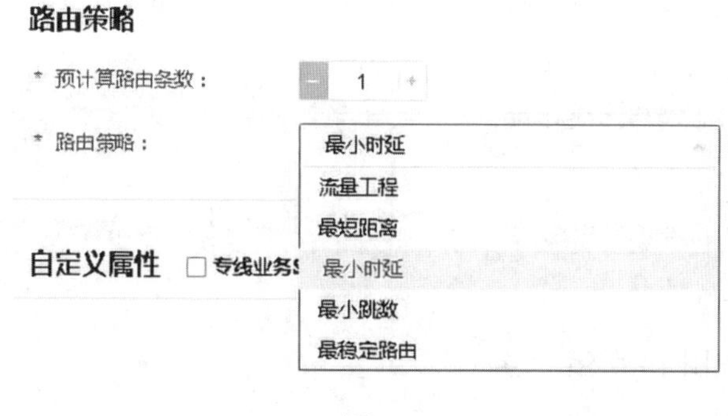

图 15

2.3.3　端到端业务下发

端到端业务下发时,首先选定该业务适用的业务模板(分段 LMSP 保护模板或混合保护模板),选择部署业务模型(CPE-CPE 或 CPE-CO),然后配置源宿网元端口、VLAN,设定带宽策略等基本参数,在高级设置中进行相应的路由约束,链路或节点约束,计算路径后查看主备路由是否为设定的路由,如不是可以再进行相应的约束,直到为设定的路由后完成创建(见图 16~图 18)。

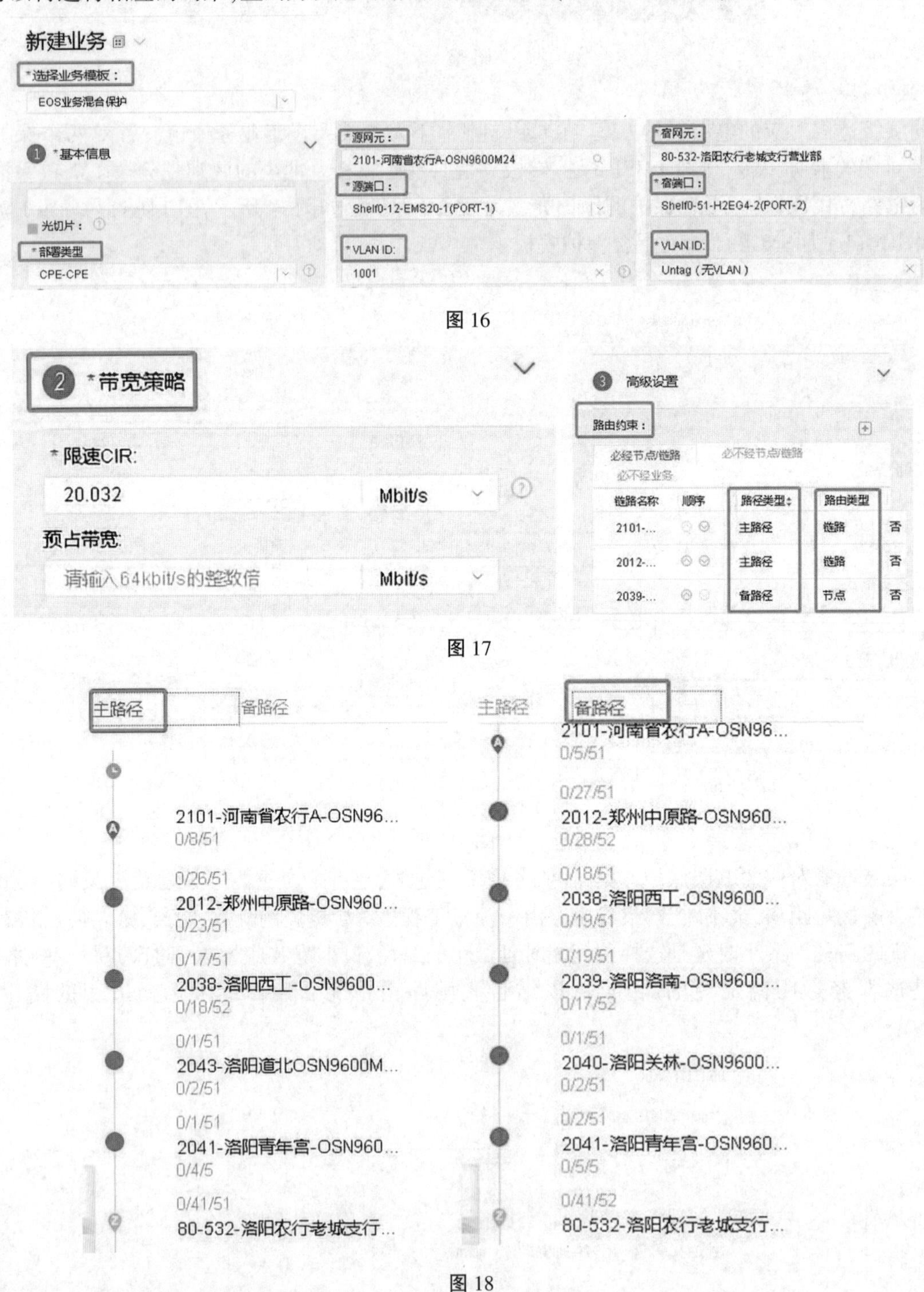

图 16

图 17

图 18

业务创建后业务视图如图 19 所示。

2.3.4　带宽实时调整(BOD)

对于 EoS 业务,在进行带宽调整时,优先利用已有的 VC4 服务层路径进行带宽调整,如果已有的

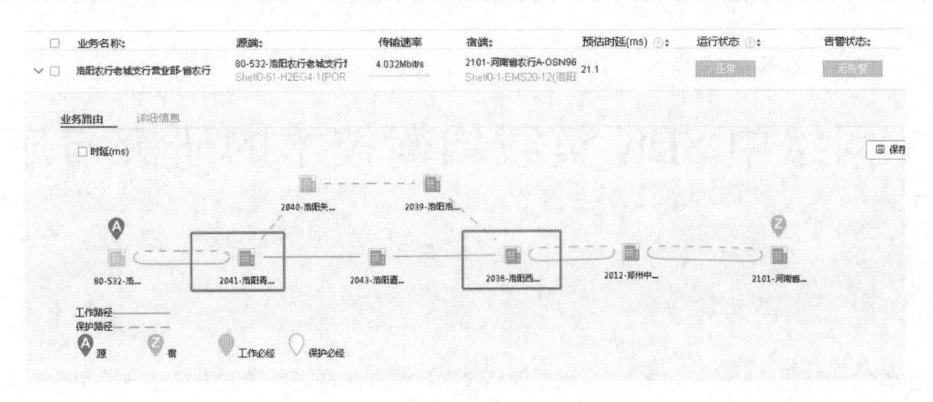

图 19

VC4 服务层路径的空闲资源不足,控制器使用 GMPLS 协议驱动网元创建 VC4 服务层路径进行带宽调整,做到了带宽实时调整。如果是 SDH 虚拟通道带宽资源不足,可通过带宽利用率实时可视情况提前进行扩容配置。

3 项目实施效果

2019 年 5 月河南联通逐步开始进行四级 OTN 网络的 SDN 化改造,至 2020 年 12 月完成了全省 18 个地市的改造工作,覆盖 300 多个区县节点以及 1 000 多个综合接入点/乡所接入点。经测试两种保护方案下的倒换时间均满足指标要求,CPE-CPE 、CPE-CO 两种业务模型均已应用验证,已在省农行、省工行、军分区等政企用户推广使用,完成 EoS 业务端到端下发 700 多条。通过基于 OTN 网络 SDN 化的政企精品网业务模型应用,极大地提高了业务开通效率,能够实现带宽实时调整,并能满足用户的灵活业务开通和高品质专线智能需求。业务开通模式从原来的多段配置到现在的全程端到端一键下发和一键提速,开通时长数量级从多天压缩到了几分钟,极大地提高了业务开通效率,减少了业务落地转接,全程端到端业务可视,实现全程故障可视定位,极大提高了运维效率。

4 结束语

通过河南联通 OTN 网络的 SDN 化改造,完成异厂家对接解耦,对政企精品网业务模型进行研究,确定 EoS 业务类型及电层保护方案,完成汇聚点、拖延时间等重要参数设定,实现了基于 OTN 网络 SDN 化的政企精品网业务的端到端业务快速发放、带宽实时调整和时延选路,提高了业务开通效率,提供了广覆盖、大带宽、低时延、高可靠的政企精品专线产品。

参考文献

[1] 邵广禄. SDN/NFV 重构未来网络-电信运营商愿景与实践[M]. 北京:人民邮电出版社,2016.
[2] 刘国辉. OTN 原理与技术[M]. 北京:北京邮电大学出版社,2020.

OTN 网络中 SDN 负载均衡技术的研究与应用

王　佳　李军华

摘　要：随着 5G 智能化新时代的到来，OTN 网络面临诸多挑战。OTN 新增带宽需求基本采用滚动规划的方式进行预测和建设，其"过设计"和"静态连接"等特性显得带宽分配和调度效率低下。因此，需要企业建立一个灵活、开放的 OTN 架构，实现业务的自动优化部署、瞬时带宽自动调整、时延管理，构建动态的传送网络。本文对 SDN 控制器负载均衡和链路负载均衡策略进行研究，并在此基础上优化算法，实现 OTN 网络设备的灵活可编程，使 OTN 的管理更加精细化。将优化后的 SDN 控制器应用于 OTN 网络，解决多层、多域造成的链路计算资源竞争、协调保护等复杂问题，进一步有效降低网络时延，打造高品质承载网络，提升政企专线竞争力，精准服务客户。

关键词：OTN；SDN；负载均衡；政企专线漏

1　前言

随着第四次工业革命的到来，人类已经进入了万物互联的移动智能化新时代。互联网+、大数据和云计算的持续飞速发展，为通信行业带来新发展机遇的同时，也带来诸多挑战。传统移动和家宽业务市场已经濒临饱和，运营商将遭遇企业增收与外部激烈竞争等多重压力。一直以来被认为是高 ARPU 型的政企专线业务，特别是党政军、金融行业、互联网业等高级别政企客户，始终是电信运营商必争的焦点。作为中小微型颗粒产品业务主要采用承载颗粒方式，SDH/MSTP 凭借其产品安全性、隔离性等传统技术优势备受青睐。随着用户大带宽、低时延、高可靠需求的不断增长，MSTP 瓶颈日益凸显。OTN 在处理低带宽业务时具有局限性，因此建立一个灵活、开放的 OTN 新架构，实现业务的自动优化部署、瞬时带宽自动调整、时延管理，构建一个动态的基础传送网，是网络优化演进的必然趋势。

2　SDN 技术的引入

2.1　OTN 网络的优势与不足

OTN 的全称是光传输网技术，作为我国新一代"数字光传输系统"，它是在传统 WDM 技术基础上，通过优化 SDH 分层，扩展分组处理，实现了实时监控、保护及管理等功能。此外，它具有资源调度、异步映射、透明承载业务等一系列优势，不仅显著提升信号处理质量，还能为波分复用划分多重接口。

2.1.1　OTN 的优势

（1）较强的运行维护和管理能力：OTN 网管能力较强，可以实现传输业务端到端全程的监管与维护，还可进行故障的监测与定位，提升日常运维效率。

（2）合理兼容多路信号的集成传输：SDH、Internet、ATM 等多种信号均可映射转换至 OTN 帧结构，只需提前配置合适的速率，便可同时传送多种信号。如果每个通道的带宽足够时，它还可以接入更多新型业务。

（3）具有组网优势与较强的保护能力：OTN 采用光层组网的同时，还采用用光电交叉组网，集成多重组网的优势，网络健壮性显著提升。

（4）具备 FEC 功能：OTN 所采用的 G. 709 标准，能在 OTN 帧结构中设置 FEC 功能，随着传输距离的增加始终保持 5~6 db 的增益，保证信号传输质量。

2.1.2 OTN 的不足

(1)通过超频方式传送 10~40GE LAN 业务时,会出现 ODU2e 速率不一致的 ODU2e 颗粒。

(2)OTN 对 2.5G 以下的小颗粒业务,无法进行业务调度与映射,OTN 面临数据业务的动态性和不可预知性。

(3)OTN 新增带宽需求基本采用滚动规划的方式进行预测和建设,其"过设计"和"静态连接"等特性显得带宽分配和调度效率低下。

2.2 OTN 网络中 SDN 技术发展现状

(1)基于 SDN 技术的 OTN 称为 SOTN,它使整个 OTN 网络向控制、转发、编程架构演进升级,功能更强大,管理更精细,实现全局视图、北向支持扩展和抽象网络视图、集中管控和网络安全保护,具备"弹性管道、即时带宽、编程光网"三大特性,为不同应用提供灵活、高效的开发管道网络服务(见图 1)。

(2)依据业务需求,提供 VC、PKT、ODUC 等多种承载管道,用来满足成本、带宽、业务质量等方面的需求。在 ODUk 的适配功能中引入 VC 映射和分组映射,然后把 ODU 管道进行划分,进一步划分成分组管道和较小的 VC,来承载 1 G 以下的业务,从而提高 OTN 的线路带宽利用率,实现多个 SDH 与 OTN 的专线统一业务承载(见图 2)。

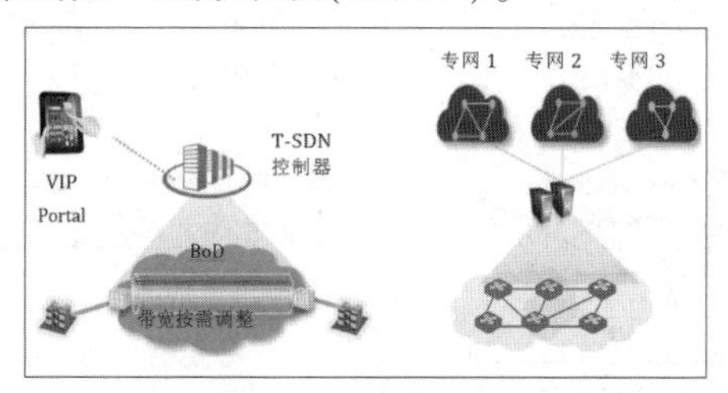

图 1 网络管道隔离

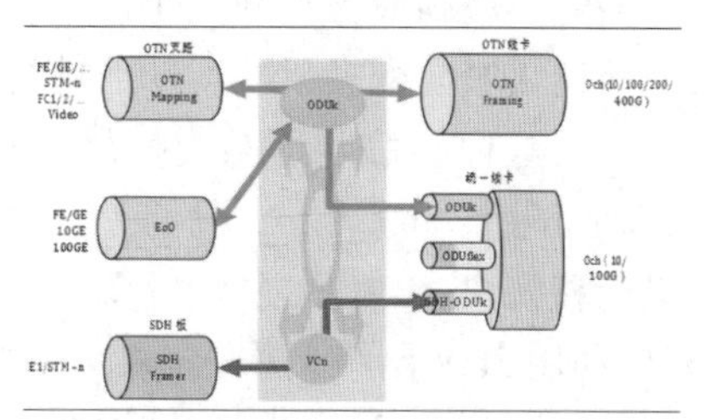

图 2 VC 与 ODU 统一交叉

3 优化 SDN 负载均衡技术

SDN 相对于传统的网络架构,具有三个本质的特征,即控制与转发分离、网络可编程、网络控制集中化。在实际网络中,流量的分布无论是在空间还是在时间维度,都存在不确定性。在一定的时间段,在一定的域内,流量的爆发式增长,都会大大增加控制器的负载。负载均衡技术的作用就是在集群环境中尽量均衡负载。通过合理规划,采用合适的负载均衡技术,可以将流量信息与客户的需求平均分配至集群中的各个节点。

SDN 控制器负载均衡解决策略主流技术分为两种:一种是将控制器的配置模式与安装位置进行更改,以防控制器过载;另一种是采用迁移交换机的方式保证负载均衡。本文在对传统负载均衡策略研究的基础上,提出一种分层架构的控制器负载均衡改进优化方案,该策略的主要原则是将一些交换机从高负载控制器迁移到低负载控制器达到优化负载均衡。

3.1 负载均衡决策模块

负载均衡策略主要包括三个部分:如何选取合适的迁入、迁出域,以及如何精准选择待迁出的交换机。上述三个部分任一环节选取不合适都会影响均衡效果,或延长迁移时长,甚至诱发负载震荡。

3.1.1 迁出域的选择

在进行迁出域选择的过程中,要全面考虑影响因素,如同时有多个控制器出现过载现象。为有效应对这种异常情况的发生,本文优先处理最重的过载控制器,控制器负载由 P_i 表示,负载值用 C_i 表示,控制器所能承受的最大负载值用 $C_{i\max}$ 表示,根据以下公式即可计算出最重的过载控制器。一旦同时存在多个控制器过载,依据 P_i 的值可快速定位负载最重的控制器,进行负载均衡处理。迁移出最重的过载控制器之后,重复迭代,依次取出每轮负载最大的控制器至负载均衡为止。

$$P_i = \frac{C_i}{C_{i\max}}$$

3.1.2　选取合适的交换机

选择交换机时,通常取交换机组、重载控制器负载与全网负载量的均值之差,这样选择的目的是使最重的过载控制器迁移之后,趋近于全网平均值。以下是选择交换机的流程(见图 1):

(1)统计负载超过阈值的控制器,依据控制器负载量的均值和最大值,从而算出交换机组负载所接近的值 C_r。

(2)设置交换机组的负载范围在(0.95~1.05)C_r。

(3)在设定的(0.95~1.05)C_r,查找有无符合条件的交换机组。如果有多个符合条件的交换机组存在,优先迁移最远端的过载控制器,以达到降低控制平面延迟的目的。若无符合条件的交换机组,则将负载范围(0.95~1.05)C_r 增加 0.2 C_r,重复步骤(1)~(3)中的轮询操作。

(4)通过以上方法选出的交换机组与下面的迁入域全面结合,实现交换机迁移操作。

3.1.3　选择合适的迁入域

在选择迁入域时,可以用以下两种因素作选择标准:

第一,当前迁入域的业务负载大小。

第二,当前迁入域同交换机之间的通信延迟。

通常情况下,这种通信延迟与交换机和控制器之间的通信距离成正比。

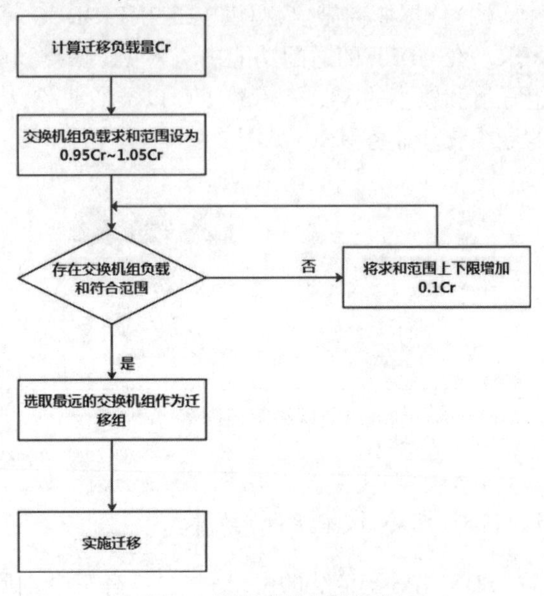

图 3　选取交换机的流程

3.2　交换机迁移模块

本文充分利用 SDN 网络架构,分离交换机的控制面与转发面。域控制器仅负责少量的维护本域内的网络拓扑开销以及不同域之间的必要信息通告。不负责具体业务流量的转发。可以更及时地判断各个控制器的实时业务负载。大大加快迁移交换机的切换过程,同时也会减少因负载的判断差错或不及时引起的负载来回切换问题。控制器的负载均衡算法主要通过以下四步实现:

(1)域控制器实时地对业务负载进行监控,当本域内的业务流量过大,并且超过提前规定阈值时,域控制器将负载过大的消息通报给它的上层控制器,即超级控制器。

(2)超级域的域控制器通过它下层连接的各个域控制器维护一个超级域的实时负载情况;当收集到第 1 步中,域控制器发来的消息时,就可以通过自身维护的本超级域的负载,计算出合适的迁出域、迁入域以及所涉及的交换机组。最后,将具体负载均衡的配置下到其下层的域控制器。

(3)域控制器接收到上述配置后,对网络拓扑作出相应的调整,从而实现负载均衡。

(4)上述调整完成后,迁移涉及的两个域的网络拓扑与之前相比也发生了变化,所以域控制器还需要更新网络拓扑结构,并将本域内最新的实时负载情况通告给超域控制器。

3.3　链路负载均衡结构

3.3.1　流量监测模块

流量监测模块用来实时收集流量统计信息,并将收集到的信息发送给收集器进行分析。通过这个分析结果,用户可以直观的查看到流量的大小及分类统计信息。流量所涉及的 IP 统计信息、协议类型统计信息,数据流量应用分类的统计数据等。在本文中对于采用 sFlow 进行流量的采集。

3.3.2　负载计算模块

在传统网络中,流量的路由路径计算只是基于当前路由器某种路由策略的计算,如最短路径。若不管路由器所选择路径的实际负载,这就可能会造成有的链路空闲,而有的链路一直满负荷运行。而在本文的 SDN 网络中,我们可以很容易地获取交换机中的流表数量,时延信息,以及已经使用的带宽占比情况。从而将这些因素作为选择链路的条件,优化负载均衡的选择策略。

3.3.3　路由均衡模块

域控制器内维护本域内网络的整个拓扑,并对整个拓扑内的各路径中实时流量负载进行实时监控,将每条路径中的当前负载状态作为选择转发路径的因素之一。在传统的路由 Dijkstra 算法或 Yen 算法中,要么无法考虑路由的负载情况,要么因为计算这些负载所耗费计算资源过多造成计算出的负载情况覆盖面太小。而本文中,将负载作为选择路径的主要判断指标,当链路负载过高时,会认为此路径不可用,再次进行最短路径的计算,如果还是过高,则认为此路径还是不可用,再次进行计算,直到选择到可用的路径。将可用路径的配置下发给交换机,实现负载均衡。

3.4　优化后的负载均衡流程

如图 4 所示,当数据包被转发到交换机时,交换机根据数据中的信息,开始匹配控制器在交换机中下发的流表项。

如果流表项无法匹配到,交换机则封装一个 Packet-in 消息,并将这个消息上送到控制器,控制器通过前文所述的方法生成转发的策略,并将这些策略发给交换机。这时候,数据包就有了相应的流量项可以匹配成功,而且路径是通过上述负载均衡算法选择的最佳路径。

如果流表项匹配成功,且未超负载均衡设置的阈值,则控制流表指示进行正常的转发。

如果流表项匹配成功,但超负载均衡设置的阈值,则会像匹配失败时一样,通过 Packet-in 消息通知控制器向交换机下发新转发策略,然后再进行转发。

4　应用于 OTN 打造高价值网络

运用 3.3 中的方法对 dijkstra 算法进行改进后,下一步进行算法优化效果测试,通过测试传输时延、丢包率、误码率、负载均衡等关键网络指标,对结果分析表明,优化后的 SDN 负载均衡策略,在均衡链路负载方面效果显著,通过智能网管可以测量全网的端到端链路时延,采集汇总全网时延数据,自动绘制"网络时延图",大大提高了网络的性能,降低网络的传输时延。在图 5 中,政企客户可根据网络时延的测量结果,结合自身在告警监控、路径保护、光缆资源等方面的需求,自主选取最优路径,并合理的管理时延。

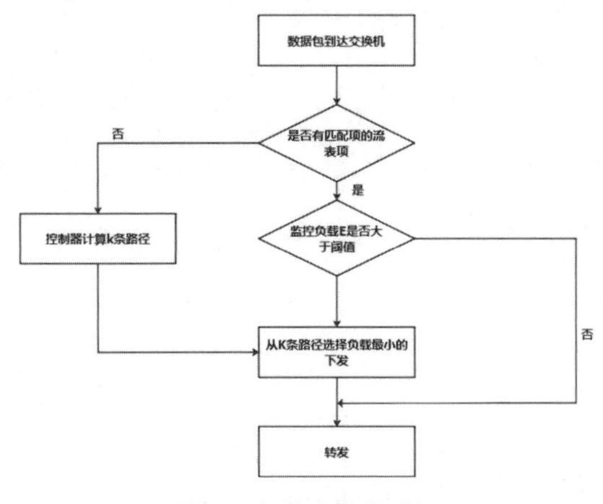

图 4　负载均衡的过程

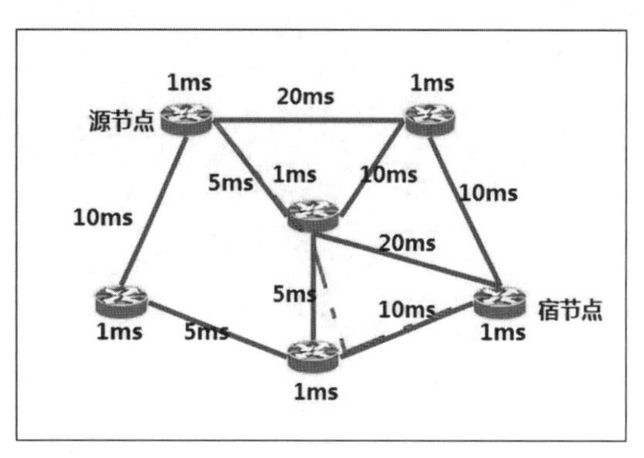

图 5　时延管理示例

5　结束语

5G 智能化时代的到来,网络用户以及业务需求都在飞速增加,各通信运营商之间的竞争是服务品质的较量,OTN 作为未来主流业务承载网络,它的性能决定了用户的感知。本文对 SDN 负载均衡和链路负载均衡策略进行算法优化,有效降低网络时延,提升网络稳定性。将优化后的 SDN 技术引入 OTN 网络,有效解决多层、多域造成的链路经计算资源竞争、协调保护等问题,进一步降低网络时延,打造一张技术先进的高品质承载网络,形成以 SOTN 为核心的统一高效的承载网络,提升政企专线竞争力,精准服务客户。

参考文献

[1] 齐婵,刘建伟,毛剑,等.基于分类和时序的 SDN 流表更新一致性方案[J].计算机应用研究,2018,35(11):211-214,218.
[2] 樊自甫,姚杰,杨先辉.基于时延优化的软件定义网络控制层部署策略[J].计算机应用, 2018,38(1):207-211.
[3] 韩笑,朱武增.OTN 网络 SDN 技术应用及测试验证[J].电信工程技术与标准化,2019(32):56-61.

基于5G承载的网络时钟同步部署研究及实现

刘 倩 项朝君 黄华峰 段俊娜

摘 要:随着5G网络的规模建设,相比于2G/3G/4G网络,5G网络提出了严格的时间同步要求。在进行5G网络建设时,除基站自身配置GPS卫星接收作为主用时钟同步方案外,同时考虑采用1588v2技术作为备用时钟同步方案。本文针对5G承载网络时钟同步方案进行研究,通过对比传统时间同步方案存在的种种问题,提出在5G网络时钟同步部署1588v2时钟同步的方案,通过1588v2技术提高5G承载时钟同步精度及可靠性,从而保证基站间的同步需求。

关键词:5G承载;5G网络时钟同步;时钟同步;时间同步;1588v2

1 前言

在5G业务场景中,对于基本业务和协同业务我们主要采用的是TDD模式,具体要求是对于诸如eMBB这些基本业务需要满足微秒级的同步标准,即不超过±1.5 μs,而对于协同业务以及更高时间精度的业务需要满足纳秒级的同步标准[1],即不超过±350 ns。

传统的时钟同步方案主要有2种,如图1所示,一种是GPS同步方案,另一种是1588v2同步方案。GPS同步方案一般是在每个基站随站部署,无须经过承载网。1588v2同步方案利用1588v2协议在核心侧部署BITS设备引入时间源并通过承载网将时间同步到基站侧实现基站之间的时间同步[1],该方案需要在承载网中部署1588v2协议。单GPS方案精度较高且故障易定位,但存在选址难、设备易老化、坏损率高、缺少备份、安全隐患大等不足之处。1588v2同步方案支持网络保护倒换,可靠性高。GPS+1588v2混合方案兼备GPS和1588v2的特点,采用GPS随站部署的同时又通过1588v2来传递核心侧的时钟源采用双源部署方式具备高精度和高可靠性,另外在覆盖方面解决了GPS天线选址难的问题实现100%覆盖。

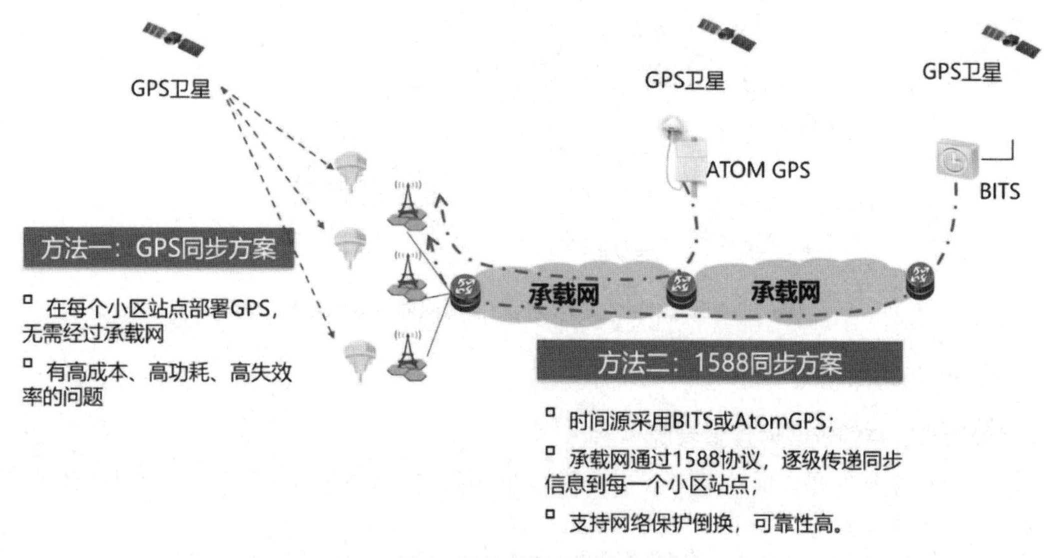

图1 传统的时间同步方法

2　基于5G网络的1588v2时间同步网网络架构

2.1　5G时钟同步对5G网络时钟同步的需求

随着5G新兴业务的发展和需求,中国联通在城域层面构建了一张“网络结构简化、网络协议简化、网络设备简化、网络控制和网络管理智能化”的面向5G业务为主的融合承载的新型5G网络时钟同步络,即5G网络时钟同步。结合5G用户渗透率以及流量模型连续性增长等因素,5G网络时钟同步前期承载以5G基站业务为主。因此,作为5G业务承载的5G网络时钟同步,设备都需要同步部署1588v2协议作为5G时钟同步的备用手段,在5G移动回传网内逐点传递高精度时间和频率信号至需要同步的5G基站,从而保证基站间的同步需求。

2.2　基于1588v2的本地高精度时间同步网络架构

目前本地高精度时间同步网仅局限于5G网络时钟同步本地网范围内的移动回传网络使用,适用于5G网络中的诸如eMBB这些基本的业务需求,对于协同业务以及未来更高时间精度的业务需求将进一步通过高精度时间源、时间源下移的高精度小BITS等方案实现。

基于1588v2的本地时间同步网络架构实现为:在本地网核心节点即5G网络时钟同步MCR节点配置一主一备2套1588v2高精度时间服务器,输出标准的时间和频率参考信号,传输承载网络完成1588v2端到端部署,具体实现为时间服务器至基站间的承载网元如WDM/OTN、5G网络时钟同步设备等设置为1588v2中的边界时钟BC模式,跟踪并逐点恢复和传递高精度时间服务器输出的时间及频率基准参考信号,5G基站可设置为边界时钟BC或者普通时钟OC模式。目前基于1588v2的本地高精度时间同步网络架构如图2所示。

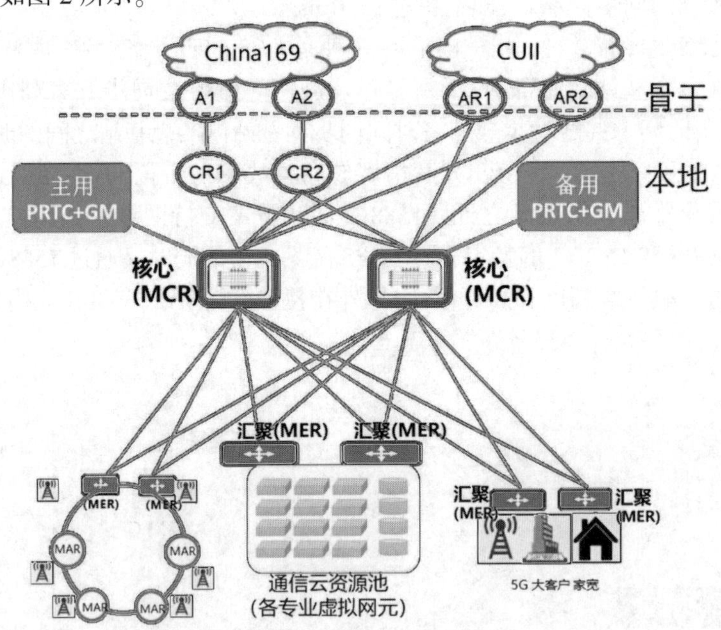

图2　基于1588v2的本地高精度时间同步网络架构

3　5G时间同步方案对比

3.1　5G时钟同步支持情况及时钟参考源

5G基站gNodeB时钟同步推荐时间同步方式,gNodeB时钟具体精度要求为:5G NR基本业务时间同步精度要求优于3 μs(±1.5 μs)。

由于5G分为TDD和FDD,对于这两种不同的系统,满足5G时钟同步的可选时钟源解决方案[2]如表1所示。

表 1　5G 时钟同步可选时钟解决方案

同步源	同步方式	制式
GPS 同步	支持频率同步和时间同步	FDD&TDD
北斗同步	支持频率同步和时间同步	FDD&TDD
IEEE1588v2	支持频率同步和时间同步	FDD&TDD
同步以太网	仅支持频率同步	FDD Only
IEEE1588v2+同步以太网	支持频率同步和时间同步	FDD&TDD
IEEE1588v2+GPS	支持频率同步和时间同步	FDD&TDD
GPS+同步以太网	支持频率同步和时间同步	FDD&TDD

3.2　5G 时间同步方案

5G 时间同步大致可以分为以 GPS 为主或者以 1588v2 为主的同步方案。下面从同步精度、可靠性、安全性、可维护性、部署周期、部署成本 6 方面对上述方案进行对比(见表 2)。

表 2　5G 时间同步方案比较

方案名称	方案介绍	方案特点
单 GPS 方案	随站部署 GPS 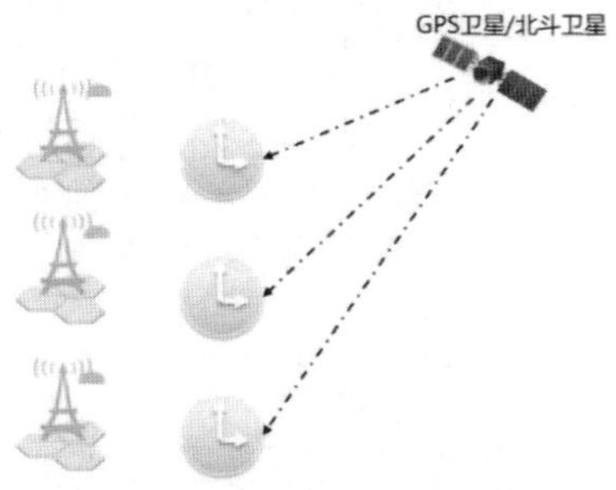	1. 同步精度:站点直接获取,损耗小。 2. 可靠性:时钟源无备份,但故障影响小。 3. 安全性:仅空中时钟源,有安全风险。 4. 可维护性:故障易定位。 5. 部署周期:随站部署,快。 6. 部署成本:逐站部署 GPS,成本高
GPS 为主,1588v2 为辅(核心层 BITS)	阶段 1:随站部署 GPS; 阶段 2:承载网整网开通 1588v2 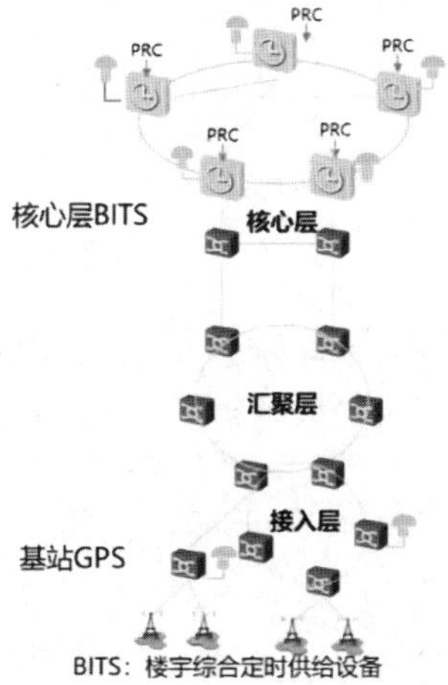	1. 同步精度:站点直接获取,损耗小。 2. 可靠性:双源备份,E2E 保护。 3. 安全性:地面+空中双时钟源,安全风险低。 4. 可维护性:故障易定位。 5. 部署周期:阶段一随站部署,快。阶段二整网开通,慢。 6. 部署成本:阶段一逐站部署 GPS,成本高;阶段二 BITS 可利旧

续表2

方案名称	方案介绍	方案特点
1588v2(核心层BITS)	在核心网部署一层BITS时钟源,通过承载网的1588v2分发到基站作为基站侧唯一的时钟源。 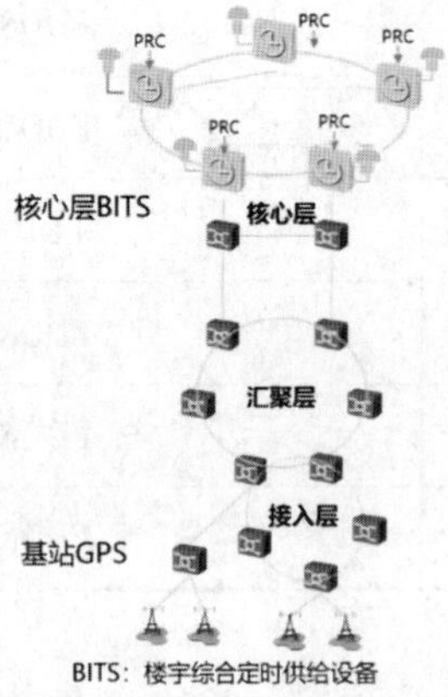 PRC PRC PRC PRC PRC 核心层BITS 核心层 汇聚层 接入层 基站GPS BITS:楼宇综合定时供给设备	1. 同步精度:传递路径长,损耗大。 2. 可靠性:抗干扰能力强,故障影响范围大,时间长。 3. 安全性:BITS外接GPS/北斗和PRC地面时钟源,安全性高。 4. 可维护性:故障不易定位。 5. 部署周期:承载网整网开通,慢。 6. 部署成本:BITS设备可利旧
1588v2(接入层BITS)	在汇聚接入边缘侧部署小容量的BITS时钟源,通过承载网接入层的1588v2分发到基站,作为基站侧唯一的时钟源 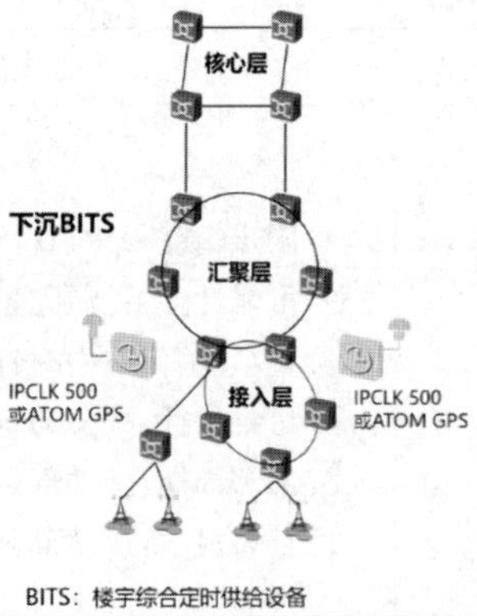 核心层 下沉BITS 汇聚层 接入层 IPCLK 500或ATOM GPS IPCLK 500或ATOM GPS BITS:楼宇综合定时供给设备	1. 同步精度:下沉的时钟源,传递路径较短,损耗小。 2. 可靠性:抗干扰能力弱;故障影响范围较小,时间长。 3. 安全性:仅空中时钟源,有安全风险。 4. 可维护性:故障不易定位。 5. 部署周期:承载网局部开通,相对快。 6. 部署成本:20+站部署一对BITS
双1588v2(核心层+接入层BITS)	阶段1:在汇聚层边界快速部署小容量BITS(2级BITS),打通接入层1588时钟链路,快速开通无线基站侧业务。 阶段2:中间承载网和核心层BITS(1级BITS)条件成熟后整网开通1588v2 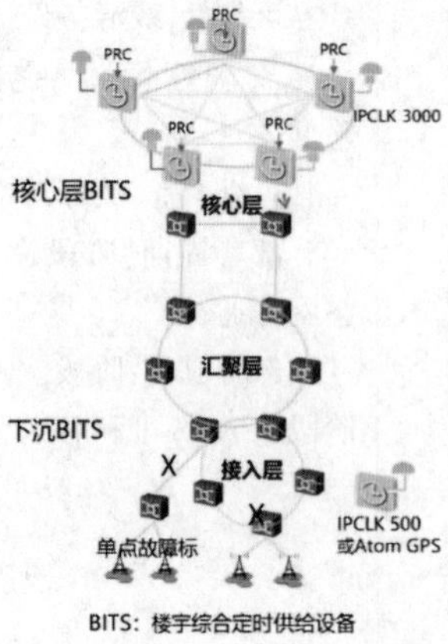 PRC PRC PRC PRC PRC IPCLK 3000 核心层BITS 核心层 汇聚层 下沉BITS 接入层 单点故障标 IPCLK 500或Atom GPS BITS:楼宇综合定时供给设备	1. 同步精度:承载网传递,有损耗。 2. 可靠性:抗干扰能力强;故障影响范围较小,时间长。 3. 安全性:地面+空中双时钟源,无安全风险。 4. 可维护性:故障不易定位。 5. 部署周期:一阶段局部开通,较快。 6. 部署成本:20+站部署一对BITS;核心层BITS可利旧

4 5G 网络时钟同步 1588v2 部署方案

4.1 5G 网络时钟同步 1588v2 部署策略

根据当前网络运维智能化发展要求,综合考虑高精度时间同步网的时间传递精度、运维自动化、端到端管理等因素,5G 网络时钟同步 1588v2 部署整体策略为全网部署 1588v2 作为基站时间源的备份。

4.2 5G 网络时钟同步与时钟服务器对接原则

1588v2 高精度时间服务器输出的标准频率和时间参考信号通过 5G 承载网络的核心/MCR、汇聚/MER、接入/MAR、WDM/OTN 网络(部分场景)链路传递至 5G 基站。

为保证精确时间传递, 整个 1588v2 时间域(包括时间服务器、WDM/OTN 网元、5G 网络时钟同步网元、5G 基站)都需要频率同步作为支持基础,因此整个网络形成两个逻辑层面[3]:频率层和时间层,通常采用 SyncE+PTP 方式,即频率层同步采用同步以太技术,时间层同步采用 PTP 技术。

4.3 高精度时间服务器部署原则

在需要部署的每个本地网内暂按配置一主一备 2 套 1588v2 高精度时间服务器(PRTC+GM)设备,应必须采用 GPS/北斗双模接收模式。支持 1588v2 的服务器设备厂家及型号如表 3 所示。

表 3 支持 1588v2 的服务器设备厂家及型号

厂家	型号
华为	BITS V3
大唐	GNSS9700
赛思	SM2000

1588v2 高精度时间服务器原则上应部署于本地网核心节点机房,以便于将标准的频率和时间基准信号经不同的汇聚和接入环路传递至 5G 基站设备。

对于多核心节点结构网络,应保证 1588v2 高精度时间服务器(PRTC+GM)设备的同步服务能够覆盖全网,且服务能力形成主备关系。

4.4 5G 网络时钟同步 1588v2 部署原则

5G 网络时钟同步应用于 5G 回传网络,具体部署中,需要满足 5G 需要的同步状态机制,支持 1588v2 的设备选型,如表 4 所示。

表 4 支持 1588v2 的设备选型

厂家	型号
华为	NE8000 X8、NE8000 X4、CX600-X8A、NE8000 M14、NE8000 M8、ATN980C、ATN 910C-H
中兴	ZXCTN 9000-18EA、ZXCTN 9000-8EA、ZXCTN 9000-3EA、ZXCTN 9000-2E10A、ZXCTN 6120H-BL、ZXCTN 6180H
烽火	R8000-10、R8000-3、R850-10、R820-7
新华三	S12516R、S12508R、S12504R、S6890、RA5300、RA5100

5G 移动回传网络中频率同步信号与时间同步信号应尽量保证来自同一个参考源[4],即时间同步(PTP)信号及频率同步(SyncE)信号均溯源至部署在本地网核心节点的同一套高精度时间服务器设备的以太接口(默认 GE 光口)。

移动回传网络传递 1588v2 时,需要频率同步进行支撑。部署 1588v2 前应提前配置好网络频率路径,可根据现网情况进行全网频率主备用链路设计,应注意避免成环,保证频率网络稳健性。

4.5 5G 网络时钟同步 1588v2 配置实现

以华为设备为例,5G 网络时钟同步全网 MCR/MER/MAR 设备逐段使能 1588v2 功能,使能端口时钟同步功能,配置参与时钟选源的端口优先级。

MCR/MER/MAR 设备全局功能项配置以及端口时钟配置如表 5~表 6 所示。

表 5 MCR/MER/MAR 设备全局功能项配置

系统视图配置	配置介绍
ptp enable	使能 1588v2 功能
ptp domain 24	指定 1588v2 设备所在的域
ptp device-type bc	配置 1588v2 设备时钟模式为边界时钟 BC
ptp passive-measure enable	使能 1588v2 设备 Passive 端口的性能监控功能
ptp clock-source local priority2 124	配置时钟源时钟信号的优先级 2 的优先级为 124
clock ssm-control on	配置时钟源的 SSM 级别参与时钟选源
clock ethernet-synchronization enable	使能设备同步以太时钟功能

表 6 MCR/MER/MAR 端口时钟配置

接口视图配置	配置介绍
interface PortType-ID	进入设备接口视图
port-mode 1GE	设置端口带宽模式为 1GE
negotiation auto	使能以太网电接口或光接口的自动协商模式
ptp enable	接口下使能 1588v2 功能
clock synchronization enable	使能线路时钟源的时钟同步功能
clock priority 10	配置线路时钟参考源的优先级
ptp announce-drop enable	配置 1588v2 设备接口对 Announce 报文的处理方式为丢弃

时钟同步基于物理接口,不管接口是否加入了链路聚合组(Eth-Trunk),时钟不受影响,时钟报文逐跳端口终结,不会被 Eth-Trunk 负载分担。若设备之间通过 Eth-Trunk 对接,建议只需要在 Eth-Trunk 的任意一个成员接口配置时钟同步即可,其他成员接口无须配置。

4.6 5G 网络时钟同步线路时钟优先级和同步路径规划原则

当需要设置外部输入时钟信号或者 1588 时钟源参与系统选源时,需要指定该外部时钟源等级,如果不指定则该时钟信号不可以参与选源。缺省情况下,线路时钟参考源的优先级为 0,此时该时钟源不能参与选源。如要使该时钟源参与系统选源,需要先为其配置选源优先级。接口时钟优先级为本地优先级,此参数只在本设备内部使用,不会通过报文传递给其他设备。

实际选源过程中,时钟源质量等级(QL)的优先级大于时钟源优先级。使能 SSM 级别参与选源时,优先根据时钟源质量等级选择同步参考源。未使能 SSM 级别参与选源或使能 SSM 级别参与选源但 QL 相等时,系统依据时钟源优先级的高低顺序选择时钟参考源[5]。

5G 网络时钟同步以太时钟优先级越小越优先,优先级取值范围为 1~255,0 不参与选源。5G 网络时钟同步以太需要合理规划,避免成环,总体原则为跟上不跟下,同级拆分。5G 网络时钟同步线路时钟优先级典型组网如图 3 所示。

5G 网络时钟同步部署主备双时钟源(BITS)接入 MCR-1 和 MCR-2,实现 1588v2 的多源保护机制。若现网发生链路故障或者网元整机故障,时钟同步路径将产生变化,下面是几种典型场景下的时钟同步路径(见图 4~图 8)。

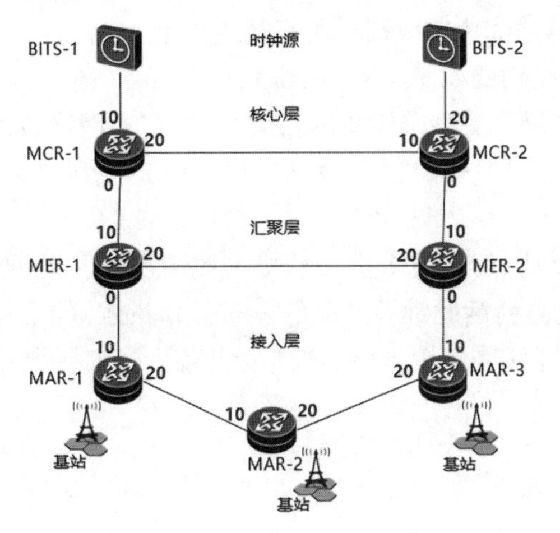

图 3　5G 网络时钟同步线路时钟优先级典型组网

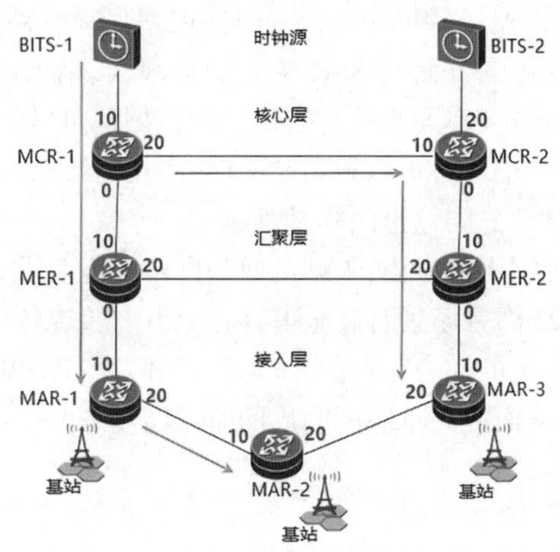

图 4　5G 网络时钟同步时钟同步路径(典型场景一)

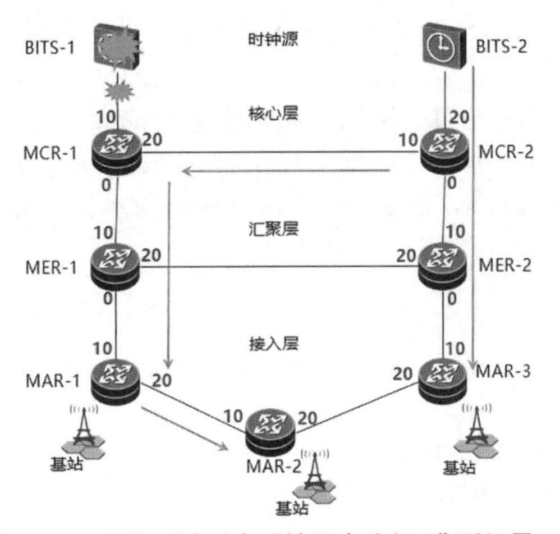

图 5　5G 网络时钟同步时钟同步路径(典型场景二)

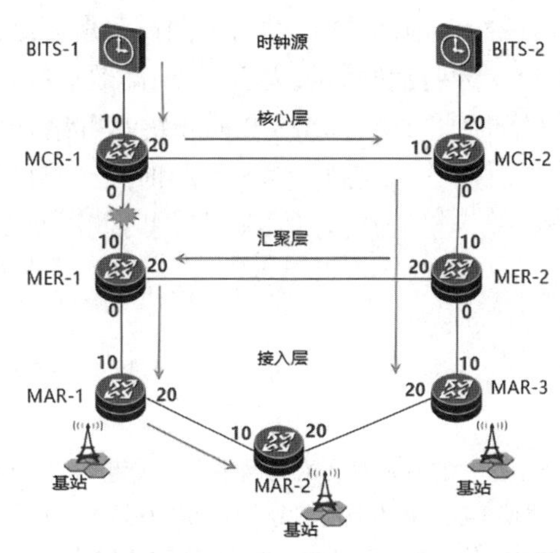

图 6　5G 网络时钟同步时钟同步路径(典型场景三)

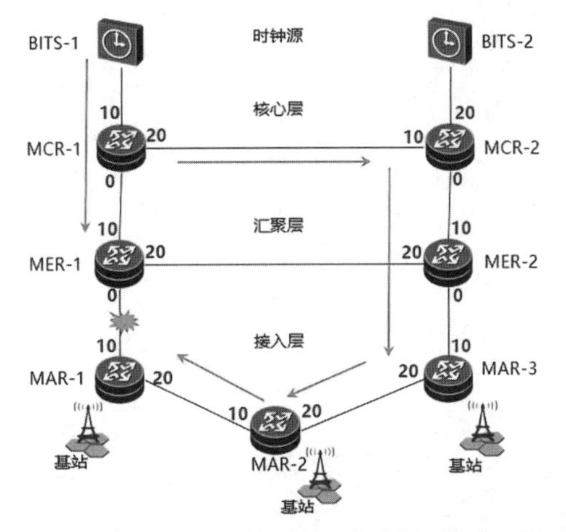

图 7　5G 网络时钟同步时钟同步路径(典型场景四)

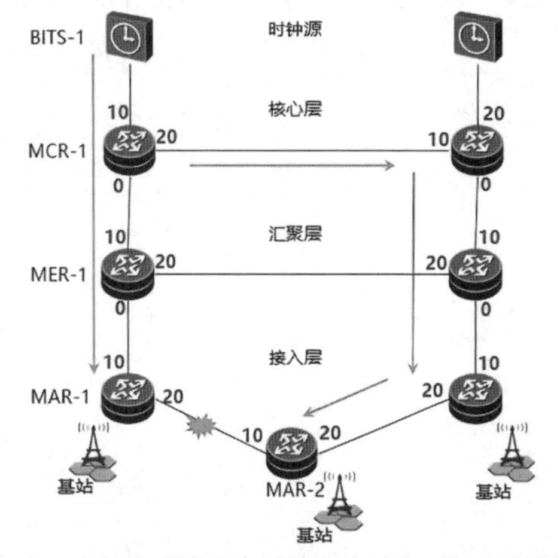

图 8　5G 网络时钟同步时钟同步路径(典型场景五)

5　未来 5G 网络时钟同步如何提供高精度同步

技术的不断发展,其同步要求越来越高,包括时钟源、锁相环等基本时钟技术经历了多次更新换代,同步技术也在不断地推陈出新,时间同步技术更是当前业界关注的焦点[5]。在顺应 5G 的潮流中,中国联通 5G 网络时钟同步可以通过协议增强和时钟源下移等时钟优化方案提供更高精度标准。

协议增强方面,1588v3 在研究阶段,其精度可能是皮秒级别的(1 ns=1 000 ps),德电提出 EEC+,用于增强传统频率同步技术的精度。趋势是明显的,未来的协议会提高单设备的精度。然而,从网络级别考虑,尽管单设备可以做到零的误差,在网络对接或者协商过程中(如光纤不对称)同样会造成误差,如何解决这部分问题也同样是难题。

时钟源下移方面,未来的时间同步精度要求是百纳秒级别,甚至要求更加严格。此情况下,端到端的 1588v2 部署场景明显显得有心无力。随着各厂家小型化高精度时钟源产品的发布,为时钟源的下移提供了充足的动力。例如,华为公司开发了 AirBits,可以直接部署到接入侧,这样大大减少了时钟网络的跳数,从而提高承载网输出的时间精度。

6　结束语

5G 网络时钟同步采用的 1588v2 技术是当前唯一保证同步精度且建设成本低的方案,5G 网络时钟同步时间同步传递由时间服务器至基站全程采用 SyncE+PTP 方式,使用范围包括时间服务器与回传网络之间,回传网络内部,回传网络不同设备形态之间,回传网络与基站之间。实现全网时钟可视管理,快速故障定位,环网自动测量,无需下站,高效运维。

5G 网络时钟同步的 1588v2 同步机制可结合更优质量频率为网络提供更高精度的时间同步,是一种更优化的时间状态机制。对于网络时间、时钟同步状态,目前网管可提供可视化时间、频率路径及状态显示和相关告警,为更好地了解全网时间同步结合频率变化情况,未来将会持续推进可视化运维管理工具。

参考文献

[1] 肖巍. 5G 基站的时钟对齐成为网络同步关键瑞萨高精度产品保驾护航[J]. 电子产品世界,2021(6):10.
[2] 汪琰. 浅谈 GPS+北斗双时钟系统在 5G 基站上的应用[J]. 电子测试,2021(10):78-79.
[3] 郭文佳. 5G 传送网进行 1588v2 同步改造研[J]. 电子世界,2021.
[4] 孙东平. 时钟同步技术在 5G 基站中应用[J]. 计算机产品与流通,2020.
[5] 陶源,吴婷. G 高精度时间同步组网方案研究[J]. 邮电设计技术,2021(1):77-82.

浅析新疆和田县经济新区网络专项规划

赵海广

摘　要:精细规划是精准投资和精确建设的前提,也是实现网络高质量发展、提升资源效率、避免重复建设的保障。县分专项规划强化前后端协同,以市场为中心,以客户感知为导向。既满足支撑基层,让一线认同,又站在发展角度,把握技术演进路径,实现资产运营效益最大化。下面就浅析新疆和田县经济新区电信公司网络专项规划,分析在城市的新兴区域,从规划着手,通过精细规划,做到总体网建的TCO最优化。

关键词:综合业务接入区;5G;千兆光网;规划思路;TCO优化

1　和田县经济新区概况

和田县经济新区位于和田市西北约18 km,罕艾日克乡、英阿瓦提乡、英艾日克乡的正三角的中心位置。城市定位:"和和同城区"重要组成部分,特色加工业与新能源产业基地,和田地区教育基地,民族文化旅游和生态宜居的新型工业化城镇。

根据《和田地区城乡体系规划》,预测到2030年,和田县经济新区将形成人口规模15万人,建设用地规模30多km^2,城镇化水平58%的集约、智能、绿色、低碳的新型城镇化城市。

目前和田县人民政府、13个院校、959家企业入住。已建成祥和小区、康乐小区、公租房小区、阳光小区、沙田小区、和谐新村、绿洲新苑小区等社区。

目前电信公司共划分和田县经济新区1个综合业务接入区,设置1个综合业务局站(和田县开发区,因面积小,为过渡局站),2个接入点机房。共设置4个主干光交、14个配线光交,属于光网薄覆盖区域。现有物理站址20个,其中3G基站11个,4G基站17个,5G基站12个,4G室内分布2个。未进行部署BRAS、交换机、OTN系统,仅有1端SDH设备,IPRAN设备20端(无B对);现有3端OLT,设置PON端口176个,占用124个,部署二级分光器端口5 191个,占用2 269个。此区域城市主干道路"八纵九横"规划的63.109 km中,电信主干道路管道覆盖率约9.24%(仅北京路联建管道)。

以"十四五"规划目标为牵引,按照新疆电信省公司2022~2024年规划指导意见,和田电信分公司抓住国家战略部署机遇,持续坚持聚焦合作创新战略,落实数字化转型战略,从市场、竞争、技术、财务绩效等因素考虑,做好3年投资规划,大力提升基础网络支撑能力,提升网络资源配置效率和资源转化能力,确保公司"十四五" 期间跨越式高目标的完成。

2　规划总体原则

2.1　规划总体思路

承接"十四五"规划"网业协同完善基础设施布局、云网一体推进网络架构演进、CT/IT融合打造大支撑大运营大交付体系" 3项重大战略任务、构建1个安全保障体系的目标要求,结合规划期发展需要,形成具体的、体系化的规划方案。总体规划思路如图1所示。

坚持"聚焦、创新、合作"战略,以"十四五"规划为指引,贯彻落实全面数字化转型要求,围绕价值创造、高效支撑业务发展,兼顾长短期目标,深化网业联动,聚焦重点业务、重点网络、重点区域,加大战略投资,不断提升网络竞争力,持续提升投资效能。

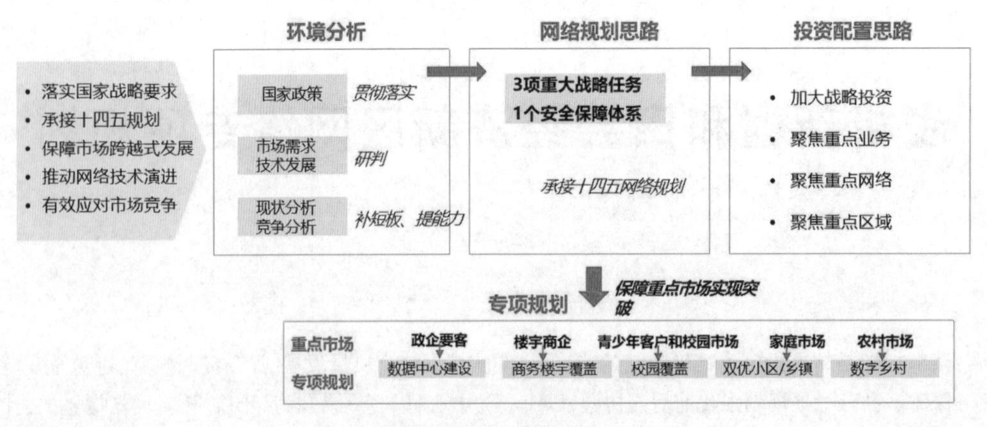

图 1　总体规划思路

2.2　投资配置思路

总体投资与省分财务绩效挂钩,投资聚焦重点业务、重点网络、重点区域,加大研发投入力度、双碳投资包含在专业投资中,严控非生产急需投入。适度增加战略投资,追加财务预算。

2.3　网络演进

存量专线网络向三张网长期演进,满足业务发展需求,具体如图 2 所示。

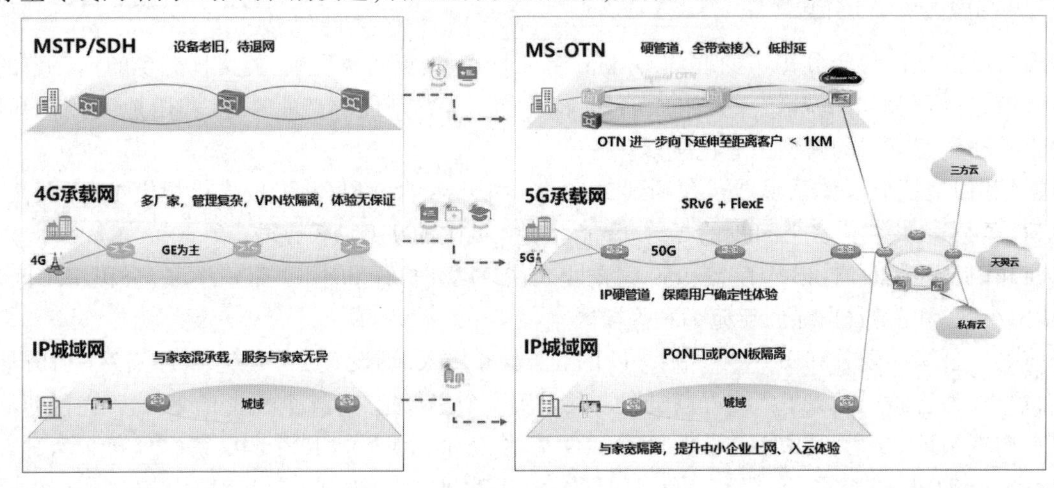

图 2　网络演进过程

2.4　各专业总体思路及目标

2.4.1　本地传输网思路及目标

规划重点:

(1)基础架构。综合业务接入区划分应以 2021~2023 年规划为基础,尽量保持分区稳定。结合业务发展情况,对综合业务区重新规划分级。

(2)本地管道及光缆。优化核心汇聚光缆结构,提升核心汇聚节点出局光缆双路由/多路由比例,提高网络安全性。

加强管线资源共建共享,降低建设投资,加快建设进度。结合基础架构分区布局,逐步对不合理纤芯占用进行优化调整。

(3)本地传输系统。完善政企精品网布局,扩大 MSOTN 覆盖范围。推进老旧设备退网和资源整合,提高设备能效。结合业务发展,按需构建智能城域网。规划目标如图 3 所示。

2.4.2　有线接入网思路及目标

提速提质,多措并举提升网络效能,坚持网业协同、打造宽带全业务受理,助力市场高质量发展。具体在下面 5 个方面体现。

(1)聚焦新国标小区,完善网络覆盖。

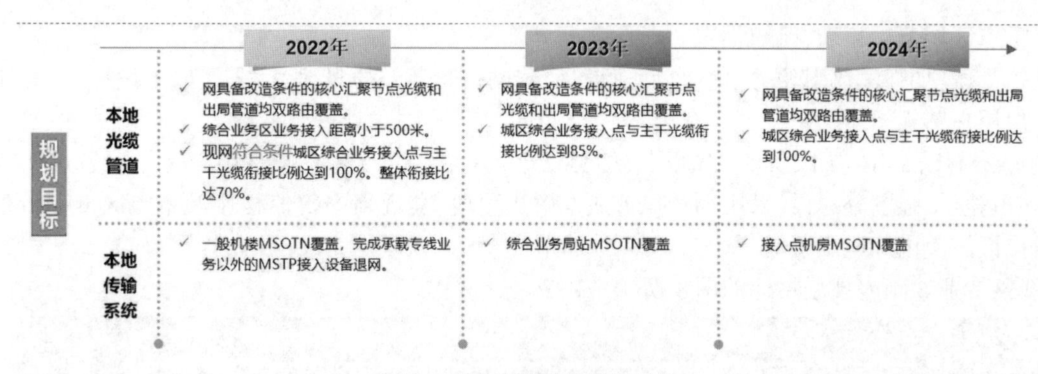

图 3　本地传输系统规划目标

网业协同,以融合业务发展为目标,名单制推进,聚焦新国标小区、市场预测渗透率高、移网常驻用户数多的区域和宽带价值区域进行覆盖,鼓励业务发展好的地市加快步伐提升宽带网络覆盖。所有区域全面具备千兆业务受理能力(含 GPON 接入)。

住宅套数覆盖率以 80%为目标逐年提升,已达到 80%的保持现有覆盖水平不降低。

(2)落实“双千兆”网络协同行动发展计划,推进千兆城市建设。

以 5G 引领“三千兆”融合业务规模发展为目标,“双千兆”网络协同发展,加快 10G PON 设备部署,打造双优小区,助力定点超越。

遵循能力前置、容量适度的原则部署 10G PON 设备,高渗透区域坚决加快全面千兆升级,加速融合和智家业务的快速渗透,提升用户价值。

统筹考虑无线网络覆盖情况确定千兆城市建设,22 年底争创千兆城市。

(3)落实端网业协同,提升用户端到端感知。

落实端网业协同,从工具、手段、方法等方面系统化地进行管理,提升用户端到端感知。

加快完成接入侧网络改造。除承载纯语音的网络外,2022 年完成非 FTTH 改造退网,FTTH 端口占比达到 95%。

保障 OLT 上联链路带宽,新增 OLT 原则上采用 10GE 上联,加快 OLT 上联交换机的级联整治,加快端业不匹配存量整治,严控新增量。

(4)助力乡村全面振兴,推动农村千兆光网同步建设。

贯彻国家乡村振兴策略,全面推进乡村振兴,加快农业农村现代化,提高农村市场定位,助力数字乡村发展,聚焦局部强突破,定点、定向、定片超越。

以数字乡村为抓手,推动农村市场精准补盲,聚焦营销力量较强区域部署 10G PON 设备,打造优势网络,实现局部突破。

(5)聚焦重点区域,全面落实商务楼宇数字深耕行动。

以提升服务质量及差异化产品为抓手,提升交付能力,提升云网创新产品线上服务能力,实现政企固网业务高质量发展。

按照“分级分类、精准覆盖”原则加大商务楼宇全量目标梳理和纳管,原则上价值商务楼宇应全部覆盖。

2.4.3　无线网思路及目标

公众网络:既有覆盖区域坚持问题导向,匹配最优解决方案;拓展覆盖区域端网协同推进,跟进友商部署;室分执行差异化建设策略,快速提升 5G 室内覆盖水平。

政企行业:已明确的专网需求,纳入年度规划,100%满足。预留资源用于突发需求。

2022 年规划目标:基于市场发展及竞争需求,实现乡镇以上及发达农村覆盖,乡镇覆盖率 100%,人口覆盖率>80%,5G 终端覆盖率>90%。

2022 年部署策略:3.5G 和 2.1G 协同,聚焦重点区域、重点市场,聚焦 5G 终端及业务,加快 5G 延伸,确保重点区域覆盖相当、感知领先。

市区、县城:加强优化引领,先优化、后建设,完善网络覆盖及质量,发达县城以上发挥 3.5G 大带宽优势,确保用户感知领先。

乡镇、农村:以 2.1G 为主,实现乡镇以上、5G 终端聚集的农村区域覆盖,确保用户聚集区域覆盖相当。

室内覆盖:加强室分建设,采用场景化低成本解决手段,实现高中价值楼宇及重点区域低价值楼宇覆盖,重点区域室内外连续覆盖。

无线网专业 3 年内规划目标如图 4 所示。

<table>
<tr><th rowspan="2">地市</th><th colspan="3">室外覆盖</th><th colspan="3">室内覆盖</th><th rowspan="2">2B</th></tr>
<tr><th>2022年</th><th>2023年</th><th>2024年</th><th>2022年</th><th>2023年</th><th>2024年</th></tr>
<tr><td>省会城市</td><td>乡镇以上及发达农村、校园、3A以上景区、重要交通线实现连续覆盖</td><td rowspan="2">重要行政村、景区、交通干线全覆盖</td><td rowspan="2">持续完善广度覆盖，达到电联现网4G覆盖水平</td><td>I/II类楼宇及核心市区III类楼宇全覆盖；室分5G/4G达到60%</td><td rowspan="2">I/II/III类楼宇全覆盖；室分5G/4G达到80%</td><td rowspan="2">持续完善深度覆盖，达到电联现网4G覆盖水平</td><td rowspan="2">全量满足；聚焦重点行业，聚焦产业集群，适当提前布局</td></tr>
<tr><td>非省会城市</td><td>乡镇以上、校园、5A景区实现连续覆盖</td><td>I/II类楼宇全覆盖；室分5G/4G达到50%</td></tr>
</table>

图 4　无线网 3 年内规划目标

2.4.4　数据网思路及目标

规划目标:IP 城域网与 IDC 网络协同规划,实现方案整体最优。

规划重点:严格控制核心层设备数量,本地网内设置一对城域节点用于 IDC 网络、CDN、移动核心网及 IP 网支持系统等综合承载及统一出口。

新建的 400G 及以上平台大容量 BRAS 设备,应相对集中部署在市区或业务大县,通过合理汇聚收敛 OLT 上联 10GE 端口,提升单设备承载业务量和资源利用率。

合理控制现网 BRAS 设备扩容规模,链路峰值利用率扩容门限为 70%。

规划思路:满足千兆宽带、IPTV、互联网专线、移动互联网、IDC 等业务承载对出口带宽和网络容量的需求。

核心层:根据业务发展需要扩容。

核心层以下:根据业务发展需求,合理控制 BRAS 扩容规模;合理部署大二层汇聚交换机对 OLT 上联 10GE 端口进行收敛,减轻 BRAS 扩容压力;加强全网资产的盘活与利旧,提高资源利用率,提高投资有效性。

2.4.5　基础设施思路及目标

局房:按照“谁受益、谁投资,谁投资、谁负责”的原则,对规划期的需求应区分轻重缓急程度、合理测算建设规模、兼顾远期发展、深入挖掘潜力、充分盘活和利用现有资源,规范项目建设,合理安排未来 3 年局房投资。

外市电及电力设施:以市场为导向,统筹考虑 3 年规划期内总体负荷需求,兼顾远期需求,统一规划外市电及变配电系统,分步实施,同时结合局房定位调整,及时扩容外市电容量。

规划目标:以业务和网络目标规划为依据,提前布局、分期新建,适度储备资源,有效补充现网资源缺口,完善局房目标格局,合理配置资源。结合 DC 化机架需求,适度提前储备资源,助力网络云化转型,实现传统局房平滑过渡至 DC 化机房。加强超期服役设备的监控与管理,助力网络安全提升。

规划思路:面向 5G/DC 化网络发展,重点发展和盘活使用的局房逐步推进 DC 化改造,并加快推进已退网设备的下电、拆除和机房腾退改造。

推进新技术的应用:新建云化等高功耗设备首选"1 路 240V 高压直流+ 1 路市电直供"的新供电模式;新建非云化设备推广 240V 高压直流,沿用传统供电架构;老旧通信设备沿用传统供电模式。

排查局房隐患,根据设备类型,积极制订整改计划。

3 和田县经济新区网络发展规划

3.1 基础架构调整

按照集团综合接入区城区划分标准进行调整,裂分为 4 个综合业务区,共划分 23 个主干网格、72 个配线网格。构建 1 个核心机楼、1 个一般机楼、2 个综合业务局站、8 个接入点机房(主要作为无线基站小规模 BBU\DU 集中,共享联通或铁塔基站,不考虑投资)的网络结构。

综合业务接入区调整及基站分布如图 5 所示。

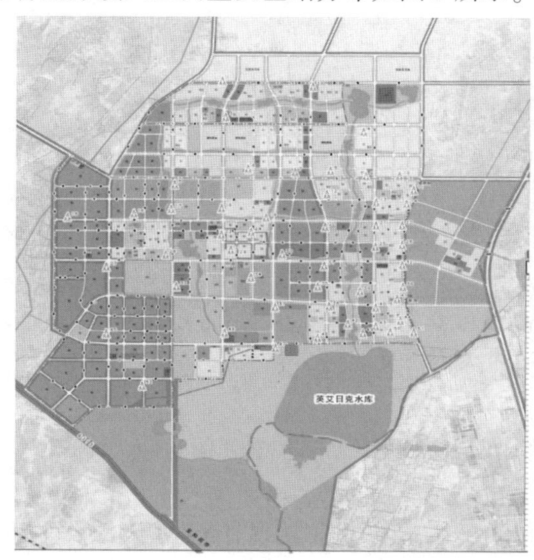

图 5

具体建设规划见表 1。

表 1

序号	机房名称	节点目标定位	建设年份	归属综合业务接入区名称	建设方式	产权	机房面积(m^2)	建设费用(万元)	说明
1	阳光小区局站	核心机楼	2022 年	阳光小区综合业务区	新建	自有	120	248	部署 BRAS\OTN\B 对\OLT
2	和田县政府局站	一般机楼	2023 年	和田县政府综合业务区	新建	自有	80	153.7	部署 OTN\B 对\OLT
3	和田学院图书馆局站	综合接入局站	2022 年	和田学院综合业务区	新建	长租	42.5	45.5	部署 OTN\OLT,通过与和田学院商务合作,基本不考虑机房建设成本
4	和谐新村局站	综合接入局站	2024 年	和谐新村综合业务区	新建	自有	6 040	62.1	部署 OTN\OLT

3.2　数据网

和田地区电信公司共有 2 端 CR 设备,分别部署于 202 局和 251 局,近三个月峰值流量达 300G,利用率约 50%。已部署 18 端 MSE 设备,其中 202 局 6 端,251 局 5 端,每个县(市)中心局各 1 端。现网共有 483 端 OLT 设备,OLT 上联分三种方式,①通过 BRAS 同机房的 S9312 交换机上联,②螺纤直连中心局机房 BRAS 设备,③9 个乡镇已部署交换机,通过乡镇综合业务局站的 S9304 交换机上联。

和田县经济新区网络建设定位提升至县局高度,此区域内业务单独汇聚,2022 年计划部署 1 端 BRAS 设备。

3.3　传输网

3.3.1　市县 OTN 系统

将阳光小区局站(核心机楼)纳入市县西环 100G 系统,2022 年配置 1 个 10×10Gb 波(数据网专用)和 1 个 1×100Gb 波(无线网专用)。

3.3.2　政企 OTN 系统

2022 年阳光小区局站部署中型高端 MSOTN 设备。

2023 年县政府局站和和田学院图书馆局站部署中型标配 MSOTN 设备。

2024 年和谐新村局站部署中型标配 MSOTN 设备。

3.3.3　STN 系统

2022 年阳光小区局站部署 B 对设备 2 端(其中 1 端 2023 年搬迁至县政府局站,形成口字形布局),同时阳光小区和图书馆部署 STN 接入型设备 4 端。

2023 年县政府局站和 5 个接入点机房(和田县高级中学基站、祥和小区基站、开发区工业园基站、扶贫安置点基站、经济开发区基站)部署 STN 接入型设备 7 端。

2024 年和谐新村局站部署 STN 接入型设备 1 端。

2025 年 3 个待定接入点机房部署 STN 接入型设备 3 端。

3.3.4　中继主干光缆

2022 年将阳光小区局站(核心机楼)纳入市县西环 100G 系统,需割接现有市县西环光缆物理路由。建设 2 条 48 芯光缆,光缆路由一以北京路—文化路为主,光缆路由二以科技路—团结路为主。共计敷设 48 芯 30.31 皮长 km。

2023~2024 年建设城区 4 个局站中继 144 芯光缆,约 20.7 皮长 km。

3.3.5　城区主干光缆

2022 年进行阳光小区、和田学院综合业务区城区主干光缆及配线主干光缆网建设,共建设 288 芯 18.21 皮长 km、48 芯 15.97 皮长 km,新增 576 芯光交箱 12 个,新增 288 芯光交箱 20 个,扩容现有主干光交 2 个。

2023 年进行县政府综合业务区城区主干光缆及配线主干光缆网建设,共建设 288 芯 7.99 皮长 km、48 芯 5.69 皮长 km,新增 576 芯光交箱 5 个,新增 288 芯光交箱 8 个,扩容现有主干光交 1 个。

2024 年进行和谐新村综合业务区城区主干光缆及配线主干光缆网建设,共建设 144 芯 8.52 皮长 km、48 芯 4.86 皮长 km,新增 576 芯光交箱 6 个,新增 288 芯光交箱 6 个,具体建设如图 6、图 7 所示。

3.3.6　管道建设

主要进行主干成网、业务覆盖、出局管道的建设,规划期共建设 24 段,共计 134.7 孔 km。(上图蓝色为管道现状、绿色为 2022 年建设、黄色为 2023 年建设、红色为 2024 年建设)。

3.4　有线接入网

主要包括固网宽带、政企专线、公安监控三部分。规划期重点建设 7 个现网小区千兆光网升级改造、现网 1 034 个弱光政治、预测净增 5 000 用户(新建 8 个小区)、预测发展 329 条政企专线、预测新增 288 个公安监控点位的建设。

图 6　城区主干光缆图

图 7　城区主干管道图

3.5　基站配套

根据用户密度及客户分布情况,结合移动对标,规划期预计新增 5G 基站 48 个(8 个新增共址基站)、新增 13 个 5G 室分基站。其中 2022 年新增 5G 基站 14 个(8 个新增共址基站)、新增 5 个 5G 室分基站。

4　投资汇总分析

规划期共计投资 2 007.838 8 万元,其中 5G 及战略投资 835.6 万元,市场响应投资 307.78 万元,滚投投资 864.458 8 万元。其中 BRAS 投资纳入有线接入网归属战略投资。具体投资如下表:

表 2　各专业投资估算表

序号	建设年份	基础架构(万元)	本地管道(万元)	本地光缆网(万元)	传输系统(万元)	有线接入网(万元)	合计(万元)	5G 投资(万元)	市场响应投资(万元)	本期滚投(万元)
1	2022 年	293.5	243.29	273.232 5	195	41	1 046.022 5	519.7	81.64	444.682 5
2	2023 年	153.7	139.26	180.127 9	70	21.2	564.287 9	233.1	101.06	230.127 9
3	2024 年	62.1	116.11	184.918 4	10	24.4	397.528 4	82.8	125.08	189.648 4
4	规划期合计	509.3	498.66	638.278 8	275	86.6	2 007.838 8	835.6	307.78	864.458 8

5　结束语

县分规划输入聚焦业务发展、竞争比对、网络安全、网络演进四个维度,且严格顺序优先级。贯彻网络发展演进指导意见,前瞻性描绘 3 年网络演进蓝图及实现路径,一张蓝图绘到底,让一线建设主管有据可依、有章可循。再用“自下而上”方式,摸清家底,竞争比对,诊断问题,汇集一线建设需求。运用大数据注智指导规划编制,让县分规划变成指导一线建设的“作战地图”。

参考文献

[1] 王义涛,赵海广,郭晓非. 本地传输网基础架构研究[J]. 邮电设计技术,2015(3):63-67.
[2] 中国电信集团. 综合业务接入区建设指引(培训材料). 北京:2020.
[3] 中国联通集团. 中国联通 2022-2024 年网络规划指导意见及编制说明. 北京:2021.

IPTV 传输系统的一键关停系统的设计与实现

孔　珍　宋帅峰　高　路　张孟阳

摘　要:本文设计的 IPTV“一键关停”系统,不仅可以达到分钟级关停要求,还支持各种场景下对频道关停操作。本系统不仅可以通过 SSH 直接下发指令到组播路由器,实现对指定频道(IP 地址)的封堵和恢复,支持批量下发、批量恢复、批量验证等功能。还可以通过链接跳转到传输平台和播控平台的内容管理系统,对点播、时移、回看等内容进行下线处理。实现当 IPTV(Internet Protocol Television,网际协议电视)内容出现被篡改、插播信息等影响播出安全的紧急事件时,能快速、高效的封停有害信息源,切断违规信息的传播和扩散,缩短指令传达、操作处置时间,降低违规信息传播带来的负面影响。

关键词:IPTV;组播;安全播出;一键关停

1　前言

IPTV 取代广电有线电视以来,已经形成庞大的视频系统。它有许多的优点:①大内容,拥有各种丰富的影视资源,及直播、点播、时移、回看等多种服务方式,给人们的生活增添乐趣;②大网络,通过各运营商专网可以随时获取影视内容;③大生态,可以为餐饮、教育、医疗等行业提供视频服务;④大数据,可以记录用户的观看行为、观看喜好、观看记录等数据,可以分析挖掘,产生数据价值及资源更新参考。IPTV 在与我们的生活联系越来越紧密的同时,依然是国内主流媒体传播阵地。IPTV 结合了电视网络和互联网技术,在很短时间内就可以将消息传播很远,如果有虚假消息和非法言论通过其传播,将会对社会造成不良的影响。也对我们保障其安全播出提出了更大的要求和挑战。河南省通信管理局多次就省内三家运营商 IPTV 传输系统安全进行全面检查。国家广电总局也印发了《国家广播电视总局办公厅关于印发〈迎接中国共产党成立 100 周年全国广播电视行业安全播出大检查工作方案〉的通知》。

IPTV 安全播出影响重大,这就要求我们要在各个环节进行安全播出保障,及时对违法行为的传播进行阻断。这些环节经常会涉及信号源、基础电力设施、数据、网络设备、传输链路、系统稳定、网络安全等方面。其中,保障直播信号源安全常见方法有:信号源主备切换、换垫片、频道下线等[1]。为保障组播频道的违法行为能更快更可靠的得到处理,播控方在播控平台上对信号源进行处理的同时,各运营商还可在传输系统上对其做关停处置。本文设计的一键关停系统,就满足了在传输系统上对频道及视频内容的有害信息源进行关停处置的要求。

2　中国电信河南公司 IPTV 传输系统架构

全国 IPTV 业务系统还未形成一张网,以省为单位各自运营。各省又以运营商为单位,产品自成体系。中国电信河南公司 IPTV 系统架构包含了省广电内容服务平台、集成播控平台、IPTV 传输业务平台、IPTV 监管平台等组成。[2]

中国电信河南公司 IPTV 组播传输系统主要使用了 IP 组播技术[3]、采用 IPTV 组播专用承载网设计,选择通过 Anycast-RP 建立的、形成互为 RP 主备关系的两台 IPTV 专用路由器设备 NE40E-1 和 NE40E-2 建设专用 IPTV 承载网[4]。两台主备的专用路由器,增加了系统的安全可靠性。这两台 IPTV 专用路由器,分别通过 4×10GE 链路与河南 17 个地市的两台城域网 CR 形成交叉型互联组网架构,如图 2 所示。业务传输平台采用省中心+区域 CDN 节点两级架构,由省中心平台将组播节目源推送到各地市 CDN 区域节点,组播用户拉取本地 CDN 节点节目。本地无法拉流的节目,用户会回源到省中心平台拉流。IPTV 传输系统如图 1 所示。

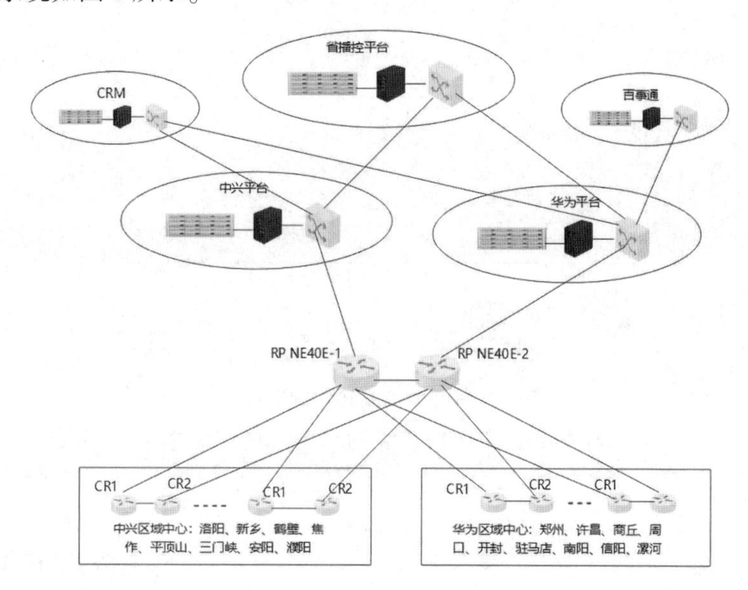

图 1　IPTV 传输系统

3　一键关停系统的设计与实现

IPTV 视频内容安全快速处置流程，首要目标为封停有害信息源，切断违规信息的传播和扩散，缩短指令传达、操作处置时间，降低违规信息传播带来的负面影响，根据中国电信河南公司 IPTV 组网的架构与特征，及业务逻辑，为实现当频道内容出现被篡改时可以达到分钟级关停的要求，建立了一键关停系统，该系统通过 SSH 直接下发指令到组播路由器，实现对指定频道（IP 地址）的封堵和恢复，支持批量下发、批量恢复、批量验证等功能，满足各种场景下对于频道的关停操作。本“一键关停”系统包含两个阶段。一阶段是对组播直播频道的关停；二阶段是对组播点播、时移、回看的关停。

3.1　一键关停系统实现原理

本文主要根据 IPTV 组播专用承载网特点，现网所有的传输平台上的所有组播频道的传输必须通过互为 RP 主备关系的两台 IPTV 专用路由器设备 NE40E-1 和 NE40E-2。我们只要在这两台设备上同时进行组播 IP 的封堵，该组播频道就会停止播放。实现原理如图 2 所示。

该系统用于实现对路由器规定指令集的下发和收集返回结果，并对结果进行解析。所有操作都需要在两台路由器上执行，执行内容完全一样。指令应包括：

（1）Username：账号输入、Password：密码输入。

（2）acl，根据流策略映射关系所得，全平台代表华为和中兴都需要。

（3）rule，根据频道映射关系所得，地市对应固定的平台厂商。

（4）IP destination，根据查询频道映射关系表所得，其中 IP 地址为组播 IP，0 为反掩码。

（5）封堵/恢复的执行命令。

3.2　一键关停系统各功能模块的设计

3.2.1　频道管理

提供频道维护页面，允许批量导入、手工添加两种方式进行频道地址、频道名称的对应关系维护。频道封堵页面中所有可选频道列表，均为频道管理页面中全量频道信息的集合。如图 3 所示。

3.2.2　频道封堵

频道封堵包含了平台侧关停、地市级关停两个大场景的五个小场景：全平台全频道关停、单平台全频道关停、全平台多频道关停、按地市关停、多频道关停。用户可在自己权限内根据操作场景对需要封堵的频道进行选择，后台生成对应的封堵命令集合，通过 SSH 下发至设备，反馈执行结果，提示封堵失

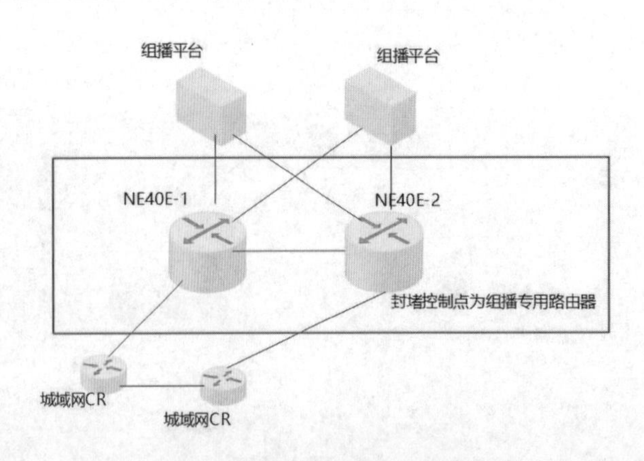

图 2　一键关停系统实现原理

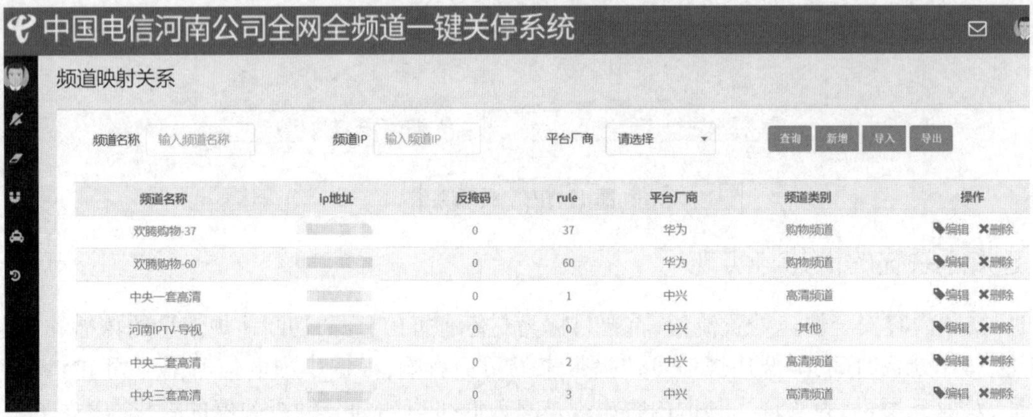

图 3　频道管理

败的频道信息,并允许通过 PING 测验证封堵结果,如图 4 所示。

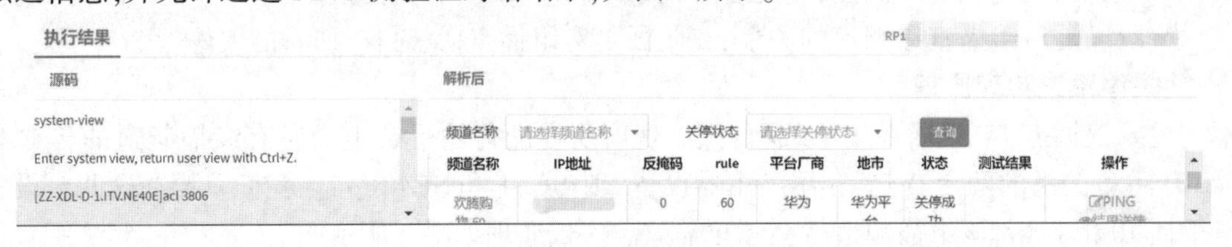

图 4　频道封堵

3.2.3　频道恢复

用户在前台选择频道封堵过程中生成的相应恢复命令集合,通过 SSH 下发至设备,反馈执行结果,提示恢复失败的频道信息,并允许用户通过 PING 测验证恢复结果。

3.2.4　时移、回看、点播的关停与恢复

点击"平台关停(二阶段)",出现华为、中兴、融媒平台的内容管理系统的登录链接,点击相应平台的登录按钮即可跳转到其他平台,然后输入相应的系统账号进行登录,登录成功后即可在相应的平台上对时移、回看、点播内容进行关停、恢复操作,如图 5 所示。

3.2.5　关停日志

关停日志主要记录操作用户、操作类型、执行时间、执行结果、执行明细。执行明细里记录指令执行的全过程。支持查询功能,可查看历史记录。

3.2.6　系统管理

系统管理主要包括:用户管理、角色管理、权限管理、菜单管理。该部分功能可以针对不同的角色和用户,分配其相应的操作权限及其操作页面显示相应的菜单。以最小化的操作权限,保证业务的安全,防止某些用户误操作。

图 5　平台关停界面

4　一键关停系统应用评估

本文设计的一键关停系统，在全国两会、建党 100 年庆祝活动、春节、中秋节、国庆节等重大会议、重要节假日期间，对 IPTV 安全播出提供了可靠的保障。在这些重要活动前夕，通过多次各场景的应急演练，表明了该系统从指令下发到关停和恢复，都可在 10 s 内完成，并且关停恢复正常后频道正常播放。演练记录如图 6 所示。

中国电信河南公司全网全频道一键关停系统

执行时间　执行开始时间　至　执行结束时间　操作用户　输入操作用户　操作类型　输入操作类型　查询

操作用户	操作类型	执行时间	执行结果	执行明细
admin	一键恢复	2021-06-15 11:40:49	成功	查看详情
jiankong	一键封堵	2021-06-18 15:19:59	成功	查看详情
jiankong	一键封堵	2021-09-18 00:06:32	成功	查看详情
jiankong	一键封堵	2021-09-18 00:09:50	成功	查看详情
jiankong	一键恢复	2021-06-16 10:09:16	成功	查看详情
jiankong	一键封堵	2021-06-15 11:41:19	成功	查看详情
jiankong	一键恢复	2021-06-18 15:20:05	成功	查看详情
jiankong	一键恢复	2021-09-18 00:09:59	成功	查看详情
jiankong	一键恢复	2021-09-18 00:11:25	成功	查看详情
jiankong	一键封堵	2021-06-15 11:43:10	成功	查看详情

图 6　一键关停演练记录

对比分别手动登录 IPTV 专用的两台路由器对直播频道进行 IP 封堵关停，一键关停系统在功能和性能上都体现了其优越性。功能上，不仅可以关停直播频道，还可以关停时移、回看、点播等内容；性能上，不仅节约了登录设备的时间、输入指令的时间，还避免错误指令的出现。手动操作时间和系统操作时间对比如表 1 所示。

表 1　手动操作与系统操作时间对比

演练场景	全平台全频道	单平台全频道	全平台多频道	地市级全频道	地市级多频道
手动操作(s)	360	305	420	310	430
一键关停系统(s)	46.24	37.63	55.09	47.05	63

5　结束语

本文设计的 IPTV 一键关停系统,能快速、高效的封停有害信息源,切断违规信息的传播和扩散,缩短指令传达、操作处置时间,降低违规信息传播带来的负面影响。为 IPTV 安全播出提供了强有力的保障。该系统可以在所有组播传输网络中进行推广使用。

参考文献

[1] 余伟. IPTV 直播信源保障方案探讨[J]. 现代电视技术,2021.
[2] 冯伟. IPTV 现状及发展思考[J]. 运营与维护,2021.
[3] 郝晋军. IPTV 融合播控平台中组播及相关技术的应用研究[J]. 探索与观察,2021.
[4] 屈海伟. 基于三网融合的 IPTV 业务集约化网络信息安全解决方案研究[J]. 山东通信技术,2021.

基于大数据技术的传输网络开环预警系统研究

李 威

摘 要:本文深入研究如何利用大数据技术对海量数据的采集、处理、存储、分析挖掘、预测判断等能力运用到自动化运维中,保证网络平稳运行,降低运营成本,为企业高质量发展提供有力支撑。通过对承载网络运行进行分析,研究OTN网开环、OTN设备告警、设备性能,IPRAN网开环、A设备告警、B设备告警等关键指标因素,从如何建设网络智慧运维的角度,以大数据分析为基础,设计一种基于大数据分析的网络自动化智能预警系统,逐步实现网络的人工运维到智慧运维的转变升级。

关键词:电信网络;大数据技术;智慧运维;OTN网开环;IPRAN网开环;A设备告警;B设备告警;OTN设备告警;设备性能

1 前言

随着网络的升级加快,网络结构越来越复杂,依靠传统的人工运维模式已不能满足网络发展的需要,结合电信网络集约化运维和现场综合化维护工作,通过大数据技术推进网络智慧化运维建设。

网络故障处理是运维工作中的重要场景,故障处理的效率关乎网络运维的质量。但是网络设备的多厂家异构、网络多制式共存等客观原因,要求维护人员具备较高的专业知识、丰富的经验,无形中延长了故障处理的周期,造成运维工作的效率低下。另外,故障告警未得到足够的重视,也是造成业务阻断,运维效率低下的主要原因。所以,利用大数据技术研究一种网络告警自动预警系统显得格外重要。

2 大数据技术在网络运维中的应用分析

网络运维场景中,光缆中断是导致业务中断的主要原因之一,主要原因是环网单边中断后未及时处理导致另一边中断引起业务中断。

针对此类问题开展原因分析,一是环路无双路由保护,二是光缆故障、设备故障等原因导致单边中断,由于抢修不及时,另一边再次中断。本文对传输OTN和IPRAN的告警,进行挖掘计算分析,进行单边环网预警,从而提高网络健壮性。

(1)利用大数据技术开发程序自动计算B设备双上联及IPRAN/OTN网成环统计,并生成预警工单,督促分公司做好整改。

(2)根据OTN和IPRAN的告警,自动对开环告警生成预警信息告警,提高工单的维护等级、管控流程(实现自动与人工的双重管控体系)和抢修时限,并做到定位定段,督促维护人员尽快恢复环路正常工作。

3 大数据技术在网络运维中的应用研究

3.1 人工诊断故障

运营商承载网大多以环网组建,由于环网单边中断并不影响业务,在单边中断时不能及时预警造成抢修不及时,另一边中断时造成业务中断是造成群障的主要原因。由于运维人员业务能力参差不齐,大多人员仅仅根据工单内容处理故障,就会造成故障诊断定位时间长,加大了业务中断的风险。

3.1.1 OTN环单边中断-人工判断

设备网管上报:MUT_LOS、OSC_LOS、OA_LOW_GAIN、IN_POWER_LOW等,运维人员在接到工单

后,发现工单内容为多个设备 N 多个告警,依据工单内容逐个排查外部问题确认是否动力停电、排查是否光缆中断、排查线路问题、排查单边问题,最后确定故障原因和故障位置。这种故障处理方式既浪费人力和时间,也增加了业务大面积故障的风险(见图 1、图 2)。

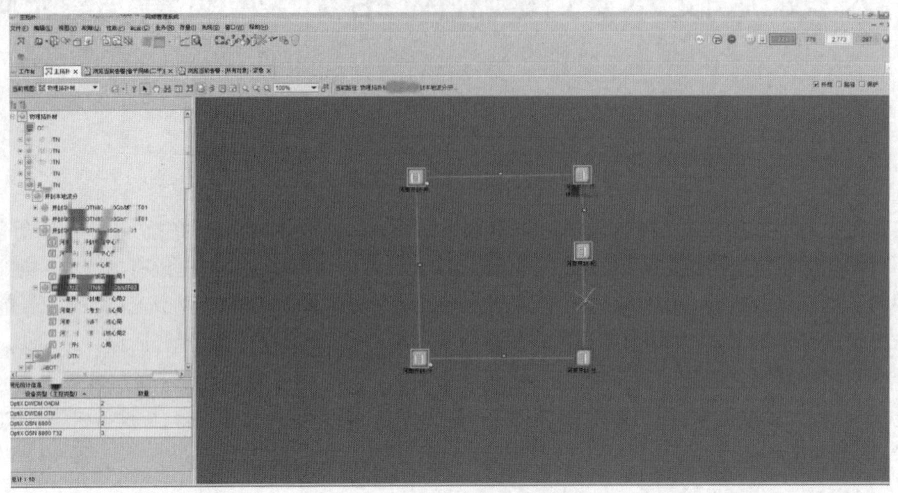

图 1　OTN 网管图

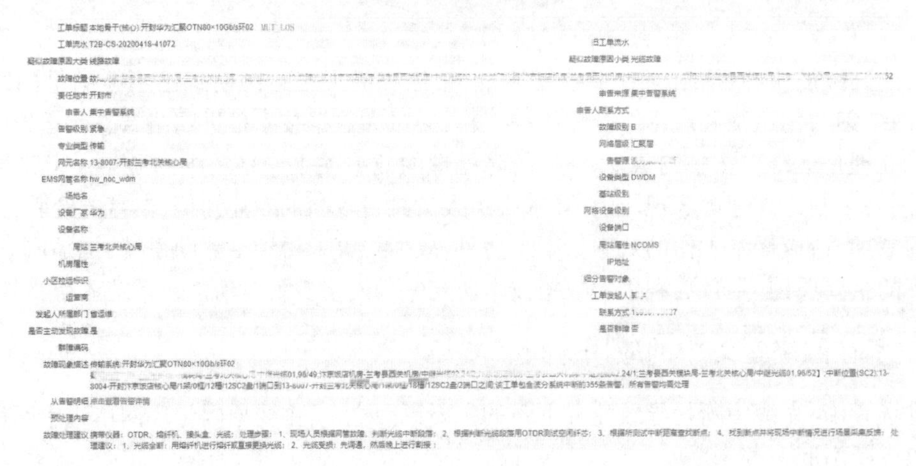

图 2　OTN 故障工单

3.1.2　IPRAN 环单边中断-人工判断

当 IPRAN 环网发生单边中断时,中断线路两端的 IPRAN 网 A 设备从设备专业网管上报"端口 DOWN"告警,综合告警系统会分别将收到的 2 个 A 设备的"端口 DOWN"告警,当作普通工单派发给服保,由服保生成设备"端口 DOWN"的网络故障工单下发地市。这样一个故障收到 2 个故障单,运维人员到现场逐个排查发现 2 个故障单是因为一个故障引起的,且业务没有影响,同时因为工单级别较低,地市处理速度慢,没有对网络结构产生的变化产生足够的重视,未提高故障处理的级别和相应速度,使网络长存处于单边运行,存在设备脱网,业务大面积中断的风险(见图 3、图 4)。

3.2　基于大数据分析的故障诊断

基于大数据分析的故障诊断即综合大量的告警和资源数据,对告警进行分析,按照相应规则诊断故障的根本原因,并定位故障位置,以自动化的程序代替人工分析诊断。本文通过采集 IPRAN 网络设备告警、无线基站告警、传输 OTN 告警、动环告警以及资源数据信息,对故障告警进行大数据分析,进而进行故障诊断,判断是否光缆中断,是否环网单边中断。

3.2.1　IPRAN/OTN 网络成环计算

对 IPRAN/OTN 网进行开环诊断预警,首先需要计算分析 IPRAN/OTN 网是否为环网组网结构。大数据分析平台根据电信资源系统提供的 IPRAN 设备、OTN 设备拓扑资源信息,计算分析 IPRAN 设备、

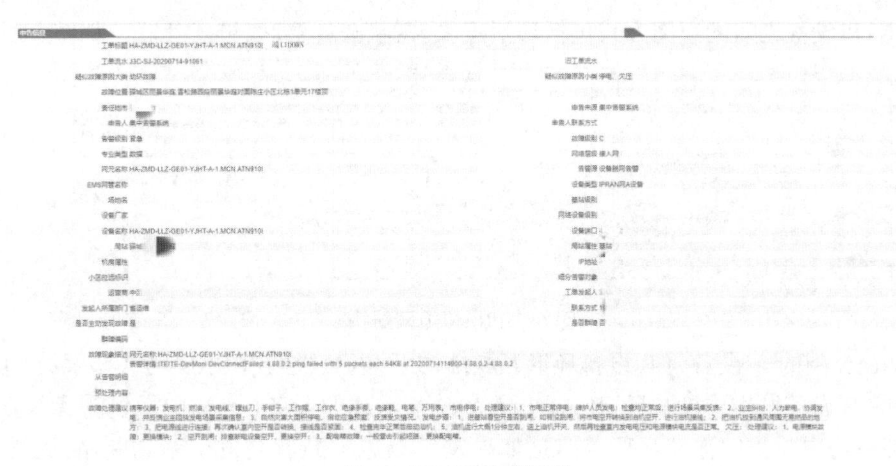

图 3　IPRAN 故障工单

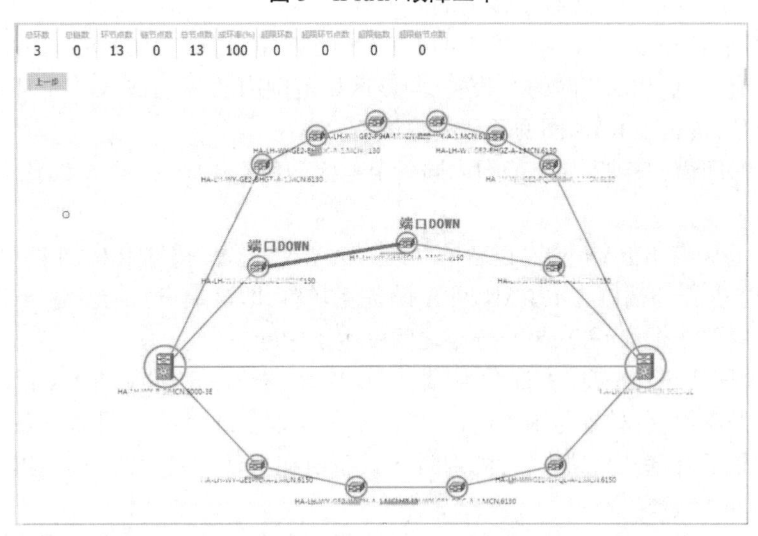

图 4　IPRAN 网管图

OTN 设备是否处于环网当中。分析方法如下：

(1)从资源系统获取 IPRAN 网 A 设备、B 设备信息以及 OTN 设备信息，包括地市、县(区)、设备类型、设备名称、IP、端口、拓扑互联数据。

(2)以地市县区为单位，查询出所有的 IPRAN 网 A 设备、B 设备，同时取出该区域所有拓扑信息。

(3)如图 5 所示，以 IPRAN 网 B1 设备为起点，查找 B1 两端设备，根据拓扑信息可获知 B1 连 B2、B1 连 A1，依次再查询 A1 对端，查询到为 A2，程序依此逻辑轮询，查询到 A5 连 B2，B2 连 B1，最终查询到 B1 原点，即可判断 2 个 B 设备与 5 个 A 设备组成环网。

(4)以此方法逐步查询出所有地市县区的 IPRAN 网、OTN 网组网结构，标识出每个 IPRAN 设备、OTN 设备是否在环网中并保存到特定数据库，作为开环诊断的基础数据(见图 5)。

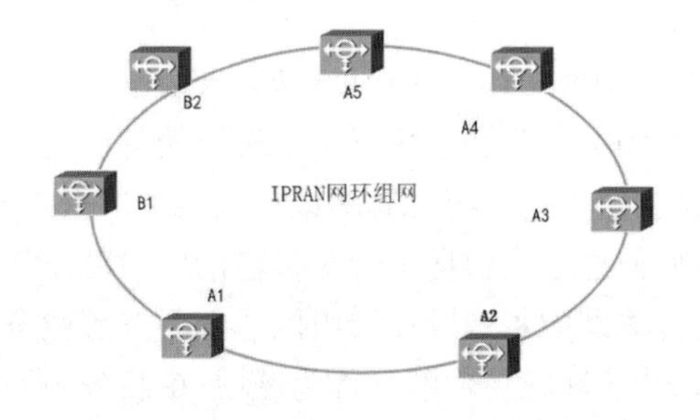

图 5　IPRAN 环网

3.2.2　IPRAN 网络开环诊断-大数据分析

根据 IPRAN 网络组网结构，分为接入层、汇聚层、核心层，本文分析范围是基于 IPRAN 网络接入层与汇聚层之间，即 IPRAN 网络的 A 设备、B 设备。同时根据业务分析，无线基站通过 IPRAN 网络的 A 设备接入的，故将无线基站也加入分析范围。根据中国电信 IPRAN 网络组网规范，接入层 IPRAN 网的

A 设备与汇聚层 B 设备之间的组网方式包括环形互联、树状双规互联、链式互联。如图 6 所示。

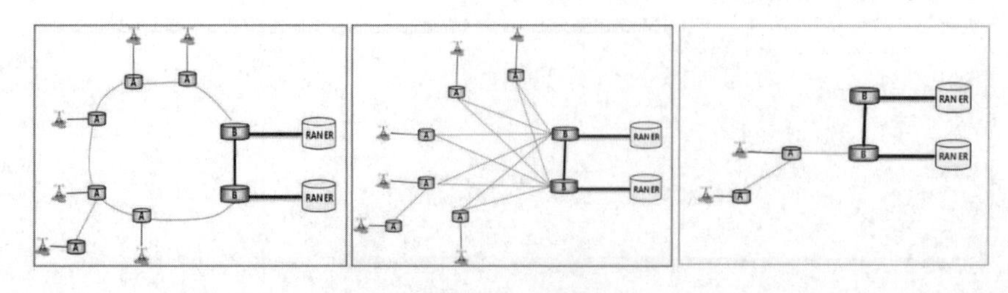

图 6　IPRAN 组网结构

通常在 IPRAN 网的 A 设备与 B 设备环形互联结构下，当互联的 IPRAN 网 A 设备之间发生单一的中断或者互联的 B 设备发生中断故障，IPRAN 网 A 设备承载的业务（本文中示例为无线业务）并不会受到影响，这种单边中断我们称为开环。但是如果发生双边中断就会发生基站断站，无线业务受到影响。如何诊断 IPRAN 网络开环是运维工作中的一个难题。

根据获取的资源信息和 IPRAN 网管采集的 IPRAN 网的 A 设备与 B 设备拓扑互联数据，通常情况下，一个县区区域内有一对 IPRAN 网的 B 设备，与该区域范围内的 A 组成 N 多个环形或树状互联组网他，故按照县区为单位，进行 IPRAN 网的开环故障诊断：

（1）以 5 min 为时间窗，归纳 5 min 范围内同一个县区的所有 IPRAN 网 A 设备告警、B 设备告警以及无线基站告警。

（2）当归纳的告警中有 IPRAN 网 A 设备的"端口 DOWN"告警，根据 IPRAN 网络拓扑信息，查询发现发生"端口 DOWN"告警的端口为 IPRAN 网 A 设备互联口，即该端口是与其他 A 设备或 B 设备互联的端口，即可诊断互联的 2 个 A 设备或 A 与 B 之间发生了中断。

（3）根据 IPRAN 网络拓扑信息，查询发生"端口 DOWN"告警的 IPRAN 网 A 设备是否处于环网结构当中，如果不是则抛弃诊断；如果是则查询该 IPRAN 网 A 设备或对端 A 设备下联的无线基站是否发生基站掉站告警，如果没有基站断站告警，则判断 A 设备所在的环网发生的是单边中断故障（见图 7）。

衍生告警	GID_DATA_IPRAN_GUARDIAN_A_125009920	郑州	端口DOWN	2020-07-17 14:21:13	HA-ZZ-ZMPLWS-GE07-WTZQLD-A-01.MCN.ATN950B	中牟[illegible]庄/GE[illegible]01RAN
衍生告警	GID_DATA_IPRAN_GUARDIAN_A_125009920	郑州	端口DOWN	2020-07-17 14:21:13	HA-ZZ-ZMPLWS-GE07-ZMWTZ-A-01.MCN.ATN950B	中牟万滩镇-中牟七里[illegible] E0001RAN
根告警	GID_DATA_IPRAN_GUARDIAN_A_125009920	郑州	IPRAN环网单边中断	2020-07-17 14:21:13	HA-ZZ-ZMPLWS-GE07-WTZQLD-A-01.MCN.ATN950B	中牟万滩[illegible]七里[illegible] E0001RAN
衍生告警	GID_DATA_IPRAN_GUARDIAN_A_124975577	郑州	端口DOWN	2020-07-17 10:57:32	HA-ZZ-ZC-GE07-RZAZQ-A-01.MCN.ATN950B	小[illegible]任庄安置区GE0001-小[illegible]任庄安置区
根告警	GID_DATA_IPRAN_GUARDIAN_A_124975577	郑州	IPRAN环网单边中断	2020-07-17 10:57:32	HA-ZZ-ZC-GE07-RZAZQ-A-01.MCN.ATN950B	小金庄任[illegible]安置区GE0001-小金庄任庄[illegible]置区
衍生告警	GID_DATA_IPRAN_GUARDIAN_A_124811620	郑州	端口DOWN	2020-07-16 17:36:38	HA-ZZ-WKM-GE03-LHJXSH-A-01.MCN.ATN950	大[illegible]莲花街[illegible]E0001-大[illegible]莲花街西四环[illegible]

图 7　大数据分析 IPRAN 告警示图

（4）满足以上判断条件，则诊断 XX 地市 XX 县区发生 IPRAN 网开环故障，并且附带中断位置（见图 8）。

3.2.3　OTN 网络开环诊断-大数据分析

传输网作为通信网络中最底层最基础的网络，直接影响到通信网的发展。为了保障传输网的稳定性，在组建传输系统时通常以环状结构进行组网，开环故障是一种常见却又不易及时诊断的故障，本文分析如何通过大数据平台对传输网中 OTN 网络进行开环诊断。

传输网中每一段环形组网通常会按照业务和带宽命名一个传输系统名称，以华为 OTN 本地网为分析示例，该环状传输网名称为城域/市县分组 OTN80×100Gb/s。图 9 中每一个节点代表一个 OTN 传输设备。

首先大数据分析平台通过获取的传输网资源数据信息，分析出 OTN 传输系统的组网结构，然后分析平台采集 OTN 设备和动环设备的实时告警，作为大数据分析诊断故障的基础。

开环故障诊断方法一：

（1）实时采集传输 OTN 设备告警存储到大数据分析平台，以 2 min 为时间窗，将同一时间段内的告警按堆分类。

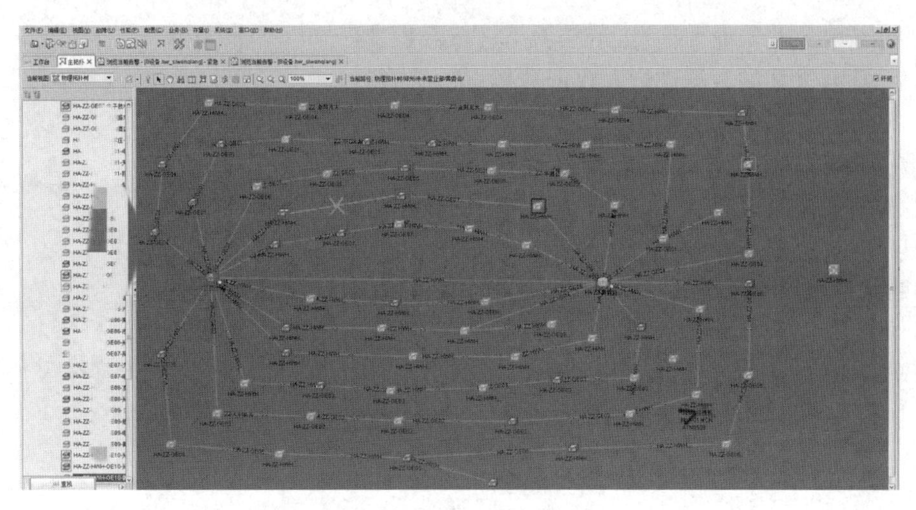

图 8　IPRAN 故障网管图

(2)分析平台分析每堆告警的板卡类型和告警类型,如果告警堆中有板卡类型为 FIU/OAU/D40/M40 且上报告警类型为 MUT_LOS 告警;板卡类型为 SC2、ST2 上报 OSC_LOS 告警,LSC 等业务盘报 R_LOS 告警/FEC 纠错前误码越限 BEFFEC_EXC 告警,则判断为光缆中断。

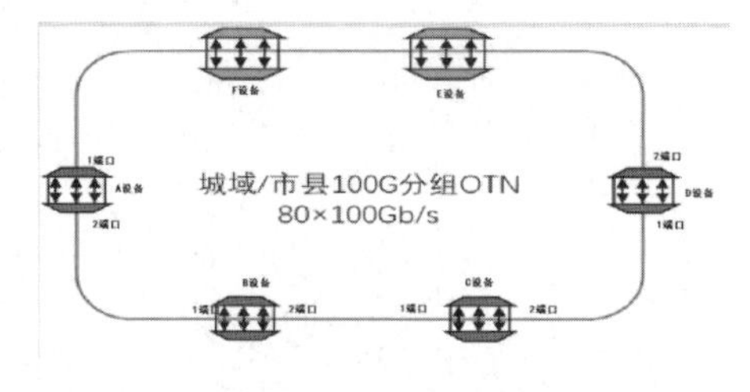

图 9　OTN 组网图

(3)依托资源拓扑信息,分析平台分析发生光缆特征告警设备在 OTN 系统组网图上的位置,光缆特征告警是互为拓扑连接的 A 与 B 设备,则判断光缆故障发生在 A 与 B 之间。

(4)分析平台同时分析该 OTN 环网中是否有设备脱网告警,如果没有则判断 OTN 系统发生开环故障,根据分析结果生成"OTN 单边中断故障"。

开环故障诊断方法二:

(1)实时采集传输 OTN 设备告警存储到大数据分析平台,以 2 min 为时间窗,将同一时间段内的告警按堆分类。

(2)分析平台详细分析每堆告警的板卡类型和告警类型,如果告警堆中同一个设备上有板卡类型为 FIU、ITL、OAU、D40、M40、DWSS20 中的一种且上报告警类型为报 BD_STATUS、HARD_BAD 告警,或者 OAU 上报光放大器增益降低告警 OA_LOW_GAIN 告警,LSC 等业务盘报 R_LOS 告警/FEC 纠错前误码越限 BEFFEC_EXC 告警。

(3)分析平台查询该设备光放板卡上的性能数据,如主光功率值,分析光功率是否达标,如果不达标,则判断该设备发生主光路板卡故障。

(4)分析平台同时分析是否有设备脱网告警,如果没有则判断 OTN 系统因为主光路板卡故障引发 OTN 系统发生开环故障,根据分析结果生成"OTN 单边中断故障"(见图 10)。

[illegible]	根告警	GID_WDM_51423947	44-郑州河南省电信公司	OTN单边中断	2020-07-16 20:3	44-郑州河南省电	传输	2020-07-16 20:3	IPT:OTS-28-郑州	中断位置:44-郑州
无派单规则	衍生告警	GID_WDM_51423947	44-郑州河南省电信公司	OPT_INPUT_UNDER	2020-07-16 20:3	44-郑州河南省电	传输	2020-07-16 20:3	IPT::OTS-28-郑州	(对端端口) 44-[illegible]
无派单规则	衍生告警	GID_WDM_51423947	44-郑州河南省电信公司	DCM_INSERTION_L[illegible]	2020-07-16 20:3	44-郑州河南省电	传输	2020-07-16 20:3	IPT:OTS-28-郑州	告警详情 河南省[illegible]
无派单规则	衍生告警	GID_WDM_51423947	44-郑州河南省电信公司	OPT_NO_INPUT	2020-07-16 20:3	44-郑州河南省电	传输	2020-07-16 20:3	IPT:OTS-28-郑州	(对端端口) 44-[illegible]
无派单规则	衍生告警	GID_WDM_51423947	44-郑州河南省电信公司	OPT_LDO	2020-07-16 20:3	44-郑州河南省电	传输	2020-07-16 20:3	IPT:OTS-28-郑州	(对端端口) 44-[illegible]
无派单规则	衍生告警	GID_WDM_51423947	44-郑州河南省电信公司	OPT_NO_INPUT	2020-07-16 20:3	44-郑州河南省电	传输	2020-07-16 20:3	IPT:OTS-28-郑州	(对端端口) 44-[illegible]
无派单规则	衍生告警	GID_WDM_51423947	44-郑州河南省电信公司	VOA_LO_INPUT	2020-07-16 20:3	44-郑州河南省电	传输	2020-07-16 20:3	IPT:OTS-28-郑州	(对端端口) 44-[illegible]
无派单规则	衍生告警	GID_WDM_51423947	44-郑州河南省电信公司	LOS	2020-07-16 20:3	44-郑州河南省电	传输	2020-07-16 20:3		告警详情 河南省[illegible]
无派单规则	衍生告警	GID_WDM_51423947	44-郑州河南省电信公司	OPT_LDO	2020-07-16 20:3	44-郑州河南省电	传输	2020-07-16 20:3	IPT:OTS-28-郑州	(对端端口) 44-[illegible]

图 10　大数据分析 OTN 告警示图

3.3　大数据预警平台

大数据分析首先要具备大量的基础数据,第一步是告警数据采集,采集动环、数据、无线、传输相关专业设备告警以及性能数据;第二步是接入传输网络以及承载业务的资源数据,包括全网设备、拓扑信息以及承载的系统和电路等业务信息;第三步是进行数据建模,结合资源信息,对采集的数据进行大数据分析,进而进行故障判断(见图 11)。

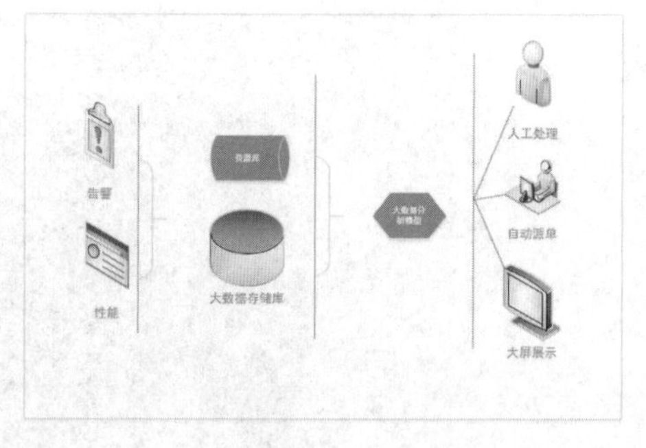

图 11　大数据分析模型

采用大数据技术栈对设备的告警数据、巡检数据、性能数据和配置数据进行采集、清洗。大数据处理采用的技术包括:Flume、Kafka、Storm、ELasticsearch 等,架构如图 12 所示。

3.4　故障诊断结果应用和展现

3.4.1　开环预警

通过大数据技术的应用实现承载网开环故障的自动诊断,并对诊断出的开环故障进行提前预警提示。

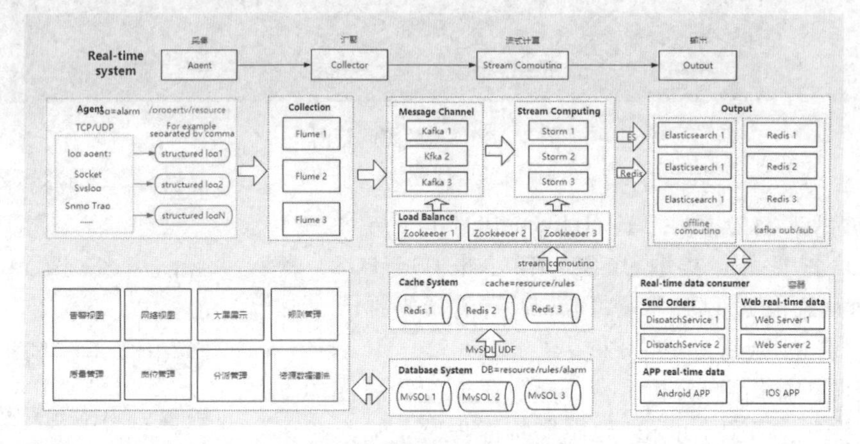

图 12　大数据分析平台原理

(1)根据大数据分析平台诊断出的 IPRAN 网和 OTN 传输系统的开环告警生成预警信息告警,以区分其他普通故障(见图 13)。

(2)提高开环预警工单的维护等级、管控流程和抢修时限,并做到定位定段,督促运维人员尽快处置。

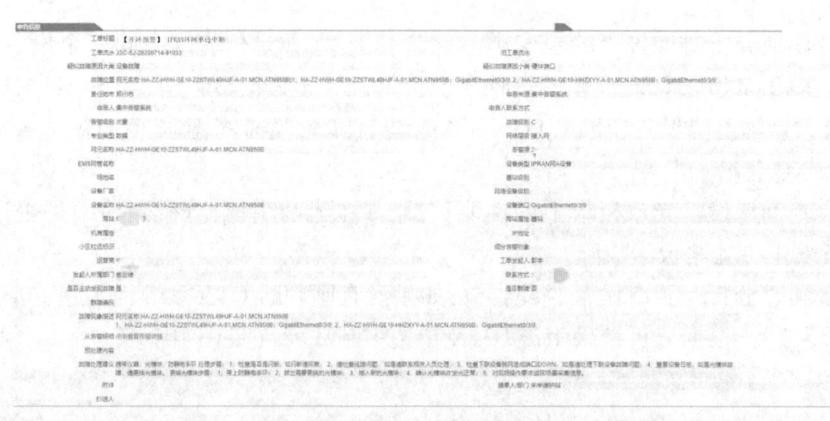

图 13　开环预警工单

(3)对于重要的 OTN 传输系统进行短信或邮件通知相关负责领导(见图 14)。

3.4.2　大屏展示

大屏在实现运维数据可视化以及提升运维能力和更好的完成主动监控方面起到重要作用,故 IPRAN 网和 OTN 传输系统开环故障诊断结果可进行大屏展示,见图 15。

(1)IPRAN 网按照地市行政区域分别在大屏中展示 IPRAN 网的组网结构图,当 IPRAN 网诊断出开环故障时,大屏上进行声光提示,即中断位置闪烁并提示告警声。

(2)OTN 网按照地市行政区域分别在大屏中展示 OTN 传输系统的组网结构图,当 OTN 传输系统诊断出开环故障时,大屏上进行声光提示,即中断位置闪烁并提示告警声。

4　结论与展望

基于当前的网络运维体系存在“网络变化感知滞后”“无法预警网络隐患”等痛点,利用大数据分析计算能力和深度学习算法,创造性的提出智慧运维方案,显著提升了网络运维能力。

随着云网时代的来临,大数据也吸引了越来越多的关注。在未来运维工作中,利用大数据分析技术的优势,依托云计算的分布式处理、分布式数据库和云存储、虚拟化技术,大数据分析并发现所需的网络模型,帮助预测和预防未来运行中断和性能问题,从而实现网络的智慧运维,使网络作为管道变得更加智能,为核心网络及应用的创新提供了良好的平台。

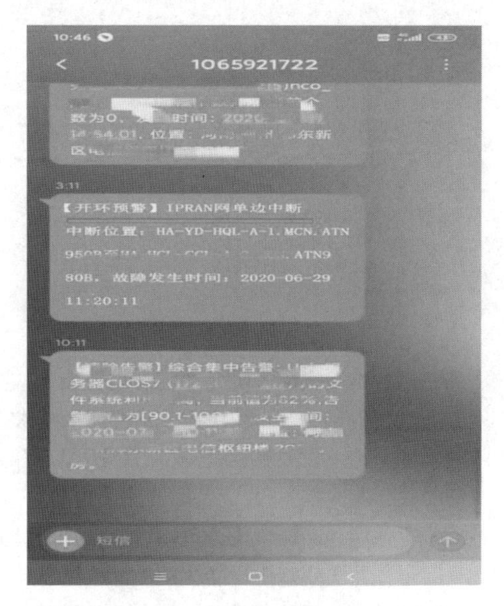

图 14　开环预警短信

图 15　开环预警监控

面对庞大的网络结构,海量的资源数据、告警信息,如何有效的处理利用这些数据,大数据技术是有效手段之一。采用大数据技术栈对设备的告警数据、巡检数据、性能数据和配置数据进行采集、清洗。通过故障智能手段,做到隐患、故障的提前预警,从而更加合理地调配网络及人力资源。实现提前感知网络变化、对隐患提前预警、及时响应故障处理,最终实现从人工手段到自动管控的智慧化运维。

参考文献

[1] 大数据产业联盟. 2019 中国大数据产业发展白皮书[J]. 中国计算机报,2019.
[2] 丁昱博. 提升传输网络健壮性,提高业务安全性[J]. 数字通信世界,2020,5.
[3] 董西成. 大数据技术体系详解:原理、架构与实践[J]. 北京:机械工业出版社,2018.
[4] 张良均. Python 数据分析与挖掘实战[J]. 北京:机械工业出版社,2019.
[5] 李红双. 大数据在电信运营商中的应用研究[J]. 广东通信技术,2020,7.

基于大数据智能应用实现中继电路自动化开通

刘昆仑

摘　要:本案例深入研究如何利用智能化技术实现本地内部中继电路自动开通,达到中继电路的规范化、流程化、智能化、快速自动开通等需求。制定了多系统平台的接口对接、参数、自动化流程、数据配置自动下发等,从综合服保系统发起内部中继电路智能化自动开通流程,资源系统自动同步设备、端口、速率信息、智能关联光路路由等信息,专业网管通过参数和相关命令在设备进行智能判断和查询,智能判断端口是否可用、互联地址是否冲突,端口是否有其他业务等,可以有效避免影响现网业务。从而实现基于智能化的中继电路自动开通。

关键词:人工智能;智能关联;自动化配置;大数据分析

1　前言

随着网络运维维护的不断改革、不断发展,维护运营效率对网管平台智能化的要求越来越高,如在运营维护中运营商会有很多内部中继电路的开通,包括本地、干线、跨域等电路,在这些中继电路开通时没有固化的流程而出现沟通不畅、人工进行资源分配、每个岗位人工处理、数据制作等问题,并会占用大量人力、降低运维工作效率,还有就是如果没有统一的流程会导致资源和光路信息的不准确、电路的标识不规范、端口动态变动难以实时更新等,出现故障也会因人工没有及时更新资料信息等导致处理故障时长过长,影响用户体验。

因此,建立一个规范化、流程化、智能化、快速自动开通的流程是一个很有效的方案。本文通过多系统同步或者异步接口对接、充分利用资源系统中资源自动分配、网管智能分析以及系统自动配置等实现运营商中继电路智能化自动开通。降低运营商运营运维成本,提升运营运维效率。

2　方案实施

为建立一个规范化、流程化、智能化、快速自动开通的流程,从而实现中继电路智能化自动开通进行了深入分析和讨论,从以下 4 个方面进行讨论:多系统对接、资源系统自动同步及关联、网管系统智能分析、网管系统自动配置下发。

(1)在中继电路智能化自动开通中有多个系统需要进行对接,如综合服保系统、综合告警系统、省资源系统、网管系统。多个系统之间如何实现全自动流程、系统之间运用什么接口协议对接,参数的制定、参数传递和回传是异步还是同步接口、唯一标识的规则等。

(2)资源系统如何把相关参数在综合服保系统同步,保证资源的准确可用,如何实现光路自动关联,生成一条关联关系,形成完整的端到端路由信息。

(3)网管通过上游传送的相关参数,如何根据场景类型标识自动生成不同的配置脚本,如何把参数对应并应用生成不同场景的配置脚本。

(4)网管通过生成的脚本要实现自动下发,需要对配置在现网中智能分析校验,校验是否与现网业务有冲突,包括端口、速率、互联地址等信息,保障现网业务不受影响。配置完成后还要进行自动检查设备运行状态。

根据上述 4 个方面的讨论分析,通过制定严格规范的多系统对接流程、使用 webservice 接口协议、规范入参和出参规则、确定场景唯一标识等实现多系统全自动智能化流程;资源系统与综合服保系统通过 webservice 接口协议回传信息,自动回显设备、端口、速率等相关信息,实时更新资源系统基础数据、保证资源的准确性实现资源光路自动关联;网管支撑系统通过上游传送的参数并根据制定的场景唯一标识判断场景,自动运用不同场景,并通过网管智能分析判断端口状态、与现网 IP 是否冲突、端口下是否有配置等;网管支撑系统按照对应的参数信息补充相关命令实现网管智能生成脚本,并自动实现网管自动化配置。通过解决以上 4 个问题,实现规范化、流程化、智能化的中继电路快速开通,降本增效、应用人工智能、自动化分析以及配置等技术提升运营运维效率。

2.1　多系统全自动化流程

(1)如图 1 和图 2 所示,首先根据中继电路开通场景确定涉及的系统、每个系统在场景中起到的作用实现什么功能,本方案主要涉及综合服保系统、综合告警系统、省资源系统、专业网管系统四个系统的对接和信息传递,并且全部采用 webservice 接口协议。

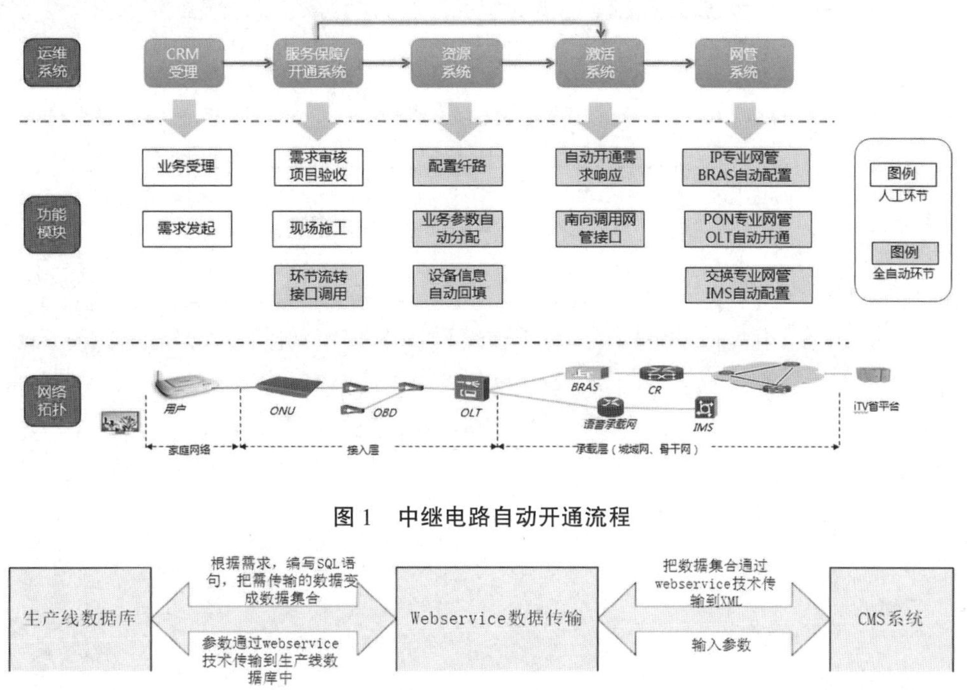

图 1　中继电路自动开通流程

图 2　webservice 接口示意图

(2)如图 3 所示,因为所有工单发起全部从综合服保系统开始,所以要制定综合服保系统内部流程模型,根据现网情况分析并进行讨论确定传输类型分为两类,流程分别为:①光纤光路/设备直连:新建→施工跳纤→链路调测→数据配置→确认归档(注:在工程施工/数据配置环节如不通过全部回到建单派发环节);②传输波分:新建→申请单补充→施工跳纤→链路调测→数据配置→确认归档(注:在工程施工/数据配置环节如不通过全部回到建单派发环节)。

(3)如图 4 和图 5 所示,由于工单全部从综合服保系统发起,所以综合服保系统的所有参数要确定来源,这些参数全部通过综合服保系统与资源系统的 webservice 接口同步,把所需参数同步到综合服保系统;还要再根据每个场景的数据配置需求确定综合服保系统都需要传递什么参数、网管系统入参参数的要求和格式,包括 A/Z 端的端口信息、设备 IP、速率、IPv4 和 IPv6 互联地址等(见图 4、图 5),参数和入参要求确定后综合服保系统的所有参数均由综合告警系统智能分析并翻译后再传递给网管系统。如果参数有问题网管会报错并反馈给综合告警系统最终把报错信息传给综合服保系统,如果参数没问题会进行下一步环节。

2.2　资源光路自动关联

如图 6 所示,资源系统与综合服保系统通过 webservice 接口协议,综合服保系统选择设备、端口等信息全部从资源系统同步,信息保持一致。资源系统与现网设备每天进行智能分析比对,对不准确的板

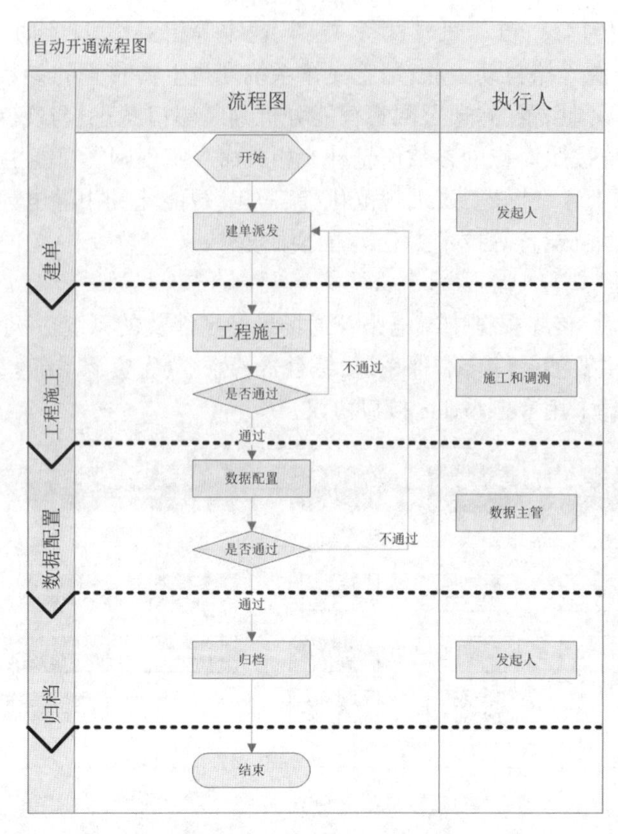

图 3　综合服保流程示意图

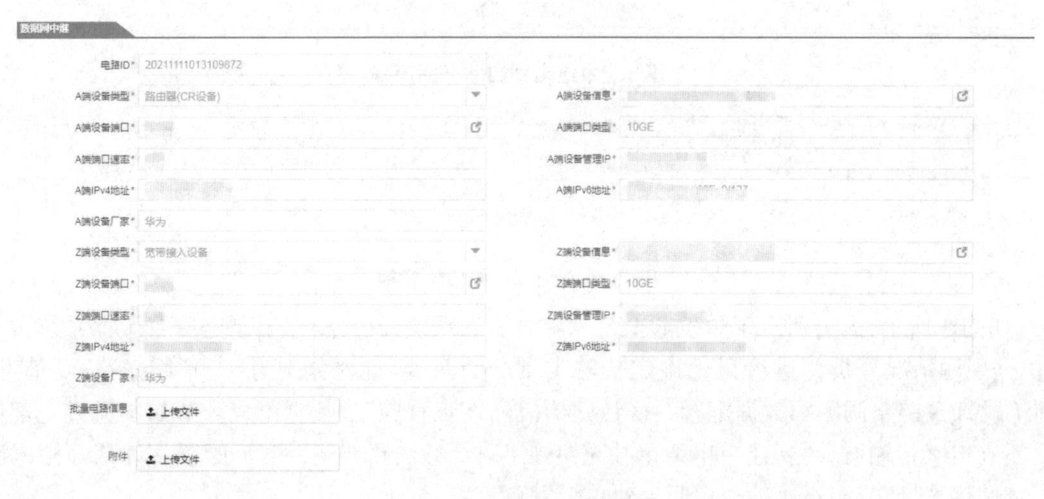

图 4　综合服保相关参数

卡和端口信息及时进行整改。

综合服保系统在选择资源信息时，资源类型选择光纤光路时增加光路配置功能，直接从综合服保系统跳转资源系统进行光路配置，关联光路信息或新建光路信息并配置全程路由信息，配置传输路由→传输路由同步（同步后的传输路由必须完成无断点）。要求所有光路信息端到端不能有断点，如果有断点无法流转下一环节，从根源保证光路信息的准确性。

光路全部关联后在资源系统光路拓扑可以显示端到端全程光路信息，根据规范的电路代号在资源系统查到全程路由，出现故障时可以快速准确地知道全程路由信息，缩短故障处理时长。

2.3　网管智能生成脚本

根据中继开通需求制定不同场景，并一一对应每个场景的唯一标识，网管系统通过上游传送的场景唯一标识判断中继开通场景，切与综合告警系统通过 webservice 接口协议，接收到不同场景的参数，通

属性代码	属性类型	属性描述	MSE-CR否必填	CR-CR 是否必填	CR-ASBR 是否必填	格式和说明
WsCode	String	工单流水号	是	是	是	上游系统生成的工单接号，唯一标识一个工单。建议YYYYMMDD+5位流水号，如：2013050604001
ServType	String	业务类型	是	是	是	固定字符串：如Relay，代表中继开通
ServModel	String	开通模型	是	是	是	如：MSE-CR、CR-CR、CR-ASBR。每次下发时，肯定是同一个模型，且下发的设备为两个设备。除非是BAS双上联，此时可能有一个bas，两个CR。
OperType	String	业务操作类型	是	是	是	如：add，见编码规则
CirList	String	中继列表	否	否	否	要配置的中继链路，至少1条，最多8条。每个具体的中继用<Cir></Cir>隔开
CirCode	String	中继的传输电路编码	否	否	否	中继的传输电路编码，如：local或者其它字符串
ADevIP	String	A端设备管理地址	是	是	是	如：201.97.0.1，用于确定A端设备
ADevAggport	String	A端设备捆绑口	否	否	否	格式第一种： 如：Eth-Trunk100，smartgroup15 第二种：100,15 网管根据设备厂家拼接
ADevPort	String	A端设备端口	是	是	是	物理口，如：100GE1/5/1/0
ADevName	String	A端设备名称	否	否	否	在拼写端口描述时需要，可以在网管查询。
ADevPortIP	String	A端端口IP	是	否	是	V4端口地址如：201.97.0.1/30
ADevPortV6IP	String	A端端口的v6地址	是	否	是	V6端口地址如：240E:B:2:1823::1/127
ADevPassWord	String	A端密码	是	否	否	如：@%@%+]v0/aGkg~' 〈%"(w'>RXSYS|@%@%可以直接配置（固定值）
BDevIP	String	B端设备管理地址	是	是	是	如：201.97.0.1，用于确定B端设备
BDevAggport	String	B端设备捆绑口	否	否	否	格式第一种： 如：Eth-Trunk100，smartgroup15 第二种：100,15 网管根据设备厂家拼接
BDevPort	String	B端设备端口	是	是	是	物理口，如：100GE1/5/1/0
BDevName	String	B端设备名称	否	否	否	在拼写端口描述时需要，可以在网管查询。
BDevPortIP	String	B端端口IP	是	否	是	如：201.97.0.1/30
BDevPortV6IP	String	B端端口的v6地址	是	否	是	240E:B:2:1823::1/127
BDevPassWord	String	B端密码	是	否	否	如：@%@%+]v0/aGkg~' 〈%"(w'>RXSYS|@%@%可以直接配置（固定值）

图 5　相关参数说明

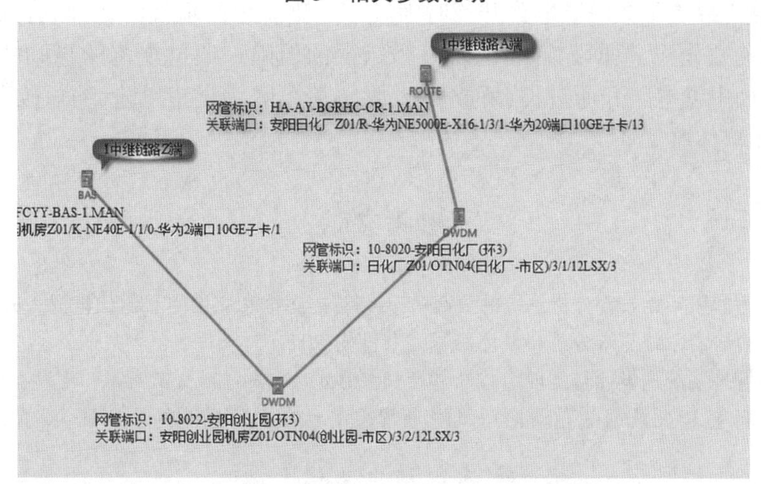

图 6　资源网管端到端光路路由

过场景的唯一标识再自动匹配到相对应的配置规范中，把需要的参数智能运用到不同场景脚本模板里，按照对应的参数信息补充相关命令，这样就实现了网管智能脚本的生成。

2.4　网管自动化配置

(1)如图 7 所示，网管系统根据不同场景自动生成脚本，要做到自动下发，还需要进行一系列的智能分析判断,避免数据配置下发后影响现网业务。网管系统通过智能分析判断端口状态是否为手工关闭,只有手工关闭的端口才进行数据自动下发;还会判断端口下是否有其他数据配置,如果端口下有其他配置会执行报错并反馈报错信息;并通过智能分析判断互联IP是否与现网冲突,如果互联IP与现网冲突也会直接报错并反馈报错信息,结合这几项重要的智能分析判断可以有效的校验本次配置是否可以下发,在上述条件全部满足的情况下网管才进行数据自动下发配置,这样可以避免自动下发配置对现网业务的影响。

(2)如图8所示,网管系统通过智能分析判断完成数据自动配置后,还要对自动下发的数据进行检查,查看设备端口的物理和协议状态,保证中继电路自动开通的成功率。

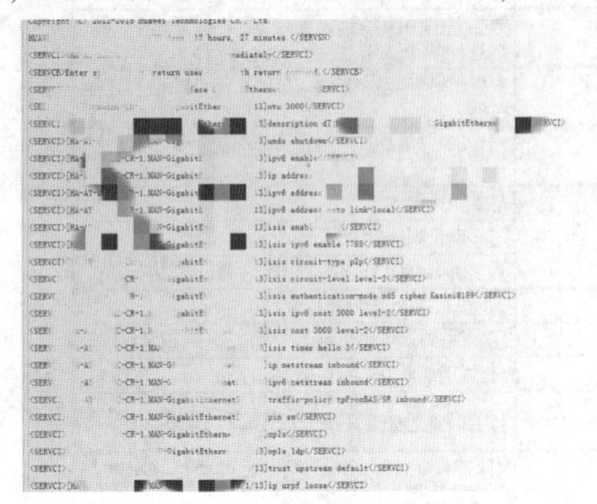

图7　配置自动下发

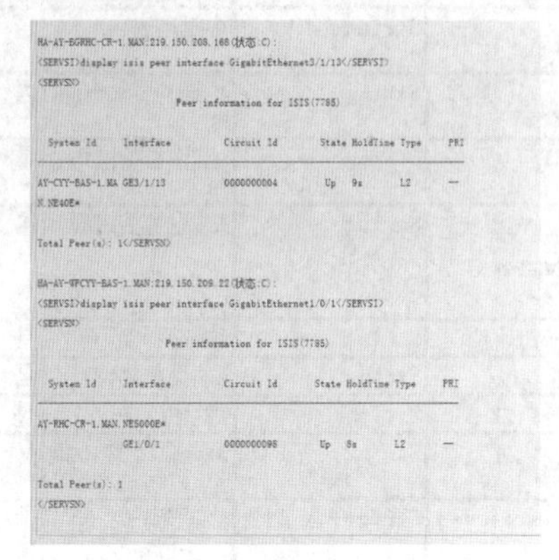

图8　设备运行状态

3　结束语

通过本方案实现了全流程自动化中继电路开通。从工单发起到闭环归档各个环节的自动流转、电路代号自动生成、资源和光路自动关联、接口规范对接、网管智能分析、脚本自动生产、数据自动化配置等实现中继电路智能化自动开通。利用支撑系统建设实现内部中继电路智能化自动开通,从而解放人力、降低风险,提高工作效率,持续推进智能自动化运营,推进网运工作再上新台阶。

利用该项目成果,解决了在中继电路开通时因没有固化流程而出现的错误、开通时间太长等问题、避免在开通时人工资源分配、数据配置等出现人为错误的风险。通过规范的自动化流程、智能分析判断、自动化配置,缩短中继电路开通时长、解放大量人力、降低人为出错风险、缩短故障处理时长,提升运维工作效率,提高用户体验。

参考文献

[1] 赵良,张贺,潘皓,等.基于AI告警分析系统的IPRAN网络智能运维和应用[J].通信世界,2019(5):43-46.
[2] 潘沛.电信网络综合告警系统需求分析与设计[J].大众科技,2009(5):81.
[3] 彭仁松.网络故障管理系统的设计与实现[J].软件导刊,2010(1):134-136.
[4] 余萱,苏杨,赵威扬.基于大数据的自动化运维安全管控平台在电网企业的应用研究[J].贵州电力技术,2018(21):12.
[5] 蒋云,赵佳宝.自动化测试脚本自动生成技术的研究[J].计算机技术与发展,2007(7):4-7.
[6] 袁俊佳,和应民,刘微.移动综合网管监控数据采集[J].应用科技,2006(10):32-34.
[7] 宋仁栋.浅析分布式多专业综合网管系统的实现[J].通信世界,2009(10).

深度挖掘感知劣化根源,助力政企家宽客户满意度双领先

朱　珂

摘　要:政企和家宽业务成为运营商集团业务中重要的一块拼图,为了提升政企、家宽的服务品质,打造移动政企品牌口碑,有必要深度挖掘影响用户感知的根源,通过分析影响用户满意度主要根因,对政企、家宽用户上网感知信息、业务质量、政企接入设备性能等进行多维度关联分析,提升政企、家宽服务品质和运维效率,改善客户的使用体验,并能先于客户发现问题,实现主动关怀,降低客户投诉风险。

关键词:智能运维;感知保障;大数据处理;数据挖掘

1　前言

政企和家宽业务已是集团业务中的重要部分,而在往期政企、家宽的业务中,我们经常面临投诉定位难、支撑和预触发手段匮乏等问题,而影响这两点的主要因素有:

(1)用户投诉信息不准确,网络支撑手段有限,需按步排查,费时费力。

(2)非网络问题捉摸不透,无迹可寻。

(3)装维人员急待加强信息支撑;末端网络及终端异常不能及时关联用户感知。

(4)用户感知变化不掌握,无法预触发质差处理,控制投诉。

(5)急待补充政企、家宽末端质差监控手段。

对此,我们对全量用户行为感知、跨网元关联分析,实现端到端分析与定位平台通过采集全量的XDR数据,并关联到现有软探针、PON资源及告警等传统数据源,形成全量的质量和感知评估的数据资源池,可以对采集范围内的用户、本地网设备、服务器性能进行感知量化评估,将其分为优、良、中、极差、较差五个感知等级,通过用户感知模块、多维分析模块、市场支撑模块,能够实现低感知用户的高准确率发掘,提升问题定位准确率和处理效率,支持异网用户挖掘和对异网用户进行资费、套餐优惠方面的宣传,有效支撑市场部门开展精准营销。

2　主要创新点

2.1　满意度量化体系及主动关怀

通过采集全量的用户数据,融合政企、家宽DPI数据、软探针数据、PON侧性能告警数据,把业务感知数据与PON数据结合,通过聚类算法将客户感知分为"优、良、中、较差、极差"五大感知类别(见图1)。通过满意度评价体系,将用户感知量化后,针对较差、极差两类低感知用户可以进行主动关怀,增强用户对运营商黏合度(见图2)。

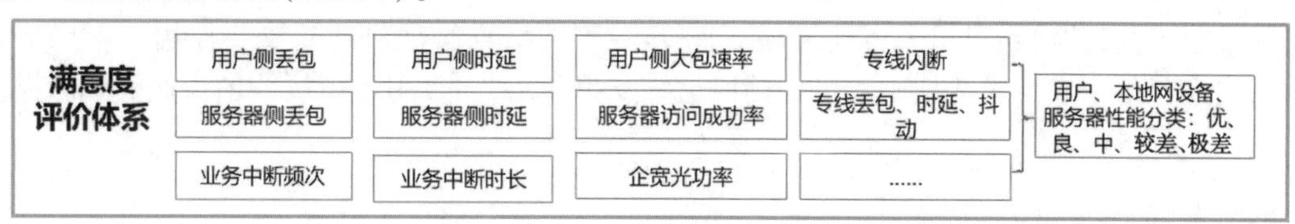

图1　满意度评价体系

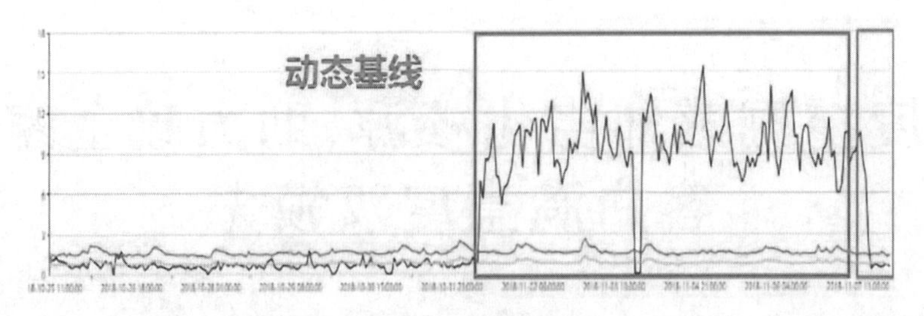

图 2　动态基线

2.2　感知科学量化、根源精确挖掘

通过聚类算法对全量用户进行自动分类,融合宽带 DPI、软探针、PON 系统等历史和实时数据对质差分类用户进行深度扫描诊断,采用回归预测、决策树等算法从端、管、云维度进行全流程诊断,找出各种异常现象背后的问题根源。从目前识别出质差用户来看,用户感知差问题原因主要为端侧,占比 79.6%,其次是管侧 13.29%、云侧 7.11%,端侧问题主要集中于企业办公和用户家庭组网问题(见图 3)。

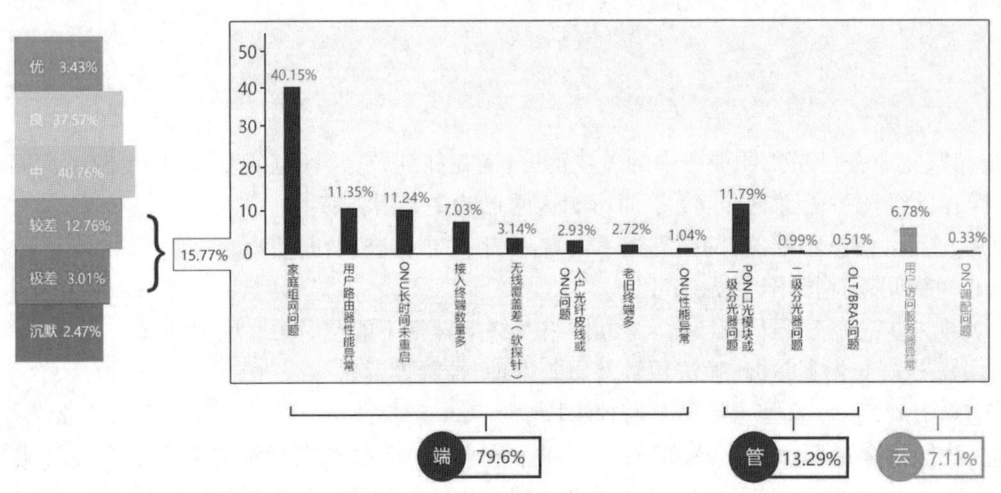

图 3　全量企宽+家宽用户感知量化分类

2.3　云侧质差源站处理,精准提升用户感知

依据访问用户数维度,区分处理优先级,优先处理一级质差资源。如:通过大数据分析平台发现毒霸网址大全 111.6.35.16(河南省三门峡市移动)的服务器平均时延过高,测试网内路由均无异常;经与三门峡移动确认,毒霸网址大全在该服务器(111.6.35.16)上做了 CDN 加速服务,三门峡 IDC 后续确认该网站在其 CDN 上加速效果差,在 8 月 27 日移除毒霸网址大全的加速服务;移除毒霸网址大全在 111.6.35.16 的加速服务后,经平台核实,从 8 月 28 日开始,无用户访问该服务器的数据(已被调度到其他加速效果好的服务器上)(见图 4)。

2.4　创新市场分析模型与随销方向

基于大数据分析,精准掌握客户感知、使用偏好及家庭网内接入终端信息,准确还原用户上网行为体验,精准支撑市场潜在价值提升。发现与忠诚客户存在强关联的其他运营商客户,对这部分用户进行资费、套餐优惠方面的宣传,对扩大市场份额,进一步稳固网络竞争优势起到重要作用。用户感知与市场紧紧挂钩,海量的用户流量数据不仅可为网络运维支撑所用,亦可用于市场营销为业务部门提供精确的支撑数据(见图 5)。

3　端到端分析手段核心思路

我们准确把握面向客户满意度的网络质量管理四大转变趋势,创新构建基于网络满意度的客户体

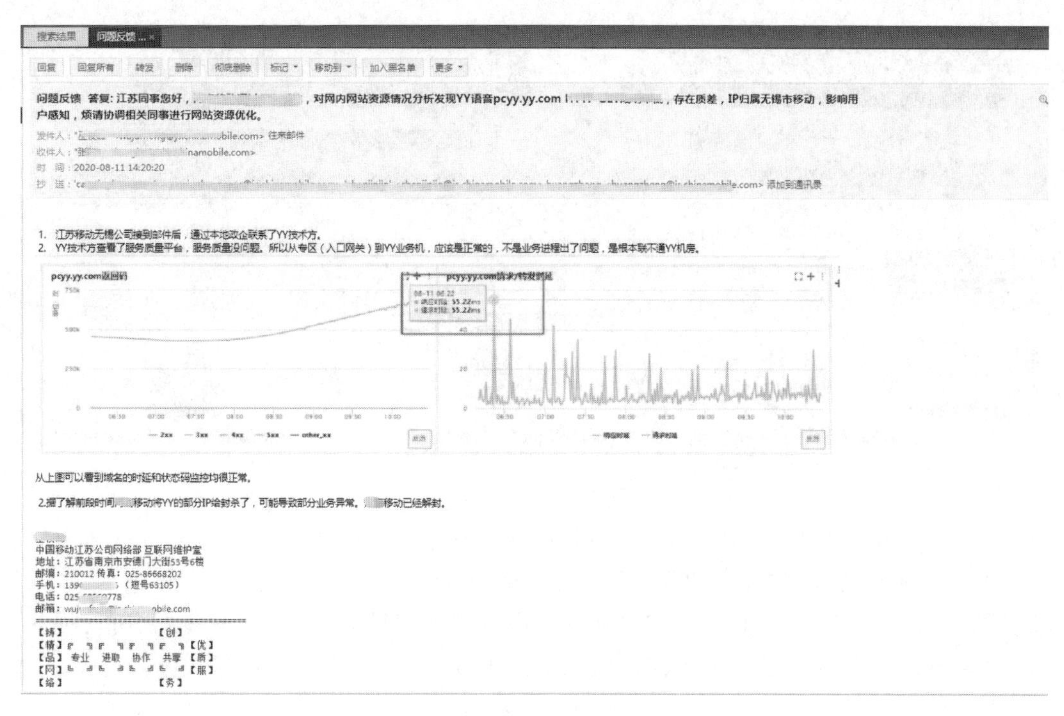

图4　云测资源异常

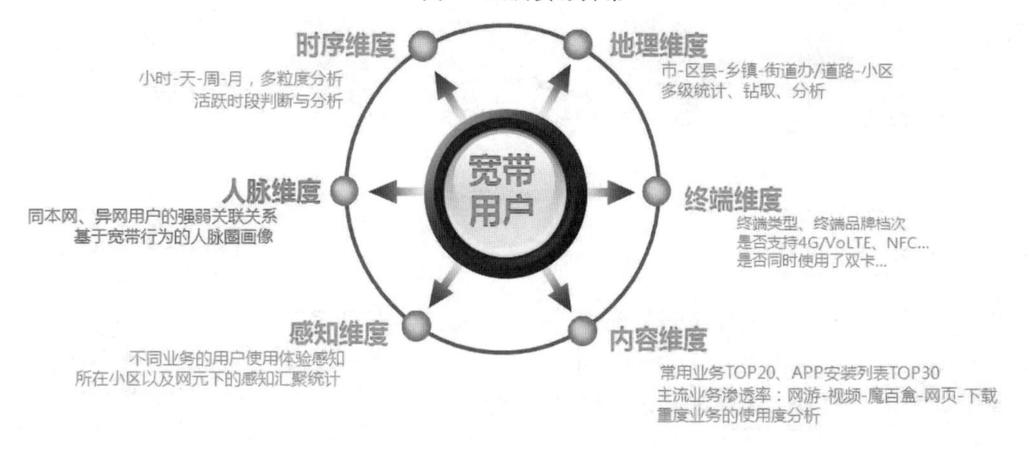

图5　多维分析

验管理(N-CEM)体系。以挖掘潜在低感知客户为主线,创新打造体验采集、问题诊断、体验改善、正向反馈的“CDEF”标准流程,驱动网络质量客户满意度正向提升的良性循环(见图6)。

4　构建端到端的质差评估系统,精准定位问题层面

通过构建政企、家宽端到端质差评估系统,聚焦用户感知异常原因,有效针对家庭侧、大网设备侧及互联网内容资源等不同层面问题,提出合理解决建议,及时推动解决问题,有效提升用户感知。通过我们现有的手段对端侧、管侧与云测数据的计算分析,能够显著的提高用户感知,大大减少装维人员工作量。其具体功能为:

末端侧:终端质量提升,远程排障能力提升,企宽、专线及家宽存量运营,低满意度用户准确发现及处理,专线丢包、时延、抖动监测,专线闪断率监测,智慧生态建设,定位影响客户感知的网络与非网络原因,企宽光功率达标率整治提升,上网带宽与签约带宽不匹配,ONU 长期在线低感知,入户光纤、皮线问题。

网络侧:大网侧设备实时监控, OLT 网络结构优化,老旧小区改造,群障的优化及处理,BRAS 设备

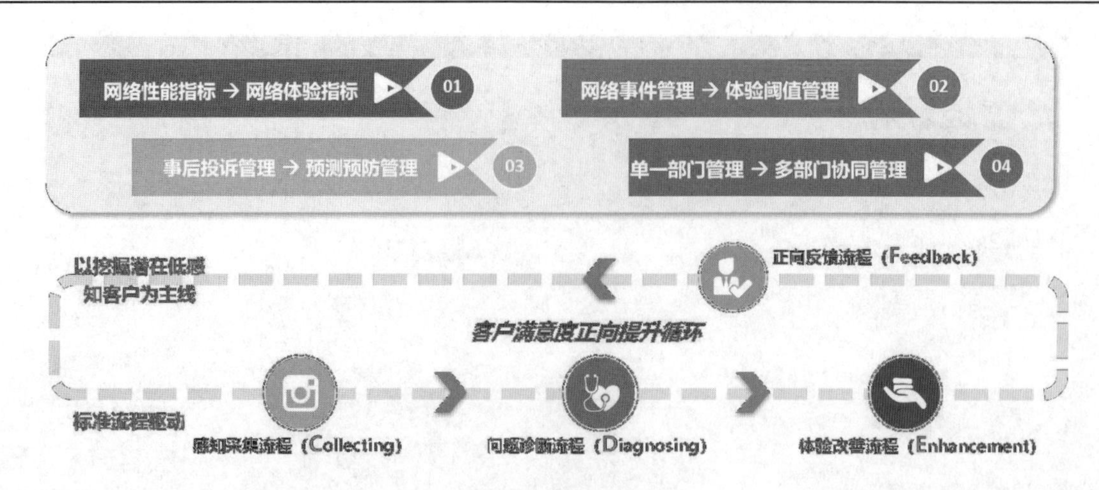

图 6　端到端分析

整体感知异常分析，OLT 设备整体感知异常分析，PON 板整体感知异常分析，PON 口整体感知异常分析，强光/弱光客户占比过高，PON 口故障告警，ODN 规划不合理。

云服务器侧：互联网电视内容体验提升，互联网电视业务订购提升，DNS 服务器分析，视频服务器分析，游戏服务器分析，网页服务器分析，本地政企服务器分析，境外网站服务器分析。

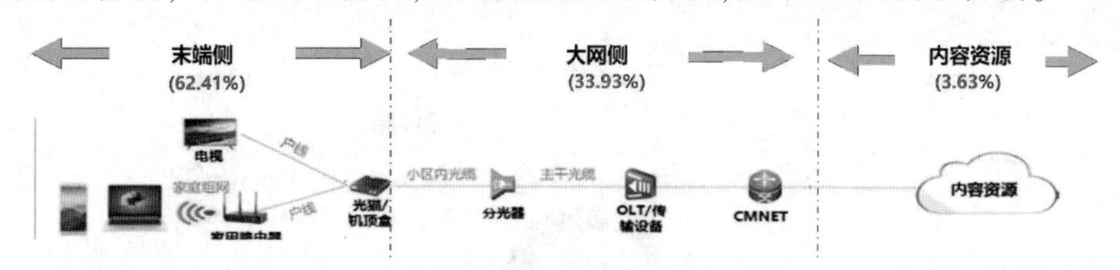

图 7　定位分析

5　数据采集方式

基于政企、家宽用户的端到端分析系统，是采取分布式全量流量采集、存储、分析的大数据解决方案，实时采集 Bras 上行专线、企宽及家宽流量进行数据解析。采用分布式采集方案具有以下优点：

(1)庞大数据量的采集：实现对数据来源多、数据采集量大、实时性高的采集需求，同时具有较高的可扩展性、提供定制服务的特点。

(2)云采集：由大量的云服务器支撑，7×24 h 不间断运行，可实现定时采集，无需人员值守，灵活契合业务场景，帮助提升采集效率，保障数据时效性。

(3)响应速度快：分布式的大数据采集系统，具有数据分析、日志分析、商业智能分析、客户营销、大规模索引等业务，采集速度快，操作便捷。分布式采集流程见图 8。

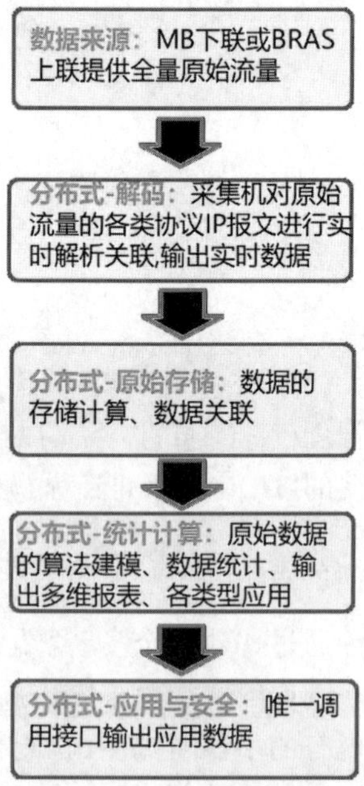

数据来源：MB下联或BRAS上联提供全量原始流量

分布式-解码：采集机对原始流量的各类协议IP报文进行实时解析关联，输出实时数据

分布式-原始存储：数据的存储计算、数据关联

分布式-统计计算：原始数据的算法建模、数据统计、输出多维报表、各类型应用

分布式-应用与安全：唯一调用接口输出应用数据

图 8　分布式采集流程

6　总结

通过大数据挖掘手段，目前已取得客户满意+市场市场价值挖潜双赢、可有效支撑效能提升、质差源站发掘，有效提升用户感知等较为优秀的成果。

根据大数据手段定义“优、良、中、较差、极差”五大客户感知类别，截至目前累计识别极差+较差用户 15.29 万个，其中政企用户约 5 300 户，通过省公司派单，分公司上门+远程处理，累计修复 5.2 万户，修复率 34.32%。修复后客户满意度显著提升,市场价值挖潜空间大(见图 9、图 10)。

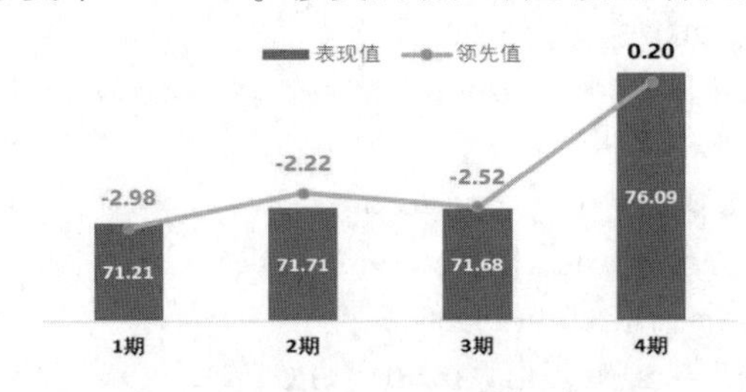

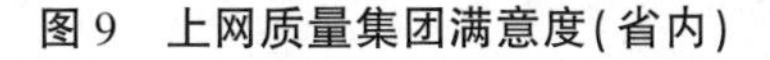
图 9　上网质量集团满意度(省内)

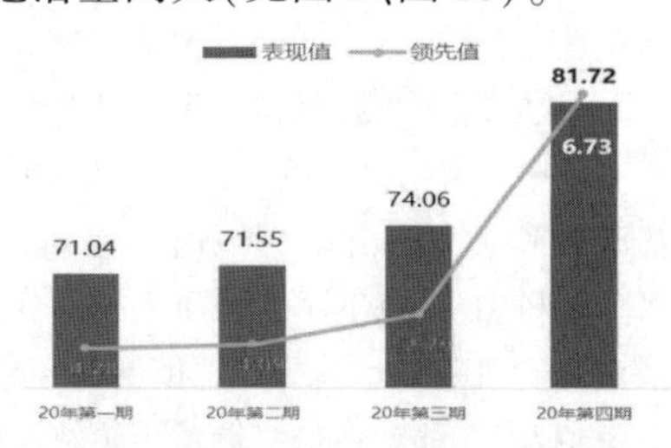

图 10　上网质量集团满意度(集团)

基于大数据的质差客户分析系统部署实施后:

(1)政企及家宽质差用户问题根源定位准确率由原有的 60%提升至 85%(见图 11),提升 25 个百分点,可有效节省后台定位时长 1~2 h/d 的工作量。

(2)通过远程复位修复手段可减少人工上门时长约 20 h/月(见图 12)。

(3)质差用户满意度得分由整改前得分 7.25,提升至整改后平均分 9.25,大幅提升用户感知。

(4)系统每月主动输出质差用户约 3 万户,上门处理 & 远程修复恢复量约占 30%,每月可压降潜在投诉用户约 1 100 起,助力万投比压降(见图 13)。

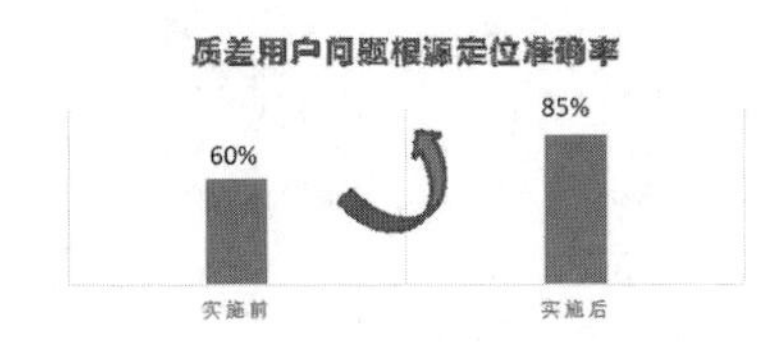

图 11　质差用户问题根源定位准确率对比

图 12　人工上门工时对比

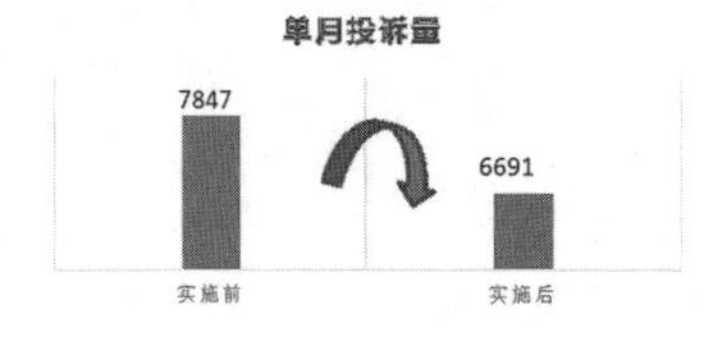

图 13　单月投诉量对比

通过分析用户云端上网行为,有效识别丢包差、时延高源站,及时推动相关部门进行处理,有效提升用户上网感知。

截至目前,累计识别质差源站 100 个,其中质差国内网站 41 个、境外网站 14 个、质差游戏服务器 35 个、质差视频服务器 7 个、质差政企网站 3 个,目前已解决 43 个,闭环率 43%(见表 1)。

表 1　质差云测网站源

质差类型	总数量	已闭环	闭环影响用户	占比
质差网站服务器	41	27	10 743	65.85%
质差游戏服务器	35	8	1 979	22.86%
质差视频服务器	7	2	265	28.57%
质差政企网站	3	3	492	100.00%
境外质差	14	3	176	21.43%
合计	100	43	13 655	43.00%

通过对大数据的挖掘手段,能够做到兼顾市场价值挖潜和装维效率提升,对海量数据进行精准营销,用户感知关联产品,拓展大数据“红利”;亦能“一键式“投诉诊断,助力故障处理。

参考文献

[1] 雷云峰. 基于数据挖掘的监测设备故障诊断及预测研究[D]. 绵阳:西南科技大学,2021.

[2] 文坚. 利用一户一码　简化固网修障　提升用户感知[J]. 长江信息通信,2021,34(3):224-226.
[3] 赖孙芳. 如何提升光宽带用户的网络质量感知[J]. 长江信息通信,2021,34(2):202-204.
[4] 罗阳倩子. 试述大数据分析技术在采集运维业务中的应用[J]. 决策探索(中),2020(10):92-93.
[5] 高晟洋. 基于分布式架构的用电信息采集系统设计与实现[D]. 郑州:郑州大学,2020.
[6] 王泓渠. 基于云平台的分布式数据采集系统研究与实现[D]. 成都:电子科技大学,2020.
[7] 谢玉琴,胡志涛,陈帆. 家庭宽带业务质差投诉分析与路由器解决方案[J]. 电信技术,2019(2):69-71.
[8] 白庆福,孙艳伟. 宽带用户运营的理论模型与实施方法[J]. 现代经济信息,2019(1):380.
[9] 刘剑. 数据挖掘技术在移动通信终端营销领域的应用研究[J]. 信息与电脑(理论版),2016(3):17,21.
[10] 陈钢. 数据挖掘技术在移动通讯领域的应用研究[D]. 北京:北京邮电大学,2007.

宽带用户体验管理方案的研究和实践

姚艳燕　何　锋

摘　要:当前宽带用户不断增加,用户对业务质量的要求越来越高,家宽业务流程长、网元多、场景复杂,如何保证客户感知体验是随之而来的重要任务之一。本文通过研究各类影响宽带用户体验的因素,提出了一套基于客观的 KPI 数据对家宽用户的感知体验进行评价的方案,并通过试点验证了方案的有效性,对宽带业务的精细化管理具有较好的参考意义。

关键词:体验评分模型;质差识别;网络质量;业务质量

1　前言

宽带用户体验管理系统通过在 OLT 上部署 DPI 探针,将宽带用户端到端业务划分为上行网络和下行网络,并可以分别计算上行网络/下行网络时延指标,采集用户上网的信令包和业务数据包,从海量数据包提取和重组对用户体验有关联的信息,封装成 XDR 数据并发送给后台大数据系统。后台大数据系统行数据的存储与用户业务体验分析,由大数据系统再进行指标合成,根据用户感知模型计算用户各业务和总体感知得分,并根据时间维度(5 分钟-小时-天-周-月)、区域维度、设备维度(PON 口-OLT)进行多层汇聚(平均值、最大值、最小值)。通过大数据分析,定界为家庭质差或用户接入链路故障。

每个家庭智能网关上均会部署软探针 APP,该 APP 定时或按需向软探针平台前置机主动发起信息交互。从智能家庭网关至软探针平台全链路均在移动网内。

宽带用户体验管理系统结合软探针和网管数据进行分析,可以实现用户接入网络和家庭网络故障的定位。

2　技术方案

2.1　概述

本成果是业界首次提出宽带接入层管道时延等指标的提取方案,并基于管道指标,采用大数据技术,结合链路层其他网络 KPI 数据特征,实现质差识别功能,识别质差内容源、质差设备,从"面"上解决用户可能存在感知的问题;"点"上,质差用户识别功能,在用户投诉前,预测质差用户,提前回访、上门解决问题、引导客户自行解决问题或通过其实形式安抚客户;在处理效率上,系统高精准定位用户的质差原因,为运维人员上门解决问题提供参考指导,问题解决效率得到大幅提升。

使用内置刀片作为 DPI 设备部署于 OLT 设备中,通过镜像方式将上联口全部流量接入至 DPI 设备,完成解析后提供给上层应用分析平台。

DPI 探针将宽带端到端网络一分为二:OLT 以上上层网络和 OLT 以下下层网络,并通过双向业务流量(tcp 建链 3 次握手过程、数据传输过程)分别计算上行网络 RTT、下行网络 RTT 以及业务指标,从而在感知用户业务体验、识别质差用户的同时,具备了一定的质差定界定位能力。质差分段定界定位技术方案见图 1。

(1)ONU-OLT 接入链路质量:T_4、丢包率。

(2)家庭网络 Wi-Fi 质量:$T_6 \approx T_2 - T_4$,重传率,家庭网络内长时间、多终端质差。

(3)OLT-BRAS:T_5、丢包率,

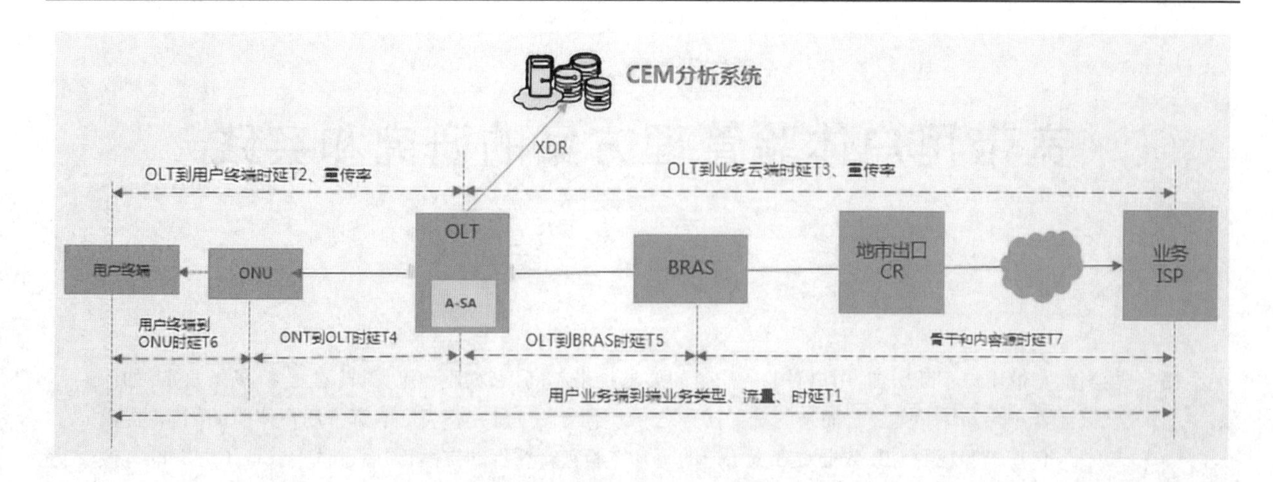

图 1 质差分段定界定位技术方案

(4)骨干和内容源质量:$T_7 \approx T_3 - T_5$、重传率。

2.2 系统指标体系

DPI 基于用户的每一次业务行为,识别并计算基础指标并发送给后台大数据系统;由大数据系统再进行指标合成,根据用户感知模型计算用户各业务和总体感知得分;并根据时间维度(5 分钟-小时-天-周-月)、区域维度、设备维度(PON 口-OLT)进行多层汇聚(平均值、最大值、最小值)。

其中用户感知模型需要根据各指标、各业务的权重,以及流量权重、时段权重进行综合打分(见表 1、表 2)。

权重 1&2 仅做参考,局点不同、客户网络指标分布不同,最后统计、系统学习到的门限也会有变化。

表 1 业务类型对应的监测指标

用户业务类型	监测指标
网页浏览	页面响应成功率
	页面显示成功率
	网页首请求响应时延
	页面打开平均时长
	页面下载速率
	网站连接时延
	网页业务上行/下行RTT
	网页业务上行/下行重传率

用户业务类型	监测指标
视频业务	视频播放等待时长
	视频播放成功率
	视频下载平均速率
	平均每分钟卡顿次数
	视频网站连接时延
	视频业务上行/下行RTT
	视频业务上行/下行重传率

用户业务类型	监测指标
游戏业务	游戏网站建立时延
	游戏业务传输时延
	游戏业务上行/下行RTT
	游戏业务上行/下行重传率
	游戏业务正常结束率

用户业务类型	监测指标
上传下载	下载的速率
	下载的成功率
	上传的速率
	上传的成功率

用户业务类型	监测指标
IM业务	业务接入成功率
	业务接入时延
	业务速率

用户业务类型	监测指标
邮件业务	测试服务可用性
	MAIL服务器登录时延
	邮件发送成功率
	邮件接受成功率

2.3 定界定位

2.3.1 质差用户识别

DPI 镜像读取用户业务数据流包头数据,每个业务 5 分钟生成一条 XDR,记录了用户这次上网业务的多个指标,如上下行建链时延、上下行 RTT、重传等。系统周期把这些数据推送到大数据集群中存储下来。质差识别算法周期运行,计算出中间数据和结果数据存入数据库中,供后续界面查询导出。

表 2 业务类型指标评分模型

业务类型	QOE	权重 1	KPI	权重 2
网页浏览	网页浏览得分(用户体验好处取决于在最快的时间显示最完整的信息)	20%	页面响应成功率	10%
			页面显示成功率	10%
			建链上行时延	0%
			建链下行时延	0%
			网页首请求响应时延	30%
			网页首请求平均时延	0%
			网页首响应平均时延	0%
			网页打开时长	10%
			页面下载速率(kb/s)	5%
			网页传输平均时延	25%
			上行平均时延 uiAvgTcpUpDelay	0%
			下行平均时延 uiAvgTcpDownDelay	0%
			上行平均抖动	0%
			下行平均抖动	0%
			上行包重传率	5%
			下行包重传率	5%
上传	上传得分	10%	FTP 或 P2P 上传速率(kb/s)	100%
下载	下载得分	10%	FTP 或 P2P 下载速率(kb/s)	20%
			HTTP 下载成功率	60%
			HTTP 下载速率(kb/s)	20%
			web XDR 整体过滤条件	
			ftp XDR 整体过滤条件	
			p2p XDR 整体过滤条件	
游戏	游戏得分	10%	链接建立时延	20%
			建链上行时延	0%
			建链下行时延	0%
			首请求平均时延(ms)	
			首响应平均时延(ms)	
			平均传输时延	30%
			上行平均时延 uiAvgTcpUpDelay	0%
			下行平均时延 uiAvgTcpDownDelay	0%
			上行平均抖动	10%
			下行平均抖动	10%
			上行包重传率	10%
			下行包重传率	10%
			游戏速率	0%
			游戏业务正常结束率	10%

续表 2

业务类型	QOE	权重 1	KPI	权重 2
视频	视频得分	20%	视频播放成功率	20%
			视频播放初始缓冲时长	30%
			视频下载平均速率	10%
			视频流平均每分钟卡顿次数	40%
			建链上行时延(ms)	
			建链下行时延(ms)	
			首请求平均时延(ms)	
			首响应平均时延(ms)	
			上行平均时延 uiAvgTcpUpDelay	0%
			下行平均时延 uiAvgTcpDownDelay	0%
			上行平均抖动	0%
			下行平均抖动	0%
			上行包重传率	0%
			下行包重传率	0%
			视频缓冲比	
即时通信	即时通信得分	10%	业务接入成功率	40%
			业务接入时延(ms)	20%
			业务发送速率(kb/s)	20%
			业务接收速率(kb/s)	20%
邮件	邮件得分	10%	服务器登录时延(ms)	20%
			邮件发送成功率	40%
			邮件接收成功率	40%

2.3.2　质差用户定位

系统识别出质差用户后,会初步定位质差原因,如上行指标差,还是下行指标异常(见图 2)。通过综合分析业务、终端类型、各数据链路的时延,以确定是设备故障,还是家庭网络故障,如果是家庭网络故障,则判断是多终端同时质差,还是个别终端质差,或者多终端时好时坏(见表 3)。

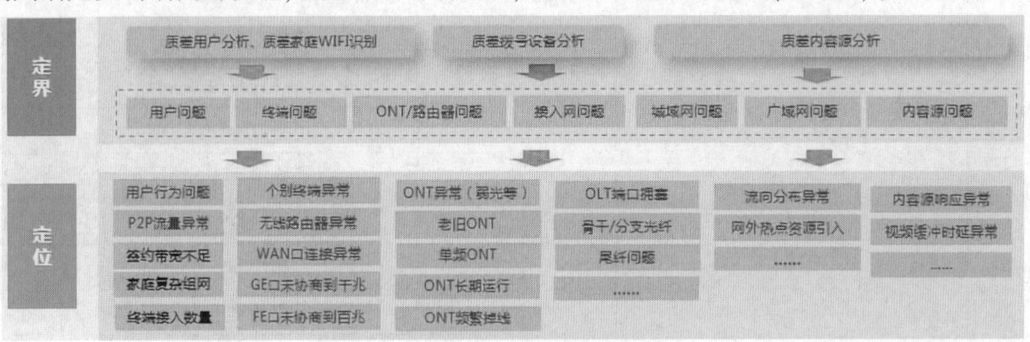

图 2　家宽故障和质差定界定位分类

2.4 第三方系统对接

对接网络数据:用户账号、ONU名称/线路号、光功率、ONU端口速率匹配数据等。

对接ONU软探针数据:《中国移动软探针监测平台(省级数字家庭管理平台-软探针前置机)北向接口技术规范V2.0.0.docx》。

2.5 质差原因和对应的解决方案

随着数据量的积累和算法分析的深入,可以持续演进家宽故障诊断场景和能力。

表3 质差原因分类和解决建议

质查原因	建议	数据源	算法
ONT收光强光	1. 检查ODN线路	网管数据	大于-8
ONT收光弱光	1. 检查线路是否弱光,弱光整改	网管数据	弱光判断 onu收光≪-28db或pon收光《-28db,加入弱光定位
接入线路质差	1. 检查ODN线路	CEM数据。pppoe数据	pppoe心跳大于8 ms占比次数达到门限
光猫运行时间长	1. 重启光猫	软探针数据表	15天
ONT性能异常	1. 重启光猫; 2. 更换光猫	软探针数据表	CPU、内存占用超门限(80)
老旧光猫	1. 更换光猫	网管数据	没有千兆口
单频光猫	1. 更换光猫; 2. 光猫接千兆双频路由器	软探针数据表	单频
光猫PON异常掉线	1. 检查光猫性能是否正常; 2. 检测接入线路是否正常、接头是否松动	网管数据	告警数量≫2次
光猫异常拨号掉线	1. 检查光猫性能是否正常; 2. 检测接入线路是否正常、接头是否松动	CEM数据	1、167的次数,pppoe心跳丢失的时间内的167大于3算一次掉线,每天掉线10次以上算天质差
千兆路由器上联非GE口	1. 检查是否连接到光猫GE口上	软探针数据表	端口协商速率非千兆
ONT GE口未协商到1 000M	1. 检查网线问题则更换/修复网线、接头	软探针数据表、网管	判断为千兆lan口,千兆路由器,未协商到1 000 m
ONT FE口未协商到100M	1. 检查网线问题则更换/修复网线、接头	软探针数据表	同上

续表 3

质查原因	建议	数据源	算法
老旧路由器	更换路由器	软探针数据表	没有千兆口
单频 WIFI	换千兆双频 AP 连接 ONT GE 口	软探针数据表	通过路由器型号来判断
Wi-Fi 信号弱覆盖问题	1. 检查家庭组网,调整 Wi-Fi 布放位置,或增加 Wi-Fi 热点	软探针数据表	下挂 2.4 g 低于-75 db 5 g 低于-80 db
Wi-Fi 干扰严重	1. 建议增加 5G 热点,或者设置路由器为自动信道选择或者手动调优	软探针数据表	看信道是否有冲突
无线路由器故障	1. 更换路由器	CEM 数据	家庭内大部分终端都质差,终端数量大于等于 5
终端数量多	1. 检查是否有蹭网现象,修改 Wi-Fi 密码; 2. 检查家庭组网,调整 Wi-Fi 布放位置,或增加 Wi-Fi 热点	CEM 数据	终端数量大于 8,且近 1 周有 1 天指标异常
家庭网络覆盖问题	1. 检查家庭组网,调整 Wi-Fi 布放位置,或增加 Wi-Fi 热点	CEM 数据	终端指标分布,多数终端都有劣化指标
个别终端感知质差	1. 查看是否有低质终端		劣化终端,集中在≤2 个终端上(在质查原因中显示该终端)
用户家庭网络时延差	1. 检查家庭组网,调整 Wi-Fi 布放位置,或增加 Wi-Fi 热点; 2. 建议增加 5G 热点,或者设置路由器为自动信道选择或者手动调优; 3. 重启光猫	CEM 数据	兜底算法,如果上述算法都没有识别出质差原因,则使用该算法,家庭网络时延大

3 技术创新点

宽带用户体验管理系统结合软探针和网管数据进行分析,可以实现用户接入网络和家庭网络故障的定位。

3.1 成果主要功能

(1)质差用户智能诊断定位。

(2)质差 PON 接入链路发现,天、周、月报表。

(3)质差家庭 Wi-Fi 用户发现,天、周、月报表。

3.2 主要技术优势

(1)灵活部署,按需调整,按需投资,可全面标配,也可一个机房、一片区域、重点设备/节点部署。

(2)即插即用,无网络割接和业务中断问题。

(3)家宽用户完整流量和行为分析、用户业务感知评估、质差诊断。

(4)直接利用现网已部署的智能家庭网关已有功能,无须改动用户家庭现有组网路由器,可以直接分析评估和诊断定位用户家庭网络 Wi-Fi 质量。

(5)基于用户真实业务分析评估,准确度高。

3.3 核心创新点

本成果业界首次提出宽带接入层管道时延等指标的提取方案,并基于管道指标,采用大数据技术,结合链路层其他网络 KPI 数据特征,实现质差识别功能,识别质差内容源、质差设备,从“面”上解决用户可能存在感知的问题;“点”上,质差用户识别功能,在用户投诉前,预测质差用户,提前回访、上门解决问题、引导客户自行解决问题或通过其实形式安抚客户;在处理效率上,系统高精准定位用户的质差原因,为运维人员上门解决问题提供参考指导,问题解决效率得到大幅提升。

3.4 价值

(1)提升运维效率,基于大数据分析的网络运维,提升故障定位和解决效率,降低上门率,缩短故障处理时间,提升运维效能。

(2)打造精品网络,采用大数据网络分析优化,夯实网络品质。

(3)提升用户满意度,大数据快速定界质差内容源或用户。精准处理用户投诉。

4 应用效果

在本次课题开展过程中,3 块内置 DPI 刀片分别部署于林业学校、洛铜与建业三个机房,接入 9 台 OLT,2 台服务器作为上层应用分析平台部署在高新 IDC。通过网管网络完成 DPI 解析数据传输至应用分析平台。

通过该方案,在 2021 年 3 月到 8 月的成果验证时间段内,有效发现了 800+质差用户,及时处理整治,效果明显。

(1)提升了 ODN 故障诊断准确度,从 64%提升至 86%。

(2)提升了家庭内个别 Wi-Fi 智能终端故障诊断准确度,从 43%提升至 65%。

(3)新增了家庭智能网关故障诊断能力,诊断准确度在 91%。

(4)新增了无线路由器故障诊断能力,诊断准确度在 76%。

(5)新增了无线路由器信号故障、无线个别覆盖故障诊断能力,诊断准确度在 65%。

5 结束语

本研究首创了宽带接入网络管道 T_2 时延等指标的识别方案,以及基于对管道时延等指标的大数据分析,细化和新增了质差根因算法,为宽带运维提效提供了有力支持和手段。对质差问题处理时效提升、人力成本降低有帮助,并进一步提升用户满意度。

该方案是能够快速部署、快速移值并应用的项目,实现了短板弱项的改善和满意度的提升,成果具有普遍适用性,具备较高的推广价值和移植性。

参考文献

[1] 李飞.冯强中.林雪勤,等.一种宽带用户质差定因方法及系统,2020 年.

[2] 张延盛,徐银.基于用户访问感知的家宽业务质差识别研究与实践[J].电信工程技术与标准化,2020(8).

[3] 孙维睿,张琳,王振玉.一种基于光猫误码进行宽带质差用户挖掘的方法[J].山东通信技术,2019(2).

[4] 马刚,任阔,徐海英.宽带用户感知质量(QoE)评测体系研究[J].互联网天地,2013(2).

线　路

光纤振动传感原理的监测系统在长途干线光缆维护领域的应用

冯书涛 吕晓华

摘 要:长途干线光缆维护质量好坏的关键取决能否及时发现光缆路由上显性和隐性的施工隐患。而显性和隐性施工发现取决于光缆路由巡检人员的巡检质量。巡检质量的高低受控于巡检方式好坏以及巡检人员责任心强弱。目前,电信运营商的长途光缆巡检大部分采用专职巡检人员巡检方式。人工巡检由于人自身固有特性,存在一定的弊端。比如,责任心的强弱、显性隐患易发现,隐性隐患难发现、恶劣天气人工无法巡检等。随着传感技术的发展,怎样解决光缆巡检仅能靠人工和隐患上报只能靠人工巡检这个难题,是当今运营商以及干线光缆维护领域亟待解决的问题。基于光纤振动传感原理的监测系统,为光缆安全防护提供技术保障,为及时发现光缆路由上方施工隐患提供预警时间,为运营商顶层干线光缆运营安全提供技术防控手段。作为干线维护人员,真切希望震动监测系统能够很好为干线维护工作提质增效。

关键词:长途干线光缆;分布式光纤振动;敏感光时域反射(Φ-OTDR)原理;应用领域;案列

1 前言

近几年国内运营商市场竞争白热化,为抢夺用户市场各大运营商利用光缆容量大、衰耗小等特性,不断扩大光传输网络,以满足用户对通信网络的需求。信息化的时代,用户对网络需求也逐渐变多元化、智能化、长距离化、低时延,这也倒逼运营商不断新建和优化长途干线资源,以满足日益增长的用户需求;但与此同时,由于通信光缆仅仅通过塑料保护套进行保护,有些新建光缆架空敷设,直接裸露在户外,再加之受气候、自然灾害、人为破坏、施工损坏等影响,由突发事件引起的光缆中断事件不断发生,长途光传输网络的安全问题也陆续显露出来,让运营商头疼不已。因长途干线光缆是各大运营商最顶层的光传输网络,一旦遭受破坏,对运营商的业务影响是很大的,损失也是巨大的;怎样给长途维护人员提供预警时间和预警信号?让干线维护人员快速反应,及时消除隐患,进而保障干线光缆安全运营,也是各大运营商亟待解决的维护难题。

运营商顶层长途干线光缆承载着运营商全部出省电路,省与省以及全国层面的重要组网,其光缆重要性不言而喻。然而随着国家经济大发展战略的实施,各地基建大范围进行,道路工程、管线工程、高架工程、高铁工程等施工范围大,施工破坏性强,对长途干线光缆影响严重,长途干线光缆被挖断导致重大通信事件层出不穷,诸见报端。通信运营商投入大量人力、财力、物力但效果并不明显,这也是运营商长途干线维护的疑难杂症。

我们通过对基于光纤的多种传感技术研究,以及长期的线路测试数据,选定了基于相位解调的分布式光纤振动监控装置作为监测设备,并在数据采集分析层面进行定位精度的优化来显著提升告警准确率,减少误告警率,使其具有使用价值;在工程应用层面,解决了电信运营商通信光缆防外力破坏、光缆故障点、隐患点巡检、单根光缆精准识别与判断及光缆段长度测量等运行维护难题。

2 监测系统组成以及组网

2.1 分布式光纤振动监测系统组成

监测系统在探测端,主要由安装于通信机房的系统监测主机,以及长途干线光缆成端位置(ODF架)组成。组成结构如图 1 所示。

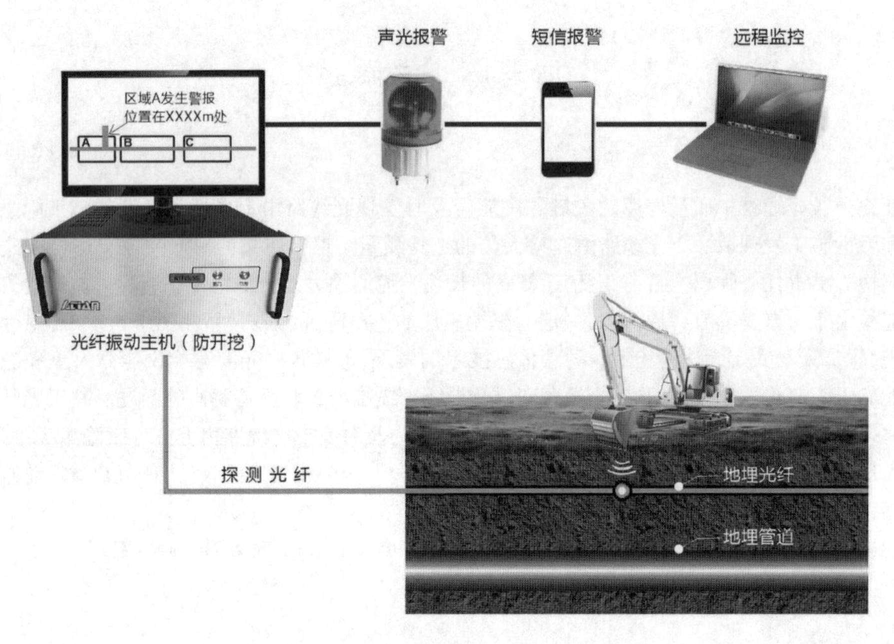

图 1

监测主机本身已包含了激光器、光电探测器、数字采集模块、工控处理模块等传感所需所有部件,可实时对线路中瑞利光信号进行采集,同时将采集信号解调为振动数据,并与对样本数据库典型信号数据进行比对和匹配,得到初步的振动事件分析,并将警报结果输出至监控人员。

2.2 长途干线光缆安全预警系统的组网

每个长途干线通信机房作为光缆的枢纽机房,往往成端多条光缆线路,且每条光缆线路传输距离长短不一,走向各不相同,这就需要通过传输网络把监测的的主机进行组网,然后通过一台或多台服务器把数据上传至上级监控中心,从而可直接对各条传输光缆线路进行监控管理。本系统可对多条探测端进行组网,并通过服务器的平台应用层进行整体显示和管理。图中是对于单一长途传输线路多探测主机,或多线路统一监测时的结构示意图:多台监测主机及平台服务器,通过内网连接起来,通过统一的协议进行设备状态和线路安全数据、警报信息的通信,在监控系统软件平台结合 GIS 电子地图的管理系统,进行分账户和分区域的统一管理;同时,拥有相应用户权限的相关人员,以确保数据和信息安全,还可在其他终端通过网页或客户端对平台进行访问。通过现在访问上云服务,可以有效将采集数据、监控数据以及平台告警信息等上传至云端服务器,便于访问者通过登录链接进行多地、随时访问;具体组网如图 2 所示。

3 安全监测系统工作原理

基于相位敏感光时域反射(Φ-OTDR)原理的感应技术是目前国际上最先进的振动传感技术,具有抗强电磁干扰、高精度、高灵敏度、测量距离远、重量轻、体积小以及寿命长、成本低、系统组网简单等特点。作为分布式光纤传感系统,它可以在空间上连续测量整个光纤上的振动信号分布情况,超越了所有传统意义上的如视频监控等点式或准分布式的状态监测报警系统。它还是一种具有高度智能化、自动化的监测技术,对于被监测区域无须人工巡检,监控室屏幕可显示监测区域各监测光缆整条线路的振动

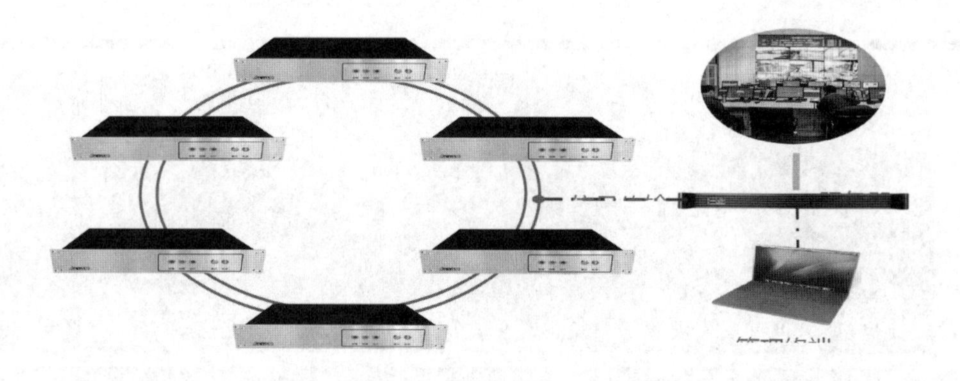

图 2

信息;通过综合分析监测到振动信号在时间、空间和频率上的特征,并与特征数据库的数据进行比对,可对线缆受到外力破坏行为特征进行准确的识别和定位报警;当有非法施工或偷盗事件出现时,可发出声、光警报或通过手机短信发送至线路一线维护人员。

基于相位敏感光时域反射(Φ-OTDR)原理的探测技术完全不同于传统的以电信号为基础的传感器件和光纤光栅等点式光纤振动传感器,无论是从测量技术的难度、测量振动的内容及相关的指标,还是从测量的场合和范围都提高到了一个新的阶段。光纤振动传感技术有多种技术类型,其中多种技术路线测量主机需要同时接入三根光纤,且光纤末端也需安装本身易受干扰的光学模块,而基于相位敏感光时域反射(Φ-OTDR)原理的感应技术只需一根光纤就可以测量数十千米距离的振动信息。

光纤中传输的光正常状态及受干扰状态传播方式的图形比较如图 3 所示。

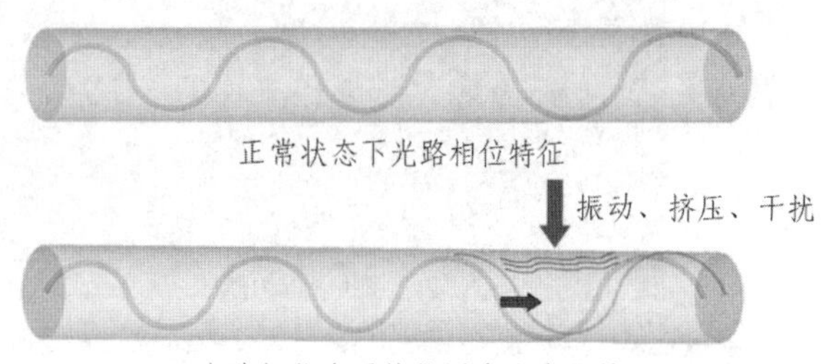

图 3

当由振动信号施加于长途干线光缆时,由于弹光效应导致传感光缆的长度和折射率发生变化,从而引起长途干线光缆中传输光的相位改变。通过光电探测设备检测返回的瑞利散射光信号,将光相位的改变转换为电信号的变化相关的量,从而实现信号的解调。另外,通过引入 OTDR(光时域反射)技术,可以实现振动位置的准确测距和定位。同时,由于不同振动信号带来的探测信号波形在空间、时间、频率上的差别,由软件进行振动信号的分析并与特征数据库的数据进行比对,判别干扰是否符合触发“事件”的阈值条件,可将需要探测的长途干线光缆外力破坏事件的信号与风吹、交通干扰、水流、车辆、铁路等产生的光纤振动干扰信号区分开来,并将干扰信号进行系统屏蔽,将有用信号与数据库比对,并翻译为对应的特征事件通过短信模块发送至一线维护人员,一线维护人员根据事件紧急情况快速反应,到现场进行核实、确认,确实存在机械施工,就可立即进行阻止防止长途干线光缆被破坏。从而给干线维护人员提供一定的预警核实时间。

典型振动信号分析如下:

(1)对于上面提到的基于高空间分辨的长距离光纤振动传感系统,其信号事件的探测,在后台有多维度数据构成的样本算法进行人工智能的机器识别算法进行分析,但是在用户可查看的数据呈现端,可用三维数据“瀑布图”示意图对典型的不同振动信号进行直观的查看和分辨。

下面是几种典型“事件”在高空间分辨率的瀑布图上的三维数据(见图 4、图 5、图 6)。

瀑布图中:横坐标是长途干线光缆距离信息;纵坐标是强度信息;信号显示颜色由红—橙—绿代表振动信号的由强至弱;通过振动的规律性、显示颜色深浅,以及信号宽度等进行直观的判断与分析振动信号是什么特性的事件,进一步减小误告警率;从上面几张图可看出,线路滑坡信号强度最高,空间辐射范围也最大(达到几十米);沿线的车辆信号呈现出连续不断的斜线,倾斜代表车辆行驶不是定点信号,同时斜率代表了移动速度;人工触缆的空间范围最小(几米内),位置固定,且信号根据触动光缆间隔也

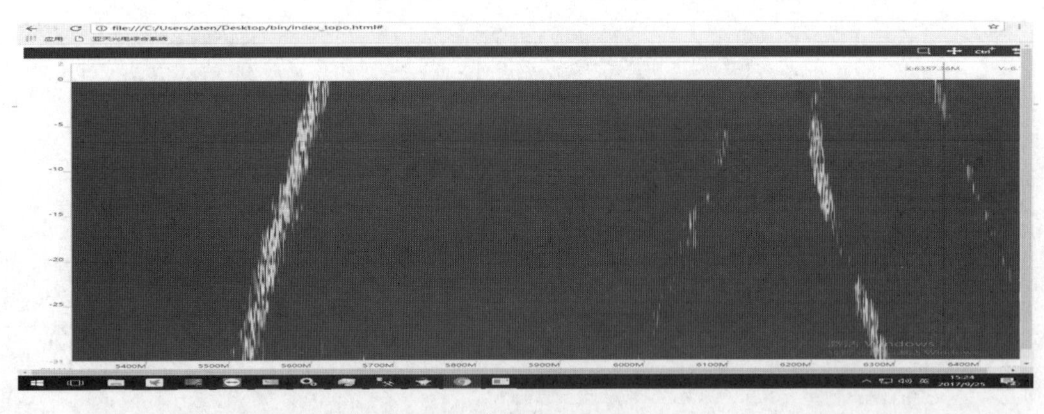

图 4　车辆移动信号

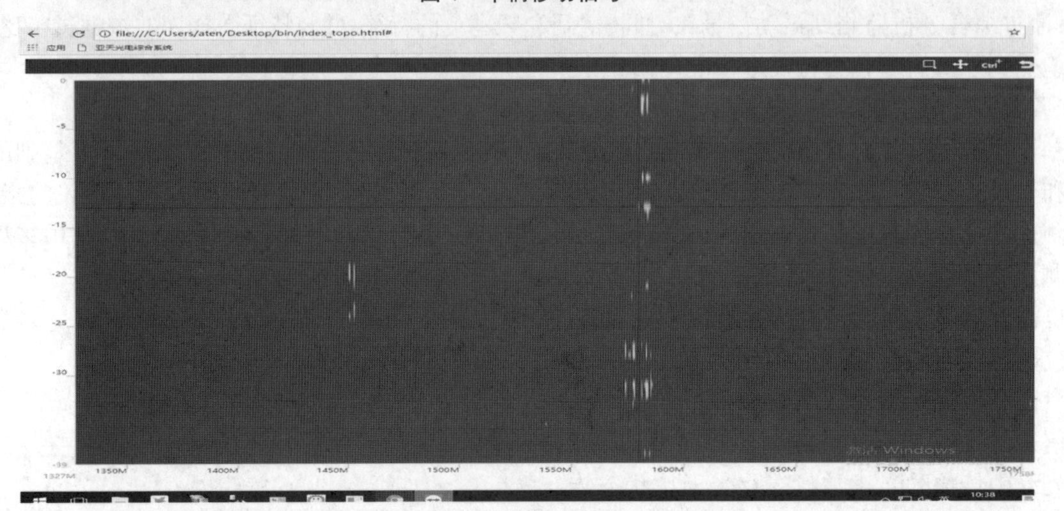

图 5　人工触缆信号

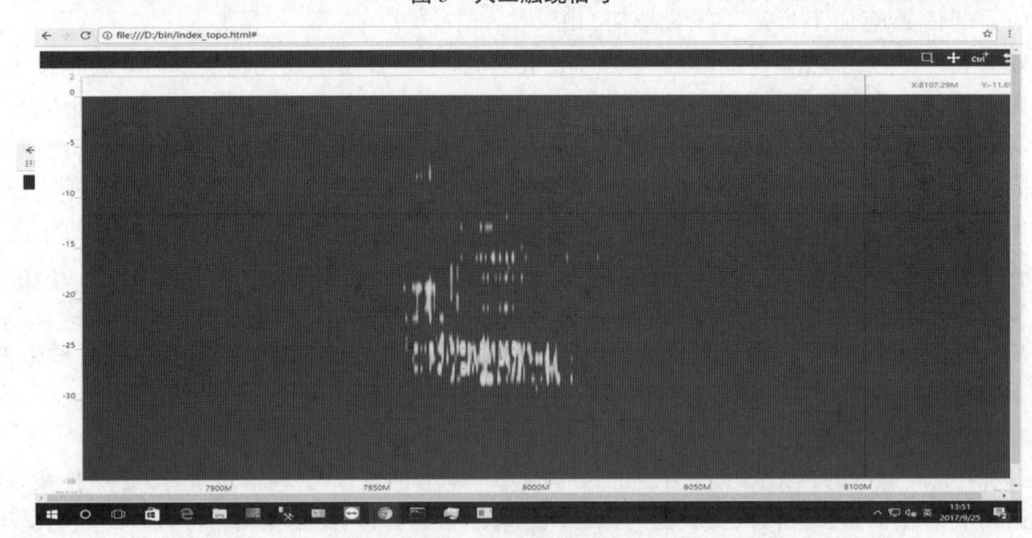

图 6　环境滑坡信号

呈现出断续状态。可以看到，数据足够丰富时，人也能很轻松地分辨出典型振动事件的振动信号，对于经过更多维度数据大量学习训练的基于丰富数据库的系统，其信号分析能力足够处理光缆线路的多种事件，同时，经过实际线路的不断运行，比对数据库不断的丰富，特征事件频率、强度特征不断存储，非影响长途干线光缆安全事件特征存储，安全监测系统监测准确度还能不断提升，误告警也会逐渐减少。

(2)振动信号强弱与产生位置。

PC 界面见图 7。

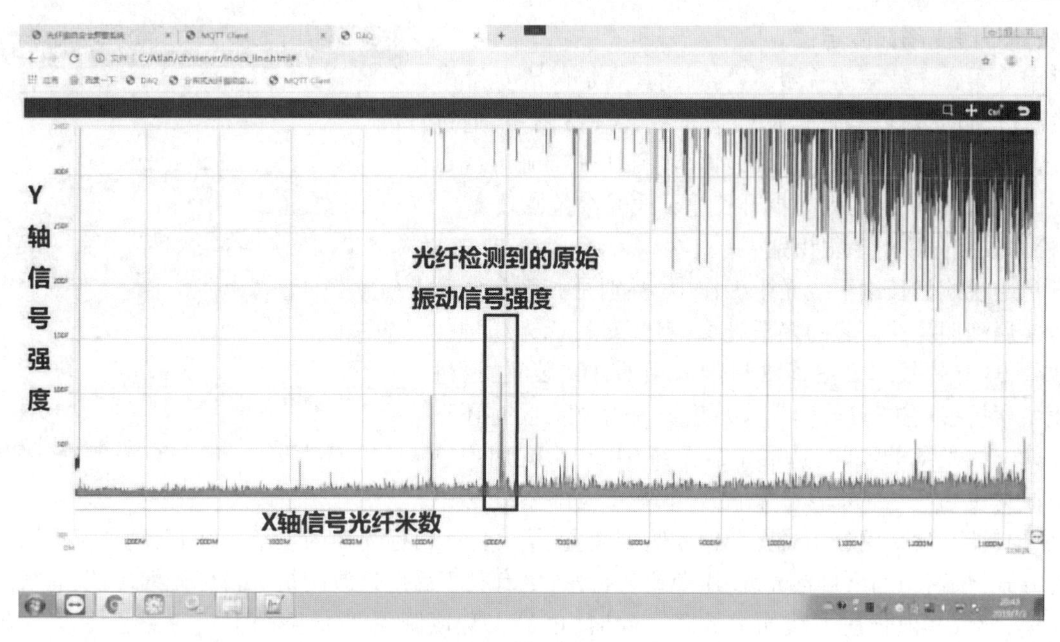

图 7

(3)振动信号类型分析。

PC 端 3D 界面见图 8。

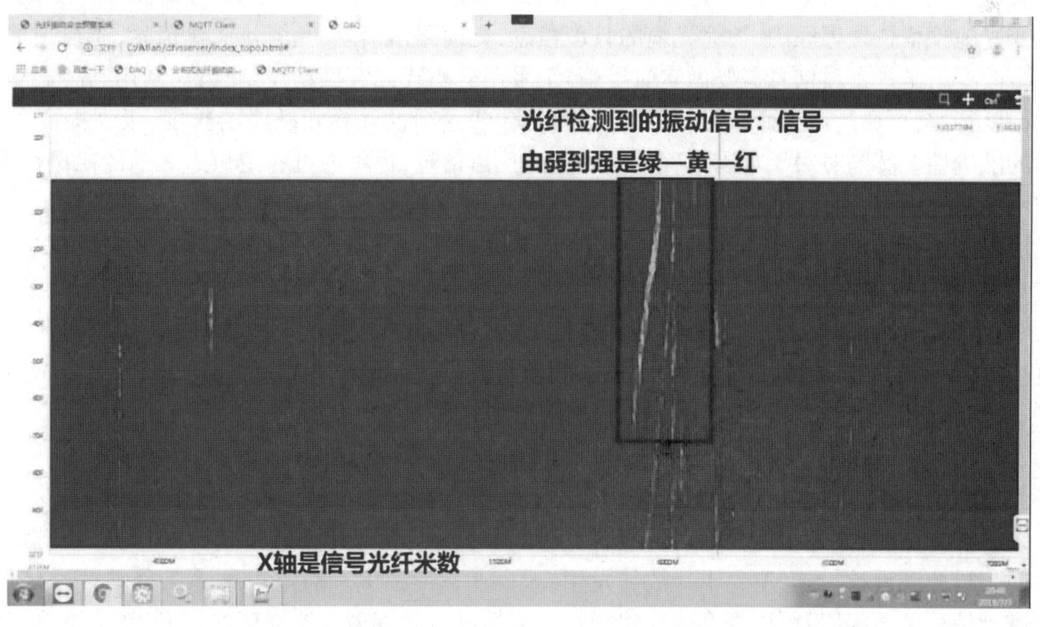

图 8

(4)长途干线资源光缆路由与 GIS 地图映射关系,将监测范围内施工情况在主界面进行呈现,并根据信号强弱呈现不同的颜色。PC 界面见图 9。

4 监测系统功能

4.1 长途干线光缆防外力破坏预警、定位及识别

采用分布式光纤振动监测装置,可对长途干线光缆路由进行 24 h 在线式监测,结合信号学习分析算法及 GIS 地图系统,对外力破坏进行提前的预警、探测、定位、识别和预警信息发送,阻止违规施工作业,防止长途干线光缆被施工破坏。

4.2　长途干线光缆故障定位

采用分布式光纤振动监测装置,利用其高定位精度和高振动灵敏度特性,对已经形成的长途干线光缆故障点,通过敲击长途干线光缆附近的光缆或地面,进行快速准确寻找目标光缆以及障碍点位置,大幅提升长途干线光缆抢修效率。

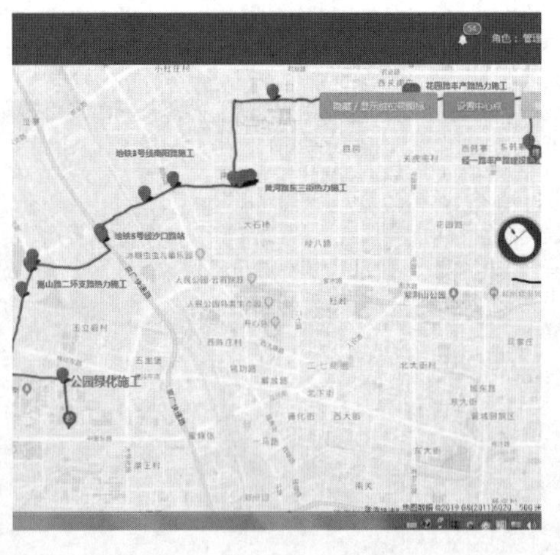

图 9

4.3　检修成捆光缆的单根识别

日常巡视检修长途干线光缆工作中,特别是城区公共管道内经常遇到捆扎在一起的多根光缆,需要对目标光缆进行识别区分,现有的技术方案通常只能采用 OTDR 装置,通过对光缆微弯折损耗进行确认,操作难度大,效率低,同时还有损坏长途干线光缆的风险,造成承载系统中断,影响用户感知。折损力度过大,还可能造成长途干线光缆部分纤芯中断,造成损耗隐患;采用分布式光纤振动监测装置,只要接入目标光缆的任意 1 纤芯,则现场可通过轻轻触动的方式,快速识别出目标光缆,避免错误检修;更有利于后期迁改割接中目标光缆确认,有效避免因掐错光缆,导致其他长途干线光缆故障。同时,也最大程度降低了对长途干线光缆正常运行业务的影响。

4.4　长途干线光缆测距、维护资料建立台账

在长途干线传输网络运行维护过程中,可能因为故障介入一段光缆、迁改割接替换一段光缆、隐患检修改变光缆预留位置等原因,长途光缆的长度信息、光缆路由信息、光缆接头盒信息、光缆预留信息等都会发生改变。维护资料信息需要做实时更新:①采用分布式光纤振动监测装置,利用其高振动敏感和高定位精度特性,可通过记录两个敲击点之间的距离,快速精准计算光纤段的长度,极大提高了光缆台账资料的准确性。②同时对于难以精确掌握的光缆预留信息,也可通过各定位点之前的比例推算,以及光缆预留位置登记、接头盒位置登记等有用维护资料信息;③通过敲击长途干线光缆实现敲击点距离机房长度信息与实际地理位置相匹配的维护信息,即光缆纤芯长度与实际路由物理长度对应信息;该信息是日常长途干线维护中,第一手的维护资料;当故障发生时,通过机房测试出距离机房多远处中断距离,将中断距离与物理路由对应关系进行比对,就可以大致判断出,故障点大致物理路由位置,维护人员就可以直接奔赴现场,缩短故障点查询时间,短时间内修复故障,减少对业务的影响,提升用户感知。

5　结束语

外力监测系统可以很灵敏的感知光缆周边振动信号,通过与数据库对比,将相关的信息对应事件推送至干线维护人员,干线巡检人员迅速反应,快速到现场核实现场真实情况。根据相应真实情况,做出相应的防护措施和保护措施,避免干线故障发生,减少运营商损失。通过各种施工震动信号采集,建立强大的震动信号的数据库,可以更准确反映现场真实情况。随着激光器强度的提升,该监测系统测试距离也会随之增加,更有利于适合长途干线光缆维护需求。技防+人防相结合,将使长途干线维护水平提升至更高的维护水平。最终,实现运营商在长途干线维护方面仅靠人工的瓶颈,进一步推进运营商在干线维护方面提质增效,增加运营商干线大网运行安全,为运营商全面实现高质量的发展做出贡献。

参考文献

[1] 姜德生, 何伟. 光纤光栅传感器的应用概况[J]. 光电子 · 激光, 2002, 13(4): 420-430.

[2] 王玉堂, 张经武, 王惠文, 等. 光纤传感器研究进展[J]. 光电子 · 激光, 1996, 7(1): 1-7.

[3] Culshaw B. , Dakin J. 光纤传感器[M]. 李少慧, 等译. 武汉: 华中理工大学出版社, 1997.

物联网

基于区块链和物联网技术的电动自行车智慧管理系统

刘彦伯　陈　哲　白　琳　裴照华　于建伟

摘　要:传统的电动自行车管理存在数据不一致性,数据可信度无法保障等问题,因数据分散在各个系统平台,其关键数据无法做到统一可信的权威机构进行背书,相应信息较易篡改,甚至引发社会治安问题。近年来,以区块链、大数据、人工智能等为标志的数字经济迅猛发展,新技术、新业态、新模式大量涌现。本文通过分析研究区块、物联网技术赋能下的"星火链"电动自行车智慧管理系统,阐述其双链融合的业务模式。从通信行业的角度挖掘区块链业务的新模式,并提出打造区块性能和成本平衡性思路,推进电动自行车产业的综合治理工作。其电动自行车管理系统在NB-IOT技术基础之上,引入BSN区块链服务网络(Blockchain-based Service Network)和CMBaaS平台区块链技术,解决上述信息分散、数据信任等问题,降低城市管理成本,增强智慧城市管理能力。最后,明确其总体架构,梳理其运作流程和运作主体,促进"星火链"电动自行车智慧管理系统的落地实施。

关键词:智慧管理系统;区块链技术;物联网技术;智能合约

1　前言

针对传统的电动自行车管理数据信息存在的不足,提出"星火链"电动自行车智慧管理系统概念,以区块链+物联网助力城市精细化管理。通过在电动自行车上安装防盗设备及备案号牌,利用NB-IOT蜂窝网络技术、北斗卫星定位技术和区块链技术,打造以"登记备案"为核心的信息采集、以"破案追车"为目的的科技防盗、以"违章监控"为目标的智能纠章功能,以星火链区块链服务"不可伪造""全程留痕""可以追溯""公开透明"等特点,全面完善电动自行车智慧管理系统,实现电动自行车实时信息的采集和智能识别、定位、跟踪、监控和管理,解决电动车管理混乱的情况。

"星火链"电动自行车智慧管理系统,利用NB-IOT蜂窝网络技术、北斗卫星定位技术实现车联网,实时监控采集车辆数据,同时覆盖电动车管理整体的全场景包括:车辆入网、车辆使用、车辆保险、车辆交易等数据。将关键场景的节点维护上链,上链的内容包括车辆、人员的相关信息,构建透明化展示、监控告警等能力,全面完善电动自行车安全智慧管理系统,实现电动自行车实时信息的采集和智能识别、定位、跟踪、监控和管理。

2　"星火链"电动自行车管理系统

"星火链"电动自行车管理系统,使用电车卫士NB-IOT,GPS、北斗卫星定位技术,上报车辆备案信息、定位信息、轨迹查询、是否闯红灯、逆行、上高架等,完成后通过CMBaaS平台"火链"对电动车实时数据进行区块链存储,BSN服务网络"星链"提供数据指纹智能合约、CMBaaS平台大数据存储IPFS对电动车管理系统上报的数据提供区块链存储服务;电动自行车实时数据通过CMBaaS平台"火链"上链,"火链"数据收集节点为区块链收集矿工节点,同时对一定时间内的数据文件进行hash运算,生成数据指纹,对数据指纹进行交易(见图1)。

其为双链融合模式,对外提供智能合约,高效支撑智能纠章,车辆预警,保险出险等场景,提高电动车安全和管理的效率,通过接入国家基础区块链设施网络(BSN),低成本,高效,创新提供全球化部署;

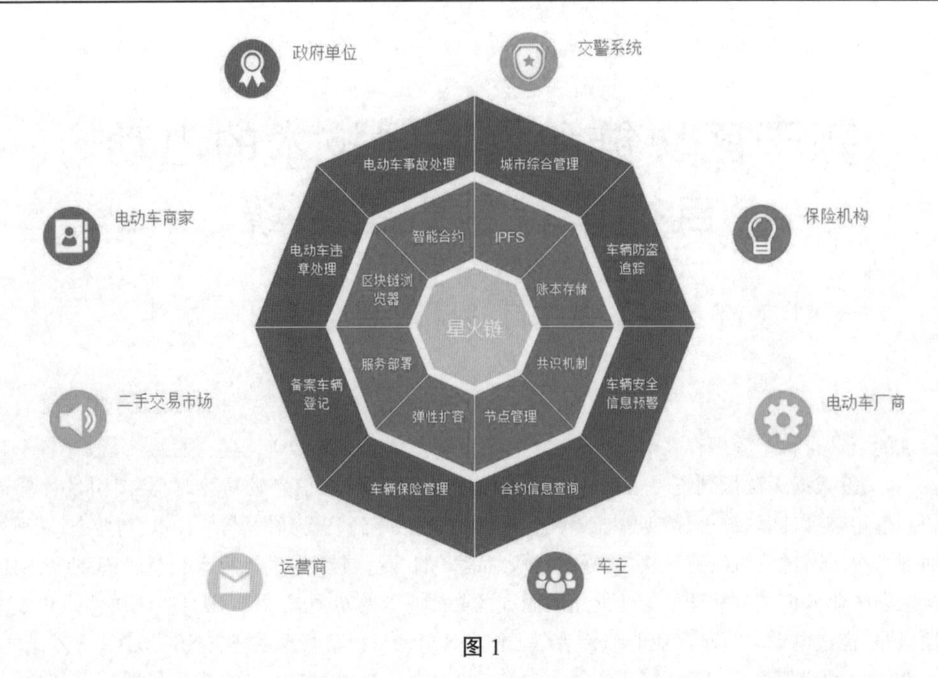

图1

“火链”以电动车实时数据为依托，利用区块链分布式账本实现数据上链，同时用脱敏算法实现隐私保护，实现确权和安全的价值转换，核心关键数据纳入移动CMBaaS平台区块链，使用中台能力，云链结合，业务安全快速上链。

3　数据指纹上链，打造区块性能和成本平衡性

数据指纹上链，打造区块性能和成本平衡性传统区块链。对所有交易进行上链，如果交易非常频繁，会造成区块频繁更新和计算，造成计算和存储压力和成本较大，“星火链”管理系统在电动自行车实时数据通过CMBaaS平台接入“火链”，依托平台，提供高性能；“火链”聚合生成数据指纹，接入BSN网络对外发布“星链”低成本提供诚信数据，链下业务进行查询和办理时，根据智能算法，高效使用“星火链”数据，因区块链有不可篡改性，通过智能合约，根据“星链”数据指纹快速定位“火链”电动自行车实时数据，以此达到区块链性能高效和成本平衡。

数据指纹通过BSN区块链服务网络“星链”上链，通过记账节点调用FISCO BCOS智能合约对数据指纹进行验证和记账，合约执行后，对数据进行上链，智能合约功能包括车辆备案合约，车辆位置合约，车辆保险合约，车辆信息查询合约等；随着上链数据逐步增多，数据存储压力会逐步增大，使用CMBaaS平台IPFS作为文件存储管理服务来提升应用处理的性能和效率。IPFS（Inter Planetary File System星际文件系统）是去中心化存储、点对点传输的分布式文件系统，车辆备案信息，车辆位置信息，车辆保险信息，车辆实时信息等数据存储在IPFS系统中；完成电动自行车区块链上链，通过BSN区块链服务网络星链数据计算节点对链下业务系统提供电动自行车区块链计算服务，链下业务系统根据场景，可对车辆备案信息，车辆位置信息，车辆保险信息调用车辆信息查询合约对线上区块链数据进行查询、计算和分析，支撑相应链下业务系统业务需求（见图2）。

通过电动自行车管理系统对电动自行车进行登记，登记电子化信息使用本产品对信息进行区块链上链；电动自行车投保后，使用本产品对投保信息进行区块链上链，因区块链有不可篡改性，出险时系统可直接对接保险公司自动出险。电动自行车位置等实时信息通过本产品批量上链，在发生违章行为后，使用本产品对位置等实时信息进行系统溯源；电动自行车位置等实时信息通过本产品批量上链，在发生违章行为后，使用本产品对位置等实时信息进行系统溯源。该系统主要使用的场景为电动自行车上牌、保险及违章。通过电动自行车管理系统对电动自行车进行登记，登记电子化信息使用本产品对信息进行区块链上链；电动自行车投保后，使用本产品对投保信息进行区块链上链，因区块链有不可篡改性，出

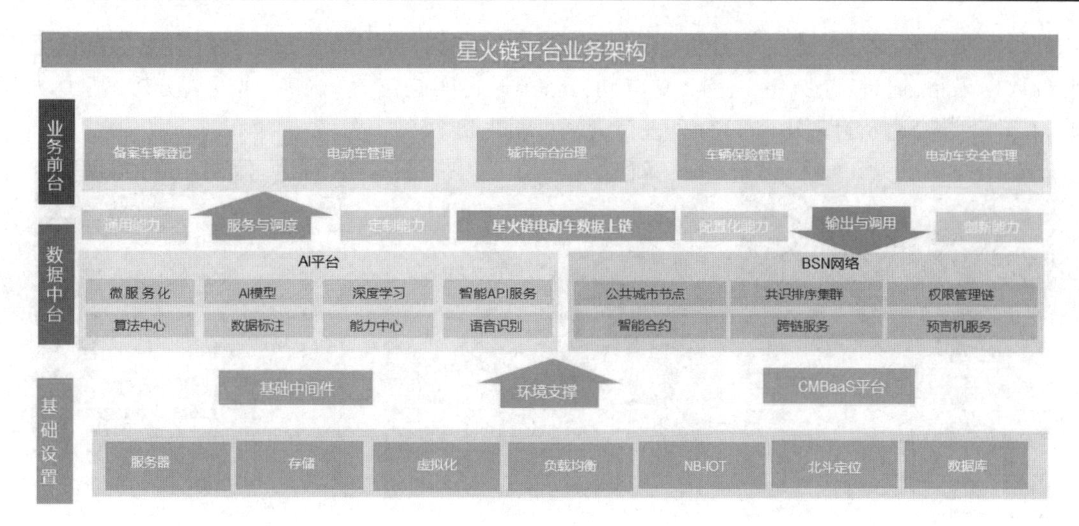

图 2

险时系统可直接对接保险公司自动出险。

对外提供智能合约,高效支撑智能纠章,车辆预警,保险出险等场景,提高电动车安全和管理的效率,通过接入国家基础区块链设施网络(BSN),低成本,高效,创新提供全球化部署;“火链”以电动车实时数据为依托,利用区块链分布式账本实现数据上链,同时用脱敏算法实现隐私保护,实现确权和安全的价值转换,核心关键数据纳入移动 CMBaaS 平台区块链,使用中台能力,云链结合,业务安全快速上链。

4 智能链接,对口警务平台,多维度数据采集、综合分析

智能链接,对口警务平台,实现车辆防盗追踪。结合电动自行车应用场景及管理需求,以稳定的产品性能和网络覆盖保障车辆数据信息的完整采集和可靠上传,通过“星火链”自动对接警务平台,组建专业的找车团队协助警方提升丢车找回率。使用警务 APP 或执法终端进行拍照、手工录入等方式取证,将违章信息上传至公安局管理服务平台,通过“星火链”上链,将证据记录等信息留存区块链,供后续产生纠纷和行政异议后,提供权威证明(见图 3)。电动自行车交通事故处理,记录交通事故处理信息,开具事故处理报告,通过“星火链”上链,将报告等信息留存区块链,后续可直接对接出险等业务。

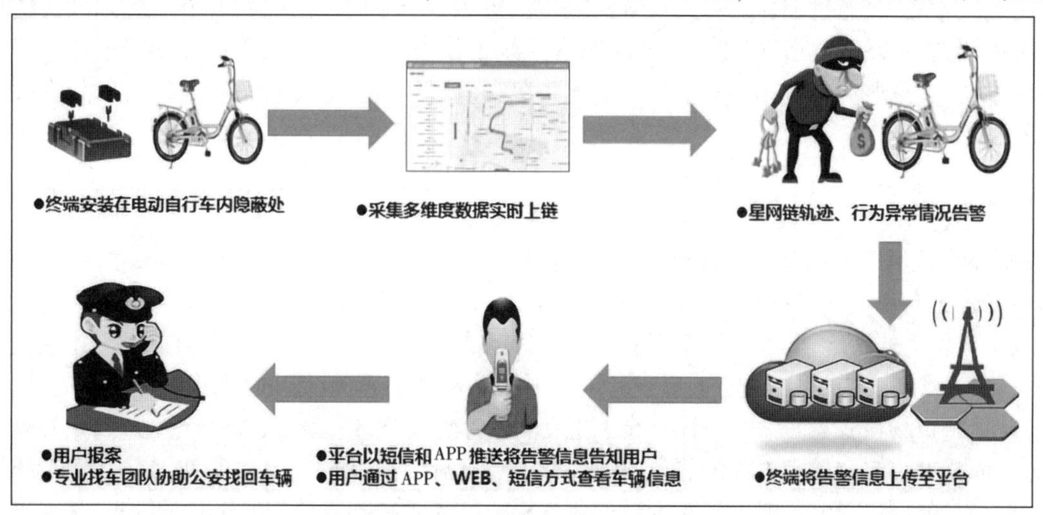

图 3

多维度数据采集、综合分析,实现车辆智能纠章。基于终端的多维度数据采集,利用平台分析能力和“星火链”,辅助交警部门现场执法,有效推进电动自行车综合治理工作。通过“星火链”上链,对电动

自行车进行实施位置、轨迹、速度等分析，基于动态交通大数据，有效疏导交通及针对电动自行车进行管理。平台数据采集，通过“星火链”上链，对电动自行车进行实施位置、轨迹、速度等分析，基于动态交通大数据，有效疏导交通及针对电动自行车进行管理(见图 4)。

图 4

5　突破 NB 应用场景局限，开启 NB 规模化应用新纪元

基于市场电动自行车应用场景及管理需求情况，一直以来面临难管理、纠纷多的问题，通过终端的多维度数据采集，利用平台分析能力和“星火链”，辅助交警部门现场执法，有效推进电动自行车综合治理工作，传统区块链对所有交易进行上链，如果交易非常频繁，会造成区块频繁更新和计算，造成计算和存储压力和成本较大，通过创新的星火双链，基于 CMBaaS 平台和 BSN 区块链网络，达到区块链性能高效和成本平衡，在物联网+区块链电动自行车管理系统中作为市场先行者，全面完善了电动自行车安全综合管理系统，实现电动自行车实时信息的采集和智能识别、定位、跟踪、监控和管理，不断突破增强智慧城市管理。

6　结束语

在物联网+区块链电动自行车管理系统市场竞争力可见一斑，全国电动自行车保守估计 2.5 亿辆，其他城市和地区对于电动自行车管理同样有着巨大的需求，市场会释放巨大需求，互联网巨头对如此巨大的市场有着很大的兴趣，其互联网基因和快速迭代的能力会迅速将蓝海市场走向红海，市场先行者优势迅速沉淀，主导制定市场技术规范，形成行业准则和准入壁垒，同时利用运营商产品独有能力，形成护城墙，以此保持市场核心竞争力。一面是全国电动自行车已达 2.5 亿辆，年新增超过 4 500 万辆的庞大市场，另一面是城市综合治理方面的热点、焦点和难点，可见“星火链”电动自行车智慧管理系统综合治理管理方面市场前景广阔，同时电子车上链的业务模式极易复制到其他交通工具的场景，具备极大的业务扩展市场。

参考文献

[1] 招继恩.信息通信技术在物联网中的应用探索[J].数字技术与应用,2021(5).
[2] 孙风毛.区块链技术在供应链金融中的应用[J].计算机产品与流通,2020(8).
[3] 方轶,丛林虎,杨珍波.基于区块链的数字化智能合约研究[J].计算机系统应用,2019.
[4] 龚钢军,张桐,魏沛芳,等.基于区块链的能源互联网智能交易与协同调度体系研究,2019.
[5] 周凯.物联网中信息通信技术的应用[J].通讯世界,2019(11).
[6] 闫鸿滨.物联网环境中通信节点的信息隐藏技术研究[J].科技创新导报,2018(27).
[7] 陈雯柏,崔晓丽,郝翠,等.一种物联网系统层次型抗毁性拓扑构建方法[J].北京邮电大学学报,2018(5).

基于信息熵的车联网物理层假冒攻击检测方法

辛改成

摘　要：采用目前方法对物联网中存在的假冒攻击进行检测时，没有构建假冒攻击模型，导致方法存在正常用户访问率低、准确率低、误检率高和 F1 指数低的问题。为解决上述问题，提出基于信息熵的车联网物理层假冒攻击检测方法，首先构建了假冒攻击模型，分析车联网物理层中存在的假冒攻击行为。在此基础上采用卡尔曼滤波算法确定车联网物理层异常流量的位置，并通过信息熵方法实现车联网物理层假冒攻击的检测。试验结果表明，所提方法的正常用户访问率较高、准确率较高、误检率较低、F1 指数较高，车联网物理层假冒攻击检测具有较好性能。

关键词：信息熵；车联网；假冒攻击；网络攻击检测；卡尔曼滤波算法

1　引言

在人工智能技术和物联网技术的推动下车联网中存在的数据量不断增加，同时车联网中存在的业务对安全性、实时性等要求已经难以通过目前的计算模式和集中式存储技术满足[1]。在这种背景下边缘计算概念应运而生，边缘计算提供多种功能，被广泛地应用在车联网和物联网等领域中[2]。车联网由于无线信道具有开放广播特性，其物理层容易受到假冒攻击，为了提高车联网在运行过程中的安全性，需要对车联网物理层中存在的假冒攻击进行检测，并对相关方法进行分析和研究。

王婷[3]等通过稀疏自编码器获取车联网流量的原始特征权重值向量和新特征值向量，并对深度神经网络进行初始化处理，初始预判攻击类型，并利用 K-Means 算法对获取的新特征值向量进行聚类处理，根据聚类结果获得攻击类型的最终判断结果，实现攻击检测，该方法没有分析攻击行为在网络中的特征，导致检测结果的准确率低、误判率高。董书琴[4]等在粒子群优化算法的基础上构建 SDA 结构两阶段寻优算法，将检测准确率作为目标，对隐藏层的节点数量和层数进行优化，获得 SDA 最优结构，在 SDA 最优结构的基础上利用小批量梯度下降算法提取网络流量对应的特征，获得网络流量的特征，并将其输入 softmax 分类器中实现攻击检测，该方法没有构建攻击模型，不能有效地检测出网络中存在的攻击行为，降低了网络正常用户的访问率。刘向举[5]等利用 OpenFlow 交换机中存在的流表对 SD-IoT 控制器在网络中的集中控制特性进行分析，根据分析结果获取网络流量的特征，利用 ELVR-Kmeans 算法对网络流量特征进行分类，获取攻击特征，实现攻击检测，该方法存在 F1 指数低的问题，表明无法有效地实现网络攻击行为的检测。为了解决上述方法中存在的问题，提出基于信息熵的车联网物理层假冒攻击检测方法。

2　车联网物理层假冒攻击模型构建

2.1　假冒攻击模型

当边缘网关和终端设备在通信过程中受到假冒攻击时，为了分析假冒攻击在车联网物理层中的特性，需要构建假冒攻击模型[6]，如图 1 所示。

假设利用无线信号进行通信的包括 N 个边缘网关节点和终端设备，通常包括合法接收端 A_1，非法发送端 E_1 和合法发送端 A_2，合法发送端 A_3 与接收端在车联网中正常通信，非法发送端 E_2 利用虚假 MAC 地址将自己伪装成合法发送端 A_4，将信息发送到接收端中。假设合法发送端 A_5 存在较快的频率，可以保证信道估计之间存在时间相干性，且接收端在非法发送端 E_2 出现之前已经实现了与合法发送端

A_1 之间的信道估计，即接收端完成了合法发送端 A_1 对应的信道频率响应 $H_{A_{j_1}}(f)$ 的测量，则在 $[f_0 - \frac{W}{2}, f_0 + \frac{W}{2}]$ 频率范围中完成了 M 个频率的采样处理，获得 M 维信道向量，其中 W 为系统带宽，f_0 为探测对应的中心频率。

信号记录 $\gamma_i^k = \{\gamma_{i,m}^k\}_{1 \leq m \leq M}$ 即为获取的信道向量，描述的是第 $i \in \{1,2,\cdots,N\}$ 个用户在车联网物理层中发送的第 k 个数据包中存在的信道向量。攻击者 E_2 在每个时间内以 $p_{j_2} \in [0,1]$ 概率向接收端发送一个数据包，非法发送端 E_2 为了接收接收端发送的数据包，将自己伪装成合法发送端 A_1。接收到数据包后，接收端在车联网中获取信号频率响应 $H_t(f) \in \{H_{A_1}(f), H_{E_2}(f)\}$，并通过采样处理获得信道向量 $\hat{\gamma}_i^k$。

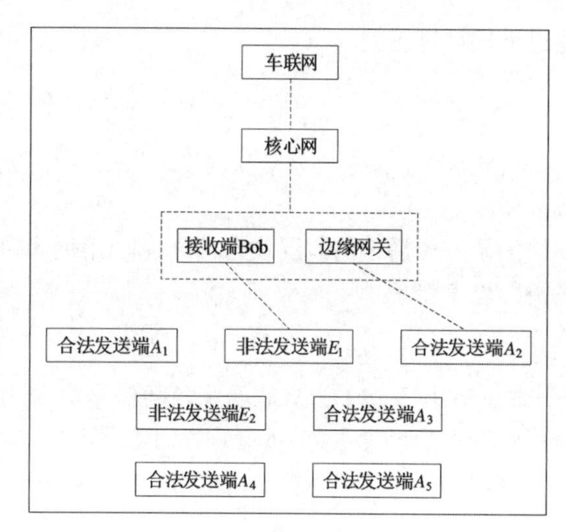

图 1　假冒攻击模型

2.2　假设检验

设 $\mu(\hat{\gamma}_i^k)$ 代表的是发送端 MAC 用信道向量 $\hat{\gamma}_i^k$ 传输数据包时对应的地址；MAC_{-i} 代表的是第 i 个发送端对应的 MAC 地址；所有 MAC 地址构成的集合用 Ω 描述。发送端是非法攻击者还是合法发送者可通过假设检验进行判断，设 H_0 为攻击者，发送端是车联网中的合法者，否则用 H_1 描述接收备择，此时发送端在车联网中为非法攻击者，存在下式：

$$\begin{cases} H_0 : \mu(\hat{\gamma}_i^k) = MAC_{-i} \\ H_1 : \mu(\hat{\gamma}_i^k) \neq MAC_{-i} \end{cases} \tag{1}$$

信道响应在物理层无线环境中存在位置特异性，通信双方和接收端在较短时间内存在相似高度的信道向量。针对非法发送端 E_2，当其收发路径之间的间隔高于半个射频波长时，两条路径对应的信道响应之间不存在关联，即非法发送端 E_2、合法发送端 A_1 与接收端之间存在较大差异的信道响应。此时假冒攻击在车联网物理层中的假设检验统计量 Z 可通过下式计算得到：

$$Z(\hat{\gamma}_i^k, \gamma_i^k) = \frac{\| \hat{\gamma}_i^k - \gamma_i^k \|^2}{\| \gamma_i^k \|^2} \tag{2}$$

式(2)中，Z 为 γ_i^k 、$\hat{\gamma}_i^k$ 间在网络中的标准欧式距离。

设置检测阈值 δ，并将其与检验统计量的大小进行对比，当 $Z(\hat{\gamma}_i^k, \gamma_i^k) < \delta$ 时，接收端认为发送方为合法发送端 A_1，接受零假设 H_0，当 $Z(\hat{\gamma}_i^k, \gamma_i^k) > \delta$ 时，认为发送方在车联网物理层中为攻击者 E_2。车联网物理层假冒攻击检测在信道特性的基础上可以转变为[7-8]：

$$\left. \begin{aligned} Z(\hat{\gamma}_i^k, \gamma_i^k) < \delta \Rightarrow H_0 \\ Z(\hat{\gamma}_i^k, \gamma_i^k) > \delta \Rightarrow H_1 \end{aligned} \right\} \tag{3}$$

3　车联网物理层假冒攻击检测

当车联网物理层受到假冒攻击时，流量会在短时间内增加，所提方法引入有效特征 θ 对车联网物理层中存在的流量进行区分。用 θ 描述时间间隔 Δt 内 IP 在物联网中发送字节和接收字节的平均数，可通过下式计算得到：

$$\theta = \sum_{\Delta t} \frac{\mathrm{d}(t)}{s(\Delta t)} \tag{4}$$

公式(4)中, $\mathrm{d}(t)$ 为车联网物理层中存在的网络流量; $s(\Delta t)$ 为源 IP 地址在 Δt 时间段内出现的总数。

为了方便后续的假冒攻击检测,基于信息熵的车联网物理层假冒攻击检测方法利用离散小波变换平滑处理 θ [9-10]：

$$\theta = \sum_{k} c_j(k)\phi_{j,k}(k) + \sum_{k}\sum_{j} d_j(k)\phi_{j,k}(t) \tag{5}$$

式(5)中, $c_j(k)$ 为从原始车联网信号中分离出来的平滑信号; $d_j(k)$ 为原始信号中存在的细节信号; $\phi_{j,k}(k)$ 为尺度函数; $\phi_{j,k}(t)$ 为小波函数。

利用 Mallat 算法计算平滑信号 $c_j(k)$ 和细节信号 $d_j(k)$ [11]：

$$\begin{cases} c_j(k) = \sum_{m} h_0(m - 2k)c_{j-1}(m) \\ d_j(k) = \sum_{m} h_1(m - 2k)c_{j-1}(m) \end{cases} \tag{6}$$

式(6)中, h_0、h_1 为低通滤波器和高通滤波器中存在的系数。

基于信息熵的车联网物理层假冒攻击检测方法采用卡尔曼滤波算法建模的具体过程如下：

步骤一：将 θ 作为车联网物理层中的未知状态,构建状态方程：

$$\theta(n+1) = F(n+1,n)\theta(n) + v_1(n) \tag{7}$$

式(7)中, $\theta(n+1)$ 为车联网物理层的状态向量; $F(n+1,n)$ 为车联网物理层对应的状态转移矩阵; $v_1(n)$ 为车联网物理层中存在的白噪声。

步骤二：观测方程的表达式如下：

$$\theta'(n) = C(n)\theta(n) + v_2(n) \tag{8}$$

式(8)中, $C(n)$ 、$\theta'(n)$ 为观测矩阵和观测向量; $v_2(n)$ 为车联网物理层中存在的观测噪声构成的向量。

根据系统状态 $\theta(n)$ 对状态 $\theta(n+1)$ 进行预测,根据预测结果构建协方差矩阵 $P(n+1)$ ：

$$\theta(n+1) = F(n+1) \times v_1(n) + Q_1(n) \tag{9}$$

式(9)中, $Q_1(n)$ 为白噪声 $v_1(n)$ 对应的协方差。结合 $n+1$ 时刻的预测值和上式的预测结果,获得 $n+1$ 时刻存在的最优估计值 $F(n+1)$ 。

假设 $G(n+1)$ 描述的是卡尔曼增益,可通过下式进行描述：

$$G(n+1) = P(n+1) \times [P(n+1) + Q_2(n+1)]^{-1} \tag{10}$$

式(10)中, $P(n+1)$ 为在计算过程中对应的协方差, $Q_2(n+1)$ 为观测噪声向量；设 θ_{n+1} 为预测值 $\theta(n+1)$ 与最优估计 $\theta(n+1)$ 之间存在的误差,其计算公式如下：

$$\theta_{n+1} = \sqrt{\frac{1}{l}\sum_{i=1}^{l}[\theta(n+1) \times (i)]^2} \tag{11}$$

式(11)中, l 代表的是时间段。

通过上述分析可知,利用 $n+1$ 时刻存在的信息获得最优估计 $\theta(n+1)$,在此基础上获得预测值 $\theta(n+1)$,如果车联网物理层在 Δt_{n+1} 时间段内存在假冒攻击时,误差 θ_{n+1} 的变化较大。比较预先设定的阈值与误差 θ_{n+1} ,当阈值小于 θ_{n+1} 时,此时物理层中的流量异常,表明车联网中存在假冒攻击；当阈值小于 θ_{n+1} 时,表明异常流量转变为正常流量,车联网物理层中的假冒攻击结束。通过上述卡尔曼滤波算法确定车联网物理层中异常流量的位置[12-13]。

基于信息熵的车联网物理层假冒攻击检测方法通过信息熵方法对车联网物理层假冒攻击进行检测。设用户 j 在时间 Δt 内通过 n 个源端口发送请求,用向量 $C_j(\Delta t) = (p_{sp1}, p_{sp2}, \cdots, p_{spi}, \cdots, p_{spn})$ 描述源端口在车联网物理层中对应的概率分布,其中 p_{spi} 代表的是端口 spi 被使用的概率,$H_{jtest}(C)$ 代表的是用户 j 源端口在时间 Δt 内对应的熵值,其表达式如下:

$$H_{jtest}(C) = \sum_{i=1}^{i=n} p_{spi} \log p_{spi} \tag{12}$$

端口在通常情况下都是集中分布的,当车联网物理层受到攻击时,此时全波端口会攻击车联网物理层中存在的异常流量[14-15]。如果用户的源 IP 存在于车联网物理层的训练数据库中,需要设置相关阈值 H_{jlimit};如果用户的源 IP 不存在于车联网物理层的训练数据库中,需要统计已知源 IP 的阈值。

如果时间段内的熵值 $H_{jdetect}$ 大于阈值 H_{jlimit} 时,表明车联网物理层中存在假冒攻击,此时的流量异常度 ζ_j 可通过下式计算得到:

$$\zeta_j = \frac{H_{jdetect} - H_{jlimit}}{H_{jlimit}} \tag{13}$$

4 试验与分析

为了验证基于信息熵的车联网物理层假冒攻击检测方法的整体有效性,进行试验测试。利用 Workstation5.0 虚拟机,并在实际系统中引入驱动系统,在相同的试验条件下,安装了车联网物理层假冒攻击分析系统。软件全部安装完毕后,拍下虚拟机,存储照片,方便系统状态检测。

本文试验设计的恶意软件攻击类型与攻击时间如表 1 所示。

表 1 车联网物理层假冒攻击攻击表

发起假冒攻击的时间/s	假冒攻击类型	假冒攻击持续时长/s
10	正常	10
20	IP 地址伪造	50
30	未授权访问	30
40	缓冲区溢出	50
50	正常	100

在表 1 的基础上,采用基于信息熵的车联网物理层假冒攻击检测方法对网络中存在的攻击进行检测,对比检测前后车联网物理层的正常用户成功访问率,如图 2 所示。

根据图 2 中的数据可知,随着时间的增加访问车联网物理层的正常用户不断增加,但对比攻击检测前和检测后的结果可知,采用基于信息熵的车联网物理层假冒攻击检测方法检测假冒攻击后,网络中的正常用户访问率明显提高,验证了基于信息熵的车联网物理层假冒攻击检测方法的有效性。

采用基于信息熵的车联网物理层假冒攻击检测方法、文献[3]中的方法和文献[4]中的方法进行如下对比测试。

通过准确率 A_{CC} 衡量上述方法的有效性,其计算公式如下:

$$A_{CC} = \frac{T_P + T_N}{T_P + T_N + F_P + F_N} \tag{14}$$

式(14)中,T_P 为正确判断网络中攻击行为的总数;T_N 为正确判断网络中正常行为的总数;F_P 为将正常行为错判为攻击行为的总数;F_N 为将攻击行为错判为正常行为的总数。

所提方法、文献[3]中的方法和文献[4]中的方法的准确率测试结果如图 3 所示。

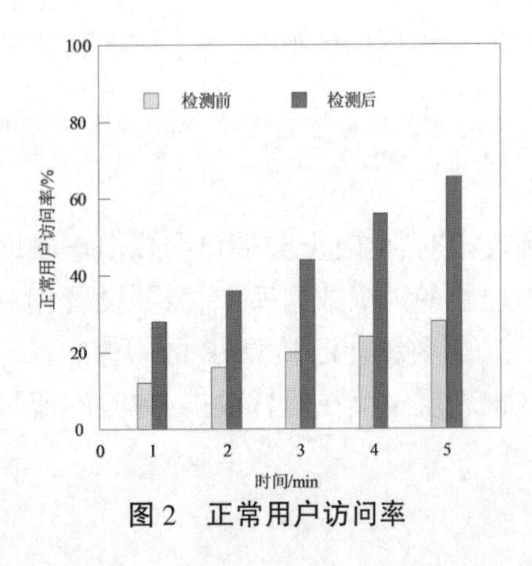

图2　正常用户访问率

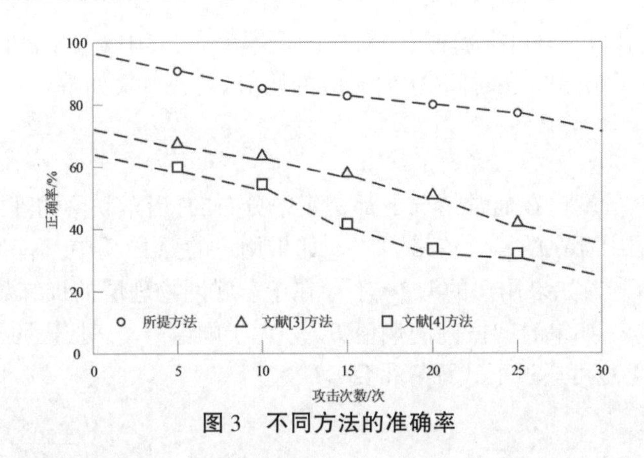

图3　不同方法的准确率

根据图3中的数据可知,随着攻击次数的增加三种方法的正确率均有所下降,所提方法的正确率在不同攻击次数下均高于文献[3]中的方法和文献[4]中的方法的正确率。

误判率描述的是在所有行为中攻击行为所占的比率,误判率 F_{AR} 的计算公式如下:

$$F_{AR} = \frac{F_P}{T_N + F_P} \tag{15}$$

所提方法、文献[3]中的方法和文献[4]中的方法的误判率测试结果如图4所示。

分析图4可知,所提方法、文献[3]中的方法、文献[4]中的方法的误判率随着攻击次数的增加有所提升,但与文献[3]中的方法和文献[4]中的方法的误判率相比,所提方法的误判率上升幅度较小,且整体较低。

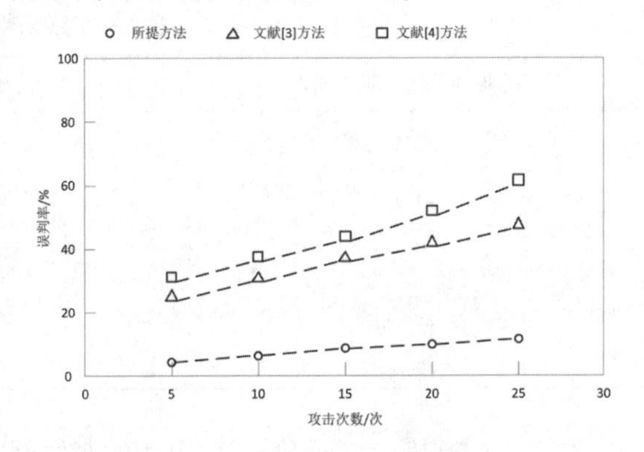

图4　不同方法的误判率

为了进一步验证基于信息熵的车联网物理层假冒攻击检测方法的有效性,将 F_1 指数作为指标对上述方法进行测试,其计算公式如下:

$$F_1 = \frac{2T_P}{2T_P + F_P + F_N} \tag{16}$$

所提方法、文献[3]中的方法和文献[4]中的方法的测试结果如表2所示。

表2　不同方法的 F_1 指数

迭代次数/次	所提方法	F_1 指数文献[3]中的方法(%)	文献[4]中的方法
1	94.65	75.11	80.14
2	95.24	74.68	81.64
3	96.13	76.34	80.25
4	95.65	76.06	82.24
5	95.51	74.81	83.44

根据表2中的数据可知,在多次迭代中所提方法的 F_1 指数均高于文献[3]中的方法和文献[4]中的方法,验证了所提方法的检测效果。

5 结束语

随着云计算技术和大数据技术的发展，人们对网络安全的重视度不断提高。在人们日常生活和工作过程中，网络虽然提供了便利，但也造成了一些安全问题，对社会容易产生较大的影响，造成经济损失。近年来车联网物理层中的假冒攻击为检测工作造成了较大的难度，因此需要对假冒攻击检测方法进行研究。

目前假冒攻击检测方法存在正常用户访问率低、正确率低、误检率高和 F_1 指数低的问题，提出基于信息熵的车联网物理层假冒攻击检测方法，构建了假冒攻击模型，在此基础上对网络中存在的假冒攻击进行检测，解决了目前方法中存在的问题，为车联网的安全运行奠定了基础。但该方法在检测效率方面还存在一些不足，在日后的工作和研究中需要将减少检测时间作为研究内容和方向。

参考文献

[1] 丁男，高壮林，许力，等．基于数据优先级和交通流密度的异构车联网数据链路层链路调度算法[J]．计算机学报，2020，43(3)：526-536.

[2] 马富齐，王波，董旭柱，等．电力视觉边缘智能：边缘计算驱动下的电力深度视觉加速技术[J]．电网技术，2020，44(6)：2020-2029.

[3] 王婷，王娜，崔运鹏，等．基于半监督学习的无线网络攻击行为检测优化方法[J]．计算机研究与发展，2020，57(4)：791-802.

[4] 董书琴，张斌．基于深度特征学习的网络流量异常检测方法[J]．电子与信息学报，2020，42(3)：695-703.

[5] 刘向举，刘鹏程，徐辉，等．基于软件定义物联网的分布式拒绝服务攻击检测方法[J]．计算机应用，2020，40(3)：753-759.

[6] 马歌．基于 Stackelberg-Markov 的网络攻击识别系统设计[J]．现代电子技术，2021，44(1)：29-33.

[7] 庄康熙，孙子文．针对工业信息物理系统中的拒绝服务攻击建立检测模型[J]．控制理论与应用，2020，37(3)：629-638.

[8] 张龙，王劲松．SDN 中基于信息熵与 DNN 的 DDoS 攻击检测模型[J]．计算机研究与发展，2019，56(5)：909-918.

[9] 房礼国，付正欣，孙万忠，等．结合视觉密码和离散小波变换的栅格地理数据双重水印[J]．中国图象图形学报，2020，25(3)：558-567.

[10] 张江林，张亚超，洪居华，等．基于离散小波变换和模糊 K-modes 的负荷聚类算法[J]．电力自动化设备，2019，39(2)：100-106，122.

[11] 孔令刚，焦相萌，陈光武，等．基于 Mallat 小波分解与改进 GWO-SVM 的道岔故障诊断[J]．铁道科学与工程学报，2020，17(5)：1070-1079.

[12] 靳标，李建行，朱德宽，等．基于自适应有限冲激响应-卡尔曼滤波算法的 GPS/INS 导航[J]．农业工程学报，2019，35(3)：75-81.

[13] 马艳，刘小东．状态自适应无迹卡尔曼滤波算法及其在水下机动目标跟踪中的应用[J]．兵工学报，2019，40(2)：361-368.

[14] 罗承昆，陈云翔，王莉莉，等．基于作战环和改进信息熵的体系效能评估方法[J]．系统工程与电子技术，2019，41(1)：73-80.

[15] 黄冬梅，梁素玲，王振华，等．利用信息熵的高光谱遥感影像降维方法[J]．计算机工程与应用，2019，55(6)：191-196.

多特征融合的物联网智能终端识别技术研究与实现

陈雪莉　张秀成　杨亚红　刘海瑞　种颖珊

摘　要:随着 5G ToB 垂直行业的高速发展,诸如智慧电网、智慧工厂等大型园区网络中存在大量的物联网(Internet of Things,IoT)终端,针对人网、物网融合组网复杂,且物联网终端设备种类繁多,传统的物联网终端辨识方法难以对终端实现精准识别,因此本文提出了多特征融合的物联网智能终端识别方法。该终端识别方法通过对物联网业务的号段、移动速度、APN、终端 TAC 等关键字段先进行匹配,再结合用户业务各时段报文大小、报文收发频次、报文的协议类型及时延等相关信息,分析物联网用户的特征,并进行模型构建和训练,根据不同数据特征构建基于 Attention 机制的 LSTM 模型与基于 Kmeans 的无监督聚类算法,并采用随机森林对应用场景进行分类。结果表明,该方法识别的准确率最高为 97.53%,召回率最高为 97.8%,可提供可靠的物联网非法用户识别。

关键词:5G;物联网;终端识别;LSTM;随机森林

1　前言

物联网卡主要用于非手机终端设备之间通信,通过开通移动通信网络流量、短信等功能实现对设备的管理。然而,由于物联网卡使用场景的复杂性,使得当前物联网市场"乱象丛生",物卡人用、异常非法用户层出不穷,影响物联网行业的健康发展,危害网络安全及人身财产安全,破坏社会稳定。当前,精准识别异常非法用户,推动物联网卡治理工作由"事后关停"向"事前阻断"迈进,是"断卡行动"要解决的关键问题,但精准识别物卡人用存在以下难点:①依赖终端库识别准确度低;②人网、物网融合组网复杂;③物联网终端种类繁多等问题。随着 5G 垂直行业应用呈井喷式迅猛发展,终端规模呈现爆发式增长,不计其数的物联网卡将会流入各行各业,物联网终端识别尤为重要[1]。

因此,为解决上述痛点,本文通过分析海量物联网卡相关应用数据,运用深度学习算法,通过综合提取信令面、用户面的用户特征,例如位置、移动速度、号段,域名等,使用特征工程的方法提取特征向量,构建并比较合适的 AI 模型,通过迭代和参数调整进行优化,获得物联网终端识别模型,精准识别物联网用户中不同终端的种类、品牌及型号,并进行物联网终端场景分类,最终识别非法用户,并采取相应的措施避免产生较大损失。

2　关键架构及功能设计

2.1　功能架构

针对具体的物联网业务需求,基于大数据平台,实现多层数据源从平台底层技术数据采集到上层技术应用的业务流程贯通。物联网大数据能力平台有五大数据来源,分别是 DPI 数据、资管数据、网优平台数据、OMC 数据以及计费数据。五大平台数据直接入库 HDFS,运用 Spark 对于入库文件数据进行预处理,通过对预处理数据的分析,提取物联网终端识别的关键数据:通信特征、入网特征、行为特征、应用特征,为识别非法物联网卡提供平台支撑。功能架构图如图 1 所示。

2.2　技术方案

本方案整体思路基于 AI 算法实现对物联网终端类型进行精细化识别,尤其是一些具有相似特性比如都具有高速移动特性的终端,通过综合提取信令面、用户面的特征,例如位置、移动速度、经过小区数,经纬度等,使用特征工程的方法提取特征向量,构建 Kmeans 无监督聚类、随机森林等合适的 AI 模型,通

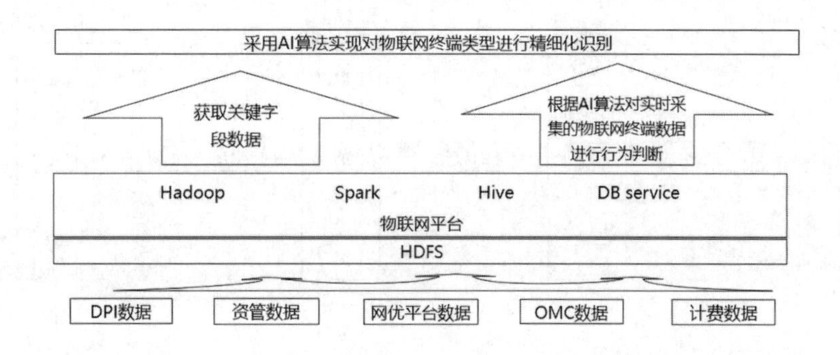

图1　功能架构图

过迭代和参数调整进行优化,获得物联网终端识别模型。UA 是对物联网终端进行识别的重要信息,本方案将 UA 表提取的终端信息构建基于 Attention 机制的 LSTM 模型,并与上述方法结合对物联网终端进行多维度识别,识别准确度明显提升,识别准确率为 95%以上,实现对物联网终端类型的精细化识别解决了物联网终端用户规模大、应用场景准确获知难的行业难题。技术方案流程如图 2 所示。

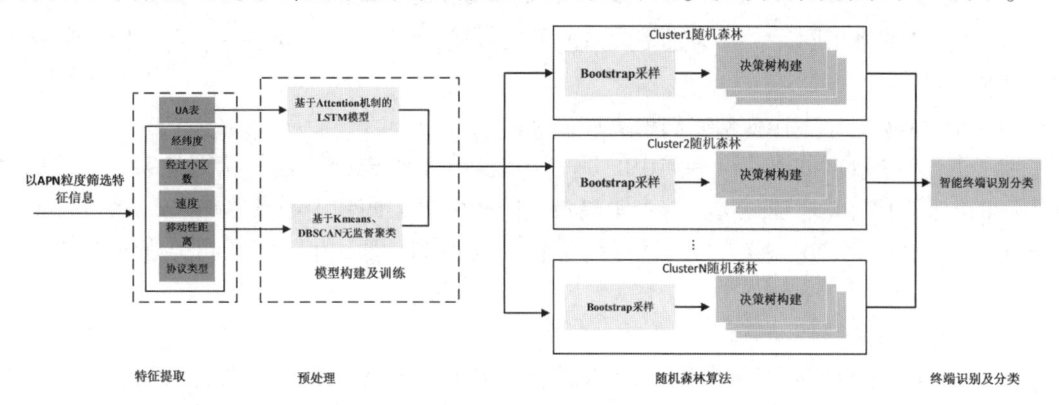

图2　技术方案流程

2.3　数据预处理

2.3.1　基于 Attention 机制的 LSTM 终端识别

针对物联网应用特征-UA 表,提出了基于 Attention 机制的 LSTM 终端识别方法,将终端识别过程转化为 NLP(自然语言处理)领域的信息提取问题,利用 LSTM 算法与 Attention 机制相结合实现对物联网终端类型的精细化识别。

如图 3 所示为基于 Attention-LSTM 模型的基本框架,LSTM 是一种针对时序数据进行预测的模型[3],其采用深度神经学习网络,具有更强的准确性等,因此本方案模型采用 LSTM 方案,Seq2Seq 其实就是输入和输出都是一一对应的序列,Encoder 和 Decoder 部分可以是图像、视频或者文字数据,可以预测任意的序列对应关系, 但语义编码 C 对任何词语的权重是一样的,当句子较长时,会丢掉很多语义信息,因此通过引入 Attention 机制来解决这一问题。增加了 Attention 机制的 Encoder-Decoder 框架如图 3 所示。

通过深度学习框架 pytorch 实现 LSTM,模型参数的设置将会影响到模型的效率,其中一些主要参数是:隐层节点个数为 256,层数为 1 层,学习率设置为 0.000 4,批大小设置为 128。

2.3.2　基于 Kmeans 的无监督聚类

针对提取的特征字段,例如各时段用户所经过的小区数、经纬度、移动距离、报文的协议类型等首先对数据运用 PCA 降维算法来查看数据分布结果,最终根据数据分布特点选择了基于 Kmeans 无监督聚类方法进行聚类分析,本方案针对郑州市 cmiot 设备,信令面 100 多万条数据,用户面 112 多万条数据,对重要特征进行提取后及统计汇总,使用基于密度的无监督算法进行聚类。

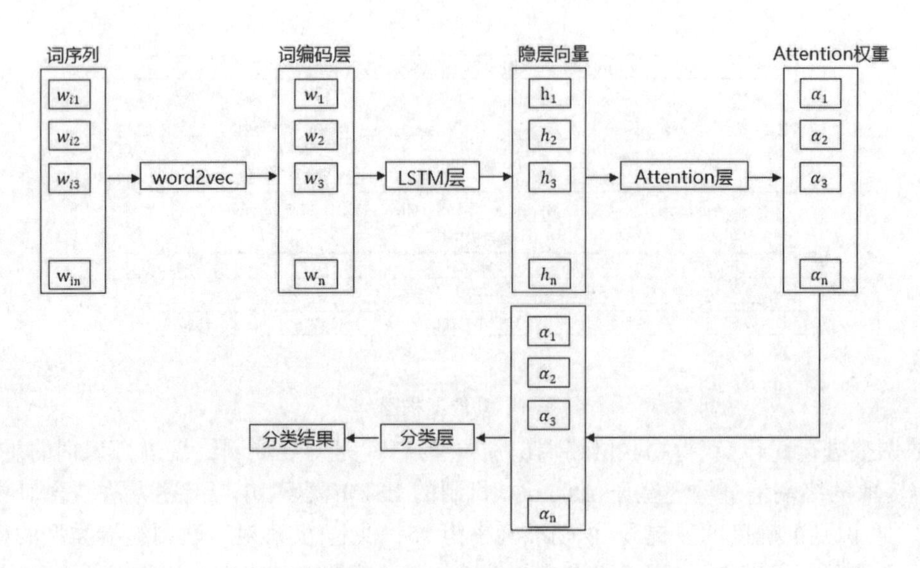

图 3　基于 Attention-LSTM 模型的基本框架

Kmeans 算法能够将相同元素分为紧密关系的子集或簇，是一种硬分类，一个点只能分到一个类。

聚类步骤如下：

第一步：初始化 k 个样本作为初始的聚类中心点。

第二步：对于一个数据处理集合的类中的每一个聚类样本首先计算他们从到达第 k 个数据聚合的类回到中心的时间距离，然后通过选择这个距离最小的一个聚类回到中心点并加入。

第三步：对于上一步二次聚类的分析结果，进行平均值的计算，得出该不同类别的新的聚类数据中心。

重复上述两步，直到迭代结束。

对于一个具有 n 个点的聚类数据集合，逐步迭代计算 k 从 1 到 n，每次聚类完成后计算每个点到其所在的簇中心其距离的平方和，这个平方和是会由大到小逐渐变小的，直到 $k=n$ 时出现拐点的时候其平方和为 0，因为每个点都是它所在的簇中心本身。这个平方和变化过程中，会出现一个拐点也即"肘"点，下降率突然变缓时即认为是最佳的 k 值。如图 4、图 5 所示，$k=3$ 时，最高轮廓系数达到 0.98。

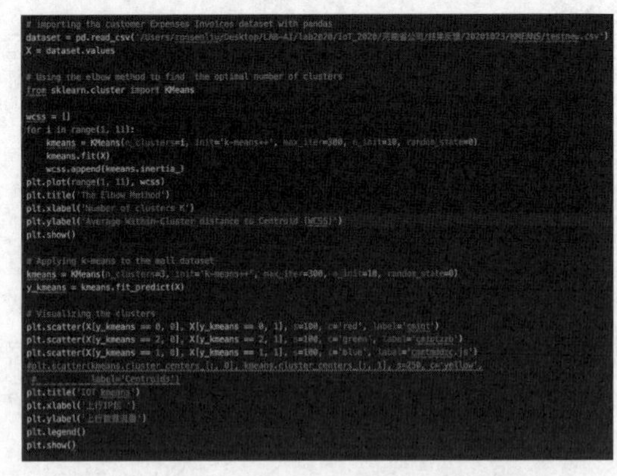

图 4　基于 Kmeans 的无监督聚类算法

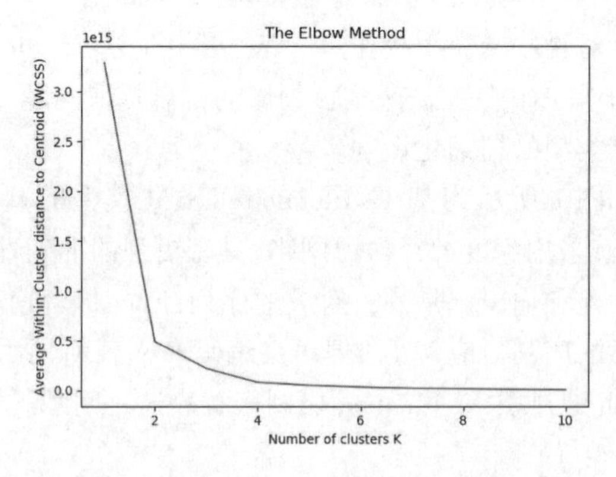

图 5　Kmeans 聚类示意图

2.4　基于随机森林的物联网终端识别分类

本方案应用 kmeans 无监督聚类算法，对原始训练集划分成 k 个簇后，再针对每个簇构建随机森林算法，这样可以减少用于构建随机森林的训练样本量，进而减少了每个特征的取值划分，减少了计算量，使分类效率有所提升。

随机森林是一个由多个树型分类器 $\{h(x,\beta k), k=1,2,\cdots,n\text{tree}\}$ 组成的集成学习算法[4]；x 为输入，

β_k 是独立同分布的随机向量,决定每个决策树的成长过程。当随机森林模型解决分类问题时,最后的结果采用每个决策树结果的众数决定。当随机森林模型解决回归问题时,最后的结果为每个决策树结果的平均值,其计算结果主要归功于"随机"和"森林",本方案将预处理所得到的数据集作为原数数据输入到随机森林。

假设经预处理后输入进随机森林的原始数据集 D 中有 M 个特征,则随机森林的算法流程如下:

(1)从原始数据集 D 当中利用 Bagging 的思想有放回的重采样产生 n 个与原始数据集同样样本容量大小的训练子集 $\{D_1, D_2, \cdots, D_n\}$;

(2)在构建每棵决策树时,选择训练子集中的某一个作为这棵决策树的训练集,且从全部特征中随机选择 $m(m<M)$ 个特征,并基于这 m 个特征选择最佳分裂方式用于决策树结点的分裂,不断继续这个过程直至达到某个预先设置的条件。本文中每棵决策树都不剪枝,让每棵树都完全生长。

(3)将上一步当中生成的 n 棵完全生长的决策树组合起来形成随机森林。

(4)当测试样本输入到随机森林模型时,随机森林输出的结果为简单多数投票决定或取平均值。随机森林分类算法流程如图 6 所示。

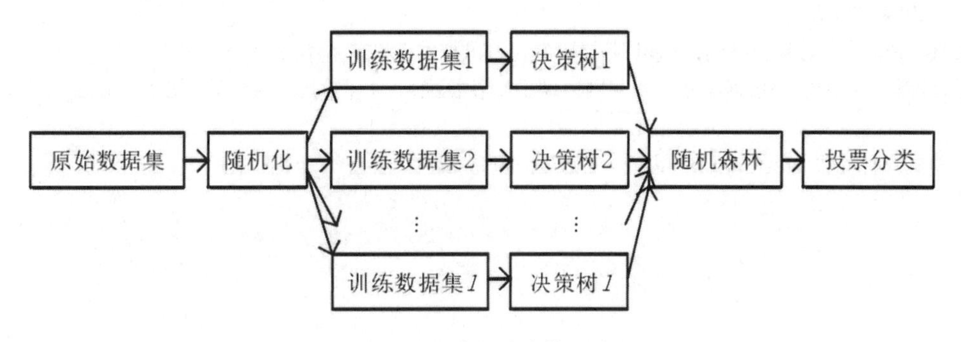

图 6 随机森林分类算法流程

2.5 结果分析

针对基于车联网终端的特点,以移动性特征为选择的重点,根据终端在各个时刻的经纬度进行计算,得出 20 个移动性特征指标提取特征如下:

移动位置相关特征:起始点一致性、每天经过的小区数;

移动时间相关特征:按照小时粒度进行区分;

移动距离相关特征:每天移动的距离性划分(标识为 1,2,3);

速度相关特征:平均速度(km/h)、最大速度、速度的中位数,四分位数,四分之三位数,方差,统计一天内已有数据中静止的时长占比。

其特征分析结果如图 7 所示。

对上述特征分析移动性指标模型训练,得出结果如下:

查准率:97.53%;AR:97.87%;召回率:97.80%;F 值:97.67%(见图 8)。

从结果分析可以看出,物联网终端识别准确率为 97.53%,召回率最高为 97.8%,可提供可靠的物联网非法用户识别,为运营商"断卡行动"网业协同治理提供技术支撑。目前该方法已部署于实际物联网应用中,可识别物联网终端类型约 150 种,涉及车联网、共享单车、电表等多场景维度。

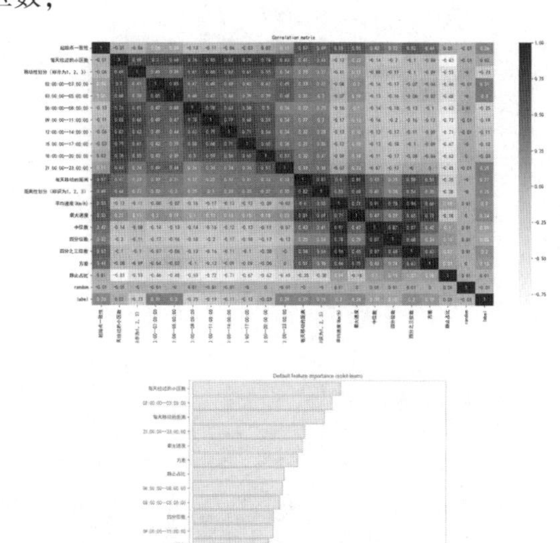

图 7 特征分析结果

3 结束语

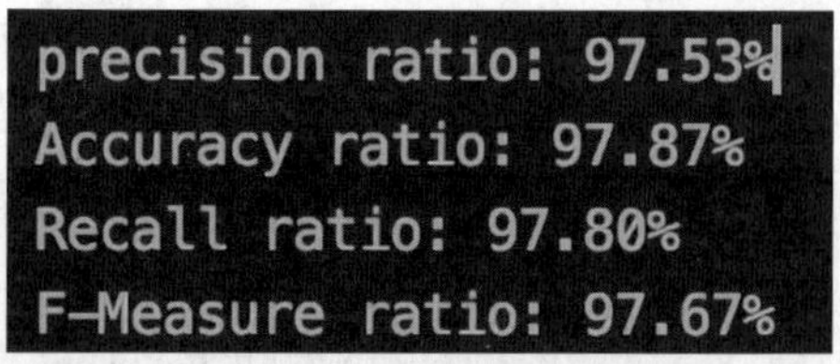

本文针对物联网多特征数据融合处理,基于AI算法实现对物联网终端类型进行精细化识别,尤其是一些具有相似特性比如都具有高速移动特性的终端,提取物联网终端识别的关键数据,并将终端识别过程转化为NLP(自然语言处理)领域的信息提取问题,运用深度学习算法建立模型进行关键信息提取,通过对信令面、用户面的用户特征,例如位置、移动速度、号段,域名等,使用特征工程的方法提取特征向量,构建Kmeans无监督聚类,采用随机森林算法对应用场景进行分类,及时发现并消除物卡人用的安全风险,推动断卡行动深入开展。

```
precision ratio: 97.53%
Accuracy ratio: 97.87%
Recall ratio: 97.80%
F-Measure ratio: 97.67%
```

图8 模型训练后输出结果

参考文献

[1] None. 中国信息通信研究院与GSMA联合发布《中国5G垂直行业应用案例(2020)》研究报告[J]. 电信工程技术与标准化, 2020(4):76-76.

[2] 沈艳, 席兵, 张治中. 物联网终端自动识别方法[J]. 电讯技术, 2021,61(7):7.

[3] 全俊斌, 孙际勇. 基于信令数据的移动物联网终端识别特征研究[J]. 物联网技术, 2020, v.10;No.108(02):107-109,112.

[4] 曹正凤. 随机森林算法优化研究[D]. 北京:首都经济贸易大学.

智慧合杆在5G智慧城市建设中的应用研究

谷 山 许长峰 张晓平 邵 铃

摘 要:智慧合杆作为5G智慧城市新基建,旨在将道路杆体按需融合,有效解决“多杆林立”现象,可集智慧照明、视频监控、5G无线通信、应急求助、井盖监测等多功能于一体,形成新型智慧城市管理末梢网络。采用物联网、边云协同、云计算、大数据等技术,推进空间地理信息与5G融合应用,探索建设城市信息基础平台,为城区5G覆盖及智慧城市管理提供载体支撑。

关键词:智慧合杆;5G;物联网;云计算;边云协同;大数据;智慧城市;新基建

1 智慧合杆应用背景

“十四五”时期,基于经济社会发展需要,建设系统完备、高效实用、智能绿色、安全可靠的现代化基础设施体系已成为社会共识。5G作为数字经济的先导领域,日益受到各级党委、政府的高度重视,在加快推进5G网络建设的基础上,系统布局新型基础设施建设已迫在眉睫。

目前,新型5G智慧城市管理末梢网络涵盖智慧照明、视频监控、5G无线通信、信息交互、应急求助、井盖监测等多种智慧应用,现将各种应用终端统一承载在智慧合杆上,不仅能改善城市道路“多杆林立”现象,更能提高城市治理集约共享,有利于改善居民生活环境,提高政府威信。同时还有助于改变当地窗口形象,对招商引资、扩大对外开放、促进沿线经济发展有良好的推动作用。

2 城市道路杆体现状及存在问题

目前,我国大部分城市道路杆体建设无统一规划,各局委办按照各自的需求建设,无整体建设方案,存在重复建设、浪费资源的现象。具体问题如下。

2.1 “多杆林立”现状

目前市区内5G塔杆、路灯杆、交通杆、道路指示牌杆等杆体都是独立建设的,造成道路两侧特别是路口杆体林立的乱象,既影响城市整体形象,也不利于维护。

2.2 大量超期服役灯杆

普通路灯的使用寿命在15年左右,大部分城市超过50%的路灯已处于超期服役状态,部分路灯使用甚至接近30年,灯杆锈蚀、电线老化导致很大的安全隐患。

2.3 现有灯杆能耗较大

现有路灯大多采用高压钠灯,功耗大且存在照度不足的情况,不具备按照不同时段、不同区域、不同季节调控照度的功能。

2.4 维护成本大

目前路灯采用人工巡检方式维护,由于路灯量大,设置较为分散,维护队伍需要投入大量的人力物力成本,并且这种维护状态属于事后维修,不能在出现问题前及时发现隐患,从根源上杜绝问题的发生。

2.5 城区5G组网急需站址支撑

5G智慧合杆因其“有网、有点、有杆”,成为5G微基站高频超密集组网的必然选择,智慧合杆的建设将为城区5G组网提供优良的站址支撑。

3 智慧合杆应用方案

所谓智慧合杆,就是对智慧城市建设中“上杆”应用进行整合,达到“能合杆的就合杆、能少杆的就少杆、能不上杆的就省杆”的效果,通过智慧合杆的建设,实现智慧城市基础设施的“资源整合”。

目前,智慧合杆上可搭载的智慧城市的应用系统有:AIoT 城市智控平台、智光平台子系统、多媒体信息发布、Wi-Fi 通信系统、分类视频监控、广播及一键呼叫、智慧井盖监测系统等。

3.1 智慧合杆规划架构

3.1.1 系统总体架构

智慧合杆系统总体拓扑图见图 1。

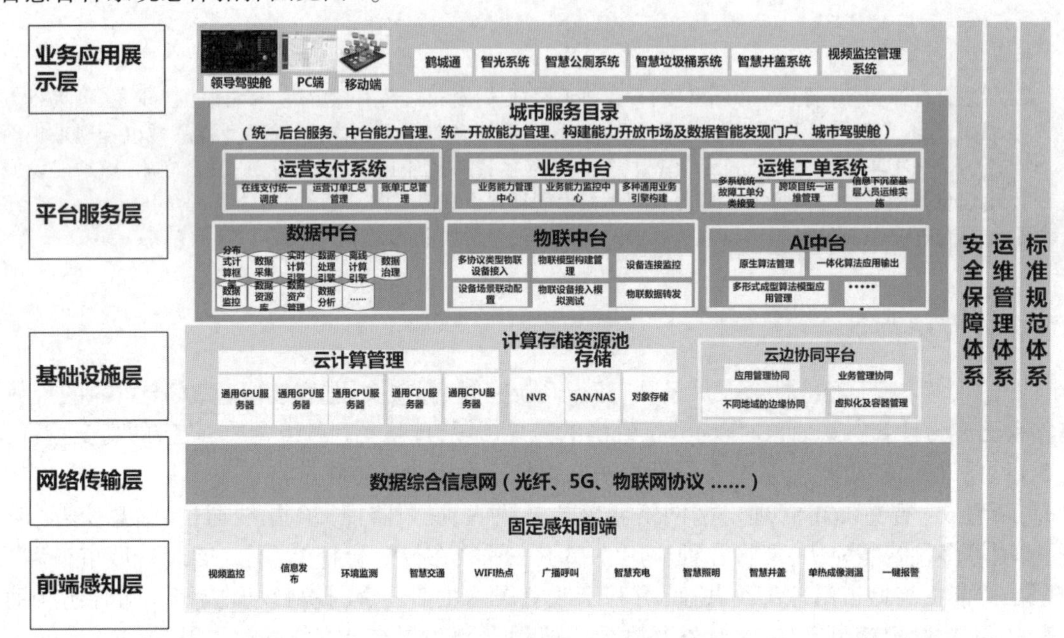

图 1　智慧合杆系统总体拓扑图

智慧合杆系统架构分为前端感知层、网络传输层、基础设施层、平台服务层、应用展现层。各层定义如下:

(1)前端感知层:结合智慧合杆规划建设,加强对安装在城市家具(指城市信息设施、卫生设施、安全设施、消防设施、服务设施、管网设施、交通设施等)为主的设备日常运行过程中产生的数据进行采集监测,逐步实现城市基础设施的感知化和智能化改造,通过城市物联提升城市综合能力。

(2)网络传输层:利用光纤专线、4G/5G、物联网协议等通信手段,实现前端感知层采集数据的回传、汇聚。

(3)基础设施层:基础设施层主要包括云计算和分布式存储系统,云计算系统基于 CPU 和 GPU 资源的虚拟化技术,为前端感知数据的处理提供计算资源池;分布式存储系统基于流媒体直存技术对前端感知层的视频、图像等数据以最大效率提供 I/O 服务,同时也可基于 SAN/NAS 技术对数据类文件提供对象存储服务。

(4)平台服务层:平台服务层包括基础管理平台和智能算法中心。基础管理平台面向用户提供门户管理、视频应用、报警事件中心、地图应用、数据对接等基础服务,为上层应用平台提供基础服务支撑;算法中心集合多种智能应用算法,形成开放式的算法仓库,通过算法管理调度平台实现不同场景下的智能应用。主要为物联网服务平台、数据中台、运营支付平台、运维工单平台、业主中台、AI 中台、云边协同中台、城市服务目录平台。

(5)应用展现层:支持各种应用场景智慧化建设,在城市管理、公共服务、安全应急等关键场景中开展物联网深度应用和规模化部署,依托城市运营服务平台对物联数据的智能分析,实现实时动态解析、预警预报等功能,全面支持管理者对预测性、认知性或复杂性业务逻辑进行科学研判、分析与决策。

3.1.2 系统网络拓扑

不同功能的智慧合杆通过传统光纤网络连入 AIoT 智控平台。智控平台可实现智慧合杆整体的控制和单节点控制，无线控制器实现无线 Wi-Fi 统一管理。公安、交通、市政、城管等平台可以通过 Internet 连接云平台，实现监控信息、交通信息、市政信息、能源信息等数据获取和城市智慧控制。系统总体拓扑图见图 2。

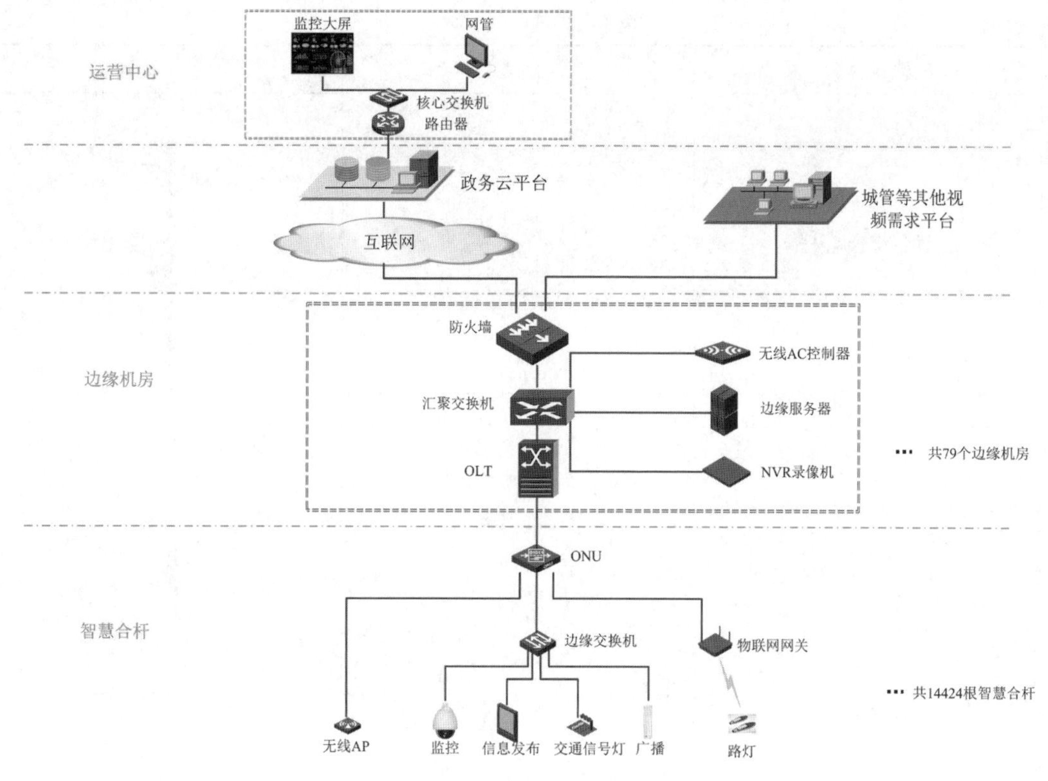

图 2　系统总体拓扑图

3.2　智慧合杆布设方案

3.2.1　道路杆体合设原则

（1）目前道路杆体种类繁多，考虑合设的杆体如下：路灯杆、交通信号灯杆、各类监控杆、路牌杆、各类指示标志牌等，见表 1。

表 1　常规设施合杆

序号	杆件名称	应合杆杆件
1	路灯杆	道路照明
2	交通信号灯杆	信号灯
		分道标志
3	各类监控杆	交通、治安监控
4	路牌杆	路名牌
5	指示标志牌杆	车站、地铁指示牌等
6	智能设备搭载杆	信息化屏、广播等

（2）在满足现有功能需求的情况下，可将交通信号灯单独设置；各类指示标志牌、路牌合杆设置；各类智能设备合杆设置。

（3）柱式公交站牌可独立设杆；无道路照明灯杆的中央分隔带上需设置行人信号灯或机动车信号灯的，可独立设杆。

3.2.2　合杆分类要求

根据城市道路习惯及现有道路杆体，考虑采用 A、B、D、F 型杆，其中 F 型杆依据挂载的设施不同又细分为 F-1、F-2、F-3 型杆。具体方案见表 2。

表 2　智慧合杆分类

杆型	款式品名	功能	图例
A	智慧交通合杆	1. 智慧照明 2. 5G 微基站 3. 信息发布 4. 智慧信号灯	
B	智慧电子警察合杆	1. 智慧照明 2. 5G 微基站 3. 信息发布 4. 电子警察	
D	智慧道路指示牌合杆	1. 智慧照明 2. 5G 微基站 3. 道路指示	
F	智慧合杆	1. 智慧照明 2. 5G 微基站 3. 信息发布	
F-1	智慧合杆	1. 智慧照明 2. 5G 微基站 3. 信息发布 4. 一键呼叫 5. 智能安防	

续表 2

杆型	款式品名	功能	图例
F-2	智慧合杆	1. 智慧照明 2. 5G 微基站 3. 信息发布 4. 公共广播	
F-3	智慧合杆	1. 智慧照明 2. 5G 微基站 3. 信息发布 4. 公共 Wi-Fi	

3.2.3 智慧合杆功能布局

建议采用上、中、下三层结构进行智慧合杆的设置：

其中下部内置传输、电源等 ICT 基础设施，中部挂载各类智能设备，上部装载照明及 5G 通信设备等。具体布局参见图 3。

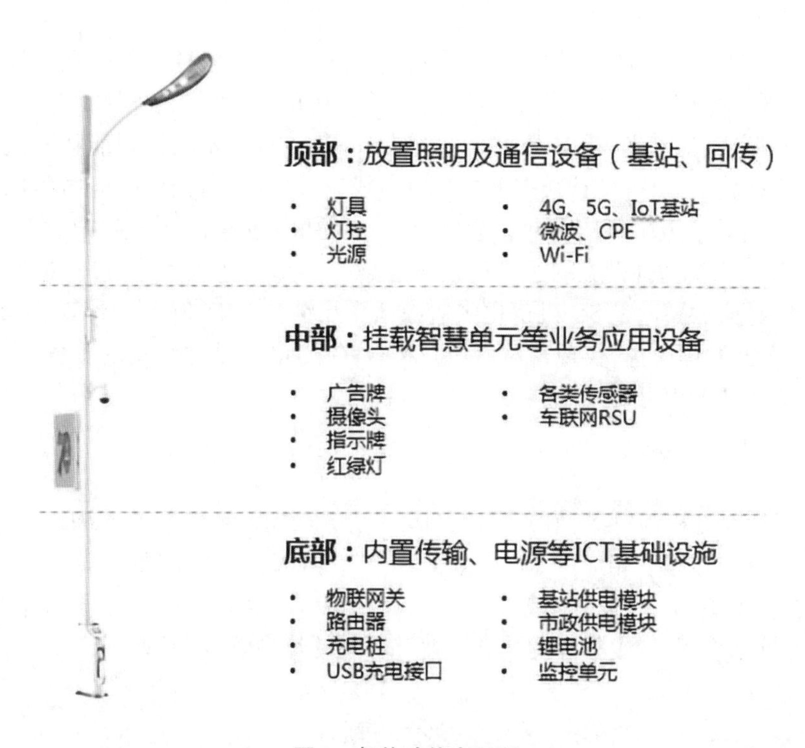

图 3 杆体功能布局图

4 应用案例

智慧合杆的规划建设以我国某中部城市的一条迎宾大道为试点，目标是打造应用场景示范街区，先行先试、试点示范，全面带动智慧城市建设。

4.1　试点概况

道路全长 2.4 km,沿线有:高速路口等重要交通要卡;医院等重要医疗机构;市委市政府、市交警大队、市行政服务中心等机关事业单位;此外还有中国银行和农业银行、农行家属院社区、购物中心、护城河景观带等多种场景,可实施场景丰富,具有非常好的示范作用(见图 4)。

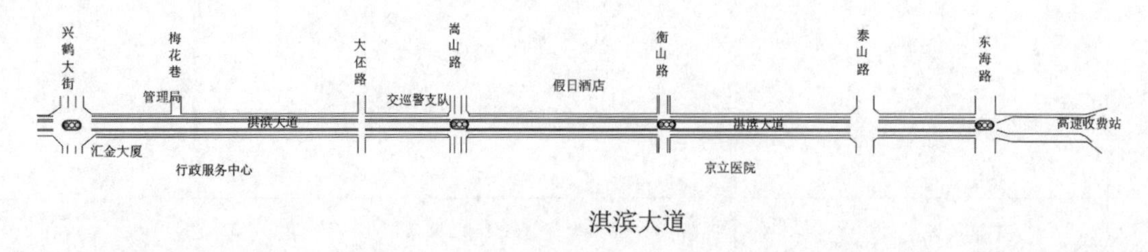

图 4　某迎宾大道道路示意图

4.2　建设内容

4.2.1　5G 智慧合杆

整合淇滨大道(高速路口-兴鹤大街段)原有的普通路灯、道路指示牌杆、电子警察杆、高杆灯、交通信号灯杆等杆件及设备,改造为智慧合杆。改造完成后,将减少各类杆件 30 余根。建设 5G 边缘机房 1 座,机房位置为中国农业银行东侧绿地。

4.2.2　应用场景

智慧合杆建成后,其上承载智慧交通、智慧商超、智慧停车场、智慧金融服务、智慧社区、智慧井盖、智能报亭+智慧邮筒、智慧垃圾桶、智慧充电桩、智慧公厕、智慧环境监测等多种城市大脑平台服务。

4.3　试点建成效果

项目建成后,整合大道原有的普通路灯、道路指示牌杆、电子警察杆、高杆灯、交通信号灯杆等众多杆件及设备,合并杆件后减少 30 余根。最终建设 5G 边缘机房 1 座,各类合杆 125 根,搭载 5G 基站、环境检测、公共 Wi-Fi、照明、信息发布、IP 音柱、安防监控、应急呼叫、充电等智能物联设备。围绕合杆积极构架智慧场景,赋能城市智慧化建设,在淇滨大道沿线设计建设了智慧交通、智慧园林、智慧金融、智慧市政(智慧井盖)、智慧环卫(智慧公厕、智慧垃圾桶)、智慧商超等十个智慧城市应用场景。

项目通过 5G 智慧合杆基础设施的建设构建微管廊等共享设施服务,通过打造城市统一平台实现多智慧场景融合和数据互通,通过 5G 机房提供边缘计算并融合人工智能、云计算、大数据等技术,为智慧城市提供算法、算力、数据支撑,实现智慧城市万物智联,为市民提供优质的服务,为政府提供可管可控的基础设施,实现智慧城市可持续发展。

5　结束语

5G 智慧合杆以道路灯杆为对象,整合了道路标识、信号指示、路名指示等综合信息指示为一体,对杆体功能进行重构,并按需建设相应的 5G 边缘汇聚机房。同时,根据需要,拓展智慧照明、信息发布、5G 通信、视频监控、一键呼叫、井盖监测等应用。大大提高居民生活的便利性,资源集约共享,对地区的经济发展有巨大的推动作用,产生很好的社会效益和可观的经济效益。

参考文献

[1] 陆凯. 城市建成区道路多杆合一工程研究与应用[J]. 上海建设科技,2019(2):24-27.

[2] 佚名. 中国智慧杆塔白皮书(2019)年,www. book118. com.

[3] 王晓晖. 智慧灯杆照亮城市“聪明之路”[N]. 中国建设报,2021.

[4] 林琳. 基于 5G 需求的智慧灯杆建设[J]. 电子技术与软件工程,2021(7):7-8.

NB网络在自动抄表业务的行业方案研究与应用

陈 豪 刘倩倩 曹 俊 赵 垒 孙泽宇

摘 要:由于传统智能水表技术问题,在实际使用过程中出现施工复杂、实时监控困难、通信稳定性差与成本高等问题。窄带物联网NB-IoT的出现能够使此问题得到解决,其主要优势就是安全性高、覆盖区域比较广,耗能低、成本高,在智能水表领域中使用能够使抄表成本得到降低,并且实现水表管理智能化与大数据管理化,具有较高的实际使用价值。以此,本文就对智能水表中使用窄带物联网NB-IoT技术进行分析。驻马店分公司在智能水表的业务发展中积极主动探索物联网的优势,对于出现的问题探索解决方案,助力智能城市发展。

关键词:物联网;智能水表

1 前言

国家八部委联合制定《关于促进智慧城市健康发展的指导意见》,中国智慧城市建设已经正式纳入国家级产业发展战略。另外国家发改委《关于加快实施信息惠民工程有关工作的通知》,通知要求增强民生领域信息服务能力,提升公共服务均等普惠水平。

智慧城市的发展可以有效解决城市在发展过程中遭遇的“城市病”,实现可持续发展,在社会保障、应急响应、公共事业管理、教育、医疗等领域发挥着极大的作用。

传统物联网技术受限于覆盖不足、可靠性低、成本高、效率低、容量小等方面无法得到快速的发展,NB-IoT网络有效的解决了这些问题,在市政领域中发挥着极大的作用。

2 供水企业面临的痛点问题

长期以来,供水行业在运营管理中存在许多痛点,如漏损问题、贸易结算问题、运营人工成本等。2015年4月国家颁布了《水污染防治行动计划》,其中明确:对使用超过50年和材质落后的供水管网进行更新改造,到2017年,全国公共供水管网漏损率控制在12%以内;到2020年,控制在10%以内。而当时2015年全国603个建制市供水企业平均产销差率高于20.72%。理论上讲,产销差主要来自于物理漏损、表观漏损以及免费和非法用水。贸易结算上存在水表故障和人工抄录数据错误等情况。人工抄表上,存在人工成本上升和人工抄录周期长等问题。因此,越来越多的供水企业开始使用智能水表。采用智能水表后,除了智能抄表外,管网监控、水泵站监控、分区管理DMA、水质检测、大数据分析等高级应用也可在供水公司行业获得推广应用。综合考量,供水企业面临四大痛点:漏损控制问题;贸易结算问题;水表功耗问题;运维成本问题。

仔细分析这四个方面的痛点都和计量管理与运维相关,从产品升级换代来看,智能水表相对于人工抄表而言成本低、数据更准确、信息上报及时;同时智能水表可实现远程抄读和实时抄读,数据客观、准确,既可实时读取、实时监控表具的运行状况,又可加载水质、水压等监测数据,方便水务公司进行数据分析和加强用水管理,还可以提供智能收费等管理和服务,解决了机械水表人工抄读效率低、抄录数据误差大、自来水公司长期垫资运营等问题。以抄录数据误差为例,每年可为水务公司减少损失几亿甚至百亿元的费用。

目前,由于漏水、计量精度低以及管理上的漏洞,国内水务公司的产销差损失比较大,而如果在主要节点上安装智能水表,就可以很大程度上节约水资源,降低产销差。按照2018年国家统计局公布的全国水的生产和供应营业收入为 2 658 亿元计算，假设经过智能水表改造可降低 5%左右的产销差率，则每年可以为水务公司减少百亿以上的误差损失。

3　自动抄表方案技术需求

3.1　海量接入

随着水表入户的需求和智能水表布放的场景主要集中在居民区，智能抄表业务需要网络支持大连接，可以支撑足够多的终端进行数据传输。

3.2　覆盖强

水表安装位置主要集中在地下水表井，地表坑等信号衰减量较大的位置，智能水表对于网络的覆盖能力有较高的需求，需要网络的覆盖能力强。

表 1　NB-IoT 水表不同安装场景信号衰减量的参考值

典型场景	信号衰减量参考/dB	常见安装地域
两层石板、表深、水没	16~20	公共区域、江边
铸铁大表箱、表深	5~8	居民区
水没(30 cm)	3~4	城市地下水道
车压(车头入射、小型车)	17.5	停车场
小区管道井	15	南方高层建筑
建筑外墙	0	南方多层住宅
楼内水表井	15	北方高层建筑
地下室	32	北方多层建筑
地表坑	5~8	北方别墅、县镇

3.3　低功耗

传统智能水表功耗过高，增加维护成本和管理难度。如供水企业对数据发送频次要求稍高，电池可能需要每年，甚至更短时间进行更换，因此需要低功耗的网络技术。

4　NB-IoT 物联网架构及优势

4.1　NB-IoT 物联网架构

物联网框架包含了信息的感知层、传输层以及应用层。NB-IoT 体系架构主要分为五个部分：NB-IoT 终端、基站、物联网核心网、物联网平台(云平台)、第三方应用。NB-IoT 基本架构如图 1 所示。

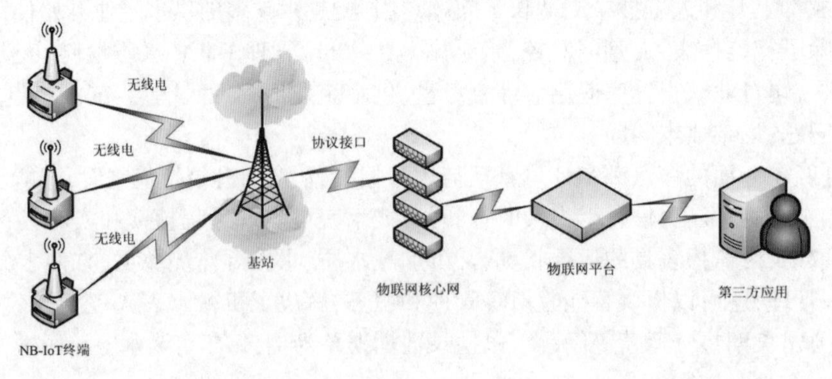

图 1

4.2 NB-IoT 物联网优势

4.2.1 超低功耗

设备的功率损耗是 NB-IoT 技术应用的一项重要指标,尤其对于一些不便常换电池的终端设备,如安装在偏远地区的各种传感类设备、监测类设备等,它们的电池使用寿命需求长达几年。NB-IoT 终端设备可以控制自身休眠和工作的状态,低功耗特性结合多种节电技术,终端设备待机时长达十年之久。

(1)PSM 模式:在 idle(空闲态下)增加 PSM 态,终端设备几乎为关机状态,处于休眠模式,定时器可控制呼醒状态,从而实现设备的低功耗;根据上图分析可知如果上传周期 TAU 为 10 min,设备每周上传一次数据,两节 5 号电池可以用 132 个月之久。

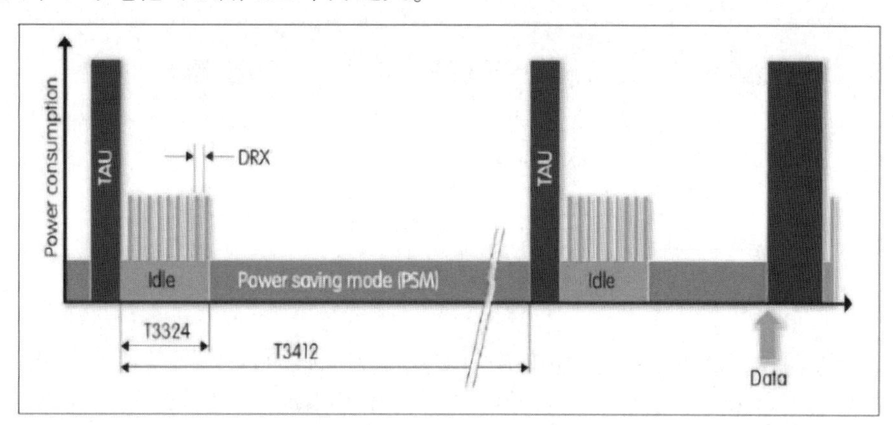

图 2

Estimated battery lifetime in months for different TAU cycles and transaction cycles

Trans. \ TAU cycle	2.56 s (Rel-8)	10.24 s	1 min	10 min	1 h	2 h	1 day
15 min	3.7	4.5	4.9	4.9	4.9	4.9	4.9
1 hour	8.1	13.8	17.0	17.8	17.9	17.9	17.9
1 day	13.2	39.1	84.9	108.0	110.8	111.1	111.3
1 week	13.5	42.0	99.4	132.1	136.2	136.6	137.0
1 month	13.6	42.3	101.6	135.9	140.2	140.7	141.1
1 year	13.6	42.5	102.3	137.1	141.4	141.9	142.3

图 3

(2)eDRX:增强型非连续接收模式,延长了 DRX 的周期,实现更长的寻呼周期,以达到省电的目的。

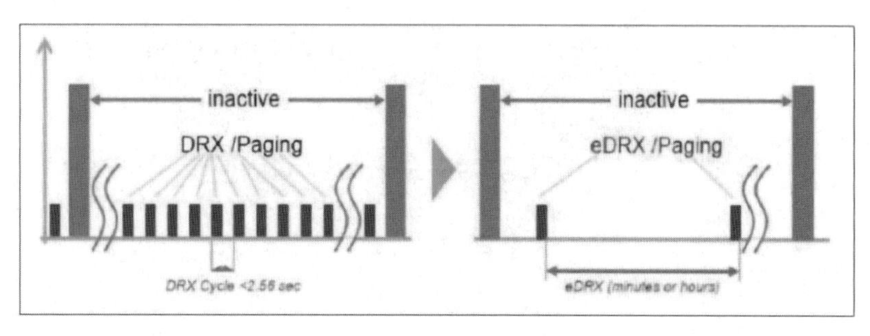

图 4

4.2.2　超大连接

NB-IoT 占用的传输带宽比 LTE 少了很多,由于 NB-IoT 在总的带宽资源一定的情况下,NB-IoT 接入的设备数量较多,所以 NB-IoT 技术资源利用率更高。据统计,当前 NB-IoT 网络单个基站可接入 5 万~10 万个终端设备。

4.2.3　超低成本

从网络建设看,NB-IoT 可以直接在现有网络的基础上改造升级,这样可以大大降低 NB-IoT 网络建设成本。以现网 800 MHz 网络升级为例,只需在带宽上退出 180 kHz,就可以将现网直接升级为 NB-IoT 网络。

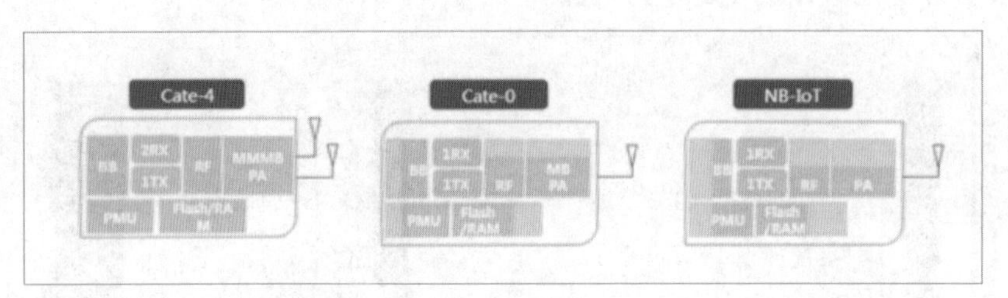

图 5

4.2.4　超广覆盖

NB-IoT 技术通过时域重传技术和提升功率谱密度,相比现有的 GSM 网提升了 20 dB 的 MCL(传送数据时,设备和基站的天线端口之间的最大总信道损耗,MCL 值越大,链接越强大,覆盖范围越广),信号的传输覆盖范围更大,能覆盖到深层地下 GSM 网络无法覆盖到的地方。

4.3　水表业务的网络需求

由于 NB-IoT 水表安装位置与安装小区之间有遮挡、屏蔽等因素存在,会有一定的信号衰弱。通常要求居民区域安装区(空旷区)的路测信号数据 RSRP 不小于-105 dBm, SINR 不低于 0 dB。

水表日均发送 100~200 字节,对带宽要求低,时延不敏感。

因水表安装位置聚集,且数量较多,因此对容量要求较高。

5　自动抄表实施方案

总体业务优化思路以满足 NB-IoT 业务商用条件为网络目标,从覆盖、容量、干扰三个维度进行整体网络评估分析到网络验证调优,并全方位开展覆盖、容量、干扰和个性化参数四个专题的研究,最终建立一套 NB-IoT 业务放号区域评估体系,以保障 NB-IoT 业务商用。

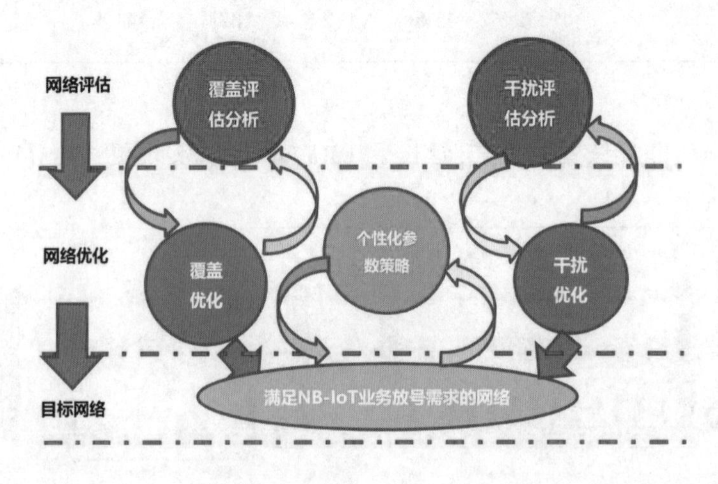

图 6

5.1 **覆盖规划**

网络覆盖规划主要包括 MR 预测评估、面覆盖摸查、点覆盖摸查三部分内容。

为了快速全面的评估 NB-IoT 网络覆盖，电信公司创新性的利用 L800M 的 MR 通过 MPLA（多频段路损折算）算法实现 L800M 向 NB-IoT 的覆盖路损折算，通过 IoT 业务体验和 L800M 网络关键要素的映射，实现 NB-IoT 网络覆盖精准评估。

通过 L800M 的 MR 进行全面的覆盖预测评估，根据 MDT 或者高精度地图定位，区分室内、外后，实现覆盖的快速评估，发现问题；然后再根据室外室内的覆盖评估要求，通过 DT、CQT 进行细致的覆盖评估和测试，确定测试场景是否满足特定业务类型需求（见图 7）。

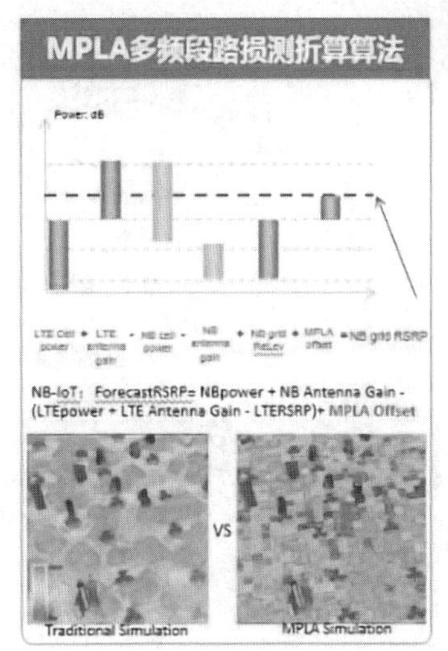

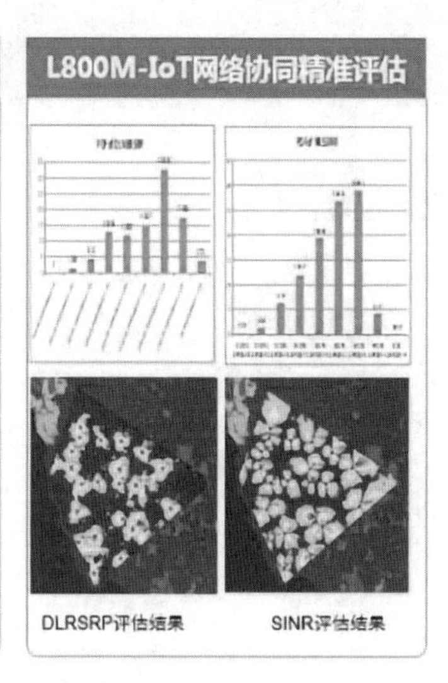

图 7

通过关键的覆盖 KPI，从整体上评估区域的覆盖情况，并且给出评估区域的 TOP 问题小区。

针对弱覆盖区域、重叠覆盖区域、过覆盖小区等具体问题，从覆盖、下行干扰和网络拓扑等因素进行具体分析，定位造成问题区域或小区的原因（见图 8）。

基于 DT 和 L800M 的 MR 数据，栅格化后结合主服小区电平及因覆盖问题导致的异系统互操作事件，综合判断栅格覆盖情况，识别出弱覆盖栅格或覆盖空洞栅格。针对所识别出的弱覆盖区域或弱覆盖小区，结合地理化显示，对小区工参合理性、功率参数配置及网络拓扑合理性等方面进行深入分析，分析造成弱覆盖的原因（见图 8）。

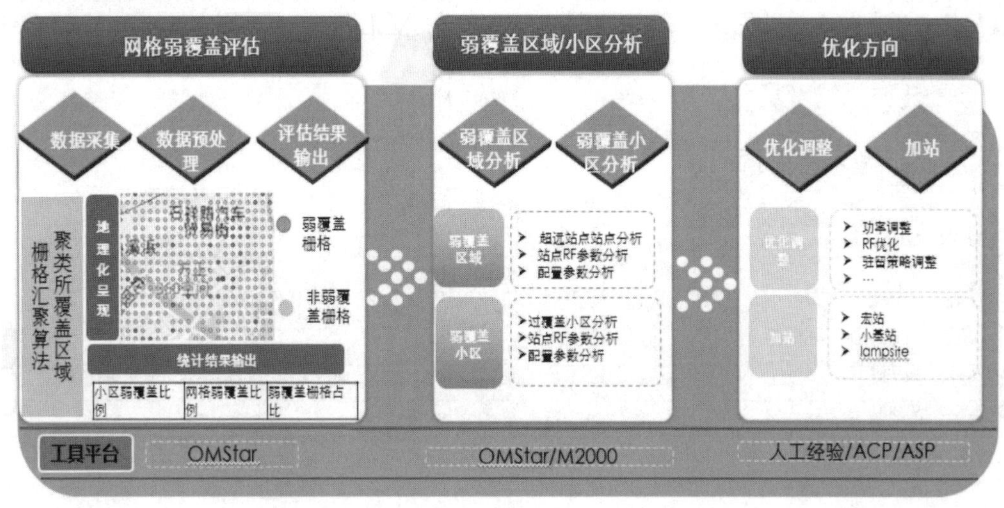

图 8

基于 DT 和 L800M 的 MR 数据,利用过覆盖站点识别算法和重叠覆盖算法,识别重叠覆盖区域和重叠覆盖小区。针对具体的重叠覆盖区域和高重叠覆盖小区,结合地理化显示,从干扰源小区配置、周边网络拓扑、过覆盖小区、被干扰小区配置等方面进行深入分析,定位造成重叠覆盖区域和高重叠覆盖小区的原因(见图 9)。

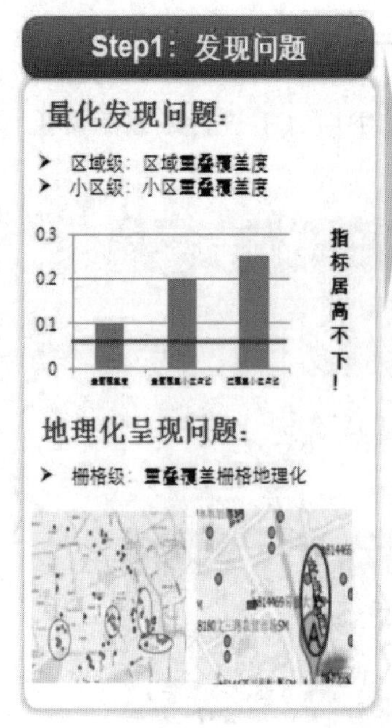

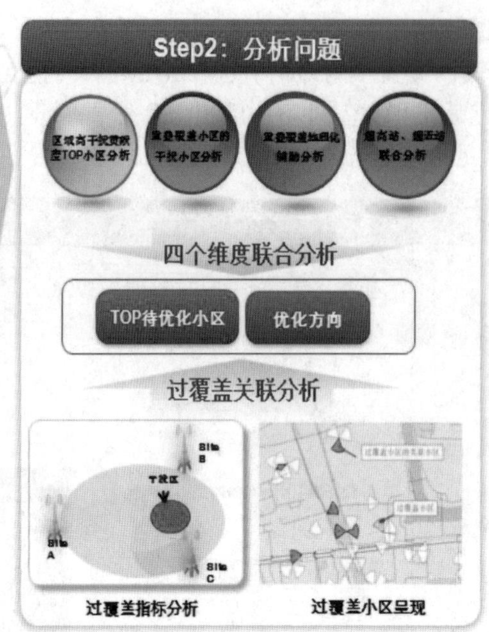

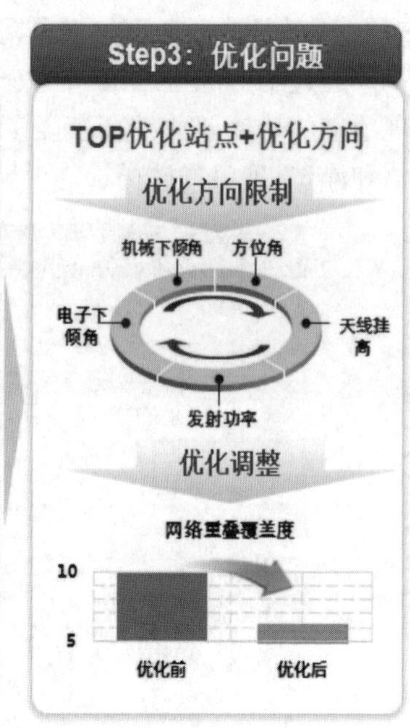

图 9

通过以上评估结合不同业务对网络的需求给出优化方向,增强覆盖,降低干扰, 具体问题区域通过面覆盖摸查、点覆盖摸查做进一步的详细分析。针对不同类型问题,通常优化建议包括:工参优化调整、站点配置参数优化、室外补点、室分系统整改等。

5.2　容量规划

结合智能水表的业务特性和话务模型(见表 2),对网络需要的容量进行评估规划。

表 2

数据项	数据内容	数据流向	数据大小(字节)	类型	周期	水表每小时数据量(字节)	备注
水表定时上报（基础需求）	时间戳、电池电压、告警标志、日累积流量、日累积逆流量、实时流速、周期水耗、周期水压	水表->应用	408	周期型	1次/每天	17	冻结周期按半小时一次计算,以深水需求为例。需要拆分为4个包发送
水表定时上报（增强类需求）	时间戳、电池电压、告警标志、日累积流量、日累积逆流量、实时流速、周期水耗、周期水压、周期水温、周期振动数据	水表->应用	587	周期型	1次/每天	24.5	冻结周期按半小时一次计算,以澳水需求为例，增加实时水温、水压的数据收集。需要拆分为6个包发送
平台主动抄表	周期正向累积流量、周期负向累积流量、实时流速、实时水温、实时水压、日结累计流量	应用->水表	40	事件型	1次/每月	0	
远程阀控	开关阀指令	应用->水表	40	事件型	1次/每月	0	
水表配置	消息上报周期、上报时间、水耗记录周期、持续低流量持续时间、低流量告警门限、持续高流量持续时间、高流量告警门限、低电量告警门限、反流持续时间、反流告警门限、高压告警门限、低压告警门限	应用->水表	40	事件型	1次/年	0	以单个配置项修改计算
持续低流量告警	告警ID、告警时间	水表->应用	50	事件型	1次/年	0	含故障恢复告警
持续高流量告警	告警ID、告警时间	水表->应用	50	事件型	1次/三个月	0	含故障恢复告警
数据被篡改告警	告警ID、被篡改数据项、告警时间	水表->应用	50	事件型	1次/年	0	含故障恢复告警
低电量告警	告警ID、告警时间	水表->应用	50	事件型	1次/6年	0	含故障恢复告警
反流告警	告警ID、告警时间	水表->应用	50	事件型	1次/年	0	含故障恢复告警

依据自来水公司提供的业务模型和用户在各个覆盖等级的分布比例进行容量计算,可以计算出单个小区各个信道所能容纳的最大用户数(见表 3),进一步计算出单小区最多可容纳 8 620 个用户。

表 3

PRACH 接入用户数	14225		
	覆盖等级 0	覆盖等级 1	覆盖等级 2
碰撞概率	10.00%		
PRACH 周期	640		
PRACH 载波数	12		
各覆盖等级用户数	7 112	4 268	2 845
PUSCH 接入用户数	8620		
	覆盖等级 0	覆盖等级 1	覆盖等级 2
PUSCH 载波占用比例	87.33%		
PUSCH 载波数	12		
调度效率	0.7		
PUSCH MCS	9	0	0
PUSCH 重复次数	1	2	32
PUSCH 占用时长	80	864	13 824
下行信道接入用户数	11 911		
	覆盖等级 0	覆盖等级 1	覆盖等级 2
公共信道开销	0.3		
调度效率	0.7		
发射功率(W)	3.2		
下行 SINR	7.50	-2.50	-12.50
PDSCH MCS	10	1	0
PDSCH 重复次数	1	1	16
下行占用时长	10	29	672

依据自来水公司提供的各个小区的终端数,结合网络覆盖,对现网容量进行规划,开通符合容量需求的网络。

5.3 干扰规划

通过对系统内、系统间和系统外干扰进行分析研究,输出并验证干扰规避优化方法,解决干扰引起的高丢包、高时延、高耗电等问题。

在干扰优化过程中通过对话统、频谱数据、路测、扫频等多个维度进行关联分析,结合现场排查,对干扰类型进行定位,制定解决方案。

5.3.1 关键步骤一:数据采集

在对干扰分析前需要收集现网话统、终端路测/扫频测试和上行频谱扫描数据。

5.3.2 关键步骤二:数据分析

数据分析针对采集好的数据,分析干扰影响程度、范围、时间以及干扰影响的方向。对干扰问题区域排序,对干扰影响程度高的优先处理。

5.3.3 关键步骤三:干扰判断

利用路测/扫频信息、上行底噪话统对干扰特征进行分析,对干扰进行分类,分析是系统内干扰、系统间干扰还是系统外干扰,针对不同的干扰通过上站进一步排查以发现干扰源。

5.3.4　关键步骤四:干扰优化

针对干扰源制定针对性的优化方案(见图 10)。

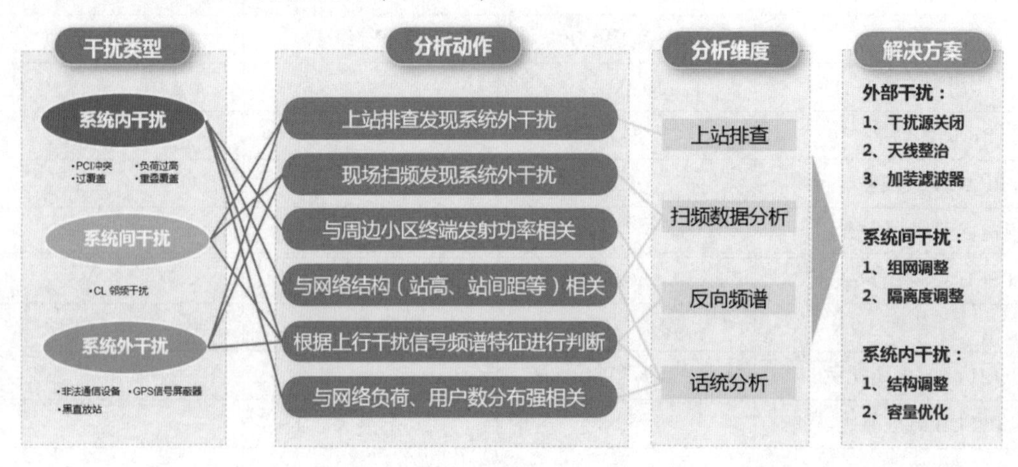

图 10

5.4　个性化参数制定

基于现网场景,结合不同业务需求,制定个性化参数配置策略,并在现网完成验证。主要内容包括业务区域选择、业务模型建立、个性化参数分析、参数效果验证四部分。具体见图 11~图 13。

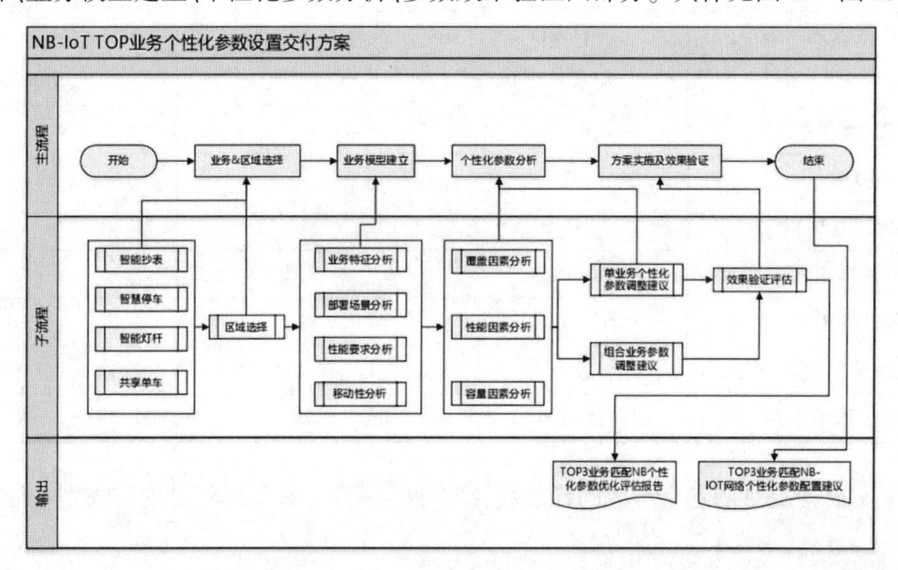

图 11

(1)确定业务区域,首先和客户一块确定的 TOP 业务,然后基于业务特征选择典型区域,比如智能抄表选择代表性的住宅楼。

(2)确定业务模型,从业务模型,部署场景,性能要求,移动性四个特征来建立业务模型,基于这几个维度差异性,研究不同业务个性化参数。

(3)基于不同业务的业务模型差异点,结合 NB-IoT 网络的覆盖,性能,容量三个因素,研究 NB-IoT 不同业务在不同的业务模型下,满足覆盖,性能,容量之间平衡时的差异化参数设置。

抄表业务中,水表周期上报字节数越大,电池使用年限越小。覆盖等级较差的情况下,上报数据越大对电池消耗的影响越严重。

在 eDRX 模式下,若阀控等需求对实时性要求不高,在覆盖较好的情况下,NB-IoT 可以满足需求。建议使用 2hr 的 eDRX 模式。

(4)在现网进行业务验证后,针对自动抄表业务设置的参数满足现场实际需求(见表 4)。

智能抄表业务特征（示意）			
消息名称	消息大小（字节）	消息方向	频率
周期性抄表	100～200	上行	1次/天
告警上报	~50	上行	1次/月
状态查询/配置下发	~50	下行	1次/年
查询响应/下发响应	~50	上行	1次/年
版本升级	< 100K	下行	1次/年
升级响应	~50	上行	1次/年

智能抄表部署场景模型（示意）		
部署位置	用户数	用户占比
覆盖等级0	200	20%
覆盖等级1	300	30%
覆盖等级2	500	50%
小区汇总	1000	100%

智能抄表业务性能要求（示意）	
指标项	性能要求
抄表成功率	98%
电池寿命	6~10年

智能抄表移动性要求（示意）	
指标项	要求
移动速率	NA

图 12

水表，100字节，1天1次，PSM，电池5 000 mwH，有效容量80%，自损率2%/年							
Results	Power Saving Method	Battery Lifetime (years)			Battery Capacity for 10 years (mah)		
		MCL			MCL		
		144dB	154dB	164dB	144dB	154dB	164dB
	PSM	15.8	12.4	4.5	900	1300	4400
水表，587字节，1天1次，PSM，电池5 000 mwH，有效容量80%，自损率2%/年							
Results	Power Saving Method	Battery Lifetime (years)			Battery Capacity for 10 years (mah)		
		MCL			MCL		
		144dB	154dB	164dB	144dB	154dB	164dB
	PSM	14.7	7.4	1.6	1000	2500	13800
水表，100字节，1天1次，eDRX，电池5 000 mwH，有效容量80%，自损率2%/年							
Results	Power Saving Method	Battery Lifetime (years)			Battery Capacity for 10 years (mah)		
		MCL			MCL		
		144dB	154dB	164dB	144dB	154dB	164dB
	eDRX（82s）	5.3	1.7	0.2	3700	12400	93400
	eDRX（10分钟）	11.4	5.6	1	1400	3400	21700
	eDRX (2小时)	15.3	11.2	3.5	900	1500	5900

图 13

表 4

参数分类	参数个数	参数示例	
		参数名称	参数ID
接入	2	前导最大尝试次数	MaxNumPreambleAttempt
覆盖	10	NbRsrpFirstThreshold	NB-IoT RSRP一级门限
功耗	5	NB-IoT小区DRX非激活定时器	NbDrxInactivityTimer
时延	7	NB-IoT寻呼分组个数	NbForNbIoT
速率	4	下行初始MCS	DlInitialMcs
容量	12	PRACH发送周期	PrachTransmissionPeriod

6 推广范围

中国电信驻马店分公司创新性的利用 L800M 的 MR 通过 MPLA（多频段路损折算）算法实现 L800M 向 NB-IoT 的覆盖路损折算，通过 IoT 业务体验和 L800M 网络关键要素的映射，实现 NB-IoT 网络覆盖精准评估。可以快速检测出网络盲点，对于站点精准规划，提出了指导性意见。

对于智能水表业务的特性进行精准评估，根据实际需求评估出多组参数设置建议，提升 NB 网络的实际使用体验。

目前,该规划评估优化体系在多个地市已进行推广实施,取得了良好的效果。

7　社会效益

7.1　经济价值

通过创新性的使用 MPLA 算法进行覆盖规划,根据水表业务的特点进行容量规划及参数规划,实现了站点的精准规划,既节约了投资,又很好的实现了智能水表的业务需求,带来了用户的快速增长。

表 5

项目	单价/万元	数量	合计/万元
节省 NB 站点 license	0. 9	623	560. 7
节省年电费	0. 36	623	224. 28
年用户数增长	1. 6/1000	55 875	89. 4
总计			874. 38

7.2　社会价值

随着智慧城市的发展,物联网在未来会在更多领域发挥更重要的作用,如智慧井盖、智能停车、智能路灯、环境检测、燃气抄表、电力抄表等领域。

在水力抄表的方案和研究中积累较多的经验,对于未来在智慧城市的更多领域中,提前积累了较多经验,以助力智慧城市的发展。

8　结束语

中国电信驻马店分公司通过深入研究物联网的特性,从网络规划入手,制定出基于业务需求的定制物联网网络,根据客户需求,灵活打造出符合需求的网络,获得了良好的经济效益,并积累了大量经验,以支撑智慧城市的发展。

参考文献

[1] 张永强,高尚,石莹,等. NB-IOT 技术特性及应用[J]. 计算机技术与发展,2020(7):51-55.
[2] 张福琦,刘禹佳 . NB-IOT 技术的发展现状与趋势研究[J]. 中国新通信[J]. 2019,21(12):11-14.
[3] 陈刚,黄欣,王家诚,等. NB-IoT 上行链路关键技术分析与性能仿真[J]. 电子技术与软件工程,2019(8):27-29.

云计算大数据

基于二进制 PSO-GWO 算法的大数据特征选择

崔广伟　韩　勇　姬莉莉　刘体平

摘　要:针对当前基于启发式搜索的特征选择算法存在分类精度低、所选特征数量高的问题,提出了一种基于二进制粒子群(PSO)优化和灰狼优化(GWO)算法的大数据特征选择方法,该方法利用灰狼优化器中的探索能力来提高粒子群优化中的开发能力,二进制 PSO-GWO 算法明显改善了 PSO 算法收敛速度慢和 GWO 算法易于早熟的缺陷,从而增强算法在特征选择问题中的优化性能。为了找到满足最大分类精度的最佳特征子集,提出的算法以分类精度和特征数目作为目标函数,并使用具有欧几里得分离矩阵的 K-最近邻分类器对所选特征进行识别。试验结果表明,提出的方法在多个数据集上取得了较好的效果,能够以较少的特征获得良好的分类性能,比其他对比方法更具优势。

关键词:特征选择;灰狼优化;粒子群优化;二进制混合算法

1　引言

随着近些年互联网技术的快速发展,每天收集的数据呈爆炸式增长,使得提取有用信息进行数据分析的困难增加。同时,盲目收集的数据也存在某些特征不相关问题,冗余特征将导致预测方法的性能下降[1-2]。很多数据分析方法为了解决数据的高维性和提高预测性能,采用特征选择作为一个主要的预处理步骤[3]。包装器算法作为一种特征选择方法,主要是利用搜索算法优化特征子集,然后基于候选特征集对归纳算法进行训练,最后根据预定义标准评估最佳特征子集[4]。

由于寻找最小特征子集的特征选择是一个 NP 完全组合优化问题,因此在实际应用中通常采用启发式搜索算法寻找近似最优解,在特征子集质量和运算效率之间获得平衡[5]。近年来,研究人员提出了许多基于启发式优化算法的特征选择方法。Mafarja 等[6]提出了一种基于鲸鱼优化算法(Whale Optimization Algorithm,WOA)的包装器特征选择方法,采用两种二值化的 WOA 算法来搜索最优特征子集。Chen 等[7]在 Spark 的平台环境中应用并行二值灰狼优化算法(Grey Wolf Optimization,GWO)进行特征选择,降低了处理高维数据的时间。但是,单一的启发式优化算法存在一定程度的不足,在求解大规模问题时,WOA 和 GWO 算法往往陷入局部最优。为了解决这类问题,通常将两种或两种以上的算法结合起来以提高每种算法的性能。Pathak 等[8]提出了一种基于莱维飞行的灰狼优化算法,利用莱维飞行的随机性来避免早熟问题,提高收敛精度。Sayed 等[9]将混沌因子引入乌鸦搜索算法(Crow Search Algorithm,CSA)中,解决了 CSA 算法中收敛速度慢和局部最优的缺点,提高了算法的优化性能,降低了特征选择数量。Ghosh 等[10]提出了一种基于遗传算法和粒子群算法产生的特征选择方法,该方法充分利用遗传算法和粒子群算法的优点,利用平均加权组合的方式获得优化解。

尽管上述方法具有良好的性能,但也存在一定的局限性,泛化能力较弱。为了提高分类精度以及最小化所选特征的数量,本文提出了一种用于特征选择问题的二进制 PSO-GWO 算法,该算法采用对用于连续搜索空间的 PSO-GWO 算法二进制化的方式,来解决以分类精度和特征数目作为目标函数的特征选择问题,由于二进制 GWO-PSO 算法在探索阶段和开发阶段取得有效的平衡,克服了 GWO 算法和 PSO 算法各自的缺点,因此,所提算法能够获得满足最大分类精度的最佳特征子集。

2　基于 PSO-GWO 的混合算法

Narinder 等[11]在 2017 年提出了混合 PSO-GWO 算法,该算法的基本思想是利用灰狼优化器中的探索能力来提高粒子群优化中的开发能力,两种算法的结合克服了 PSO 算法收敛速度慢的缺陷,也改善了 GWO 算法的精度不高、易于出现早熟的问题,从而增强算法的优化性能。

在 PSO 算法中,群体粒子都由位置矢量和速度矢量表示。每个粒子都围绕当前找到的最佳解来对整个解空间进行搜索。粒子使用以下公式更新位置和速度矢量:

$$v_i^{t+1} = v_i^t + c_1 r_1 (P_{besti}^t - x_i^t) + c_2 r_2 (g_{best} - x_i^t) \tag{1}$$

$$x_i^{t+1} = x_i^t + v_i^{t+1} \tag{2}$$

式中:t 为当前迭代;r_1 和 r_2 为加速因子,为随机数,P_{besti}^t 为粒子 i 当前搜索到的最优解,g_{best} 表示整个粒子群当前搜索到的最优解。

在 GWO 算法中,灰狼等级中存在头狼 a、从属狼 b、普通狼 d 和底层狼 w 四种。当狼群进行狩猎时,前三个等级的灰狼 a、b 和 d 具有获得潜在猎物所在位置的能力,因此在迭代过程中优先搜索它们的位置,并根据三者的位置更新下次迭代时其他灰狼的位置。假定灰狼个体的位置定义为 X,则种群其他个体与 a、b 和 d 的距离可以表示为:

$$\begin{cases} D_\alpha = | C_1 X_\alpha(t) - X(t) | \\ D_\beta = | C_2 X_\beta(t) - X(t) | \\ D_\delta = | C_3 X_\delta(t) - X(t) | \end{cases} \tag{3}$$

$$\begin{cases} X_1 = X_\alpha(t) - A_1 D_\alpha \\ X_2 = X_\beta(t) - A_2 D_\beta \\ X_3 = X_\delta(t) - A_3 D_\delta \end{cases} \tag{4}$$

$$\begin{cases} A = 2ar_1 - a \\ C = 2r_2 \end{cases} \tag{5}$$

式中:A 和 C 为协同系数向量;r_1 和 r_2 为随机向量;a 为收敛因子。因此,狼群的个体位置更新可以表示为:

$$X(t+1) = \frac{X_1 + X_2 + X_3}{3} \tag{6}$$

在混合 PSO-GWO 中,前三个最优解的位置在搜索空间中更新,用惯性常数控制搜索空间中灰狼的探索和开发过程。修正后的控制方程组定义为:

$$\begin{cases} D_\alpha = | C_1 X_\alpha(t) - \omega \cdot X(t) | \\ D_\beta = | C_2 X_\beta(t) - \omega \cdot X(t) | \\ D_\delta = | C_3 X_\delta(t) - \omega \cdot X(t) | \end{cases} \tag{7}$$

为了结合 PSO 和 GWO 变体,速度和位置更新公式如下:

$$v_i^{t+1} = \omega \cdot [v_i^t + c_1 r_1 (X_1 - x_i^t) + c_2 r_2 (X_2 - x_i^t) + c_3 r_3 (X_3 - x_i^t)] \tag{8}$$

$$x_i^{t+1} = x_i^t + v_i^{t+1} \tag{9}$$

3　基于混合算法的特征选择

由于 Narinder 等提出了混合 PSO-GWO 算法仅适用于连续搜索空间的问题,而特征选择本质上是一个二进制问题,因此 PSO-GWO 算法未经修改就不能用于解决这类问题。为了解决特征选择问题,本文提出了 PSO-GWO 的二进制版本。种群个体可以在原始 PSO-GWO 算法中连续地在搜索空间中移动,因为它们的位置矢量具有连续的实域。因此,若将混合算法二进制化,算法流程如图 1 所示,需要对(5)式做适当修改:

$$x_d^{t+1} = \begin{cases} 1, \text{当 } sigmoid\left(\frac{x_1 + x_2 + x_3}{3}\right) \geq rand \\ 0, \text{其他} \end{cases} \tag{10}$$

式中：x_d^{t+1} 为 d 维空间中 t 次迭代时的二进制更新位置，$rand$ 是在[0,1]之间均匀分布的随机数，$sigmoid$ 是二进制映射函数，定义为：

$$sigmoid(x)=\frac{1}{1+e^{-10(x-0.5)}} \tag{11}$$

原(4)式中的 x_1、x_2 和 x_3 可以根据式(12)~式(14)进行更新：

$$x_1^d=\begin{cases}1,当(x_\alpha^d+bstep_\alpha^d)\geqslant 1\\0,其他\end{cases} \tag{12}$$

$$x_2^d=\begin{cases}1,当(x_\beta^d+bstep_\beta^d)\geqslant 1\\0,其他\end{cases} \tag{13}$$

$$x_3^d=\begin{cases}1,当(x_\delta^d+bstep_\delta^d)\geqslant 1\\0,其他\end{cases} \tag{14}$$

式中：$x_{\alpha,\beta,\delta}^d$ 为 d 维空间中 a、b 和 d 灰狼的位置向量；$bstep_{\alpha,\beta,\delta}^d$ 为 d 维空间中的二进制阶梯函数，定义为：

$$bstep_{\alpha,\beta,\delta}^d=\begin{cases}1,当\ cstep_{\alpha,\beta,\delta}^d\geqslant rand\\0,其他\end{cases} \tag{15}$$

式中：$cstep_{\alpha,\beta,\delta}^d$ 为 d 维空间中的连续值，具体定义由式(16)给出：

$$cstep_{\alpha,\beta,\delta}^d=\frac{1}{1+e^{-10(A_1^dD_{\alpha,\beta,\delta}^d-0.5)}} \tag{16}$$

式中：A_1^d 和 $D_{\alpha,\beta,\delta}^d$ 分别由式(5)和式(7)给出。

在提出的二进制混合算法中，基于式(12)~式(14)更新的三个最佳解在探索和开发过程中的控制方程组仍由式(7)表示。而粒子的速度和位置更新公式则修正为：

$$v_i^{t+1}=\omega\cdot[v_i^t+c_1r_1(X_1-x_i^t)+c_2r_2(X_2-x_i^t)+c_3r_3(X_3-x_i^t)] \tag{17}$$

$$x_i^{t+1}=x_d^{t+1}+v_i^{t+1} \tag{18}$$

本文在优化特征选择时的解由一维向量表示，该向量的长度等于特征数。在这个二进制向量中，0 表示特征未被选中，1 表示特征被选中。特征选择问题本质上是一个双目标优化问题，一个目标是找到最少的特征数目，另一个目标是最大化分类精度。为了同时考虑这两种情况，将适应度函数定义为：

$$fitness=\alpha\rho_R(D)+\beta\frac{|S|}{|T|} \tag{19}$$

式中：$\alpha\in[0,1]$，$\beta=1-\alpha$，两者是权重系数；$\rho_R(D)$ 为 KNN 分类器的错误率；|S|为选定的特征子集；$|T|$为全部特征子集。

基于二进制混合算法的特征选择见图 1。

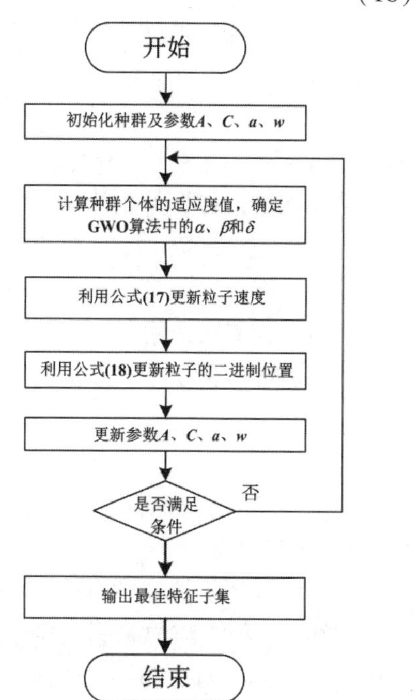

图 1　基于二进制混合算法的特征选择

4　试验与结果分析

为了评估所提算法的性能，本文在所有试验中使用了 UCI 数据集存储库中的 18 个 UCI 基准数据集进行验证[12]，表 1 中显示了所使用的数据集的详细信息。在试验中将数据集随机划分为训练和测试两部分，每个数据集均使用 k 折交叉验证进行分区，k-1 个于训练，另一个用于测试。此外，所有试验中在 MATLAB 2018a 中运行，运行环境为 Intel © CoreTM i7-6700 @ 3.4GHz CPU 和 16GB RAM 计算机上。

表 1 标准函数的详细信息

序号	数据集	特征数	样本数	分类数
1	Breastcancer	9	699	2
2	BreastEW	30	569	2
3	CongressEW	16	435	2
4	Exactly	13	1 000	2
5	Exactly2	13	1 000	2
6	HeartEW	13	270	5
7	IonosphereEW	34	351	2
8	KrvskpEW	36	3196	2
9	Lymphography	18	148	4
10	M-of-n	13	1 000	2
11	PenglungEW	325	73	2
12	SonarEW	60	208	2
13	SpectEW	22	267	2
14	Tic-tac-toe	9	958	2
15	Vote	16	300	2
16	WaveformEW	40	5 000	3
17	WineEW	13	178	3
18	Zoo	16	101	7

4.1 参数设定和评估指标

为了产生最佳特征子集,使用了基于包装器的方法与欧几里得分离矩阵的 KNN 分类器(其中 $k=5$)。提议方法的参数设置如下:狼群数量为 10,最大迭代数为 100,$c_1=c_2=c_3=0.5$,$w=0.5+\text{rand}()/2$。

本文采用 3 个统计量度作为验证提出算法测试结果的评估指标,3 个统计量度分别为:

平均分类精度是指算法运行 N 次时,分类器对所选特征集的精确度:

$$AvgAcc = \frac{1}{N}\sum_{k=1}^{N} Acc^k \tag{20}$$

式中:Acc^k 为 k 次迭代时分类器所选特征的精度。

平均特征选择量是指算法运行 N 次后,平均所选特征的数量:

$$AvgSele = \frac{1}{N}\sum_{k=1}^{N} Sele^k \tag{21}$$

式中:$Sele^k$ 为 k 次迭代时选取的特征数。

平均适应度值是指算法运行 N 次后获得的适应度函数平均值:

$$fit_{mean} = \frac{1}{N}\sum_{k=1}^{N} g_k^* \tag{22}$$

式中:g_k^* 为 k 次迭代时的平均适应度值。

4.2 结果与讨论

为了验证所提算法的有效性,采用两个试验进行测试:第一个试验为所提算法在 18 个基准函数中的测试结果;第二个试验是根据特征数量将 18 个基准函数分为大、中、小 3 类数据集,将所提算法与对比算法,如二元蚱蜢算法(BGOA)[1]、两阶段变异的灰狼优化算法(TMGWO)[12]、混沌樽海鞘群算法(CSSA)[13]和二元遗传群优化算法(BGSO)[14],对这 3 个数据集上的测试结果进行对比(见表 2)。

表 2 给出了所提算法运行 20 次后的测试结果。从表 2 中可以看出,Exactly、M-of-N、WineEW 和 Zoo4 个数据集具有 100%的精度,Breastcancer、CongressEW 和 KrvskpEW3 个数据集的平均精度为 98%。此外,特征减少最多的数据集为 Exactly2、vote、CongressEW 和 Breastcancer,选定特征的、数量分别为

1.6、3.4、4.4 和 4.4。

表 2 所提算法在基准函数中的测试结果

序号	数据集	平均分类精度	平均特征选择量	平均适应度值
1	Breastcancer	0.98	4.4	0.03
2	BreastEW	0.97	13.6	0.04
3	CongressEW	0.98	4.4	0.03
4	Exactly	1.0	6	0.004 6
5	Exactly2	0.76	1.6	0.24
6	HeartEW	0.85	5.8	0.15
7	IonosphereEW	0.95	13	0.05
8	KrvskpEW	0.98	15.8	0.02
9	Lymphography	0.92	9.2	0.08
10	M-of-n	1.0	6	0.004
11	PenglungEW	0.96	130.8	0.05
12	SonarEW	0.96	31.2	0.05
13	SpectEW	0.88	8.4	0.12
14	Tic-tac-toe	0.81	5.2	0.19
15	Vote	0.97	3.4	0.03
16	WaveformEW	0.80	14.2	0.21
17	WineEW	1.00	6	0.009
18	Zoo	1.00	6.8	0.008
平均		0.93	15.88	0.073

对于第二个试验中的三个数据集，大型数据集的特征数量在 30~350 个，中型数据集的数量在 16~25 个，而小型数据集的数量在 0~15 个。图 2~图 4 给出了本文算法与对比算法在大、中、小 3 类数据集上的分类精度和特征选择量。

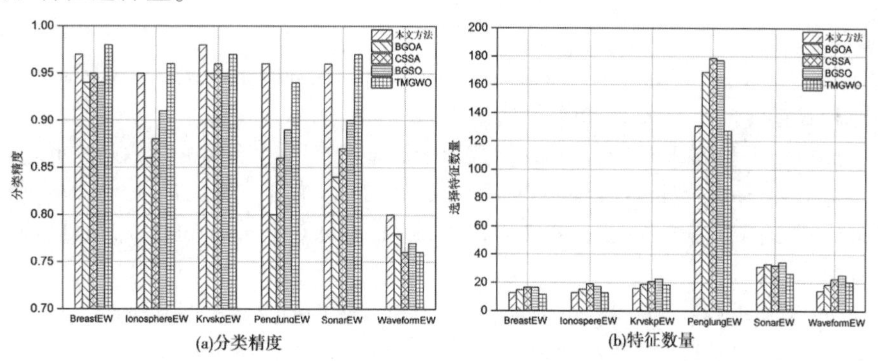

图 2 不同算法在大型数据集上的测试结果

从图中的结果可以看出，所提出的算法虽然在 BreastEW、IonosphereEW 和 SonarEW 等少数几个数据集中的测试结果不如 TMGWO，但在大多数数据集中具有明显更好的结果，比其他对比算法更具优势，可以在选择较少特征的同时保持良好的分类性能。从而证明了该算法具有同时搜索两个优化目标的能力，在优化迭代过程中具备控制开采与探索之间权衡的良好能力。

5 结语

本文提出了一种基于粒子群优化和灰狼优化的二进制混合搜索算法，用于解决特征选择方法中存在分类精度低、所选特征数量高的问题。该方法结合了 GWO 和 PSO 两种算法的优点，并将适合连续搜索空间问题的混合算法二进制化，从而提升了每种搜索算法在特征选择方面的性能，有效避免算法出现

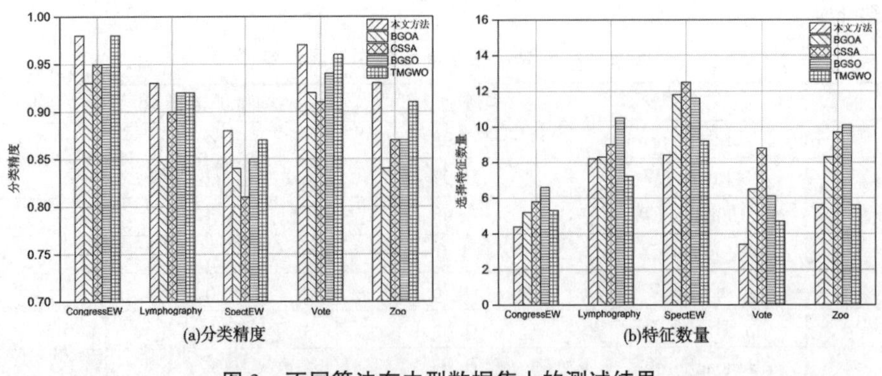

(a)分类精度　　(b)特征数量

图3　不同算法在中型数据集上的测试结果

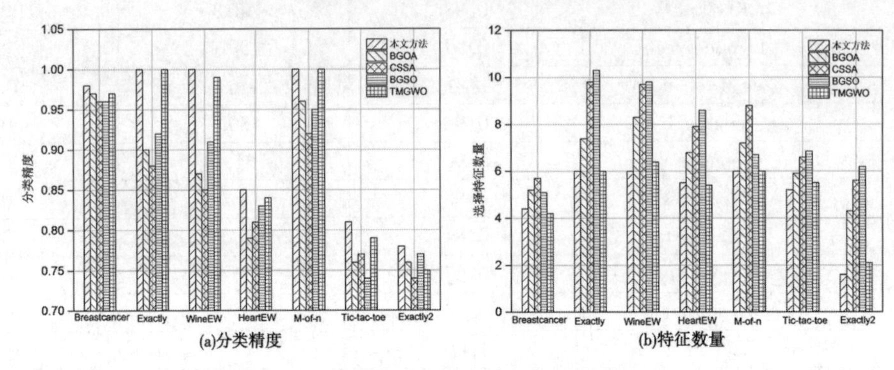

(a)分类精度　　(b)特征数量

图4　不同算法在小型数据集上的测试结果

早熟收敛和局部最优。为了验证所提方法的有效性,对从18个UCI基准数据集中选取的最佳特征子集使用K-最近邻分类器进行测试。实验结果表明,与大多数算法相比,所提方法在分类精度和所选特征数量方面具有优越性。

参考文献

[1] Mafarja M, Aljarah I, Faris H, et al. Binary grasshopper optimisation algorithm approaches for feature selection problems [J]. Expert Systems With APPlications, 2019, 117: 267-286.

[2] 周婉莹,马盈仓,郑毅,等.稀疏回归和流形学习的无监督特征选择算法[J].计算机应用研究.2020,37(9).

[3] Hu Bin, Dai Yongqiang, Su Yun, et al. Feature Selection for Optimized High-Dimensional Biomedical Data Using an Improved Shuffled Frog Leaping Algorithm[J]. IEEE/ACM Transactions on Computational Biology and Bioinformatics, 2018, 15(6): 1765-1773.

[4] Bitanu C, Trinav B, Kushal K G, et al. Late Acceptance Hill Climbing Based Social Ski Driver Algorithm for Feature Selection[J]. IEEE Access, 2020, 8: 75393-75408.

[5] Faris H, Mafarja M, Heidari A A, et al. An efficient binary Salp Swarm Algorithm with crossover scheme for feature selection problems[J]. Knowledge Based Systems, 2018, 154: 43-67.

[6] Mafarja M, Mirjalili S. Whale optimization approaches for wrapper feature selection[J]. APPlied Soft Computing, 2018, 62: 441-453.

[7] Chen Hongwei, Han Li, Hu Zhou, et al. A Feature Selection Method of Parallel Grey Wolf Optimization Algorithm Based on Spark[C]//The 10th IEEE International Conference on Intelligent data acquisition and advanced computing systems technology and applications(IDAACS). Metz, France: IEEE, 2019: 81-85.

[8] Pathak Y, Arya K V, Tiwari S, et al. Feature selection for image steganalysis using levy flight-based grey wolf optimization [J]. Multimedia Tools and APPlications, 2019, 78(2): 1473-1494.

[9] Sayed G I, Hassanien A E, Azar A T, et al. Feature selection via a novel chaotic crow search algorithm[J]. Neural Computing and APPlications, 2019, 31(1): 171-188.

[10] Ghosh M, Guha R, Alam I, et al. Binary Genetic Swarm Optimization: A Combination of GA and PSO for Feature Selection[J]. Journal of intelligent systems, 2019, 29(1): 1598-1610.

[11] 金海波,马海强.分段提取函数型数据特征的算法研究[J].计算机应用研究.2020,37(6).

[12] Abdelbasset M, Elshahat D, Elhenawy I, et al. A new fusion of grey wolf optimizer algorithm with a two-phase mutation for feature selection[J]. Expert Systems With APPlications, 2020, 139: 1-14.

[13] Sayed G I, Khoriba G, Haggag M H, et al. A novel chaotic salp swarm algorithm for global optimization and feature selection[J]. APPlied Intelligence, 2018, 48(10): 3462-3481.

[14] Ghosh M, Guha R, Alam I, et al. Binary Genetic Swarm Optimization: A Combination of GA and PSO for Feature Selection[J]. Journal of intelligent systems, 2019, 29(1): 1598-1610.

基于OB域融合的5G潜在用户挖掘方案的探索与实践

毕冀宾 高 扬 张艳卫 熊贤柱 曲 强 翟 弦 柴玉晓

摘 要:随着第五代移动通信技术(5thgenerationmobilenet-works,简称5G)的发展使用,移动通信的网络环境也在不断地优化,同时有大量的技术创新,基于5G网络的大量应用服务也在紧随变革。5G时代在移动终端、泛娱乐、工业互联网等行业已经拉开序幕。

在2019年12月13日召开的"中国5G经济研讨会"上,发布了《中国5G经济报告2020》,报告指出在短期内5G不会完全改变或颠覆电信领域或其他行业,并在未来10年将是4G与5G共存。短时间内4G用户会和5G用户并存、并呈现逐步转向5G的趋势。而对于运营商来说这个4G用户向5G的迁转周期越短越有利于5G网络成熟度的提高、2G/3G网络频段资源的回收再利用,所以如何加快这个迁转速度、抢占5G市场是运营商的关键任务。

因此,河南电信AI创新工作室在常规B域数据识别用户套餐、终端类型、终端价值、在网时长等用户特征的基础上,提出了OB域融合的5G潜在用户挖掘方案,旨在更加精准的聚焦到5G潜在用户群体,助力市场部多渠道获客,提高线上电话精准营销+线下精准地推服务的效果和成功率。

关键词:MR/XDR关联定位指纹库;高流量高ARPU;高视频高ARPU;用户满意度预测

1 概述

随着生活对移动数据流量的增加、设备连接的大幅度增加,5G应运而生。5G网络运用新的网络体系结构,支持的峰值速率至少是4G的10倍,可以将传输时延降低到毫秒级,同时连接数达到千亿级,而步入"万物互联"时代。

目前,4G升5G用户的识别主要基于B域数据开展,如用户套餐、终端类型、终端价值、在网时长等用户特征,并没有结合O域数据所特有的用户位置、用户满意度、主要业务类型等方面的特征。

河南电信AI创新工作室基于在O域方面长期积累的经验,提出了将用户位置特征、满意度特征、业务模型特征融入到B域中的5G潜在用户识别方案,通过OB域数据的融合分析、关联分析,更加精准的挖掘什么样的用户是5G潜在用户、这些用户主要的活动区域在哪、如何进行精准服务和营销。

2 整体方案介绍

本方案利用OB域大数据融合的方式开展多维挖掘营销策略与用户分析模型建构的相关探索,力求能为市场部开展5G精准服务营销供给决策分析,不断增强电信5G品牌竞争力,助力市场部多渠道获客。

精准营销方案的驱动范围:以用户业务类型为驱动,以用户感知为驱动,以用户精确位置为驱动,以用户价值为驱动。各营销驱动类型的具体思路及流程如图1所示。

其中:

(1)业务类型驱动:一方面关联分析用户套餐类型与终端类型,另一方面分析用户使用视频业务的流量占比。

(2)用户感知驱动:基于河南搭建的用户满意度预测系统识别由于终端原因导致的满意度差的

图 1

用户。

(3)精准位置驱动:基于 MR/XDR 关联定位算法、基站 ARPU 值评估算法来聚焦高价值区域的常驻用户群体,并关联用户 ARPU 值、网络负荷、5G 覆盖效果等数据,精准聚焦高价值区域的 5G 潜在用户。

(4)终端信息驱动:关联分析用户在网时长和终端类型与用户套餐的匹配度。

(5)用户价值驱动:关联分析用户 ARPU 与业务量、年龄和网龄等信息。

3 业务类型驱动

结合 O 域数据对用户活跃终端类型识别,能实现对是否为 5G 套餐和 5G 终端的用户进行精细化营销。

(1)对于已开 5G 套餐未换 5G 终端的用户,进行 5G 手机营销。

(2)对于已用 5G 手机,但未开 5G 套餐的用户,推广 5G 套餐。

具体思路如图 2 所示。

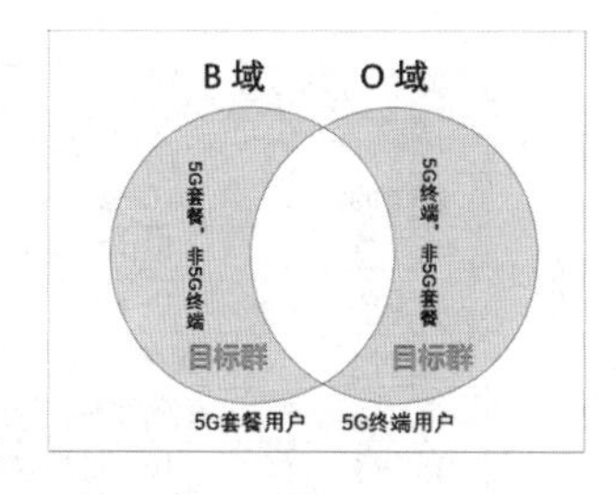

图 2

4 用户感知驱动

基于“用户满意度”的管理是关键,用户流失的压力,用户满意度提升的困局,对运营商提出新的挑战:传统网络指标与用户满意度无法准确映射,缺少有效抓手(见图 3)。

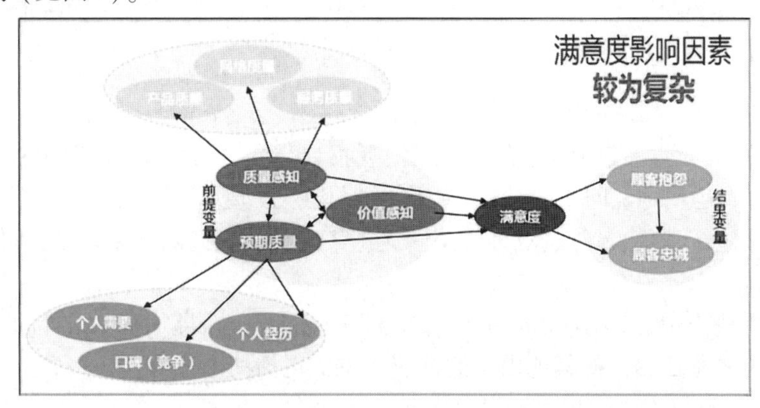

图 3

4.1 用户感知预测评估

用户感知预测主要是通过数据清洗和指标体系构建、NPS/满意度建模、贬损用户识别输出、问题定界定位等环节完成。

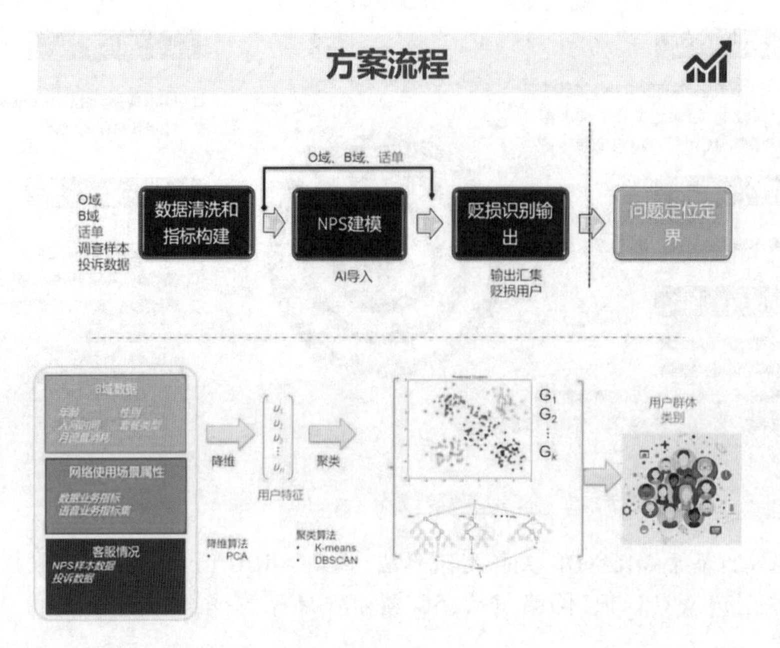

图 4

4.1.1　数据处理清洗及指标体系构建

(1)数据清洗包括B域数据的非标准化数据统一格式和取值、异常数据处理,投诉数据到NPS样本的映射,NPS样本数据的非标准化数据统一及异常数据处理。

(2)采用5个控制面、4个用户面及1个B域指标,来反映用户在做数据业务时的接入性能、业务保持能力、操作流畅性、业务流畅性等用户最关注的感知,如表1所示。

表 1

分类	事件	结果表中的字段	含义
控制面	附着失败	attachfail	附着失败次数
控制面	频繁切换	freqhandover	频繁切换次数
控制面	切换失败	hofail	切换失败次数
控制面	掉线	uedrop	掉线次数
控制面	服务请求失败	sevreqfail	服务请求失败次数
用户面	页面打开失败	t_http_page_failure_flag_3	页面访问失败次数
用户面	TCP时延大	t2_tcp_latency_flag_2	TCP时延过大次数
用户面	大包业务速率慢	t_http_bigsize_throuput_flag_3	大包下载过低次数
用户面	DNS时延大	t2_dns_latency_flag_3	DNS时延过大次数
B域	实际消费	ARPU	用户的每月消费

4.1.2　NPS/满意度建模

准备实测NPS样本数据,其中推荐者、中立者、贬损者以1:1:1配置,然后80%样本作为训练集、20%样本作为测试集。运用神经网络,学习出模型,并对模型校验,训练集、测试集的准确率达到80%。经过降维和聚类算法进行建模,最终选取训练集和测试集准确率较高的一个模型,具体如图5所示。

4.1.3　贬损者预测输出

在用户行为预测系统中,采用常用的基于用户的协同过滤算法,即用户A的特征已经明确,就可以用他的特征去预测与之特征相似的其他用户的特征。主要包括两个步骤:

(1)找到和目标用户行为模式相近的用户集合。

(2)按照这个集合中用户已经发生的行为对目标用户的行为做出预测。

4.2　端到端主因定界

根据网络贬损用户异常事件的定界流程及算法,对全网贬损用户进行端到端主因定界。本方案使

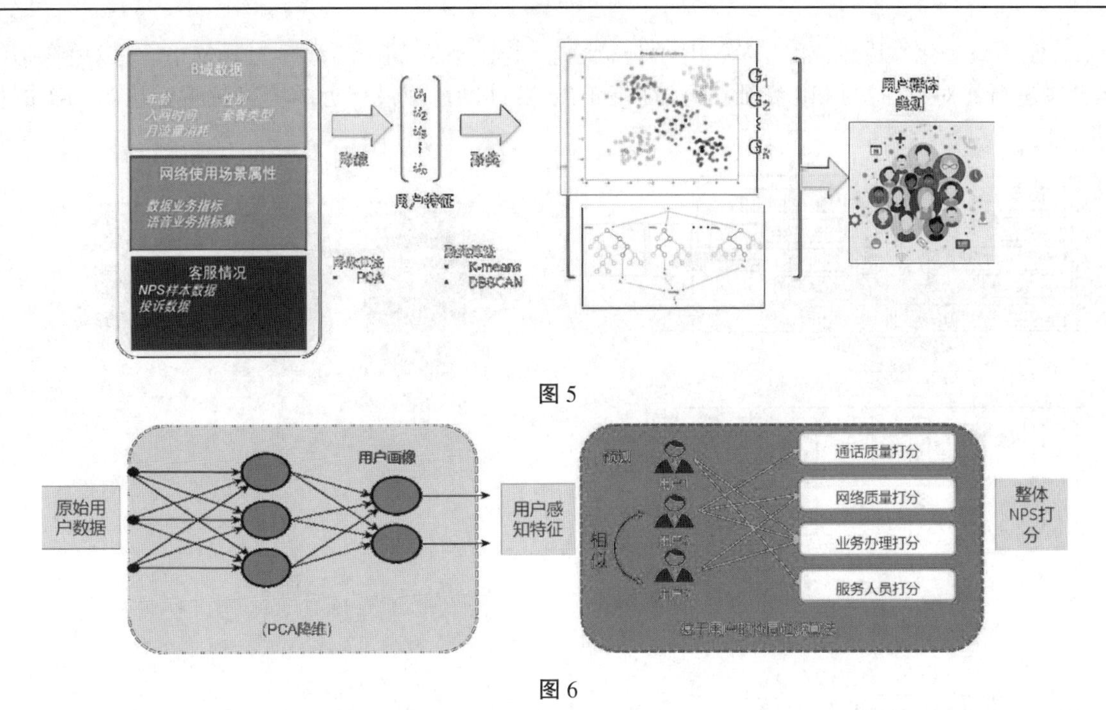

图 5

图 6

用“剥洋葱”的方法,一层一层的进行原因定界,最终完成贬损用户每个异常事件的定界,具体流程如下图所示:

(1)终端原因:由于终端原因导致的贬损用户。

(2)无线原因:由于无线原因导致的贬损用户。

(3)SP 原因:由于 SP 原因导致的贬损用户。

(4)核心网、DNS:由于核心网/DNS 原因导致的贬损用户。

其中针对由于终端原因导致用户满意度差的用户,可以定向推送换机优惠,并推荐新款支持 5G 的终端及合适的 5G 套餐。

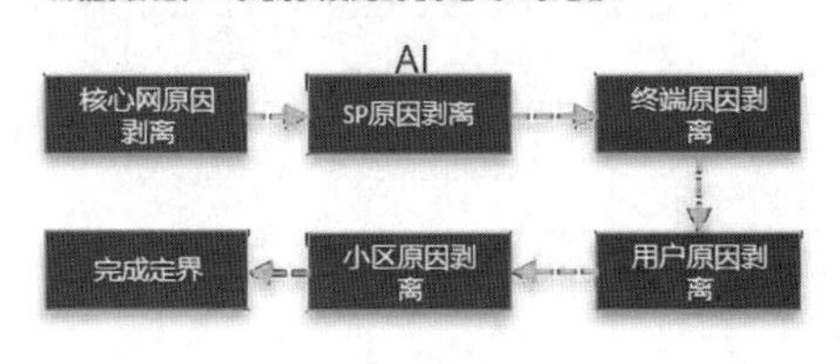

图 7

5 精准位置驱动

基于 MR/MDT 的指纹库定位算法已经可以实现用户 50 m 以内的定位,但是不足之处是 MR 数据中不含用户信息,所以我们引入了 MR/XDR 的关联定位模型,将每个用户的具体位置识别出来,从而开展用户的职住分析、常驻物业点分析,为目标群体用户的精准触达提供参考。

5.1 指纹库的建立

指纹库的构建相对复杂,包括 MR&XDR 关联、MDT 数据解析等内容(见图 8)。

关于 MR&XDR 关联,S1-U 接口的 XDR 包含用户位置信息(APP 上报或者调用)和业务信息,MR 包含用户的无线环境信息,将 MR 和 S1 信令的 XDR 进行关联,就可以得到大量的用户位置、业务信息直接和无线环境关联,作为指纹库的输入。

MR 中的 MDT 数据有经纬度信息,对于广阔的室外空间需将 LTE 用户参与 Radio Map 的构建,使用 MDT 技术的辅助实现 Radio Map 的自创建、自更新,作为位置指纹定位方法(见图 9、图 10)。

5.2 基于指纹库的定位流程

基于指纹库定位算法的详细过程描述如下。

(1)去掉原有 MRO 数据中的无效内容,提取站址 ID、MME UE S1AP ID、TA 等关键信息,同时结合 MME UES1AP ID 和 TA 数据,对多条 MR 数据进行统一分析,排除掉错误数据。

(2)对站址 ID 和 PCI 信息进行比对,将复用的 PCI 转为全网唯一的小区 ID。

(3)使用最小化欧氏距离算法将 MR 对应栅格。首先,确定 MR 的归属主服务小区,然后在指纹栅格集合中进行比对,查找与 MR 特征信息最接近的栅格,最后,用最接近的栅格位置定位为 MR 的位置(见图 11)。

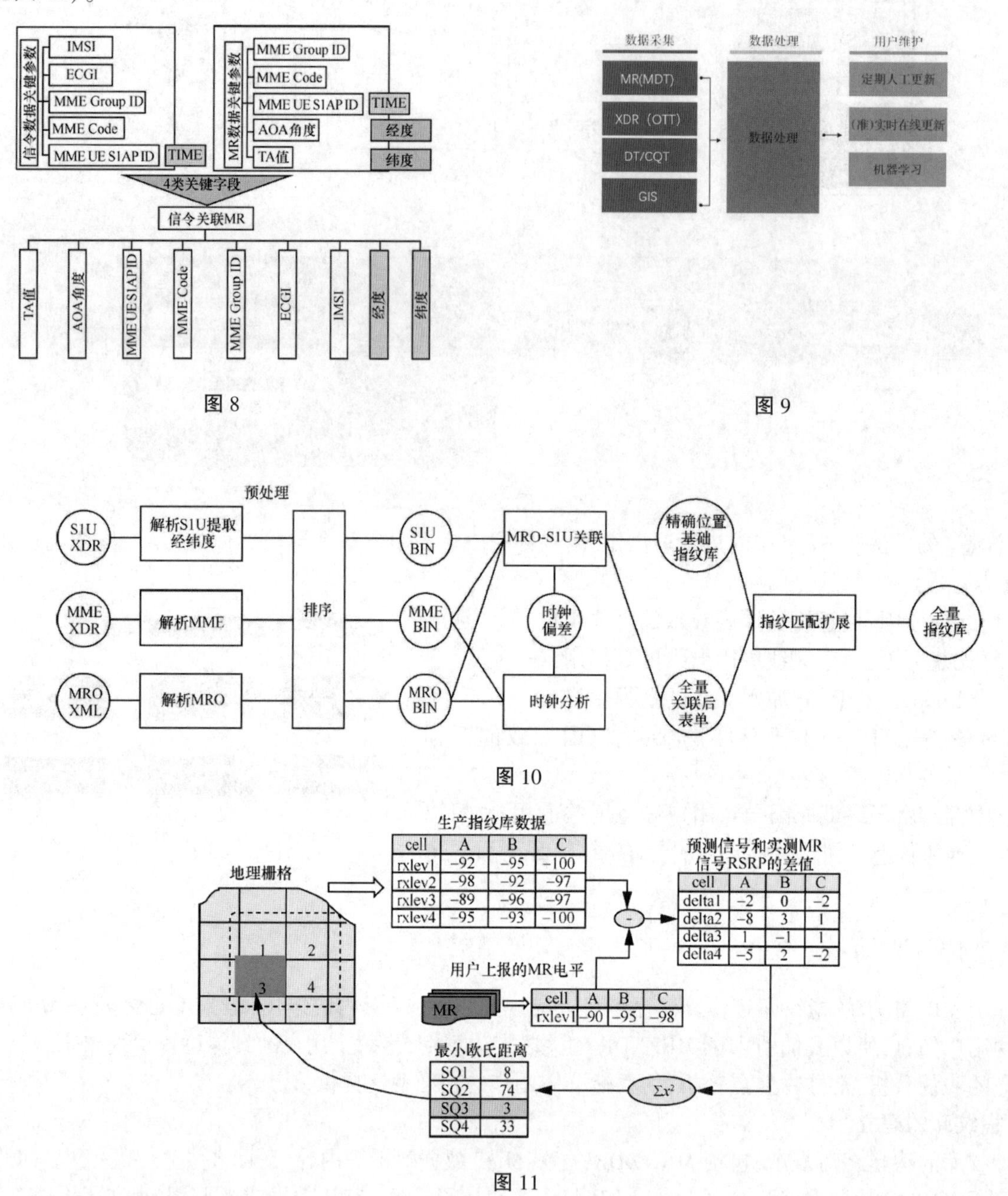

图 8　　图 9

图 10

图 11

模型的构建与优化:

本方案选取回归随机森林模型,训练多个弱模型打包成强模型,其中的弱模型使用决策树、SVM 等,多数情况下,建议在随机森林中,弱模型选用决策树。

采用网格搜索法对参数的可能取值进行调优。网格搜索法是采用交叉验证的方法来优化将要估计的函数参数,通过优化参数的取值进行学习。

模型验证与评估:

为了评价回归模型的拟合效果,分别引入均方误差(MSE,Mean Square Error)、均方根误差(RMSE,Root Mean Square Error)作为模型的评价指标。两个评价可以表征模型的预测能力,在理想情况下,当预测变量接近真实值时,MSE 和 RMSE 值应接近零。MSE 和 RMSE 的计算公式如下:

$$MSE = \frac{1}{n}\sum_{i=1}^{n}(\hat{y}_i - y_i)^2$$

$$RMSE = \sqrt{\frac{1}{n}\sum_{i=1}^{n}(\hat{y}_i - y_i)^2}$$

式中：y_i 为某一指标在 i 时刻对应的真实值；$\hat{y}$ 为某一指标在某一时间的预测值。

5.3 用户常驻小区识别应用效果

按照晚上休息、日常工作、上下班及就餐等四个时间段驻留用户定位结果，将每个用户常驻小区识别出来。图 12 是郑州聂庄常驻用户的识别结果：

(1)价值最高时段：22:00～次日 06:00，09:30～11:30 及 14:30～17:30

(2)价值最高常驻用户：常驻居民、常驻办公人员。

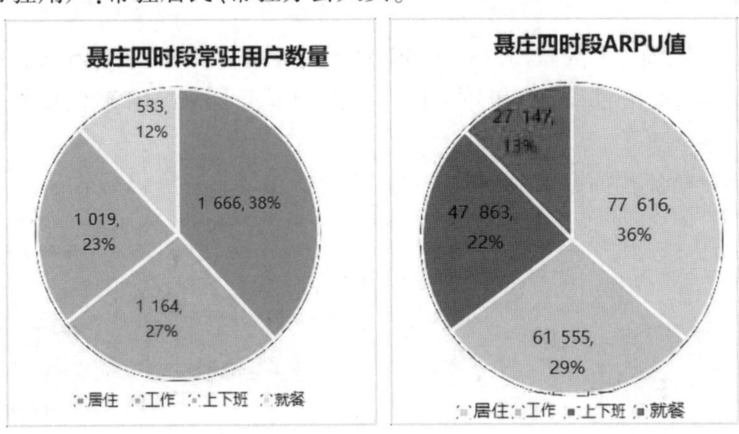

图 12

5.4 高价值区域评估模型

传统价值评估主要从覆盖与业务量两个维度分析，不能完全识别出高价值站点，必须将用户套餐/终端及价值业务等多维度进行关联性分析，见图 13。

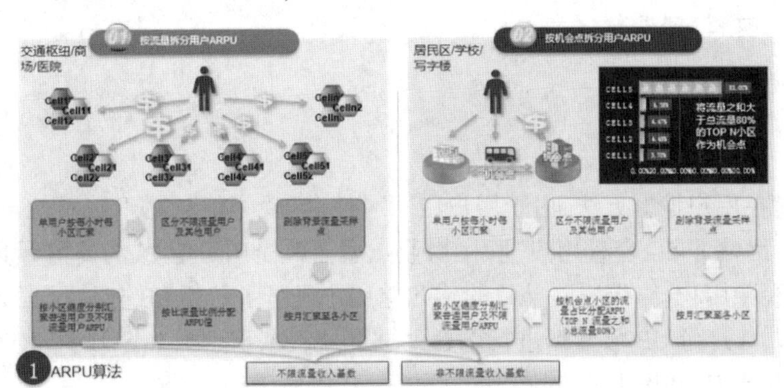

图 13

(1)首先通过分析经分数据来得到每用户在统计周期内的总的消费金额。

(2)然后根据基于场景的用户 ARPU 值算法来计算，将每个用户的消费金额拆分到相应的小区，区分普通套餐用户与不限量套餐用户，其中主要区分用户流动性大的场景(如交通枢纽、医院、商场等)、用户常驻的场景(居民小区、学校、写字楼等)。

(3)并在此基础上叠加上普通套餐用户结合流量压抑指数，得出每个小区的综合收入指数，以此来评估小区价值的高低。

5.5 精准位置驱动应用

用户的常驻小区及所处位置的网络情况及价值会在在一定程度上影响用户对运营商网络的满意度

及更换套餐的积极性,可将用户的常驻小区细分为生活常驻地小区、工作常驻地小区,及常驻小区的 ARPU 值信息。同时结合 KPI 数据,可以挖掘出常驻小区的负荷状态、感知情况。

对于工作常住地高价值区域、生活常住地高价值区域、4G 高 ARPU 值的用户对其进行 5G 手机及 5G 终端的营销推荐,对于处在常驻小区为高负荷区域、4G 电信常驻用户多,5G 有覆盖,且 4G 覆盖好、感知好的区域的用户进行 5G 套餐推荐。

6 终端信息驱动

根据 O 域数据识别出的用户终端信息,结合 B 域数据中套餐价值和用户的月总消费,可以针对不同的终端进行分类,具体思路和数据分析流程如图 14 所示。

7 用户价值驱动

用户的价值能在一定程度上反映用户对于 5G 套餐的可接受性,对于高流量且高 ARPU 值用户,高网龄且高 ARPU 值用户、适龄且高 ARPU 值用户、高视频业务且高 ARPU 值用户,可以进行 5G 套餐推荐。

具体思路和数据分析流程如图 15 所示。

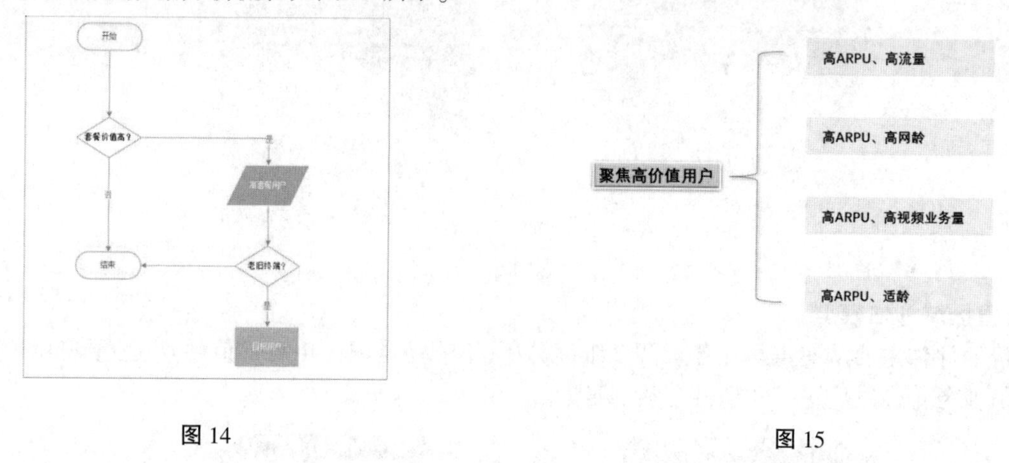

图 14　　图 15

8 成果应用情况

经过上述 5G 潜在用户挖掘方法,由于用户在网时长、年龄等信息属于敏感信息,本方案暂不涉及,本方案主要是对 5G 终端非 5G 套餐用户、职住物业点属于高 ARPU 区域的高流量用户、职住物业点属于高 ARPU 区域高视频用户、终端原因导致的感知差用户进行了分析和挖掘(见表 2)。

以开封为例,对 10 月份 OB 域数据进行融合、关联分析,共识别出 3.5 万 5G 潜在用户,可以支撑市场口进行下一步精准营销,并提供此批用户的常驻区域,以便于地推营销。

表 2

用户类型	挖掘用户数量
职住物业点属于高 ARPU 区域的高流量用户	20 250
5G 终端非 5G 套餐用户	12 221
职住物业点属于高 ARPU 区域高视频用户	2 045
终端原因导致的感知差用户	302
合计	34 818

如图16所示为挖掘出来的部分5G潜在用户常驻物业点情况。

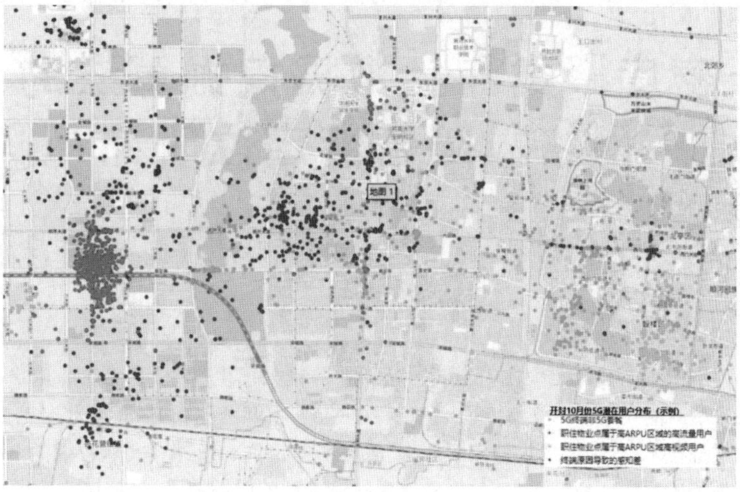

图16

9 总结

无论5G技术落地如何的任重道远、5G用户渗透率提升到高位的历程如何的漫长，作为公司未来的核心竞争力、作为网络强国的重要环节，我们始终要严格按照集团、省公司工作要求，借助“云改数转”的东风充分享用大数据分析的红利、OB域融合的强大助力做好5G潜在用户的挖掘，并不断优化大数据分析算法、模型，引入更多、更丰富、更客观的用户特征去提高识别准确性和效率，充分利用OB域融合生成的用户位置信息、感知满意度信息、区域价值信息等成果，逐步加强网络口对市场发展的支撑力度。

参考文献

[1] 马嘉璐，应江勇. 5G将和4G长期共存[J]. 南方都市，2019，36(9).
[2] 苗雨. 基于5G用户体验的业务质量优化模型研究及其应用[D]. 数字技术与应用，2020(5).

基于密度聚类和大数据挖掘算法的云化网络故障智能定位研究

杜洁璇　曾东升　牛燕萍

摘　要：随着通信网络持续向云化架构演进，新技术、新业务带来了更高速、更优质的用户体验，也给网络监控运维带来了新的挑战。本文深入研究基于DBSCAN密度聚类和Eclat大数据挖掘算法的云化网络告警数据挖掘技术，实现海量告警关联压缩、故障快速定位。通过对实际数据的测试及分析，该方法能够提升告警压缩比和故障命中率，形成面向故障事件的监控模式，显著提升监控运维工作效率。

关键词：云化网络；事件监控；密度聚类；大数据挖掘；故障定位

1　前言

通信网络新技术、新业务的持续引入使得网络结构和业务流程更加复杂化，基础网络"四代共生(2G/3G/4G/5G)"，核心网演进"十域并存"，不同层级、不同厂家之间告警关联和故障定位难度将更大，运维效率的提升面临巨大挑战。

传统通信网络下采用的多是依据维护经验、面向固定物理网络设备的监控模式，人员依据维护经验梳理告警关联规则，结合网络拓扑判断问题所在，通知维护人员处理。而随着云化网络结构的快速发展，由CT向IT转型，人员运维经验积累速度远远落后于网络发展速度，且云化网络下通用硬件服务器、虚拟机自动迁移、虚拟网元自动扩缩容等特征，使得网络拓扑实时更新，与传统网络架构下固定物理网络设备、固定拓扑结构有本质性区别，依靠人力去监控和管理云化后的网络告警，已不再现实。因此，能够快速、准确地监控到引发大量告警的故障根网元，并仅对其进行派单，从而高效解决问题并减少派单量，这对于快速处理故障和保障行业客户感知至关重要。

通常情况下，当云化网络中某个网络设备发生故障中断时，与它相横向同层级关联，纵向跨层级设备会在短时间内产生大量的告警信息，主要分为主告警和衍生告警、本专业告警和其他专业告警等，尽管这为网管设备提供丰富的告警消息，但同时增加了告警处理的困难程度，监控维护人员很难从上报的告警中快速且准确地区分出故障根网元及问题。例如，河南省所在华中大区网络云日均上万条告警，需要人工去处理的故障10余起。单个故障带来大量相关告警，维护人员主要精力消耗在对逐条告警或工单的分析处理上，难以快速定位根因。

为解决上述问题，本文结合实际工作，以提升网络一线运维效率为研究方向，重点研究及实现了基于密度聚类的时空窗口划分以及告警关联大数据分析算法，基于故障智能定位平台，实现云化网络下智能化地告警关联压缩及故障快速定位。有效解决新型云化网络下人工运维经验不足、故障定位难、处理效率低的问题。

2　故障智能定位平台系统架构

平台整体架构如图1所示，主要分为离线训练和在线训练两大功能模块，每个模块又具体细分为数据获取、数据清洗、建模分析、优化迭代和模型评估五个部分。

离线训练会从多个维度进行训练得到主次关联规则表，包括结合人工规则应用得到初级规则表，对于得到的规则采用专家经验评估和告警清除时间评估相结合的方式，然后反馈给主次关联关系生成算

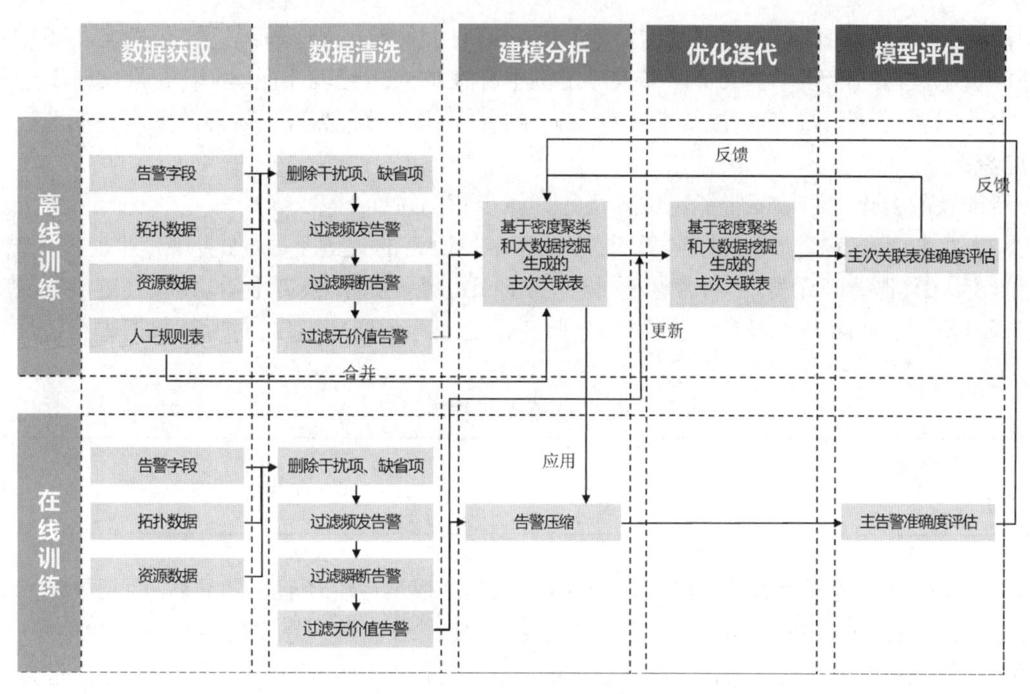

图 1 平台系统架构

法进行不断地优化,对于每次得到的规则表都会实时地应用到在线训练系统中去压缩告警,对于最后得到的主告警也会由专家进行准确性评估来反馈到建模分析模块中,对于在线训练系统中产生的新的告警也会去每日更新规则。通过自学习的模式确保故障智能定位算法的准确性,实现各类业务上云后规则快速更新。

本平台可以每日(小周期)增量的学习新的告警,迭代更新,同时每半年(大周期)重新整体训练规则,保持专家经验规则库实效性、适用性。

3 基于 DBSCAN 密度聚类和 Eclat 挖掘算法的云化网络故障智能定位模型

3.1 解决思路

基于人工经验梳理的关联定位方法,要求预先知道不同故障场景及其可能引发的告警,人工制定好每种场景下每条根告警和子告警的关联关系,将规则固化到系统,这在一定程度上可以提升判断速度,但是规则制定需要依赖长期积累的人工维护经验,且由于关联表为静态关联关系,缺乏实时性、灵活性和全面性,会由于网络拓扑的改变而导致规则失效。基于大数据挖掘的告警关联定位方法,难点在于如何合理地设置时间窗口,以及 Apriori 和 FP-growth 算法在大数据挖掘中会消耗过多的资源。

经过对多次故障的总结与反思,结合传统的告警关联模式以及多年集中化监控故障定位经验,本文提出了基于 DBSCAN 密度聚类和 Eclat 关联挖掘算法相结合的故障智能定位算法模型。该模型根据主次告警数据间存在时域相关性的特性,根据告警数据的发生时间,优先对其进行时间窗口上的自动划分,通过告警分组降低数据挖掘的复杂程度;再通过 Eclat 算法提高告警关联项挖掘及规则泛化处理效率;快速定位每组的故障根网元,反馈至监控运维人员。

相对传统的关联挖掘方法,而本文所述基于最大频繁项集进行告警数据的关联挖掘算法模型主要有以下几点不同之处:一是采用 DBSCAN 密度聚类对告警发生时间进行自动化地划分时间窗,避免因人为划分而导致根因告警与衍生告警不处于同一个时间窗口内;二是基于 Eclat 关联挖掘算法,将原始告警数据封装成垂直数据格式样本,快速挖掘其样本中频繁二元项集,避免 FP-growth 算法挖掘频繁子集过深而导致占用过多的计算机资源。三是整合历史数据中所有的二元项集,并辅以概率统计分析,通过自学习获取并实时更新关联规则,将动态告警数据转换为静态规则关联关系,降低人工维护的压力,更确保了规则的实时性和灵活性。四是针对关联规则应用范围狭窄、泛化性能不足,从网元类型角度对关联规则泛化，弱化网元 ID 对关联规则的影响，增强其应用效果。同时基于大数据和统计特性降低了对于拓扑等资源数据的依赖。解决了网络故障定位中存在的人工经验不足、网络资源数据不全和计算资源消耗大等问题，降低了故障定位结果中对人工经验的高度依赖，实现了面向故障事件的监控。

3.2　实施步骤

本文所涉及的云化网络故障智能定位算法的具体步骤阐述如下：

（1）数据清洗：系统实时采集当前告警，提取故障定位所需的关键字段，如告警发生时间、告警网元名称、告警网元 ID、告警网元类型、告警标题、网管告警 ID、所属资源池、专业等，剔除关键字段缺失的告警、频发告警合并、过滤瞬断告警和无价值告警、归一化处理等预处理工作，对所有数据进行清洗和转换（见表 1）。

表 1　告警数据样例

告警发生时间	告警网元名称	告警网元 ID	告警网元类型	告警标题	网管告警 ID	所属资源池	专业

（2）基于 DBSCAN 密度聚类算法实现告警片时域划分：根据运维经验可知，同一网元故障所导致的告警在发生时间、空间上存在一定的关联性，因此根据云化网络告警信息中的所属资源池信息，优先对告警数据进行空间域上的划分，再结合告警数据的发生时间采用 DBSCAN 聚类算法，对批量告警自动划分时域，将有可能关联的告警划分到一个时间窗内，避免因人为划分而导致根因告警与衍生告警不处于同一个时间窗口内，最终得到批量告警数据的分组。

（3）基于 Eclat 关联挖掘算法实现故障定位：故障根因定位场景下，Eclat 项目集为"网元名称+告警名称"组合，用于接下来频繁项集和关联规则的挖掘。相比传统的 Apriori、FP-Growth 等算法能够快速找出频繁二元项的告警对，通过支持度过滤掉无关联关系的告警对，并基于置信度（条件概率关系）来确定告警主次关联规则和提升度排除关联告警是否属于伴生告警，关联规则样例数据如表 2 所示。

表 2　告警主次关联规则样例

主告警标题	主网管告警 ID	主网元名称	主网元 ID	主网元类型	次告警标题	次网管告警 ID	次网元名称	次网元 ID	次网元类型

（4）规则验证：对于挖掘得到的告警分组，根据告警清除时间是否集中在一定时段内进行规则准确性的验证。根据维护经验可知，同一故障产生的告警，其清除时间也集中分布在一定时间范围内。根据分组中最早的告警清除时间和最晚告警清除时间的时间差，记为 T。对于中位数所对应的告警清除时间（如 15 条告警，则为第 8 条告警的清除时间 A），计算 A-$T/2$ 分钟和 A+$T/2$ 分钟的时间点定义其为合理时间区间。判断所有告警清除时间是否落在【A- $T/2$ 分钟—A+ $T/2$ 分钟】的区间，分别标记【Y/N】。输出 Y 和 N 的个数如果 Y>N，先输出标记为 N 的告警。如果 Y<N，先输出标记为 Y 的告警。剔除告警清除时间未落在集中区域内的告警。

（5）基于概率统计实现主次关联规则泛化：由于 Eclat 算法生成的规则过于精细特定，多数情况下告警数据不能够同时完全一一对应到同网管告警 ID、同网元 ID 的告警，不能广泛应用于海量实时的告警数据，因此该过程对主次关联规则进行泛化。首先判断主次告警是否发生在相同网元上，打上 0 和 1 的标签。对于相同的主次告警 ID、主次网元 ID 和是否同网元字段的告警进行逻辑上的合并处理。具体合并逻辑如下：

假定有两条规则如表 3 所示，由于告警标题和网管告警 ID 以及网元名称和网元 ID 一一对应，简便起见，只取网元 ID 和网管告警 ID 作为示意，表格中的字母为对应的数值举例。

表 3 关联规则泛化前样例数据

序号	主网元ID	主告警ID	主网元类型	次网元ID	次告警ID	次网元类型	主频数	次频数	主次频数	是否同网元
1	A1	a	C	A1	b	D	x_1	y_1	z_1	1
2	B2	a	C	B2	b	D	x_2	y_2	z_2	1
3	A2	a	C	B2	b	D	x_3	y_3	z_3	0
4	A1	a	C	B1	b	D	x_4	y_4	z_4	0
5	A1	a	A	A1	b	B	x_5	y_5	z_5	1
6	A1	a	A	B1	b	B	x_6	y_6	z_6	0

针对主次告警 ID、主次网元 ID 和是否同网元字段进行规则合并,泛化后规则如表 4 所示。

表 4 关联规则泛化后样例数据

序号	主告警 ID	主网元类型	次告警 ID	次网元类型	主频数	次频数	主次频数	是否同网元
①	a	C	b	D	x_1+x_2	y_1+y_2	z_1+z_2	1
②	a	C	b	D	x_3+x_4	y_3+y_4	z_3+z_4	0
③	a	A	b	B	x_5	y_5	z_5	1
④	a	A	b	B	x_6	y_6	z_6	0

以泛化规则中的规则①为例,原始规则中的 1 和 2 的主次网元类型、主次告警 ID、是否同网元三个字段在数值上是相同的,因此对它们进行合并聚合。

而泛化规则中的规则②,原始规则中的 3 和 4 的主次网元类型、主次告警 ID 虽然与 1 和 2 的规则相同,但是是否同网元字段在数值上是不同的,因此仅对 3 和 4 进行合并聚合。

泛化规则中的规则③和④,也是基于上述逻辑进行合并,但由于不存在可以合并的规则项,因此保持频率数不变。

最后,这套泛化的规则可以在一定程度上弱化网元 ID 对规则应用的限制,增大关联规则的应用范围。

(6)实时定位:如(1)步骤,系统实时采集当前告警,提取故障定位所需的关键字段,同样根据告警数据的时域和空间特性,做时域和空间上的告警聚类分组,然后依据挖掘出的主次规则关系表对每一组中实时告警数据进行关联关系查找,若在同一组中存在对应的次告警和主告警,则删除次告警,最终实时定位故障的根因告警,并进行告警压缩。

(7)优化迭代:每日循环(1)~(5)五个步骤,对每日网络产生的告警进行数据清洗、时域划分、关系挖掘、规则验证、规则泛化后生成的关联关系,纳入已经挖掘出的告警主次关系表,对主次告警频次和二元项频次进行同步更新,对更新后的关系表进行概率统计分析,仍然通过置信度和提升度增添新规则或减少陈旧规则,保持模型的实时性、合理性。

(8)模型评估:加入拓扑数据作为规则有效性的辅助判定,可以过滤掉伴生告警;同时将现网实际的人工规则与本方案生成的规则进行匹配比较,输出更加精确的规则。

4 算法部署及实施效果

该算法部署后实现了基于 DBSCAN 密度距离和 Eclat 算法的告警关联分析算法,具体实施效果如下。

4.1　DBSCAN 密度聚类算法实施

基于告警发生时间维度对批量告警进行聚类，将可能关联的告警划分到同一时间片内，用于后续的关联挖掘。通过 K 距离调参法以及聚类效果反馈/人工经验对邻域距离和邻域样本个数进行调参。划分效果如图 2 所示，告警数据在时间域上紧密不可分，如果采用固定时间窗口进行划分，难以准确把握相关告警的窗口区间；而通过密度聚类算法能够灵活调整告警时间窗，图 3 采用不同颜色表示不同批次的告警，不同批次的告警窗口不尽相同，能够使同一批次的告警尽可能地划分到同一时间窗内。

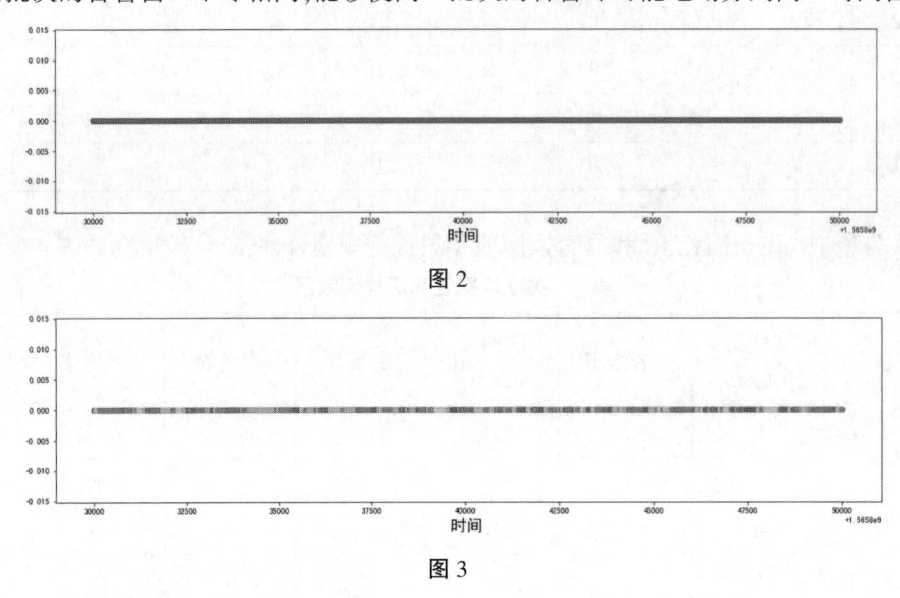

图 2

图 3

4.2　通过 Eclat 算法调优缩短规则挖掘时间

以 6 月河南省网络云专业告警运行结果为例，采用 Eclat 算法的平台有效提升了规则的挖掘效率，同时不需要 GPU 处理，CPU、内存、存储占用资源量小。如表 5 所示。

表 5　关联算法挖掘效率

专业	告警数量(条)	FP-Growth 算法挖掘时间	Eclat 算法挖掘时间
网络云	200 万+	>5 h	0.1 h

4.3　提升运维效率

同样以 6 月河南移动网络云运行结果为例，采用基于聚类和告警关联规则挖掘的故障定位算法有效提升了原有的告警压缩比，引入了规则泛化的处理，可将多条告警压缩为一条规则，只对根因告警进行派单，强化了规则的适用性和扩展性，有效提升了工单故障命中率，减轻一线运维人员的工作强度。如表 6 所示。

表 6　部署前后网络云专业指标对比

评估指标	部署前	部署后
告警压缩比	16∶1	59∶1
故障命中率	56%	82%
故障处理时长	6.2 h	3.5 h

5　结束语

基于自研方式的故障智能定位大数据分析算法对云化网络全量告警信息实现自动关联，有效提升了算法的压缩率和准确性。另外，基于开放架构的智故障能定位平台具有较好的适应性及扩展性，可用于分析应用的扩展开发，提高分布式平台的使用效率。

在接下来的工作中，将从以下方面持续优化故障智能定位算法模型，完善平台功能，拓展应用场景，以更好地满足一线生产的需求。

(1)大数据关联挖掘分析减少引入对资源信息的依赖，减少人工经验的介入，输出更精准的故障定位结论，提高规则的可解读性和准确性。

(2)拓展至5GC等其他云化网络专业和传统专业，探索面向不同垂直行业客户的"一户一案"定制化规则。

(3)充分发挥自主核心算法研发能力，基于中国移动九天人工智能技术中台增强告警关联优化分析和故障定位能力，部署于集团集中化平台，推广告警关联和故障定位大数据分析算法的全网应用，推动网络运维生产逐步实现标准化、自动化、智能化。

参考文献

[1] 邓翠艳，姚旭清. 基于DBSCAN算法的告警数据聚类研究[J]. 太原理工大学学报，2021，52(1)：111-116.
[2] 刘彦戎，杨云. 一种矩阵和排序索引关联规则数据挖掘算法[J]. 计算机技术与发展，2021，31(2)：54-59.

图像识别在通信工程施工中的应用

王军威　李广彬

摘　要：数字化转型是中国联通集团近几年提出的战略方向，也是中国联通集团由传统运营向互联网化运营的必经之路。在中国联通集团数字化转型的大背景下，中国联通网络建设支撑平台（以下简称：云天平台）无线专业主要服务于全国各本地网建设，用于设计、施工、交维等工程全过程站点级管理，从规划-建设-交维实现了全生命周期的系统支撑。但各省在项目施工建设中仍存在项目安全管理支撑不够、大量人工审核判定、施工标准化存在差异化、现场无法获取审核结果、自动化程度低等问题，因此网络施工建设需要有个全国统一、智能、标准的审核系统进行管理，才能做好施工过程把控，提升施工质量并缩短工期。

在中国联通集团总体战略目标的指导下，本文以无线网基站建设施工为例，结合目前全国各省市施工建设中存在的问题，以“AI 图像识别+”从安全管理、施工标准化、线上标准模型库、AI 审核、多维度统计报告等通过平台进行落地管控。积极拓展思路，勇于创新，使智能审核落到实处，推广“AI 图像识别+”的新模式，聚焦施工标准化，构建网络施工智能审核管理平台。

关键词：AI；智能审核；标准化；图像识别；人工反馈；QC 报告

1　引言

云天平台无线专业主要服务于全国各本地网建设实现站点级管理，用于设计、施工、交维等收集工程各阶段数据、资料进行流转全过程管理。平台已纳入集团规建维优全生命周期管理体系，截至 2021 年 6 月系统撑全国 336 个本地网的基站建设，全国各省通过平台累计完成基站站点设计方案 483 749 个，完成工程建设 373 449 个，线上交维申请 261 655 个。该系统在网络精准建设、拉通数据、协同管理等方面起到了主要作用，是中国联通集团数字化的“产物”，也为实现中国联通集团展开施工智能审核数字化建设转型奠定了基础。

如何解决各省在基站施工建设中施工安全管理支撑不够、大量人工审核判定、施工标准化存在差异化、现场无法获取审核结果、自动化程度低等问题？随着中国联通集团混改工作的深入，网络投资和建设管理也进行着调整，为了更好地支撑网络建设管理工作，满足当下市场未来 5 年的市场变化需求。在中国联通集团的总体战略目标的指引和云天平台原有基础功能支撑下，引入 AI 智能审核全面赋能基站工程施工建设，相较传统视觉技术施工审核对不规则缺陷的识别能力不足，人工智能审核准确率达 90%+，准确率随着照片库数据量提升可持续优化，能够有效解决现场施工中存在安全漏洞、人工审核工作量大、智能化低等问题。一套 AI 智能化、标准化、自动化基站施工审核管理的建设已经迫在眉睫。

2　“AI 图像识别+”数字化转型的新思路

各省市在基站施工建设中遇到安全管理支撑不够、大量人工审核判定、施工标准化存在差异化、现场无法获取审核结果、自动化程度低等问题困扰，很难达到施工进场的初期目标效果，给各省市工作带来不必要的麻烦。

针对各省市在基站施工建设中遇到的问题困扰，在中国联通集团总体战略目标的指导下，云天平台引入“AI 图像识别+”从梳理安全管理标准化、施工工序标准化、施工检测标准化、标准模型库库等多个方面入手，以实现施工标准化、智能化审核为目的贯穿基站施工建设中。图像识别施工应用 AI 智能审核相比传统的人工智能审核,对于问题的记录和定位更加准确,施工审核人员的知识储备差异导致的审核效果存在诸多差异,审核标准和审核针对性较差。使用智能化 AI 质检审核将是一次质的飞跃,海量照片数据自动检测,智能审核对施工质量进行有效的监督和管理,增强审核的深度、广度和力度,进一步提高集团对各省市基站施工标准化的指导。AI 智能审核应用平台如何实现智能审核的呢?具体数字化新思路如图 1 所示。

图 1

2.1 安全管理

借助 AI 图像识别技术与人员管理库中特种作业人员做图像比对,自动识别、显示现场人员信息,做到特种作业人员人证合一。

2.2 施工标准化

一方面工序标准化可通过对一级工序、二级工序、三级工序、工序说明等进行标准化、自定义输出。

另一方面智能审核标准化施工现场检测项共 15 项,监测点共 41 个。

2.3 标准模型库

线上化通过收集照片,然后进行清洗处理,经过训练模型库采用数万张照片进行训练,归集素材形成标准模型库,使图像识别准确率达到 90%以上。

2.4 “AI 图像识别+”工程

基站施工审核,通过收集施工过程硬装的现场照片,平台通过现场照片和 AI 标准模型库进行对比分析,检测完成后自动输出质检报告。

2.5 人工反馈 AI

为了补充标准模型库使施工审核更智能化,对于审核出错的图片,通过人工反馈,AI 自动模型学习并完善到标准模型库中,完善整个 AI 质检体系。

2.6 多维度统计报告

通过各种统计进行辅助管理。通过 AI 智能识别出工序不规范部分、安全隐患等并自动输出质检报告。

Web 端质检统计报告以周报、月报、年报的形式提供服务。

3 安全管理支撑

施工人员现场添加特种人员信息,手工录入人员基本信息做到人员名单制。

提前采集证件图像信息并提交标准模型库,标准模型库会进行脸部分割、训练做到证件名单制。

现场施工时施工人员扫描人脸图像信息,借助 AI 图像识别技术通过与标准模型库中检测、定位、校正图像等深度神经网络进行对比分析,做到特种作业人员人证合一,增加平台管控的真实性,在施工之前做好安全管理。

4　施工标准化支撑

4.1　工序标准数字化

基站施工之前需要对施工工序进行配置,施工工序标准化是进行 AI 图像识别智能审核的基础,通过对一级工序、二级工序、三级工序、工序说明等进行标准化输出,一键开关进行数字化管控施工模板,其中包括是否输出质检结果、智能质检等,为智能审核提供标准的基站施工工序。

图 2

4.2　检测点标准数字化

施工工序配置完成后,现场基站施工审核检测点标准化是为智能审核提供标准的施工规范,智能建设标准化审核支持的检测项共 15 项,监测点共 41 个。主要分为以下三大类:

(1)施工安全类:施工人员作业资质、施工现场安全帽,反光衣等安全措施。

(2)机房环境类:机房门禁、空调、卫生、灭火器。

(3)主设备及天馈类安装规范:直流配电单元安装、BBU 安装、设备取电、GPS 避雷器、GPS 天线、电源线防雷模块、AAU 安装、天馈全景(见图 3)。

图 3

5　AI 标准模型库支撑

数据是人工智能的主要“原材料”。人工智能深度学习算法的最终功能,都是需要通过数据输入、训练、推理去实现的。在深度学习算法条件下,数据量越大,计算越精准,建设标准模型库通过采用数万张照片进行训练,对图片表面的缺陷进行大小、位置、形状的检测。进一步的可将同一图片上的多个缺陷进行分类识别,识别准确率达到 90%以上,相对传统模式针对不规则缺陷明显提升分类准确率。

标准模型库针对模糊照片处理、安全防护识别、施工工序识别的处理方式如下。

5.1　模糊照片处理标准化

模糊照片处理主要应用于现场设备像素低、分辨率差,有效还原现场场景,以便分析识别处理。对

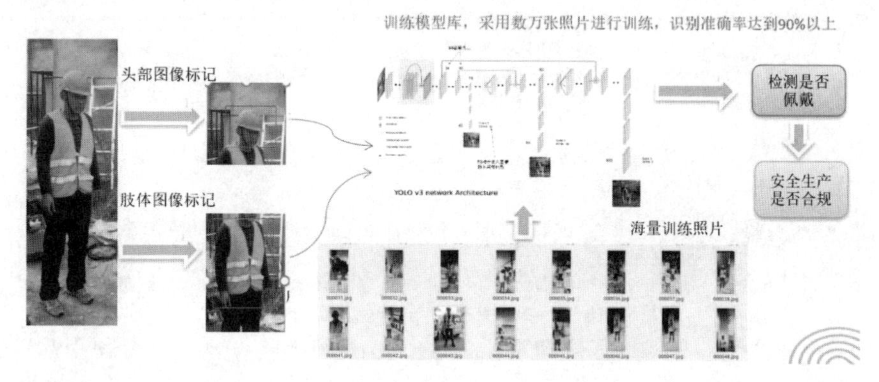

图 4

模糊照片进行压缩、增强、复原、匹配及描述识别达到分析处理、清洗识别。

5.2 安全防护识别标准化

安全防护识别主要适用于高危作业施工前，智能识别安全帽、安全服等是否佩戴齐全（见图 5）。通过了解不同类型模型的功能，创建想要训练的模型，上传并标注需要模型识别的示例数据，通过算法进行一键启动进行模型训练。

图 5

5.3 施工工序识别标准化

通过了解不同类型模型的功能，创建想要训练的模型，上传并标注需要模型识别的示例数据，通过算法进行一键启动进行模型训练。

6 AI 图像识别+工程支撑

“AI 图像识别+”实现原理为获取图像后平台进行预处理，处理完成后进行分割并存储到标准模型库，标准模型库通过采用数万张照片进行训练，对图片表面的缺陷进行大小、位置、形状的检测。进一步可将同一图片上的多个缺陷进行分类识别（见图 6）。

主设备及天馈类安装规范检测需要对 BBU、AUU、天线等多种设备的施工工艺进行检测，检测设备是否按照规范安装、安装是否牢靠，现场布线、接线是否规范，线缆、设备标签是否完整等。施工人员现场基站施工完成后再提交现场施工照片，系统后台大数据会对图片表面的缺陷进行大小、位置、形状检测，然后进行对比分析，通过 AI 智能识别出工序不规范部分、安全隐患等并自动输出质检报告，为现场进行自检审核并整改提供参考（见图 7）。

7 人工反馈 AI 支撑

AI 智能审核已经建立了自己的标准模型库，但考虑到现场环境的复杂性、施工工序的独特性等因素，为了补充标准模型库使施工审核更智能化、标准化，对于现场施工工序审核不通过的图片，通过人工审核没问题且审核通过的反馈给平台，AI 会自动进行模型学习并完善到标准模型库中，完善整个 AI 质

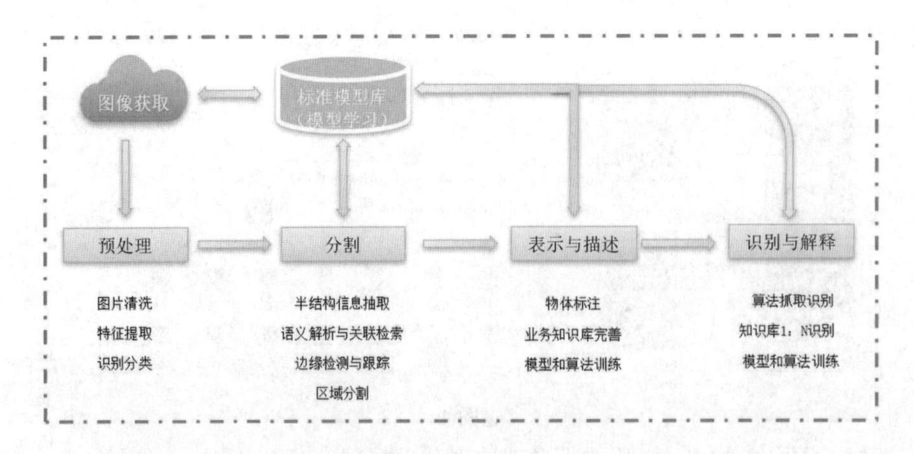

图 6

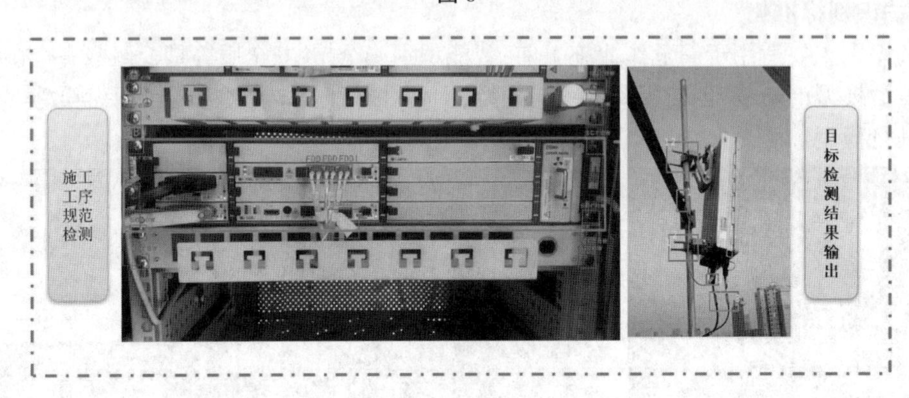

图 7

检体系(见图 8)。

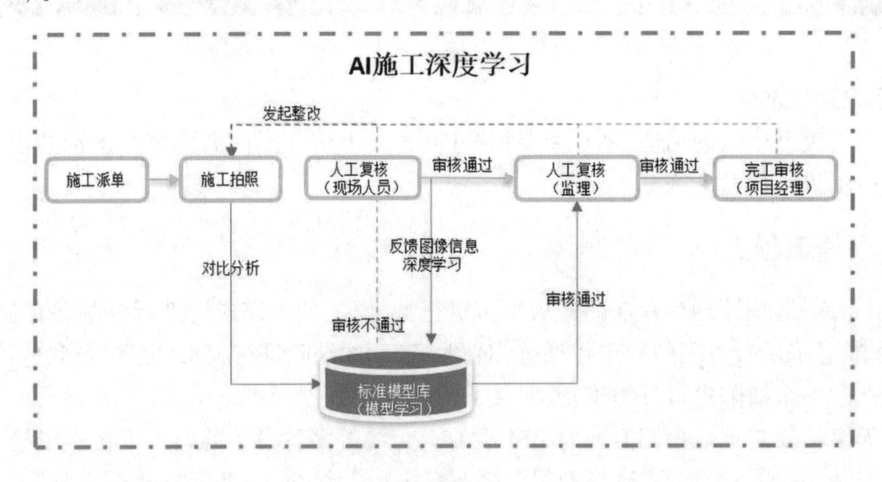

图 8

8 多维度统计报告支撑

8.1 QC 质检报告数字化

施工人员现场基站施工完成后再提交现场施工照片,系统后台大数据会对图片表面的缺陷进行大小、位置、形状检测,然后进行对比分析,通过 AI 智能识别出工序不规范部分、安全隐患等并自动输出质检报告,为现场进行自检审核并整改提供参考(见图 9)。

监理、项目经理无需到施工现场,通过 PC 端可以参考智能质检报告进行审核,审核不通过并发起施工整改。

导出下载

基站智能智检QC报告单

项目名称：　　　　监理单位：

监理人员姓名：　　　　监理人员电话：

序号	检测项	现场照片	审核意见	审核结果	施工单位	提交人	检测日期
1	施工现场环境照			通过			2021-08-12
2	施工现场合影		1.无安全标识	不通过			2021-08-12
3	机房空调			通过			2021-08-12
4	智能门禁系统			通过			2021-08-12
5	站点清洁			通过			2021-08-12
6	直流配电单元安装		1.设备未接地	不通过			2021-08-12
7	BBU安装		1.BBU接地不牢靠 2.BBU安装不牢靠,缺少固定螺丝 3.GPS时钟信号线未安装	不通过			2021-08-12
8	设备取电			通过			2021-08-12
9	GPS避雷器			通过			021-08-12

图 9

8.2　质检统计数字化

AI 智能审核所涵盖的各项数据进行可直观展示，方便集团级各级管理者及时掌握全面的管理现状和必要的动态数据，质检统计明细提供数据分析报告服务，以周报、月报、年报的形式提供服务，可以根据建设年份、省分、地市、项目多维度进行统计分析，可以查看具体的站点审核明细和质检报告，为领导各项决策工作提供有力支撑。

9　结语

为了更好地完成集团数字化转型目标，结合各个省市没有标准化施工审核、审核成本高等、智能化程度低问题困扰，云天平台引入“AI 图像识别+”从施工人员证件录入、施工工序标准化、建立标准模型库、AI 监测点、智能审核、人工反馈深度学习、QC 报告等施工全流程的穿插，适用于全国基站建设施工标准审核管理。

“AI 图像识别+”构建网络智能建设审核能力，依据施工过程采集的图像做关键工序合格判定，以站点为单位快速生成质量审核报告，发现问题现场整改，达到全覆盖、精准化和低成本、量化数据的目标：

（1）全覆盖：对全量站点施工质量进行系统检查，辅助人工质量检查。

（2）精准化：施工前可以根据实际需求自定义配置施工模板，系统自动化检测，避免漏检和误检。

（3）低成本：采用 AI 技术自动图像识别，减少人工审核量，提高建设审核效率，提升施工质量，降低一线人员负担，达到降本增效的目的。

（4）量化数据：标准化施工流程提供多维度检统计报告以周报、月报、年报的形式为决策者提供服务。

随着通信、AI、视频等其他技术的不断变革发展，基站施工标准化未来的智能审核的发展方向是“AI 监控中心+数据中台”，真正达到现场告警处理、远程实时监控、大数据分析及预警、工程协调支撑等模式。也只有“AI 监控中心+数据中台”技术才能更好的适应市场，只有适应市场才能更好的发展，走良性循环的轨道。

参考文献

[1] 薛伟，谭裴，叶敏，等. 基于智能审核的无线网规划设计审核平台研究[J]. 电信工程技术与标准化，2016，29（6）：49-53.
[2] 谭裴，汪宁，侯成功，等. 无线基站智能查勘软件的设计与实现[J]. 移动通信，2018，42（6）：92-96.
[3] 郭原东，雷帮军，聂豪，等. 基于深度学习的智能高精度图像识别算法[J]. 现代电子技术，2021，44（4）：173-176.
[4] 范博，邱芸，沈雷. 图像识别技术在电信运维质检上的应用[J]. 电信科学，2019，35（4）：146-152.
[5] 尹洪岩，宋磊，张春波. 基于计算机智能图像识别的算法与技术研究[J]. 软件，2021，42（3）：165-167，183.
[6] 王晓薇. 基于计算机智能图像识别的算法与技术研究[J]. 信息通信，2020（3）：82-84.
[7] 王宏伟. 通信工程建设标准化及信息系统管理应用[J]. 信息记录材料，2021，22（1）：76-77.
[8] 孟广虎. 通信工程施工标准化体系建设要点研究[J]. 数字通信世界，2020（4）：245.
[9] 杨帆. 通信工程施工质量控制及优化策略分析[J]. 数字通信世界，2021（6）：269-270.
[10] 杨乃俊. 通信工程施工质量控制研究[J]. 中国高新科技，2021（7）：72-73.

面向垂直行业的差异化服务能力体系建设与研究

孔令义 阎艳芳 郝双洋 常占庭 武俊芹

摘 要:5G 运用以来,垂直行业将是移动网新的业务增长点,如何满足垂直行业差异化的业务需求是亟待考虑的问题。依托 5G MEC 基础网络及能力开放平台构建了丰富灵活的 CT/CT 能力体系,部署切片编排器,打通 B 域、O 域,具备了线上业务受理能力,能够端到端编排及调度网络资源,敏捷完成端到端定制化网络开通,实现了基础能力复用,能力平台化,产品标准化并能够规模复制,保障垂直行业差异化业务需求,对未来网络规划及演进、网业协同提供借鉴和参考。

关键字:能力开放;MEC;切片;5G 专网

1 背景

垂直行业将成为移网新的业务增长点,而垂直行业业务呈现出需求差异化、场景多样化等一系列新特征,对网络能力提出了定制化、个性化的需求,传统封闭的通信网络缺少深度介入内容的手段,网络资源变现程度较低,对业务差异化的保障能力不够。这亟待充分利用 5G 网络 CT、IT 资源禀赋,将网络资源及能力按需开放,建立差异化服务能力体系,满足垂直行业个性化需求,拓展新发展空间。

满足垂直行业差异化的业务需求,需要端到端的网络资源灵活分配,网络能力灵活组合,实现网络、业务、资源的协同。这既要充分考虑网络规划和建设的技术演进和成本要素,具备灵活和弹性的扩展能力,也要考虑网络能力要素,并且能够开放、可定制,同时,还需要敏捷和完善的运营支撑和保障体系。

2 垂直行业业务需求分析

SLA 是运营商和客户之间签订的业务协议的一部分,旨在建立对服务、优先级、责任等的共同理解和握手协议。具体内容主要包括带宽、时延、网络安全、隔离度、可视、可管、可运营等指标,涵盖网络、运维、管理等方面的要求。通过对现有标准和行业用户需求进行归纳总结后,我们认为行业用户对于网络的需求存在"马斯洛模型",从最基础的业务可用,到安全可信,最终到自主可控。具体如下:

(1)业务可用主要是网络性能方面:包括时延、带宽、可靠性、覆盖等一系列差异化的网络性能需求。

(2)安全可信主要是业务隔离度方面:垂直行业业务往往要求网络物理或者逻辑隔离,部分行业对业务隔离型要求较高,要求数据不出园区,甚至要求特定区域禁止普通用户接入。

(3)自主可控主要是网络自运维方面:主要包括业务的灵活开通,灵活自服务,自管理,客户可查看和管理网络统计指标和运行状态。

为满足这些业务需求,需要依托高度敏捷的 5G 网络,整合通用的基础网络和基础平台,构建开放、可定制的 IT、CT 能力体系,打造自助、随选、感知卓越的运营平台,建立敏捷的面向垂直行业的运营支撑和保障体系,从而将基础能力复用,实现能力平台化,产品标准化并能够规模复制,构建数字化生态体系,快速响应业务需求。实现运营商、行业应用、内容提供商等的价值共享,合作共赢,使垂直行业数字化转型。

3 构建开放的 IT/CT 能力体系

5G 网络可提供丰富的 CT 和 IT 能力,如何实现 CT、IT 能力的开放,最大化利用 5G 能力,满足垂直行业多样化的业务需求是需要考虑的问题。

3.1　构建网络能力开放平台，实现多样化的 CT 能力开放

河南联通在中原数据基地 DC 部署了集团级对外能力开放平台，在确保安全的前提下，适配网络能力和业务需求，提升网络价值。其网络架构示意如图 1 所示。

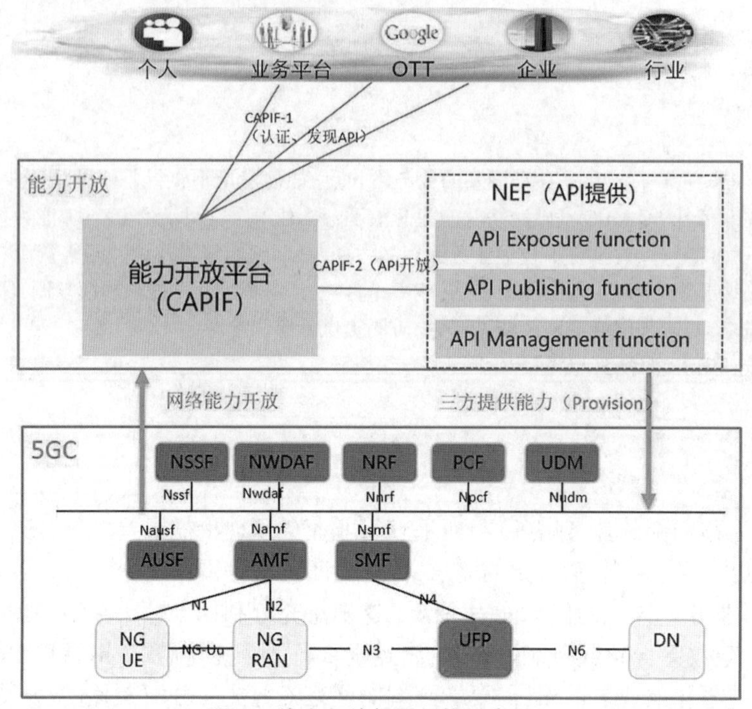

图 1　能力开放部署架构示意图

能力开放平台提供通用的标准化的 API 接口同第三方应用进行交互，并将业务需求发送至 NEF，隔离应用和 5GC 网络，实现网络能力安全、可靠、可控地对外开放。NEF 对外屏蔽 5GC 网络，对接 PCF、UDM、AMF、UDR 等网元，开放计费/策略、事件监控、参数配置、流量引导、网络数据分析等 5G 能力。

以云游戏和云视频加速为例，所实现策略的对外开放交互过程如下：

(1) 客户购买第三方加速包等服务，第三方应用则向能力开放平台申请 Qos 加速策略。

(2) 能力开放平台需具备鉴权能力，对客户加速申请进行鉴权，并通过取号系统获得用户号码，向 NEF 发起 Qos 加速申请。

(3) NEF 将 Qos 参数进行映射，向 PCF 发起请求，PCF 生成动态 PCC 策略，并由 SMF、UPF 等执行策略，完成加速。

除此之外，对外能力开放平台还可实现流量引导，实现 MEC 分流；通过 NEF 实现对终端事件的订阅和上报等一系列能力的开放。具体实现如表 1 所示。

总体来看，河南联通能力开放平台实现了灵活的 CT 网络能力开放，对内与 NEF 建立统一的 API 接口，对外与各类业务平台、OTT、外部企业等实现对接。能力开放平台对接应用，但并不对接客户，不面向产品设计，仅仅是对业务需求和网络能力进行适配，实现 CT 能力的输出。

3.2　打造 5G MEC 基础网络，强化边缘云 IT 能力，满足业务差异化需求

河南联通以布局类及现场级两种形式部署 5G MEC 基础网络，布局类 MEC 主要部署在各地市核心机房，面向共享型客户，采用多租户方式逻辑隔离各类客户，现场类 MEC 主要面向独享型客户，按需弹性建设。

为满足 5G MEC 运营需求，强化边缘云 IT 能力，河南联通搭建了多层次功能力丰富的边缘云运营体系。在中原数据基地 DC 部署了全国级的 MEAO，对接 OSS、BSS、NFVO、统一云管、对外提供开放接口供开发者及客户上传业务能力和应用，完成全网边缘业务应用的编排和管理。在郑州二长 DC 部署

了省级 MEPM,负责河南所有边缘节点虚拟化资源管理,节点业务管理等功能。在各地市及省中心部署了 MEP,为客户提供集中共享型业务。UPF 可同 MEP 融合部署,实现业务分流。

表 1 河南联通对外可提供的 CT 能力

分类	功能描述
监控能力	AMF 事件监控:如连接丢失,用户可达性,位置上报/变更,指定位置区域内 UE 数量、时区、接入类型等
	UDM 事件监控:如漫游状态,SUPI/PEI 变更通知,短信可达等
	SMF 事件监控:如 PLMN,AMBR,QoS,位置,UE IP、会话状态等
提供能力	提供 5GS 网络用户参数配置能力,如 PSM,终端监听周期 DRX,缓存性能等
	向 5GS 提供用户位置、应用、切片信息,路由规则等信息,优化业务传输路径
策略和计费能力	为应用或者应用中的会话请求 QoS 策略,如带宽和优先级等
	提供用户的 PFD 配置能力

河南联通 5G MEC 部署总体架构如图 2 所示:分别实现了管理域和业务域的平台建设,通过布局类边缘云平台的建设,提供了完善的具有差异化能力的基础网络,依托智能城域网实现云网边协同,具备敏捷的连接调度能力。

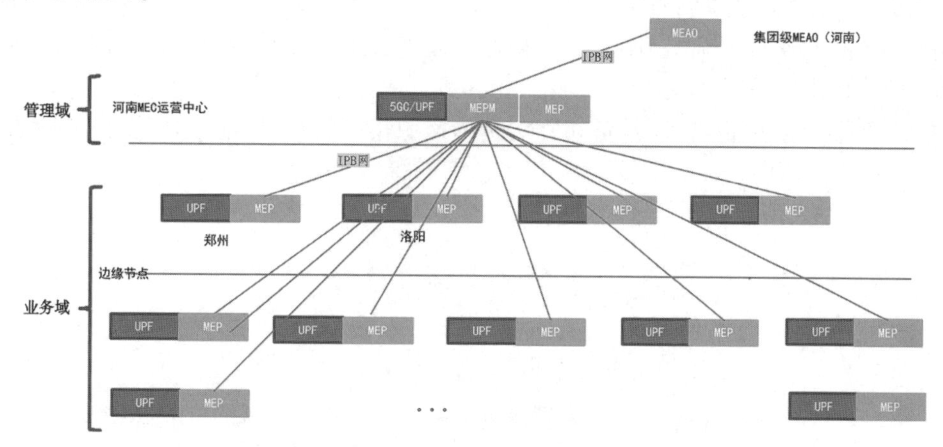

图 2 MEC 部署架构示意图

MEC 具备丰富的平台能力,实现 IT 能力、业务能力的开放。综合来看通过 MEC 边缘运营平台,可实现三种形式的能力对外开放。

第一种是:IAAS,充分利用中国联通的接入局点资源,将 IT 资源作为能力提供给第三方,这种形式附加效益极少,无法构筑核心竞争力及业务生态,不提倡。

第二种是:PAAS,这种形式依托 MEAO 提供开放接口供开发者和客户上传业务能力和应用,同时应用可通过 MEAO,能力开放平台调度 CT 资源,满足第三方应用差异化的需求。

第三种是:SAAS,这种形式充分利用 MEP 平台部署联通自有应用并为客户提供服务,比如标识服务、IP 黑白名单服务、带宽管理,AI 图像识别、视频处理、IoT 设备管理等。这种形式可发挥 MEC 平台最大价值,充分介入内容,成为端到端的能力提供商。

总体来看,MEC 平台首先实现 IT 能力的对外开放,各类应用可部署在 MEC 平台上,也可通过统一的 API 接口实现第三方应用的部署,此外,MEAO 同能力开放平台之间具有标准化接口,实现统一的面向客户的 IT 和 CT 能力输出。

4 构建多层次的面向垂直行业的运营支撑体系

通过能力开放平台、5G MEC 基础网络及平台能力可实现 CT、IT 网络能力的输出,而将网络能力转化为网络产品,贯穿从客户需求、业务开通、运营支撑等全流程的业务服务尚需要一系列的运营支撑体系。

4.1　部署切片编排器平台,打造定制化网络部署能力

切片已成为面向垂直行业提供网络服务的基础和关键技术,依托切片可提供特定网络能力和网络特性的逻辑网络,实现定制化的网络部署。切片编排器是实现切片能力的运营平台,衔接业务需求及网络能力,一方面要面向客户,向客户提供多样化的业务需求选择,另一方面要面向网络,进行端到端地调配网络资源,将网络服务匹配客户需求,实现网络能力的产品化。

切片编排器包括 CSMF(切片运营平台),NSMF(切片管理平台)。河南联通在中原数据基地部署了联通集团级别的 CSMF,直接面向客户,对用户切片业务需求进行分解和处理,转换网络切片 SLA 的需求,实现业务的快速响应和发放。其技术特征主要如下:

(1)打通 B 域,具备线上的切片业务受理及端到端的开通能力。

(2)提供标准化/定制化网络服务模板,支撑切片业务和产品功能,包括切片订单管理、切片服务模板管理以及切片的网络产品管理。

(3)通过基于模板修改、拖拽式可视化设计,实现客户随选、所见即所得的切片设计。

同时,在中原数据基地部署了大区级别的 NSMF,面向网络,接收从 CSMF 下发的网络切片部署请求,根据切片的 SLA 需求完成定制化网络的部署。其主要技术特征主要如下:

(1)打通 O 域,同无线、承载、核心网等子域进行交互,获取切片资源、告警、性能等数据,实现切片资源的协同,完成端到端的切片的生命周期管理。

(2)具备端到端网络编排及业务开通能力,将业务需求分解为无线、承载、核心网等子域参数配置信息,实现网络能力的配置。

(3)提供切片的设计及模板管理,具备切片实例的资源拓扑管理、性能数据管理、故障告警管理等能力。

网络架构示意如图 3 所示。

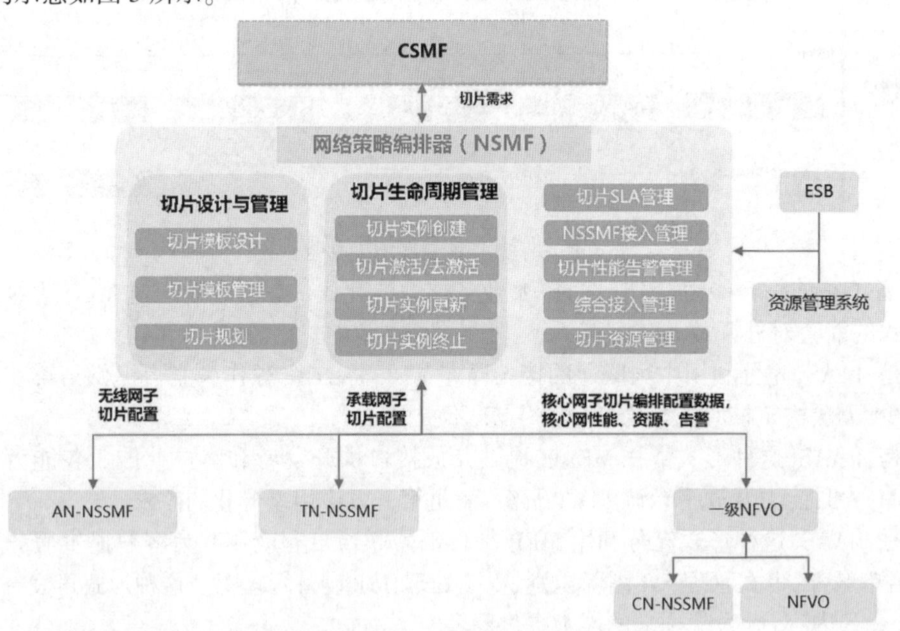

图 3　切片编排器部署示意图

核心网、无线、传输等子域的切片管理器则由各专业厂家提供,同网管合并部署,完成各子域的切片管理。各子域实现的切片机制主要如下:①无线切片:QOS 调度、RB 资源预留、独立载波切片等三种技术方案;②承载网:VPN+QOS、基于以太独立端口、基于 Flex-E 技术等三种技术方案;③核心网:全部共享、部分共享、独占等三种方案。基于无线、承载、核心网不同切片能力的组合,可实现 5G 专网的部署。

切片编排器具备端到端定制化网络的开通能力,是网络能力产品化的必要条件,叠加 5G MEC 基础网络以及能力开放平台,具备了将网络能力产品化的能力。

4.2 整合网络能力，提供端到端的标准化产品方案

5G专网利用5G基础网络，融合切片、MEC等技术，为客户提供具有定制化的QOS保障，业务隔离的安全网络，满足客户带宽、时延、可靠性、安全性等一系列差异化的需求。根据定制化程度，分为5G独立专网、5G混合专网、5G虚拟专网三种模式，这三种模式可实现不同程度的网络CT、IT能力开放和输出。

（1）5G独立专网从无线、传输到核心网为客户提供端到端物理独立网络，网络资源独享。该模式成本较高，用户数据与联通公众网络数据完全隔离，业务数据及网络数据高度保密，满足客户带宽、时延、高安全、高可靠的业务需求。

独立专网模式下，可采用一体化设备部署核心网，专用基站对接私有化部署的核心网，专网用户规划专有切片标识，基站根据终端上带的切片标识选择AMF，完成鉴权后即可进行数据业务。外部用户终端在专网园区内可搜索到无线信号，但在发起注册时，核心网经过判断无法为用户所上报/签约的切片提供服务，拒绝用户接入。

独立专网可细分为两种产品形式，一种是使用联通公用UDM；另一种是UDM也部署在专用一体化核心网设备中，这种模式下网络能力开放得更加彻底，客户可自主放号、调整策略，可满足快速开通、快速测试和个性化服务快速定制的需求。在其他方面这两种形式的能力无差异。

（2）5G混合专网模式下，UPF/MEC为客户独享，无线、控制面网元则根据客户需求灵活部署，以5G分流技术为基础，无线侧根据不同的切片标识选择不同的AMF，访问不同的UPF实现业务分流。实现数据不出园区。

该模式下，需为客户规划专用切片标识，控制面网元可私有化部署，也可采用大网网元，这两种方式性能差异较小。无线侧为专用模式时，客户可独占无线资源，外部客户无法使用专用基站实现业务访问；基站为共享模式时，外部客户和专网客户均可通过该基站实现业务访问，可采用无线RB资源预留、差异化Qos等方式保障客户业务需求。

（3）虚拟专网则是利用中国联通5G基础网络资源，利用端到端的Qos和切片技术，为客户提供时延和带宽有保障的数据隔离的虚拟专有网络。此模式下，从基站到核心网采用的均是公用网络，需为用户签约专用切片，提供不同等级的时延、带宽的特定SLA保障的逻辑专网。

虚拟专网适用于价格敏感、接入区域不确定、有一定的数据安全或业务质量要求的区域。具有部署快、成本低、无建设周期、仅需数据配置即可提供服务等一系列优势。当然，虚拟专网模式下客户可使用联通布局类MEC，也可使用客户自建MEC，实现企业内部应用的访问。

4.3 建立多层次的5G专网产品运营支撑体系

5G提供的不再是传统单一的语音、数据等服务，而是丰富的IT/CT能力，5G在垂直行业的应用提供的是针对客户特定差异化SLA需求的服务的组合，将IT/CT能力产品化，整合端到端跨专业的网络资源及平台能力，建立多层次的5G专网产品运营支撑体系，可更高效地满足客户需求，实现专网产品的最优设计和最低成本，有利于规模推广。

当收到垂直行业客户服务需求时，收集客户所需的SLA业务需求，并根据所建立的垂直行业业务需求模型库进行对比分析并进行调整，以满足实际要求。根据业务需求模型设计为标准产品，从市场需求确定业务规模，完成端到端的资源规划和按需建设，利用基础网络及平台能力完成各类CT/IT能力、配置的复用，充分发挥5G网络弹性特点，降低基础资源的投入，提升投资效益。在这个过程中（如图4所示），后台支撑团队向前延伸，提早介入客户开发，收集客户需求，提供更加精准的满足客户需求的网络解决方案，实现高效的网业协同。

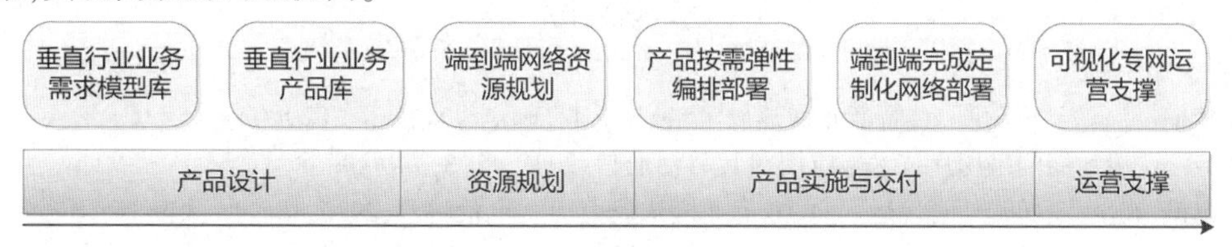

图4 5G专网产品服务流程

一系列基础网络及平台的搭建,产品能力的设计,是面向垂直行业的 5G 专网产品运营支撑的基本能力要素,总结如下(如图 5 所示)。

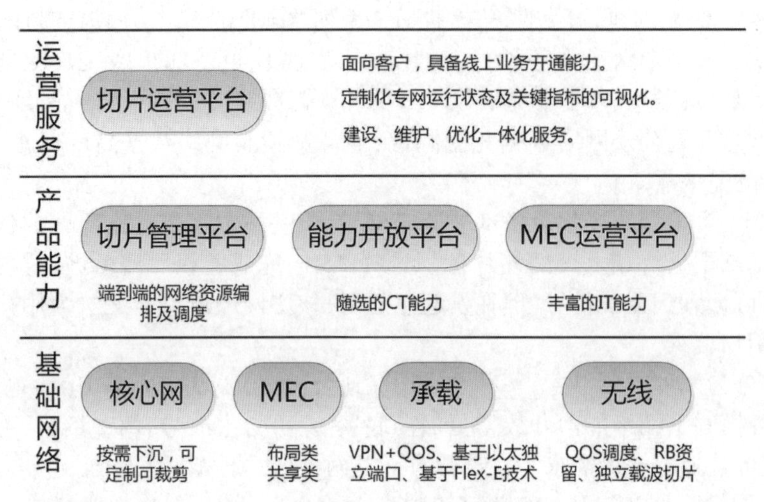

图 5　5G 专网产品运营支撑体系

首先是面向客户切片运营平台,向客户提供专属化的运营和维护平台,实现网络和业务的敏捷开通,呈现无线、传输、公网核心网、园区核心网的运行状态和关键指标,提供建设、维护、优化一体化服务。

在业务能力层面,以产品化的形式向客户搭建具有不同服务能力的端到端专网,通过能力开放平台、MEC 运营平台等将 IT/CT 能力(如黑白名单管理、带宽管理、位置服务、集群通信、AI、大数据、安全防护等)提供给客户,实现高度定制化服务。

基础网络方面主要包括核心网、承载、无线等基础资源,核心网网元按需下沉,网元功能按需裁剪,共享类及布局类 MEC 按需部署,弹性敏捷地满足各类需求。

5　主要成果总结

通过本项目的实践,提供了面向垂直行业的 5G 网络能力产品化方案,搭建了切片编排器、能力开放平台、MEC 运营平台一系列基础平台并整合 5G MEC 基础网络资源,对各网络产品提供了端到端的解决方案,满足垂直行业网络性能、安全隔离、网络可视自运维等一系列需求。建立了面向客户需求的后台支撑团队,面向差异化的需求,后台支撑团队向前延伸,提早介入客户开发,收集客户需求,提供更加精准的满足客户需求的网络解决方案,实现高效的网业协同。

从网络成效来看,构建了开放丰富的 CT/IT 能力体系,将 5G 各种 CT/IT 能力对外开放,最大化地利用了 5G 网络能力,实现网络服务的增值,使得运营商介入内容成为可能。

从感知成效来看,提供了差异化的服务能力,根据不同的业务,在时延、带宽、连接数、隔离性、成本等一系列指标提供了不同的满足程度,提供了确定的服务质量,保障用户感知。

从创新成效来看:提供了菜单式业务开通模板,具备了快速响应业务需求的能力。针对垂直行业构建了功能弹性部署、服务垂直分发、业务敏捷响应、能力灵活切片、高效差异服务的差异化服务能力体系。支撑了实现安阳泛在低空、平宝智慧煤矿、青豫智慧电力、海尔智慧园区等一系列垂直行业应用。

参考文献

[1] 李良,谢梦楠,杜忠岩. 运营商 5G 智能专网建设策略研究[J]. 邮电设计技术,2020(02):45-50.
[2] 张晶,李芳. 5G 端到端网络切片技术与应用[J]. 移动通信,2021,45(3):40-43.
[3] 王晓霞,赵慧,崔羽飞,等. 5G 时代运营商 2B 商业模式研究[J]. 电信科学,2020,36(11):149-155.
[4] 伍嘉,王志会,刘凡栋,等. 5G 端到端切片技术实现探讨[J]. 邮电设计技术,2020(9):12-17.

基于大数据和机器学习的用户感知分析系统项目研究

刘晓惠　何雪峰

摘　要:为了克服日常工作中人员紧缺、任务繁重、经验不足、工具匮乏等各种难点问题,研发人员积极探索AI创新发展道路,以解放人力、提高效率、聚焦创新、改革发展为出发点,应用PYTHON语言和大数据分析技术自主开发了基于大数据和机器学习的用户感知分析系统项目。该系统主要包含8个项目模块,11个子功能模块,涵盖了用户满意度提升、无线资源优化盘整、移网业务感知提升等各类重点工作。创新项目成果已在日常工作中使用,在人员不足的情况下,帮助工作有条不紊的进行下去。各类重点专项工作人均效率提升高达95%,极大地提高了网络日常工作的效率,不仅提高了网络保障能力,更充分缓解了工作量大和人力资源短缺之间的矛盾。人员解放了双手,员工的内生动力和综合素质更有条件不断提升,积极响应公司迈向5G的互联网化转型号召,可以更好地服务用户,支撑一线,支撑市场,提升公司的整体竞争实力。

关键词:AI创新;大数据技术;互联网化转型

1　前言

无线网络优化工作,主要是做优化无线网络,提高无线网络质量,改善用户感知,提升用户口碑。网优日常工作中最重要的环节就是无线质量分析和问题定位,以提升用户的移网使用感知,需要质量分析工程师从多个网管平台获取多维度相关指标信息,基于无线专业知识和优化经验,通过一定的规则和分析流程,最终精准定位到质差问题点,然后交由相应的接口人进行下一步的优化处理工作,进而满足不同用户的精准化服务需求。而质差分析定位过程中存在的数据量大、数据维度广、问题源多样复杂性等特点,都决定了该项工作对人的综合能力要求比较高,并且对人工的时间成本消耗很大。

2　成果介绍

2.1　开发思路

为了克服上述种种问题,有效提高网优工作人员的工作效率,以解放人力促进人员聚焦能力提升,满足公司转型需求,顺应改革发展大趋势,工作人员积极开展岗位创新,致力于解决生产工作中的各种问题。

工作统计梳理:主要是找到能够通过项目创新解决问题的工作,所谓发现问题是要找到问题产生的根源。

痛点问题分析:主要是找到问题产生的根源,清楚是哪一个工作问题、如何重现工作问题和应对措施。

项目架构设计:要在项目说明书中明确实现的目标,功能模块,开发人员职责,能力需求,技术路线等。

项目开发过程:主要是使用各种开发工具、开源软件和函数库实现功能、改进优化直至能够生产实用的过程(见图1)。

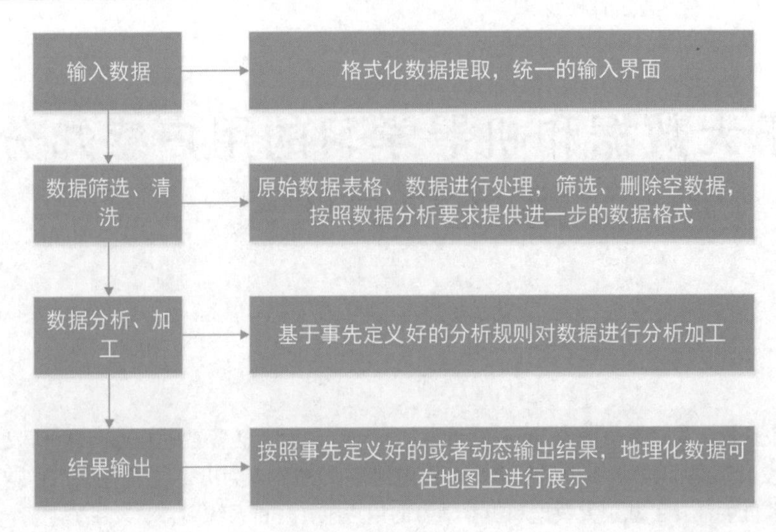

图 1

2.2　研发技术

大数据本身是一种现象而不是一种技术。大数据技术是一系列使用非传统的工具来对大量的结构化、半结构化和非结构化数据进行处理,从而获得分析和预测结果的数据处理技术。

大数据价值的完整体现需要多种技术的协同。大数据关键技术涵盖数据存储、处理、应用等多方面的技术,根据大数据的处理过程,可将其分为大数据采集、大数据预处理、大数据存储及管理、大数据处理、大数据分析及挖掘、大数据展示等。本自主创新开发项目,以公司互联网化转型为契机,以工作需求为出发点,充分发挥互联网大数据思维,精心选用了当下比较流行易学的各种专业 IT 技术:

(1)项目实现/数据处理——PYTHON 语言。

(2)系统页面展示——PyQt5。

(3)结果预测——机器学习 SVM(SVR)。

(4)运行结果大屏展示——HTML + CSS + eCharts。

用户感知分析系统见图 2。

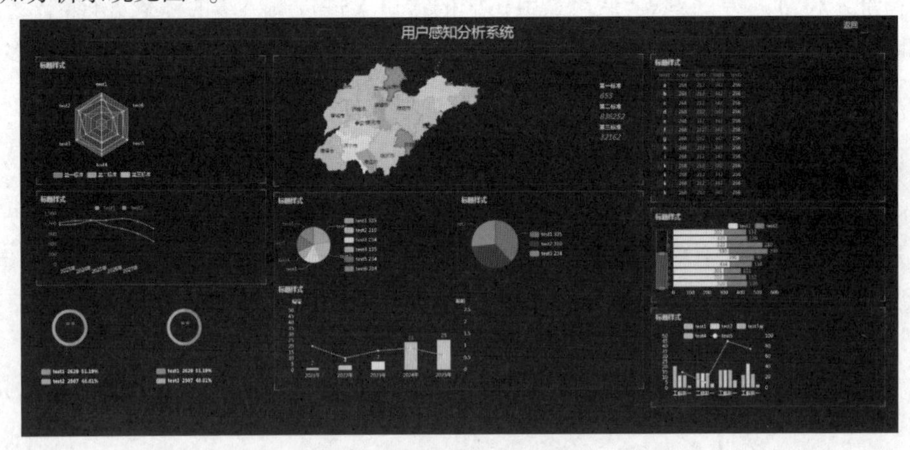

图 2　用户感知分析系统

2.3　项目说明

2.3.1　一级页面

菜单栏包含模块工具和模块测试两个子标签。主体框架展示区域包含了 9 个系统功能块,见图 3。

2.3.2　二级页面

点击主题框架下的某个功能模块,如点击“优化支撑系统”模块,即可打开二级页面,二级页面可根据子功能模块的设置,在菜单栏显示不同的功能菜单(见图 4)。

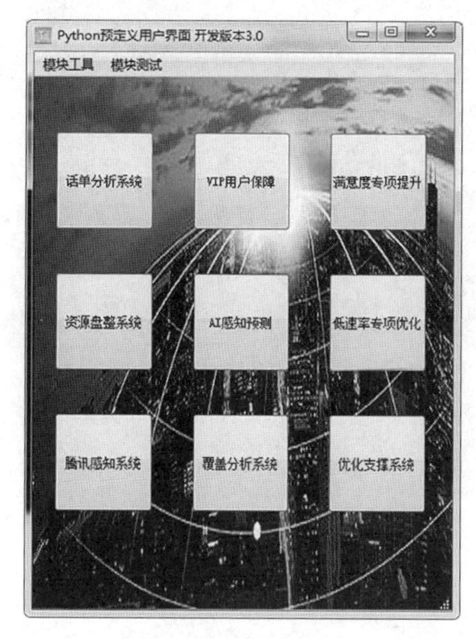

图 3

图 4

2.3.3 三级页面

点击二级页面菜单栏的功能列表,进入对应子功能模块的三级页面弹窗。在弹窗中可选择输入文件或文件目录、输出目录,以及运行按钮,如“4G 话单分析”,在弹窗最下面有输出结果的链接。点击运行按钮后,程序开始执行,运行结果会显示在“功能说明”框中,同时点击下方输出结果的链接即可打开输出结果列表页面(见图 5)。

图 5

2.3.4 四级页面

点击执行结果链接,可打开四级页面,即运行结果展示页面,页面展示会根据程序模块输出需求,输出 Excel、jpg、HTML 等结果文件,点击相应的文件链接即可查看对应结果。示例如图 6 所示。

2.4 功能介绍

具体功能如表 1 所示。

2.5 创新亮点

(1)人工劳动一键程序化。

➢数据自动化获取

➢数据自动化处理

图 6

表 1

项目模块	子系统	主要实现功能
话单分析系统	3G 用户话单分析	信息化月度 3G 话单大数据处理,获取用户常驻小区信息
	4G 用户话单分析	信息化月度 4G 话单大数据处理,获取用户常驻小区信息
VIP 用户保障	单用户分析	单用户 4G 全量话单分析,梳理用户在网信息,提供精准定位的网络保障服务
满意度专项提升	满意度 AI 联合分析	通过结合信息化用户数据、用户满意度打分数据、无线网络指标数据、专项工作质差通报数据、用户投诉工单数据、用户 NPS 打分数据、设备告警数据等多源、多维度的数据信息,展开 AI 联合分析,定位用户满意度和 NPS 低分问题所在,并挖掘潜在满分用户需求,为不同用户打造个性化精准网络服务提升,提供有力的数据依据
资源盘整系统	资源盘整系统	以提质增效为宗旨,常态化开展无线资源拆闲补忙工作,实现全网无线资源自动化评估,并一键输出资源盘整方案建议
AI 感知预测	定点速率预测	根据经纬度实现后台预测 MR 速率,减免外场人工消耗,精准高效保障用户感知
	定点 RSRP 预测	根据经纬度实现后台预测电平值 RSRP,减免外场人工消耗,精准高效保障用户感知
低速率专项优化	低速率优化系统	4G 全网低速率综合分析,实现每日指标监控、质差分析、问题定位、问题分类以及建议优化方案结果的自动化输出
腾讯感知系统	腾讯感知系统	腾讯业务感知专项优化,腾讯视频卡顿小区分析、腾讯游戏卡顿小区分析、微信支付卡顿小区分析,问题定位、问题分类以及建议优化方案自动化输出,输出以省公司下发的反馈要求为模板,可一键输出
覆盖分析系统	3G 基站覆盖分析	3G 全网基站覆盖分析,以工参数据和 MR 数据为数据基础,程序化对比理论覆盖值和实际采样值的误差,输出分析结果和优化建议
	4G 基站覆盖分析	4G 全网基站覆盖分析,以工参数据和 MR 数据为数据基础,程序化对比理论覆盖值和实际采样值的误差,输出分析结果和优化建议

➤结果一键自动输出

(2)多维分析高效、精准化。

➤大数据分析

➤高效数据关联

➢精准问题定位

(3)结果展示多样化、智能化。

➢结果可视化

➢地理化标注

➢数据大屏 AI 展示

(4)项目通用化、易推广。

➢功能普适性

➢性能可靠性

➢操作简便性

➢平台易迁移

2.6 创新成效

本创新项目已在日常工作中使用,在人员不足的情况下,Python 工具可极大的帮助我们将工作有条不紊的进行下去(见表 2)。

项目严格遵循标准化程序开发流程,并且程序实现也是基于标准化专项质差问题分析流程基础上,具备普适性。

表 2

项目模块	子系统	工作周期	程序化前需耗费工时	程序化后需耗费工时	效率提升
话单分析系统	3G 用户话单分析	月	6	0.2	96.67%
	4G 用户话单分析	月	6	0.2	96.67%
VIP 用户保障	单用户分析	日	1	0.1	90.00%
满意度专项提升	满意度 AI 联合分析	周	8	0.2	97.50%
资源盘整系统	资源盘整系统	周	8	0.1	98.75%
AI 感知预测	定点速率预测	日	2	0.1	95.00%
	定点 RSRP 预测	日	2	0.1	95.00%
低速率专项优化	低速率优化系统	日	8	0.1	98.75%
腾讯感知系统	腾讯感知系统	周	8	0.1	98.75%
覆盖分析系统	3G 基站覆盖分析	周	4	0.1	97.50%
	4G 基站覆盖分析	周	4	0.1	97.50%

3 结束语

该创新成果是员工基于网络线一线的工作实践,立足本职工作,同时结合公司当前的互联网化转型改革,自主创新,积极探索并落地实现的本专业领域的岗位创新成果。

成果从 2019 年完成到 2020 年的应用实践过程,充分验证了该成果的实用性、有效性和创新性,极大地缓解了基层工作中存在的人员少、经验少、任务繁杂等客观问题之间的矛盾,提供了可落地的工作创新解决方案,平均工作效率提升 95%以上,具有很大的应用价值。

成果基于网络工作基础实践,具有专业通用性,并且已在省内个别地市进行了试点推广,收到了良好的应用反馈,具有较好的推广性。

一种基于 Python 的互联网专线端口核查工具的研究与应用

雷　旭　苏梦茹

摘　要:如今互联网安全形势日趋严峻,互联网专线 IP 地址端口日常核查管理工作也成为重中之重。传统手工核查工作效率低,耗费人力,为解决以上问题,本方案利用 Python 程序编写简洁快速、模块功能强大,开发效率高等特点,针对互联网专线 IP 地址的端口进行统一扫描、检测,研发出一套具有自动核查工具的程序。结果表明,基于 Python 实现互联网专线端口自动核查,自动比对,邮件自动发送,提高工作效率,赋能业务发展,助力数字化安全运营。

关键字:Python;端口扫描;自动核查

1　前言

如今互联网安全形势日趋严峻,给运营商系统管理员带来很大的挑战。为了有效防止在网上从事非法的网站经营活动,打击不良互联网信息的传播,根据相关法律法规规定,要求从事互联网信息服务的企事业单位应当办理备案;未经备案,不得在中华人民共和国境内从事非经营性互联网信息服务,而对于没有备案的网站将予以罚款或关闭。

许昌联通严格监督核查互联网专线 IP 地址端口管理工作,核查设备涉及许昌五县一区一共 18 台 ME60、7 台 SR7609 设备,登录设备复制粘贴相关 IP 地址并手动筛选,一人至少需要 1~2 个工作日,重复性工作占用了大量人力和宝贵时间。为了提高 IP 地址备案准确率,提升工作效率,开发一种互联网专线端口核查工具已经迫在眉睫。

2　研究理论

2.1　原理

IP 地址端口的打开一般指相应应用服务的启动。为了验证活跃端口打开与否,可采用 Telnet 协议。Telnet 是位于 OSI 模型的第 7 层——应用层上的一种协议,是一个通过创建虚拟终端提供连接到远程主机终端仿真的 TCP/IP 协议。这一协议需要通过用户名和口令进行认证,是 Internet 远程登录服务的标准协议。应用 Telnet 协议能够把本地用户所使用的计算机变成远程主机系统的一个终端。它提供了三种基本服务:

(1)Telnet 定义一个网络虚拟终端为远程系统提供一个标准接口。客户机程序不必详细了解远程系统,他们只需构造使用标准接口的程序。

(2)Telnet 包括一个允许客户机和服务器协商选项的机制,而且它还提供一组标准选项。

(3)Telnet 对称处理连接的两端,即 Telnet 不强迫客户机从键盘输入,也不强迫客户机在屏幕上显示输出。

Telnet 命令执行过程为:输入 telnet 测试端口命令:Telnet IP 端口,回车。如果端口关闭或者无法连接,则显示不能打开到主机的链接,链接失败;端口打开的情况下,链接成功,则进入 Telnet 页面(全黑的),证明端口可用。

验证主机上的端口是否打开并处于活跃状态,只需使用 Telnet 协议的 open 命令验证该端口是否打开即可。在验证端口时系统也采用了多线程模式。验证许昌联通互联网专线地址(约 4 千多地址)的 80 端口是否打开,只需 1 h 左右的时间(处理终端的 CPU 具备多线程处理能力情况下)。

2.2 环境配置和模块功能

(1)环境配置。到官方网站,安装 Pycharm 软件并配置程序运行环境:http://www.jetbrains.com/pycharm/download/#section=windows。启动 Pycharm 软件,设置路径和建立编译环境,即可开始编程。

(2)Socket 模块:能实现高效的端口扫描,使用 Socket 模块通过与目标主机相应端口建立 TCP 连接(完成完整的三次握手),来确定端口是否开放,帮助管理员完成自动扫描任务和生成报告,将端口管理安全风险降到最低。

(3)Threading 模块:Threading 是 Thread 的高级接口模块,由于扫描多个目标地址的端口,循环操作的扫描速度会极其慢,因此需要使用多线程。Python 实现多线程编程需要借助于 Threading 模块,Threading 用于提供线程相关的操作,线程是应用程序中工作的最小单元。

(4)Xlrd 模块:负责读取 Excel 表格数据;支持 Xlsx 和 Xls 格式的 Excel 表格。

(5)Pandas 模块:强大的数据处理模块 Pandas,可以解决数据的预处理工作,如数据类型的转换、缺失值的处理、描述性统计分析和数据的汇总等。

(6)Smtplib 主要负责发送邮件,Email 主要负责构造邮件。SMTP(Simple Mail Transfer Protocol)即简单邮件传输协议,它是一组用于由源地址到目的地址传送邮件的规则,由它来控制信件的中转方式;Email 模块主要负责邮件对象的创建,邮件头、正文、附件、图片的处理等。

3 方案设计

本方案利用 Python 程序编写简洁快速、模块功能强大,语法表达易读,开发效率高的特点,结合本地地址备案的实际工作,针对互联网专线客户 IP 地址的端口进行统一扫描、检测,研发出一套具有自动核查工具的程序,方案如下:

(1)在备案系统及网络安全数字化管理系统中提取相关 IP 数据,形成 Excel 表格。

(2)利用 Socket、Threading、Xlrd 模块实现自动扫描模块,对互联网专线 IP 地址端口进行自动核查。

(3)利用 Pandas 模块进行数据处理分析,实现自动核查结果与互联网专线 IP 地址自动比对。

(4)利用 Smtplib、E-mail 模块实现比对结果自动发送相关人员邮箱。

根据方案设计具体的软件结构见图 1。端口核查模块主要功能是对 IP 地址进行数据处理和实现自动扫描模块。端口比对模块主要功能是根据现有资源进行比对,筛选出非法开放 IP 地址的详细信息。邮件发送模块主要功能是把非法开放的 IP 地址详细信息发送至相关人员邮箱,以便相关人员根据实际情况进行处理。

本期拟研发的项目功能包括:互联网专线多端口自动核查、核查结果与现有资料进行自动比对、核查结果自动发送相关人员邮箱。

(1)互联网专线端口自动核查:许昌联通专线用户 IP 地址的 80 端口鉴于前后台业务不同步造成 IP 地址端口出现遗漏,存在管理隐患,进而造成未备案网站频发,甚至工信部的通报。基于 Python 对许昌互联网专线 IP 地址多个端口自动核查,实现对 IP 地址多个端口状态监测,减少未备案网站频发事件。

(2)核查结果与现有资料进行自动比对:把核查结果和现有资料进行自动核查比对,查看是否存在 IP 地址端口遗漏或者非法开放端口等现象。

(3)核查结果自动发送至相关人员邮箱:自动核查结果定期发送至相关人员邮箱,做到早预防、早发现、早处理。

4　实施路线

4.1　IP 地址端口自动核查

端口核查逻辑见图 2。

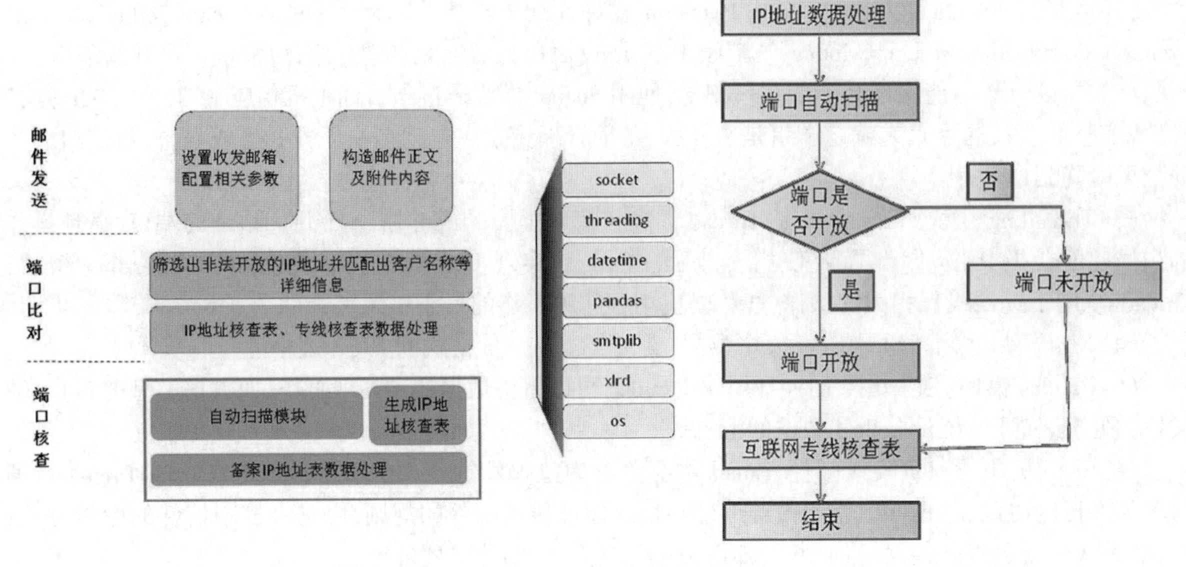

图 1　软件结构　　　　图 2　端口核查逻辑

核查工具操作步骤:

(1)在备案系统及网络安全数字化管理系统中提取相关 IP 数据,保存为 Excel 表格(见图 3)。

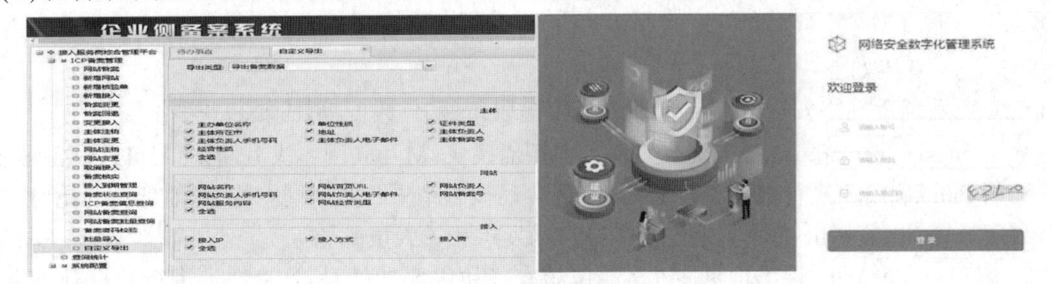

图 3　IP 数据提取系统

(2)利用 Socket、Threading、Xlrd 模块实现互联网专线 IP 地址端口自动核查。

核心代码如下:

```
#创建访问 IP 列表方法
def check_ip(new_ip, port):
    #创建 TCP 套接字,链接新的 ip 列表
    scan_link = socket.socket(socket.AF_INET, socket.SOCK_STREAM)
    #设置链接超时时间
    scan_link.settimeout(2)
    #链接地址(通过指定我们构造的地址和扫描指定端口)
    new_ip = str(new_ip)
    result = scan_link.connect_ex((new_ip, port))
    scan_link.close()
```

(3)根据 IF…. ELSE 函数判断 IP 地址的端口是否开放,并保存为. CSV 文件(见图 4)。

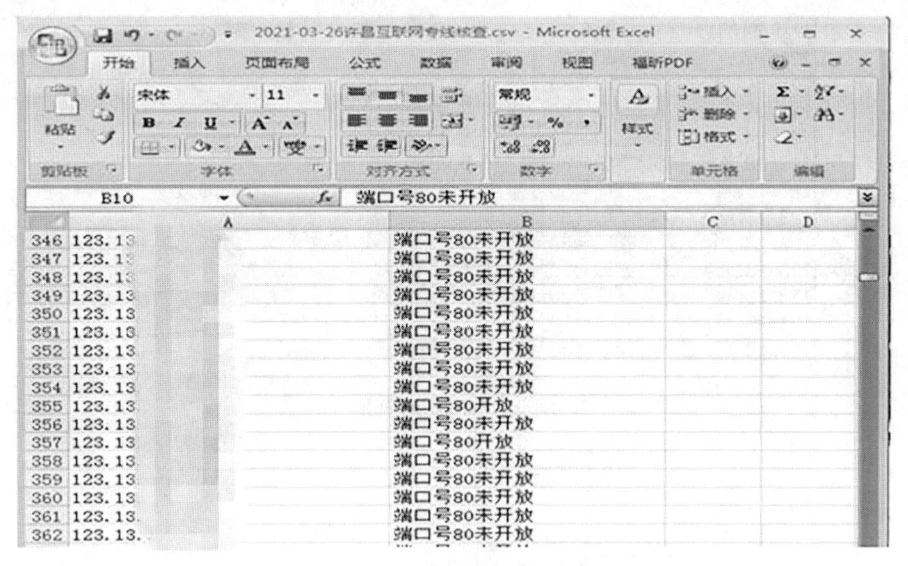

图 4 自动核查效果

4.2 端口自动比对

端口比对流程见图 5。

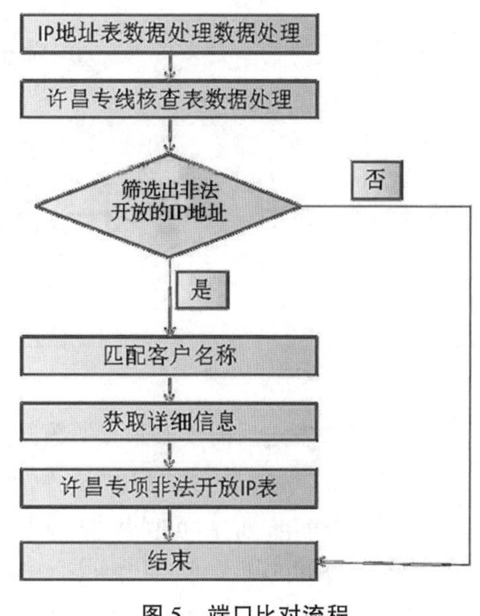

图 5 端口比对流程

实现自动核查结果与互联网专线 IP 地址自动比对，首先利用 Pandas 模块对 Excel 表格的数据进行快速处理，例：取列名对应的的索引值，去除存在重复的行等。然后进行比对筛选出非法开放的 IP 地址，核心代码如下：

ans = pd.merge(left=df_ip, right=df_beian, how='left', indicator=True, on=["目的 IP"])

ans = ans.loc[ans._merge == 'left_only', :].drop(columns='_merge')

最后，根据筛选出来的非法 IP 地址比对出 IP 地址详细信息，并生成 Excel 表格，比对详细信息的部分代码如下：

df_zx.drop_duplicates(keep='first', inplace=True) #去除存在重复的行

df_zx.drop(df_zx[df_zx['目的 IP'].str.find(':') >= 0].index, inplace=True)

生成 Excel 的代码如下，结果如图 6 所示：

ans1 = pd.merge(left=ans, right=df_zx, how='inner', indicator=True, on=["目的 IP"])

ans1.to_excel('D:\ \\{}许昌互联网专线核查 xlsx'.format(now_date))

4.3 邮件自动发送

邮件发送流程见图 7。

Python 中的 Smtplib、E-mail 模块的功能是设置邮箱的相关参数并实现邮件发送。具体步骤如下：

第一，设置发送人员、接收人员的邮箱相关信息。例：设置服务器，创建一个带附件的实例等。

第二，根据端口比对生成的 Excel 文件，构造邮件的内容附件等信息。代码如下：att1 = MIMEText(open('D: \\{}许昌互联网专线查.xlsx'.format(now_date), 'rb').read(), 'base64','utf-8')

att1["Content-Type"] ='application/octet-stream'

att1["Content-Disposition"] ='attachment; filename="email.xls"'

message.attach(att1)

目的IP	端口状态	客户名称	电路编号(业务编号)
222.140.[illegible]	端口号80开放	许昌市[illegible]	
221.14.[illegible]	端口号80开放	许昌市[illegible]	3[illegible]A003281
221.14.[illegible]	端口号80开放	许昌市[illegible]	[illegible]A003281
221.14.[illegible]	端口号80开放	许昌市[illegible]	[illegible]A003281
218.28.[illegible]	端口号80开放	许昌[illegible]	[illegible]005399
123.7.3[illegible]	端口号80开放	黄河[illegible]	[illegible]000971
123.13.[illegible]	端口号80开放	禹州[illegible]	[illegible]003569
123.13.[illegible]	端口号80开放	无[illegible]	[illegible]1118553
123.13.[illegible]	端口号80开放	郭[illegible]	[illegible]
123.13.[illegible]	端口号80开放	山[illegible]	[illegible]
123.13.[illegible]	端口号80开放	小[illegible]	[illegible]
123.13.[illegible]3	端口号80开放	花园[illegible]	[illegible]

图6　自动比对效果

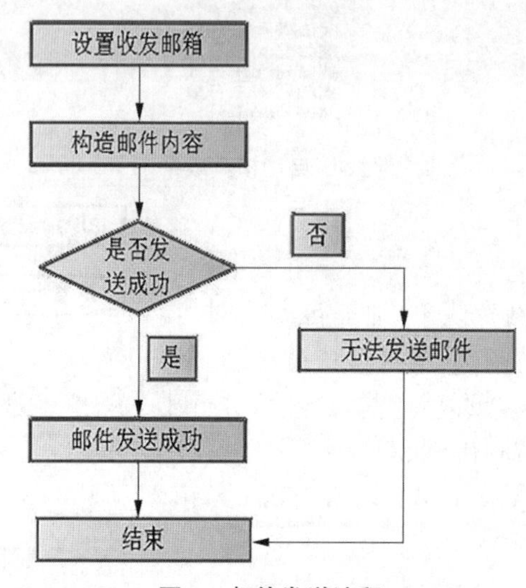

图7　邮件发送流程

第三,邮件发送后需要知道是否发送成功,使用try…. except函数,效果如图8所示,详细代码如下:

```
try:
    smtpObj = smtplib.SMTP()
    smtpObj.connect(mail_host, 25)    # 25 为 SMTP 端口号
    smtpObj.login(mail_user, mail_pass)
    smtpObj.sendmail(sender, receivers, message.as_string())
    print("邮件发送成功")
except smtplib.SMTPException:
    print("Error:无法发送邮件")
```

5　效果比对

核查工具与手工对比见图9。

传统手工核查一人至少需要1~2工作日,本项目的专线端口自动核查工具只需要运行Python程序,即可把非法开放IP地址信息发送到相关人员手中,解放人工,提高工作效率。

6　结束语

通过Python编程技术实现互联网专线端口自动核查,并将核查结果进行分析比较,生成IP地址端口监测报告,最后以E-mail的方式自动派发到指定人员,赋能业务发展,助力数字化安全运营。通过立足能力开放运营,加强日常安全管理工作,加快向“数字化管理”模式演进,实现“能力开放+自动支撑”,

图8　自动发送效果图

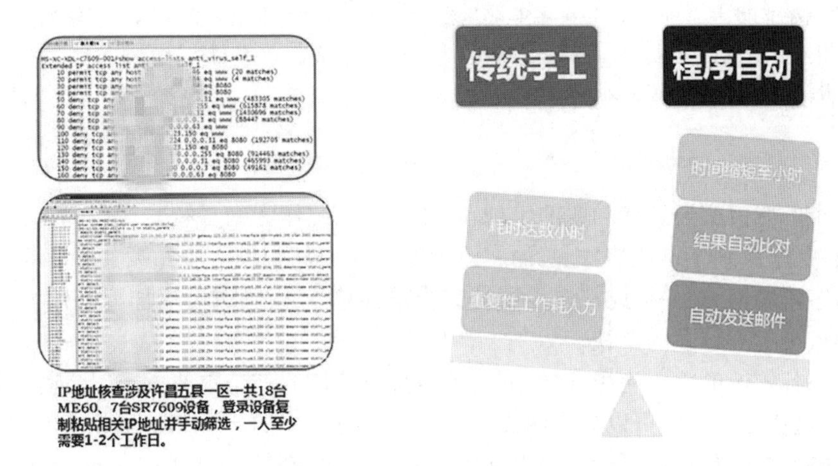

图9　核查工具与手工对比

支撑数字化战略转型，提高 IP 地址备案准确率、降低未备案网站数量，提质增效。

参考文献

[1] 泽德 · A · 肖. "笨办法"学 Python[M]. 3 版. 北京：人民邮电出版社，2018.
[2] 马克 · 卢茨. Python 学习手册[M]. 北京：机械工业出版社，2018 年.
[3] 杨心强. 数据通信与计算机网络教程. 2 版. 北京：清华大学出版社，2016.
[4] 裴志斌，李斌勇，王星程. IP 及端口扫描体系的逻辑处理设计[J]. 网络安全技术与应用，2017.
[5] 梁剑非. 多线程端口扫描软件设计与实现[D]. 电子科技大学，2011.
[6] 菜鸟教程：https://www. runoob. com/.

基于视频图像的公交客流量统计算法研究

杨利涛　李德恒

摘　要:针对目前基于机器视觉技术的公交客流量统计问题,通过基于 Haar 特征和 Adaboost 训练的方法得到了人头检测的分类器,并对摄像机拍到的垂直图像进行目标的初始检测,然后根据目标的光流信息以剔除静止的非人头目标,根据误检目标出现的频率低以及不连续的特征以剔除动态的非人头目标,最后根据客流特征采用一种过线判别标准实现人数的统计。通过实际采集到的视频图像对算法进行验证,检测率能够达到 94.0%,正确率能够达到 96.9%,并且适用于多乘客同时过线的情况,且各目标之间相互独立,互不干扰,从而验证了所提算法具有较高的准确率和很好的鲁棒性。

关键词:客流量统计;Haar 特征;Adaboost;光流信息

1　前言

随着日益严重的城市交通拥堵问题的出现,智能公交系统作为衡量智慧城市的一个重要指标,越来越受到人们的重视,并得到了迅速的发展,而客流量统计作为其中的一个重要组成部分,可以为公交调度中心提供站点客流量信息,并据此科学设置公交线路,使车辆运营调度更加智能化、实时化和科学化,因此得到了研究人员越来越多的重视。

计算机视觉在各领域的广泛应用,已经成为了客流量统计的一个重要方式,目前提出了多种基于计算机视觉的方法,这些方法大致可以分为两类:基于背景建模[1-3]的方法和基于轮廓匹配[4-6]的方法。

基于背景建模的方法是运动目标检测中常用的一种方法,其特点是实现简单、运算速度快,并且在多数情况下检测效果良好。马灵飞等在混合高斯背景建模的基础上结合背景差法进行运动目标的提取[1],在特定的环境下取得了较好的结果。杨召君采用基于帧间差分的二值掩膜背景建模方法创建背景[2],在此基础上,结合背景差分与帧间差分对运动目标进行提取,自适应更新背景,并对其做二值化、形态学等后期处理,可以检测出高性能的目标区域。Antic, B. 等运用先验知识和 K-means 聚类方法实现了运动区域的分离[3]。这类方法运用事先建立的背景图像与当前图像做差分运算,即能提取出目标,且不受目标运动速度的限制,但是由于公交车环境比较复杂,特别是在客流拥挤的情况下,这些方法的效果就不是很好。

基于轮廓匹配的方法主要是利用目标的特征在各帧图像中进行搜索,以此实现目标的检测。何恒攀等[4]借助快速梯度 Hough 变换对行人头部进行预识别,在建立行人头部发色模型的基础上,提出基于发色判决器的候选目标过滤算法,最终实现运动人体目标的检测。潘浩等[5]通过获得头部信息,提出了人头特征曲线的检测算法,提取可能的人头曲线,对提取的人头曲线进行参数的估算和轮廓匹配,实现了人头的检测。Mukherjee, S. 等[6]首先通过 Hough 圆变换检测每个人头,然后运用光流法对目标进行跟踪,最后通过背景差法生成目标的轨迹,通过有效轨迹的数量实现客流量的统计。但实际中的人头情况和公交环境比较复杂,单一的模型很难适应各种情况。

针对以上问题,本文提出了基于 Adaboost 和帧间特征的公交环境客流量统计算法。首先,基于 Adaboost 算法对垂直人头样本离线进行训练得到人头检测分类器。然后,运用此分类器对公交车顶部摄像头采集到的视频序列图像进行目标的初始检测,在此基础上,设置人头大小的经验值范围,剔除过大或过小的目标;同时,利用图像的光流信息剔除静止的误检目标;另外,根据运动人头的帧间特征,同一目标检测到的次数必须达到一定阈值才被识别为人头。最后,根据过线判别标准实现人流的方向及人数的统计。具体算法流程如图 1 所示。

2　基于 Adaboost 的人头检测

Adaboost 算法[7]是一种迭代的算法，在目标检测，如人脸检测、车辆检测等领域应用比较广泛，运用此方法对人头目标进行检测的主要步骤如下：

(1)收集样本，并将所有正样本图片都归一化为同样的大小 20×20，使用扩展 Harr 特征[8]表示人头，如图 2 所示，使用“积分图”实现特征数值的快速计算。

(2)使用 Adaboost 算法挑选出一些最能代表人头的矩形特征(弱分类器)，按照加权投票的方式将弱分类器构造为一个强分类器。

(3)将训练得到的若干强分类器串联组成一个级联结构的层叠分类器，级联结构能有效地提高分类器的检测速度。使用此分类器即可实现人头目标的初始检测。

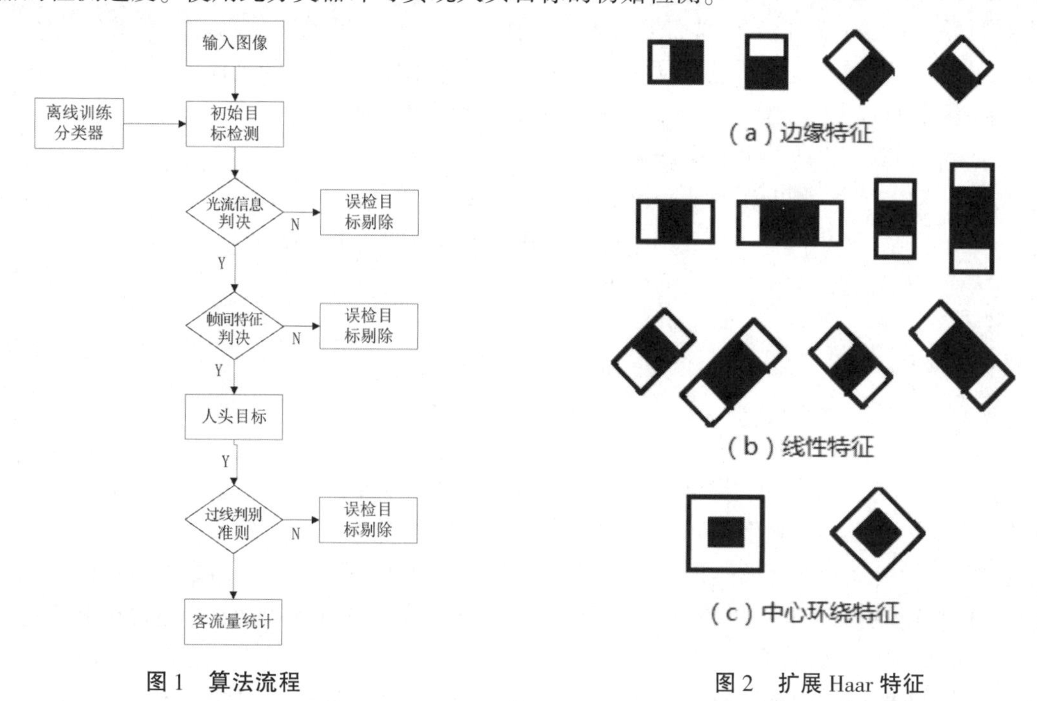

图 1　算法流程　　　图 2　扩展 Haar 特征

试验中共收集了各种环境(包括各种形状、背景和光照环境)下的 800 张人头正样本图片和 2 000 张负样本图片，图 3 为部分样本图例。从图中可以看出，对于正样本人头的描述，使用 Haar 中心环绕特征非常合适，而负样本包含了各种环境，特别是公交环境下的场景图片。由于公交环境比较复杂，实际检测过程中会有误检情况发生，需用分类器检测。

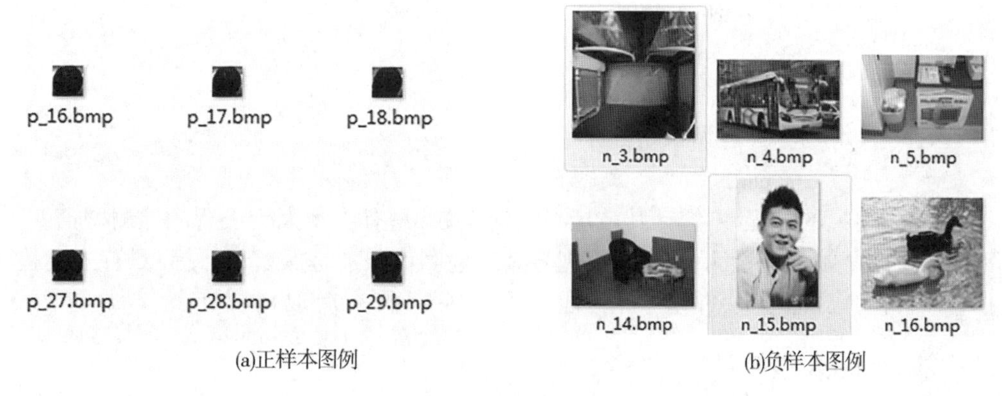

图 3　部分样本图例

3　误检目标的剔除

误检目标的出现主要有以下原因:①场景中存在类人头特征的目标;②运动目标在移动的过程中产生了与人头类似的目标。因此,场景中的斑点或者乘客之间的阴影都会对检测结果产生一定的影响。

3.1　基于光流信息的运动特征模型

人头检测过程中会出现静止的误检目标,这类目标的特点是基本没有运动趋势,因此可以根据图像的光流信息并设置阈值剔除这类目标。

光流法[9]是通过检测图像像素点的强度随时间的变化进而推断出物体移动速度及方向的一种方法,广泛应用于模式识别、计算机视觉以及其他图像处理中。在空间中,运动可以用运动场描述。而在一个图像平面上,物体的运动往往是通过图像序列中不同图象灰度分布的不同体现的。从而,空间中的运动场转移到图像上就表示为光流场,光流场反映了图像上每一点灰度的变化趋势。本文运用 Gunnar Farneback 算法[10]计算图像的光流信息。设 flow(x,y)为当前帧图像中各点的光流值,(x_0,y_0),w,h 和 E_t 分别为目标检测框的左上角坐标,宽度,高度和目标的运动强度,则

```
for(x=x0;x<x0+w;++x)
    for(y=y0;y<y0+h;++y)
        if(flow(x,y)[0]^2+flow(x,y)[1]^2>T0)
            Et=Et+1
        endif
    enfor
enfor
Et=Et/(w*h)
```

若 E_t 小于 T,则不符合行人的实际情况,需要剔除对应目标。试验中,T_0 取 6,T 取 0.1。

3.2　基于目标跟踪的响应特征模型

试验中发现,场景在运动变化的过程中会出现与人头相似的目标而被误检,但是这类目标出现的频率低,而且间断性比较强,而人头目标的特征确正好相反,因此可以根据这些特征,构造目标响应特征模型剔除此类误检的目标,进而识别出真正的人头目标。

试验中,采用简单的前后两帧目标中心间的距离来判定是否属于同一个目标。设 *rec*, *res*, *non* 和 *sta* 分别为当前帧中检测到的目标位置,目标出现的次数,目标间断的次数,以及目标当前帧是否被检测到,各目标的对应值按如下规则更新:

```
if(sta==1)//即目标在当前帧被检测到
    res=res+1;non=non;
elseif(non<Tn)
    res=res;non=non+1;
else
    剔除此目标。
endif
```

目标从场景中通过的过程中,统计其被检测到的次数,只有当其大于设置的检测阈值 T_r 时才被识别为人头;如果中间某帧没有检测到该目标,则将其空检测值累加且保留该目标,只有当空检测值达到一定阈值 T_n 才被视为目标消失,并剔除此目标。试验中,T_r 取 3,T_n 取 8。

4　基于过线特征的人数统计

设帧图像的高为 H,设置图像的中线 $H/2$ 为参考线,另设最终识别出的人头目标检测框左上角的坐标为(x_1,y_1),左下角的坐标为(x_2,y_2),*flg*1 和 *flg*2 分别为上车和下车计数标志变量,*count* 和 *count*_分

别为上车人数和下车人数统计值,则

$$
\begin{aligned}
&f(y_1<H/2)++flg1;\\
&\text{if}(y_2>H/2)++flg2;\\
&\text{if}(flg1>T_c \&\& y_1>H/2)\\
&++count;\ flg1=0;\\
&\text{if}(flg2>T_c \&\& y_2<H/2)\\
&++count\_;\ flg2=0;
\end{aligned}
$$

目标上车的过程中,累加(x_1,y_1)在中线以上的帧数并存入$flg1$,当$flg1$大于一定阈值T_c且(x_1,y_2)到达中线以下时,则上车人数加1;当目标下车的过程中,累加(x_2,y_2)在中线以下的帧数并存入$flg2$,当$flg2$大于一定阈值T_c且(x_2,y_2)到达中线以上时,则下车人数加1。通过设置阈值避免了目标的跳跃现象对结果造成的影响,这样便实现了人数的统计。试验中,T_c取5。

5 试验结果及分析

对本文中阐述的算法的有效性进行验证,试验的硬件环境:主机处理器为Pentium(R)2.13G,内存为2G的PC机;软件部分,操作系统平台为Windows7,以Visual Studio 2010为开发环境,并调用OpenCV2.4.3库来完成算法的实现。原始实验视频通过安装在公交车车门正上方的摄像头采集,视频图像大小为352×288,采样频率为25帧/s,原始图像为RGB彩色图像。

图4~图7分别为视频帧图像对应的初始检测图、光流信息图、剔除静止目标图和剔除运动目标后的最终检测图。

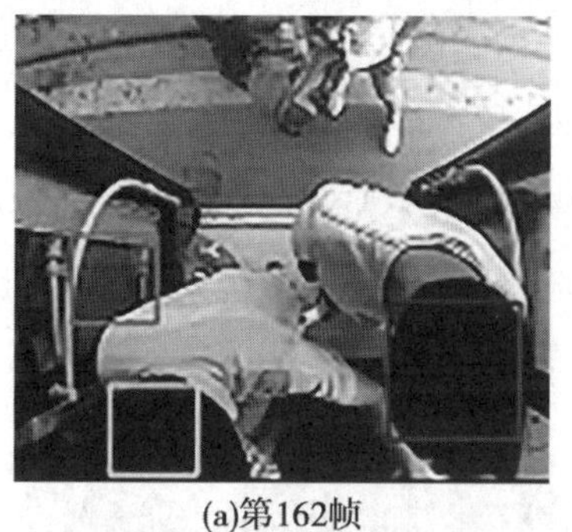
(a)第162帧

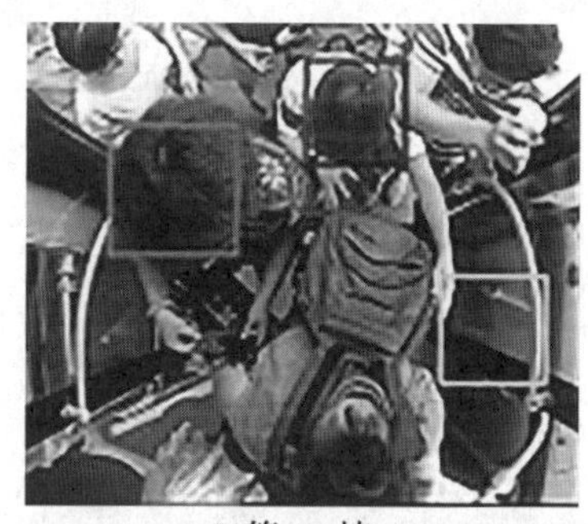
(b)第337帧

图4 初始检测图

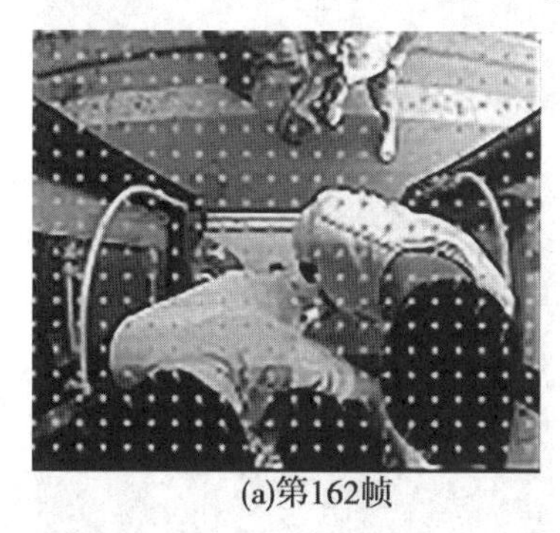
(a)第162帧

(b)第337帧

图5 光流信息图

试验中发现,车门的部分区域以及地面的一些场景,容易被误检为目标,但这类目标一般处于静止状态,根据图像的光流信息较容易剔除。如图4(a)中车门某一区域误检,通过考虑光流信息,消除了误检的目标,如图6(a)所示。

除场景中的静止目标会产生误检外,由于乘客的运动造成的阴影也会被误检,但是这类目标的特征是被检测到的频率不高,而且空间位置上的间断性比较强,通过引入基于目标跟踪的响应特征模型,可

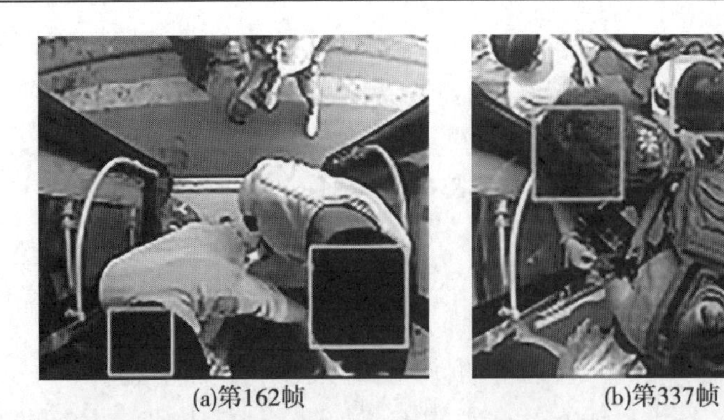

(a)第162帧　　(b)第337帧

图 6　剔除静止目标图

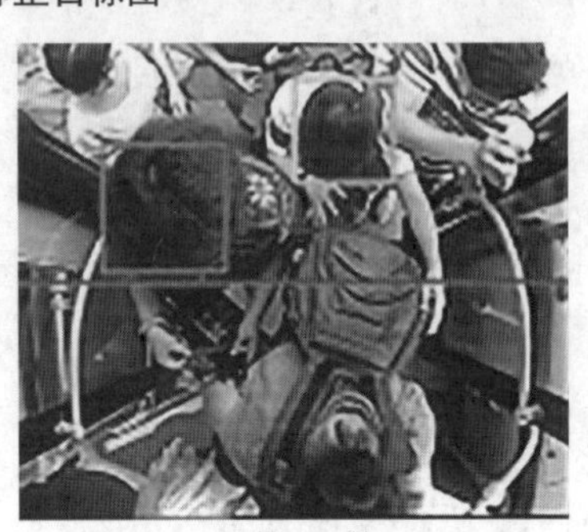

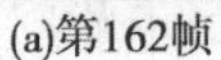

(a)第162帧　　(b)第337帧

图 7　最终检测图

以剔除这类误检目标。图 4~图 7 的(b)图显示了这一过程。

为了测试本文所提算法在各种光照环境下的稳定性,对拍摄到的视频实施人为的光照干预。从图 8 的 4 种光照环境的测试结果来看,本文所提人头检测算法对光照变化环境具有相对稳定的适应性。

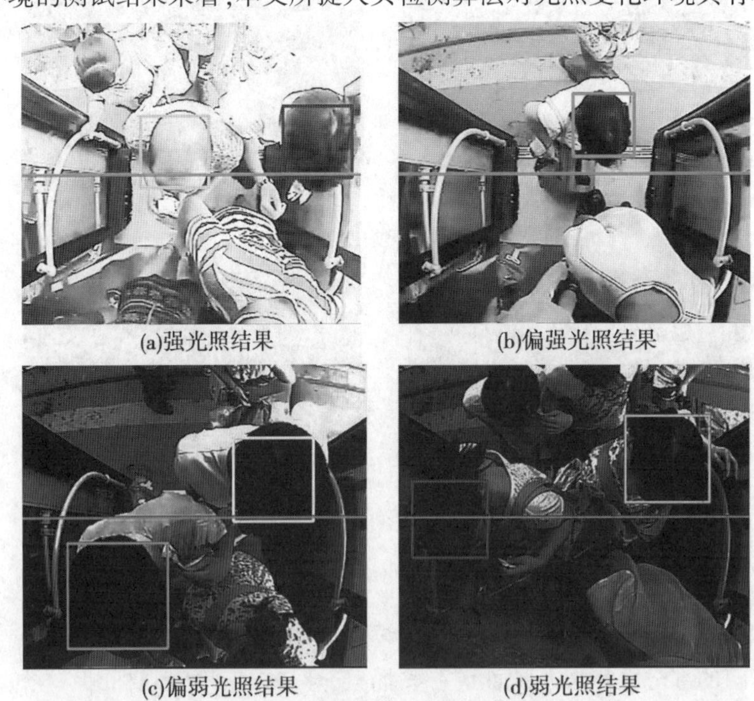

(a)强光照结果　　(b)偏强光照结果

(c)偏弱光照结果　　(d)弱光照结果

图 8　光照变化人头检测结果

过程中目标行人的提取与分离是难点。传统的运动区域分割方法进行人数统计往往依赖于前景分割的正确性和完整性。图 9 为行人过线时本文所提方法的正确检测结果和使用混合高斯背景建模方法得到的的前景图像。由试验结果可知,高斯背景建模方法难以正确分割目标,这主要受到行人衣服与背景色相似以及阴影的影响,且公交车环境比较复杂,使目标行人没有完整被提取,且由于背景更新速度赶不上导致部分背景区域被分割为前景区域。因此,若使用单个行人在前景区域中所占面积来估算前景中的人数,必定会带来误差。

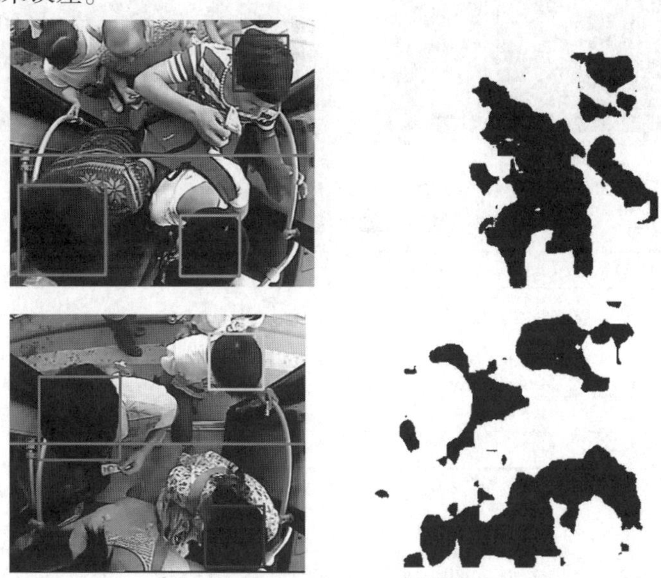

图9　本文所提算法与混合高斯背景建模法对比

另外,乘客携带行李或者戴帽子的情况也是经常发生的事情,而使用传统的背景建模或者轮廓匹配方法并不能准确分离出行人区域。图10和图11分别显示了本文所提方法对这两种情况的正确检测,并完成了携带物或者戴帽子过线的准确人数统计。

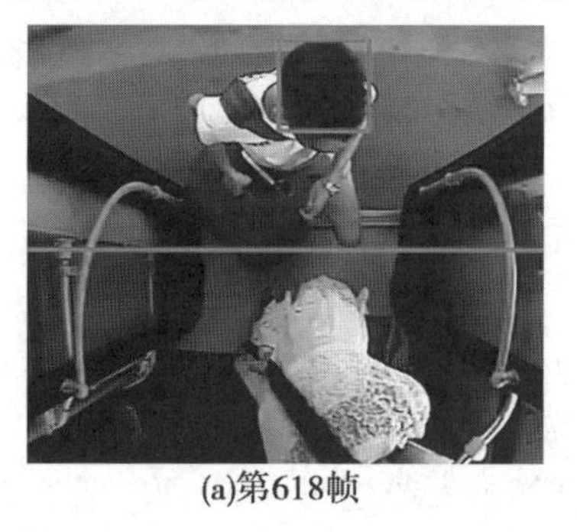

(a)第618帧

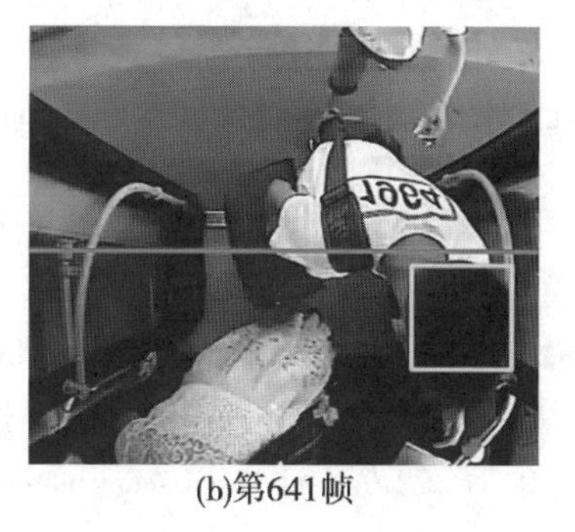

(b)第641帧

图10　携带物情况

试验中通过采集到的多段视频对算法进行了验证,并采用下面的两个参数召回率和正确率[11]对算法的性能进行了评价:

$$召回率 = \frac{TP}{TOTAL} \tag{1}$$

$$正确率 = \frac{TP}{TP + FP} \tag{2}$$

其中,TP为正确检测到的人数,TOTAL为视频中的总人数,FP为误检的人数。表1为算法实验结果,可以看到算法的检测率平均达到了94.0%,正确率平均达到了96.9%。算法能够剔除试验中大部分的误检目标,但是会出现漏检的情况,主要原因是某些特殊情况的出现,如对光头的检测效果不是很好,或者人走到边缘导致摄像头拍摄不到,中间有几帧没有检测到,进而出现目标丢失的情况,导致算法失效。这些问题需要在以后的工作中继续深入研究。

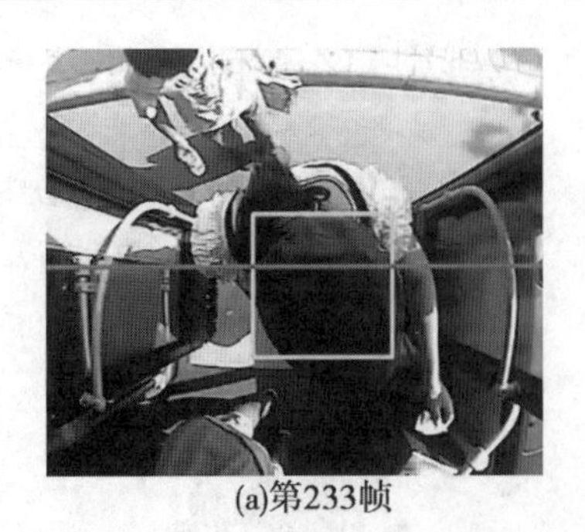
(a)第233帧

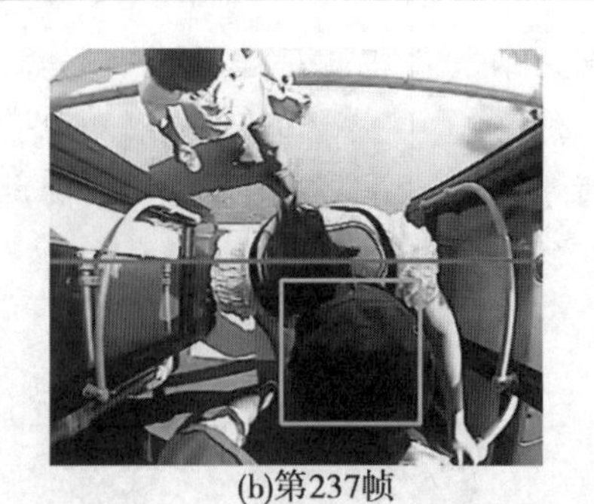
(b)第237帧

图 11　戴帽子情况

表 1　算法试验结果

视频	TOTAL	TP	FP	检测率	正确率
1	4	4	0	100%	100%
2	15	14	1	93.3%	93.3%
3	18	17	0	94.4%	100%
4	30	28	1	93.3%	96.5%
平均	67	63	2	94.0%	96.9%

6　结论与展望

随着城市交通环境的日益拥堵,等车难、挤车难等现状广为市民诟病,智能公交是未来公共交通发展的必然模式,对缓减日益严重的交通拥堵问题有着重大的意义。基于此本文提出了一种综合 Adaboost 算法和帧间特征进行公交环境下客流量统计的方法。通过实际采集到的图像对算法进行了验证,实验结果表明该方法具有很好的鲁棒性及较高的准确性,而且易于实现。

不过算法也存在一些不足之处,有漏检和误检的情况,接下来我们会考虑结合目标跟踪算法和前景运动分析对算法进行改进以实现各种公交环境下客流量的统计问题,并运用 5G 传输,开发出实时智能公交调度系统,实现公交车辆的科学有效管理,进而为公众出行提供便捷服务。

参考文献

[1] 马灵飞. 基于图像序列的多乘客目标识别和计数的研究[D]. 天津:天津大学,2011:12-15.

[2] 杨召君. 基于视频人数统计与跟踪改进算法的研究与实现[D]. 南京:南京邮电大学,2013:13-20.

[3] Antic, B. , Letic, D. et al. K-means based segmentation for real-time zenithal people counting[C]. Proceedings of 16th Ieee International Conference on Image Processing Piscataway, UJ, USA:IEEE Press, 2009:2565-2568.

[4] 何恒攀. 基于序列图像的行人流量检测技术研究[D]. 重庆:重庆大学,2009:15-18.

[5] 潘浩,高枝宝,何小海,等. 基于计算机视觉的公交系统人流量检测算法[J]. 计算机工程,2007,33(11):216-218.

[6] Mukherjee, S. , Saha, B. et al. A Novel Framework for Automatic Passenger Counting[C]. 18th IEEE International Conference on Image Processing, 2011:2969-2972.

[7] Yoav Freund, Robert E Schapire. A Decision Theoretic Generalization of On-line Learning and an Application to Boosting [J]. Journal of Computer and System Sciences, 1997, 55(1): 119-139.

[8] Rainer Lienhart, Jochen Maydt. An extended set of Haar-like Features for Rapid Object Detection[C]. Proceedings of 16th IEEE International Conference on Image Processing Piscataway,2002: 900-903.

[9] Adrian Kaehler,et al. Learning OpenCV[M]. USA: oreilly, 2008.

[10] Gunnar Farneback. Two-frame motion estimation based on polynomial expansion[J]. Lecture Notes in Computer Science, 2003, (2749), 363-370.

[11] H. G. Jung,et al. Full-automatic recognition of various parking slot markings using a hierarchical tree structure[J]. IEEE Transactions on Intelligent,2013,52(3):501-514.

政企 IP 专线运行参数自动预警及一键诊断的实现

潘 超 张 艳 牛 冉 梁 璐

摘 要:政企 IP 专线承载着党政军、金融、企业等重要行业的数据传递,承载了教育、医疗、社会保障等众多与民生息息相关的实时应用,因缺乏全面掌握 IP 专线运行状态的有效管理手段,导致维护人员无法及时发现电路告警、快速定位故障段落,无法有效消除网络隐患。本文介绍了我们自研的一种新 IP 专线运行参数自动分析预警及一键诊断系统。自动从前端设备采集 IP 专线运行参数,实现多维度自动分析,实时关联客户业务,实现政企 IP 专线的分析预警、灵智巡检、一键诊断、智能决策,促进通信行业网络数智化转型和对政企客户的网络服务支撑能力。

关键词:数据采集;主动预警;一键诊断;灵智巡检;智能决策

1 前言

当前,政企 IP 专线承载着党政军、金融、企业等重要行业的数据传递,承载了教育、医疗、社会保障等众多与民生息息相关的实时应用。当前通信行业内缺乏好的能全面掌握 IP 专线运行状态的管理手段,维护人员缺少能动态实时掌握专线运行状态、提前发现线路隐患、远程分析定位故障、机器智能辅助决策的在线支撑手段,无法有效地主动发现隐患,提前消除问题、降低故障概率,提升专线网络安全性。

2 IP 专线业务信息分析系统

为此,在分析当前 IP 专线通用的业务组网模式、在网数据设备类型和性能基础上,结合 IP 专线运行参数数据特点、常见故障典型特征、人工除障排查思路,自主开发了 IP 专线业务信息分析系统,用于 IP 专线日常维护和故障处理,极大提升了工作效率。

该系统突破以往传统的 IP 专线运维模式,在政企 IP 专线运行参数的场景化多维度动态追踪采集、远程灵智体检、故障智能定位、智能辅助决策等方面取得了突破性进展。该系统可从前端设备在线自动采集更多更全的 IP 专线运行参数,多维度对采集数据进行数据处理和分析挖掘,实时关联客户业务,实现政企 IP 专线运行状态的智能分析预警、远程灵智巡检、故障一键诊断、运维智能决策,促进了网络运营数智化转型。

围绕探索 IP 专线的网络运行数据的全面收集和分析,重点研究政企 IP 专线业务实时监控和主动预警处理,研究 IP 专线故障申报与快速定位,我们制定了自主开发实施方案,具体方案如下。

2.1 系统开发环境

该系统开发基于 Nginx Web 服务器作为运行环境,后端业务逻辑处理使用 PHP 的 RMVC 框架——laravel 开发,前端展示使用响应式框架 bootstrap,通过 Telnet 技术进行交换机数据采集,数据储存在 MySQL 数据库中。

2.2 专线运行参数信息采集

IP 专线业务的数据采集的宗旨就是全方位、多维度地提取存量 IP 专线电路的网络运行参数,获得的数据具有实时性、准确性、有效性、可用性。

该系统设计时,打破以往单一 PING 包诊断、端口状态判断的传统做法,制定了场景化多维度 IP 专线运行参数高精度动态追踪采集规则和方法,实现数据的自动实时采集。针对不同场景、不同客户级别、不同业务使用时段,分场景多维度追踪定位和采集网络设备数据,实现特性化的 IP 专线运行参数高精度定向动态追踪和数据远程采集。IP 专线运行参数定向采集追踪范围包括设备型号、设备数量、设备管理地址、业务配置信息、端口物理状态信息、ARP 表信息、VPN 信息、端口停复信息、流量信息、端口号和对应的电路编号等。

为实现全网 IP 专线运行参数的自动采集,研发 IP 专线运行参数的数据自动采集系统,实现 IP 专线运行参数的在线远程自动采集和定向追踪,运用到后续的数据分析挖掘。

系统数据采集实现流程如图 1 所示。

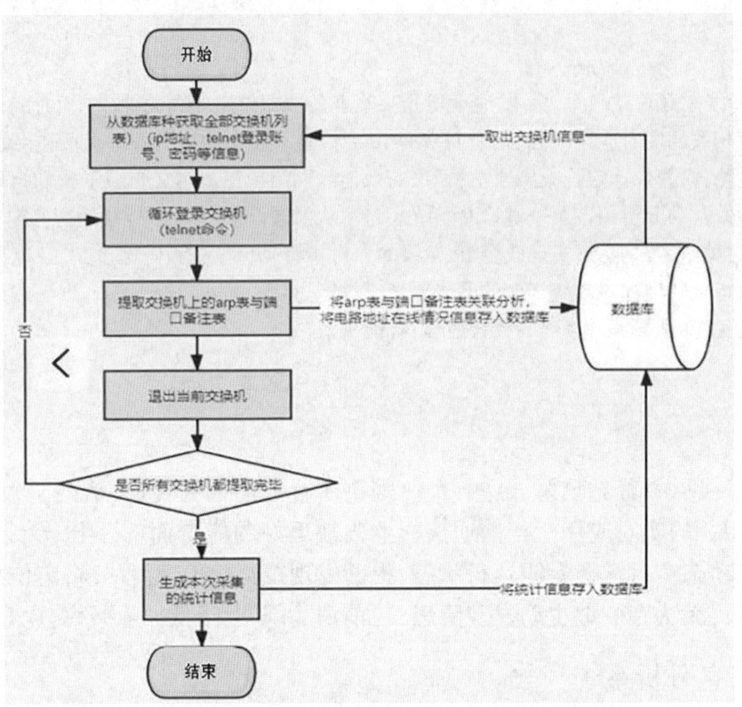

图 1

系统数据采集范围和采集步骤如下:

(1)首先,统计市网的设备型号、设备数量、设备管理地址,提取所有市区及郊县的核心交换机 96 台的管理地址信息。如图 2 所示。

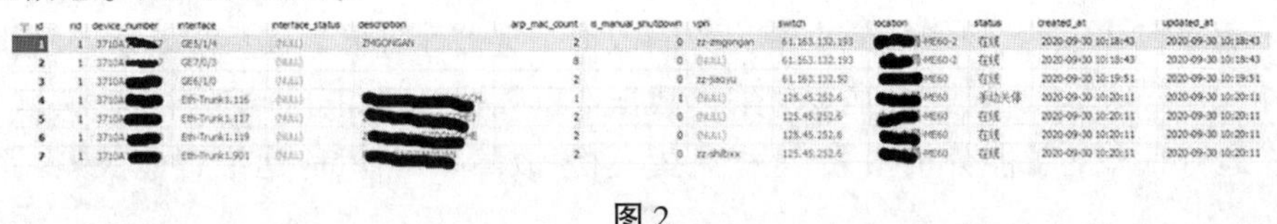

id	nid	device_number	interface	interface_status	description	arp_mac_count	is_manual_shutdown	vpn	switch	location	status	created_at	updated_at
1	1	3710A[illegible]	GE5/1/4	(NULL)	ZHGONGAN	2	0	zz-zhgongan	61.163.132.193	[illegible]ME60-2	在线	2020-09-30 10:18:43	2020-09-30 10:18:43
2	1	3710A[illegible]	GE7/0/3	(NULL)		8	0	(NULL)	61.163.132.193	[illegible]ME60-2	在线	2020-09-30 10:18:43	2020-09-30 10:18:43
3	1	3710A[illegible]	GE6/1/0	(NULL)		2	0	zz-saoyu	61.163.132.50	[illegible]ME60	在线	2020-09-30 10:19:51	2020-09-30 10:19:51
4	1	3710A[illegible]	Eth-Trunk1.116	(NULL)	[illegible]	1	1	(NULL)	125.45.252.6	[illegible]ME60	手动关停	2020-09-30 10:20:11	2020-09-30 10:20:11
5	1	3710A[illegible]	Eth-Trunk1.117	(NULL)	[illegible]	2	0	(NULL)	125.45.252.6	[illegible]ME60	在线	2020-09-30 10:20:11	2020-09-30 10:20:11
6	1	3710A[illegible]	Eth-Trunk1.119	(NULL)	[illegible]	2	0	(NULL)	125.45.252.6	[illegible]ME60	在线	2020-09-30 10:20:11	2020-09-30 10:20:11
7	1	3710A[illegible]	Eth-Trunk1.901	(NULL)	[illegible]	2	0	zz-shibxx	125.45.252.6	[illegible]ME60	在线	2020-09-30 10:20:11	2020-09-30 10:20:11

图 2

(2)其次,分析郑州 IP 专线的接入方式和数据配置方式,分析网络不同设备型号的配置数据和数据显示情况。电路接入方式有光口接入、电口接入两种模式,电路数据配置有在接入设备上数据配置、在接入设备和上联设备均有数据配置的两种模式。数据采集内容包括 IP 专线的业务配置信息、端口物理状态信息、ARP 表信息、VPN 信息、端口停复信息、流量信息等。

(3)最后,通过命令 display interface description ,自动显示端口号和对应的电路编号;通过命令 display arp all ,显示端口号和对应的 mac 地址,自动将每个设备用这两个命令显示的数据提取,通过端口号关联,取出电路编号对应的 mac 地址数,不排除网关,地址数大于 1 的视为地址在线(见图 3)。

使用 Telnet 对所有交换机执行登录、查看端口备注表、查看 ARP 表、退出登录的操作。

图 4 为采集端口的原始格式,需要提取端口号(Eth-Trunk1. 116)、电路编号(3710A11 * * *)、电路状态(PHY 和 Protocol 两列都为 up 则端口为 up 状态,否则为 down 状态)、是否手动关停(PHY 列如果为 * down 则代表手动关停)等信息。

表 1 是通过正则表达式匹配端口备注表中目标电路编号。

```php
protected function getH3C($record_id, $switch)
{
    $telnet = new telnet($switch->ip, '23');
    $telnet->read_till("Username:");
    $telnet->write($switch->username . "\n");//telnet用户名

    $telnet->read_till("Password:");
    $telnet->write($switch->password . "\n");//telnet密码

    $telnet->read_till(">");
    $telnet->write("sys\n");//

    $telnet->read_till("]");
    $telnet->write("user-interface vty 0 4\n");//

    $telnet->read_till("]");
    $telnet->write("screen-length 0\n");

    $telnet->read_till("]");
    $telnet->write("commit\n");// 如果前面出现星号*，则需要提交后才会生效
    $check = $telnet->read_till("]");

    $telnet->write("dis interface description\n");//执行命令
    $interface_data = $telnet->read_till("ui-vty0-4]");
    file_put_contents('data/' . $switch->location . '#interface#' . $switch->ip . 'data.txt', $interface_data);
```

图 3

```
中牟老局-ME60#interface#125.45.252.6data.txt
1  dis interface description
2  PHY: Physical
3  *down: administratively down
4  ^down: standby
5  (l): loopback
6  (s): spoofing
7  (E): E-Trunk down
8  (b): BFD down
9  (B): Bit-error-detection down
10 (e): ETHOAM down
11 (d): Dampening Suppressed
12 Interface                     PHY     Protocol Description
13 Aux0/0/1                      down    down     HUAWEI, Aux0/0/1 Interface
14 Eth-Trunk1                    up      down     To_MS-ZZ-ZMLJ-C7609-002-port1
15 Eth-Trunk1.116                *down   down     3710A1124329:ZZ-ZhongWangJiDongCh
16 Eth-Trunk1.117                up      up       3710A1124331:ZM-YanMingJiDongCheJ
17 Eth-Trunk1.119                up      up       3710A1124333:ZZ-ShunTongJiDongChe
18 Eth-Trunk1.901                up      up       3710A1117238:FUYOUBAOJIANYUAN
19 Eth-Trunk1.902                up      up       3710A1117234:zhongmuxiandieryiyua
20 Eth-Trunk1.904                up      up       P500078:ZHONGMOUYIBAO
21 Eth-Trunk1.905                *down   down     3710A1112409:jidongchejiance
22 Eth-Trunk1.906                up      up       3710A1117355:shengxiangdayaofang
23 Eth-Trunk1.907                up      up       3710A1127131:yixintangdayaofang
24 Eth-Trunk1.908                up      up       3710A1131126:zhongmoqichezhan
25 Eth-Trunk1.909                up      up       3710A1117343:yangguang
26 Eth-Trunk1.911                up      up       3710A1117334:kanghua
27 Eth-Trunk1.912                up      up       3710A1117241:fanyizhan
28 Eth-Trunk1.914                up      up       3710A1117182:youde
29 Eth-Trunk1.915                *down   down     3710A1127993:youyoudianjingjiudia
30 Eth-Trunk1.916                up      up       3710A1117329:daoquan
31 Eth-Trunk1.917                up      up       3710A1123228
32 Eth-Trunk1.918                up      up       3710A1131104:hongyu
33 Eth-Trunk1.920                up      up       3710A1117347 :puzhongdayaofang
```

图 4

表 1

电路编号	正则表达式
匹配 3710A+数字	preg_match("/^3710A\d+/"
匹配 P+数字	preg_match("/^P\d+/",
匹配 760MPVD+6 位数字	preg_match("/^760MPVD\d{6}/",
匹配 760DIA+6 位数字	preg_match("/^760DIA\d{6}/",

图 5 将端口备注中的信息整理后存在数组$ interface 中。

图 6 为 ARP 表原始格式,需要提取 IP 地址(65.46.16.1)、Mac 地址(0018-8259-140e)、是否网关(TYPE 字段是“I -”则为网关信息需要剔除掉)、端口信息(Eth-Trunk11.180)、VPN 信息(ha-RMS)。

同样将 ARP 信息整理后存在数组$ arp 中,再以端口备注中的电路编号为基准,通过端口信息将 ARP 表与端口备注表进行关联,并统计电路编号在 arp 中 mac 地址出现的数量,关联出的结果保存在数组中,直到形成 IP 专线所需要的图 7 信息采集表。

2.3　IP专线实时监控及分析预警

首先,根据集团直管名单制、省代名单制客户,与前端市场部门沟通,收集汇总在用的重点IP电路信息。依据重点IP电路信息表,与设备采集信息关联,实时展示电路状态,发生告警主动展示。

其次,通过将IP专线的端口物理状态、ARP表在线地址等有效信息结合,综合分析电路当前是否处于可用状态,实现电路主动预警和客户网络质量分析。主要是通过端口状态类型的细微差异分析、ARP表的在线地址类型分析、用户IP在线数量分析等。

如图8、图9所示,为IP专线监控展示。

```
Array
(
    [0] => Array
        (
            [interface] => Eth-Trunk1.116
            [is_manual_shutdown] => 1
            [interface_status] =>
            [device_number] => 3710A1124329
            [description] => ZZ-ZHONGWANGJIDONGCH
        )

    [1] => Array
        (
            [interface] => Eth-Trunk1.117
            [is_manual_shutdown] => 0
            [interface_status] =>
            [device_number] => 3710A1124331
            [description] => ZM-YANMINGJIDONGCHEJ
        )
```

图5

```
中牟老局-ME60#arp#125.45.252.6data.txt
1   dis arp all
2   IP ADDRESS       MAC ADDRESS     EXPIRE(M) TYPE        INTERFACE        VPN-INSTANC
3                                              VLAN/CEVLAN PVC
4   ------------------------------------------------------------------------------------
5   222.137.111.14   e4c2-d1e5-a44d            I -         GE2/1/0
6   222.137.111.13   2065-8e6f-68cc  20        D-2         GE2/1/0
7   125.45.242.78    1047-8001-63b6            I -         GE7/0/0
8   125.45.242.77    f479-60bc-835f  20        D-7         GE7/0/0
9   221.14.249.130   c447-3f04-c099            I -         GE9/0/3
10  221.14.249.129   5451-1ba0-4ccf  20        D-9         GE9/0/3
11  221.14.249.138   c447-3f04-c09a            I -         GE9/0/4
12  221.14.249.137   c88d-83a7-f574  20        D-9         GE9/0/4
13  221.14.249.118   84ad-58f4-cbdf            I -         GE10/0/3
14  221.14.249.117   5451-1ba0-4c75  20        D-10        GE10/0/3
15  221.14.249.126   84ad-58f4-cbe0            I -         GE10/0/4
16  221.14.249.125   5451-1ba0-4c4d  19        D-10        GE10/0/4
17  65.46.16.1       0018-8259-140e            I -         Eth-Trunk11.180 ha-RMS
18  65.46.16.3       50db-3f67-947c  16        DF0         Eth-Trunk11.180 ha-RMS
19                                             3507/180
20  65.46.16.5       4cf2-bfd7-7bad  18        DF0         Eth-Trunk11.180 ha-RMS
21                                             3507/180
22  65.46.16.9       e47e-9a74-8b00  2         DF0         Eth-Trunk11.180 ha-RMS
23                                             3507/180
24  65.46.16.39      4cf2-bfce-c64d  11        DF0         Eth-Trunk11.180 ha-RMS
25                                             3507/180
26  65.46.16.7       002f-d982-6c17  17        DF0         Eth-Trunk11.180 ha-RMS
27                                             3507/180
28  65.46.16.45      3091-76af-96fb  18        DF0         Eth-Trunk11.180 ha-RMS
29                                             3507/180
30  65.46.16.12      e47e-9a63-8690  9         DF0         Eth-Trunk11.180 ha-RMS
31                                             3506/180
32  65.46.16.13      e8b5-41ac-4b00  9         DF0         Eth-Trunk11.180 ha-RMS
33                                             3506/180
34  65.46.16.8       f41c-953a-d62b  12        DF0         Eth-Trunk11.180 ha-RMS
35                                             3507/180
36  65.46.16.2       e4ea-83a8-1bb8  13        DF0         Eth-Trunk11.180 ha-RMS
37                                             3507/180
```

图6

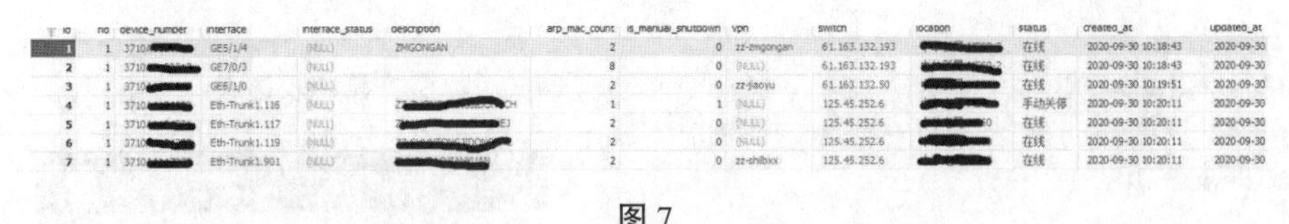

id	no	device_number	interface	interface_status	description	arp_mac_count	is_manual_shutdown	vpn	switch	location	status	created_at	updated_at
1	1	3710[illegible]	GE5/1/4	(NULL)	ZMGONGAN	2	0	zz-zmgongan	61.163.132.193	[illegible]	在线	2020-09-30 10:18:43	2020-09-30
2	1	3710[illegible]	GE7/0/3	(NULL)		8	0	(NULL)	61.163.132.193	[illegible]	在线	2020-09-30 10:18:43	2020-09-30
3	1	3710[illegible]	GE6/1/0	(NULL)		2	0	zz-jiaoyu	61.163.132.50	[illegible]	在线	2020-09-30 10:19:51	2020-09-30
4	1	3710[illegible]	Eth-Trunk1.116	(NULL)	[illegible]	1	1	(NULL)	125.45.252.6	[illegible]	手动关停	2020-09-30 10:20:11	2020-09-30
5	1	3710[illegible]	Eth-Trunk1.117	(NULL)	[illegible]	2	0	(NULL)	125.45.252.6	[illegible]	在线	2020-09-30 10:20:11	2020-09-30
6	1	3710[illegible]	Eth-Trunk1.119	(NULL)	[illegible]	2	0	(NULL)	125.45.252.6	[illegible]	在线	2020-09-30 10:20:11	2020-09-30
7	1	3710[illegible]	Eth-Trunk1.901	(NULL)	[illegible]	2	0	zz-shlbxx	125.45.252.6	[illegible]	在线	2020-09-30 10:20:11	2020-09-30

图7

2.4　IP专线的远程体检与一键诊断

IP专线业务远程体检可用作专为政企客户量身打造的主动延伸技术服务,一键诊断是为政企中台的智能化调度打基础,提高故障响应速度。在分析政企客户故障特征、客户投诉热点的基础上,制定IP专线远程诊断触发模型;根据预置周期和频率,根据电路编号实现IP专线的远程体检,几秒钟就可以获取客户网络运行情况,对业务运行状态做到心中有数,还可提供给客户,提高客户感知和信任度。通过将人工诊断的常用命令导入系统,根据电路编号自动获取电路的资源信息,实现IP专线的远程一键诊断;根据诊断所得时延、丢包、光衰等参数信息,预判客户网络状况,实现故障的预诊断。此项功能即可单独使用,也可嵌入政企电路故障工单调度系统,将政企客户工单系统与IP专线业务信息分析系统关联,快速准确地查看获取到专线的告警信息,对应不同诊断结果自动推送相应调度命令,指导和实现统一调度与应急指挥,实现互联网智能派单。

这部分系统功能的实现流程如图10所示。

图 8

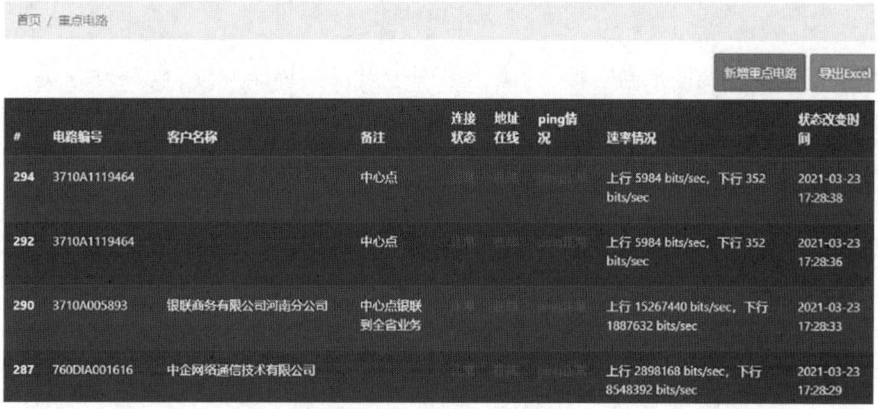

首页 / 重点电路

新增重点电路　导出Excel

#	电路编号	客户名称	备注	连接状态	地址在线	ping情况	速率情况	状态改变时间
294	3710A1119464		中心点	[illegible]	[illegible]	[illegible]	上行 5984 bits/sec，下行 352 bits/sec	2021-03-23 17:28:38
292	3710A1119464		中心点	[illegible]	[illegible]	[illegible]	上行 5984 bits/sec，下行 352 bits/sec	2021-03-23 17:28:36
290	3710A005893	银联商务有限公司河南分公司	中心点银联到全省业务	[illegible]	[illegible]	[illegible]	上行 15267440 bits/sec，下行 1887632 bits/sec	2021-03-23 17:28:33
287	760DIA001616	中企网络通信技术有限公司		[illegible]	[illegible]	[illegible]	上行 2898168 bits/sec，下行 8548392 bits/sec	2021-03-23 17:28:29

图 9

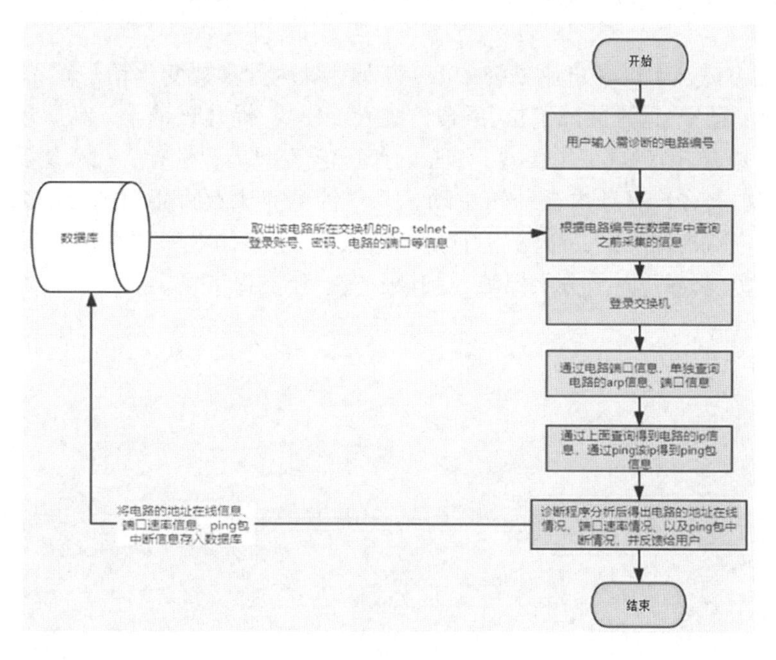

图 10

自动诊断分为两级诊断，一级诊断是采集设备端口状态、收光值等物理性能指标，判断物理通道是否正常；二级诊断是采集流量、误码、PING包测试等网络性能指标，更全面地分析电路质量。图11为某一诊断结果展示。

图11

同时，可将系统与智能调度平台对接，诊断结果同步展现在智能调度台，触发相关资源同步可视化展示规则，实现不同诊断结果带动不同声、光、色联动变换。

3　结束语

该系统可应用于政企IP专线日常运维、统一调度、资源可视化展示等方面，提升政企IP专线日常维护的主动预警、智能巡检、远程诊断等能力，提升了网络后台的服务支撑能力、市场支撑能力、工单调度能力，为利用大数据分析挖掘技术手段来提升通信行业网络智能化运维能力、压缩故障处理历时等提供了技术借鉴。

通过该系统，不仅能实现IP专线运行参数的精准追踪、智能分析、灵智巡检、一键诊断、快速调度、智能决策，同时能促进网络服务由被动转为主动，提升客户口碑，实现工作效率和服务质量双提升。主要体现如下：

（1）数据管理能力提升。以客户业务为中心，实现专线运行参数变化精准追踪、信息智能分析、告警在线管控、主动检测预警、远程故障定位，颠覆传统人工模式，提升政企业务高质量服务水平。

（2）数智化能力提升：围绕数字化转型，实现了政企IP专线灵智巡检、一键诊断、智能决策等功能，颠覆传统被动服务模式，客户服务由被动转主动。几秒钟可完成数百条IP专线多维度综合分析与查看，瞬时智能故障定位与指挥决策，提升故障预判响应及时率，工作效率数百倍增长。针对政企客户不同场景个性化需求，实现分级监控、分级保障，提升服务质量，支撑市场发展。

黄河坝岸险情监测预警报警系统研究及应用

王小远　杨雁茗

摘　要:黄河是多泥沙河流,在下游形成了悬河,为了治理黄河,根据河势修建了许多堤坝来调控水流,预防决堤出险,黄河坝岸出险后在短时间内会迅速变大,早发现早抢险至关重要,为了对重要险工、控导等水利工程进行信息化强监管,需要开发、敷设及时可靠的河道工程坝岸险情监测预警报警系统来提升检测能力。采用现代化电子设备及自动控制传输系统来监测根石状态,实时呈现在监控界面上,便于早发现早处理,为防汛抢险赢得宝贵时间。利用现代化科技技术能提升防汛巡堤的准确性、稳定性、可靠性,减轻和释放了人力成本,满足河道工程坝岸险情监测预警报警要求。

关键词:根石坍塌;智能化监测;预警报警;数据库

1　引言

由于我国所处气象条件与地形地貌条件复杂,导致洪水特征复杂,对堤防防洪提出了更高的要求。防汛抢险中,巡堤查险是一项极为重要的工作,黄河因为其多泥沙特点使得对河道工程坝岸险情监测提出更高要求。坝岸出险的问题归根结底是护根问题,进而言之,根石走失是险工坝岸出险的根本原因,减少根石走失就能减少出险,这也是今后治理险工坝岸工程的主要方略之一。为及时消除根石走失带来的险情,我们必须对根石走失进行准确、快速预警,及时抢护[1]。

本项目以建设“智慧黄河”为重要指导思想,坚持管理推动与技术创新相结合,针对传统人工巡堤存在的不足,研究能充分适应黄河情况的安全监测系统,采用现代化监测设备及自动控制装备,提供一种实时监测黄河河坝坝石坍塌险情的设备和系统,减少人力巡检所遇到的问题,智能预警、快速传报、自动抓拍视频等为指挥中心防汛抢险决策提供准确、及时、科学的数据信息支持,推动治黄信息化发展与治黄业务的深度融合。

2　系统建设情况

系统研究建设分两个阶段实施。第一阶段试验系统包括末端传感设备、终端监测设备、网关转发设备、视频监控设备、数据分析系统、调度告警系统、管理系统,可以实时监测堤坝坝石的走向、位移等信息。第二阶段试验系统由内置传感器的仿真石头、多通道无线收信机、GPRS 模块、智能云端、手机 APP 软件以及 4G 高清摄像头等六部分组成。

2.1　系统的构建

末端传感设备固定在护坡石上,分别部署于水下和水上,通过线缆和终端监测设备进行连接,每两个末端传感设备连接一个终端监测设备,当护坡石或者根石发生位移或走失时,系统通知视频监控系统进行录像抓拍,同时通知调度系统进行分级别的预警或是告警。试验项目经过两个月的试验验证发现链路传输受专网带宽过窄的制约较大,中间陆续出现设备因为环境或是天气原因出现故障导致系统运行不稳定的情况,需要更换设备或修改数据又必须通过合作伙伴才能完成,这样一来就大大降低了工作效率以及系统运行的时效性和灵敏性,使我们在工作中十分被动。

将仿真石头安放在护坡上,当其出现位移和相关倾斜角度时,由传感器将数据送入芯片,进入多通道发信机,发送至对应收信机,再由 GPRS 模块分组处理数据发射至云端。当云端接受 GPRS 模块发射的告警信号后,经过服务器以及软件分析,通过无线将数据送入手机端接收,选择并判断显示告警信息的性质。当人们接受报警信息后，根据告警性质，启动对讲摄像头，对现场坝岸进行实时监控和会商，及时了解坝岸现场信息。

2.2　两个阶段优劣比较

相比于第一代系统，仿真石头和收信端之间少了连接线，也就减少了故障出现环节。而且仿真石头的材质是通过多次试验比较所选取的轻型黏土，夏天隔热、冬天保温，能有效延长传感设备的使用寿命，去年的系统不稳定因素之一就是由于设备一直裸露在外而导致温度过高。本套系统是由太阳能提供收信机、GPRS 模块、摄像头等设备的电源，根据设计计算，太阳能电源蓄电池可供给相应设备的全天候工作需要，但为了保证供电系统的便捷性和有效性，我们依靠 GPRS 模块将摄像头电源进行改造，设置为需要观看时通过远端打开电源，其他时间关闭电源。这样能有效降低设备耗电量，并减少 4G 流量的使用。本套系统还有一个最大的优势，就是对于临时靠河或是有较大概率出险的堤坝能实现快速布放，大概半个小时左右就能完成 5～10 个断面的部署。

2.3　研究思路和实现方法

以无线传输+有线检测为基础，解决堤坝分散和水下检测的难题，2～3 个堤坝设立有线网络节点和摄像头，保证信息的可靠传输和摄像头画面覆盖。无线传输采用 Lora 网络，利用 433 MHz 频段，通过控制射频功率和防冲突算法[3]，优化无线网络对周边设备的干扰和抗干扰问题。有线传输主要是对水下传感器数据检测，通过对硬件电路设计优化，实现 uA 级的功耗控制和远距离传感器数据的检测。

应急（便携式）坝岸坍塌预报险系统，将仿真石头安放在护坡上，当其出现位移和倾斜角度时，由传感器将数据送入芯片，进入多通道发信机，发送至对应收信机，再由 GPRS 模块分组处理数据发射至云端。云端经过服务器以及软件分析，将数据送入手机 APP 接收，选择并判断显示告警信息的性质，APP 给出告警内容方便查询记录。可人工启动摄像头，对现场坝岸进行视觉监视，及时了解坝岸现场信息。系统构成如图 1 所示。

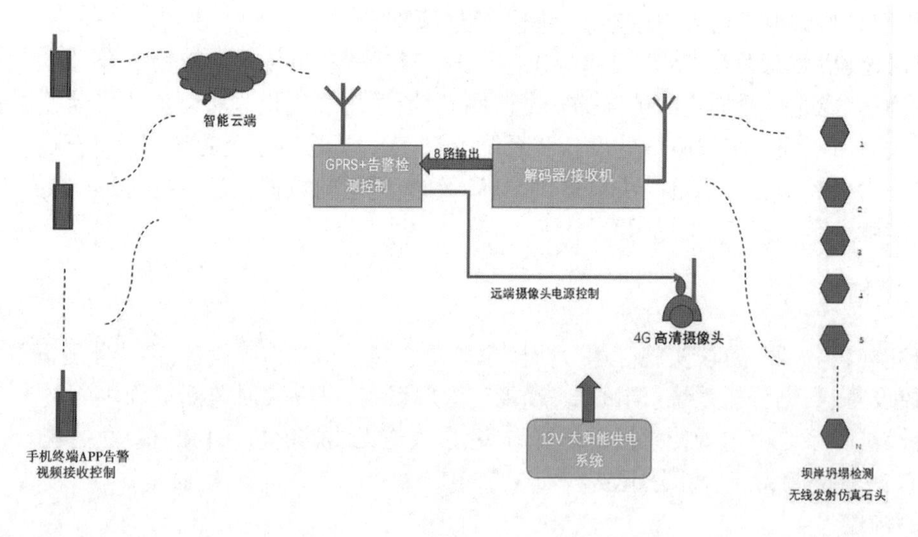

图 1

2.4　研究的相关数据

第一代系统河坝坝体根石监测设备，包括电源管理模块、传感器模块、信号放大模块以及主控 MCU 模块和通信模块，电源管理模块为信号放大模块及传感器模块以及主控 MCU 模块和通信模块提供工作电源，其主要表现为：传感器模块包括 n 组末端传感模块，n 为大于 1 的自然数，每组末端传感模块均包括状态检测传感器和震动传感器，末端传感模块的状态检测传感器和震动传感器各自的输出信号接入信号放大模块，各状态检测传感器和震动传感器输出信号经放大后分别接入主控 MCU 模块的一个 I/O 输入端口，主控 MCU 模块通过 SPI 通信接口连接通信模块。电源管理模块包括电池及升压模块，采用 1.5 V 干电池通过升压模块升压、稳压至 3.3 V。采用 1.5 V 干电池多节并联供电，可灵活按照使用方的维护周期及对数据实时反馈的程度需求调节使用电池的个数,支持 1~8 节干电池,可灵活调节。

第二代系统分为以下几个部分:

(1)角度/震动/位移传感器:角度/震动传感器主要应用在坝岸边坡,安置在临河边坡断面距水面 3~4 m 处,位移传感器主要用于水下,安放在水下距岸边水面 2~3 m 处。当传感器发生角度、震动和位移时,传感器就会根据设定的阈值,发出触发指令(告警信号),送入 mcu 控制单元。

(2)mcu 智能控制单元:智能控制单元主要是检测传感器送来的变量信号(告警信号),并根据输入信号性质,控制编码器和发射单元开机工作,同时 mcu 将变量信号送入编码器进行(地址码)编码,编码完成后送入发射单元发射 (发射时间约 1.5 s),随后 mcu 关闭编码器及发射单元电源。等待再次检测变量信号(告警信号)的输入。

(3)可编程定时单元:仿真石头放入坝岸边坡后,工作环境恶劣,一年四季温度、湿度变化非常大。为了保证仿真石头(设备)正常工作和损坏后及时补救,加入了可编程定时单元。该单元可根据需要,从 1 min 至 7 d 时间任意编程上报设备工作情况。

(4)8 路编码器:编码器主要作用是将 mcu 单元和定时单元送来的信号,按照设定好的程序,进行 8 位(地址码)编码,送入发射单元发射以便接收机解调不同地址信号。

(5)发射单元:发射单元主要是将编码好的数字信号,通过无线发射机发射出去,已达到远距离的无线传送信号(有效传送距离 300 m)。该发射机采用 315 MHz 或 433 MHz 频率,发射功率 10 mW,占用带宽不大于 400 kHz,符合国家有关民用频率划分管理规定。

第二代系统主要特点:①仿真石头(设备)功耗小,待机时(静态)耗散电流 3.1~5.1 μA;报警时 50 mA(报警时长 1.5 s),理论计算电池约用 10 个月以上。②具有工作状态自检报时功能,不会因设备故障漏报险情。③采用模块化设计便于安装调试,同时使用 mcu 控制工作稳定可靠。④自主开发角度传感器,角度倾斜、灵敏度可控制调整,以实现预警和告警状态的区别。⑤仿真石头采用彩色轻型黏土制作,可有效隔热、防水、保温防止设备盒内结露,损坏电路板。⑥仿真石头布放快捷方便,应急防控监测反应速度快。⑦可推广应用在山体滑坡以及存在安全隐患的场所。⑧制作成本相对低廉,损失补缺和大规模布放安装成本造价低。仿真石头系统方框图见图 2。

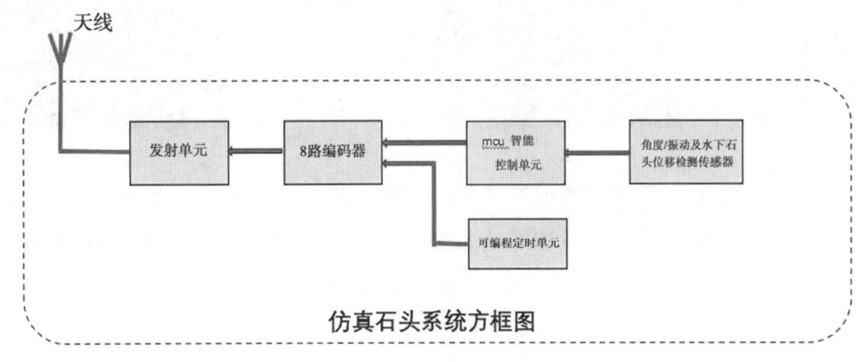

图 2

3 应用情况

首先是对黑岗口下延控导工程(1~6 坝)实施部署项目一阶段设备,随后进行了升级改造,并在黑岗口下延控导工程(4~9 坝)实施部署项目二阶段设备,试运行期间正值黄河调水调沙,黄河下泄流量在 4 000 m^3/s 左右,系统可实时监测布置点护坡情况,向工程班一线人员及时传递了险情信息。其中收集的部分信息如表 1 所示。

例如,某次监控系统发出了连续四条告警信息,我们立刻与现场巡查的工程班人员沟通,成功进行了预警预报,并实时监控了当天险情发展过程,留存了整个影像资料。预警实例信息如图 3 所示。

表 1

序号	日期	告警位置	告警时间	告警系统	通知时间	开封方回馈时间	告警原因	备注
1	6月15日	6坝1#	08:34	智慧黄河			施工作业	
2	6月25日	8坝5#	16:46　16:56　17:02　17:15	智能云端			施工作业	
3	6月26日	8坝1#	11:31 11:34	智能云端			施工作业	
4	7月2日	8坝1#	16:12 16:48 17:43	智能云端	16:54	18:04	施工作业	
5	7月2日	6坝4#	16:48	智能云端			施工作业	
6	7月5日	7坝5#	18:45 18:54	智能云端	18:45	18:46	施工作业	
7	7月7日	8坝1#	23:46	智能云端			施工作业	
8	7月7日	8坝2#	14:56	智能云端			施工作业	
9	7月9日	8坝1#	06:40	智能云端	6:58	6:58	抢险作业	9日，下午3时许，8坝出现较大险情
10	7月9日	8坝2#	09:16	智能云端			施工作业	
11	7月9日	8坝3#	09:26	智能云端			施工作业	
12	7月9日	8坝4#	09:37 09：40	智能云端			施工作业	
13	7月11日	7坝1#	17:31	智能云端	17:50	17:59	施工作业	
14	7月29日	7坝3#	21:59	智慧黄河			水下走失	
15	7月30日	7坝5#	04:00	智能云端	4:30	6:00	铅丝笼下蛰	成功通知预警信息 17:20施工仍在持续
16	7月30日	7坝5#	11:28	智慧黄河			施工作业	
17	7月30日	8坝4#	13:04	智能云端	13:20	13:20	施工作业	
18	7月30日	8坝2#	11:39	智能云端	13:10	16:32	施工作业	
19	7月30日	6坝2#	16:38	智能云端	17:00	21:34	施工作业	
20	7月30日	6坝5#	16:56 17:35	智能云端	17:00	21:34	施工作业	
21	7月31日	6坝4#	05:20	智能云端	5:25	5:25	施工作业	
22								
23								
24								
25								
26								
27								
28								

图 3

实践证明，该系统的初步应用达到了预期的效果，不仅可以做到实时观察布置点根石走失、偏移、下蛰所产生的位移情况，而且做到了黄河堤坝巡查报险全天候不间断监测，有效保留高精度视图管理、数据及视频图片，减轻了工作人员劳动强度，提高了险情监测的准确性、时效性，为“抢早抢小”提供了可靠的技术支撑。

4　结束语

通过理论研究和实际应用，该黄河坝岸险情监测预警报警系统采集终端设备部署方便、信息采集翔实可靠、灵敏度高，系统功能齐全，操控简单，实现了险情的监测预警报警功能，相对人工巡河，做到了提前发现险情，为“抢早抢小”提供了有效的信息化手段，具有很高的实用性和推广价值。

参考文献

[1] 冉建民，王冰，齐贞贞. 根石坍塌报警器研究报告[J]. 山东工业技术，2013(12)：42-43.
[2] 浮俊超，张磊，李凯，等. 焦作河段坝岸监测系统选址与布设[J]. 人民黄河，2018(9)：37-39.
[3] 张振谦，张宝森，赵继红. 黄河下游治河工程安全实时监测关键技术研究[N]. 工程地球物理学报.

基于大数据的人工智能技术在云网电路开通的应用研究

刘昆仑

摘　要:本文首先介绍了内部电路开通的现状,分析目前云网运维中存在的问题和解决思路。介绍如何通过人工智能、大数据等智能化的新技术实现本地内部电路智能化开通,以达到电路自动开通的规范化、流程化、智能化、快速自动开通等需求。应用大数据算法制定了多系统平台的接口对接、参数、自动化、数据配置等流程和架构。从综合服保系统发起内部中继电路、应用人工智能和大数据分析对海量数据进行分析、算法建模等,实现多系统的自动交互、智能学习、深入分析等,如资源系统自动同步设备、端口、速率信息、智能关联光路路由等信息,专业网管参数和相关命令的智能判断和查询,智能判断端口是否可用、互联地址是否冲突,端口是否有其他业务等,可以有效避免影响现网业务。从而实现应用大数据的人工智能技术实现电路自动开通,达到智慧运维,提升运维工作效率,推进云网智慧运维工作再上新台阶。

关键词:人工智能;智能关联;自动化配置;大数据分析

1　云网运维现状

随着网络运维维护的不断改革和不断发展,维护运营效率对网管平台智能化的要求越来越高,如在运营维护中运营商会有很多内部中继电路的开通,包括本地、干线、跨域等电路,在这些中继电路开通时没有固化的流程而出现沟通不畅、人工进行资源分配、每个岗位人工处理、数据制作等出现问题,并会占用大量人力、降低运维工作效率,还有就是如果没有统一的流程会导致资源和光路信息的不准确、电路的标识不规范、端口动态变动难以实时更新等,出现故障也会因人工没有及时更新资料信息等导致处理故障时长过长,影响用户体验。

因此,引入人工智能和大数据新技术建立一个规范化、流程化、智能化、快速自动开通的流程是一个很有效的方案。利用人工智能超强的学习能力,通过对海量数据进行整理和分析完成多系统自动建模、充分利用现有支撑系统中资源自动分配、网管智能分析以及系统自动配置等实现运营商中继电路智能化自动开通。降低运营商运营运维成本,提升运营运维效率。

2　问题分析和解决思路

人工智能的主要特点在于超强的学习能力,通过对大量的数据进行整理和分析,能够充分熟悉和了解相关数据的特点,进而将其应用到网络运维当中。引入人工智能和大数据算法建立一个规范化、流程化、智能化、快速自动开通的流程,从而实现中继电路智能化自动开通进行了深入分析和讨论,从以下四个方面进行讨论:多系统海量数据分析对接、资源系统数据同步以及自动识别并关联、网管系统智能分析和判断、网管系统自动配置下发与检测。

(1)在中继电路智能化自动开通中有多个系统需要进行对接,如综合服保系统、综合告警系统、省资源系统、网管系统。多个系统之间如何实现数据分析并自动对接、系统之间运用什么接口协议对接,参数的制定、参数传递和回传是异步还是同步接口、唯一标识的规则等。

(2)资源系统如何自动进行同步,保证资源的准确可用,如何实现光路自动关联,生成一条关联关系，形成完整的端到端路由信息。

(3) 网管通过上游传送的相关参数，如何根据场景类型标识自动生成不同的配置脚本，如何把参数对应并应用生成不同场景的配置脚本。

(4) 网管通过生成的脚本要实现自动下发，需要对配置在现网中智能分析校验，校验是否与现网业务有冲突，包括端口、速率、互联地址等信息，保障现网业务不受影响。配置完成后还要进行自动检查设备运行状态。

从上述四个方面进行讨论分析，应用人工智能和大数据新技术，系统架构设计、制定严格规范的多系统自动化建模、大数据算法、使用 webservice 接口协议、规范入参和出参规则、确定场景唯一标识等实现多系统全自动智能化流程；资源系统与综合服保系统通过 webservice 接口协议回传信息，自动回显设备、端口、速率等相关信息，实时同步更新资源系统基础数据、保证资源的准确性实现资源光路自动识别和关联；网管支撑系统通过上游传送的参数并应用大数据算法智能判断唯一标识场景，通过海量数据分析智能判断端口状态、与现网 IP 是否冲突、端口下是否有配置等；网管支撑系统按照对应的参数信息补充相关命令实现网管智能生成脚本，并自动实现网管自动化配置。

通过引入人工智能、大数据新技术解决以上四个问题，实现自动派单、智能分析、智能判断、智能交互、智能识别、智能关联、自动配置等全流程的规范化、流程化、智能化的中继电路快速开通能力，提升运营运维效率。

3　关键解决方案与技术

3.1　系统架构设计

充分利用现有的网管系统和业务开通管理系统，实现云网操作控制能力的标准化封装和开放，云网运营数据采集、统一数据模型和数据共享，完成支撑业务灵活编排设计和网络高效智慧化运营（见图 1）。

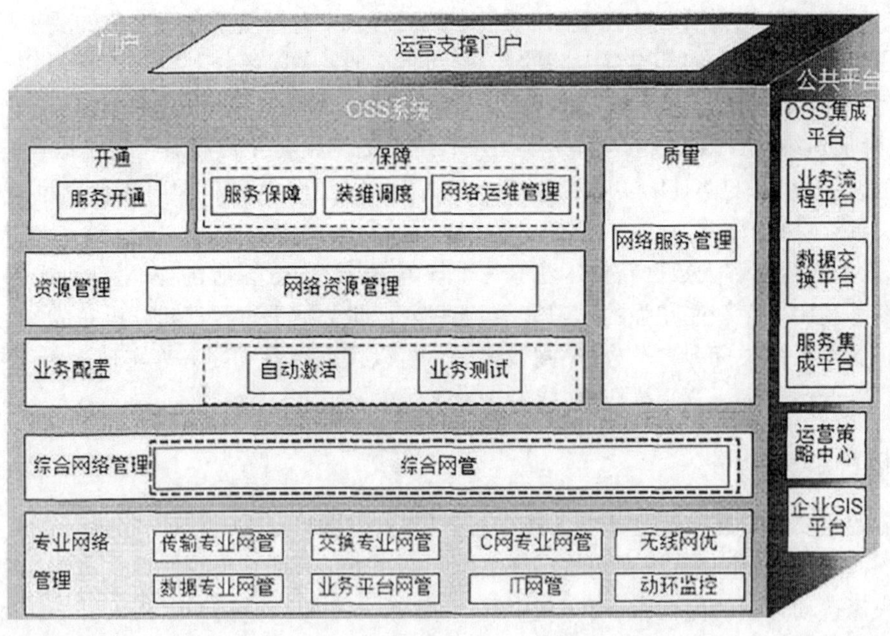

图 1

3.2　多系统自动化建模

(1) 如图 2 和图 3 所示，首先根据中继电路开通场景确定涉及的系统、每个系统在场景中起到的作用实现什么功能，本次方案主要涉及综合服保系统、综合告警系统、省资源系统、专业网管系统四个系统的对接和信息传递、数据采集等，全部采用 webservice 接口协议。

(2) 如图 4 所示，因为所有工单发起全部从综合服保系统开始，所以要制定综合服保系统内部流程

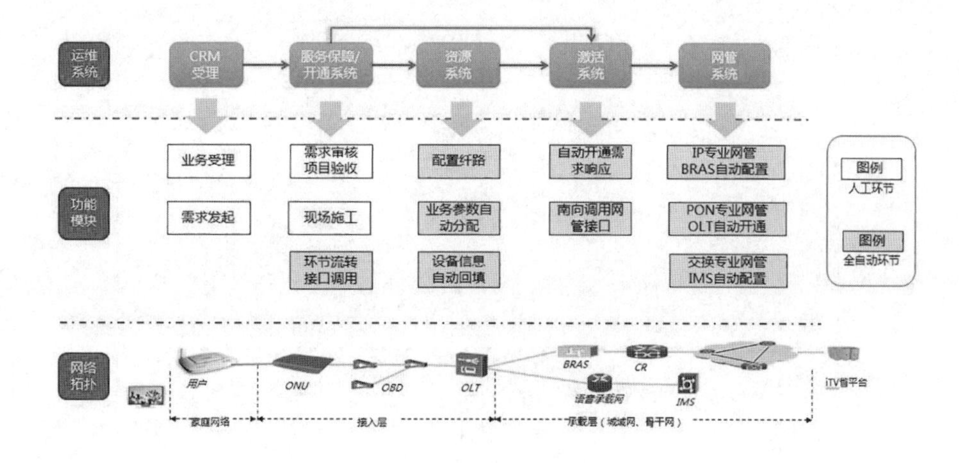

图 2　电路自动开通流程

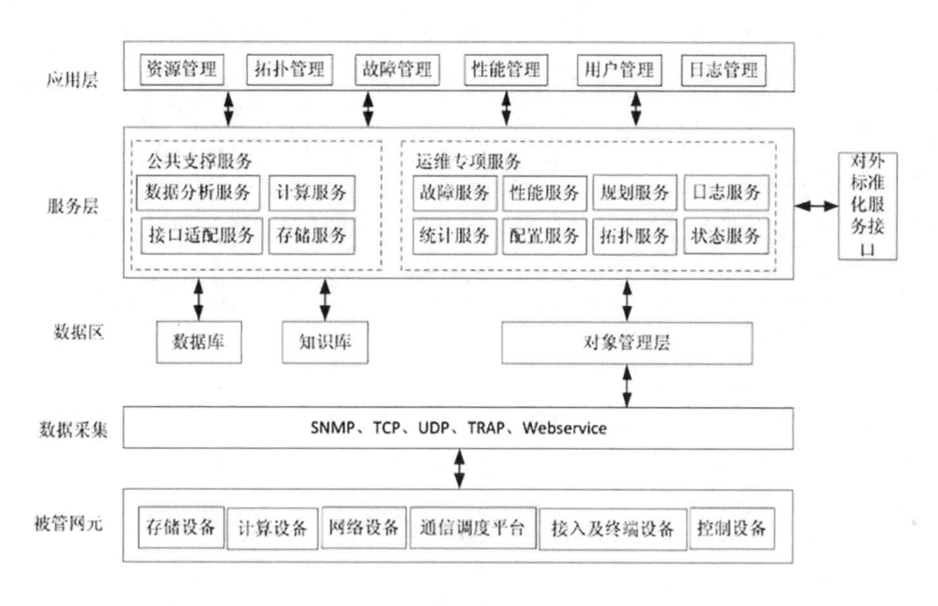

图 3　系统接口示意图

模型，根据现网情况分析并进行讨论确定传输类型分为两类，流程分别为：光纤光路/设备直连：新建→施工跳纤→链路调测→数据配置→确认归档（注：在工程施工/数据配置环节如不通过全部回到建单派发环节），传输波分：新建→申请单补充→施工跳纤→链路调测→数据配置→确认归档（注：在工程施工/数据配置环节如不通过全部回到建单派发环节）。

（3）如图 5 和图 6 所示，由于工单全部从综合服保系统发起，所以综合服保系统的所有参数要确定来源，这些参数全部通过综合服保系统与资源系统的 webservice 接口同步，把所需参数同步到综合服保系统；还要根据每个场景的数据配置需求确定综合服保系统都需要传递什么参数、网管系统入参参数的要求和格式，包括 A/Z 端的端口信息、设备 IP、速率、IPv4 和 IPv6 互联地址等，参数和入参要求确定后综合服保系统的所有参数均由综合告警系统智能分析并翻译后再传递给网管系统。如果参数有问题网管会报错并反馈给综合告警系统最终把报错信息传给综合服保系统，如果参数没问题会进行下一步环节。

3.3　大数据分析

人工智能算法离不开数据的支持，采用流行的大数据技术栈对设备的告警数据、巡检数据、性能数据和配置数据进行采集、清洗。通过人工智能算法对故障进行溯源等故障辅助处理。大数据处理采用的技术包括：Flume、Kafka、Storm、ELasticsearch 等，架构如图 7 所示。

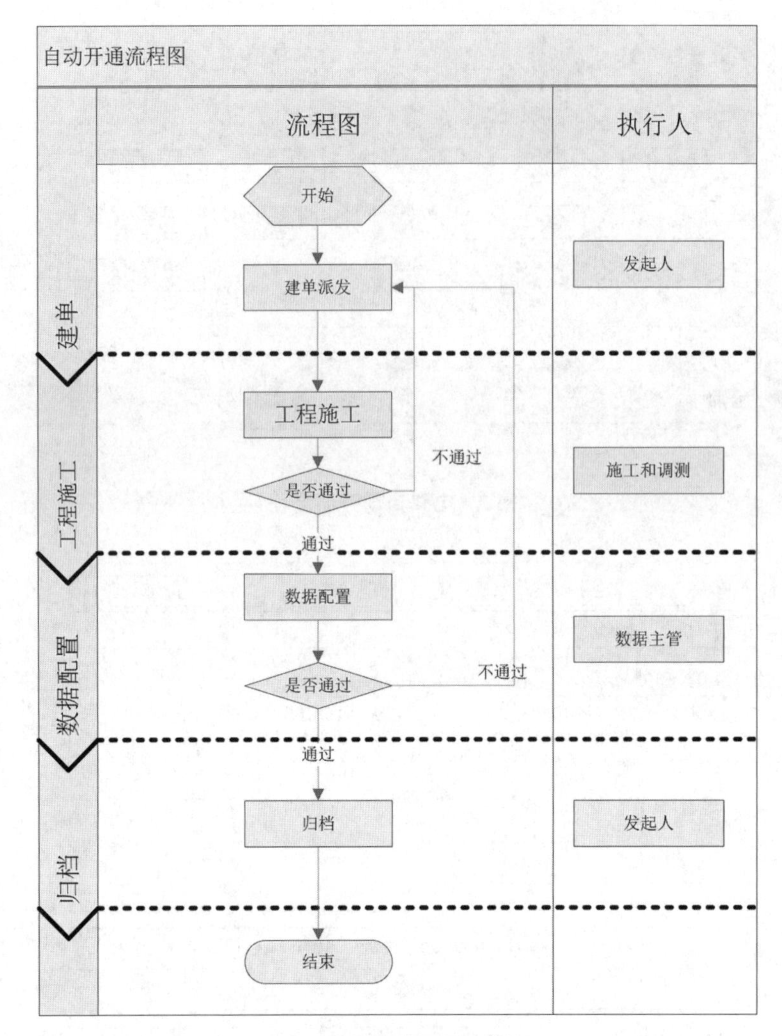

图 4　综合服保流程示意图

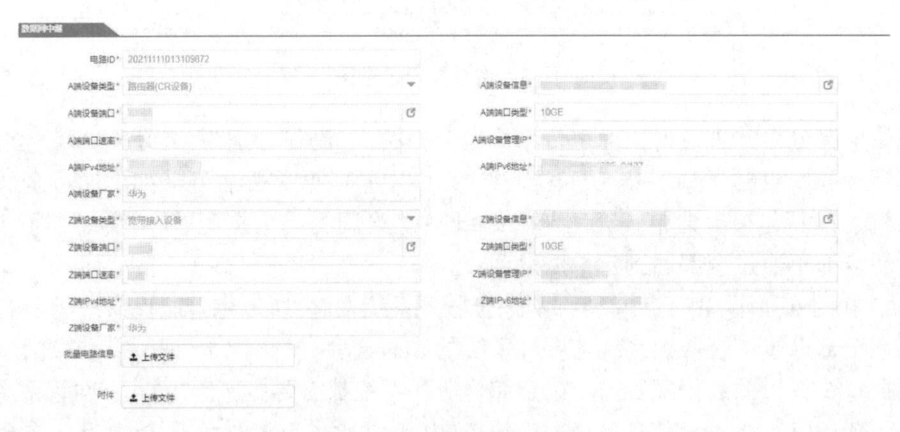

图 5　综合服保相关参数

3.4　资源光路自动关联

如图 8 所示,资源系统与综合服保系统通过 webservice 接口协议,综合服保系统选择设备、端口等信息全部从资源系统同步,信息保持一致。资源系统与现网设备每天进行智能分析比对,对不准确的板卡和端口信息及时进行整改。

综合服保系统在选择资源信息时,资源类型选择光纤光路时增加光路配置功能,直接从综合服保系统跳转资源系统进行光路配置,关联光路信息或新建光路信息并配置全程路由信息,配置传输路由→传

<table>
<tr><th>属性代码</th><th>属性类型</th><th>属性描述</th><th>MSE-CR否必填</th><th>CR-CR
是否必填</th><th>CR-ASBR是否必填</th><th>格式和说明</th></tr>
<tr><td>WsCode</td><td>String</td><td>工单流水号</td><td>是</td><td>是</td><td>是</td><td>上游系统生成的工单接号，唯一标识一个工单。建议YYYYMMDD+5位流水号，如：2013050604001</td></tr>
<tr><td>ServType</td><td>String</td><td>业务类型</td><td>是</td><td>是</td><td>是</td><td>固定字符串：如Relay，代表中继开通</td></tr>
<tr><td>ServModel</td><td>String</td><td>开通模型</td><td>是</td><td>是</td><td>是</td><td>如：MSE-CR、CR-CR、CR-ASBR。每次下发时，肯定是同一个模型，且下发的设备为两个设备。除非是BAS双上联，此时可能有一个bas，两个CR。</td></tr>
<tr><td>OperType</td><td>String</td><td>业务操作类型</td><td>是</td><td>是</td><td>是</td><td>如：add，见编码规则</td></tr>
<tr><td>CirList</td><td>String</td><td>中继列表</td><td>否</td><td>否</td><td>否</td><td>要配置的中继链路，至少1条，最多8条。每个具体的中继用<Cir></Cir>隔开</td></tr>
<tr><td>CirCode</td><td>String</td><td>中继的传输电路编码</td><td>否</td><td>否</td><td>否</td><td>中继的传输电路编码，如：local或者其它字符串</td></tr>
<tr><td>ADevIP</td><td>String</td><td>A端设备管理地址</td><td>是</td><td>是</td><td>是</td><td>如：201.97.0.1，用于确定A端设备</td></tr>
<tr><td rowspan="3">ADevAggport</td><td rowspan="3">String</td><td rowspan="3">A端设备捆绑口</td><td rowspan="3">否</td><td rowspan="3">否</td><td rowspan="3">否</td><td>格式第一种：</td></tr>
<tr><td>如：Eth-Trunk100，smartgroup15</td></tr>
<tr><td>第二种：100,15 网管根据设备厂家拼接</td></tr>
<tr><td>ADevPort</td><td>String</td><td>A端设备端口</td><td>是</td><td>是</td><td>是</td><td>物理口，如：100GE1/5/1/0</td></tr>
<tr><td>ADevName</td><td>String</td><td>A端设备名称</td><td>否</td><td>否</td><td>否</td><td>在拼写端口描述时需要，可以在网管查询。</td></tr>
<tr><td>ADevPortIP</td><td>String</td><td>A端端口IP</td><td>是</td><td>否</td><td>是</td><td>V4端口地址如：201.97.0.1/30</td></tr>
<tr><td>ADevPortV6IP</td><td>String</td><td>A端端口的v6地址</td><td>是</td><td>否</td><td>是</td><td>V6端口地址如：240E:B:2:1823::1/127</td></tr>
<tr><td>ADevPassWord</td><td>String</td><td>A端密码</td><td>是</td><td>否</td><td>否</td><td>如：@%@%+]v0/aGkg~" <%"(w`>RXSYS|@%@%可以直接配置（固定值）</td></tr>
<tr><td>BDevIP</td><td>String</td><td>B端设备管理地址</td><td>是</td><td>是</td><td>是</td><td>如：201.97.0.1，用于确定B端设备</td></tr>
<tr><td rowspan="3">BDevAggport</td><td rowspan="3">String</td><td rowspan="3">B端设备捆绑口</td><td rowspan="3">否</td><td rowspan="3">否</td><td rowspan="3">否</td><td>格式第一种：</td></tr>
<tr><td>如：Eth-Trunk100，smartgroup15</td></tr>
<tr><td>第二种：100,15 网管根据设备厂家拼接</td></tr>
<tr><td>BDevPort</td><td>String</td><td>B端设备端口</td><td>是</td><td>是</td><td>是</td><td>物理口，如：100GE1/5/1/0</td></tr>
<tr><td>BDevName</td><td>String</td><td>B端设备名称</td><td>否</td><td>否</td><td>否</td><td>在拼写端口描述时需要，可以在网管查询。</td></tr>
<tr><td>BDevPortIP</td><td>String</td><td>B端端口IP</td><td>是</td><td>否</td><td>是</td><td>如：201.97.0.1/30</td></tr>
<tr><td>BDevPortV6IP</td><td>String</td><td>B端端口的v6地址</td><td>是</td><td>否</td><td>是</td><td>240E:B:2:1823::1/127</td></tr>
<tr><td>BDevPassWord</td><td>String</td><td>B端密码</td><td>是</td><td>否</td><td>否</td><td>如：@%@%+]v0/aGkg~" <%"(w`>RXSYS|@%@%可以直接配置（固定值）</td></tr>
</table>

图 6　相关参数说明

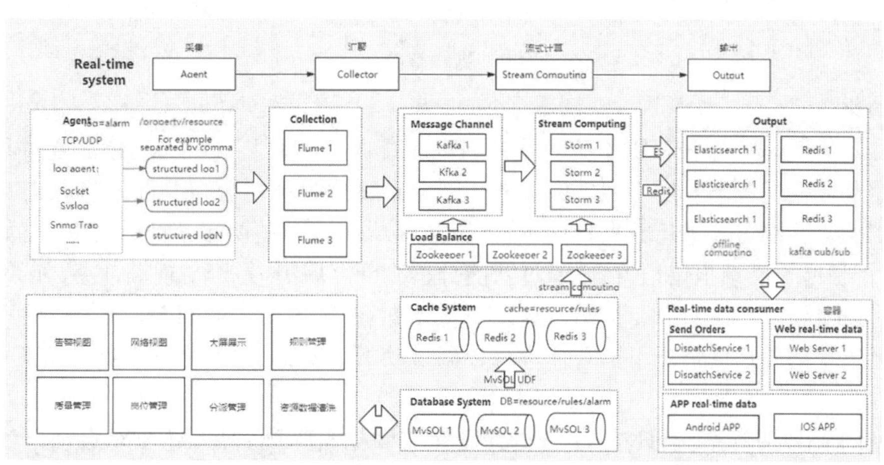

图 7　大数据处理架构

输路由同步(同步后的传输路由必须完成无断点)。要求所有光路信息端到端不能有断点,如果有断点无法流转下一环节,从根源保证光路信息的准确性。

光路全部关联后在资源系统光路拓扑可以显示端到端全程光路信息,根据规范的电路代号在资源系统查到全程路由,出现故障时可以快速准确的知道全程路由信息,缩短故障处理时长。

3.5　脚本智能化

应用大数据算法智能判断唯一标识场景,通过海量数据分析智能判断端口状态、与现网 IP 是否冲

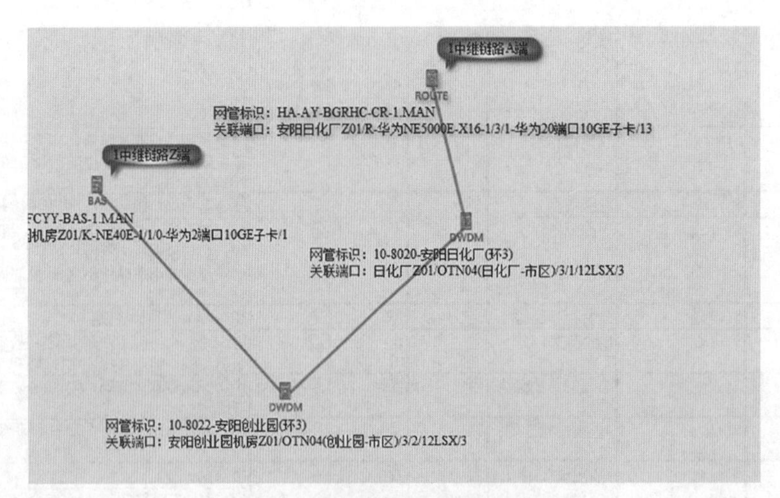

图8　资源网管端到端自动关联

突、端口下是否有配置等，通过场景唯一标识判断中继开通场景，进行深度学习并建模，智能识别和判断，把需要的参数智能运用到不同场景脚本模板里，实现脚本的智能化（见图9）。

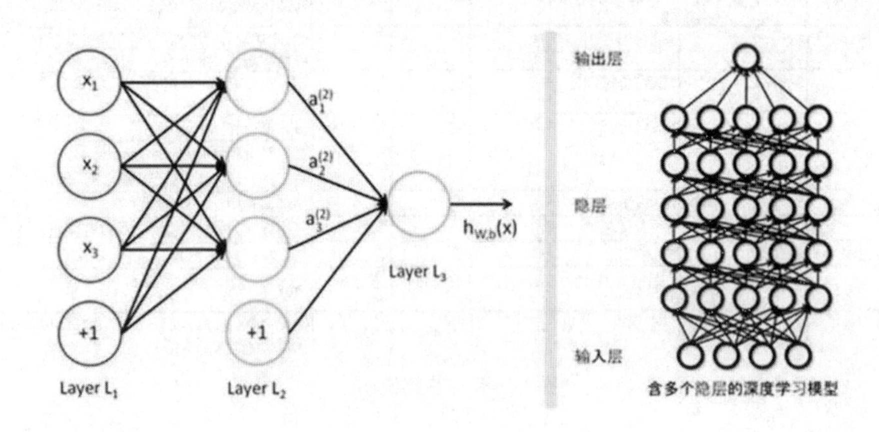

图9　脚本智能化

3.6　配置自动化

（1）如图10所示，网管系统根据不同场景自动生成脚本，要做到自动下发，还需要进行一系列的智能分析判断，避免数据配置下发后影响现网业务。网管系统通过智能分析判断端口状态是否为手工关闭，只有是手工关闭的端口才进行数据自动下发；还会判断端口下是否有其他数据配置，如果端口下有其他配置会执行报错并反馈报错信息；并通过智能分析判断互联IP是否与现网冲突，如果互联IP与现网冲突也会直接报错并反馈报错信息，结合这几项重要的智能分析判断可以有效的校验本次配置是否可以下发，在上述全部满足的情况下网管才进行数据自动下发配置，这样可以避免自动下发配置对现网业务的影响。

（2）如图11所示，网管系统通过智能分析判断完成数据自动配置后，还要对自动下发的数据进行检查，查看设备端口的物理和协议状态，保证中继电路自动开通的成功率。

4　结束语

目前，随着我国通信行业的高速发展，网路规模越来越大，促进了通信企业的壮大和发展，这也需要引入新的思想和技术，利用人工智能和大数据算法等新的技术手段，来提升网络的运维效率。

本课题通过人工智能和大数据分析技术实现全流程自动化中继电路开通。从工单发起到闭环归档各个环节的数据分析、自动流转、电路代号自动生成、资源和光路自动关联、接口规范对接、网管智能分析、智能判断、脚本自动生成、数据自动化配置等实现中继电路智能化自动开通。利用人工智能和大数

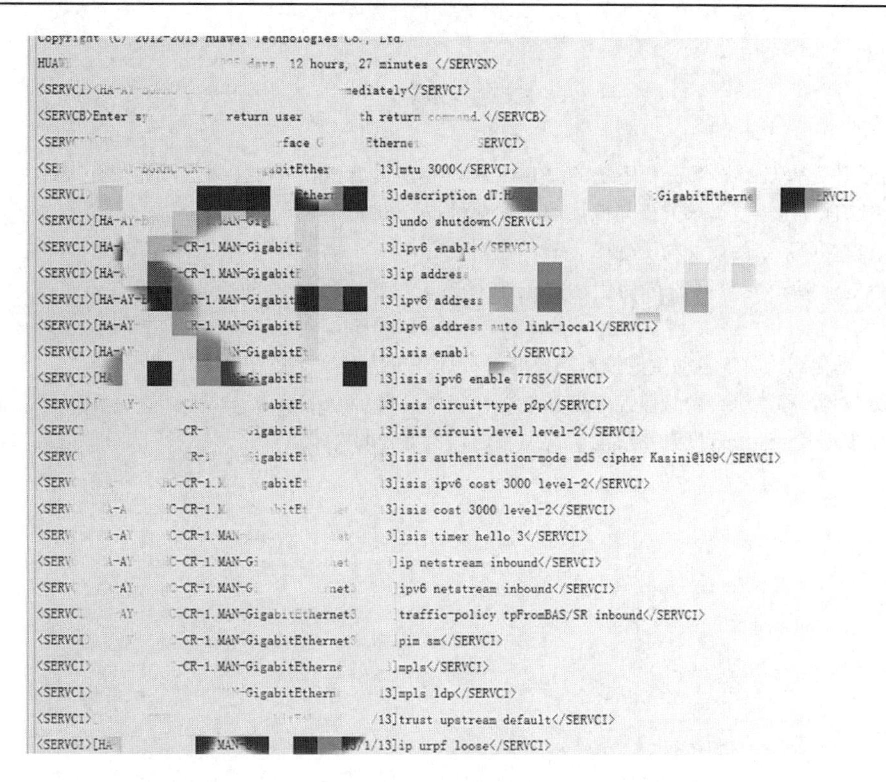

图 10　配置自动化

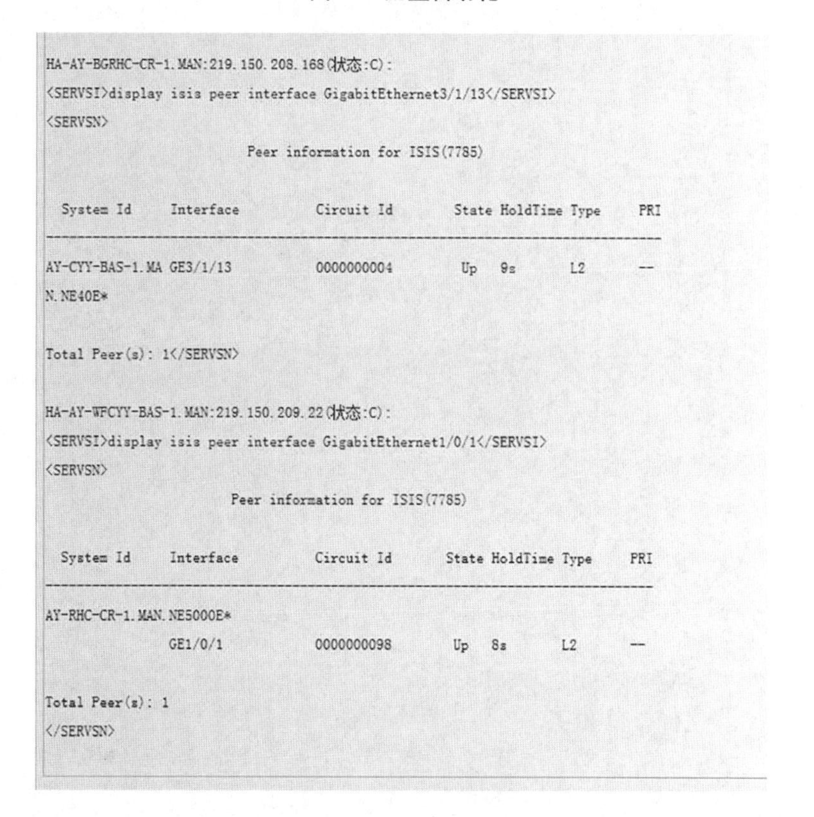

图 11　设备运行状态

据新技术实现内部中继电路智能化自动开通,从而解放人力、降低风险,提高工作效率,持续推进智能自动化运营,推进云网智慧运维工作再上新台阶。无论是在创新方面,还是在应用方面,都有很高的价值。

参考文献

[1] 赵良,张贺,潘皓,等.基于 AI 告警分析系统的 IPRAN 网络智能运维和应用[J].通信世界,2019(5).
[2] 潘沛.电信网络综合告警系统需求分析与设计[J].大众科技,2009(5):81.
[3] 彭仁松.网络故障管理系统的设计与实现[J].软件导刊,2010(1):134-136.
[4] 余萱,苏杨,赵威扬.基于大数据的自动化运维安全管控平台在电网企业的应用研究[J].贵州电力技术,2018(21)012.
[5] 蒋云,赵佳宝,自动化测试脚本自动生成技术的研究[J].计算机技术与发展,2007(7).
[6] 袁俊佳.和应民,刘微.移动综合网管监控数据采集[J].应用科技,2006,10.
[7] 宋仁栋.浅析分布式多专业综合网管系统的实现[J].通信世界,2009,10.

网络费用管理中电表防篡改智能图像识别的技术和应用

吴荣宇　王天增　王明强　王金全

摘　要:网络电费金额高,成本压降任务重。同时各种"微腐败"高发,风险防控压力也很重,尤其是通过修改电表照片中读数等手段套取电费,更是令人防不胜防。另外,实际工作中稽核工作传统上仅靠人工,效率和效果均远远不能满足管理要求。针对这种情况,我们全面应用人工智能技术,实现了对于电表照片篡改的智能稽核,助力电费稽核工作效果和效率大幅提升。当前采用双流 Faster R-CNN 网络检测给定图像的篡改区域,并给出疑似篡改的疑似系数。对于算法模型的训练,我们选择了具有代表性的不同类型的电表照片进行了人工标注,并进行了训练。在此基础上,进一步通过电表读数区域精确定位等手段提升识别的准确性,进一步提升识别效果。该项技术当前已经在中国移动集团全面投入应用,在降本增效,风险防控方面成效显著。

关键词:网络电费;图片篡改稽核;人工智能;Faster R-CNN;目标检测

1　前言

移动通信网络在当前社会生产和生活中发挥着重要的作用,为社会发展和经济发展做出了重要贡献。众所周知,移动通信网络的建设需要投入巨量资金,与此同时,要保持通信网络的正常运行,也是需要巨量资金投入的,其中网络电费就是很大的一项费用支出。以中国移动为例,每年为保证网络正常运行支出的电费数以百亿计,因此网络电费金额高,成本压降任务重。同时各种涉及电费的"微腐败"高发,风险防控压力也很重,尤其是通过修改电表照片中读数等手段套取电费,更是令人防不胜防。另外,原来稽核工作仅靠人工,这远远不能满足管理要求。针对这种情况,我们积极探索应用人工智能技术,实现了对于电表照片篡改的智能稽核,通过人工智能技术助力电费稽核工作效果和效率的大幅提升。

2　改进的图像篡改识别方法

2.1　传统人工稽核图片篡改情况介绍

网络电费管理工作中,传统上对于电表照片是否经过修改,是完全通过人工进行识别的。人工识别主要根据肉眼观察,结合工作经验,判断图片是否经过修改,主要判断依据包括:

- 背景色是否一致,图片篡改区域如果不做融合,会导致与周围区域色度不一致。
- 字体是否一致,判断读数区域文字字体、颜色是否一致。
- 上下文不合理,图片篡改区域是否与图片上下文逻辑关系保持一致。
- 以图 1 为例,我们可以发现,电表读数中数字"0"、"1"、"7"、"5"、"8"很明显是手工输入的电脑打印字体,与最右侧电表读数字体不一致;而且不同读数的颜色、亮度也存在明显差异,工作人员对于此类照片建议检出并退回。

通过人工识别的方法可以发现一些类似图 1 中明显被篡改的图片,但是在实际工作中有些电表照片则不易被发现篡改的痕迹。以图 2 中的图片为例,从图片直观上并不易发现篡改的痕迹,必须认真观察不同区域的背景色,以及 3 个读数 9 上部和底部的痕迹,才能发现篡改的痕迹。

图 1　人工稽核电表照片示例 1

图 2　人工稽核电表照片示例 2

因此,总体上人工稽核图片篡改在实际工作中存在以下问题:

• 工作效果受工作人员经验影响,稽核效果不稳定。

• 稽核效率较低,每张电表照片平均需要 10 min 稽核时间,以一个中等省份为例每年报账照片近 100 万张,人工方式远远无法满足要求。

2.2　自动稽核图片篡改的试验

针对这种情况,最初自动化稽核的思路是通过鉴别照片是否被图片编辑软件修改过。通过检查图片文件中的特征字段,可以发现部分图片有被 photoshop、美图等图片编辑软件修改的痕迹。但在该项稽核功能上线后,发现此方法存在一定问题。如图 3 所示,该照片左下部确实存在人工修改的内容,但是修改的内容是维护人员为了方便管理而添加的辅助信息,并非为了影响电费报账所进行的篡改。所以简单通过图片是否被编辑软件修改过,可能将大量不是恶意篡改的图片也稽核出来,因此该方法在实际工作中经过一段时间的试用后,即停止使用。

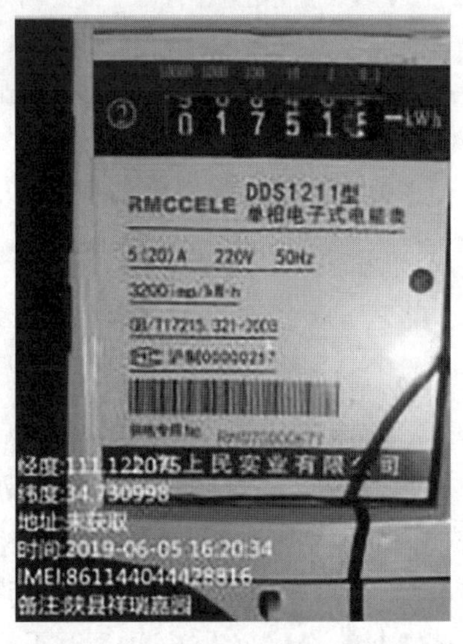

图 3　阶段一稽核电表照片示例

2.3　通用的人工智能图片防篡改识别算法试验

近年来,人工智能和大数据分析已渗透到社会各个领域,产生巨大效益。因此,在防篡改工作中引入人工智能技术,必将产生显著效果,此阶段我们首先引入 ELA 识别方法和 ManTra-Net 识别方法。

ELA 识别方法:ELA 识别方法是根据图片篡改区域与未篡改区域的压缩比不同对图片进行识别,ELA 识别方法可分为两步完成。

第一步,对图像进行压缩,压缩比可适当调整,比如 80%、90%。

第二步,原始图像与压缩后图像做差值运算,取绝对值,绝对值最大区域即为篡改区域,如图 4 所示。

图 4　ELA 方法识别结果

ManTra-Net 是一种基于深度学习的全卷积的网络,可处理任意大小的图像和常见的篡改类型,例如拼接、复制移动、删除、增强等。ManTra-Net 解决方案由两个子网络组成,即图像操作痕迹特征提取器和局部异常检测网络(local anomaly detection network,LADN),可直接对篡改区域进行定位。

通用的方法相对于人工识别方法来说提高了工作效率,但对于特定的应用场景仍存在局限性,例如图像上电表读数字体相对较小,ELA 和 ManTra-Net 方法无法有效识别电表读数篡改的情况。有些场景下识别的结果还存在难以形成结构化的、标准化的问题,如图 5 所示,图片中存在较多的标注区域,系统很难以一种比较直观的方式呈现给维护人员,这样导致维护人员使用起来比较困难。

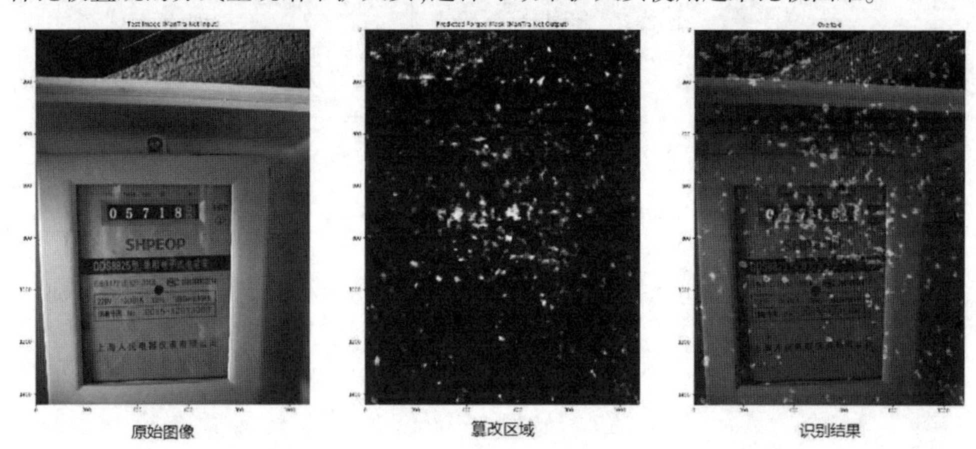

图 5 ManTra-Net 方法识别结果示例

2.4 专用的增强人工智能电表图片防篡改识别算法的实现

为了提高识别准确率,我们进一步研究使用专用的电表照片图像篡改识别模型。分析了基于双重 JPEG 压缩方法[1]、CFA 颜色阵列分析方法[2]、局部噪声分析方法[3]的模型,这些方法大多聚焦于特定的篡改类型和局限于特定的篡改技术。基于深度学习的方法 Chen et al.[4]、Bayar et al.[5], Zhang et al.[6]、Cozzolino et al.[7]、Salloum et al.[8]、Bappy et al.[9],这些方法通过优化 CNN 和 LSTM 模型架构,提升了图像篡改检测性能。但这些方法侧重于篡改区域边界信息检测,使其应用场景具有局限性。

综上所述,针对电表读数识别目标较小的特点,引入双流 Faster R-CNN 识别方法。RGB 流提取图像本身的一些篡改特征,比如对比度差异,非自然篡改边界等。噪声流利用滤波器提取噪声特征,发现真实和篡改区域的噪声不一致,通过融合两个流的特征,进行篡改的识别。基于该算法,我们从现网中随机选取了 2 万张电表照片,通过人工专家对于这些图片进行识别,并将每张照片是否篡改的识别结果进行标注。照片标注后提交人工智能训练系统进行训练,形成针对电表照片的专用算法模型后,在现网再进行部署,整体算法模型结构如图 6 所示。训练完成后,专用的算法模型在实验室内经测试,识别准确率可以达到 90%。在现网经过人工专家验证,结合现场抽检,篡改识别率可以达到 60%。已经可以在实际生产中发挥显著的辅助生产的作用。

在此基础上,为进一步提升稽核效果,考虑到绝大多数电表照片的篡改都是针对电表读数区域的修改,同时双流 Faster R-CNN 识别方法对于小目标篡改识别效果较好,我们针对原先在整幅图像上检测篡改,改为先缩小检测范围,聚焦电表照片中的读数区域,然后鉴别的方法,即一种增强人工智能识别方法。即先对图像进行目标检测,定位出电表区域,然后对电表区域进行目标检测,定位出电表读数区域,最后对电表读数区域进行双流 Faster R-CNN 篡改识别并输出篡改区域。采用 Faster R-CNN 方法对电表区域和电表读数区域进行目标检测,算法模型架构图如图 7 所示。

算法原理:

(1)Faster R-CNN 目标检测模型:Faster R-CNN 首先将图片输入 CNN 网络,提取图片的特征图,然后将特征图输入到 RPN 网络,得到候选框的特征信息。RPN 利用回归的方式获得精确的候选框(proposals)。RoI Pooling 层以特征图(feature maps)和候选框(proposals)作为输入,经过相关计算输出 pro-

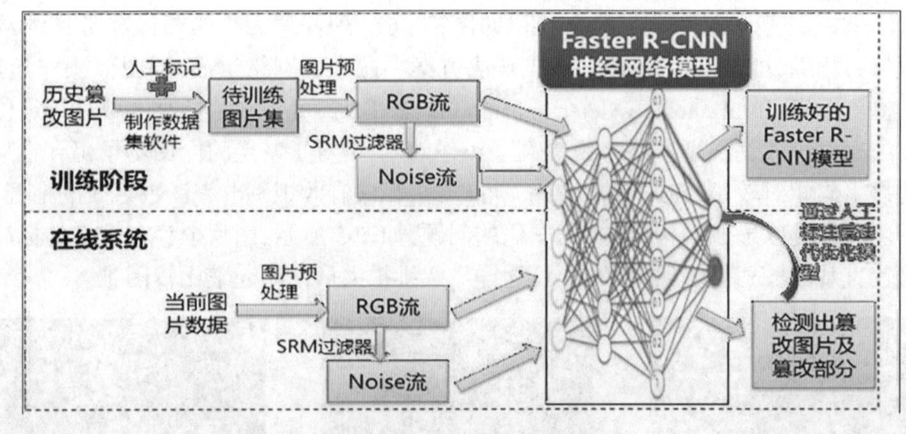

图 6　双流 Faster R-CNN 网络架构

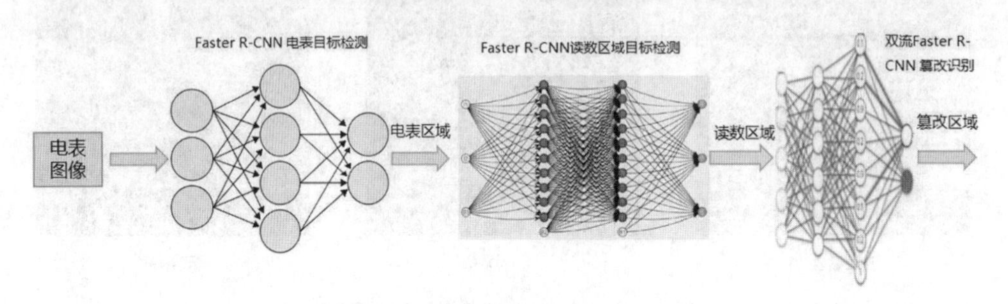

图 7　级联模型架构

posal feature maps，并传入后续的全连接层进行目标分类，最后通过回归算法获得检测框最终的精确位置（见图 8）。

（2）双流 Faster R-CNN 篡改识别模型。

图 9 为 Faster R-CNN 篡改识别模型。模型以图片的 RGB 流作为输入，以图片是否篡改作为输出。与传统目标检测中 RPN 网络用来寻找目标检测区域不同，此处 RPN 网络主要用来寻找篡改区域。

与 RGB 流相比，噪声流更加关注噪声信息而不是图片的语义信息。噪声流使用 SRM 滤波器来提取局部的噪声特征。

最后使用双线性池化操作来将 RGB 流和噪声流特征融合在一起，得到感兴趣区域的预测类别，即是否为篡改。

改进的增强模型为级联架构，可识别出电表读数每个数字的篡改情况，并且标注出篡改的概率数值，如图 10 所示，对于维护人员使用也非常方便。

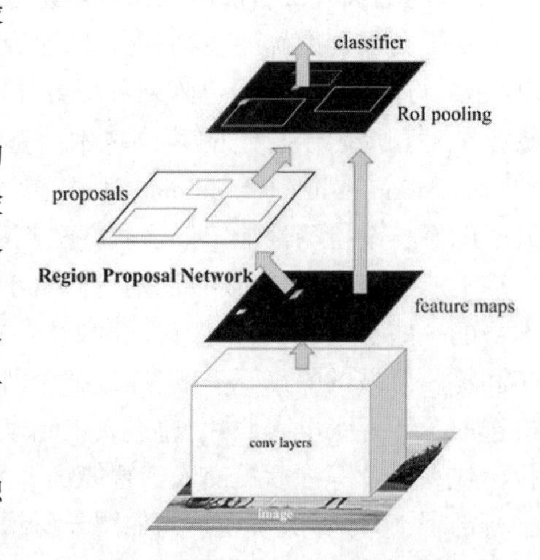

图 8　Faster R-CNN 目标检测模型

基于增强的算法，我们又进一步选取了 10 646 张电表图片用于模型训练，其中 8 516 张作为训练样本，2 130 张作为测试样本。最终算法模型的篡改识别率，经实验室测试准确率达 97.8%。增强的算法模型在现网实际生产中投入使用后，再次组织人工专家验证和现场抽检，识别准确率达到 75%，准确率整体得到极大提升。

此外，本文算法在公开数据集 NIST16 上进行了测试，与业界图像篡改技术对比结果如表 1 所示，结果表明，本文算法在检测小目标篡改区域方面效果较好。

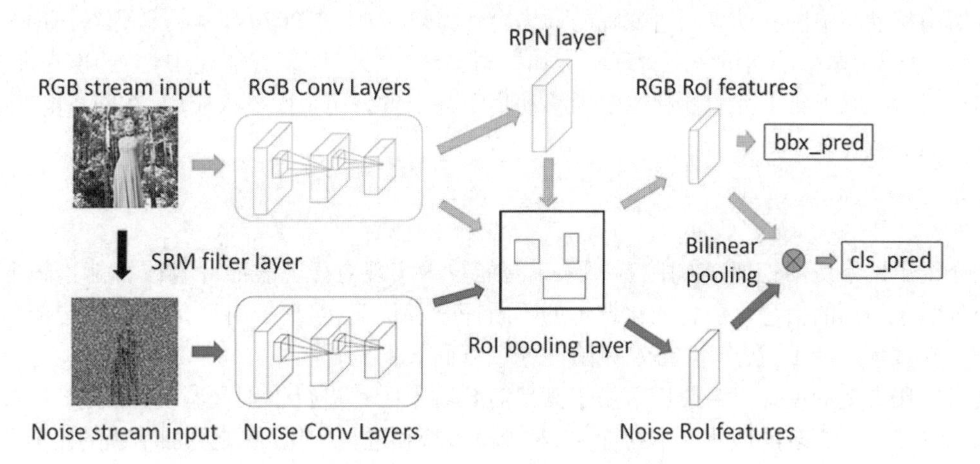

图 9　Faster R-CNN 篡改识别模型

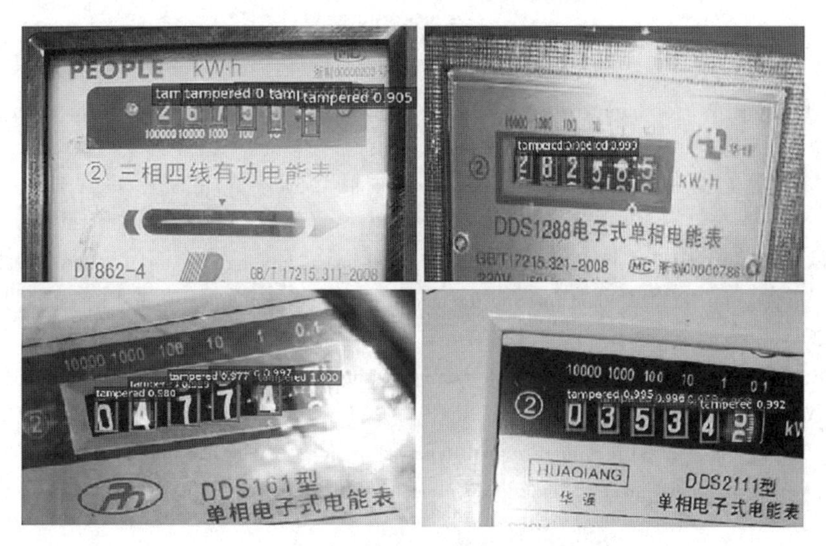

图 10　增强的级联模型识别结果示例

表 1　图像篡改检测结果对比情况

算法	AUC
ELA	0.429
Mantra-Net	0.472
NOI1	0.487
CFA1	0.501
MFCN	0.764
双流 Faster R-CNN	0.925
本文算法	0.947

2.5　系统应用效果

基于人工智能技术,当前网络电费管理工作中对于电表照片篡改的稽核工作得到了质的飞跃。原先基于完全人工稽核,每张照片平均约需要 10 min 的时间。而人工智能的稽核一张图片的时间不到 1 s,效率提高超过百倍。即使进一步将比对的样本空间限定为只考虑存在篡改问题图片的稽核时人工专家在人工智能稽核的基础上进一步进行复核的情况,每张照片综合用时也仅在 3 min,相对于纯人工稽核,效率提升也是非常显著的。

经过河南移动与中国移动集团研究院的通力合作,该项技术在 2020 年 4 月首先在河南公司全面投入应用,后续基于中国移动网络费用管理系统和中国移动“九天”网管智能化中台,迅速在江苏、广东等省份推广,并且在 2021 年 1 月初顺利在中国移动集团各个省公司全面投入应用,在网络电费降本增效、风险防控方面成效显著。

3 总结

本文介绍了网络费用管理工作中,应用人工智能技术实现对于电表照片篡改智能稽核的技术应用历程。通过对于使用的信息化和智能化技术的不断探索和优化,实现了对于图片篡改智能稽核效果的持续提升。在实际生产中,在降本增效、风险防控等方面效果显著。

该技术应用方案的设计思路同样适用于其他需要对于图片进行识别和鉴伪的场景,后续将进一步通过现网中各场景下更多的照片样本的标注,对于模型持续进行优化,使能更加精确的智能稽核能力。

参考文献

[1] T. Bianchi, A. De Rosa, A. Piva. Improved dct coefficient analysis for forgery localization in jpeg images[J]. InICASSP, 2011:2, 3.

[2] M. Goljan, J. Fridrich. Cfa-aware features for steganalysis of color images[J]. In SPIE/IS&T Electronic Imaging, 2015:1,3.

[3] D. Cozzolino, G. Poggi, L. Verdoliva. Splicebuster: A new blind image splicing detector[J]. In WIFS, 2015:3,4.

[4] J. Chen, X. Kang, Y. Liu, et al. Median filtering forensics based on convolutional neural networks[J]. Signal Processing Letters, 2015:3.

[5] B. Bayar, M. C. Stamm. A deep learning approach to universal image manipulation detection using a new convolutional layer[J]. In IH&MMSec, 2016:3.

[6] Y. Zhang, J. Goh, L. L. Win, et al. Image region forgery detection: A deep learning approach[J]. In SG-CRC. 3.

[7] D. Cozzolino, L. Verdoliva. Single-image splicing localization through autoencoder-based anomaly detection. InWIFS, 2016:1,3.

[8] R. Salloum, Y. Ren, C. -C. J. Kuo. Image splicing localization using a multi-task fully convolutional network(mfcn)[J]. arXiv preprint arXiv:1709.02016, 2017:3,6.

[9] J. H. Bappy, A. K. Roy-Chowdhury, J. Bunk, et al. Manjunath. Exploiting spatial structure for localizing manipulated image regions. In ICCV, 2017:1,3, 6.

基于容器化的运营商计费网话单集中采集研究与实践

张　聘

摘　要：随着国企国资改革的政策体系逐步形成，中国联通作为第一家央企集团层面的“混改”试点企业，承担着为混合所有制改革探索蹚路、积累经验的使命，在引入国内民营资本的同时，在技术层面加大了“去IOE”的步伐。随着联通集团IT系统集约化的深入推进，河南联通于2020年率先完成系统和用户向集团全量迁转的工作，其中话单采集系统的容器化改造，为其奠定了领先基础。由于开发周期短，阶段性成果明显，集约化强，目前已经全国推广，并在其基础上，逐步将省分及总部全部功能集约至处理中心统一支撑。

关键词：通信话单采集；容器化；集约化

1　前言

cBSS（集中业务支撑系统）全国建设初期，各省用户主要集中在省分BSS（业务支撑系统）侧，其业务量远大于cBSS业务，本地计费只需过滤少量的cBSS系统用户话单即可。但随着cB\B协同工作的快速推进，冰激凌及2I2C业务的爆发式增长，cBSS用户话单占比逐步提升。截至2019年12月，河南联通cBSS用户出账同期占比已经达到90.96%，采集月预处理各类业务话单超过1 300亿张，本地BSS计费话单总量只占其1.5%左右，98.5%的cBSS话单均需要通过本地BSS路由直接过滤。而其中流量数据业务话单，BSS占比仅有0.89%。7 000万条的路由信息堪称“大海捞针”式的过滤，省分本地系统的持续高负荷运转，存储空间的逐年扩容均造成了省分话单处理软、硬件资源和维护成本的极大浪费。

反观本省自建话单采集系统，已经持续运维5年之久，仅有两台惠普小型机，存储空间不足100 TB，cpu使用率逾90%，流量原始话单仅能保留2个月，却处理着全国第三用户量的BSS用户群，且涵盖了基于IPV6和VoLTE等较为复杂的话单处理规则、本地外围系统针对原始解析话单的及时性、完整性要求、完善的流量话单核心指标监控体系等业务。

基于以上背景，2019年伊始，省分及集团软研院密切配合，开启了此次河南话单采集系统容器化改造工作的帷幕。

2　研究与实践

2.1　方案概述

集团集中话单采集预处理系统（简称“集采系统”）建设于2013年底，截止到目前，已经具备了向cBSS、移网结算、总部经分、物联网和VOP等提供标准话单的处理能力。软件架构采用集团省分两级部署模式，数据采用贴源的处理方式，在省分进行预处理标准化，经由前置机采集后处理，再送到集团侧分发主机。技术方面采用全新容器化架构方案，功能方面覆盖现生产集采全面功能，逐步将省分及总部全部功能迁移至处理中心统一支撑。

依托于集团集群容器化技术架构所带来的强大的话单文件处理能力，省分开创性地建立了结合本省实际情况的总分模式话单采集预处理机制。将原始话单中占比98.5%的集团批价话单从自建系统中剥离，完全释放原流程中省分自建话单采集系统、计费批价系统压力；面对剩余的1.5%左右的省分批价话单,仍凭借集采 2.0 系统,统一解析、回传,本地仅需开发接口对接回传数据即可,传统处理流程与创新流程核心节点如图 1 所示。

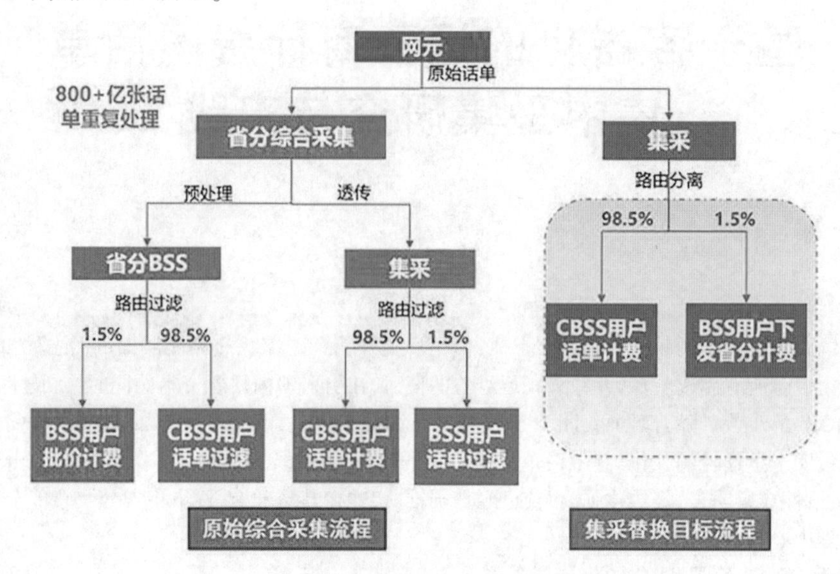

图 1 计费网话单传统处理流程与创新流程比较

2.2 技术方案

2.2.1 微服务系统软件架构

容器化(也称为基于容器的虚拟化)是一种分布式应用程序部署模型,可为每个应用程序启动虚拟机提供替代方案。程序运行的隔离环境称为容器,多个容器在单个物理主机上运行,并共享相同的操作系统内核。与传统的虚拟化相比,容器化可以提高内存、CPU 和存储的效率。基于容器创建程序实例的速度比基于虚拟机创建程序实例更快,更灵活,系统资源占用也更低。

集采 2.0 契合总院总体架构、技术规划路经,纳入天宫/天梯/天眼平台生态环境,如图 2 所示,全部采用 docker 容器技术进行设计,采用 mesos+marathon 配合实现主机资源及应用程序的分布式管理,开发语言:Golang&JAVA;文件系统:HDFS/SDFS;三方软件:kafka+Redis(集群)+MongoDB+Mysql 等。

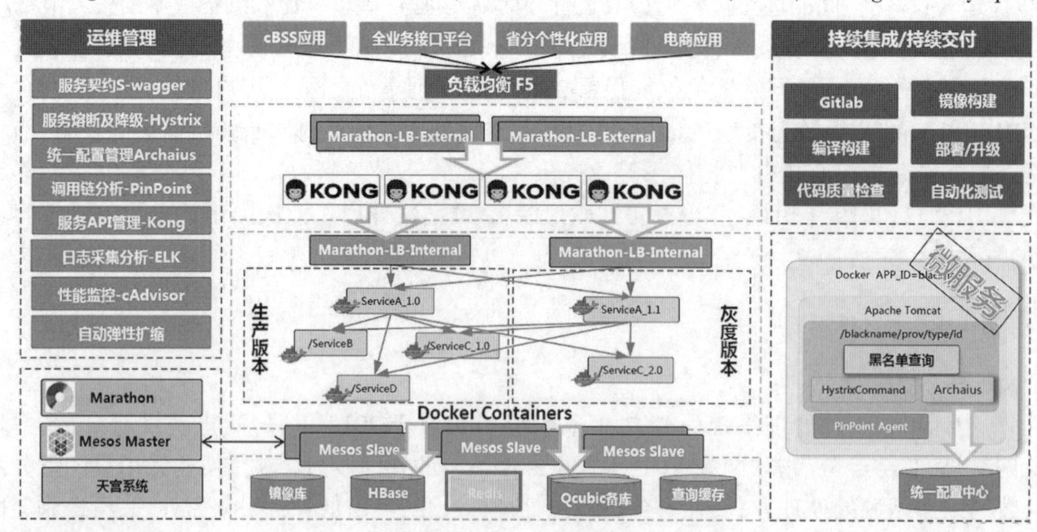

图 2 集采 2.0 系统软件架构

2.2.2 系统功能架构

如图 3 所示,系统功能方面覆盖并加强现有生产集采全面功能,并将省分全部功能迁移至处理中心统一支撑。整个集采系统包含采集功能、预处理功能、数据分发功能、数据稽核功能、系统管理功能等五部分功能模块。

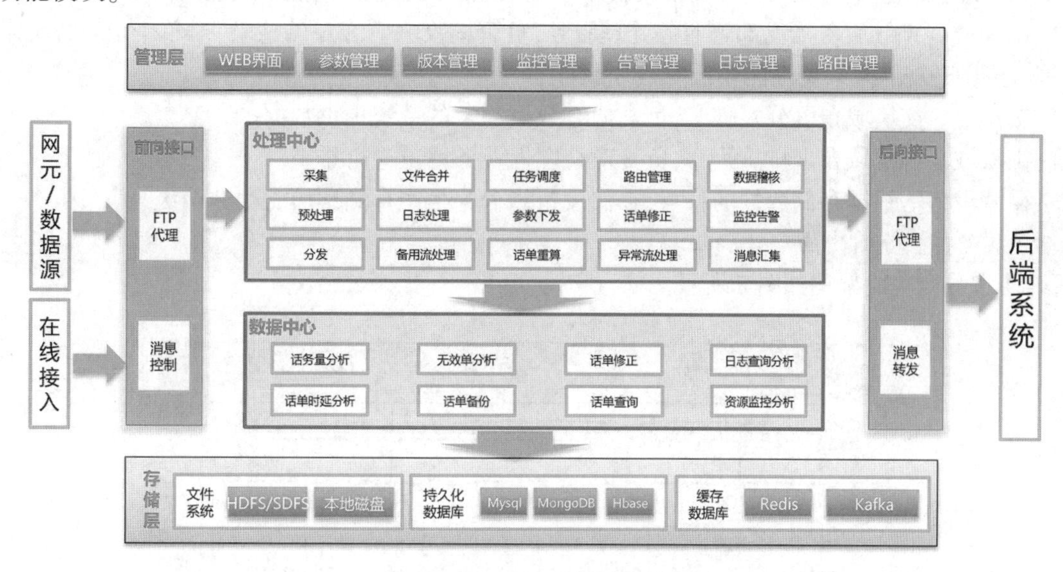

图 3　集采 2.0 系统功能架构

(1)采集功能主要包括:数据采集、数据源管理、采集数据侦测、连续性校验、重复采集校验、落地文件名规范化处理、数据源动态时间目录处理、采集数据处理、采集数据信息保存功能。

(2)预处理功能主要包括:格式转换、字段映射、话单拆分、字段调整、字段校验、话单合并、话单排重、话单分拣、回溯、预处理参数管理功能。

(3)数据分发功能包括:分发配置、分发规则、分发扫描目录、分发重试、稽核列表输出、稽核回执处理功能。

(4)数据稽核功能包括:端到端数据稽核、文件连续性稽核、文件平衡性稽核、话单连续稽核、话单环比分析稽核功能。

(5)数据管理功能包括:系统登录、系统管理、配置管理、运行管理、综合查询、监控告警功能。

2.2.3　系统集成架构

2.2.3.1　系统在集团侧集成架构

在集中采集系统的建设规划中主机系统的建设将有很重要的地位,应用软件在集团各主机上的部署方案如图 4 所示。

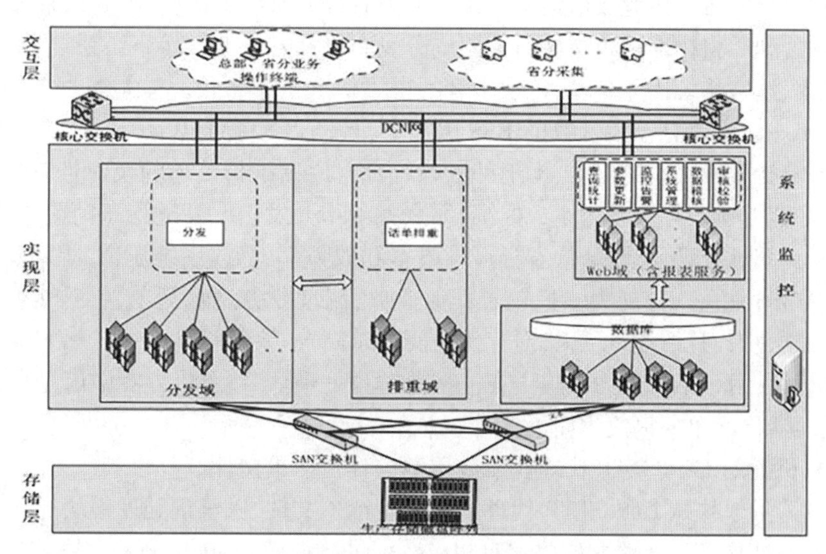

图 4　应用软件在集团各主机上的部署方案

(1)数据库域。数据库域安装 mysql 数据库。承载业务配置数据、监控告警数据。

(2)Web 域。Web 服务器上部署业务处理服务,负责接收响应客户端请求,对单个 HTTP 请求需要的处理能力要求较低,故采用性能较低的刀片服务器。

(3)交换域。交换域布署分发程序,负责向有数据需求的系统提供数据。

(4)排重域。排重域布署排重程序,负责对全国性业务话单进行排重。

(5)存储设备。根据存储数据的特点,存储设备划分为生产存储和历史存储两级。

2.2.3.2　系统在省分侧集成架构

系统在省分侧集成架构如图 5 所示。

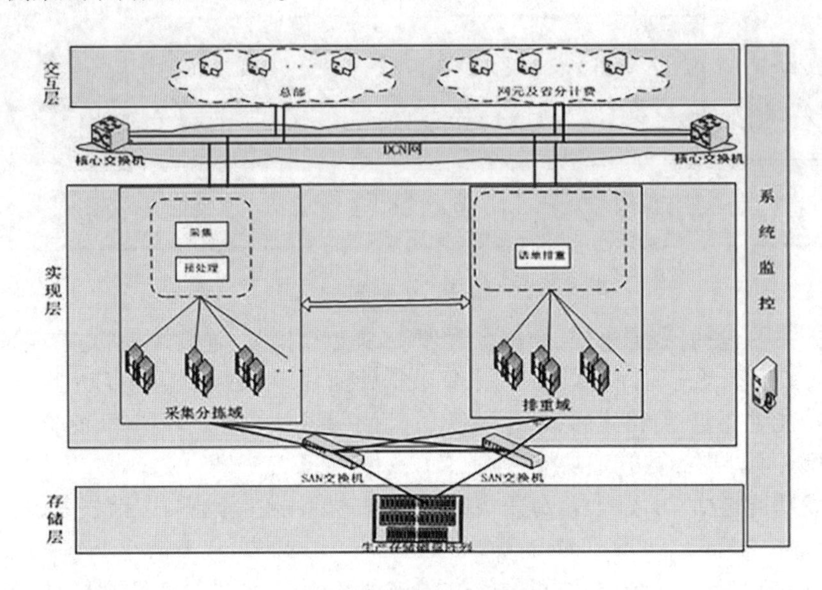

图 5　省分侧集成架构

(1)采集域。采集域负责对话单进行采集及预处理工作。

(2)排重域。排重域布署排重程序,负责对话单进行排重。

2.3　流程方案

2018 年起,集采系统开始探索替换省分综合采集系统(简称“综采”)业务的可能性。综采系统建成于 2012 年,截止到目前,已经具备了向集采、BSS、本地经分等系统提供标准话单的处理能力。其中,吉林、山西、宁夏、贵州四省已经完成由集采系统替换掉省分原有综采系统,由集采系统直接从网元上采集原始文件,经预处理后将标准话单文件送集团侧分发主机和省分 BSS 等下游系统。

由于我省采集、计费系统压力日增,替换事宜不得不提上工作日程。但是根据前期替换改造经验,没有一个省像河南一样保留有较大基数的 BSS 用户群,且涵盖了基于 IPv6 和 VoLTE 等较为复杂的话单处理规则、集团解析分发版本的确认、本地外围系统针对原始解析话单的及时性完整性要求、完善的流量话单核心指标监控体系等一系列业务标准,那么就亟待开发出一套适配于河南本省的替换改造方案,来帮助我省减少系统处理环节,降低省分运维成本和故障率,释放系统压力,提高运维质量,加强对省分 BSS 和总部 cBSS 业务支撑能力。相较于其他业务,流量业务逻辑简单,特殊规则便于梳理,但实时性要求高,处理压力大,且话务量巨大,对存储空间要求高等一系列特性。鉴于此,最终确定了优先替换流量业务处理模块,由于系统压力又集中在流量话单预处理环节,所以方案中优先替换流量业务的预处理环节。创建容器化话单采集流程如下:

(1)河南前置机上的 FTP/SFTP 代理获取数据源的计费话单文件。

(2)集采 2.0 采集模块从 FTP/SFTP 代理采集计费话单文件,送至预处理模块。

(3)集采 2.0 预处理模块按照业务要求对相应数据进行处理,后送至分发模块。

(4)集采 2.0 分发模块按照预设的系统标识,通过 FTP/SFTP 代理把预处理后的标准话单分发至各个下游集团计费、集团结算、省分综合采集(过渡阶段)等下游系统。

(5)省分综合采集系统根据集采回传 BSS 用户话单加工为省分计费识别格式。

(6)省分综合采集系统最终将加工后的回传话单分发至省分计费进行批价处理。

替换前话单流程:省分综合采集原始话单给分别省分 BSS 和集中采集分别提供两份完全一样的原始话单,BSS 路由过滤掉 cBSS 话单,cBSS 集中采集过滤 BSS 用户话单,话单分别在省分和集中采集过滤两次。其中 BSS 侧过滤掉的话单量超过 98.5%。

替换后处理流程:集中采集直接在网元采集原始话单,替换掉省分综合采集前置采集功能;同时,集中采集对预处理后的话单,依据路由,给 cBSS 计费送计费话单的同时,将剩余话单返送省分,这样就实现了集中采集一次话单采集和预处理,同时满足省分 BSS 和集团 cBSS 两个系统需要,集约化程度得到大幅度提升(见图 6)。

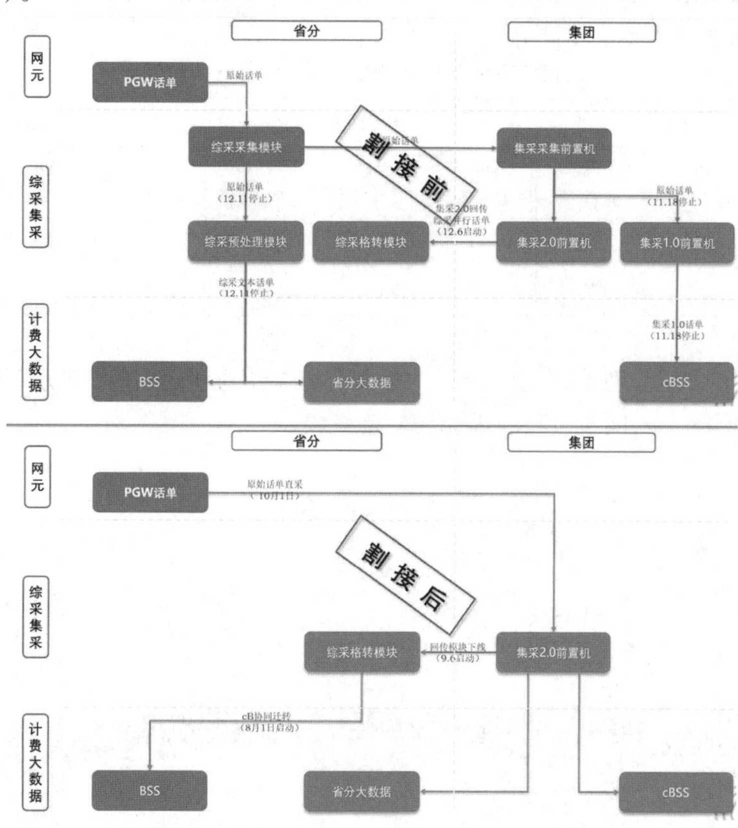

图 6 流量话单容器化改造项目核心节点流程比对

2.4 实施效果

割接前准备工作在 12 月上旬完全完成,为了避免双十二的流量高峰期及各个系统的版本升级操作,故选定 12 月 11 日凌晨进行最终的替换割接。本次替换割接会同集团、省分、地市共三级运维人员全程参与,各外围系统协同作业。系统割接当晚过程顺利,无意外情况发生,比原计划割接结束时间提前近 1 h,外围系统运行平稳,割接后重保期间系统运行稳定,话务无异常浮动,相关模块负载压力释放,系统割接成功。

回溯本次项目割接整体流程,原始话单的解析处理完全迁移至集采 2.0 的容器化预处理功能,依赖于集团大集群高效率的处理能力,将省分自批价话单回传至省分继续处理,将 98.5%的集团批价话单保留至集团处理,完全释放省分自建系统处理压力。在实施过程中,各模块针对系统替换割接前后的各项核心指标做了充分的记录与稽核,结合拨测人员的计费验证,外围系统的数据指标,充分印证了项目割接的完整性。

2.4.1　省分综采业务割接后优化效果

(1)内存释放:流量业务割接后,综采流量业务采集及预处理进程下线,释放内存资源 40 G,保证现有系统高效地运行。

(2)存储释放:流量业务割接后,可节约扩容计划存储 110 TB,全年可释放约 35 TB 存储,共计可节约 145 TB 存储。

(3)cpu 释放:流量业务割接后,预计可释放 cpu 资源 15%的利用率。

(4)话务减负:流量业务割接前每天送 BSS 系统约 7.1 亿条话单,割接后每天送 BSS 话单约 2 千万,割接后送 BSS 话务减负 98.2%,大大减轻了 BSS 系统的处理压力。

2.4.2　省分计费业务割接后优化效果

(1)进程缩减:因割接主要涉及省内流量话单(P 话单),处理主机为 91.22、91.26 两台计费主机,升级后进程缩减情况统计如表 1 所示。

表 1　河南流量话单预处理替换割后计费进程数据统计

主机	升级前			升级后			缩减进程数			
	Ftrans 进程数	pp 进程数	Filter 进程数	Ftrans 进程数	pp 进程数	Filter 进程数	Ftrans 进程数	pp 进程数	Filter 进程数	合计
22 主机	59	220	70	50	207	57	9	13	13	35
26 主机	64	176	72	62	166	62	2	10	10	22

总结:22 主机,26 主机分别缩减进程 35 个,22 个,共 57 个进程,节省了部分主机硬件资源,也相应减少了监控告警规则 186 条,间接减轻周边配套系统负载。

(2)CPU 使用情况对比,见图 7 所示。

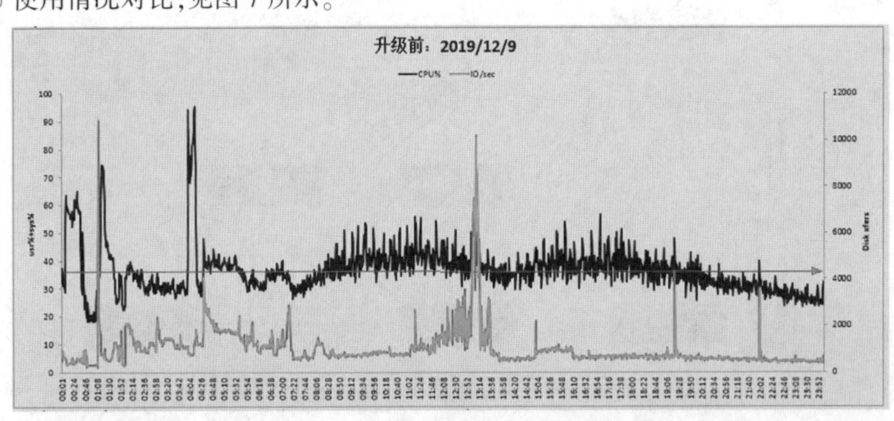

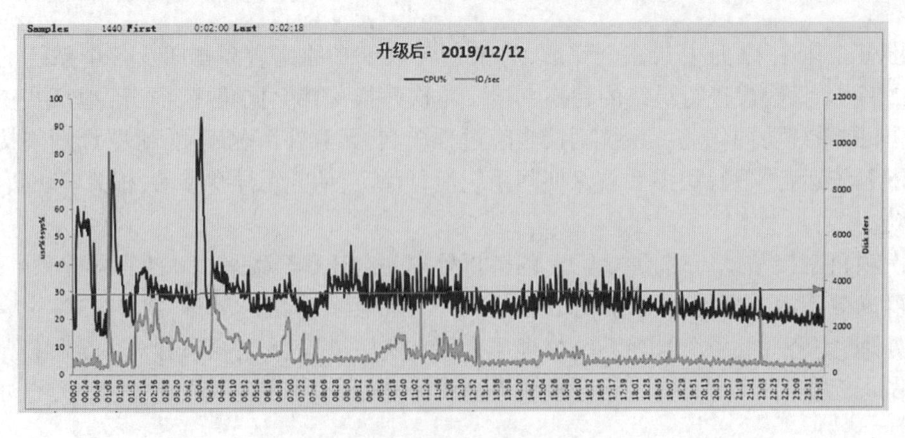

图 7　河南流量话单预处理替换割前后计费 CPU 用量统计

主机 CPU 资源情况(以 22 主机为例):

升级前:CPU 平均在 37%左右;

升级后:平均在 30%左右。

CPU 使用率整体下降 7%。

(3)内存使用情况(以 26 主机为例,见图 8)。

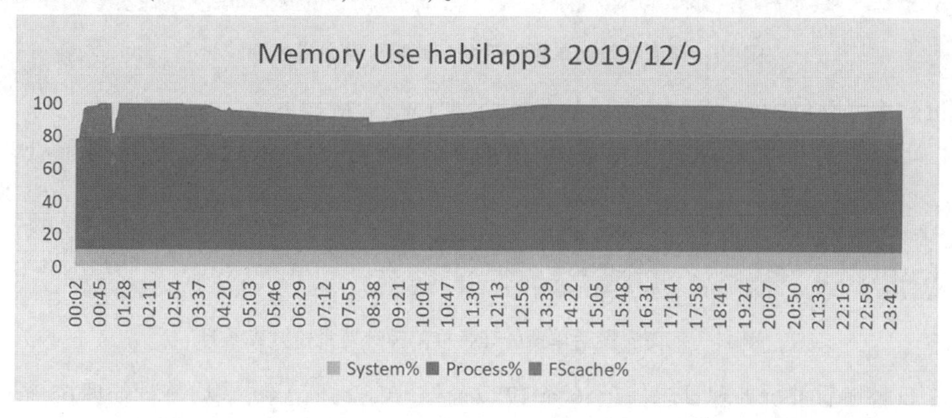

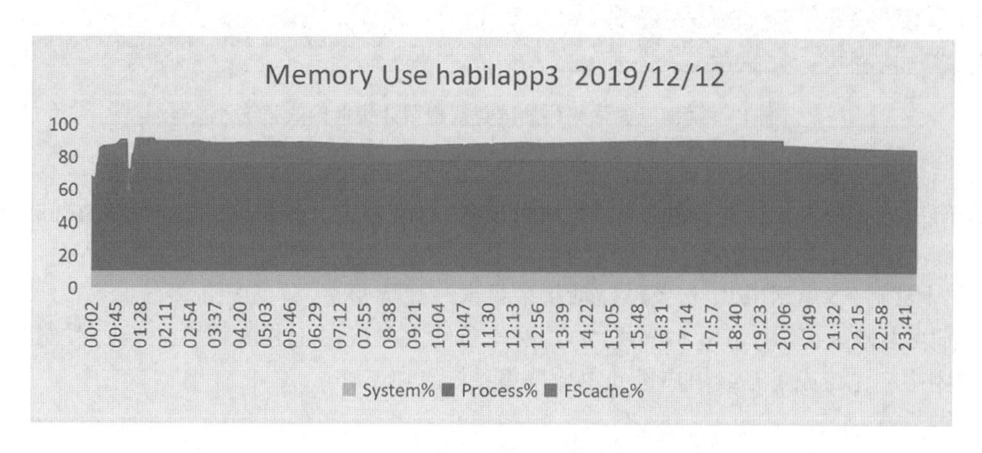

图 8 河南流量话单预处理替换割前后计费内存数据统计

升级前:内存平均使用率 96.7%。

升级后:内存平均使用率 86.7%。

内存使用率下降 10%。

(4)存储使用情况。本次升级主要涉及 PGW 话单,统计升级前后一天的存储占用情况,总体节省 531 GB(见表 2)。

表 2 河南流量话单预处理替换割后计费存储用量统计表

节点	原始话单/G	trash 话单/G	备份话单/G	占用存储/G
升级前	250	241.5	49.15	540.65
升级后	8.5	0	0.76	9.26
节省空间	—	—	—	531.39

(5)分拣效率:随机抽取采集替换前后的分拣处理日志,分析如下:12 月 1 日替换前分拣处理日志信息,515 ms 处理 1 493 条记录,平均每秒处理 2 899 条(见图 9)。

12 月 12 日替换后分拣处理日志信息,389 ms 处理 1 400 条记录,平均每秒处理 3 599 条(见图 10)。

替换前后分拣效率对比可知,替换后分拣效率提升了约 24%。

图 9　河南流量话单预处理替换割前计费分拣效率统计

图 10　河南流量话单预处理替换割后计费分拣效率统计

(6)批价效率:随机抽取采集替换前后的分拣处理日志,分析如下:

12 月 1 日替换前批价处理日志信息,5 条 605 ms 处理 311 条记录,平均每秒处理 55. 5 条(见图 11)。

图 11　河南流量话单预处理替换割前计费批价效率统计

12 月 12 日替换后批价处理日志信息,6 条 178 ms 处理 389 条记录,平均每秒处理 63 条(见图 12)。

图 12　河南流量话单预处理替换割后计费批价效率统计

替换前后分拣效率对比可知,替换后分拣效率提升了约 13. 5%。

该创新解决方案相较传统业务处理机制,从新技术、新流程中,探索符合我省实际情况的创新方案,通过节约运维投资,加速批价效率,以达到为企业提质增效,为客户提升感知的终极目标。2019 年 12 月 11 日割接上线后,剥离话单 61 亿条/月,话单采集系统减负 98%,计费批价系统减负 7. 88%,节约存储 145 TB,释放内存 400 GB,下电小型机 4 台,平均节约人力成本 1. 6 人/月;减少成本支出 324. 5 万元/年;全集团中率先完成千万级用户量的本地采集系统剥离工作。

3　结束语

通过本次计费网话单数据容器化及创新数据流程的深度研究及紧密实施,极大地降低了本地系统的处理压力,节约了本省运维成本,提高了批价结算处理效率,提升了用户体验感知,为公司发展、提质增效贡献一份力量。由于开发周期短,阶段性成果明显,集约化强,具备全国推广优势。随着业务量的急剧发展,在新型的通信运营商业务处理流程中具有极大的参考和推广价值。

参考文献

[1] 邱晨,陈亚峰,周伟. 基于容器化 OpenStack 云平台及 Ceph 存储的私有云实施案例[J]. 邮电设计技术,2018:51-56.

[2] 李铭轩,魏进武,张云勇. 面向电信运营商的 IT 资源微服务化方案[J]. 信息通信技术,2017(4):48-55.

[3] 陈利华. 电信计费联机采集系统设计与实现[D]. 北京邮电大学,2006.

5G 赋能金融业大数据风控

白亚威　王巧丽

摘　要:依托中国联通利用大数据能力及5G技术相关优势,结合信令位置数据、网络及通信行为数据,多维数据洞悉用户数字基因,利用大数据相关技术进行数据建模,打造风控相关标签体系,进行贷前、贷中客户身份信息验证,位置验证,综合信用评分,并结合中国联通实名制数据优势,实现贷后失联修复,形成大数据综合风控解决方案。形成贷前、贷中及贷后全流程风险管控。

关键词:5G;大数据;风控

1　前言

智研咨询发布的《2019—2025年中国消费信贷行业市场现状分析及投资前景预测报告》显示,随着央行实施积极的货币政策,社融增速显著回升。结合历史社融同比的周期性走势,预计当前社融大概率处于上行通道,即使其上行过程可能面临波动。我国人均可支配近5年的复合增长率达到7.5%;居民的人均消费支出也已经接近20 000元人民币;逐渐增加的居民人均可支配收入 & 人均消费支出以及逐渐下降的国民储蓄率为我国消费金融行业的发展打下了坚实的经济基础。当前信贷周期处于上行通道,消费信贷持续增长的同时,行业不良贷款余额增长迅速,《信贷资产质量报告(2019)》提到,相比贷款余额八年间增长了127%,同一时间,不良资产增长了将近3倍,不良贷款余额从3 800多亿增长到15 000多亿,增长了290%。

伴随信贷不良率超3%会受到重点监管的要求,2020年第3季度信贷不良率,交行2.9%、民生3.23%、浦发3.31%,金融风控逐步成为金融大数据领域中最有价值的场景。在金融大数据的主要落地场景中,智慧风控占据金融大数据领域40以上的市场规模,预计2021年金融大数据智慧风控市场规模将达到42.4亿元。

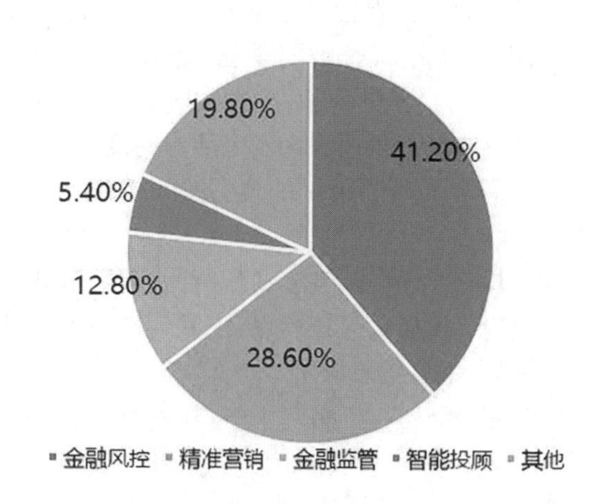

图1　2020年中国金融大数据落地场景市场规模占比

传统风控模型存在两方面不足:一是历史数据存在造假,对数据的验证成本较高。二是信用迟滞性,基于静态数据如账面信息、历史信用的模型无法实时反映现有主体的信用情况。传统以人工为核心的金融风控模式已经难以应对现有复杂的风险环境,金融风险模型亟需向实时、动态、智能化等方向转变。

2　风险管控体系

中国联通利用大数据能力及5G技术相关优势,结合信令位置数据、网络及通信行为数据,利用大数据相关技术进行数据建模,打造风控相关标签体系,进行贷前、贷中客户身份信息验证,位置验证,综合信用评分,并结合中国联通实名制数据优势,实现贷后失联修复,形成大数据综合风控解决方案。形成贷前、贷中及贷后全流程风险管控。

5G 技术提供更加精准的位置定位技术（见图 2），在 4G 时期利用 5×5 栅格的三维射线追踪仿真技术、结合现网 MR、OTT、Wi-Fi 等多维数据进行精准定位研究，实现了基于海量 MR 等多维数据的三维立体定位技术，采用机器学习算法，经过现网大规模测试分析，定位误差在 20~50 m。精准定位平台在某省自动化运行，为 4G 高负荷扩容实现精准小站选址建议，通过平台自动化选点后的流量吸收是人工选点的 2 倍。5G 相对于 4G 采用 Massive MIMO 大规模天线技术，具有更高分辨率的波束，可实现更高精度的测距和测角；仿真粒度是比小区栅格范围更小的波束级，仿真粒度的精细化带来位置分辨率的提升。通过将 MassiveMIMO 多波束特性应用于定位算法，5G 的平均定位精度由 50 m 提升至 20 m。

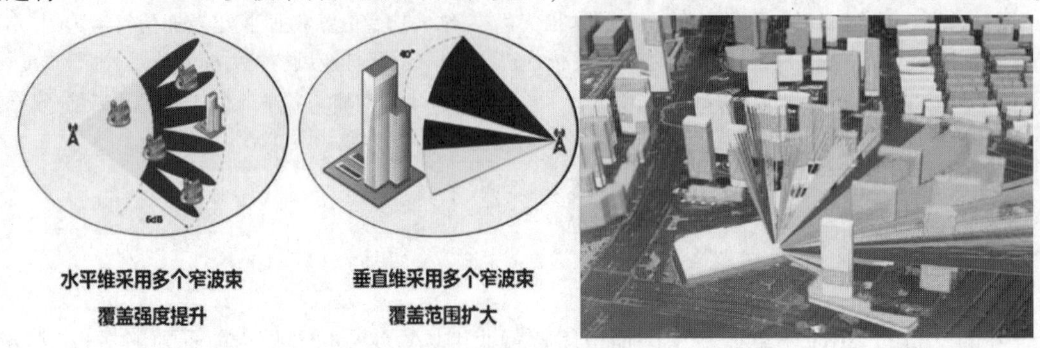

图 2　5G 技术定位

中国联通打磨多年的位置归属算法是根据无线基站的部署情况，归纳无线网络的特性，基于实际数据，映射到每个城市，将每个区域都划分成与基站对应的网格。利用网络数据，记录用户的活动轨迹。与 GIS 地图结合，获得实际的场所通过数据挖掘算法，得出用户活动规律最终得出用户的归属区域。起到在线高覆盖率、高精度地核验申请人身份、工作单位地址和住宅地址的作用，利用位置反欺诈提升信贷客户在线风险评估的效率，有效抑制信贷客户的申请欺诈，降低银行风险损失。可针对客户位置进行以下类型验证。

（1）户籍。户籍信息本身没有太大意义，银行要通过正式登记过的信息推导申请人是否在本地生活。采用网格化算法，中国联通大数据可以准确得到用户的常驻地点。

（2）住址。客户填写的住址信息的真伪验证，银行是没有能力识别的。中国联通大数据可以通过历史积累数据，获得用户真实生活中的地址。

（3）异常。通过用户的位置变动和日常轨迹，可以寻找到诈骗用户的特征，从而帮助银行规避风险。

中国联通结合实名制、通信行为、位置等数据信息，利用大数据相关技术进行建模，打造金融风控模型，形成贷前敏感信息核验、贷中综合信用评分及贷后综合信用评分全流程风险管控。

2.1　贷前-敏感信息核验

5G 大数据风控产品基于中国联通大数据对身份类、位置类、信息通过技术手段加工处理后，以“是否”“一致或不一致”“评分卡”的形式脱敏输出，通过三重门叠加验证，帮助银行全面识别潜在欺诈风险（见图 3）。

（1）实名制身份信息数据。联通拥有 4.1 亿庞大的实名制身份信息数据，通过大数据技术，建立起相关模型，可提供姓名验证、通信号码验证、身份证件验证、手机号码状态验证。

（2）位置类验证。对中国联通独有的 LBS 位置技术进行地址验真、工作地验证、居住地验证、历史位置验证、户籍地址验证等。通过对用户常用位置验真，为行业客户提供贷前核验服务，识别潜在骗贷风险，有效降低不良率。

（3）社交类验证。基于通信数据的社交模型验证、常用联系人验证、亲友联系人验证。

2.2　贷中-综合信用评分

智能实时监控目标客户异常行为，自定义规则，多维度决策树分析，实时触发预警，帮助银行及时采

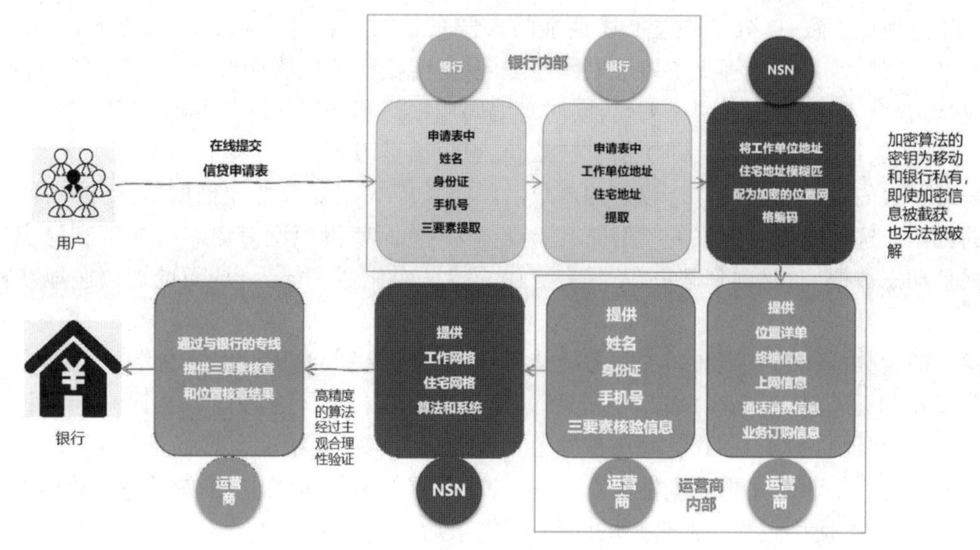

图 3 验证过程流程示意图

取有效措施;从身份特征、信用历史、通信行为、消费缴费、业务使用、失联预警 6 方面构建模型,得到用户模型分,通过分析用户模型分辅助行业客户业务办理;业务申请过程中,可通过模型分分析用户信用价值,辅助授信业务,模型分相对较高的,可考虑调整额度。

2.3 贷后-风险跟踪预警

基于中国联通优势数据资源,在经过脱敏处理后,为金融企业提供针对无法联系上的存量客户找回服务。此过程通信中国联通不返回任何个人信息,仅根据银行提供的存量客户(SH256 加密)身份证号,提供针对该客户最新号码的一次电话接续服务,银行或外包方可安排业务员在本次通话过程中,完成催收作业。

(1)协助银行对催收信息中的手机固话网码进行全量清洗,剔除无效码,有效节省人工识别成本。

(2)对失联人信息进行补全,精准匹配有效脱敏码,使案触达率有效提升。

(3)最终通过外呼台人工或智能催收功能,实时动态的催收督导进度监、还款对账等,提高催收处理效率。

(4)寻回后信息验证,可对客户的职住地进行验证,增加客户触达率(见图 4)。

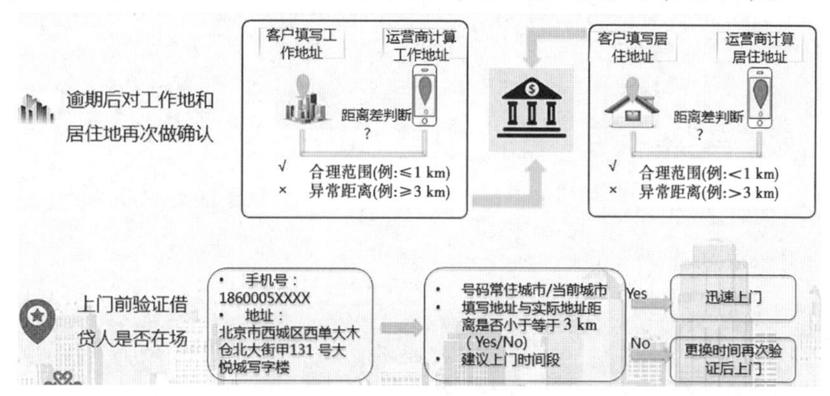

图 4 客户寻回流程示意图

利用中国联通大数据资源,基于接口能力,在合法合规的前提下,为客户提供快速的组合信息核验服务,降低风险。通过符合银行风险和反欺诈规格的测试,使用了银行的真实样本数据,得到银行的实际认可。应用结果直接与银行的风控业务流程对接,成为依赖性因素。中国联通手机信令定位连续性好,长期位置历史数据分析样本量足,利用中国联通侧数据的网格化模型,精度较高,可以识别工作地址和住宅地址造假的客户(没有相关轨迹),更可以给出正向验证结论(工作驻点与工作单位地址一致,且生活驻点与住宅地址一致,区分了路过上述地址的人群),这对于银行反欺诈意义更大,也是最终获得银行认可的重要因素。为银行解决了地址模糊匹配问题,将银行地址模糊匹配为位置网格编码,同样也将中国联通基站小区匹配为位置网格编码,同时将编码用银行和联通之间的私有密钥加密,既实现了信息验证,又保护了银行客户的隐私,即使信息被截获,也很难被破解。

中国联通覆盖的用户广,区域广,覆盖的用户活跃时长广。在复杂的通信网中,不同的网元会留下不同内容的数据。这些数据有更强的模型交叉验证能力,从而使得模型有更高的精度和稳定性。中国联通大数据是动态数据,时时刻刻都更新,具有更快的特征变化适应能力,从而更加快速地获得异常特征预警。

中国联通的大数据能力应用和相关服务完全遵守《中华人民共和国网络安全法》,对客户的数据及信息做到不滥用和不外传,确保客户的个人隐私。应用平台和相关服务通过数据脱敏、蒙面、映射等方式,在法律授权下保证数据安全的前提下,支撑各行业的智慧洞察及精准运营服务。

金融行业也是一个非常注重合规性的行业,在外部数据的使用过程中,首先是注重数据来源的合法合规,然后是保证数据使用过程中对客户的隐私保护,最后才是数据给金融企业带来的价值。

3　结束语

本文利用 5G 及大数据技术结合中国联通数据优势,对其在风控方面应用进行了探讨,为相关技术在金融行业应用提供了相关思路。该项技术的应用可充分发挥中国联通在大数据风控方面优势,为金融业提供可靠高效的贷前敏感信息核验、贷中综合信用评分及贷后风险跟踪预警手段,提高金融风控管理能力,从而有效降低贷款风险。

参考文献

[1] 智研集团. 2019—2025 年中国消费信贷行业市场现状分析及投资前景预测报告[R]. 2019.
[2] 中国信通院. 中国大数据发展调查报告(2018)[R]. 2018.

数字化晨会看板——探索数据视觉引领新运营

王宏宇　高　峰

摘　要:河南联通秉承“用数据评价指导经营、用数据驱动辅助生产”的数字化新运营理念,创新数据整合与应用,为网格CEO量身设计开发的提供网格资源视觉化展示的数字化晨会看板,全面覆盖网格运营管理中最关注的发展、维系、装维、服务、资源五大运营关键要素,解决各类碎片化数据带来的网格CEO难以进行分析进而确认目标、研判形势,不能很方便地实时看到网格内各种资源使用情况及网格人员具体的生产情况的问题,通过可视数据指导网格经营晨会开展满足一线小CEO通过有效的组织促进高质量发展的需要。

关键词:组件化布局大屏;虚拟DOM机制;数据可视;数据视觉;数据赋能;晨会看板

1　前言

随着中国联通技术和业务的快速发展,各类数据以指数级增长,因而“用数据评价指导经营、用数据驱动辅助生产”的数字化新运营理念更成为联通IT人的思维导向。在此背景下,公司设计开发了一系列的数据可视化应用,然而存在一些问题:

(1)联通数据类型繁杂,大屏往往关注于某些具体业务或资源数据,大部分大屏面向于管理,数据粒度较粗,对于一线网格一直缺乏一个直观的大屏可视化产品辅助指导网格运营。

(2)一线小CEO在日常经营部署时缺乏得心应手的数字化工具,各类碎片化数据难以进行分析进而确认目标、研判形势,不能很方便地实时看到网格内各种资源使用情况及网格人员具体的生产情况的问题。

(3)一线小CEO不愿耗费大量时间去从各类报表、系统中分析网格经营态势,更愿意依赖经验直觉,通过手工绘制地图圈选区域开展晨会部署工作导致的无法准确把握网格实时发展动态,无法充分发挥公司数据支撑能力。

基于以上几点问题,本项目站在基层网格管理者的视角从纷繁的业务数据中提取出对一线网格运营最具指导性的信息并将其有效而直观可视化的呈现,设计并实现了一套针对小CEO日常管理的高效工具—数字化晨会看板,重点围绕系统的设计技术使用和数据的整合思路来进行研究与分析。主要研究内容如下:

(1)提出并实现了基于Web的大屏数据可视化应用系统——数字化晨会看板,运用组件化布局的构建方法,图形化编辑功能包括常规图标组件素材、下钻、地理类组件等功能帮助用户在一面大屏内理解多维度数据之间的联系。

(2)深度运用VUE框架能力提高浏览器缓存利用率,帮助用户及时预览与查看大屏可视化,优化使用体验的方法实践。

(3)数据创新整合,全面覆盖网格运营管理中最关注的发展、维系、装维、服务、资源五大运营关键要素,一点看全网格运行态势和人员生产工作成效。

2　项目设计思想

以网格运营晨会为切入点,活用“战场思维”,通过使用以地图数据结合业务资源数据整合的“作战沙盘”、粒度到人,量化评价到人的“作战部队”的数字化晨会看板,提供一屏看全网格资源,精准洞察人员业绩,可视数据指导网格经营晨会开展的新方式,推动网格晨会从依赖网格管理者个人经验,单纯的工作描述安排过渡到充分运用数据赋能,分场景一区一策个性化营销,透明化规范化人员生产,推动一线管理方式数字化变革。

不拘泥于报表、统计图表的固定思路,精细化根据社会小区家宽融合业务、沿街店铺固网宽带业务,基站布局的 5G 端网协同、用户群分布、行政区划等不同业务营销场景,通过将网络设备资源分布、使用量、故障反馈处理情况、渠道布局、渗透率、入住率、活跃用户等量化评价指标通过地图打点、热力图分布、动态标签、多形式展现,提供各指标的年/月/日趋势分析的形式多维度分层展现,提供全面的战况可视及相应资源、用户流失维系预警,借助旗帜标识业务优势与待加强区域,多维度一点看全网格运营态势,提供直观便捷全面的数据赋能。

多维数据拉通,汇聚地图数据、商铺、小区边界、基站、分光器、渠道的位置信息梳理整合出社会小区、基站、行政区划、渠道网点、商铺的重点营销场景,聚类网络资源使用量、设备利用率、用户分布,渠道产能分类,用户投诉、维系回访、测速、装移修、预警、业务量分档多维度数据,建立数据模型支撑,分析出发展变化趋势。以环比增长率、回访及时率、履约及时率具体的量化指标,精确到人。解决传统业务区域资源数据相对独立带来的信息孤岛效应,推动数据资源聚焦整合,数据洞察助力精准营销。

随着看板系统的日益迭代和一线业务后续复杂化,不可避免地会带来多人开发或维护,使得代码量的急剧上升造成的冗余、难以维护、缺失统一的规范协作的问题出现。此时如果通过重构代码的方式去处理,会带来相当的项目风险和资金损失,从效益和对一线运营的角度来讲并非最科学、性价比的处理方式。因此,为了解决上述问题,本项目通过运用前端工程化思想去解决。可以通过模块化、组件化、规范化和自动化来具体量化这个思想指导下的前端开发模式:对资源进行拆分,将文件分为几个依赖的小文件进行组装加载;对代码或涉及层面进行拆分,每个页面包含各个独立的组件;对编码风格、目录划分使用统一的要求。

3　项目数据的整合思路

本项目吸取结合了数据治理的相关经验方法,汇聚地理数据梳理整合出社会小区、基站、行政区划、渠道网点、商铺的具体营销场景从而明确主数据对象。具体根据事务数据、基础数据和分析数据的分类筛选确认出形如网络资源使用量、设备利用率、用户分布,渠道产能分类,用户投诉、维系回访、测速、装移修、预警、业务量分档为代表的覆盖发展、维系、装维、服务、资源五大运营关键要素的相应指标数据。聚类使用,粒度精确到具体个人,从而建立起营销场景的全面数据画像。

4　技术设计方案

本系统的视图层基于 VUE 为用户提供可视化的大屏页面。各个大屏组件的前端用户时间采用 VUEX 来管理,ACTIONS 主要对用户事件(如单击事件)导致的状态变化进行响应,通过 commit 方法出发 mutations 里面的方法从而获取或者修改 STATE 中的值,state 的变化会同步触发组件的重新渲染。通过使用 ajax 异步请求处理动态数据信息交互实现在不更新整个页面的前提下维护数据。

系统的后端架构采用 MVC 模式,具体又分为展现层、业务逻辑层、数据访问层分别提供交互式操作界面、处理数据业务逻辑和连接数据库实现对于数据库的增改删查操作,这里不做展开论述。

本项目提出组件化布局大屏,根据一线晨会开展场景考虑,将大屏组件划分出基础图标组件包括折线图、环状图、柱状图等组件;地理类组件,包括散点地图、基础地图;文字类组件包括滚动消息、轮播器、列表、日期时间器组件;素材类组件包括字体图标组件。通过采用 Echarts 图标库进行配置,通过全局状态管理,将状态放入一个全局的实例中做到各个组件同步响应,从而区分出组件本地状态和应用层级状态进行区分从而解决大屏图标表现单一,不能很好地满足晨会场景使用的需求,而公共组件的抽象和可复用性保证了后续迭代时的扩展能力。

深入挖掘使用 Echarts 工具。它是由数据驱动,数据的改变驱动图标展现的改变,因而动态的数据可在图标上实时显示，所有的数据更新或样式更新绘制图标都通过 setoption 实现，定时发送异步请求获取数据填入 setoption，图标根据后端 json 格式返回数据展示(见图 1)。

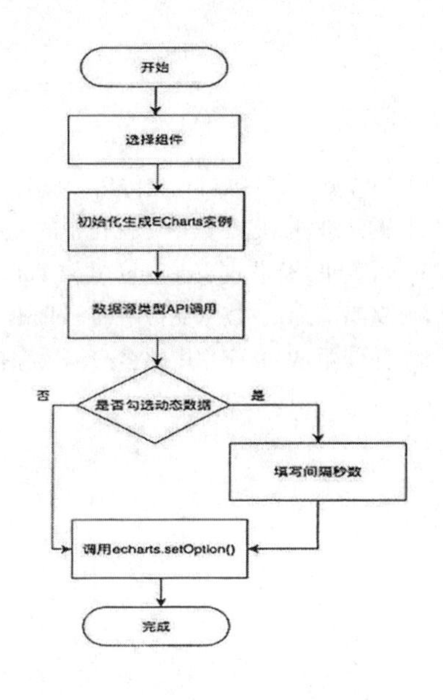

图 1　图标动态数据实时刷新流程

5　性能处理优化方案

传统的开发模式中浏览器并不了解具体的 DOM 节点更新需求，收
到第一个 DOM 请求后马上执行流程，最终执行若干次。引发节点的坐标值无用性变化，无效益性能支出在计算 DOM 节点坐标值的操作上，这样对于大屏终端的性能就带来了很大的拖累和冗余要求，严重影响页面使用体验。尽管通过不断更新终端机器的方式可以解决，基于公司经营成本管控和效益来看，结合现有技术主流，本项目选择使用 VUE 框架中虚拟 DOM 的技术进而解决该问题。

通过构建虚拟 DOM（JS 对象）根据数据更新的需求变化会先建立在虚拟 DOM 上，也就是一个新的 JS 对象。操作内存中的 JS 对象，然后通过 DIFF 算法对比两个虚拟 DOM 对象，进而使用 PATCH 方法仅仅对发生变化的 DOM 节点进行更新，等更新完成后，再将最终的 JS 对象映射成真实的 DOM，交由浏览器去绘制。这样直接操作内存中的 JS 对象，避免无效计算 DOM 节点坐标的速度显然要更快，从而显著提升本项目的用户使用感官。

6　使用效果及效益

(1)数字化晨会看板的推广推动了一线运营方式的演变和数字化赋能的落地实施。随着数字化晨会看板的推广，激发了各网格使用数字化工具不断深入探索创新晨会组织形式的热情，推动了一线管理运营模式的不断发展，全省综合网格业务会议平均时长由 68 min 缩短为 26 min，日登录人次稳定达到 898 人次。

(2)可视数据应用，推动运营方式革新，以简单直接便捷的方式辅助小 CEO 全盘掌握网格内经营整体态势、盘点当月工作成果、安排当日工作任务。为小 CEO 提供生产运营抓手，通过数字化手段促进运营效果提升。全省综合网格推广使用数字化晨会看板以来，宽带用户保有率进一步提升至 98.49%，月均宽带出账收入稳定提升至 4.18 亿元，月均移网出账收入稳定提升至 6.5 亿元，经营利润同比正增长的网格占比达到了 80.03%，显著提高网格效益和人员收入，从而激励营销人员不断优化提高服务质量，提升用户感知，带来用户新增，形成良性增长的正向循环。

(3)通过引入数据视觉技术，将业务数据与地图数据完美结合，实现数据可视化及营销目标画像，便于精准开展综合网格区域重点营销工作，以最低成本提高营销精准率，调动人员积极性，大大降低使用培训难度。

(4)为进一步发挥公司数字化支撑能力提供了优秀的工具载体，下沉一线、站在使用角度者开发，扁平化的设计思路，为下一步推动数据发挥出效益、助推生产的不断深化和新应用提供了有益借鉴和尝试。

7　结束语

依据数据治理方法汇集网络、地理、业务数据分析出营销场景从而精细化整合全领域数据的数据整合思路，运用 GIS 能力实现数据视觉，通过可视数据指导网格经营晨会开展的新方式，技管结合保护数据安全，建立数据视觉与精准任务相匹配，数据洞察助力数字化、现代化营销思路是河南联通对于一切为了一线和数据赋能生产的全新探索，也衷心地希望本项目的设计能够为通信行业在一线运营中综合运用数字化支撑能力提供一个有益借鉴。

参考文献

[1] 何光威. 大数据可视化[M]. 北京:电子工业出版社,2018.
[2] 崔蓬. Echarts 在数据可视化中的应用[J]. 软件工程,2019,22(6):42-46.
[3] 吕英华. 渐进式 javascript 框架 Vue. js 的全家桶应用[J]. 电子技术与软件工程,2019(22):39-40.
[4] 赵海国. Ajax 技术支持下的 Echarts 动态数据实时刷新技术的实现[J]. 电子技术,2018,47(3):25-27,57.
[5] 孙佳丽. Web 应用中的客户端缓存技术研究[D]. 首都经济贸易大学,2016.

基于集约化管理的电话营销探索与实践

李艺珠 李纪梅

摘 要:电话营销是现代企业市场营销、客户服务不可或缺的营销模式,电话营销的精准化、标准化、规范化具有非常重要的意义。本文利用IT手段技管结合,从信息安全、管理流程、营销提升、用户感知四个方面突破解决传统的电话外呼的困境和问题,并充分利用大数据为传统电话营销赋能。

关键词:电话营销;技管结合;规范化;话术质检

1 前言

随着国家大数据发展战略的加快实施,数据过度采集滥用、非法交易及用户数据泄露等问题日益凸显,传统语音外呼面临数据安全管控困境。

传统的外呼营销模式是,由地市各自招募外呼队伍,存在以下痛点问题:

- 电话营销队伍省市均有引入,没有实现全省统一管理,营销不规范。
- 平台接入不统一,活动策划推送不统一,没有闭环。
- 业务没有统一规划,以地市为主进行运营,多头营销打乱仗,运营效率待提升。
- 大数据挖掘能力不足,营销不精准,输出数据不足以支撑规模化外呼队伍运营。

因此,迫切需要探索一种全新的既高效又安全的电话营销模式。

针对分散式电话营销模式存在的各种问题,本文将大数据精准营销策划能力与电话营销高效销售执行能力紧密结合,实现由大数据营销策划、电话营销派单、外呼执行、外呼监控质检到营销分析评估的全流程支撑,利用IT手段技管结合从信息安全、管理流程、营销提升、用户感知四个方面突破解决传统的电话外呼的困境和问题,并充分利用大数据为传统电话营销赋能。

2 集约化管理的实践

统一电话营销管理着力于强化源头风险防范意识,加强数据对外使用安全管理,积防范数据泄露、滥用等安全风险,从管理和技术双向着手,多点着力,完善和健全语音外呼业务的健康可持续发展。主要从合同约束管理、业务管理规范、大数据、人工智能、云化互联网等新技术保障等几方面融入到电话营销全过程管理。智能化技术结合加规范化的业务管理,大大提升了电话营销的数据安全、营销精准度、运营效率和服务质量等。

2.1 “制度+IT”技管结合,多方位管控保护用户信息

一是业务部门,安全部门与法律部门结合业务实际情况,有针对性地完善合作协议合同条款,与合作第三方公司全量签订数据保密协议,细化明确业务合作方的数据使用权限、安全保护责任,必要的安全保护措施以及违约责任和处罚条款。

二是建立了业务合作方安全风险监督管理机制,制定业务运营过程中的日常巡检制度,加强业务合作方的数据安全风险的监督管理,严禁业务合作方超出合同约定目的和范围使用或传递用户数据。

三是明确业务合作结束后敦促业务合作方删除数据,不得超期留存。

四是强化技术保障,集中外呼系统统一内网部署,使用内网或VPN专线接入,保证系统网络安全;提供统一用户360画像,用户敏感信息脱敏显示;系统账号严格管理,数据使用权限最小化分配;用户信

息加密传送等多技术手段应用。具体做法如下：

(1)电话营销触点直接通过精准营销系统精选目标客户、精准匹配产品策略,外呼人员使用精准营销系统提供的脱敏后用户 360 视图获取更多营销辅助信息,使营销更精准高效。

(2)通过精准营销系统统一营销活动策划、统一营销话术管理、统一营销派单协同管理、统一订购中心业务快速办理,使电话营销更规范。

(3)通过精准营销系统统一触点管理,实现电话营销与短信、客户经理等其他线上线下触点协同营销,实现先短信群发,再根据短信接触情况电话营销精准跟进的多波次精准协同营销模式,同时将电话外呼能力赋予小 CEO 一线,解决了小 CEO 一线的电话营销工具问题, 更大发挥了电话营销的作用。

(4)通过精准营销系统提供统一的业务受理能力,实现电话外呼业务在质检合格后的订单自动开单;一方面提高外呼公司的工作效率,另一方面降低外呼人员接触用户号码。

(5)通过 KAFKA 技术将用户行为变化特征,实时推送到外呼坐席,形成电话外呼实时营销能力,建立智能机器人自动呼叫能力,以最低成本进行业务营销。

(6)建设电话营销佣金实时计算能力。打通佣金系统和外呼系统,实现外呼公司、坐席人员佣金按日预算,月底统算,缩短外呼佣金计算周期,激励不到人等问题。

2.2　建立统一招募审查、业务授权、培训监督、考核评价等管理机制,规范电话营销业务运营

市场部重新对外呼公司进行资质审查,全省招募 18 家外呼公司,纳入省公司统一管理,并且为进一步做好全省集中电话营销平台运营,有效应用电话渠道强化存量价值运营,促进用户价值提升和维系保有,规范电话营销质量。同时,外呼公司的授权、人员坐席数量由大数据平台统一集中管理。

制定集中运营管理方案,明确“电话外呼平台统一建设,电话营销团队统一管理,省市一体化运营”的整体方案,明确了各部门、地市分公司在职责分工、系统支撑、运营监控、数据分配、质量管理、考核办法、渠道退出等工作要求。

在电话营销管理办法和考核细则中明确细化了电话营销团队的引入招募管理、业务承接模式、业务管理、坐席管理、考核管理、退出管理等工作。重点细化了电话营销管理在招募条件、培训要求、监督要求、数据使用、外呼要求、营销话术、任务分配、生产、质检、信息安全、投诉申诉、考核制度、巡检机制等的具体要求。

2.3　大数据精选客户,全触点多渠道协同,统一营销策划流程,提升精准运营能力

通过大数据筛选用户标签和建立模型,选取目标用户,统一策划活动,与短信、弹窗、一线客户经理等触点实现线上和线下协同营销,新的电话营销模式支撑了对营销活动的快速开展,营销执行过程全流程监控和营销效果的精准评估;通过营销平台的穿透和应用,提高营销精准度,通过系统的数据分发、试错运行、效果评估,可以及时发现营销产品、策略的短板,进行优化;通过系统流程的穿透,工单化的管理,使全省性的策略能够有效落地,上下统一,动作一致,推进情况,分区域效果都能及时地得到评估,发现亮点、督促后进,保障整体营销效果;智能化功能的应用,简单业务的智能化避免了人工重复劳动出现的质量不稳定,人机耦合的实现,也保证了复杂业务的有效营销。

2.4　引入 AI 能力,提供坐席与用户交互内容的智能化全量服务质检

通过深度学习的智能语义识别与分析,实现语音自动转文本,使外呼数据成为新数据源,补充用户画像(性别/年龄段/电话营销接受度/什么场景下电话营销成功率高);依托 ASR、声纹识别、人声分离等技术,对语音文件分析建模,生成人群标签,流程标签,坐席标签,为更好地进行运营管理提供数据及画像支撑。

同时,提供可视化质检规则管理,根据质检规则创建质检项目,将数据模型分析与 ASR(语音转文字)技术有机结合,通过语义、语境、情绪分析、关键字的分析比对,实现智能语音质检,缩短质检周期,提高质检效率,有效约束外呼人员与用户沟通内容的一致性,大大降低投诉,减少人工听取录音质检的工作量和人力成本。

引入人工智能技术(语音合成、语音识别、意图识别等),将人工坐席与机器人坐席进行完美结合

(人机协同),即 1 个坐席具备了最多 4 个复制自己的智能助手,同步进行实时有效的客户营销维挽服务工作,并对营销服务进行实时同步质检,对客户情绪变化及投诉倾向进行实时监测预警,有效降低客户投诉率。

集中外呼平台使用统一 10016 外显号码,只能呼叫营销目标用户,不能随意外呼,设置呼叫次数策略,减少对用户过度营销,月过滤重复营销用户 80 万人次;引入 AI 智能化服务质检体系,通过语音自动转文本,配置质检规则,对营销过程的规范性进行检查,符合规则后才能进行下单订购,有效的降低营销不规范带来的投诉。

3 集约化管理的成效

3.1 坐席能力大幅提升保障了业务运营

18 个地市分公司统一接入外呼系统,对公司存量客户经营带来明显效果,坐席扩展到 2 500 个坐席,每日外呼量稳定在 80 万,接通量 15 万,营销成功用户 36 万,成功率 16.6%,比原有分散电话营销的 7%左右的成功率大幅提升。

3.2 平台能力的提升保障了全省集中运营

外呼平台与精准化营销平台对接,实现了外呼活动策划、推送的统筹与闭环;强化了报表统计功能,实现外呼活动按项目、按地市、按外呼公司排名;外呼系统的最大亮点是分业务上线意向单全量“智能质检+人工二检”,规范了外呼公司的营销行为,提高坐席营销水平,减少了用户投诉和退订。

3.3 数据挖掘能力提升了外呼营销的精准度

通过数据挖掘和建模,精准选定目标用户,适配策略,新拓展了超级会员加宽带、王卡升级、高危用户维系等新的外呼项目。

3.4 创新了外呼模式,扩展了外呼营销的广度

创新推出“意向单+中台受理”的宽带外呼模式,扩展了外呼公司的业务受理范围,提升了外呼公司的积极性。

3.5 运营模式管理能力大幅提升

(1)运营模式:由“地市分散运营”转为“省分集约化运营”。通过统一目标、统一平台、统一任务分配、统一运营实现优秀经验的快速复制,提高营销效能。

(2)建立分项目考核体系:实行重点工作项目制管理,由外呼主管牵头,业务主管和外呼公司参与,对工作进度日通报,及时调整外呼话术与外呼的节奏,优秀经验及时共享复制,同时每月按照外呼单元(地市级的)全省排队,优胜劣汰。

(3)外呼管理规范化:

①制度保障:出台了《河南联通电话营销渠道管理及考核细则》,从绩效、投诉管控、座席管理、业务培训、例会通报、考核处罚等多个层面规范外呼公司管理,外呼管理工作已经逐步走向规范化。

②评价指标:牢记转化率是电话营销工作最重要的评价指标,并从三个方面提升。一是向现场管理各要素的精细化要转化率;二是向优化生产流程要转化率;三是向培训要转化率。

③营销效果:着力解决电话营销效果的不平衡问题,“抓两头,促中间”,一是解决同一地市不同业务、不同外呼公司外呼效果的不平衡;二是解决同一外呼公司在不同地市外呼效果的不平衡,将先进的营销经验快速复制推广,快速提升整体营销效果。

4 结束语

集约化电话营销的建设是在保证信息安全的前提下,提升业务发展能力,提升客户感知的一个典型示例,也是在践行以人民为中心的发展思想,践行“三个一切”的可持续性发展理念。通过创新性的把管理与技术融合贯穿,真正实现了“安全护航业务发展,技术保障业务创新”。

参考文献

[1] 施晖. 基于文本分类的智能外呼系统设计与实现[D]. 北京邮电大学,2020.
[2] 张庚淼,陈宝胜,陈金贤. 营销渠道整合研究[J]. 西安交通大学学报,2002.
[3] 郝玉超. 呼叫中心外呼营销系统的设计与实现[D]. 北京邮电大学,2012.

5G 全域多功能智慧庭审系统

边 防 李佳展 周 莹

摘　要：如今，传统的线下法院庭审模式已不足以高效处理各种各样的诉讼案件。习近平总书记在中央政法工作会议上指出，“要深化诉讼制度改革，推进案件繁简分流、轻重分离、快慢分道”；加之新冠肺炎疫情影响，为加强疫情防控措施，线上虚拟庭审系统的建设刻不容缓。同时为贯彻落实《人民法院信息化建设五年发展规划》，巩固和拓展疫情期间智慧法院建设全面提速完善互联网司法新模式，研发5G+智慧庭审，实现疫情防控、繁案简审、简案精审。

关键词：5G；智慧庭审；疫情防控

1 前言

为深入贯彻落实《人民法院信息化建设五年发展规划》，巩固和拓展疫情期间智慧法院建设全面提速完善互联网司法新模式，中国联合网络通信有限公司郑州市分公司联合中讯邮电咨询设计院有限公司与郑州市中级人民法院达成合作协议，紧紧围绕深化完善人民法院信息化3.0版，促进审判体系和审判能力现代化的总体目标，全力提升信息化建设，助力信息技术与司法审判工作的深度融合，并结合联通网络、业务及资源优势，率先研发5G智慧庭审应用系统。

2 5G 庭审系统

5Gn 全域多功能智慧庭审项目2020年在郑州市中级法院建设完毕并且正式运营。目前，该系统是全国首家5G+智慧庭审线上庭审应用。“5Gn 全域多功能智慧庭审系统”集合AI语音自动生成、人脸识别、视频集成等先进技术，让高科技应用到法庭的审理当中，将法庭场景与流程进行虚拟化。另外，系统结合5G技术，实现音视频的高清流畅传输，保证声画同步无延时。解决了法院以前庭审系统存在的画面质量差，不时出现卡顿和声画不同步现象。该业务系统有效缓解了案多人少、法庭不够用、网络庭审体验不佳和当事人远距离参加诉讼成本高、周期长等问题。此庭审模式让群众足不出门就可以完成案件的审判，能够大大方便群众，缩短案件办理周期，提高审判效率。另外，可让法官、律师、当事人不需要实际接触，很大程度上降低了疫情期间新型冠状病毒感染的风险，有效应对疫情对审判工作的影响，确保疫情防控和审判工作两不误（见图1）。

目前，5G庭审系统在郑州中级人民法院的使用中，提供了无缝覆盖以及多样的业务体验。同时，让人民群众享受到更高效、更便捷、更优质的司法服务，在每一个司法案件中感受到公平正义。精准而高效的解决了法院开庭的四大问题：第一，律师与当事人的地域限制，律师和当事人处于外地时，无法及时参与开庭，律师和当事人来回奔波，时间、经济成本高；第二，互联网庭审效率低，由于法院端网络带宽低，当事人端网络时延高，设备故障多，庭审视频模糊且各种问题频出；第三，案多人少，法院的法官和法庭不足，无法应对大量堆积的案件，而新建法庭投资高，周期长；第四，疫情防控时线下开庭困难，在疫情防控常态化背景下，线下庭审会造成人员聚集风险，不利于疫情防控需要。

项目挖掘虚拟视频行业最新技术能力，开发一套适用于法院业务的虚拟视频合成模式，在一张绿幕下即可将计算机模拟的三维法庭场景与人像进行数字化实时合成，并且，建设虚拟法庭软件平台，与法院现场的录制系统、通话系统相结合。利用5G网络高速率、大带宽、低时延的特性，解决了现有互联网庭审中音视频不同步、卡顿、延迟等问题。实现了全场景在线开庭，保证了庭审的严肃性。

图 1

打破了传统审判模式的限制，构建线上与线下深度融合的诉讼服务新模式，并提供在线证据提交、证据交换、询问、调解、庭前会议等多用途、多场景、全流程的诉讼服务；积极挖掘虚拟视频行业最新技术，开发了一套适用于法院业务的虚拟视频合成软件；所有的在线诉讼过程直接上传至“云端”，需要时可随时从“云端”下载，实现了全程留痕、全程高清、全程监管，数据全生命周期云化管理。基于 MEC 云平台服务的法庭系统，可以提供人像识别、微表情识别、素材获取、资源管理、剪辑/监看等功能，支持 BS、手机、Pad 各类终端远程编辑应用，实现快速部署便捷应用（见图 2）。

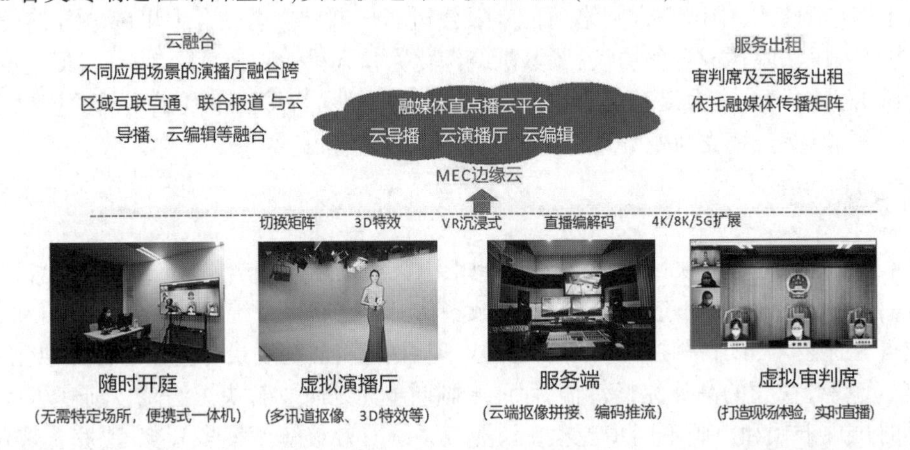

图 2

系统开发采用 B/S 三层架构，将整个业务应用分为表示层、逻辑层、数据访问层，以此实现“高内聚，低耦合”的思想。

表示层，位于最外层（最上层），离用户最近。用于显示数据和接收用户输入的数据，为用户提供一种交互式操作的界面。使用的技术包括 html 超文本标记语言、CSS 以及 jQuery，同时利用 Ajax 技术来实现互联网法庭系统的异步加载。

用户在表示层的操作将通过 POST、Get 请求转到业务逻辑层，业务层无疑是系统架构中体现核心价值的部分。它的关注点主要集中在业务规则的制定、业务流程的实现等与业务需求有关的系统设计。系统的核心功能：身份认证、用户管理、系统设置、庭前测试、卷宗阅览等都部署在这里。业务逻辑层在体系架构中的位置很关键，它处于数据访问层与表示层中间，起到了数据交换中承上启下的作用（见图 3）。

在业务层功能开始执行后系统将访问数据库，访问数据库的任务由数据层完成。数据访问层：有时候也称为是持久层，其功能主要是负责数据库的访问，可以访问数据库系统、二进制文件、文本文档或是 XML 文档。对于法院的诸如卷宗等数据，全部存储在数据库中，通过数据层自动调用访问。

网络部署方面前端采用高清摄像头，5G 与 AI 结合对采集到的数据进行分析，通过边缘云平台实现对视频内容的分析，对直播视频内容进行实时剪辑，识别直播视频中的人脸、动作等，再经过 5G 核心

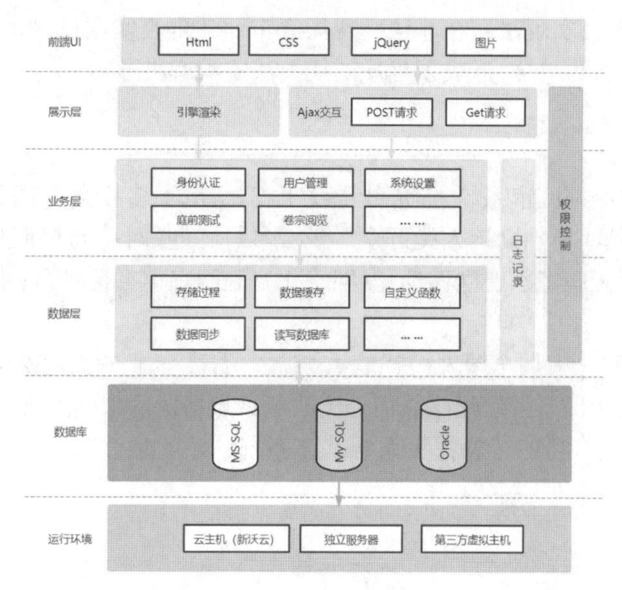

图 3

网络将合成好的图像传输到法庭系统的界面,来实现互联网在线开庭的效果,实时进行视频处理,使观众第一时间获取特定直播内容，优化直播体验(见图 4)。

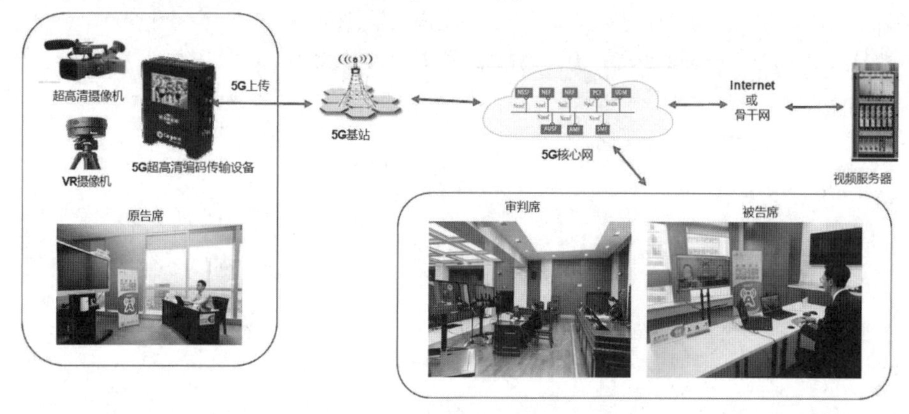

图 4

在线庭审直播、司法公开使审判公开透明,节省时间与资源,提高了效率,繁简分流能极大提高审判质量。维权的便利、规范的行为大大促进司法的发展,为互联网经济高速发展奠定了基石。5G 全域多功能智慧庭审系统全面对接了郑州中级人民法院庭审业务需求,并根据法院案多人少,网络庭审体验不佳和当事人远距离参加诉讼成本高、周期长等问题,在国内无建设经验可以借鉴的情况下,提出全面的系列配套解决方案。不仅优化了民众的庭审体验,大大提升了诉讼效率,同时作为全国首个 5G+智慧庭审线上庭审应用,在行业内属于领先水平,并为法庭类线上庭审应用开拓了新思路。

郑州中院平均案件量约 50 万件/年,不断增长的各类案件与法庭数量少的矛盾日益突出,5Gn 全域多功能智慧庭审系统在一定程度上提高了郑州中院的结案率和完成率,能基本解决法庭不够的问题。

为加强智慧法院建设,促进审判体系和审判能力现代化,郑州中院引进 5G 技术,实现全院 5G 信号全覆盖,5G 网络的实际传输速率可达 1 Gbps 以上,是 4G 网络的 20 倍以上,画面像素可达 4K 以上。“使用 5G 全域多功能智慧庭审系统开展诉讼活动,诉讼参与人的微表情、微动作,我们都可以清晰、无延迟的捕捉到。”郑州中院民一庭副庭长袁斌表示,5G 网络大大提升了网络庭审的真实感。同时也方便法官进行多场询问、证据交换、调解等诉讼活动。

系统集合了 AI 语音自动生成、人脸识别、视频集成等先进技术,并在项目中根据具体需求结合虚拟成像功能。使得业务系统在保证法官、当事人等用户能够体验法院全业务在线办理的同时,能够通过多路视频合成和虚拟场景融合，实现法官在非法庭现场庭审而达到真实法庭现场在线庭审的效果。成果将高效性、公平性、真实性集为一体，形成了优质的线上法院类解决方案。

3　结束语

智慧庭审旨在建设互联网庭审系统，形成线上线下、庭上庭下多样化司法服务能力，让人民群众少跑路、少花钱、少受累，使司法更加贴近人民群众。积极参与“互联网+”益民服务行动，实现与其他庭审资源协同；利用移动应用、人脸识别建立移动化、网络化互联网庭审平台，进一步深化“互联网+”诉讼服务体系建设。

2021 年 2 月 27 日在第十三届全国人民代表大会常务委员会第二十六次会议上，最高人民法院院长周强在最高人民法院关于民事诉讼程序繁简分流改革试点情况的中期报告中点名表扬河南省郑州市中级人民法院建设 5G 全域多功能智慧庭审系统。该系统的建立加强和规范了在线诉讼，使得线上线下并行的诉讼模式初步形成。

参考文献

[1] 王雷，王智广. 改进的三层架构的研究与应用[J]. 计算机工程与设计，2017，38(7)：1808-1812.
[2] 张雪. 5G 核心网云网一体化运维[J]. 电信科学，2021，37(8)：128-135.
[3] 侯琼. 民事诉讼案件管理系统的设计与实现[D]. 长沙：湖南大学，2019.
[4] 杨涛. 我国智慧法院建设的法律问题研究[D]. 南昌：江西财经大学，2021.

郑州联通工号权限风险管控系统研发项目

田毅涛

摘　要：本项目通过对本地工号管理特点及管理需求进行分析。运用互联网思维和数字化新 IT 技术，PHP、laravel-bootstrap 框架，基于省公司下发的数据及手工记录数据，采用 yajra/laravel-oci8 模块来连接多个 oracle 数据库，分别从工号登录、业务受理、综合查询及登录 IP、受理时间等不同维度，建立起一套适合本地的日常工号使用、自动监控与稽核模型，建立可视化渠道工号权限风险监控体系。实现工号从赋权到使用的全流程监控，分析梳理出疑似违规工号，并与市场部、稽核中心共同搭建起分析、稽核、管控的联动机制。为提高社会渠道发展质量，规范社会渠道发展行为，遏制部分社会渠道违规进行日常发展，做好风险防范。同时为公司合规经营提供保障，降低企业利益流失，实现工号权限进一步精细化管理。

关键词：工号；监控；稽核；风险

1　引言

中国联通目前正处于运营模式转型的关键时期，要认准战略转型方向，坚定改革创新信心，永不放弃。要以打造平台型、数字化、智能化、生态化企业为目标，持续提升数字化 IT 核心能力。全面推进数字化转型，不是简单的技术层面的升级迭代，也不是制度层面的修补整改，而是一场以市场和客户为中心，以生产效率、治理效能提升为目标，以体制变革促进全员思想革新的大转型[1]。

随着市场的快速发展，郑州联通各类渠道业务支撑系统工号数量庞大，属全省第一。工号管理是业务支撑工作的重点，长期以来郑州公司严格遵守省分下发的工号管理办法，建立月、季度、年中、全年的专项稽核、穿插审核及全面核查机制。面对海量的数据，现行的稽核效率远不能满足公司数字化转型的要求。因此，当下亟待将这些数据进行归集并加以分析利用，变主动为被动。

郑州联通数字化支撑中心梳理工号管理特点及需求，从现状着手，基于省分下发的数据、本地采集 CBSS 数据及历史手工数据等，进行数据整合，分别从工号登录、业务受理、综合查询及登录 IP、受理时间等不同维度，建立起一套适合本地的日常工号使用、监控与稽核模型，建立可视化渠道工号权限风险监控体系。系统实现每日从工号新建到赋权到使用的全流程监控，分析梳理出疑似违规工号，并与市场部、稽核中心共同搭建起分析、稽核、管控的联动机制。为公司合规经营提供保障。

2　项目背景

数字化转型，是近年来热门的一个关键词。在“十四五”规划和纲要里面，有人做了统计，“数字化”这个词出现过 25 次，还有其他相关词，比如数字社会、数字孪生、数字技术等，出现了 60 多次[2]。为什么数字化这么重要？往大了说，它是中国崛起、弯道超车的重大机遇。同时，它也是所有企业提升效率的必由之路。数字化不是一道选择题，而是一道必答题，答错了、答慢了，都等于是在后退。加快推进全面数字化转型，将成为后疫情时期的社会共识。加快推进全面数字化转型，也是中国联通主动转危为机的重大战略部署，公司将全面推动生产方式向数字化转型，以全面数字化促进治理现代化，实现高质量发展，并通过自身转型发展为国家和社会数字化转型提供坚强有力的支撑[4]。

2020 年 10 月 10 日，国务院打击治理电信网络新型违法犯罪工作部际联席会议召开全国“断卡”行动部署会，在全国范围开展“断卡行动”。2021 年 1 月 22 日，郑州联通下文《关于全渠道落实“断网”行动部署进一步做好实名制入网工作的通知》一文中,再次强调“加强工号管理,从受理环节杜绝违规行为发生”,落实日常抽检和复检,做好异常监控。

随着 5G 时代的到来,通信行业市场竞争越来越激烈,社会渠道已成为企业渠道体系中的中坚力量[3]。在互联网快速发展要求下,无论渠道数量、服务用户规模,社会渠道已是公司现有渠道体系中业务发展的核心力量。同时,公司各类渠道下受理工号数量庞大,工号权限管理手工工作量大。因此,对渠道工号权限和运营管理风险的管控提出了更高的要求。从发展的角度来看,随着业务发展和渠道职能的增加,各渠道利益点也逐渐增多,导致企业的利益风险点也逐渐增多。同时,社会渠道每年都需要公司投入大量佣金成本进行支撑。

综上,为有效提高社会渠道发展质量,规范社会渠道发展行为,遏制部分社会渠道违规进行日常发展,同时实现工号权限进一步精细化管理。因此,提前防范风险,降低企业利益流失,建立可视化渠道工号管控体系是非常必要的。

3　本项目要解决的问题

对于现渠道工号权限管控,主要存在如下问题:

• 郑州公司工号数据信息自动采集为空白,异常工号信息获取比较被动,依靠省分通知或者违规事件的发生追查。部门工作机制处于“业务驱动”“死看死守”“经验主义”。

• 郑州公司严格遵守省分下发的工号管理办法,建立月、季度、年中、全年的专项稽核、穿插审核及全面核查机制。但依靠人工、手动工作,规范化、效率化低且严重占用人力资源。

• 缺乏数据平台支撑对工号操作及赋权数据信息的挖潜分析,以及后续自动化程序的更新迭代。

可以看出,以上问题均和缺乏自动化平台相关,如果能够利用现有的资源和挖掘程序开发潜力,就可以用来解决以上问题。本项目就是基于此目的提出的。

在本项目中,通过对工号赋权信息、操作数据的自动化采集、规范、归类的研究,最终呈现到业务支撑系统工号管控系统,可以从以下几个维度进行阐述,如图 1 所示。

3.1　需求调研分析

明确本次项目的平台功能需求和建设范围。工号权限管控系统是建立在公司业务支撑系统基础上的子系统,通过业务支撑系统获得工号数据,并根据事先配置好的稽核规则和监控规则,对数据进行校验,生成存在异常的工号数据。确定系统接入数据范围、使用人范围、使用人侧重点。

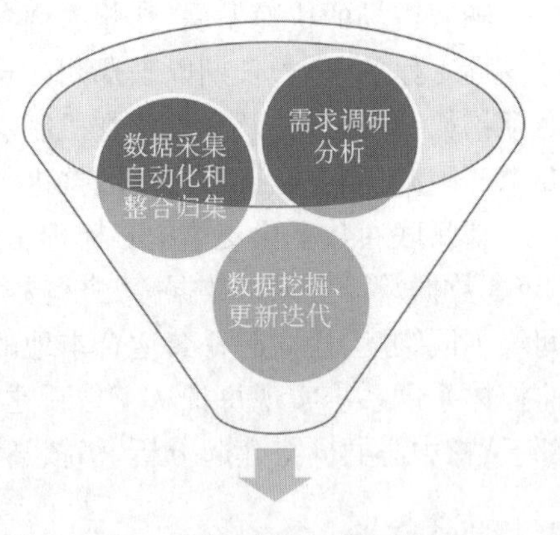

图 1　郑州联通工号管控系统

3.2　数据采集自动化和整合归集

以往业务支撑系统工号信息来源较多,有手工记录备案信息、CBSS 后台提取、省分下发等,然后人工进行表格提取,并进行数据筛选,存在数据之间关联性弱且数据不全面问题。同时由于人工记录数据的部分信息丢失及不规范,在与数据库提取的数据进行关联时,难以整合归一,对于工号信息数据形成统一格式和方便取用数据库是很大障碍。

为解决以上问题,郑州联通数字化支撑中心联合云网运营中心,将多个 oracle 数据库进行连接,对需要采用的有效数据进行全自动定时采集。为了能更好完成数据格式统一,将权限名称、记录原因等灵活性词汇进行统计和整理,进行格式化处理,最终用户只需要选择即可,不需手动填写。将与工号相关联的信息全部由系统自动获取数据,降低手工操作工作量,减少异差率。最终录入平台数据库。

3.3　数据挖掘、更新迭代

当完成上述自动化程序的处理步骤后,工号实名制及权限和使用操作信息在数据库中形成了海量的、网状型的数据库表,通过数据库语言进行数据的关联、分析、重组和提取,形成能预警问题的、成熟的数据分析结果,从而在此基础上进行报表生成、异常预警甚至跨部门的应用支撑。

此外,鉴于程序的效率和底层数据均可能存在变化,开发者对于自动化程序将持续进行优化,同时进行程序的更新迭代,保证数据平台处于可靠和高效的运行状态。

4 项目实施及实现

本章节针对上述工号权限管控存在的问题,从郑州联通工号管理工作自身出发,借助 php-fpm 和 yajra/laravel-oci8 等对数据规范管理和数据采集归类等模块进行研究,应用到工号各类数据的归集过程,下面方案是郑州联通数字化支撑中心在支撑业务系统工号管理实际工作中创造性的提出,可为更多种类工号管理提供参考(见图 2)。

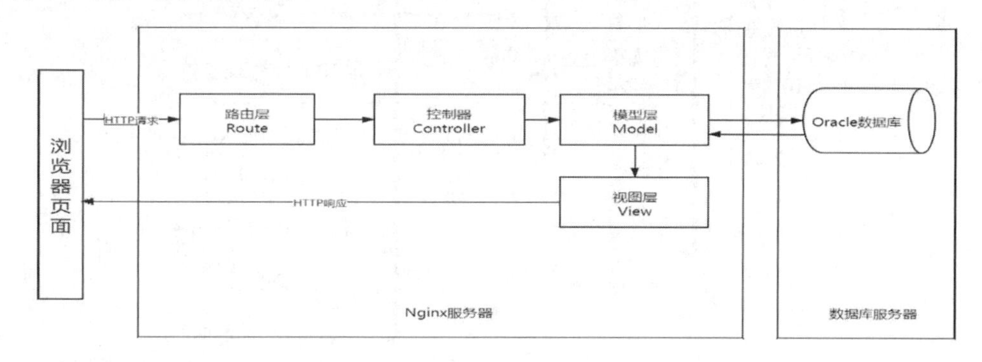

图 2

4.1 需求调研分析

首先明确工号管理现状及要达到的目标,见表 1。

表 1

分类	工号管理现状	需要达到目的
数据层	1. 现行数据来源广,数据交叉重复,利用率不高。 2. 数据格式不统一,不规范。 3. 数据依靠人工跑代码提取,再人工 Excel 整合稽核。异常信息反馈时滞较长	1. 数据实现定时自动提取。 2. 将数据进行规范化处理后,可与其他数据关联分析。 3. 系统能够根据预先定义的规则进行自动化稽核与监控。 4. 稽核过程需要对海量业务支撑系统工号操作信息数据进行处理,处理能力必须高效,能够满足各类业务时限要求
系统设计	1. 现有用户中心,无操作痕迹,且用户中心与 CBSS 数据同步较慢; 2. 用户中心工号数据只能通过沃工单向省分申请,不利于本地进行日监控	1. 首先确定数据安全性,做好备份工作,不能丢失。 2. 针对工号权限业务灵活多变的特点,系统设计必须通用性强,具备高度扩展性
用户权限	目前 CBSS 系统因管理员等级不同,权限不同。一些违规工号被查封后,部门管理员只能看到工号状态为停用,但不知原因。只能求助数字化支撑中心	1. 适用范围包含数字化支撑中心、稽核中心、市场部、各前端部门工号管理员。 2. 稽核中心侧重点是稽核模块;市场部侧重点是监控模块和备案模块。数字化支撑中心是系统的主要使用和操作部门,负责数据的维护和更新
工号管理方式	1. 异常工号信息获取比较被动,依靠省分监控系统下发通报或者用户产生投诉。 2. 市场部和稽核中心会定期检查数字化支撑中心台账记录,因操作人员不仅 1 人,台账规整也浪费大量人力与时间	1. 工作要变被动为主动,系统要在指定规则和程序下自动进行数据采集和分析,将异常数据进行预警;同时对重点业务进行监控,设置阈值,设计预警提示。数字化支撑中心根据异常数据查明原因,转交市场部和稽核中心,提前对工号进行干预。 2. 台账自动生成,需要检查台账可赋权自行登录查看

之后,再结合业务场景进行设计系统具体功能需求分析,并对准备接入平台的安全管理对象进行详细模块设计。具体如图 3 所示。

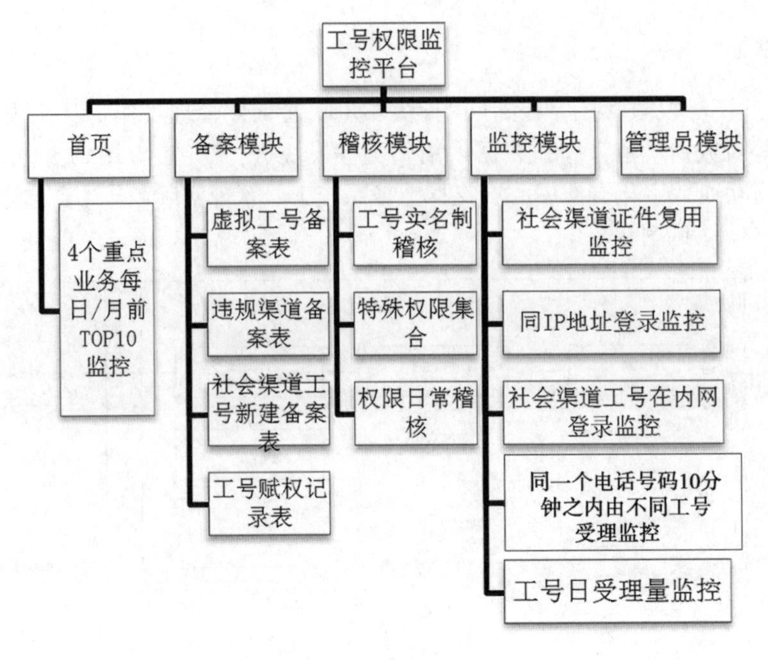

图 3

4.2　工号数据采集自动化和整合归集

4.2.1　工号数据采集自动化

4.2.1.1　开发数据库程序

基于数据挖潜和分析的需求,Oracle 数据库部分的库表,分为临时库表和正式库表。从数据的关联性上考虑,临时库表的结构相对松散,一般会根据建表人的逻辑维度进行设定;而正式库表属于综合程度较高,即包含内容和逻辑关系内容都相对完善的库表。因此,编写统一格式的 sql 脚本,通过计划任务定时程序执行 bat 批处理脚本,再由 bat 脚本调用 sqlplus 执行 oracle 脚本,完成数据采集自动化,同时开发数据库程序对正式库表进行插入、更新。

4.2.1.2　设置相关的定时任务进行数据库程序的自动化执行

为了满足自动化数据采集和平衡数据库程序的运行负荷,在数据库中设置了相应的定时任务来执行上述各类数据库插入、更新程序。实时取得最新的数据,满足了数据的时效性。部分只能依靠省分提供的数据按照延迟两天进行同步采集。同时,每日在合理的时间执行快照任务,将前一日的数据进行快照保存,留存成为每日的历史数据,满足了数据的回溯和资源的历史分析,乃至支撑一些数据走势的预分析的需求,为数据价值挖潜提供了良好的基础。

4.2.2　采集数据的整合

由于现状工号数据来源种类较多,有人工录入,省分下发及数据库本地提取等,库表字段含义不同。因此,将所有的数据按照工号为唯一标识,进行统一规范整合。将工号数据重新分为记录数据、稽核数据及监控数据,其中记录数据为基础,稽核数据及监控数据均可归集到某个工号下的记录数据通过特定规则反馈表达。

为方便数据统一规范化,根据提取口径对数据进行初步的筛选、加工。有关联性的字段完整保留,以备后续使用。具有离散性质的分类字段根据字典表进行翻译,便于理解。将角色名称与操作系统可执行菜单建立对应表,将工号所做业务与所拥有的的角色进行比对,重点关注(过户、移机、拆机、固网解约、移网解约)几项业务。将有工单操作却没有相对应角色权限的工号预警出来,稽核人员进行核查。

同时利用现有人员对于自己熟悉的工号数据归类及逻辑关系的整理,找出一些工号建立及赋权之间的差别;之后,与负责开发自动数据整理的同事进行结合,疏通数据采集之后的整理流程,不断调试完善程序,直至完成所有工号数据的整合和规范,最终录入平台数据库。

目前,平台已形成了不同性质工号的统一的记录、稽核和监控数据库,并且内部设置唯一标识编码进行关联,方便使用数据的关联性进行分析和使用。

为使系统数据可以最大程度共享,实现价值,针对不同职能部门,设计详细的赋权计划。包含系统日志、用户管理及系统设置功能。角色可由超级管理员进行创建,不同角色可以赋不同的权限(见图4)。

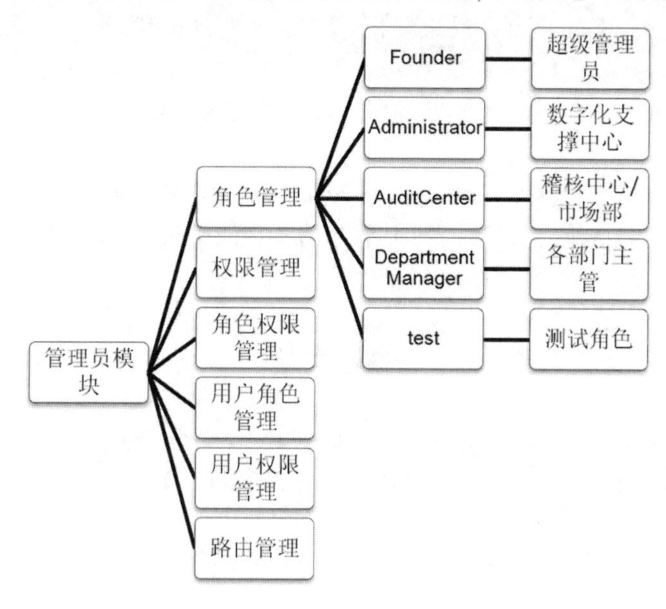

图4

4.3 数据挖潜、更新迭代可实现

(1)本项目目前已将数据挖掘的潜在价值应用于数字化支撑中心工号管理工作中,提供各类支撑系统工号权限及操作信息情况的通报,具体项目如郑州联通三方数据自动化稽核系统研发项目等方面。

(2)由于郑州联通工号管理数据随着渠道的扩张,也在不断的增加,因此监控与稽核角度和涉及的数据等都会存在变化,因此本项目的自动化程序也需要不断更新迭代。开发人员在开发各环节程序之初就对该方面有所考虑,将程序划分形成功能分布的模块,通过更新不同功能的模块可以较快和轻松地实现本平台程序的更新迭代。在实践中也已经得到验证,已针对稽核角度的变化进行了数次成功的版本更新。

5 项目效果及存在问题

5.1 项目效果

本次项目建设旨在实现以下几方面的建设目标:

(1)工作效益:采用新方法后,管理人员只需登录到新系统,不再手工记录和筛选报表,即可对工号权限受理量等进行统计,其中,备案模块增加历史操作记录,方便工作人员查看。将手工报表系统化,降低手工记录风险。稽核和监控模块可按部门统计工号权限信息,系统实现异常数据自动预警功能,减少人工核查和统计工作量,提升了工作效率。同时,监控模块和备案模块的数据可对前端各部门放开查询权限,进一步实现数据的有效共享,加强了工号权限进一步精细化管控。

(2)经济效益:采用新方法后,可多维度监控工号权限管控中存在的风险点,实现自动预警功能,可及时处理违规工号,及时降低公司利益的流失。同时,推动部门决策机制从“业务驱动”向“数据预测”

转变,管理机制从“死看死守”向“预知预警”转变,作战机制从“经验主义”向“科学决策、智能调度”转变,把大数据转化为战斗力优势,为实现部门数字化转型做贡献。

5.2　存在问题

目前系统仅支持支撑系统的工号风险管控,且数据的分析和利用价值还有待推广与 B 域数据共同分析才能发挥更大的效能,仍有发掘空间。因此跨专业和跨域协同整合数据,是今后努力实现的方向。

6　总结

在联通这样多种制式渠道架构下,多种类型工号并存的情况下,工号操作及赋权数据挖掘和利用价值的研究和应用无疑是一项巨大而复杂的工程,不仅要完善管理机制、各项流程,还要做跨专业、跨部门的资源整合。

数据间融合应用的研究和应用还需不断地深入探索和完善。就工号管控数据方面,还需要完善的内容如下:

(1)关注和考虑现有渠道和管理方式的变化趋势带来数据归集方面的挑战。

(2)自动化程序的更新迭代,完善数据归集平台的各功能模块,在实践中完成数字化转型的目标,最大化提升生产效率。

参考文献

[1] 吴卫航. 福州联通加速能力锻造 在数字化转型中大有可为[N]. 福州日报,2020.

[2] 数字化转型助力行业高质量发展[J]. 中国石油和化工经济分析,2019,11.

[3] 赵懿宁. 5G 助力未来传统企业数字化转型[J]. 中国电信业,2020,1

[4] 李治国,杨斌青. 山西联通深度推进全面数字化转型[N]. 人民邮电,2020.

区块链+共建共享助力网络高质量运营

李　琛　郝建民

摘　要:网络共建共享是当前运营商降低5G建设成本、做厚做大4G网络的重要手段,当前电联4G/5G网络共建共享进行的如火如荼,成效斐然的同时也给网络运营带来新的挑战,基于区块链技术的去中心化、透明公开、数据不可篡改等显著优点建立的网络化信用框架,高度契合运营商共建共享的先天优势,通过区块链技术,能有效解决共享合作方之间的信任问题,可实现共享网络全生命周期管理和共享网络服务质量的有效监督反馈,同时基于公开公平可信的数据记录,利用智能合约,可实现在多种业务生态下高效智能公平结算,实现了共享网络的高质量、高效率运营。

关键词:区块链;共建共享;赋能

1　前言

2020年中国迎来5G商用元年,中国5G时代正式开启,当前国内电信运营商都面临着一个共同问题——高运营成本支出。如何减少网络运营成本支出、缓解资金压力,已成为运营商急需面对和解决的问题。

4G网络虽然运营多年,仍存在室内区域深度覆盖不足、农村区域广覆盖不足、整体资源利用率低、热点区域容量不足等网络问题。相关统计数据表明我国尚有接近两亿的2G、3G网络用户,这些用户多数为中老年人,属于对数字化产品接受程度不高的用户群体,并不要求极致的网速,因此5G网络吸引有限,在各运营商逐步完成2G、3G退网后,这部分用户将会直接融入到4G用户群体当中,4G网络仍存在用户红利,值得进行市场重耕。如何提升网络竞争力,打造高质量4G网络引导2G、3G用户成为4G用户,拉动业绩增长,是4G网络运营亟待解决的问题。

5G网络因为频段高、基站贵、功耗高等影响因素,其建设投资远远高于4G网络,初步估算5G网络建设运营成本为4G网络的2~4倍,同时5G在初期推广中还面临见效慢、用户转化率低、高耗能成本等问题,5G网络运营面临着高CAPEX和OPEX压力。

在这种背景下,网络共建共享成为当前运营商降低5G建设成本、做厚做大4G网络的重要手段。网络共建共享可以全面整合各运营商的站址资源、天面空间、动力能源等基础网络资源,有效降低了网络建设和维护成本,避免了站点重复建设和重复投资,实现合作共赢,缓解了资金压力。

当前电联4G/5G网络共建共享进行的如火如荼,成效斐然的同时也给网络运营带来新的挑战,如何赋能网络共建共享,使其如虎添翼,更进一步,是运营商需要面对和解决的问题。

2　网络共建共享带来的运营挑战

网络共建共享虽然在网络建维成本节约上卓有成效,但也给网络运营带来新的挑战,主要有以下几方面:

(1)合作信任的天然缺失。运营商间业务存在相互竞争性且体量基本相当,在共享合作过程中各参与方都存在利己动机,体量以及竞争格局导致在共建共享中信任的天然稀缺,任何一方都难以形成足够的公信力来主持共建共享;短期可以依靠组织推动和合作协议,但长期来看,特别是当资源租赁方处于信息劣势或者合作方之间出现利益分歧时,可靠的技术和流程约束就显得十分重要。

(2)资源租赁方无法对共享网络进行全生命周期管理。共享站的开通入网、网络运维、搬迁复建等完全由承建方主导,受限于当前各运营商网络安全架构限制,承建方无法提供安全可靠平台供资源租赁方全生命周期跟踪管理共享网络,导致资源租赁方对共享网络的信息获取处于劣势。

(3)共享网络服务质量无法形成有效监督和反馈。承建方无法提供安全可行平台供资源租赁方全生命周期跟踪管理共享网络,同样造成资源规划和建设、维护、优化信息获取不平等,资源租赁方无法对共享网络服务质量形成有效监督和反馈。

(4)当前以共享载波的 MOCN 共享模式为主进行网络共建共享,共享网络中传统的运营商之间的结算模式已经不再适用,特别是 uRLLC、mMTC 场景下的 5G 新型业务,亟需高效智能公平结算模式在运营商之间进行共享网络结算。

3　区块链技术赋能网络共建共享探讨

3.1　区块链技术特征

区块链技术是密码学、共识算法、对等网络、智能合约、分布式数据库等技术的集成式创新,它的本质是一个共享数据库,存储于其中的信息或者数据,具有多方共享、可以追溯、不可伪造、公开透明等特征。基于这些特征,区块链技术奠定了坚实的信任基础,构建起了数字化的信任系统,创造了可靠的合作机制。

3.1.1　“区块+链结构”实现数据的不可篡改

不可篡改是基于“区块+链”的独特账本形成的。在区块链技术中,数据以电子记录的形式被储存下来,存放这些电子记录的文件被称为“区块(block)”。区块按时间顺序先后生成,每一个区块记录下它在被创建期间发生的所有交易活动,所有区块汇总起来形成一个记录合集,即区块链。每一个区块的块头都包含了前一个区块的交易信息压缩值(哈希值),这就使得从创世块(第 1 个区块)到当前区块连接在一起形成了一条长链,即链状结构。要修改一个区块中的数据,就需要重新生成它之后的所有区块,这种链状结构使得修改某个区块会导致该区块之后的所有区块值都会发生变化,只有修改了链上后续所有区块的内容才能保证区块链的完整性,这是一个成本极高或者不可能完成的事情,从而使得非法数据篡改被暴露出来,保证了数据的不可篡改性。

区块链不可篡改特性的数据结构基础在于数据结构中包括两种哈希指针。一个是形成“区块+链”的链状数据结构(见图 1),另一个是哈希指针形成的梅克尔树。链状数据结构使得对某一区块内的数据的修改很容易被发现;梅克尔树的结构起类似作用,使得对其中的任何交易数据的修改很容易被发现。

3.1.2　分布式结构实现记账去中心化

区块链建立一套所有成员都可以参与记录信息的分布式记账体系,分布式结构实现记账去中心化,共识机制保证记账一致性,从而将会计责任分散化。在保证去中心化、平等地位的框架下,链上的所有共识节点都遵照相同的共识机制,解决了节点之间的矛盾和分歧(见图 2)。当前主流共识机制有:Pow、Pos 等。每个共识节点都会保存一份内容一致、信息完整的账本,并实时更新。

3.1.3　数据流通具有可溯源性

区块链提供全历史的、不可篡改的分布式数据库,可以应用于数据流通溯源。在数据溯源应用中,将共享网络的数据分块打上数字水印,并将每块数据的标识、描述、水印、权属等信息都写在区块链上,后续数据流转方或使用方将该数据的流转和使用记录也记录在链上。这样就实现每块数据的流转路径被清晰和明确地记录。当用户对数据有疑问时,可以准确方便地回溯历史流转记录,判别其数据来源和真实性。

3.1.4　智能合约

智能合约即为传统合约的数字化版本,数据存储在区块链网络上,由应用程序自动执行,不可否认性和自动化执行是智能合约的主要技术特点,部署在区块上的智能合约,同样具备区块链的数据不可篡改、公开透明等特点。

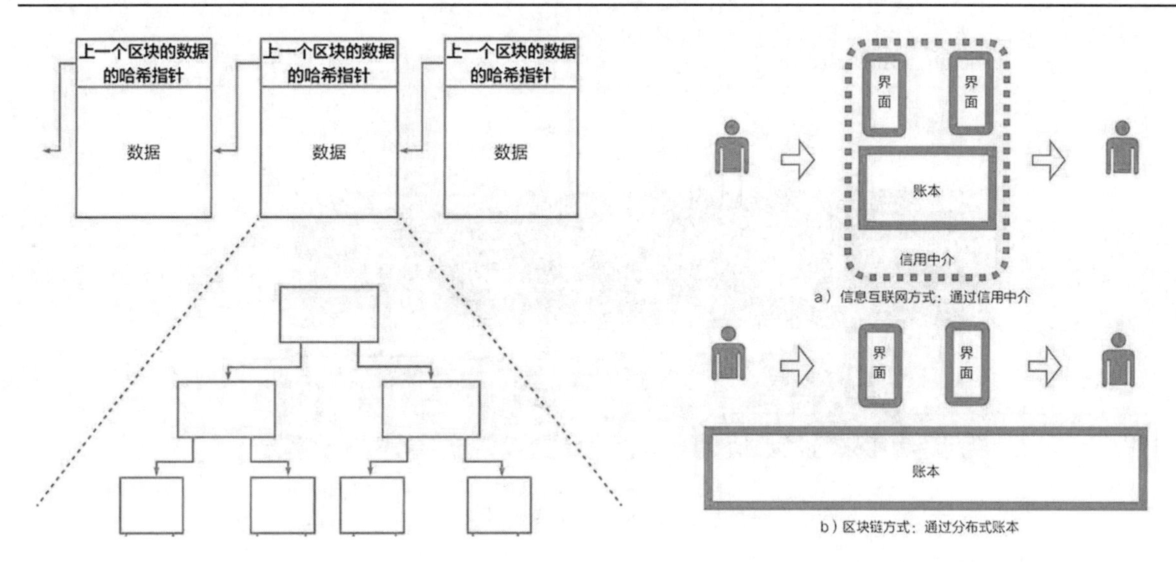

图1 区块链“区块+链”数据存储结构

图2 分布式结构实现记账去中心化

相对于传统的合约，智能合约主要有如下优势：

(1)去信任。由于智能合约是基于区块链技术的，合约内容对合约方来说是公开透明且不可篡改的。合约签订方基于对代码的信任，可以在不信任环境下安心、安全地进行交易。

(2)经济、高效。相对于传统合约，智能合约更加经济高效。传统的合约经常会因为多方对合约条款理解的分歧产生纠纷；智能合约通过计算机语言很好避免了分歧，达成共识的成本很低，几乎不会引起纠纷，且在智能合约上，仲裁结果出来，可立即执行生效，更具高效性。

3.2 区块链技术在共建共享中的赋能应用

区块链的多方共识机制、防篡改以及去中心化等特点，决定了区块链技术在通信网络基础设施的共建共享中可广泛应用，例如，可实现基于区块链技术的频谱资源可信共享、网络设备可信共享、网络运营资源可信共享等。将参与网络共建共享各方的频谱资源、设备状态、网络资源使用等信息存储在区块链节点上，为参与共建共享的各运营商提供中立、可信的记账功能，实现了共享资源可信可靠、公平可见。通过区块链技术对共享网络数据进行存储，能够准确反映共建共享网络建设、运维和业务运行状态、使用情况等可评价数据，建立面向数据、面向网络的公平可信网络体系，赋能运营商的共建共享合作。

3.2.1 解决信任问题，构建良性机制

区块链解决的第一个问题是在业务相互竞争且体量相当的多方之间建立有效信任。通过在共建共享中引入区块链技术，共享过程中产生的数据在数据存储、交易验证、信息传输过程全部是对等的、分布式的、公开透明的，共享的数据被同步运行在所有参与网络的节点中，任何人无法篡改、销毁账本，实现网络资源、运行数据等要素可信。通过区块链的技术优势解决了共建共享过程中的信任问题，构建安全、高效、互惠互利的多方合作及开放共赢良性发展机制。基于BaaS的网络共建共享区块链结构见图3。

3.2.2 共享网络的全生命周期管理

运营商共享网络中存在大量硬件设备，网络的建设、运行、拆迁、复建等都会导致硬件设备出现变更，现有的平台难以形成对电信设备的全生命周期管理。通过基于区块链作为底层数据存储的电信设备管理平台，采用统一数据结构，可实现电信设备如传输线路、业务系统支撑设备、基站及配套等设备的详细信息，保存在区块链的设备链中，为运营商提供设备全生命周期管理服务(见图4)。区块链上的设备信息在电信全网节点中进行共享，便于设备信息的使用及对其进行统计查询等。同时电信设备管理平台可通过接口与运营商的业务系统进行交互，实时设备风险信息和设备故障信息实时同步，提高设备风险及故障处理效率。

3.2.3 共享网络服务质量有效监督

实际共建共享中存在很多运营痛点，例如，如何在长期共享合作中对共享站服务质量进行有效监

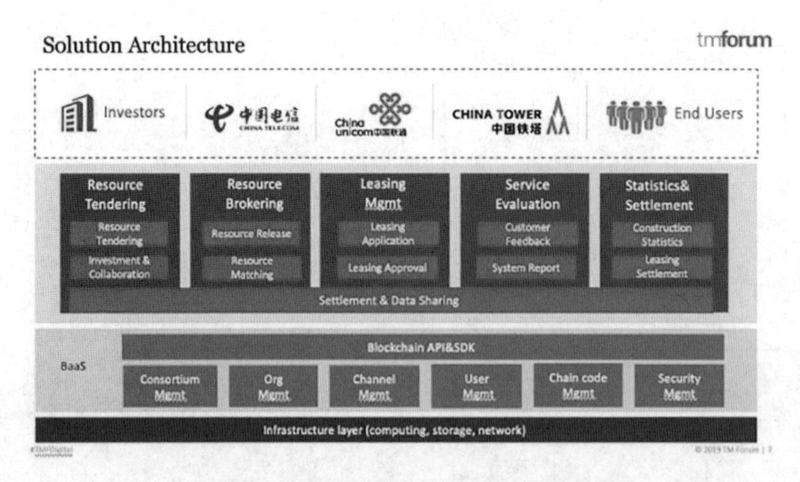

图 3　基于 BaaS 的网络共建共享区块链结构

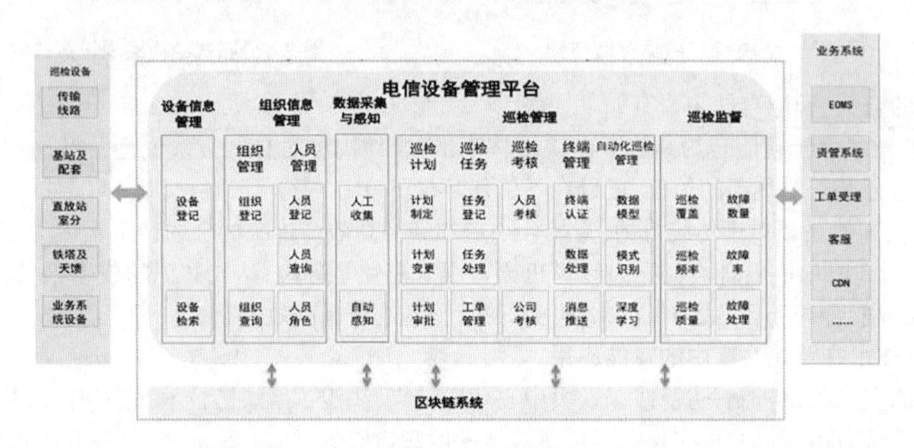

图 4　基于区块链系统的共享网络设备管理平台

督,传统的软件平台可以通过流程设计来提升共享站问题协同处理效率,但是却无法从根本上解决信任问题(见图 5)。通过区块链技术实现了参与方间资源规划和建设、维护、优化信息的共享,并通过区块链保证共享信息的可信,辅助多方协同,提高合作效率,达到资源整合、连接供需、提升效率和优化服务的目标。

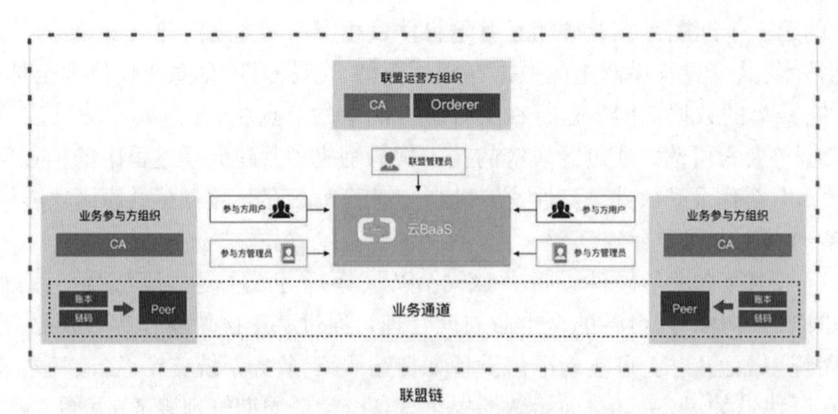

图 5　基于区块链系统的多业务参与方监督架构

共享资源使用过程中,终端用户也可以通过 APP 对网络服务进行投诉建议和网络质量监督,投诉 ID 会在辅以相关网络性能参数后,通过区块链展示在资源详情中;承租方在网络资源使用中产生的资源告警和待优化需求也可以通过区块链知会到出租方,通过区块链建立对服务提供方的监督机制,提升网络服务质量和终端客户感知,保障投资人、承租方的利益,维护共建共享机制的健康运转。

3.2.4 基于智能合约的新型共建共享结算

随着新型业务的蓬勃发展，传统的共享结算模式已逐渐不再适用，网络共享方之间需要探索新型的共享结算模式来保障自己的利益。区块链可以按资源类型、资源状态、相关方等维度对共享资源进行展示和统计，进行统一的财务记账和共享结算，在技术层面上消除传统多方合作结算时的多次对账和不一致。同时基于公开公平可信的数据记录，可以构建新型的共享结算模型，利用智能合约，实现高效智能公平结算（见图6）。

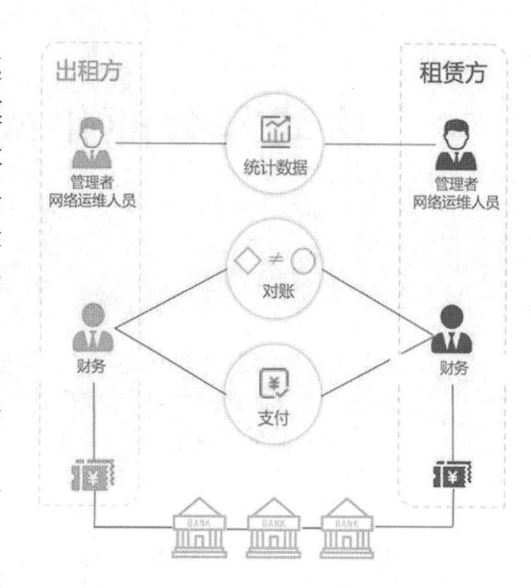

图6 基于区块链系统的共享网络结算平台

在区块链上共享网络的运维数据、用户资源使用数据公开公平可信的基础上，可实现以下新型共结算规则：

（1）基于资源使用的结算模型：通过出租房和租赁方对网络资源的实际使用情况进行运营商之间的结算。

（2）基于业务和资源使用的结算模型：不同业务种类结合出租房和租赁方对网络资源的实际使用情况进行结算，适用于5G网络的多样化业务类型。

（3）基于业务、资源使用、服务评价的结算模型：在结算模型中引入服务评价纬度，将故障处理、用户投诉等服务评价体系纳入结算因子，实现公平结算。

4 总结

区块链具备不可篡改、可追溯性等特点，可用来构建长期的信用体系、提升协同工作效能。基于区块链技术的去中心化、透明公开、数据不可篡改等显著优点建立的网络化信用框架，高度契合运营商共建共享的先天优势，能有效解决共享合作方之间的信任问题，实现共享网络全生命周期管理和共享网络服务质量的有效监督反馈，同时基于公开公平可信的数据记录，利用智能合约，可实现在多种业务生态下高效智能公平结算，实现了共享网络的高质量、高效率运营。

参考文献

[1] 贾雪琴，王有祥. 区块链赋能5G共建共享技术研究[J]. 邮电设计技术，2020.
[2] 赵刚，张健. 数字化信任 区块链的本质和应用[M]. 北京：电子工业出版社，2020.
[3] 赵刚. 区块链：价值互联网的基石[M]. 北京：电子工业出版社，2016.

移动网智能化网络投诉处理系统研究

李　琛　郝建民

摘　要:随着 5G 网络规模化商用、电联基站共建共享开展、物联网新业务上市等,移动互联网复杂度不断提升,但用户投诉分析解决效率提升不足,用户满意度存在下降风险。为此省内引入数字化、智能化的"移动网智能化网络投诉处理系统",通过智能 AI 识别,解决了用户投诉位置精细化问题;通过基于故障树的智能化投诉分析,解决了用户投诉分析手段落后的问题;通过 AI 共性投诉主动预警,解决了投诉主动压降难的问题;并通过现网应用,显著提升了网运部对网络类投诉处理的效率、准确率,产生了 1.1 亿元的经济价值,同时对推动行业发展、河南智慧城市建设做出贡献。

关键词:投诉;AI;位置识别;智能化;大数据;故障树;主动预警

1　前言

随着移动网业务量的不断发展,移动网用户投诉处理工作量持续增大,及时解决用户投诉,是提升用户满意度的重要途经,对提升运营商口碑意义重大。

移动网投诉包括收费争议、用户服务、网络质量三大类,其中网络质量类投诉占比接近 30%,如何快速有效的解决网络类用户投诉,成为运营商亟待解决的迫切问题。

当前网络类投诉工单处理,主要依赖人工分析,分析效率、处理解决率均较低。随着 AI、大数据等技术的不断发展及集团云改数转工作推进,未来网络类投诉工单处理将向自动化、智能化方向演进。

本文通过将大数据、AI、智能计算等新技术,投入到网络类投诉工单运营处理,解决了困扰当前投诉解决的问题,用户投诉分析解决能力及效率显著提升,促进了运营商 NPS 的提升。

2　移动网投诉现状概述

省内普通投诉、工信申诉数量在北方十省排名靠前,投诉处理工作量较大,且投诉率、投诉解决率仍有提升优化空间;10000 号受理主要投诉问题为:网速慢、无信号、信号弱、无法通话、听不清等。

2.1　手机上网类业务投诉多

随着移动互联网业务的爆发式增长,手机上网类业务成为移动网业务的主要业务类型,对应的用户投诉数量也最多,超过半数的网络类投诉为手机上网类投诉(见图 1)。

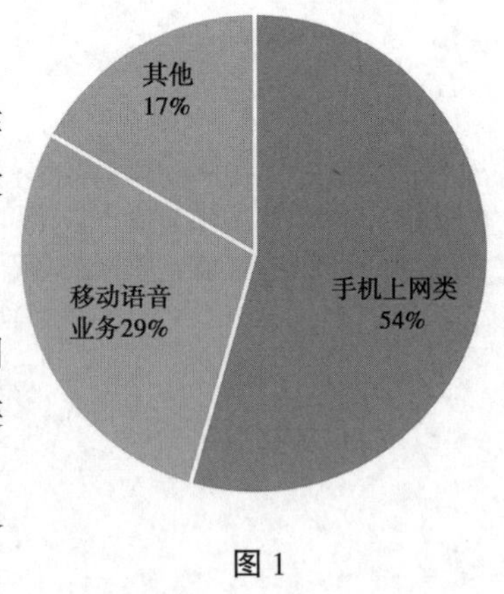

图 1

上网类投诉中,主要投诉现象为上网慢,占比达 64%,且投诉业务类型多种多样,包括网页浏览、视频播放、短视频、游戏、微信等。

2.2　VoLTE 语音投诉上涨

随着 VoLTE 用户转化及 5G 套餐的推广,全省 VoLTE 用户开户率、活跃率均创新高,语音业务中 VoLTE 话务量占比已接近 70%,语音类投诉中 VoLTE 投诉占比持续上升。

2.3　投诉工单分析定位耗时长

以省内某地市为例,日均受理移动网投诉 96 单,其中网络类投诉 20 单,网络类普通投诉工单平均结单时长 46 h,其中工单转派网运部至网运部回复投诉分析结果耗时 22 h,网络类投诉分析耗时较长,成为制约投诉响应、解决效率的一大难点(见图 2)。

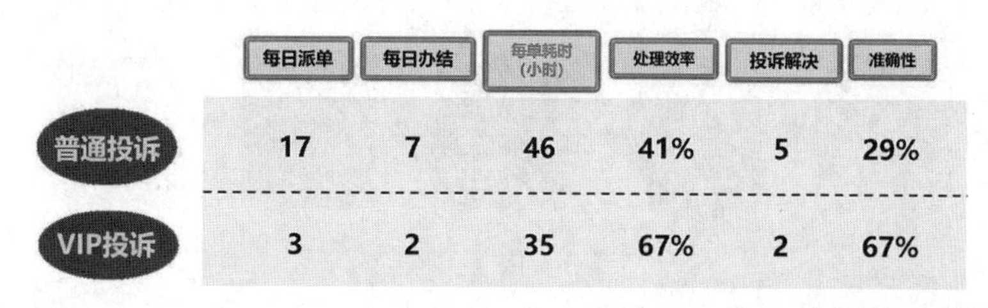

	每日派单	每日办结	每单耗时(小时)	处理效率	投诉解决	准确性
普通投诉	17	7	46	41%	5	29%
VIP投诉	3	2	35	67%	2	67%

图2

2.4 投诉解决率仍需提升

当前投诉工单结单率达九成以上，但投诉回访满意度低，投诉实际解决率仍较低，需从分析定位准确度、优化解决措施完成率两方面开展针对性提升。

3 智能化投诉处理分析

3.1 研究内容

3.1.1 投诉准位置智能 AI 识别

建立 AI 数据入库、识别、输出流程，建立 AI 位置识别模块，并集合地图库经纬度数据，将客服部门收集的用户投诉模糊位置，创新性的处理为带经纬度的精确位置，并自动关联最近基站、投诉网格，实现用户满意度网格化评价管理。

3.1.2 投诉问题分析自动化

投诉分析智能化功能，是依托平台多维度数据源、海量存储、大数据计算、专家级故障树等能力，一键式定位网络类投诉问题，并自动给出问题的解决建议。

解决了目前省内在用户投诉处理流程中的问题定界效率低、投诉问题难复现、现场测试成本高及优化闭环支撑弱的问题。

智能化投诉分析具有以下 5 大创新功能：

- 专家级投诉处理经验库。
- 一键式投诉根因定位。
- 用户体验指标智能显示。
- 无线侧原因关联定位。
- 本地经验库导入。

最终实现智能分析及关联无线，一键式投诉根因定位，输出专家级分析定位定界结果。

3.1.3 共性投诉 AI 分析主动预警

通过历史投诉工单管理，网格内投诉分析，共性投诉 AI 分析主动预警；并主动识别潜在质差用户，供客服部门开展主动关怀，预防群障投诉发生，降低投诉率，提升满意度。

当前投诉压降主要以被动解决投诉工单为主，通过创新性的共性投诉主动预警、潜在质差用户识别，填补了省内投诉主动压降能力的空白。

方法思路：将投诉用户情绪化投诉反馈，结合网络侧海量客观指标波动，通过 AI 建模，匹配用户主观化不满意，融合用户历史投诉数据，开展机器学习，形成一套预警能力。

3.2 验证步骤

3.2.1 投诉位置经纬度化、栅格化

通过投诉工单自动入库，精准定位提取文本中的多个地址信息文本段，对每个地址文本按省、市、区/县、街道/镇/乡、详细地址等的格式进行标准化输出。

省内实现步骤见图 3。

编写调用代码，将解析后的投诉工单中用户号码、查询开始时间、查询结束时间、投诉场景，发给开放式 AI 处理模块，获得该投诉工单号的投诉位置信息，每 5 min 调用一次接口，调用接口返回的结果数

图 3

据部分字段直接入到 PT 库投诉位置对应经纬度表,见表 1。

3.2.2　投诉问题原因随工单一键式定位

通过对接平台智能判障模块,实现入库网络类投诉工单的智能分析,关联多数据源集成,多层故障树深度钻取分析,一键式定位,5 min 直达问题根因。

表 1

序号	字段类型	字段名称 ZH	字段名称 EN	字段类型	字段填写规则
1	主键 ID	Id	id	Int	1
2	时间	时间	Batchno	VARCHAR	20201010102549
3	工单基础字段	投诉工单号	TTID	VARCHAR	20190104050341000000
4	工单基础字段	用户标识	msisdn	VARCHAR	1890383 * * * *
5	接口返回入库字段	投诉位置	loc	VARCHAR	商丘市梁园区清凉寺大道北头路东豫发工业园区楼栋
6	接口返回入库字段	经度	lng	VARCHAR	115.593365
7	接口返回入库字段	纬度	lat	VARCHAR	34.438693

省内实现步骤如图 4 所示。

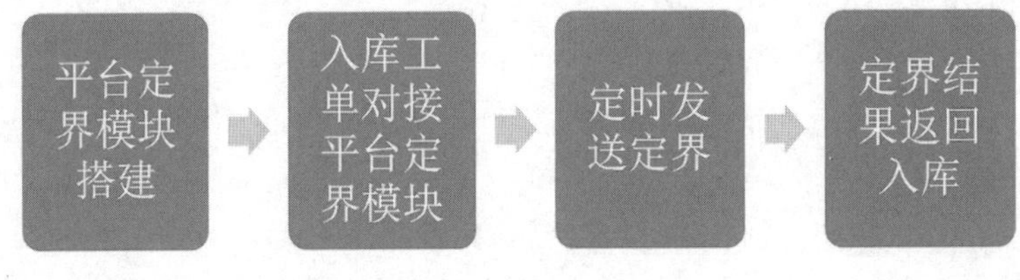

图 4

步骤 1:平台定界模块搭建。

安装平台定界 APP(投诉处理平台. SOC,投诉处理平台. CC_COMMON,投诉处理平台. CCA_DATA 和投诉处理平台. 故障分析 APP);部署 SOC 进程;界面调试,安装调试批定界故障树:上传故障树工程包→场景映射。

步骤 2:投诉工单对接定界模块。

华为故障分析模块通过投诉处理平台与客户工单处理系统建立接口,自动化获取投诉工单,处理完毕后再将处理结论及相关信息反馈给工单系统,完成投诉单的信息更新,驱动工单进入下一环节。

步骤 3:定时发送定界。

集成将解析到用户号码、查询开始时间、查询结束时间、投诉场景发给定制 APP,每 5 min 调用一次接口 create 故障分析 TaskAndActive. action,支持分权分域。

校验不通过时返回失败,校验通过时自动调用接口 2 获取故障分析定界结果接口。返回字段不做入库。

步骤 4:定界结果返回入库。

定制 APP 定时任务调用,获得该投诉工单号的投诉信息,最终呈现在定界分析结果页面。

3.2.3　共性投诉主动预警

通过对 2020 年 10 月至 2021 年 3 月，5 个月内投诉工单的聚类分析、栅格化分析，发现区域内的投诉特征，共性投诉主动预警。

投诉聚类分析见图 5。

图 5

投诉特征归类：

信令面特征包含接入和承载建立、掉话、切换等流程，见图 6。

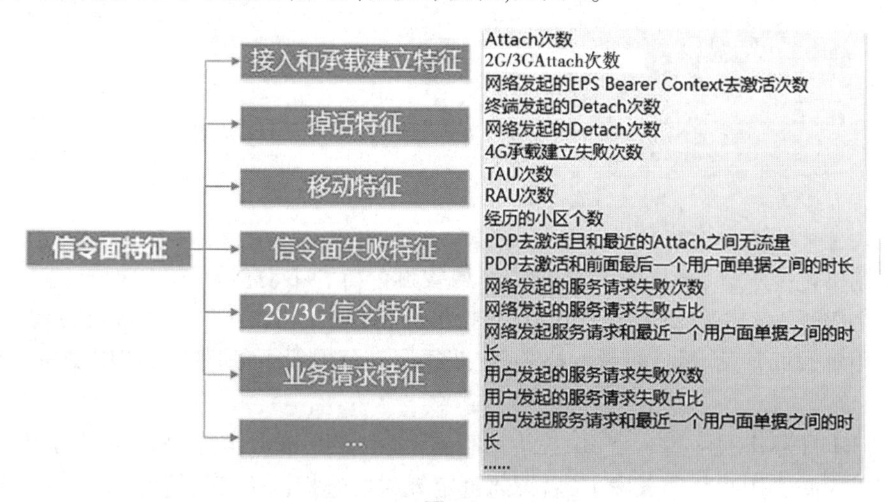

图 6

用户面特征包含不同网络制式下的业务时长和占比，业务质量指标、管道指标等，见图 7。

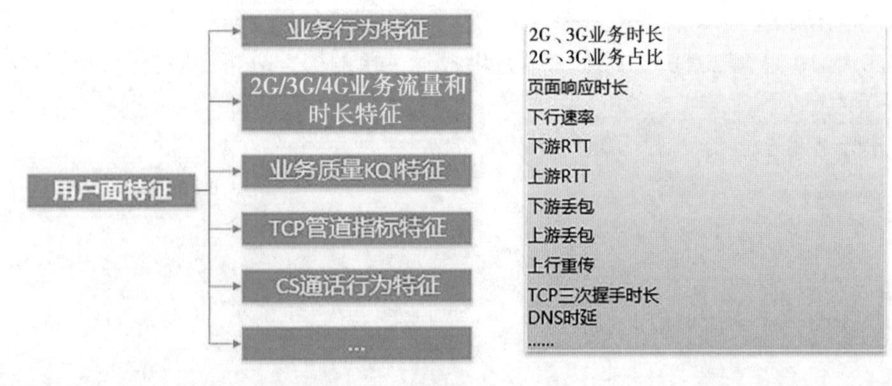

图 7

输出质差用户,见图 8。

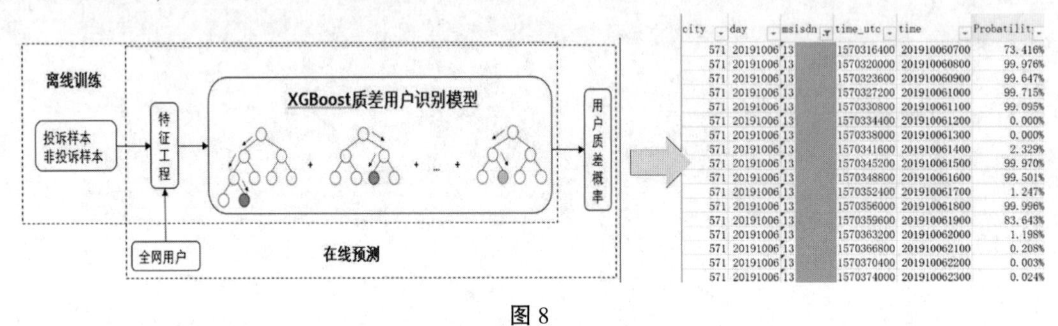

city	day	msisdn	time_utc	time	Probatilit
571	20191006	13	1570316400	201910060700	73.416%
571	20191006	13	1570320000	201910060800	99.976%
571	20191006	13	1570323600	201910060900	99.647%
571	20191006	13	1570327200	201910061000	99.715%
571	20191006	13	1570330800	201910061100	99.095%
571	20191006	13	1570334400	201910061200	0.000%
571	20191006	13	1570338000	201910061300	0.000%
571	20191006	13	1570341600	201910061400	2.329%
571	20191006	13	1570345200	201910061500	99.970%
571	20191006	13	1570348800	201910061600	99.501%
571	20191006	13	1570352400	201910061700	1.247%
571	20191006	13	1570356000	201910061800	99.996%
571	20191006	13	1570359600	201910061900	83.643%
571	20191006	13	1570363200	201910062000	1.198%
571	20191006	13	1570366800	201910062100	0.208%
571	20191006	13	1570370400	201910062200	0.003%
571	20191006	13	1570374000	201910062300	0.024%

图 8

3.3　研究效果

3.3.1　位置栅格化

前台界面显示,如图 9 所示。

HUAWEI SmartCare®　主界面

电信河南公司接入和无线维优中心投诉工单管理系统

工单号: 请输入工单号　投诉号码: 请输入投诉号　投诉时间: 2021-06-10 17:14 ~ 2021-06-11 17:14　查询

全选　☑异常事件分析1　☐异常事件分析2　☐异常事件分析3　☐异常事件分析4　☐异常事件分析5　☐异常事件分析6

投诉工单信息

	投诉工单号	投诉号码	投诉受理时间	投诉号码归属地市	投诉号码所在地市	投诉问题分类	投诉位置	经度	纬度	投诉
跳转	20210611144036417918	13353...55	2021-06-11 14:40:36		平顶山		炫彩互动网络科技公司	118.741224	31.996277	用户来电要
跳转	20210611142344180990	18003...2	2021-06-11 14:23:44		省中心	所有数据业务	江苏省南通	120.8946705	31.98143383	用户来电称
跳转	20210611144812442932	63763...0	2021-06-11 14:48:12		信阳		固始县慧慧手机专营店			客户来电反
跳转	20210611141906526922	19139...6	2021-06-11 14:19:06		商丘		梁园新建路林红春新专营店			用户有越级
跳转	20210611142514300930	19939...8	2021-06-11 14:25:14		平顶山		平顶山市联盟路梅园大厦金...	113.299238	33.74211	工单流水号
跳转	20210611143056459946	63702...9	2021-06-11 14:30:56		商丘		商丘市永城市龙岗乡	116.046844	33.970226	客户来电反
跳转	20210611140237247998	18135...9	2021-06-11 14:02:37		省中心		周口市沈丘县县府街自营厅	115.092200	33.392235	客户来电表
跳转	20210611140324648904	13333...7	2021-06-11 14:03:24		南阳	语音	河南省南阳市宛城区长江路...	112.579100	32.975427	已有工单20
跳转	20210611140526013963	18037...8	2021-06-11 14:05:26		郑州	所有数据业务	郑州市惠济区王寨小区	113.629096	34.81152	用户来电反
跳转	20210611150158658906	18039...9	2021-06-11 15:01:58		郑州		no information	0.00	0.00	1803955819
跳转	20210611153819232907	17344...6	2021-06-11 15:38:19		驻马店		no information	0.00	0.00	用户已开通
跳转	20210611152104073964	19903...7	2021-06-11 15:21:04		漯河	所有数据业务	no information	0.00	0.00	用户来单反
跳转	20210611155228110966	13938...1	2021-06-11 15:52:28		郑州		no information	0.00	0.00	用户来电反

图 9

可一键跳转至智能定界模块,见图 10。

投诉数据栅格化展示分析(见图 11),助力区域投诉分析和主动预警。

2020 年 6 月开始,应用于郑州分公司的日常投诉分析,累计完成 4.6 万条投诉位置经纬度化处理,同时将数据应用于最近基站、最近投诉网格关联,获得了较好的投诉处理一线使用反馈(见图 12)。

3.3.2　问题一键式定位

对 2020 年 11 月郑州大网 749 个 4G 投诉进行自动化分析,成功定界 582 个,可定界率 78%。定界失败原因为定界时间段用户无业务发生,后续通过定界时段选择调优、PS 信令,辅助提升平台定界结果后,可定界率提升为 90.98%。

结合无线数控的投诉定位准确率高达 76%(见图 13);不准确的原因主要为客户原因,如高频呼叫

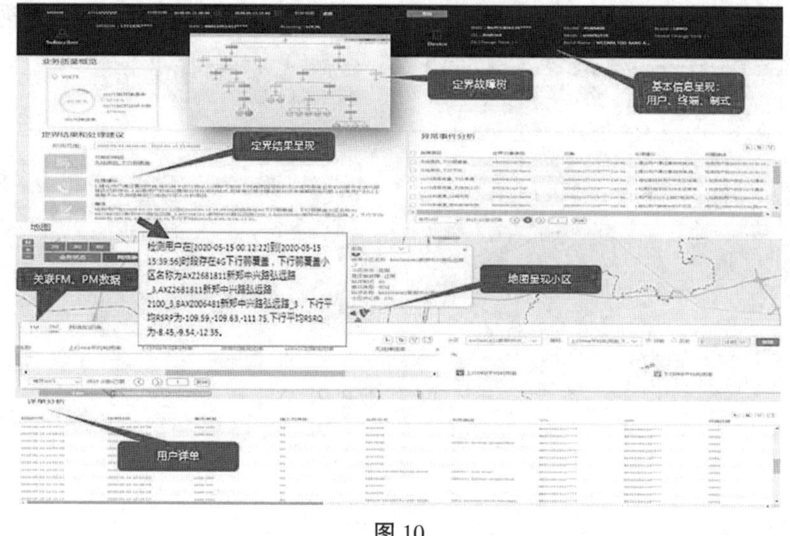

图 10

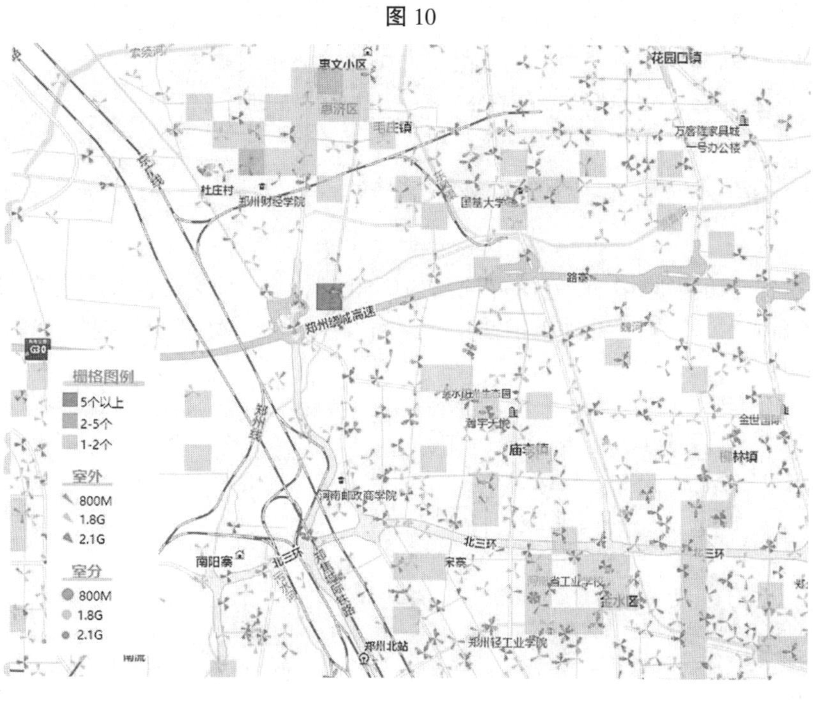

图 11

限呼场景、端局数据问题，如欠费和 SIM 卡异常等场景的定界结果准确率较低，后面需要针对此类场景做深入分析和故障树逻辑的补充。

3.3.3　主动预警

分析 5 月投诉工单，按投诉特征归类，预测 6 月投诉 TOP 基站，然后与 6 月的投诉工单站进行匹配。

郑州投诉预测结果验证：在投诉预测结果中，选取投诉发生概率较高的 TOP10 站点，与 6 月实际投诉原因进行对比，对比结果准确率为 70%；选取 TOP20 站点，与 6 月实际投诉原因进行对比，对比结果准确率为 75%，整体准确率较高，地市可以优先处理投诉概率较高的站点。郑州站点 183848：ACQ3925601 东区郑州恒美商务南，投诉预测结果为故障问题。观察指标该站点小区可用率为 75.08%，存在异常，建议地市排查站点是否存在故障告警，见表 2。

诉内容详情	最近网格ID	最近基站名称	
表示手机网速慢...	xc-yz-4633	KYZ0760626陶瓷学院南-...	用
2021061514340...	pd-ls-7080	8DLS164486鲁山尧山-19...	Vo
山新医院，，具...	pd-ls-7925	DLS0386302鲁山汽车站-...	
反应自己在许昌...	xc-wd-1250	KCQ0040206兴业路南-鑫...	Vo
称手机无法上网...			
称手机无法正常...			Vo
称手机上网网速...	xx-yj-5280	GYJ0353325延津东环印...	

图12

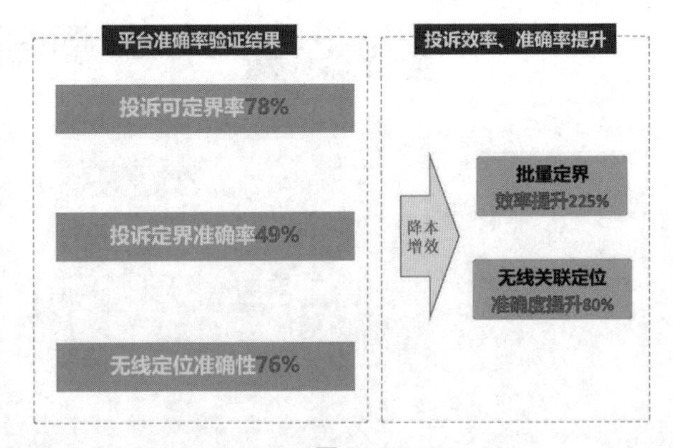

图13

表2

ENBID	5月投诉原因	基站名称	MR覆盖率（%）	1.11上行PRB平均占用率(%)	4.27 LTE重定向到3G的尝试次数(次)	1.12下行PRB平均占用率(%)	5.3 PDCP层下行用户面流量字节数(M Byte)	3.6 E-RAB掉线率(%)	1.17最大RRC连接用户数(个)	4.11系统内切换成功率(%)	7.3小区可用率(%)	2.7 RRC连接建立成功率(%)	CQI≥7占比	Label	预测投诉原因	投诉发生的概率	与实际投诉原因是否一致	投诉工单号	工单内容
181252	弱覆盖	ACQ44638	0.951986	15.76	529	29.83	825893.6	0.01	139	99.45	100	99.97	0.928262	3	弱覆盖	0.8333	是	202005081	用户表示在
184083	故障问题	ACQ33585	0.954621	3.93	19121	9.18	173004	6.42	49	97.28	97.4	99.94	0.963324	4	故障问题	0.8241	是	202005111	再次来电
184704	容量问题	ACQ23753	0.975259	4.32	6550	10.1	396082.5	6.1	57	99.03	99.71	99.97	0.988693	4	故障问题	0.7965	否	202005082	郑州市金水
1020157	故障问题	ACQ85041	0.999851	0.86	0	2.2	59873.68	0	113	99.95	100	99.95	0.990815	3	弱覆盖	0.7961	否	202005061	用户来电反
1022389	弱覆盖	ACQ21298	0.949475	11.42	950	49.91	1054456	0.05	209	99.72	99.99	99.98	0.745547	3	弱覆盖	0.7876	是	202005061	用户来电反
184481	故障问题	ACQ75981	0.98515	2.04	1415	5.73	205594.9	0.01	74	99.6	75.08	99.97	0.986433	4	故障问题	0.7838	是	202005041	用户来电称
181531	弱覆盖	ACQ04971	0.951214	5.05	381	11.09	289587.8	0.01	54	99.72	66.01	99.99	0.985702	4	弱覆盖	0.7759	是	202005082	用户来电称
183848	故障问题	ACQ39256	0.941562	7.45	2214	10.39	101863.5	0.01	37	99.58	55.86	99.96	0.993342	4	故障问题	0.7679	是	202005091	用户来电反
183433	弱覆盖	AZM27975	0.94654	4.48	2465	12.76	204284.6	0.37	75	99.47	99.95	99.95	0.971682	4	故障问题	0.757	否	202005040	需提供受理
180914	弱覆盖	ACQ26533	0.931125	12.32	4000	44.94	1030565	0.01	170	99.46	100	99.97	0.986258	3	弱覆盖	0.7544	是	202005081	最近在郑州

效果总结：通过省公司定期输出质差用户预测50×50栅格图，下发投诉预测工单，地市开展提前优化（累计完成扇区调整42处，提交补站申请7个，参数优化754条，处理问题栅格119处），预警栅格梳理降低21%，见图14。

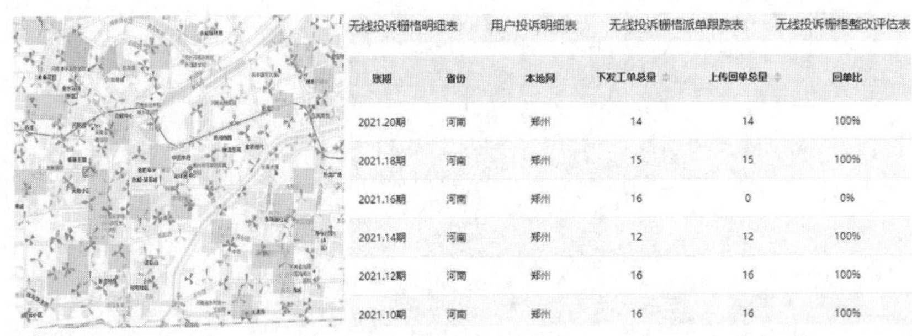

账期	省份	本地网	下发工单总量	上传回单总量	回单比
2021.20期	河南	郑州	14	14	100%
2021.18期	河南	郑州	15	15	100%
2021.16期	河南	郑州	16	0	0%
2021.14期	河南	郑州	12	12	100%
2021.12期	河南	郑州	16	16	100%
2021.10期	河南	郑州	16	16	100%

图14

3.4　研究总结

项科技创新点，节省投诉处理人员、测试、设备等投资260万元，用户满意度带来新增用户收益4 410万元，新增流量收益4 092万元，共计带来经济价值0.88亿元。

3.4.1　投诉效率提升、准确性提升，助力降本增效

对比传统投诉处理方式，智能化投诉分析系统应用后，人力投入减少40%，设备成本减少40%，投诉处理耗时减少62%（见图15）。

3.4.2　用户新增、流量新增

通过在郑州公司连续6个月的使用，郑州上季度移网满意度环比提升6.2%，万投比下降0.2%，相比往年用户增长24万，流量增长74TB，收入增加明显。

预计全省使用后，用户满意度提升带来年新增用户收益4 410万元，老用户新增流量收益4 092万元，共计带来经济价值0.85亿元（见表3）。

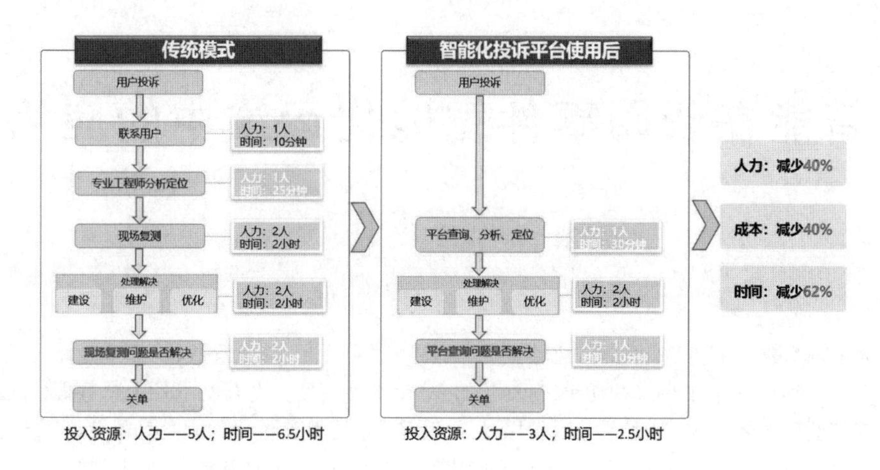

图 15

表 3

类型	单价(万元)	数量	合计(万元)
新增用户(万)	45	98	4 410
流量增长(GB)	1/10 000	40 919 040	4 092
总计			8 502

4 结束语

在集团云转数改的要求下，经过三项新技术应用，减少了大量人工重复劳动，提升了省内移动网网络类投诉处理效率、解决率，产生了较大经济效益和良好社会效益，对推动 AI 技术/大数据技术的发展应用、新型移动互联网社会基础设施建设、运营商用户关系维护、国家宏观发展战略产生了积极作用。

后期，经过不断迭代发展，将应用至客服、网络建设等多个生产部门，开展合作支撑，并将相关经验推广至省外兄弟运营商。

参考文献

[1] Ian Goodfellow, Yoshua Bengio, Aaron Courville. Deep Learning[M]. 北京：人民邮电出版社，2017.
[2] 朱继洲. 故障树原理和应用[M]. 西安：西安交通大学出版社 .
[3] 欧阳晔，胡曼恬，亚历克西斯·休特，等. 移动通信大数据分析——数据挖掘与机器学习实战. 2020.
[4] 水野贵明，Web API 的设计与开发，2017.
[5] 耿立超. 大数据平台架构与原型实现[M]. 西安交通大学出版社 .
[6] 周志华. 机器学习. 2016 .

人工智能在云网事件智能化运维中的应用研究

李 威

摘 要:在企业面临数字化、信息化、智能化转型的大趋势下,全面推进"云改数转"企业战略的大背景下,以提升客户感知为目的,围绕智能化、自动化的要求,在对大量历史云网事件工单数据建模的基础上,针对智能化网络运维方案的构建进行探讨,并根据当前网络运维中的常见场景分析了人工智能在网络运维中的实际应用策略,开发了工单智能化处理流程,解决了日常重复烦琐的操作,节省了人力成本,也为基于AI智能化技术与电信传统业务相结合打下良好的基础。

本文首先介绍了当前云网事件工单处置的现状,分析了目前网络运维中存在的问题和解决问题采用的技术路线。然后对设计做了详细的需求分析,介绍了通过使用人工智能等技术来解决问题的优势,以及通过引入人工智能、大数据技术等智能化的新技术,来寻求适合网络维护现状的云网事件工单智能处置的解决方法和实现方案。最后对系统的体系结构和实现方案做了详细的描述,通过人工智能、大数据技术等实现了在云网运维过程中快速智能定位云网事件的原因并解决问题,云网事件工单的全流程智慧管控,关联跨专业告警,回单智能校验,智能交互,知识经验库等智能化能力。最终达到云网事件的智能化运维,提升服务质量,打造高品质网络的目标。

关键词:云改数转;云网事件;智能定位;智能管控;智能校验;工单智能化;智能交互

1 前言

对云网运维中的常见场景各环节进行分析,发现以下几点是造成云网事件处置过程中工单定位等环节历时长、准确率低、及时率低的要素:

(1)网络告警种类数量多,同一故障相关告警的关联分析难度大,没有统一的告警定位操作规范,调度人员人工判错率高。进行原因分析过程中,需要手动查找历史告警故障原因,查找历史故障单耗时长,重大的故障告警无法得到优先处理和及时升级。

(2)现场各维护工位处理进展反馈及处理历时长,调度人员无法及时看到故障处理进展,对每张工单人工手动催单工作量大。结单过程中,需要人工在系统内填写的关键信息较多,结单过程耗时较长。

(3)快速增长的网络、业务规模带来工作量激增、范围及种类横向和纵向延伸等。维护人员能力短板问题凸显,新技术、新业务的不断引入对维护人员的素质提出了新的要求。

传统运维模式已难以满足当前网络运维的需求,需要引入智能化的新技术,来寻求适合网络维护现状的解决方案。在实际进行运维智能化能力建设过程中,需要借助人工智能、大数据技术等提高运维过程中智能化识别的能力,并最终实现对云网事件的智能化处置,进一步提高运维的效率。

2 云网事件智能化运维分析

2.1 人工智能在网络运维中的优势

人工智能的主要特点在于超强的学习能力,通过对大量的数据进行整理和分析,能够充分熟悉和了解相关数据的特点,进一步加强对文本信息和相关数据流量的挖掘,并构建相应的数据库系统。在大数据技术的支持下能够进一步发挥人工智能学习功能的作用,结合网络实际运行情况建立诊断模型,实现对于事件的智能预测和处理。

智能运维具备一定的全面性。相较于人工作业,智能运维能够更加全面的对通信网络进行检测和维护,有效处理人工作业过程中容易被忽视的数据信息和问题,进一步保障了网络运维的效果和质量,为用户提供更好的网络服务。

2.2 云网事件分析

云网事件是指关于网络的属性、状态等变化产生的异常告警、性能改变等事件。这些云网事件通过网管系统、综合告警系统和电子运维系统等的关联,最终以工单的形式呈现。

以场景化的电子工单为主体,建立全面统一的工单运营模型,实施全流程操作管控,提取共性后形成标准化的工单模型和业务流程。工单管控流程如图1所示。

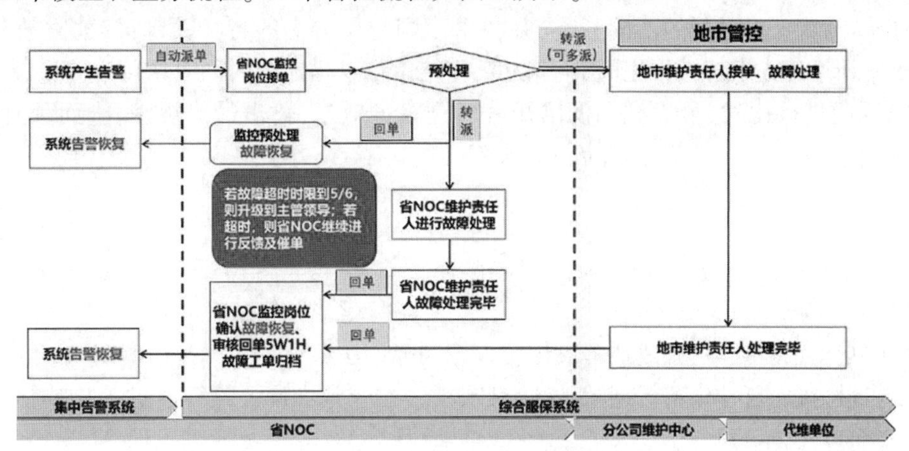

图1 云网事件处置流程

3 云网事件智能化运维实现

3.1 系统架构设计

充分利用现有的网管系统和工单管理系统,实现智能化的告警和电子工单管理。本系统主要目的有:

(1)实现全专业的综合集中告警,在统一界面内对各专业告警的集中呈现和管理,并进行跨专业告警关联分析,以便实现根告警的检出。

(2)有效帮助网络监控人员对全网的整体监控和对故障的综合分析判断。

(3)完成工单的智能化处置,有效减少人工干预和错单数量。

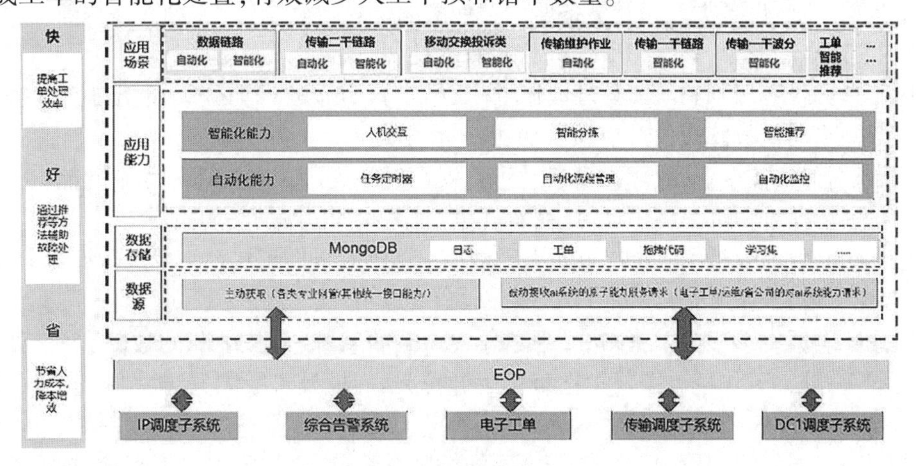

图2 系统架构设计

3.2 智能化能力建设

通过引入人工智能及大数据技术构建云网事件工单智能派单、智能故障定位、智能查询处理、智能管控、智能交互、智能确认、智能回单检测和自动归档等全流程自动化和智能化处置能力。

3.2.1　故障智能定位

在工单处理过程中,调度人员都是通过人工进行告警分析,由于告警类别多,人员维护经验存在差异,导致故障定位效率低,并且错判率高,故障定位环节历时较长,影响客户感知。通过人工进行告警分析及原因定位已无法适应网络运营智慧化和数字化转型要求,需要通过自动化手段提升故障单处理效率和定位准确率,提升生产操作智能化水平。

从派单信息(业务类型、故障类型、告警描述、派单时间等)中提取多维特征,通过 AI 大数据算法实现对网络故障告警的历史发生原因、地点、时间、网元位置、历史工单词频等分析,输出故障原因和概率情况,用词频分析确定工单预判的不同分类,并找出不同定位分类的特征关键词,建立故障定位模型。通过余弦相似度计算公式求解文本之间的相似度,将结单信息描述中的词组转化为向量,对派单故障原因和回单故障原因进行比对,最后利用混淆矩阵验证模型效果,输出最终规则,进而预判系统判断的"定位"分类是否准确,进一步提升故障定位准确率。

余弦相似度:

$$T(x,y) = \frac{x \cdot y}{\| x \|^2 \times \| y \|^2} = \frac{\sum x_i y_i}{\sqrt{\sum x_i^2}\sqrt{\sum y_i^2}}$$

构建工单的自动智能判障,有效地解决传统人工判障方法存在的效率和精度问题,不仅能够大大减少业务人员工作量,实现自动化解析判断,同时判断精度也非常准确。最终通过工单抽检,定位准确率提升到现在的 96%(见图 3)。

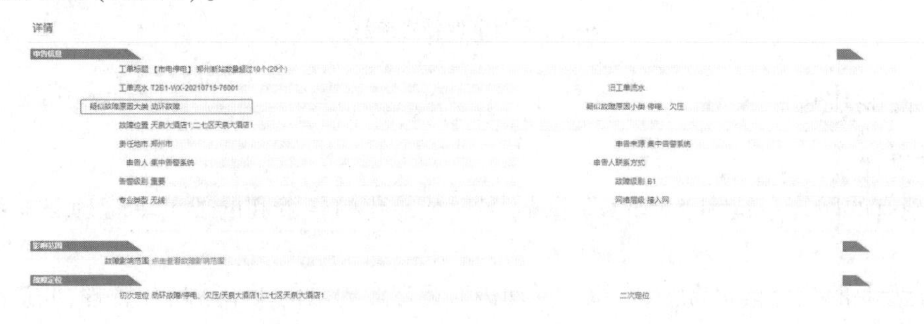

图 3　故障原因智能定位

3.2.2　工单智能管控

根据设备告警级别、设备类型以及设备所承载业务重要性等多个维度,对网络故障工单进行自定义分级,按照级别实现自动派单、催修、升级,进行高效管控(见图 4)。

根据在途工单的告警级别和故障处理时限要求,结合自定义的告警分级实现对各维护工位的系统自动化派单、催单,自动化故障短信升级预警功能(见图 5)。

在工单开始执行时,按专业、故障类型自动识别安全提示内容。在处理过程中智能进行故障处理意见提示(见图 6)。

在工单处理环节智能匹配故障类型,自动提示标准动作步骤,同时可以与工单进行智能交互(见图 7)。

3.2.3　故障智能压缩

由于同一故障会派发多张工单,如光缆中断导致承载的系统、业务中断的故障、多个设备的群障告警,给维护人员带来较大工作量。需要深化跨专业告警关联,提升告警归并、群障拦截和数据关联等智能处理能力。

通过大数据分析同一时间段内不同告警之间的关联关系、历史故障工单信息等,提取相关告警的特征属性。在规则分析基础上,利用 AI 算法进行模型训练找出可压缩工单的告警特征集,提供 AI 故障压缩能力。根据 AI 结果优化派单流程,实现跨专业关联,派单量智能压缩(见图 8)。

使用全部告警数据训练 SeqGAN,用于新工单文本生成。GAN 主要分为两部分:生成模型和判别模型(见图 9)。生成模型的作用是模拟真实数据的分布,判别模型的作用是判断一个样本是真实的样本

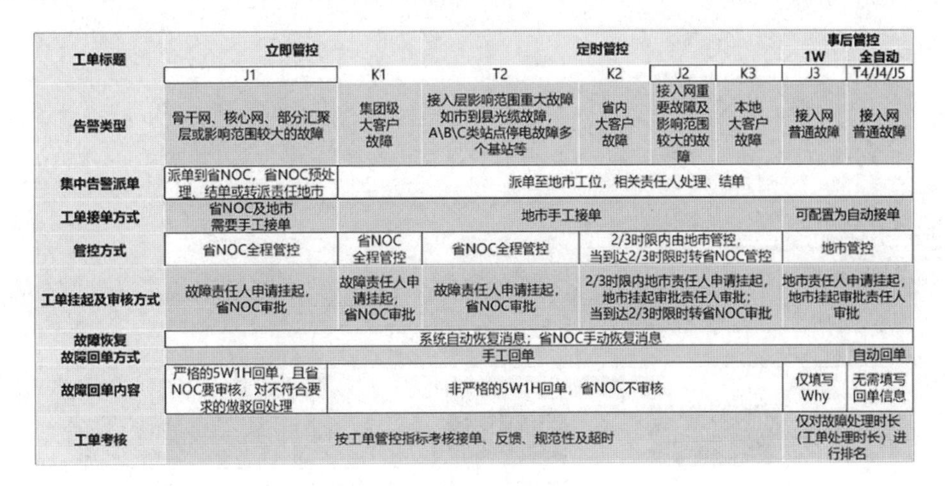

工单标题	立即管控	定时管控					事后管控 1W	事后管控 全自动
	J1	K1	T2	K2	J2	K3	J3	T4/J4/J5
告警类型	骨干网、核心网、部分汇聚层或影响范围较大的故障	集团级大客户故障	接入层影响范围重大故障如市到县光缆故障，A\B\C类站点停电故障多个基站等	省内大客户故障	接入网重要故障及影响范围较大的故障	本地大客户故障	接入网普通故障	接入网普通故障
集中告警派单	派单到省NOC，省NOC预处理、结单或转派责任地市	派单至地市工位，相关责任人处理、结单						
工单接单方式	省NOC及地市需要手工接单	地市手工接单					可配置为自动接单	
管控方式	省NOC全程管控	省NOC全程管控	省NOC全程管控	2/3时限内由地市管控，当到达2/3时限时转省NOC管控			地市管控	
工单挂起及审核方式	故障责任人申请挂起，省NOC审批	故障责任人申请挂起，省NOC审批	故障责任人申请挂起，省NOC审批	2/3时限内地市责任人申请挂起，地市挂起审批责任人审批；当到达2/3时限时转省NOC审批			地市责任人申请挂起，地市挂起审批责任人审批	
故障恢复	系统自动恢复消息；省NOC手动恢复消息							
故障回单方式	手工回单							自动回单
故障回单内容	严格的5W1H回单，且省NOC要审核，对不符合要求的做驳回处理	非严格的5W1H回单，省NOC不审核					仅填写Why	无需填写回单信息
工单考核	按工单管控指标考核接单、反馈、规范性及超时						仅对故障处理时长（工单处理时长）进行排名	

图 4　智能管控

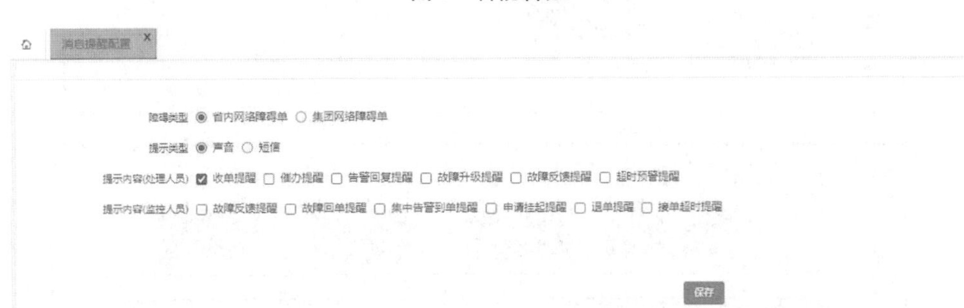

图 5　接单、催单短信、电话设置

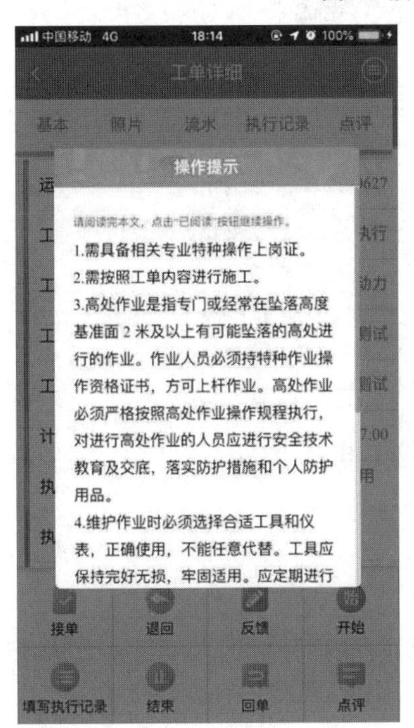

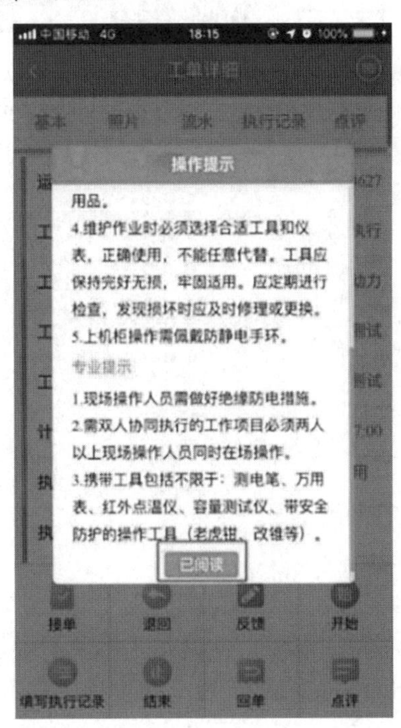

图 6　安全提示

还是生成的样本。

通过提取上万条云网事件工单进行分类打标，将样本带入 SVM 算法。使用伪随机分配的重复数据对标签的一致性进行分析，最终实现同一故障只派一张单，减少人工处理工单和人工分析故障压缩的工作量。

图 7　工单智能交互

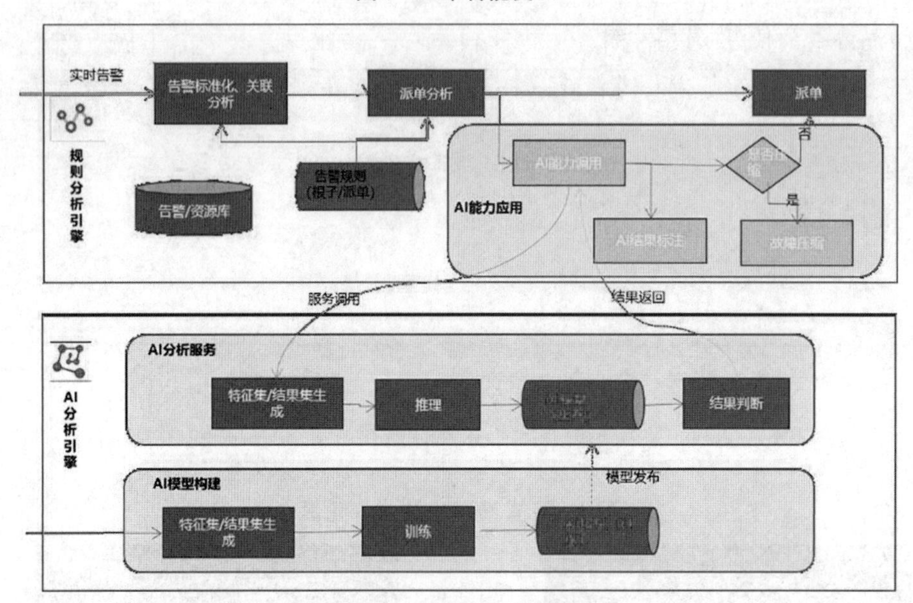

图 8　群障故障压缩流程

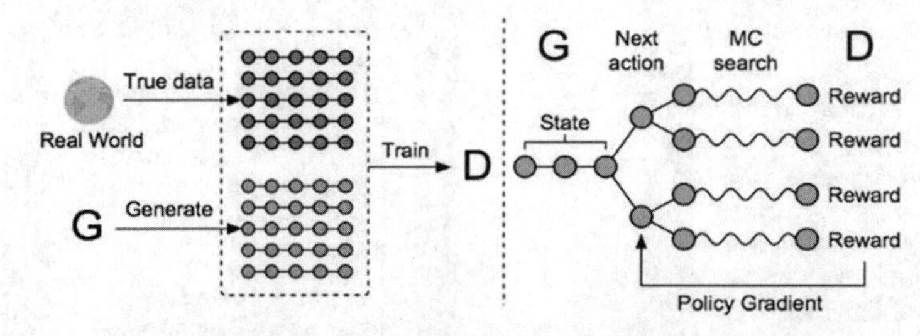

SeqGAN:Sequence Generative Adversarial Nets
序列生成对抗网络

图 9

3.2.4　回单智能检测

云网事件工单回单规范性检查是工单质量提升的重要手段，而传统的人工检查方式，既费时费力，又难以做到全量检查工单，无法全面准确的核查工单内容。因此，需要一种智能化的方式进行网络工单的质检工作。

把"回单内容"进行分词处理并转换成词频向量保存，利用机器学习（随机森林、XGBoost）与深度学习（神经网络）算法，自动输出回单分类。最后，综合权衡模型优劣，选取准确率高的模型输出结果。检测结单分类与结单描述是否匹配及派单逻辑是否正确，分为结单分类与结单描述匹配性检查和工位转派逻辑性检查。基于对工单回单内容描述的分析，若结单部门的结单分类与模型一致则为正确，否则为错误。云网事件打标见图 10。

图 10　云网事件打标

采用机器学习算法,完成对全量云网事件工单无效反馈检测和回单原因不一致检测等智能化功能,替代人工抽检烦琐的查看,提高工单质检效率和全面性。

具体流程如图 11、图 12 所示。

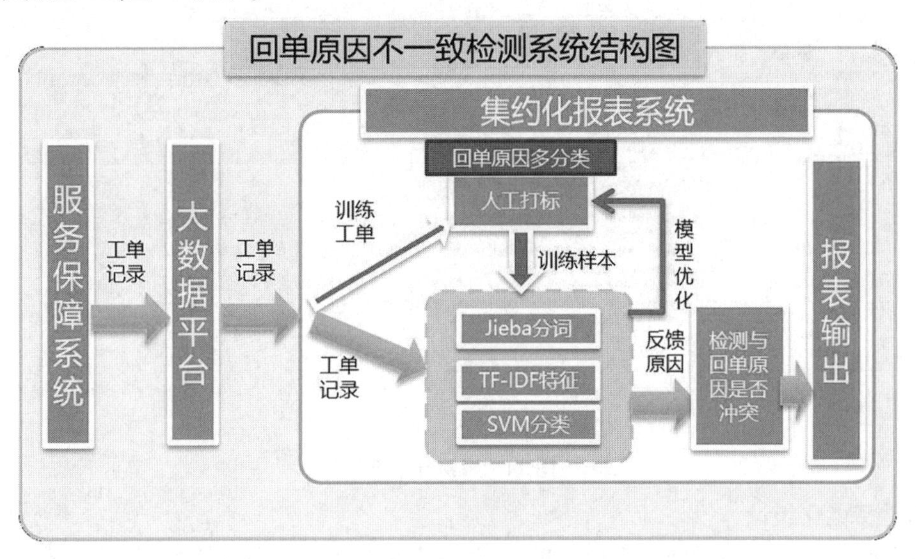

图 11　回单规范检测流程

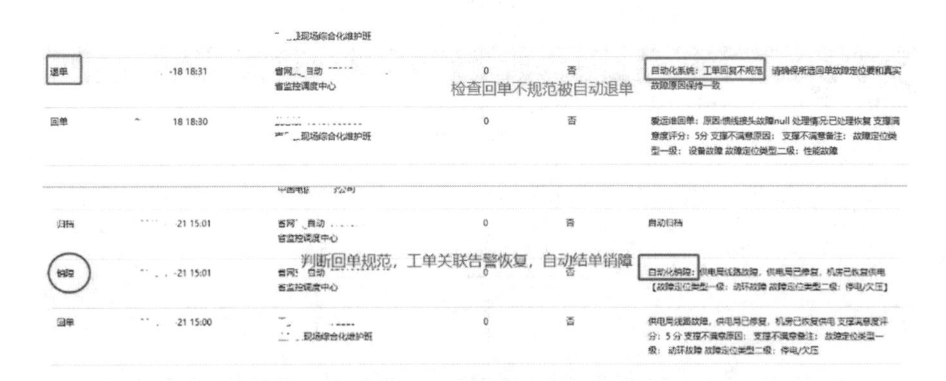

图 12　工单智能检测

3.2.5　知识经验库

随着网络的演进,结合网络运维工作实际,将监控、维护方面的优秀经验和创新梳理成案例,并将各类规章制度、标准规范和维护操作规程引入知识案例库,实现动态更新。实现知识经验库和云网事件工单智能关联,将相关故障处理案例结合到工单中,贯彻到一线维护人员。在故障处理过程中可随时调用案例库,指导维护人员进行故障处理。通过系统建设,完善手段,提高一线维护人员事件工单处理效率(见图 13、图 14)。

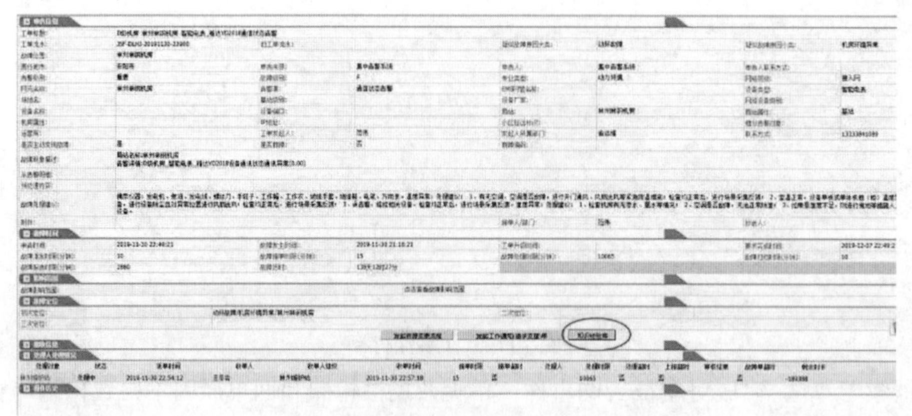

图 13　工单界面调用知识库

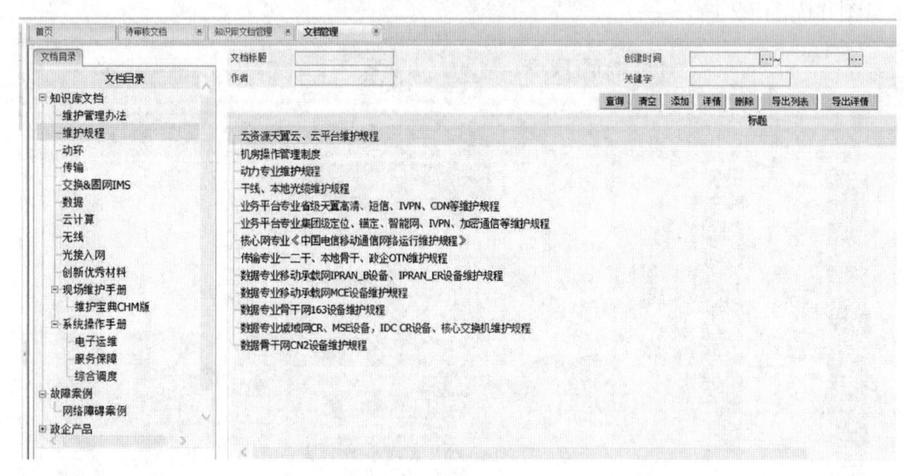

图 14　案例知识库

3.3　云网事件智能化统计

利用智能化监控平台,对云网事件从工单量、及时率等多个维度进行智能分析(见图 15),在统一界面内对各专业工单集中呈现和管理,有效帮助运维人员对工单进行综合分析判断,及时掌握全网运行的整体状态。

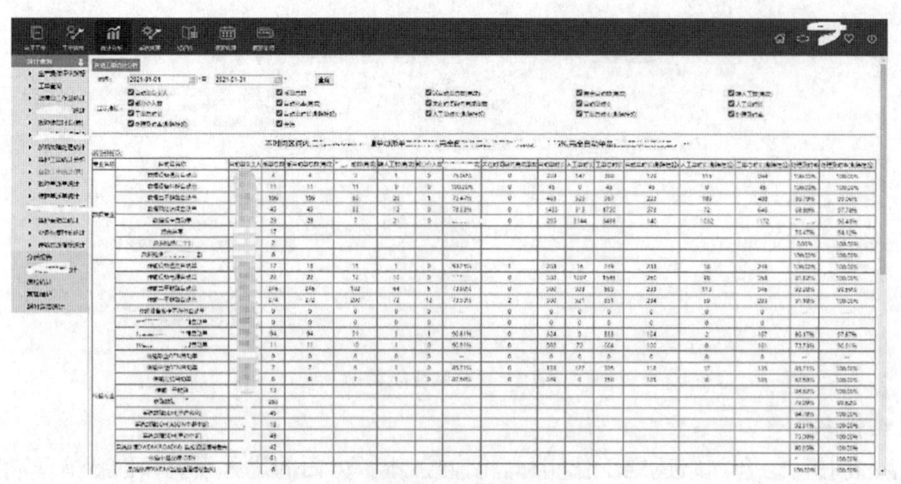

图 15　云网事件智能统计分析

4 结论与展望

本系统通过对大量云网事件数据进行大数据算法学习分析，多维度分级管控的智能化定位、升级催单预警、智能检测、智能知识库、智能化分析等诸多系统自动化、智能化措施的落地实施，有效压缩了故障处理历时，提升故障远程定位准确率，在一线维护人员工作量减负提升效率等方面取得了显著效果。依托关键环节智能化技术的实现，使得对云网事件的处置更加准确，对整体性多角度提升网络质量和客户感知满意度意义重大。

随着网络规模越来越大，急需引入新的思想和技术，利用智能化的手段，来提升网络的运维效率。人工智能技术和大数据技术等在网络运维中的应用能够进一步提升通信网络的可靠性，在网络以及各类功能综合服务上都取得不错的成果，不仅能够进行预判告警、智能分析和分配工单，还能够对通信网络进行动态巡检，实现智能化网络运维。满足社会对通信不断增长需求的同时，具有很好的社会效益，相信随着对人工智能的深入研究和应用，网络运维智能化水平将会得到进一步提升。

参考文献

[1] 韩炳涛. 人工智能技术助力通信网络智能化升级[J]. 人工智能，2021(1)：107-116.
[2] 王建昆. 大数据分析技术在采集运维业务中的应用[J]. 中国新通信，2018(6)：102.
[3] 李朝霞. 人工智能在网络运维中的应用[J]. 电子技术与软件工程，2021(10)：5-6.
[4] 李红梅，陈刚. 基于集中化、智能化的网络运维体系创新性研究与实践[J]. 中国新通信，2021(1)：68-71.
[5] 齐帅. IT 运维管理系统的设计与实现[D]. 哈尔滨：哈尔滨工业大学，2018.

基于大数据+人工智能的语音智能评测系统研发与应用

周忠良　王纪君　宋　科

摘　要:随着大数据和人工智能等新兴技术的广泛应用,网络运营体系改革也迫不及待。公司要求要大力推进网络智能化演进,加快转型步伐,围绕客户与业务,结合网络运维一线需求,强化云网一体、AI研发、技术中台的建设,推进网络运维的数智化转型。目前,现网缺乏对VoLET语音通话指标监测体系、有效端到端分析手段和问题定界/定位方法。本文提出一种基于大数据+人工智能的语音智能评测系统,通过人工智能技术+大数据分析手段,基于深度学习进行模型研制,通过统一的DPI系统,结合离线训练+在线应用两大模块,实现故障/投诉/性能发现定位的准确性、及时性、有效性能力转化,成功实现智能语音评测技术落地,填补了通信领域实时自动语音MOS值测评、质差事件历史信息回溯、网络割接全量验证三项支撑手段空白。该方案在现网部署可有效降低语音投诉工单,同时,缩短投诉处理时长,并能精准定位,查找投诉具体原因,进而更好地提升用户满意度。

关键词:大数据;人工智能;语音质量;智能评估

1　前言

为提高VoLTE语音通话质量和用户通话满意度,解决通话过程中出现的单通、吞字、断续等问题,但网络侧性能、告警、状态等指标一切正常的问题,目前现网缺乏对VoLET语音通话指标监测体系、有效端到端分析手段和问题定界/定位方法。本文提出了一种基于大数据+人工智能的语音智能评测系统,该系统专注于语音业务,聚焦运维八类问题,以问题为导向、融智为抓手,靠前支撑,开展网络智能化战略课题语音质量智能评估课题攻关,推动大数据与人工智能与网络管理深度融合,促进语音网络提质增效,敏捷支撑业务发展,实现话音质量与感知双提升。

2　语音感知痛点分析

2.1　传统网络指标盲区

通话过程中出现单通、吞字、断续等问题,网络侧性能、告警、状态等指标一切正常,但严重影响用户体验和VoLTE业务发展。

2.2　路测覆盖有限成本高

采用传统路测手段的语音质量问题测试,覆盖范围有限,成本较高。

2.3　用户投诉存在问题

在客户投诉过程中会存在投诉覆盖不到、用户提供信息不详、用户对业务描述不清晰及针对恶意投诉,辨别手段缺乏。

2.4　录音涉及隐私资源消耗大

录音不仅会消耗极大的存储资源,还会涉及客户的个人隐私,不利于客户隐私安全。

因此,亟需快捷高效的智能分析手段来支撑。

3　现网解决方案

现网针对VoLET语音通话质量提升的手段主要是依赖人工路测分析法,即:利用路测数据分析软件计算网络总体的覆盖效果,进而对网络的整体情况进行评估。该方法缺乏大量的话务数据统计信息,且局限于从无线侧分析问题,无法对核心侧的问题进行定位分析。人工路测的实测场景如图 1 所示。

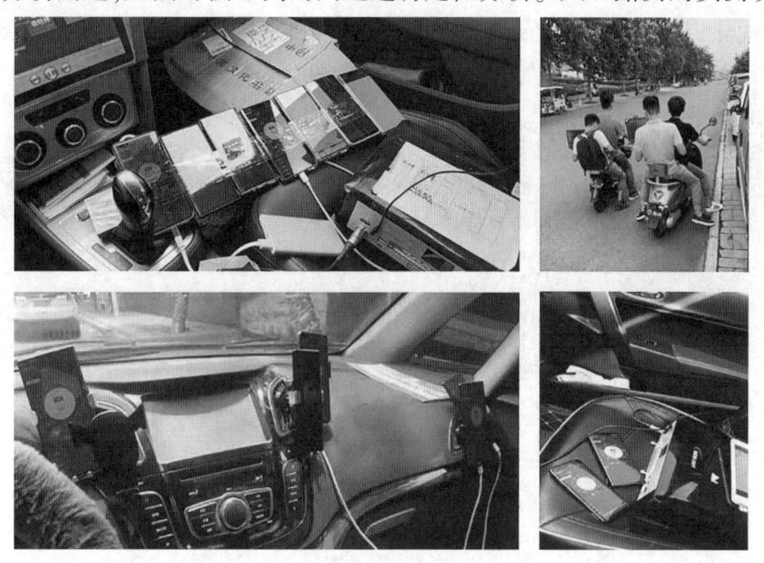

图 1　人工路测图

4　基于大数据+人工智能的语音智能评测系统

针对现网存在的问题,本文提出了一种基于大数据+人工智能的语音智能评测的解决方案,该方案专注 4G、5G 语音通话业务场景 7×24 h 常态化监测管理的需求,面向事前监控,事中定位、事后验证端到端全流程。精选媒体面语音质量八大特征数据,通过大数据、智能决策方案,实现话音质量的全天候稽核管理、分析预警及质差定位。该系统不采集用户语音语料包,不涉及用户隐私,最后将处理数据反哺给数据中台,开放能力共享,赋能运营运维。

4.1　系统解决方案

通过河南移动数据中台获取原始数据,即统一 DPI 系统提供软采 MR、OMC 平台、统一 DPI 系统提供脱敏 S1-U XDR 数据,通过智能语音质量感知评估模块实现问题定位/定界分析,然后在河南移动网络质量分析平台中实现数据存储、质差 MOS 分析、语音质量智能诊断和投诉溯源分析等功能。系统整体框图如图 2 所示。

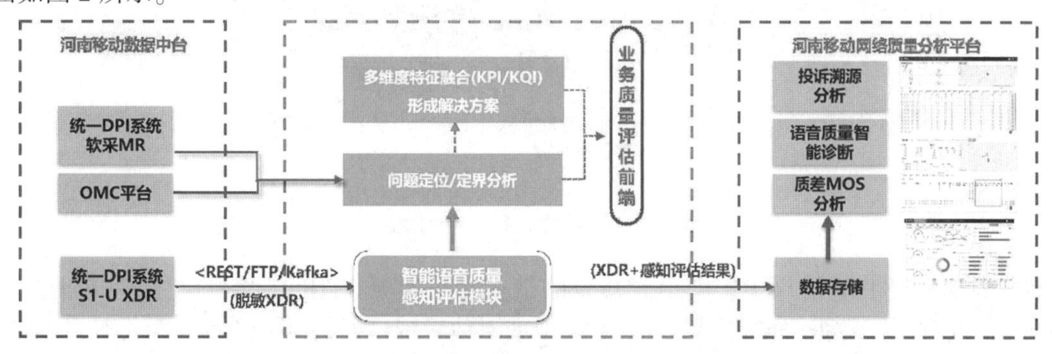

图 2　系统整体框图

根据算法模型所需数据,结合我省业务情况,DPI 系统、网管系统、应用系统组网拓扑,以及资源池资源现状,制订项目对接方案。系统部署需要 6 台服务器,其中推理服务器 2 台,16 核、64G 内存、2T 存储;存储服务器 4 台,16 核、64G 内存、5T 存储;考虑到后续拓展至全省以及 VoNR 质量评估,建议后续结合我省资源池到位情况对存储及计算资源进行扩容。

4.2　**方案原理**

根据需求方案,设计项目系统架构由离线训练+在线应用两大模块组成,离线训练用于事前算法规则挖掘和事后模型优化,在线应用主要支撑现网部署应用和精准度评估,两者相辅相成,促进人工智能能力向故障/投诉/性能发现定位的准确性、及时性、有效性转化。

系统架构设计见图 3。

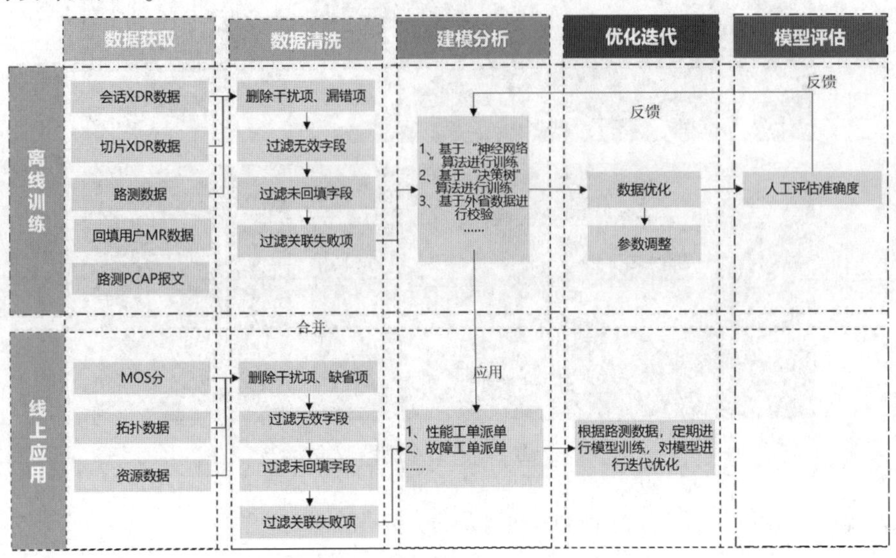

图 3　系统架构设计

该系统采用线下迭代训练+线上实时应用进行模型训练,采集原始码流(RTP 包头),通过提取 MOS 对应的多维 RTP 特征,结合统一 DPI 切片 XDR 的 RTP 特征向量和海量路测语音数据进行神经网络训练 MOS 模型,输出 MOS 值。MOS 模型特征工程构建图如图 4 所示。

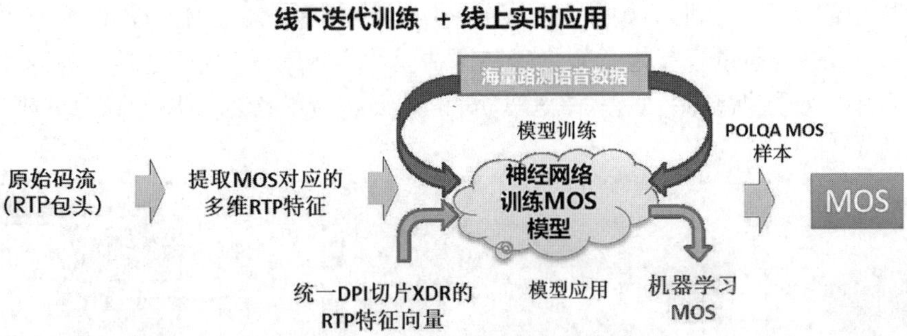

线下迭代训练　+ 线上实时应用
海量路测语音数据
模型训练
POLQA MOS 样本
原始码流 (RTP包头)
提取MOS对应的多维RTP特征
神经网络训练MOS模型
MOS
统一DPI切片XDR的RTP特征向量
模型应用
机器学习 MOS

图 4　MOS 模型特征工程构建图

通过挖掘 RTP/RTCP 协议中影响语音质量的最大相对时延、RTP 连续丢包、最大包间隔、RTCP LSR/DLSR 等新型特征数据,进行模型工程构建,精准评估发现单通、吞字、断续等影响客户感知问题,比业界基于丢包率、抖动等传统特征的解决方案更加精准、更加智能。RTP 特征挖掘如图 5 所示。

如图 6 所示为模型训练图,首先收集大量的路测数据,约 5 万个 MOS 样本,然后设计并提取 RTP 特征,通过预处理后进行神经网络建模与训练,接下来预测效果评估并进行模型迭代优化。在本系统模型训练中,提取的 8 大特征指标是根据 RTP 特征分析,设计形成 VoLTE 会话/切片 XDR 接口(S1-U/Gm/Mb) 纳入统一 DPI 系统 V2.3/V2.4 规范,推动形成统一接口、可多省部署、集团统一管控的解决方案。如表 1 所示。

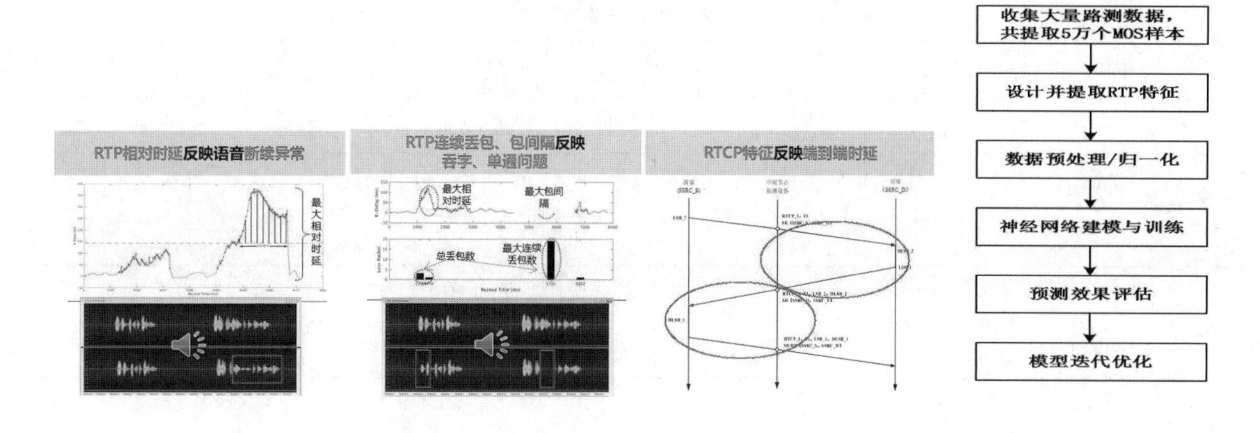

图5　RTP 特征挖掘　　　　图6　模型训练图

表1　八大特征指标

序号	当前 XDR 可用特征(V2.3)	其他拓展特征(V2.4)
1	丢包率	连续丢包 3/6/12 的次数
2	最大连续丢包数	连续丢包 3/6/12 的丢包数
3	非静默帧丢包率	相对时延方差
4	非静默帧最大连续丢包数	最大抖动
5	最大相对时延	抖动异常均值/方差
6	平均相对时延	时延异常时间/次数
7	最大包间隔	丢包异常时间/次数
8	环路时延	时延异常收发时间比
9	抖动	时延丢包异常重叠比

将 MOS 按 0.1 区间进行分类,输出各类的分布概率,概率最大的类即为预测的 MOS 分。采用梯度下降迭代训练模型参数,使预测值与实际值的匹配度最高。

4.3　系统功能实现

该系统主要实现了智能评测、感知监控、智能诊断、投诉回溯、趋势追踪 5 大功能,实现单用户回溯功能,提供单用户查询回溯功能,对投诉用户通话过程进行回溯,精准定位,提高用户使用体验。实现通话切片详单查询对通话数量、质差通话数量、平均 MOS 分及终端型号统计,更直观监测指标状态,促进 VoLTE 业务发展。可应用于如下场景:

(1)语音质量分析:提供单用户查询回溯功能,提供主被叫同时分析联合判断。

(2)智能诊断功能:提供质差源端定界、小区质差原因定位及结论报告功能。

(3)感知监控功能:提供质差监测预警功能,支持对小区、网元、终端质量预警分析。

(4)趋势追踪功能:提供小区级、网元级、地市级、省级区域及质差因素语音质量历史趋势变化追踪分析。

且发生异常事件,实现弹窗提醒。主要内容如表 2 所示。

表 2　弹窗主要内容

内容	详情
事件	感知异常类型、开始时间、结束时间、持续时间
指标	MOS、RTP 丢包数、RTCP 丢包数、最大中断时长、环路时延、调整前速率、调整后速率
源端环境	源端切片关联的 MR 详情
对端环境	对端切片关联的 MR 详情
问题诊断	问题类型、异常阶段、无线问题

系统界面图如图 7、图 8 所示。

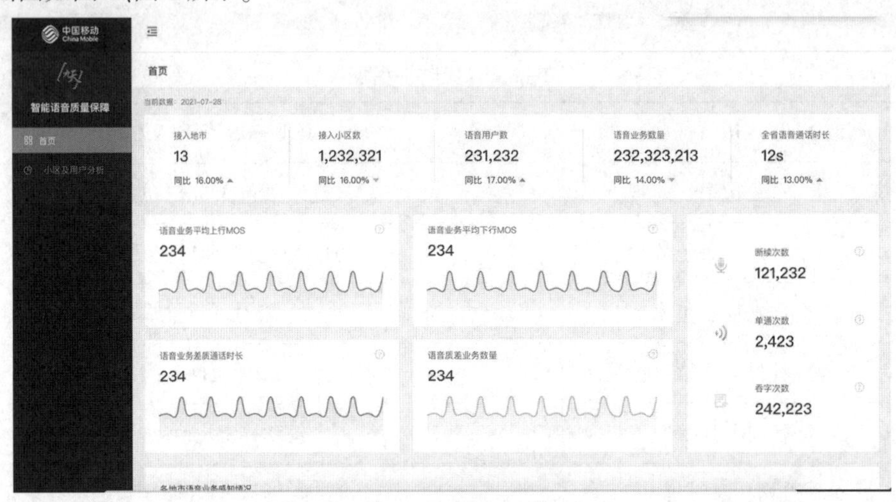

图 7　系统界面图

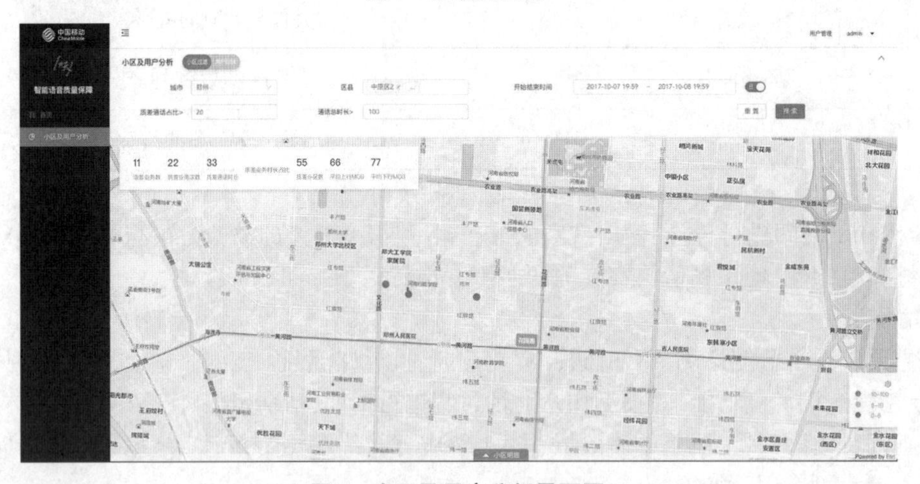

图 8　小区及用户分析界面图

4.4　应用效果

基于大数据+人工智能的语音智能评测系统能够提高 VoLTE 语音通话质量和用户通话满意度，解决通话过程中出现单通、吞字、断续等问题，但网络侧性能、告警、状态等指标一切正常的问题。在我省进行部署应用后，可以有效地提高缩短投诉处理时长，并能精准定位，查找投诉具体原因，进而更好的提升用户满意度。预计投诉处理时长缩短至 30 s，故障定界精准度提升至 90%，用户满意度提升至 88.69%（见图 9）。

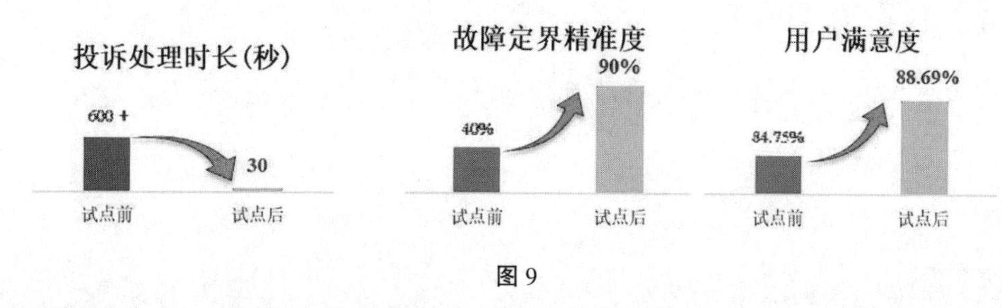

图 9

该系统创新性通过人工智能技术+大数据分析手段,基于深度学习进行模型研制,将海量语音媒体面 DPI XDR 数据以及网优 MR(测量报告)数据,经过数以亿计数运算比对,从 166 个 XDR 数据字段中,精选优化 8 大特征数据,并针对 DPI XDR 规范进行优化,预测精准度大幅提升,提升至 90%,最终成功实现智能语音评测技术落地,填补了通信领域实时自动语音 MOS 值测评、质差事件历史信息回溯、网络割接全量验证三项支撑手段空白。摆脱使用人海战术进行海量路测、电话调访和投诉分析这种存在准确性低、效率差、滞后的手段。另外,该系统通过定期对历史数据的回溯与学习,对现有模型进行偏离度检验,并结合路测数据进行模型迭代,实现模型保质保鲜;平台开放能力共享,系统数据反哺给数据中台,由后者提供给网投、网优、经分、性能等现网支撑系统,促进基于预测 MOS 分创新应用百花齐放,赋能运营运维。

5 结束语

基于大数据+人工智能的语音智能评测系统创新性地在统一 DPI 系统数据的基础上,对 VoLTE 通话过程的语音质量分析,通过采用人工智能技术的 MOS 评估和感知异常检测(符合集团 KQI 指标规范),同时关联软采 MR 进行 VoLTE 问题分析定位的平台,实现质差原因的精准定位。该系统实现了在线评估和界面呈现,根据获取 RTP 特征信息,通过智能语音评估模型,输出语音质量反馈信息,实现对语音通话的异常检测及在线评估,有效提高 VoLTE 语音通话质量和用户通话满意度,同时大大提高工作效率,节省大量的路测资源。

参考文献

[1] SimonHaykin. 神经网络与机器学习[M]. 北京:机械工业出版社,2011.
[2]中国移动 VoLTE 网络建设指导手册[M]. 北京:中国移动通信集团公司, 2015.
[3]中国移动 VoLTE 业务总体技术要求[M]. 北京:中国移动通信集团公司, 2015.
[4] 牛凯,吴伟陵. 移动通信原理[M]. 北京:电子工业出版社,2015.

边缘计算

5G移动边缘设备MEC组网部署研究及实现

葛中魁　韩广平　张嘉元　白　洁

摘　要:文章依据当前5G技术及MEC演进进程、行业客户的需求,结合河南联通移动网现状及河南联通移动边缘计算项目实施中遇到的问题,对MEC组网部署中各种场景需注意的问题进行分析并提供解决方案。为今后移动边缘设备MEC的部署实施及为客户需求解决方案提供依据和支撑。

关键词:5G;移动边缘计算;组网部署;研究;实现

1　引言

在中国网络强国和数字经济发展战略指引下,中国产业生态力求在5G发挥主导作用,2019年为中国5G元年,2021年三大运营商基本完成县区以上城区覆盖。而5G的发展给移动边缘计算(MEC)提供了合适的契机,5G、切片和MEC等新技术和新网络是工业互联网所需的信息化基础,而工业互联网是推动数字化进程的主要驱动力,为5G、MEC发展提供支撑。

5G技术优势推动万物智联,相比4G网络主要追求速率,5G网络关注三大关键指标:更快速率、更大连接密度和更低时延,对应三大应用场景为eMBB、mMTC、URLLC。5G不仅考虑人的连接,更多考虑物的连接,着重打造跨行业的融合新生态。随着5G应用深入,MEC快速在各个行业铺开,智慧工厂、智慧园区等应用开始试验和小规模商用,但诸如自动驾驶、边缘沉浸式游戏等大量行业应用仍处于探索阶段。本文旨在阐述近阶段MEC组网部署需要注意的问题及相关解决措施。

2　MEC原理及组网

2.1　MEC概述

MEC是ETSI提出并主推的概念,经历了从移动边缘计算(Mobile Edge Computing)到多接入边缘计算(Multi-access Edge Computing)的演变。其中,移动边缘计算是指在移动网络边缘提供IT服务环境和云计算能力,将网络业务下沉到更接近移动用户的无线接入网侧,旨在降低延时,实现高效网络管控和业务分发,改善用户体验。MEC主要特性包括就近接入、超低时延、位置可见、数据分析等。

"5G+MEC+智能化应用"可为行业的提质升级提供高质量的网络保障,为企业搭建安全、可靠、低时延的"5G虚拟企业专网";5G的低时延、高带宽特性结合MEC平台的分流功能,实现企业生产和管理数据的本地分流,保障了企业数据的低时延和安全私密性。

MEC企业组网的基本结构如图1所示。

2.2　MEC基本组件

MEC基本组件包括移动边缘主机级及主机级管理、移动边缘系统级组成。

2.2.1　移动边缘主机级

MEC主机(ME Host)由虚拟化基础设施(VI)和MEP构成,用以承载各类MEC应用。VI负责执行移动边缘平台接收到的流量规则,并实现流量转发;MEP用以实现MEC应用在特定虚拟化基础设施上运行并使提供移动边缘服务。

MEC应用(ME_APP)是运行在MEC主机VI上的虚拟机,用以构建和提供MEC服务。

主机级管理包括移动边缘平台管理器MEPM和虚拟化基础设施管理器VIM,VIM主要提供虚拟化

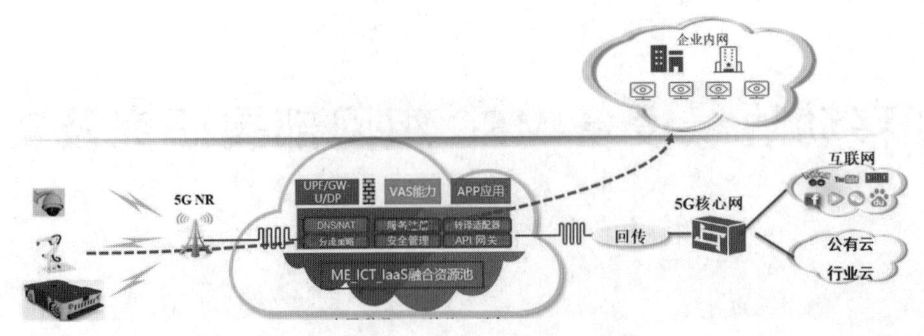

图 1　MEC 企业组网

资源管理功能;MEPM 主要实现应用生命周期管理、MEP 网元管理、应用规则和需求管理等。

2.2.2　移动边缘系统级

移动边缘系统级包括 MEO、OSS 等组件(见图 2)。MEO(Mobile Edge Orchestrator,移动边缘编排器)是核心组件,负责维护移动边缘系统的整体视图、激活应用包、基于约束条件选择合适的移动边缘主机以实现应用实例化、触发应用实例化和终结、触发应用重定位等;OSS 负责移动边缘设备操作维护管理。

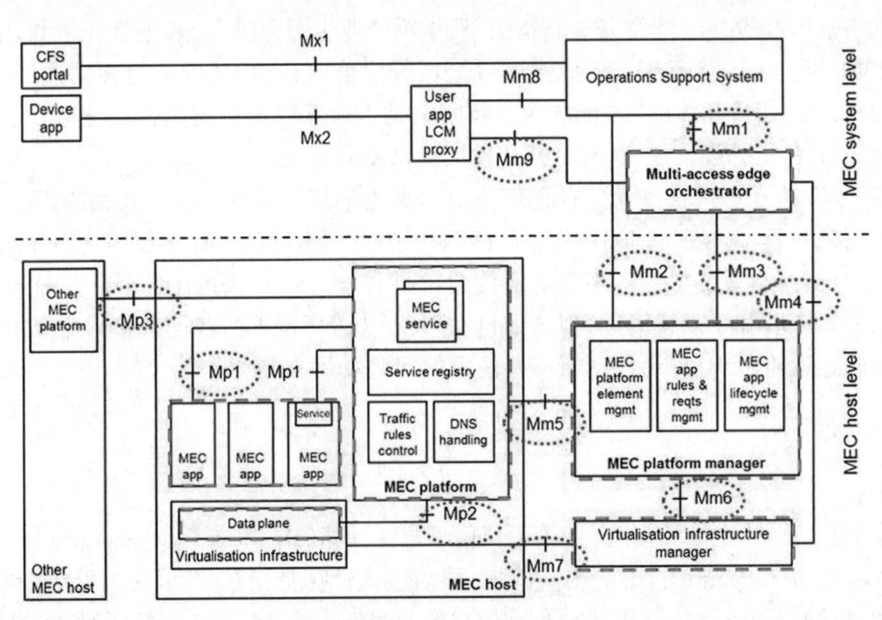

图 2　ETSI MEC 架构

2.3　5G MEC 组网架构

图 3 为结合中国联通在河南商用 5G MEC 项目,构建的一个通用组网架构图,为 UPF 和 MEC 下沉场景。

3　MEC 部署中几个关键问题

3.1　MEC 组网选择

5G 边缘设备部署方式可以分为独立专网、混合专网和虚拟专网 3 种。

3.1.1　5G 独立专网

5G 独立专网采用私有化部署无线设备、核心网一体化设备和 MEC 设备,实现用户数据与公网数据完全隔离。其特点:不受公网变化影响,业务数据不出园,刚性保障数据安全;通过上下行配比专属优化和载波聚合技术,实现上下行带宽增强;核心网元私有化部署和空口预调度,实现低于 10 ms 的超低时延;可提供所有网络增强服务,实现业务策略、用户权限灵活自服务;但建设成本最高。适用于封闭园

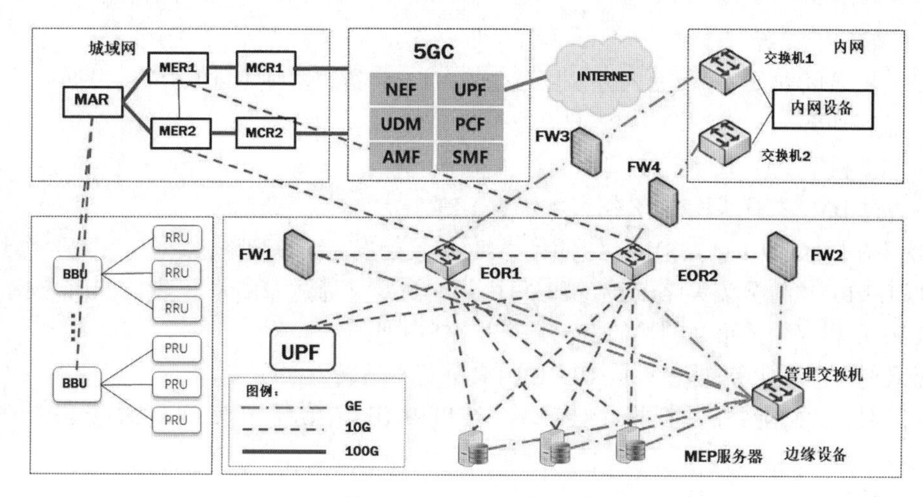

图 3 5G MEC 通用组网

区,如矿井、油田、军队等。

3.1.2 5G 混合专网

5G 混合专网以 5G 数据分流技术为基础,通过灵活定制无线基站和控制网元,MEC 设备可独立部署,也可共享部署在地市的边缘云。5G 混合专网主要特点:自由定制,数据网元私有化部署,无线及控制网元按需定制。如灵活规划无线部署,可专有覆盖或共享大网覆盖;提供可选的上下行带宽增强;核心网元私有化部署和空口预调度,混合方式建设成本次之。适合开放园区,如工业制造、港口码头。

3.1.3 5G 虚拟专网

5G 虚拟专网指基于联通 5G 公众网络资源,利用端到端 QoS 或切片技术,为客户提供一张时延和带宽有保障、与公网数据隔离的虚拟专有网络,MEC 可使用省中心布局级私有云或地市边缘云。主要特点:个性选择,共享无线与核心网元,提供网络切片/软切片服务能力,建设成本最低。适用于广域场景,如智慧城市。

3.2 安全容灾部署

3.2.1 防火墙配置策略

在 MEC 侧部署防火墙需要考虑隔离区域,包括 Edge_UPF 和承载网之间、Edge_UPF 和 MEP 之间、MEP 与企业内网之间。考虑投资成本,Edge_UPF 和承载网、Edge_UPF 和 MEP 可以合设防火墙,FW 采用并联方式,MEP 与企业内网之间根据 MEP 资产及维护归属,如果归属运营商,必须部署,如果归属企业管理,可以由企业部署或不进行部署。

3.2.2 设备容灾部署

为保证边缘设备的安全稳定运行,必须考虑容灾策略部署。

MEP 服务器采用虚拟化部署,本身具有容灾功能,边缘侧使用的路由器、交换机、防火墙数通设备必须成对配置。UPF 上联承载网,考虑到承载网接入侧设备均是单配,建议接入到承载网具有双平面配置的汇聚或核心路由器,形成口字形连接。

为防止大网 5GC 核心设备故障导致边缘设备控制面断连而不可用,可考虑在边缘 UPF 增加 Local lite CP 模块(含软硬件),升级边缘高可用网关,CU 之间断连可保障可用性。该模块支持稳态用户不掉线,大网断连后,支持用户移动切换和重新接入,支持中心 UDM 与 Lite UDM 之间签约数据同步和话单缓存,故障恢复后 Lite 5GC 用户计划回迁大网。

3.3 UPF 选择和分流方案

5G MEC 为本地流量分流可以采用以下三种方案:上行分流(UL Classifier)、IPv6 多归属(IPv6 Multi-homing)以及本地数据网(Local Area Data Network)。常用分流方式为第一种上行分流(ULCL)。

3.3.1　上行分流 UPF 选择

在厂区基站覆盖区划分独立 TA 区，进入厂区独立 TA 后指定本地 ULCL UPF，根据目的 IP+端口进行分流。业务流程如下：

(1)AMF 配置根据 TAI+DNN 选择 SMF。

(2)SMF 通过 DNN 选择大网 UPF 作为主锚点 UPF。

(3)2B 终端在厂区内(TA1)，SMF 根据用户实时位置触发 ULCL 策略，数据报文此时会经厂区 UPF 进行转发，ULCL UPF 执行分流策略(分流策略可由用户自定义通过 MEPM 下发给 MEP，MEP 通过 MP2 接口下发给 UPF)，根据数据报文的目的 IP+端口进行 SPI 匹配。

(4)匹配识别为本地业务，即经厂区 ULCL UPF 进行本地转发。

(5)匹配识别为大网业务，数据报文会经 N9 接口由 ULCL UPF 转发到主锚点 UPF，通过主锚点 UPF 传输到 Internet。

3.3.2　园区业务分流

园区内部业务即本地业务，根据应用部署情况，由 UPF 进行业务流转发，部署在 MEC 中 ME_APP 模块的应用，UPF 转发到 MEP，部署在企业内网的应用，UPF 通过路由器转发到企业内网进行处理。

考虑后期 5G 和 MEC 深度融合，实现 ME_APP 应用获取更多的网络信息及对 MSC 对 5GC 核心网策略下发，建议尽量把应用部署到 MEC 服务器，逐步构建开放的边缘应用平台。

3.4　语音解决方案

对专网用户，特别是类似煤炭、矿山等井下用户，涉及生产安全和数据的私密性，均采用专用防爆设备，不允许使用普通终端与外界通信。所以需要根据用户的需求提供不同的语音解决方案。

接入大网 IMS：IMS 网络专用于提供语音解决，如果用户有拨打外部电话的需求，UPF 需要与大网 IMS 网络打通，或者开通 N9 口后，以大网 UPF 做锚点实现，通过 PCF 策略设置可对用户呼叫权限做灵活设置。

5G AR 对讲调度系统：在 MEC 上部署 5G AR 对讲平台，终端使用智能对讲机或智能手机安装适配的平台软件，实现内部互相通信。同时对讲系统支持集群语音、定位、视频、数据等业务功能，实现统一调度。

3.5　设备互联 VPN 规划

正常情况下 5GC 核心网均部署在省会城市和重点城市，UPF 下沉到承载网的接入或汇聚设备，控制面、用户面和操作维护接口必须在承载网接入侧或汇聚侧、边缘设备上进行 VPN 配置。以河南联通为例，主要包括以下几类：

核心网相关 VPN：5GC_MGMN(IPMI 层维护管理)、5GC_MGMN(业务管理)、GPRS_Gn_C(包含 N4/N9c/S5/S8-S/N9a/S5/S8-U 等接口)。

无线相关的 VPN：5G_RAN(N3 接口业务)、5G_RAN_OM(操作维护管理)。

MEC 相关的 VPN：5G_MEC(MEC 业务编排)、5GC_MGMN(MEC 操作维护管理)。

另外，还需考虑 MEC 内部组网时多次穿越防火墙时私有 VPN 及相关地址的规划。

3.6　其他需注意的问题

3.6.1　信息及视频回传

对传感器类、视频回传类、工业控制类业务，一般需要服务器和终端直接通信，当需要直接访问终端设备的 IP 时，考虑物联网卡需采用绑定固定 IP 的方式，IP 地址为客户私网地址，在申请物联网卡时直接把 IP 写入。同时在 UPF 中配置与物联网卡绑定的 IP 相同网段的 IP 地址池。

一台 CPE(内置 1 个 SIM 卡)也可挂接对台视频终端，当一台 CPE 挂接多台终端时，需要 CPE 具备路由器功能，通过 IP 地址和端口映射方式实现。

3.6.2　设备维护界面

维护界面根据资产归属来进行划分，Edge_UPF 为 5GC 的一部分，MEP 系统级业务层归属 MEPM

统一管理,同时考虑到维护能力和难度,建议归运营商维护。

专网基站设备、MEC 硬件、MEC 边缘应用及边缘侧用于组网的数通设备维护与客户进行沟通协商。如果归运营商维护,需要考虑在承载网上打通相关的管理维护通道路由,并在中心机房配置网管设备,含基站设备、MEC 服务器、数通设备。如归用户维护,打通到客户内网的路由,则在客户侧配置相关网管设备。不同的维护权属,注意规划管理 IP 有所不同。

4 MEC 后期部署的思考

4.1 MEC 与 5G 融合

3GPP 的 5G 核心网在标准上支持用户数据面的下沉及边缘计算的部署,UPF 作为 5GC 的用户面下沉网元,关注的是网络功能。ETSI MEC 规范包括了用户数据平面 DP 功能以及边缘计算平台功能,关注的是数据分析和应用,UPF 相当于 MEC 系统中的 DP 模块,负责将边缘网络的流量卸载到 MEC 平台。

5GC 和 MEC 之间通过会话管理、策略控制机制、QoS 和计费等技术方案实现业务分流和业务连续性等功能。MEC 作为 AF 与 5GC 的非授信域 NEF 或者授信域 PCF 通信,AF 相当于应用控制器的角色,提供应用与网络控制面之间的交互,向网络发送策略控制,并从网络获取大量的网络能力提供给 ME_APP 应用。

两大标准化组织一直在合作推进 MEC 和 5GC 的深度融合,标准体系在不断完善,行业的应用也在不断的研究和推进中,因此未来有巨大的市场潜力和行业应用前景。

4.2 MP2 接口扩展应用

MP2 指示数据平面(DP 或 UPF)如何在应用程序之间路由流量、网络、服务等,该接口 ETSI 规范没有进一步的说明或定义,即无标准接口定义。中国联通基于 Restful 接口模式来进行 MP2 定义,接口内容扩展性强,在网络与业务协同上为用户的应用需求提供多种可能。

中国联通目前通过 MP2 接口实现的功能包括:IP+Port 分流规则、DNS 分流规则、基于 UE 标识的黑白名单控制、HTTP(S)头增强插入规则、UE IP、IMSI、MSISDN、位置等相关信息查询、带宽管理、基于应用或者 Session 粒度流量精准控制;企业级 AAA 系统(终端鉴权,黑白名单,分配、固定 IP 地址等)。

4.3 5G 端到端切片

5G 端到端切片涉及无线、承载网、核心网,尽管 R16 版本对网络切片的定义进一步增强,但受网络设备支持能力和设备商开发周期、多专业的网络协同规划限制,还在探索试验阶段,随着 3GPP 标准的完善,行业应用会持续推进。

目前,在联通网络上可实现的切片功能包括无线网、承载网、核心网三个子切片。无线侧使用增强型 QoS 和 RB 预留技术,智能城域网使用 FlexE 切片技术,核心网使用虚拟核心网技术,实现全网的端到端协同,通过资源预留技术实现硬隔离,初步满足 2B 业务严苛 SLA 诉求并已完成试验和在现网的初步应用。

后期需要解决切片的动态资源规划和调整、业务自动编排、智能化运维等关键能力,需要运营商、通信设备厂家、垂直行业等共同努力,制定完善相关技术标准和规范。

5 总结

移动边缘计算适用的场景具有如下需求特征:超低时延(通常小于 10 ms 的往返时间),实时计算、渲染和分析的实时处理,大容量数据传输。另外,安全和数据保护也是推动边缘计算的非常关键因素。

关于移动边缘计算的组网部署中,边缘设备位置的确定、采用何种共享模式取决于多种因素,需要根据这些指标做相应的评估和选择:

应用指标:时延、带宽、实时分析能力、传输数据量、安全性。

技术要求:切片管理、边缘配置、云和设备之间的距离。

业务需求：实际需求如语音方案、上互联网、专网用户与公网是否通信、投资成本。

维护分工：产权归属、维护难度、维护成本。

移动边缘计算随着 5G 技术的不断成熟，部署成本会逐步下降，对行业生态产生积极推动作用，拥有领先的边缘计算平台，运营商不仅向第三方提供边缘 IaaS 和边缘 PaaS 解决方案，还可提供更为丰富的 SaaS 服务以及各种相关的终端、网络服务，比如中国联通的 SaaS 服务：智能制造类的 AR 维修指导、AGV、视觉检测；智感安防类的智能城市监控、便携式动态布控、第一视角巡检；新媒体类的 Cloud VR、云游戏、4K/8K 高清视频等，为运营商提供新的利润增长点和发展契机。

参考文献

[1] 3GPP. 3GPP TS 23. 501: System Architecture for the 5G System (5GS) Stage 2 (Release 16)[S]. 2019.

[2] 3GPP TS 28. 530: "Management and orchestration of networks and network slicing; Concepts, use cases and requirements". 2020.

[3] ETSI. ETSI White Paper No. 28: MEC in 5G Networks[S]. 2018.

[4] ETSI. ETSI GS MEC 001 V2. 1. 1: Multi-access Edge Computing (MEC);Terminology[S]. 2019.

[5] ETSI. ETSI GS MEC 003 V2. 1. 1: Multi-access edge computing (MEC); framework and reference architecture[S]. 2019.

[6] 陈云斌，王全，黄强，等. 5G MEC UPF 选择及本地分流技术分析[J]. 移动通信，2020(1):48-53.

5G+MEC 边缘组网技术架构及商用实例浅析

岳笑哲

摘　要:本项目通过对5G核心网络模型深入分析,依托5G MEC组网架构及边缘云技术,通过定制化5G网络产品及当前行业商用实例,浅析5G边缘云计算在运营商领域落地应用的可能性,赋能企业数字化转型,助力5G行业应用良性发展。

关键词:5G MEC;边云云计算;混合5G专网;独立5G专网;虚拟5G专网

1　前言

中国联通5G MEC边缘云是基于5G网络能力和边缘计算能力,面向工业、园区、交通、港口、医疗、新媒体等场景,一站式提供ICT融合的服务,实现用户业务下沉至运营商边缘侧或用户侧,有效降低计算时延和成本。目前,5G行业应用匮乏初遇瓶颈,中国联通以CT的联接能力和IT的计算能力为切入点,联合合作伙伴构建开放生态,创造性地赋能垂直行业,提供丰富、低时延的边缘应用,使5G应用场景渗透到"应用和能力",构建"云、网、边、端、业"一体化的5G MEC服务能力,构筑"一点创新,全国复制"的边缘应用商店生态,以"边缘业务平台+行业应用"为中心打通前端市场需求,助力形成高价值行业云,实现5G应用百花齐放,为用户提供真正具备价值的B/C端应用和能力。

2　MEC技术背景

2020年4月29日,中国联通"首张MEC规模商用网络暨生态合作发布会"成功在云端举办。本次大会以"5G新基建,智胜在边缘"为主题,中国联通携手华为、Intel、腾讯、中兴、浪潮、碧桂园、格力等重要战略合作伙伴,正式发布全球首张MEC规模商用网络和《5G MEC边缘云平台架构及商用实践白皮书》。

中国联通作为全球运营商部署MEC的先行者,近年来持续深耕MEC领域,推出的CUC-MEC边缘云平台,根据3GPP和ETSI相关规范标准,秉承"源于标准、高于标准"的理念,在标准基础上做了大量的深度优化。通过开放的MEC边缘云生态,实现与不同公有云、行业云、私有云生态的无缝对接。通过和边缘设备厂商的适配和一体化边缘交付模式,实现设备厂商能力在联通MEC边缘云上的算力上移。基于开放的应用生态,实现千行百业垂直应用的引入,通过平台能力向应用和创新产品渗透,真正实现了可商用、可落地、可运营的MEC平台。

3　MEC架构及能力

中国联通依托CUC-MEC平台,通过"集团+运营中心+孵化基地"的组织架构,构建边缘云整体网络架构,推动实现MEC业务的"规建维研营"一体化。在部署架构上,中国联通MEC边缘云主要分为三大层级。如图1所示,分别为全网中心节点、区域中心/省会节点、本地核心/边缘节点。

MEC是5G网络转型的核心抓手,是现阶段赋能企业数字化转型的重要技术手段。5G MEC不是OTT云(IT)的下沉,而是融合了算力与网络联接的控制/管理,MEC可提供灵活的部署模式,以满足不同客户的需求,为用户提供更好的APP感知,实现CT的网络能力与IT业务能力的真正融合。

MEC具有边缘基础、边缘增值、边缘应用、客户自主服务四大能力:

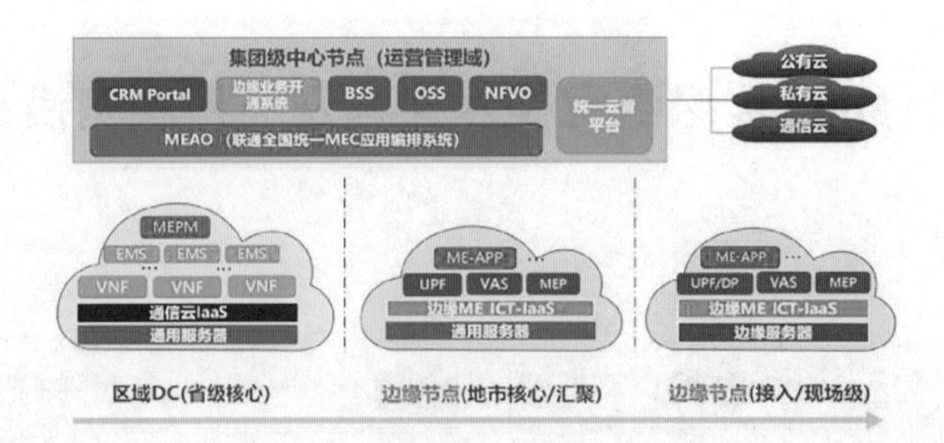

图 1　中国联通整体 MEC 架构方向示意图

(1)边缘基础能力:边缘基础能力是运营商独有“5G 边缘入口”的核心能力,是“去管道化转型”的重要抓手,提供 CT 核心边缘能力、IT 基础资源能力和云边协同能力。

(2)边缘增值能力:边缘增值能力围绕基础能力,构建的“云、管、边、端、业”体系的重要组成部分,提供 CT 侧的增值能力和 IT 侧的增值能力,CT 增值能力包括基于 5G 网络的无线带宽管理、流量深度解析、UE 标识等基础能力之上的延伸能力,IT 增值能力包括 AI、视频编解码、IoT PaaS 等通用 IT 平台能力。

(3)边缘应用能力:根据不同行业的需求,提供行业特色的应用能力,支持智能制造、智感安防、智慧城市、新媒体类的不同行业应用。

(4)客户自助服务能力:包括自助分流管理、网络状态自监控、应用自部署/自维护和多厂区协同管理等能力,可有效提升客户体验、提升差异化服务能力、提升行业融合能力。

随着 5G 商用时代的全面推进,MEC 边缘云成为助力 5G 网络数字化转型和差异化创新应用服务的强力助推技术,是各 OTT 头部企业、设备厂商、垂直行业和运营商等竞相抢占的具有新机遇和挑战的领域。

4　5G+MEC 边缘云组网技术

MEC 是 5G 时代运营商的核心竞争力,通过端到端整体方案成为企业面向数字化转型的核心抓手,关注交付实施严选,在自身孵化能力的基础上对外合作,聚拢生态。

中国联通根据网络定制化程度,将 5G+MEC 划分为独立 5G 专网、混合 5G 专网、虚拟 5G 专网三种基础组网方案(见图 2),通过 MEC 和切片构建运营商 5G 2B 差异化核心能力,使网络和业务深度融合、相互感知,为客户提供特定区域覆盖、数据可靠传输、业务安全隔离、设备可管可控的基础连接网络,满足客户在组织、指挥、管理、生产、调度等环节的通信服务需求。

(1)5G 独立专网:利用 5G 组网、切片和 MEC 边缘计算等技术,采用私有化部署无线设备和核心网一体化设备,为客户构建一张增强带宽、低时延、物理封闭的基础连接网络,实现用户数据与公网数据完全隔离,且不受公网变化影响(见图 3)。

5G 独立专网主要特点是专属专用、无线网及核心网私有化部署,具体包括无线网络定制化部署,实现无线覆盖无死角;UPF(MEC)、AMF、SMF 核心网元私有化部署,业务数据不出园,企业专网与联通公网端到端完全隔离,不受大网故障影响,实现生产不中断;通过上下行配比专属优化和载波聚合技术,实现上下行带宽增强;核心网元私有化部署和空口预调度,实现低于 15 ms 的超低时延;可提供所有网络增强服务,实现业务策略、用户权限灵活自服务;建设成本相对最高。无线基站使用联通已有频率,待国家对专网频率政策明确后可考虑使用专网独享频率。5G 独立专网适用于局域封闭园区场景,如矿井、

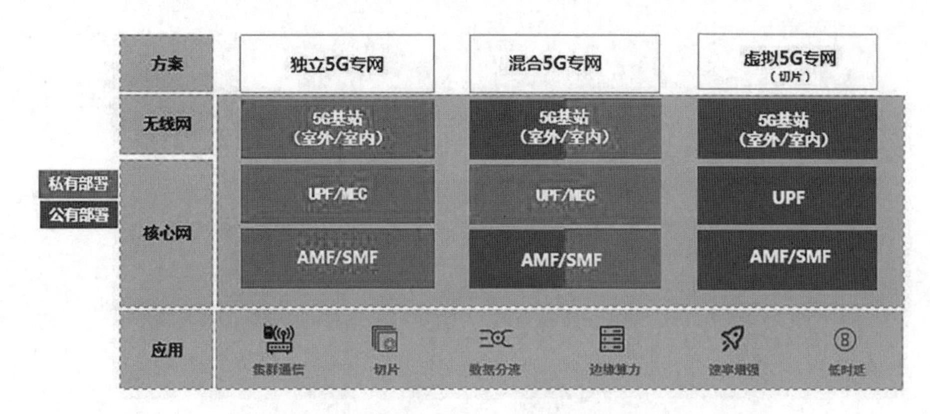

图2 中国联通 5G+MEC 组网方案

油田、码头、核电、高端制造、监狱、军队等。

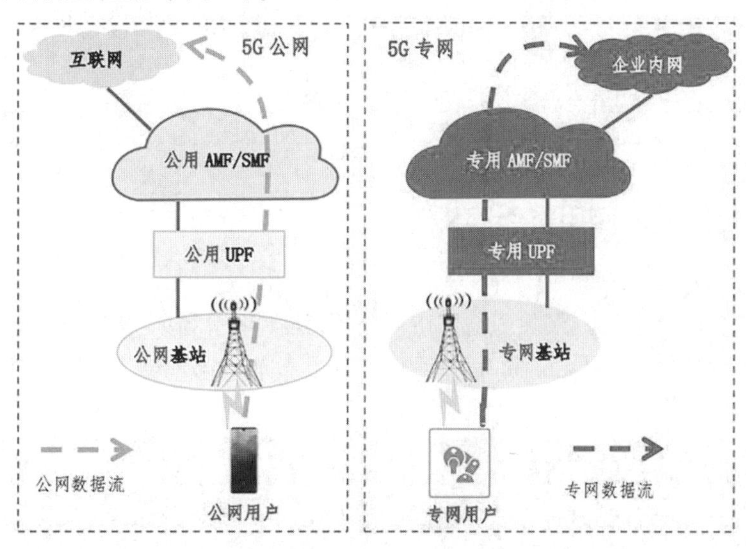

图3 独立组网

(2)5G 混合专网:5G 混合专网以 5G 数据分流技术为基础,通过灵活定制无线基站和控制网元,为客户构建一张增强带宽、低时延、数据不出园的基础连接网络(见图4)。

5G 混合专网主要特点是自由定制,数据网元私有化部署,无线及控制网元按需定制。根据客户需求及预算,灵活规划无线部署,可专有覆盖或共享大网覆盖,使 UPF(MEC)私有化部署,实现业务数据不出园、刚性保障数据安全,实现部分网络增强服务,如客户自定义黑白名单、分流策略等;同时基于 MEC IT-VAS 可实现 AI 分析、视频转码、AR 增强等业务能力。混合方式建设成本次之。5G 混合专网适用于局域开放园区场景,如交通物流、港企业内网互联网公网用户专网用户公网数据流专网数据流 5G 专网 5G 公网专用 UPF 公用 UPF 公用 AMF/SMF 共享基站口码头、高端景区、城市安防、工业制造、大型企业分支机构等。

(3)5G 虚拟专网指基于联通 5G 公众网络资源,利用端到端 QoS 或切片技术,为客户提供一张时延和带宽有保障、与公网数据隔离的虚拟专有网络。

5G 虚拟专网主要特点是个性选择、共享无线与核心网元,提供网络切片/软切片服务能力。5G 虚拟专网服务范围广,大网覆盖的地方均可提供软切片服务,提供专属管道,保障企业业务数据安全;可灵活签约专属切片,快速提供专网服务。5G 虚拟专网具备共享大网无线及核心网网元能力,建设成本低,无须采购专属设备,建设周期短。5G 虚拟专网适用于广域场景,包括价格敏感、有一定数据安全要求的业务场景,或基于公网漫游的业务场景,如智慧城市、新媒体等。

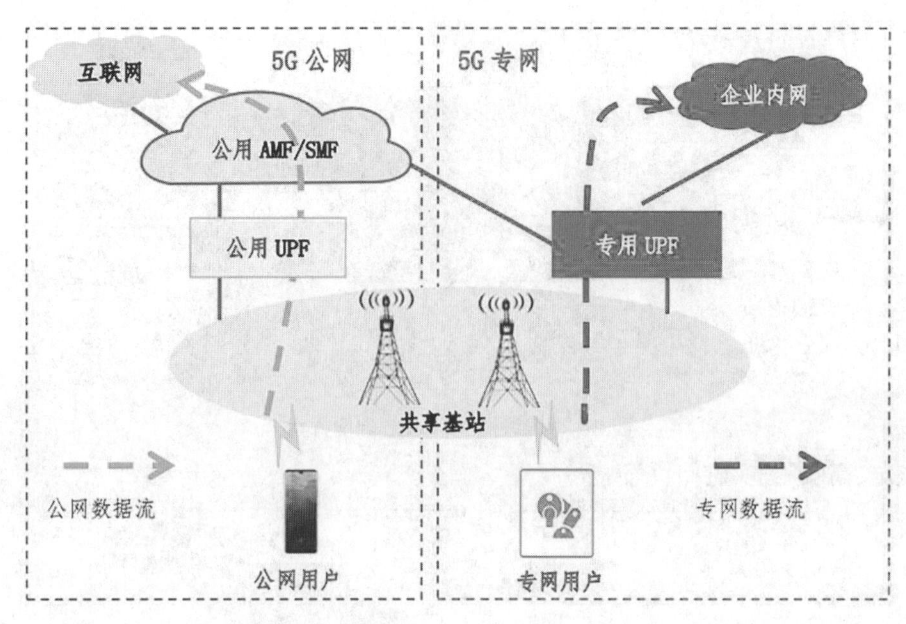

图 4 独立组网

5 5G+MEC 边缘组网技术应用实例浅析

案例一:洛阳 5G 智慧水利项目

该项目是中国联合网络通信有限公司洛阳市分公司、洛阳市水利局、洛阳水利建设投资集团有限公司联合打造的智慧水利项目(见图 5),在 2021 年 9 月 2 日参加的第四届“绽放杯”5G 应用征集大赛河南赛区决赛中,荣获三等奖。

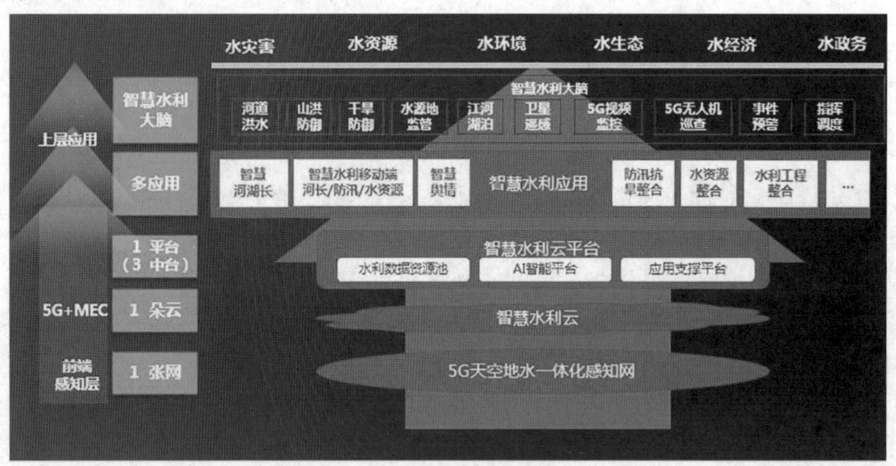

图 5 5G 智慧水利总架构

洛阳市位于河南省西部,横跨黄河中游两岸。境内伊、洛、瀍、涧四条河流穿城而过,有“四面环山、六水并流、八关都邑、十省通衢”之称,绘制全域治水蓝图尤为重要。目前洛阳水利监控存在部分瓶颈,一是前端监测感知设备存在较大时延,且有盲区,二是多业务系统并存,兼容性不足,缺少智能化分析。洛阳联通利用 5G 网络建立全环境的监测链,包含 5G+河道监控、5G 远程控制无人机、无人船等,实现立体监测、实时数据回传,同时基于 MEC 的边缘智慧水利大脑支持智慧化数据处理,提供智慧辅助决策(见图 5)。

该项目在河道设施附近安装 5G+AI 视频传感设备,叠加人工智能视频识别算法,自动识别违法违规等异常场景,实现智能化预警,节省人工成本,同时利用飞行高度 20 m、20 km/h 5G 无人机进行河道巡查,提高防汛河岸巡查效率,增加视野巡查范围,有效识别非法采砂、非法排污、河岸侵占等违法行为,

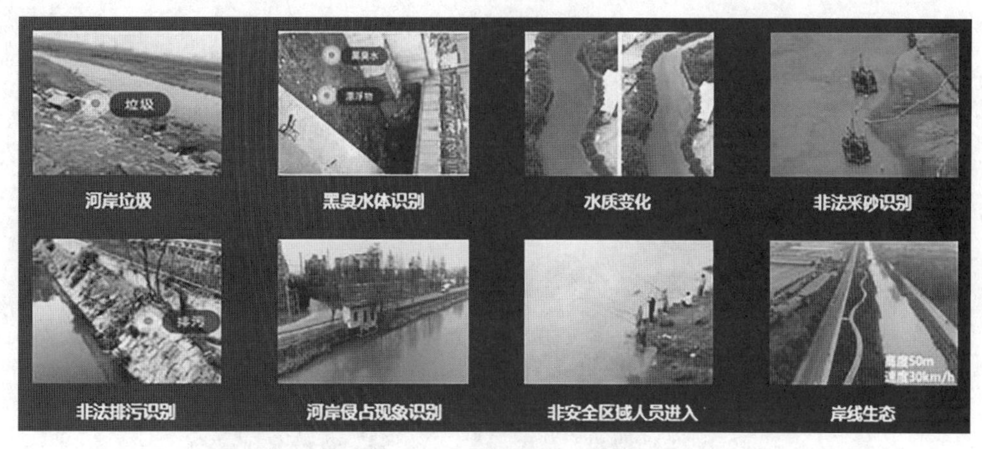

图 5　5G+AI 视频智能识别实景

在水利局提供下沉于边缘的计算承载能力以及灵活的路由管理能力，通过 5G 网络提升视频采集和实时回传，从而打造聚合于边缘的 5G 智慧水利大脑（见图 7）。

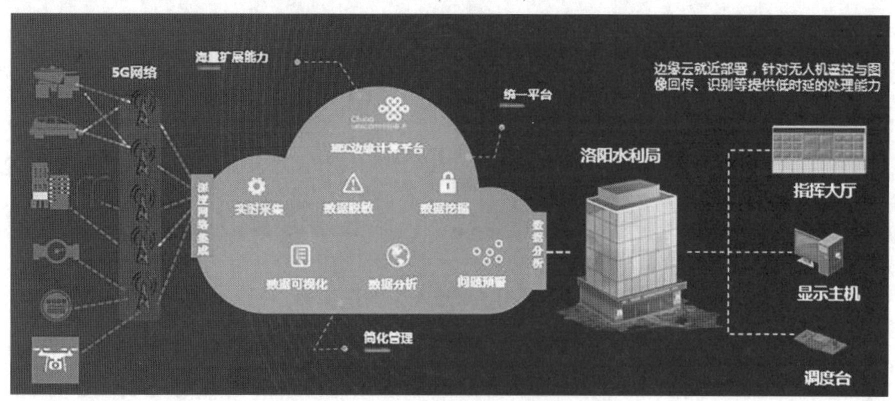

图 7　5G+MEC 边缘计算拓扑图

5G 智慧水利项目自一期工程交付以来，助力洛阳河湖“清四乱”，发现疑似“四乱”、非法采砂等问题 1 373 个，覆盖洛阳市 26 个河道及水库水位进行实时监测，累计发现 4 处河道及水库水位超警界限预警，同时对洛阳市 462 处河道及水库的水质、水雨情等进行有效监测，以 5G、AI、云计算、大模型等技术为核心，对水利信息数据进行全面深层次的分析应用。截至目前，已对洛阳市 201 个区域河段、1 601 个区域河长进行统一管理，以信息数据为支撑，提供智慧化辅助决策。

案例二：龙门 5G 无人车互联网应用

龙门 5G 无人车是由中国联合网络通信有限公司洛阳市分公司、龙门石窟世界文化遗产园区管理委员会、联通智网科技有限公司合力打造的 5G 智慧景区项目（见图 8），在 2021 年 9 月 4 日参加的第四届“绽放杯”5G 应用征集大赛河南赛区决赛中，荣获优秀奖。

图 8　龙门 5G 无人车项目内容

龙门，又称伊阙，地处古都洛阳南郊。这里两山对峙，伊水中流，佛光山色，风景秀丽，国家 AAAAA

级旅游景区,2000 年 11 月,联合国教科文组织将龙门石窟列入《世界遗产名录》,作为享誉世界的旅游胜地,每年吸引 400 余万国内外游客。2021 年 7 月 13 日,洛阳联通与龙门景区共同举办了中国联通科技创新龙门研究院挂牌,启动 5G 无人车项目,景区希望通过 5G 无人车创新项目,作为景区业务创新收入来源,达到提升客流和增加消费的目的,同时作为全国著名的 5A 级景区,希望通过 5G 无人车项目,保持景区在文旅行业信息化建设的先进性(见图 9)。

图 9　龙门 5G 无人车构造实景

通过多轮技术洽谈会,该项目 5G 网络部署根据实际业务部署需要和应用场景升级演进要求,采取分布走方案。①先建设 5G 虚拟专网,基于 5G 公众网络资源,利用端到端 QoS 或切片技术,提供一张时延和带宽有保障、与公网数据隔离的虚拟专有网络;②再建设 5G 混合专网,以 5G 数据分流技术为基础,通过灵活定制无线基站和控制网元,构建一张增强带宽、低时延、数据不出园的基础连接网络。

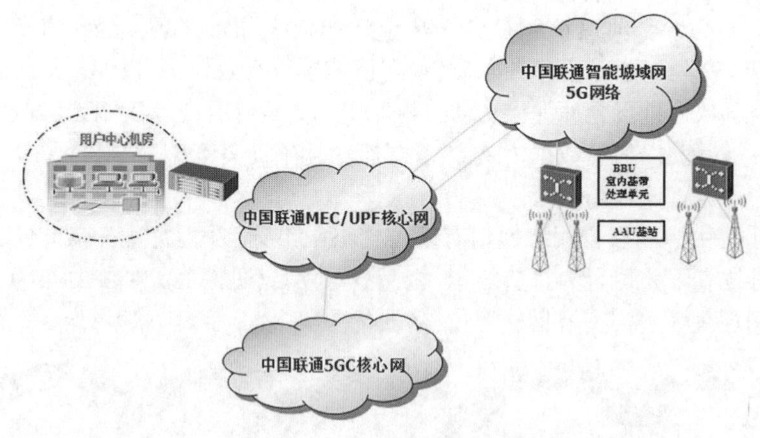

图 10　5G+MEC 组网拓扑简图

通过建设"人车路网云一体化"智能网联汽车基础设施体系,采用人、车、路、网、云方案基于 5G SA 全新的网络架构(见图 11),同时支持 SA 的 5G Uu+PC5 的双连接路侧设备 RSU 和车载设备 OBU,在基站侧的边缘云平台部署 MEC 服务器,充分发挥 5G 大带宽和低时延特点,将路侧和车端数据通过 UPF 分流回传到 MEC 进行高性能的融合运算、决策,并将结果反馈给 RSU 和 OBU。利用 PC5 接口将消息广播给周围的车联网终端,实现 V2X 通信,满足 ITS 要求的场景用例。

龙门 5G 无人车项目通过 5G RSU 提供 5G Uu 和 PC5 D2D 直连通信,实现 RSU 与周边车辆、行人、

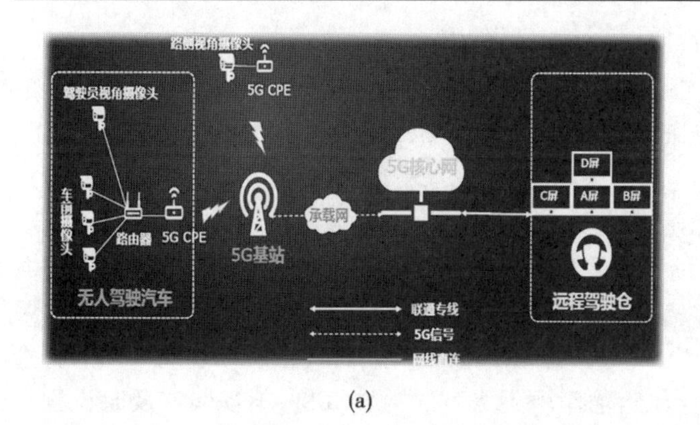

(a)

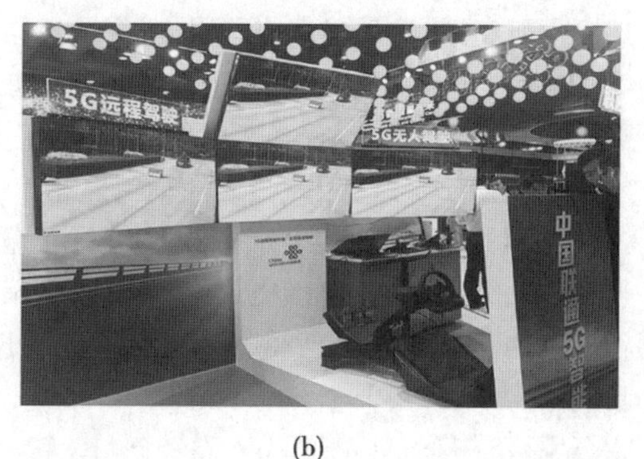

(b)

图 11　龙门 5G 无人车无人驾驶

道路设施之间的通信,接收和发送相关信息,以实现智能交通系统的各种应用场景;该项目在路侧部署边缘计算 MEC,接入路口 AI 摄像头、毫米波雷达和激光雷达,实现感知数据共享,支持高级别自动驾驶;系列化路侧边缘计算设备选型,满足多种算力需求;同时将车联网业务部署在 MEC 平台上,实现"人-车-路-云"协同交互,通过将 UPF 网元下沉到 MEC 平台进行数据分流,可以降低端到端数据传输时延,缓解终端或路侧智能设施的计算与存储压力,减小海量数据回传造成的网络负荷,提供具备本地特色的高质量服务。

洛阳旅游资源得天独厚,文化遗存灿烂丰厚。现有 5A 级景区 5 家,4A 级景区 12 家,3A 级景区 11 家。景区信息化建设普遍科技含量不高,难以吸引游客二次消费,形成网红效应。本项目建成后将有很好的示范效应,文旅市场前景广阔,构建无人车及自动驾驶产业生态体系,能够扩大龙门在文旅创新领域的影响力,在遍及全球的游客中提升国家科技形象,带动文旅业态实现增值服务。

案例三:伊电控股集团 5G 无人驾驶项目

伊电控股集团 5G 无人驾驶是由中国联合网络通信有限公司洛阳市分公司、伊电控股集团有限公司、航天云网打造的 5G 智慧工业项目(见图 12),在 2021 年 9 月 4 日参加的第四届"绽放杯"5G 应用征集大赛河南赛区决赛中,荣获优秀奖。

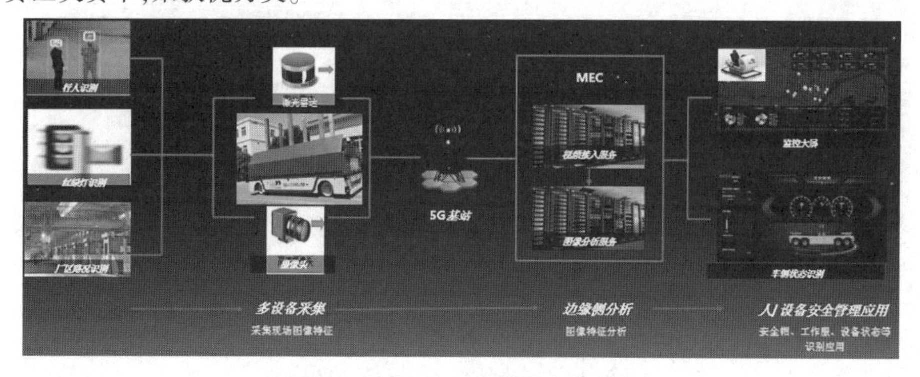

图 12　伊电 5G 无人车方案概述图

伊电集团作为循环经济一体化发展的特大型民营企业集团,是一个煤-电-铝-铝深加工一体化的大型企业集团、全国 500 强工业企业、国家级文明单位、河南省重点培育的"双百亿"企业之一,年可实现销售收入 100 亿元,利税 10 亿元。

据统计,人社部发布的最缺工人的职业中 60%为冶炼技术、金属热处理相关相关职业,电解过程的强磁环境危害是导致该类行业人员缺少的直接原因。国家卫健委 2021 年发布全国职业病人数,其中 90%为冶炼及其他行业引起的尘肺病。所以伊电集团一铝厂、伊电集团二铝厂及陕县恒康铝业三个厂区面临以下几个方面困难:

(1)在高温,强磁场,粉尘环境中长期工作影响身体机能,行业工作环境导致招工困难,特别是厂区内运输司机紧缺，受到工人控制明显，疫情等原因导致部分生产线停产。

(2)生产过程污染大，急需通过各种途径减少污染。

(3)厂区面积较大，操作车间较多，优秀工人特别是大车驾驶员，不再选择进厂工作。

(4)强磁场环境导致现行燃油车辆损坏较快，频繁修换车辆，成本激增。

(5)进场人员文化程度水平低，工作环境危险，易发生人身危险。

中国联合网络通信有限公司洛阳分公司借助 5G 网络高速率、低时延、大带宽特性，与伊电集团共同在厂区内打造 5G 无人驾驶项目，依托 5G 网络为基础，促进智能制造高质量发展，以边缘云平台以及创新应用为核心，实现企业降本增效。用 5G+MEC 组建厂区 5G 虚拟专网，替代工厂专线及 Wi-Fi，打造强磁场下，清扫车、AGV5G 无人驾驶(见图 12)。原运输车辆无人驾驶改造案例，不仅能够及时识别交通信号避障，针对道路情况和突发状况做出实施反应，还可以自动规划最优行车路线，并控制车辆到达预定目标，极大地提高车辆安全性和运输能力；并在边缘侧(MEC)部署机器视觉算法对采集视频进行实时分析，对于违规作业、设备非正常状态等情况进行多渠道告警。形成对作业区域内作业规范、作业流程、作业风险的实时化和规范化管控(见图 14)。通过伊电集团 5G+无人驾驶工艺车辆项目的实施，实现厂区铝液、阳极等物料无人驾驶智能运输。

图 13　伊电 5G+MEC 强磁无人车

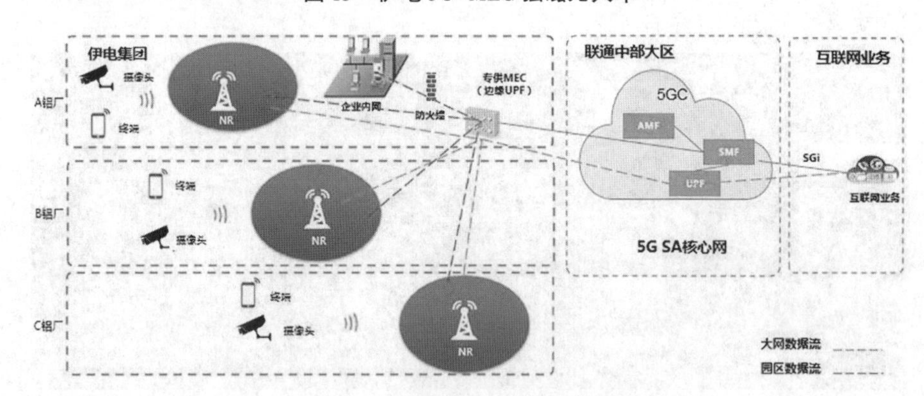

图 14　伊电 5G+MEC 组网架构

伊电控股集团 5G 无人驾驶项目助推金属冶炼行业人力资源摆脱困境，减少社会相关行业职业病人数新增。在高危强磁环境及招工难的前提下，该项目能达到优化岗位，单厂区为用户节约人工成本 15×6 万=90 万/年；同时减少现场人工干预，提升工人自身安全保障，节省了因缺工导致的生产停机时间；降低运输误操作率，项目全部上线后能将运输误操作率有效降低至 70%。

6　结语

在中国联通看来，5G+MEC 建设是发展 5G、2B/2C 高价值业务的重要战略，也是构建“云、管、端、边、业”一体化服务能力的关键，是助力国家网络强国的强心剂。依托 MEC 平台和创新实验室，截至目前，中国联通已在全国开展近百个 MEC 商用工程，聚焦“智能制造”“智慧医疗”“智慧交通”“智慧园区”“智慧工业”等领域;同时平台已成功打造商飞、三一重工、中国一汽、宝武钢、天津港、中日友好医院、文远知行、上海张江人工智能岛等多个商用标杆,携手腾讯、阿里、百度、虎牙、抖音等在广东建成全球最大的 MEC 试商用基地,为 5G 云游戏、VR 直播、8K 超高清视频等业务的井喷式爆发奠定基础。随着 5G+MEC 边缘技术的不断发展,势必打破目前 5G 行业应用匮乏的瓶颈,同时通过对 5G 技术的不断拓展创新,让百姓能够切实体会到 5G 技术的真实体验,感受到 5G 就在身边,使生活更加便捷,更加畅快!

管理创新

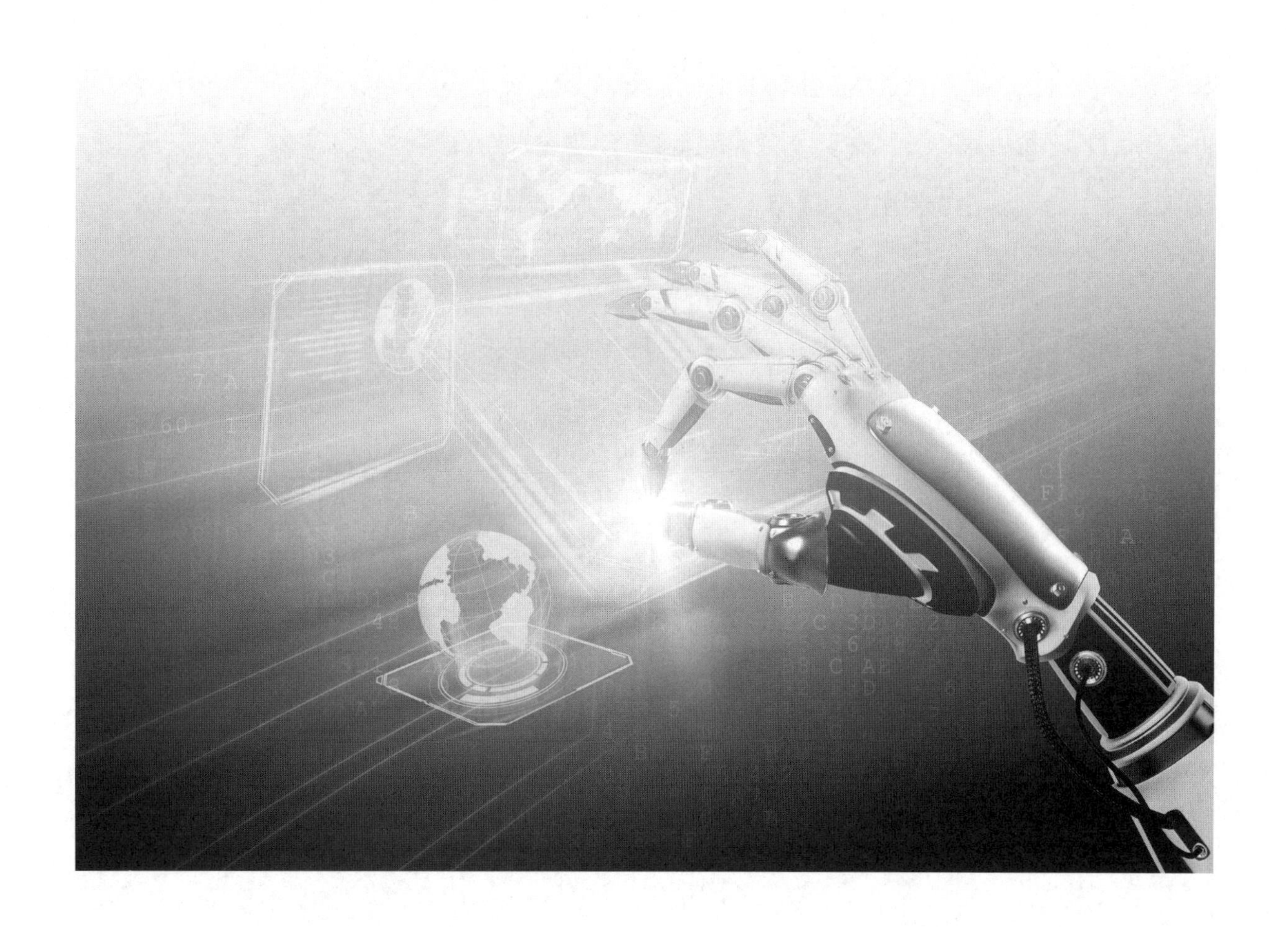

基于多人制衡式金库模式加强高危操作事中控制

李 洋

摘 要:河南电信为了加强网络关键数据安全管理的要求,进一步提升公司客户信息保护水平,建立长效安全机制,网运部牵头,各专业配合,通过4A平台支撑,在账号级金库、指令级金库的基础之上,全面提升关键信息基础设施安全防护能力,逐步建立了系统资源金库、应用资源金库、高危指令金库及金库审计模型,形成了完整的金库管理体系,尤其是根据业务实际情况总结提出高危指令管理金库场景,重点加强对特高危指令的管理,实现独创的金库"双认证"模式,解决指令金库在管理中存在的一些弊端,填补了应用资源操作指令金库管理方面的空白,显著增强了应用资源操作金库管理方面的短板。金库管理不仅实现了前台、后台的操作控制,也实现了具有独特创新的高危操作指令金库比对功能、应用图形界面敏感操作管理,实现了全场景的金库管理需求。

关键词:金库管理;金库场景;敏感指令;高危指令

1 前言

近一段时间,多个省份频繁出现用户业务操作失误引起的重大故障事件,社会影响恶劣,经济损失严重,严重影响用户体验,给公司社会形象带来严重负面影响,主要表现在重大高危操作过程缺乏事中控制措施,以及安全控制措施不到位产生的重大故障,金库管理功能是旨在避免重大高危操作出现误操作、非授权操作而影响业务正常运行的情况,河南电信制定和下发《重点业务系统安全防护实施细则》加强对高风险操作、高价值资产的安全防护,依托4A系统建立了金库式管理功能,通过梳理高权限账号、涉敏操作、高风险操作场景,将场景全部纳入金库式管理策略中,通过事先定义的场景和策略,逐步建立了完善的访问控制事中管理体系。

2 选题背景及意义

针对现有应用系统及硬件设备资产中涉敏、高风险操作无完整清单以及在用户访问过程中没有有效的事中控制手段的情况,加之高权限账号滥用的问题,引入4A金库模式进行管控,保证合法用户账号在合法时间、合法资产上执行合法操作。解决现有维护资产难题,同时增强资产安全性。

3 分析过程

(1)河南电信4A系统主要接入并管理多个重点网络系统、重点业务平台,其中部分业务系统存储大量用户涉敏数据,部分业务系统是关键生产业务系统,存储重要的业务数据,系统管理主账号近万个,各类资产账号30余万,日常业务运维中存在各类高权限账号、涉敏操作、高风险操作,未梳理高危操作内容台账,管理员无法全面掌握自身系统的潜在风险隐患,更没有制定有效的风险预防措施,从而杜绝信息泄露、重大安全生产事故的发生。

河南电信通过调研和梳理,掌握了关键生产业务系统的高权限账号、涉敏操作、高风险操作清单、对清单进行分类管理,定义高、中、低风险级别,制定不同级别的管理等级,对应不同的管理策略,将操作清单纳入4A系统金库式管理场景中,通过颁布涉敏以及高风险操作管理办法,要求业务系统及时将后续新增的涉敏和高风险操作场景上报,通过制度和流程,确保所有涉敏和高风险操作场景均纳入4A系统金库管理。

（2）传统安全管控模式重视事后审计和追责，对事中无有效管控手段和相应流程，随着安全管理深入发展，业务系统安全管控逐渐向更细粒度进行控制，需要确保正确的人做正确的事，不正确的人不允许做任何事，改事后审计为事中控制，变被动为主动，是业务安全管控工作的重要手段和抓手。

河南电信在4A系统基础上实现全面的金库管理功能，依托安全管控平台已有的管理流和功能，利用全量接管业务系统优势，抓住核心问题，进行尝试和突破，实现VPN金库、账号金库、指令金库、应用金库，覆盖所有敏感业务系统和敏感业务场景。

（3）金库式管理的实现是在用户进行涉敏、重大操作过程中进行中断，经过提交申请、审批、填写验证码等流程，得到有效的授权之后，才能继续进行操作，因此审批流程的效率至关重要。

河南电信4A系统金库管理功能采取多种措施，优化金库申请和审批流程，采取多种自动化措施，提高流程各环节的处理响应时长，并通过实现金库预约功能，实现事前预约，对重要操作实现零操作延迟。

4　解决措施

4.1　涉敏、高风险操作分类分级管理

对业务系统涉敏操作进行分类分级，包括账号、敏感操作、高危操作，梳理敏感系统账号、应用图形界面敏感操作集，高危指令集，形成金库触发策略（见图1）。

图1

通过对涉敏指令的梳理和细分，提升了涉敏操作触发的精准性，既保证了安全，同时也提升了操作的便捷性，目前已完成了相关专业的梳理和细分，包括账号、敏感操作、高危操作，梳理敏感系统账号、应用图形界面敏感操作集，高危指令集，并全部纳入触发策略管理，提升了涉敏操作触发的精准性。

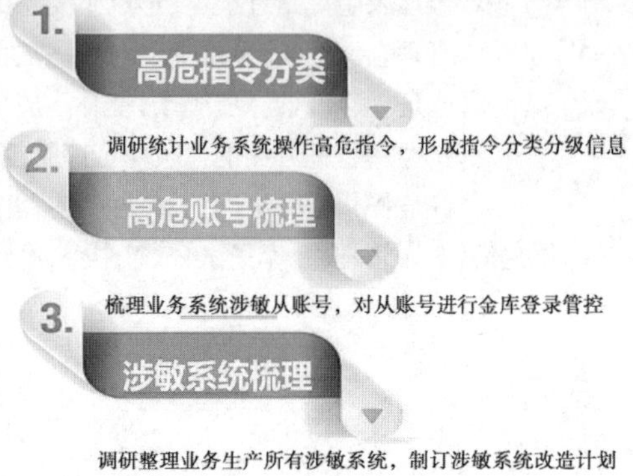

4.2　实现事中控制

4.2.1　传统敏感防护事中控制手段

全景金库体系中，VPN金库、账号金库、指令金库作为传统的敏感业务防护手段，实现了基本的安全防护管控，通过在全中心各业务系统的广泛应用，实现了对重要系统的基础防护和管控。

• VPN金库

针对远程访问应急VPN通道存在的业务需求和安全漏洞之间存在的重大矛盾，设置VPN访问金库场景，VPN访问事先需经管理员批准，访问过程重大操作二次金库审批，访问过程全程留痕（见图2）。

• 账号金库

针对存在涉敏数据访问权限的业务系统从账号，设定账号登录操作金库，从账号的使用开始管控，防止高权限账号的滥用导致信息泄露风险（见图3）。

• 指令金库

根据业务系统各专业上报和业务分析，梳理和统计关键业务操作中敏感指令、文件，形成13个场景、27类、128条敏感操作指令库，全部纳入金库管理（见图4）。

4.2.2　高危指令金库管理

高危指令金库旨在解决系统日常维护、割接升级过程中由于误操作导致的安全生产事故。高危操作通过触发、强制挂起和双因素认证方式，指令比对一致后下发执行，解决了传统的金库管理中审批人员只能选择是否同意，无法掌握高危操作指令的准确性和完整性而导致的高危风险（见图5）。

（1）维护人员输入高危指令将自动触发高危指令审核，同时该命令强制挂起。

（2）审核人需输入同样指令，系统自动比对无误后该指令继续下发执行。

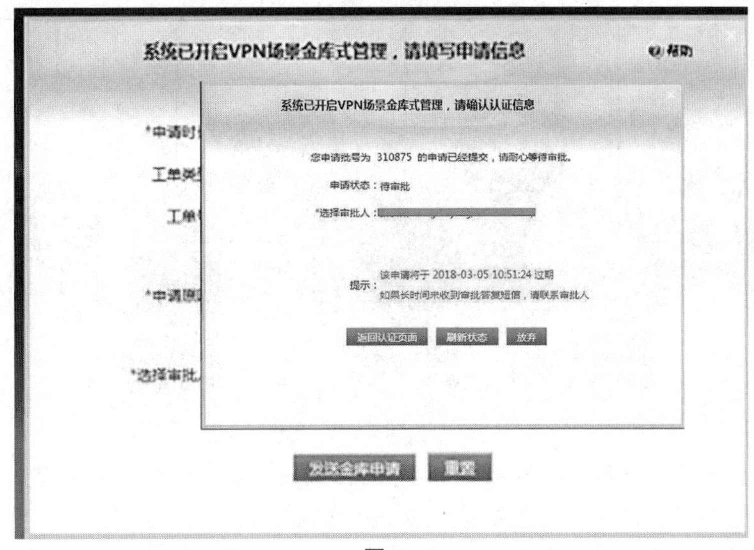

图 2

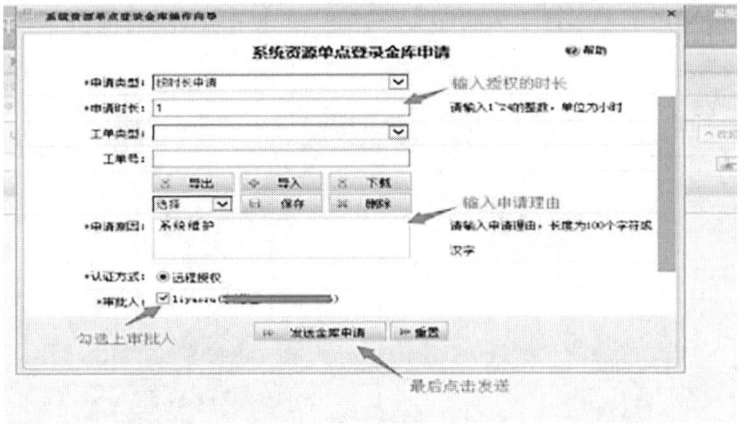

系统资源单点登录金库申请
帮助
*申请类型：按时长申请
*申请时长：1
工单类型：
工单号：
导出 导入 下载
选择 保存 删除
*申请原因：系统维护
*认证方式：远程授权
*审批人：liyaozu
发送金库申请 重置
输入授权的时长
请输入1~24的整数，单位为小时
输入申请理由
请输入申请理由，长度为100个字符或汉字
勾选上审批人
最后点击发送

图 3

本次金库申请到期时间为:2017-08-22 12:30:01
190203号金库申请状态为:待审批. ← 申请状态
当前审批人:
1>liyaozu 李耀祖
您可以做以下操作:
1>刷新金库状态.
2>重新发起金库申请
1 ← 审批通过后，刷新状态
编号190203号金库申请已审批通过，你可以在认证完成后马上使用
当前审批人:
1>liyaozu 李耀祖
请输入 190203号金库申请短信验证码(不空):
← 输入手机收到的金库口令

编号190203号金库申请已审批通过，你可以在认证完成后马上使用
当前审批人:
1>liyaozu 李耀祖
请输入 190203号金库申请短信验证码(不空):
520808 ← 输入口令后，回车
190203号金库申请认证通过.您可以做以下操作:按回车键继续. ← 按照提示回车

```
[user4a@hazz-gkpt-server10 ~]$ ll
total 4
drwxrwxr-x 2 user4a user4a 4096 Aug 22 11:37 test
[user4a@hazz-gkpt-server10 ~]$
```

命令执行成功，文件夹已建立

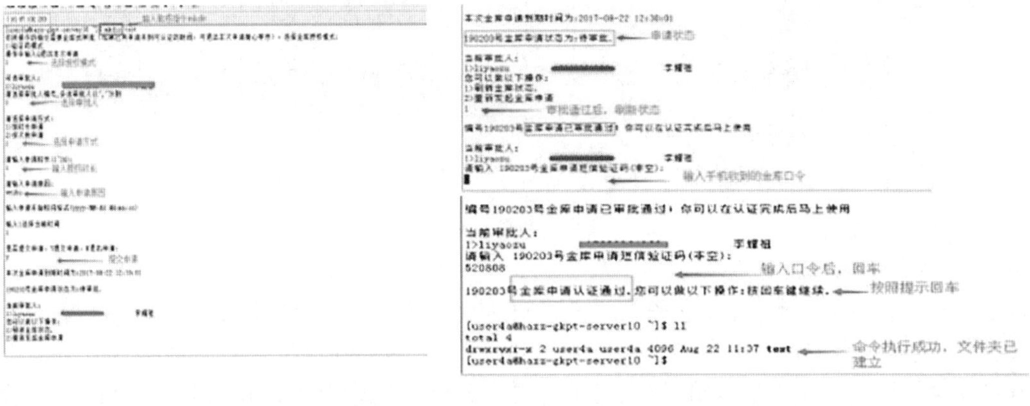

图 4

(3)超级账号功能,当需要处理紧急故障时,超级账号通过一次性授权后,可直接下发指令,不再进行审核,确保故障处理的时效性。

4.2.3 应用系统金库管理

应用系统金库旨在解决应用系统页面中的敏感操作管控,提升图形敏感操作的事中管控能力,增强图形应用系统的操作安全性。

由于业务发展需要,应用系统保存了大量的敏感数据,存在数据泄露的风险和隐患,但由于受制于

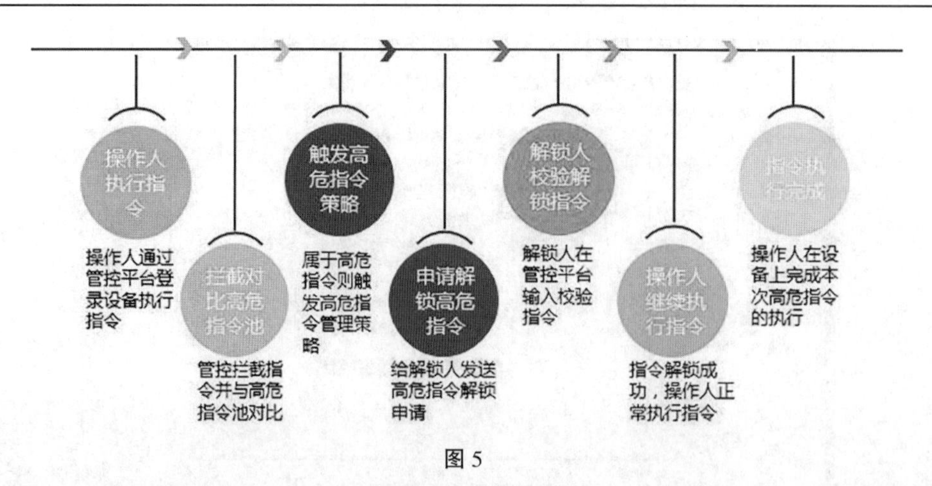

图5

应用侧改造，而成为金库全景管理中的短板，河南电信将应用资源金库作为重点进行试点开发，联合涉敏应用系统成立专项工作组，针对业务系统应用页面中的敏感操作，共同制定接口方案和改造联调方案，实现应用系统涉敏操作实时触发金库审批，提升图形操作的事中管控能力，增强图形应用系统的操作安全性（见图6）。应用系统金库管理功能的实现，填补了应用系统金库管理领域的空白。

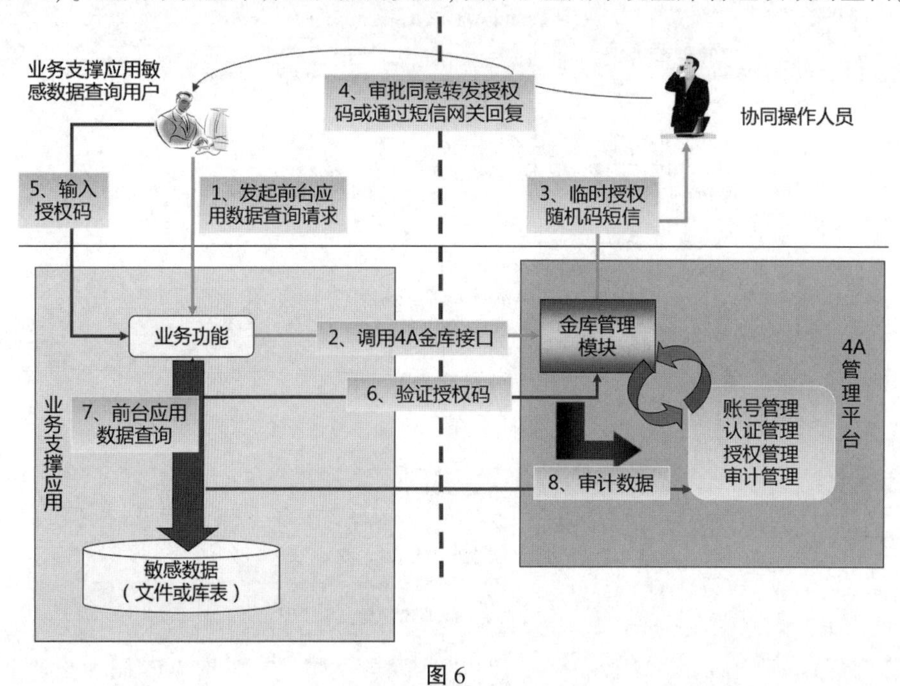

图6

4.2.4　金库操作效率优化

随着金库功能应用的不断推广，业务管件操作对于金库式事中控制更加依赖，金库自身的安全问题凸显出来，由于金库式事中控制中断操作人员的高危操作，必须得到审批之后才能继续操作，因此操作效率和自身安全性问题必须得到保障，河南电信针对金库管理进行专项优化，提高金库操作效率，解决金库管理存在的程序漏洞、业务漏洞，使金库管理更安全（见图7）。

4.2.5　事后审计闭环

完整保存敏感操作触发金库的日志，包括金库操作请求、审批情况，定期生成审计报告，并通过工单流程系统自动派单给指令操作人员和审批人员，以确认操作行为，形成敏感操作闭环操作记录（见图8）。

5　主要创新

5.1　实现应用金库管理，加强应用系统涉敏系统管控

一直以来，金库管理存在重指令轻应用问题，而业务发展现状是应用系统越来越多保存用户敏感信

图 7

图 8

息,高风险操作也逐渐向应用层转移,河南电信通过应用系统金库功能梳理、开发、上线,形成一套应用金库管理标准接口规范,适用于大多数网管应用系统,总结了应用金库的建设标准和建设流程,将高风险应用系统全部纳入金库管理,确保对应用前台敏感操作的有效管控。

5.2　强化高危指令管理,创新复核机制,杜绝高危操作意外情况

传统的指令金库,只能通过短信审批同意与否,而审批人很难掌握操作人员的指令具体内容。如果审批人员对于操作的敏感性和高危性认识不足,会存在放松审批控制的隐患。而高危指令金库,对于重大危险操作,要求审批人员复核操作人员的操作内容,同时进行指令比对,审核通过后才能执行指令下发。最大限度避免由于误操作导致的重大安全故障发生,确保网络稳定运行。

5.3　指令分类分级管理,形成指令分类分级管理办法

通过对常见网元设备、常用操作指令进行梳理,对操作指令进行分级管理:分为普通指令(如 show/display)、配置指令(如端口 description 配置)、高危指令(如路由策略),形成指令操作分类:普通操作、敏感操作、高危操作,将敏感操作纳入指令金库管理,将高危操作全部纳入高危指令管理,形成高危操作场景,全面管控高危操作使用、审批。

5.4　增强高危操作事后审计,形成高危操作事件闭环管理

通过与工单流程系统开发接口,将高危操作及审批结果形成工单,定时派发给审计人员和金库审批人员,帮助审批人员掌握高危指令的执行结果情况,从而实现了高危操作的事前分级、事中控制、事后审计的闭环流程管理。

6　结束语

高危操作金库式全覆盖管理是河南公司重点推进的安全工作，是解决用户信息泄露、重大割接操作等风险的重要控制手段，通过建设和应用指令金库管理，并在此基础上，结合实际安全生产的现状，扩充了高危指令管理和应用资源管理，并对金库应用进行安全加固和操作优化，使金库管理更好服务于企业生产，针对金库式管理的应用，得到了各专业管理人员的肯定和支持，应用多人制衡式金库，彻底解决了业务生产安全的后顾之忧，使业务安全员和管理人员随时能够掌控安全生产的关键操作，能够及时规避各类安全风险。

参考文献

[1] 魏冬冬. 产品数据管理系统中访问控制技术的研究与应用[D]. 武汉理工大学，2018.
[2] 李明. 基于可信身份认证的企业信任服务体系研究[J]. 信息安全研究，2017.
[3] 卜芳惠，周磊，缪万胜. 一种软件项目管理过程中的权限三维模型系统控制方法，中国航空无线电电子研究所. 2017.
[4] 李庆林. 基于 WEB 的单点登录和权限管理技术研究与实现[D]. 北京邮电大学，2018.
[5] 郭敏. 基于 4A 管控平台的金库管理系统的设计与实现[D]. 北京交通大学，2017.

基于RPA的网络运营数字化转型研究与实践

郭　威　常艳生　孙　瑜　陈德玉　陈　倩

摘　要:网络运营中许多日常重复性维护工作,需要运维工作人员在各种系统、平台、应用程序和数据库之间来回切换,进行数据的搬运工作。人工的操作,不仅需要大量的时间与人力,而且还要耗费较高的运营成本,导致工作效率低下,难以满足网络高效运营的发展目标。为顺应网络数字化发展趋势,通过引入RPA数字化技术,进行工作流程再造,将网络运营人员从部分烦琐、低价值、重复性的运营工作中解放出来,提升网络运营效率。

关键词:RPA;机器人流程自动化;AI;网络运营;数字化;流程改造

1　前言

伴随移动网络规模的不断扩大,网络运营工作的压力急剧增加,对网络运营效能提出了挑战。网络运营中许多日常重复性维护工作,需要运维工作人员在各种系统、平台、应用程序和数据库之间来回切换,进行数据的搬运工作。人工的操作,不仅需要大量的时间与人力,而且还要耗费较高的运营成本,导致工作效率低下,难以满足网络高效运营的发展目标。为适应和顺应网络数字化变更的趋势,改变传统网络运营模式,必须通过引入新的数字化技术手段,对网络运营工作的流程进行数字化重构改造,将网络运营人员从大量繁琐、低价值、重复性的工作中解放出来,将时间和精力投入到更有价值的工作和新技术的学习中,不断提升网络运营效能,达到提质增效的目的。

2　机器人流程自动化技术

机器人流程自动化技术简称RPA(RPA,Robotic process automation),流程机器人软件的目标是使符合某些适用性标准的基于桌面的业务流程和工作流程实现自动化,一般来说这些操作在很大程度上是重复的,数量比较多的,并且可以通过严格的规则和结果来定义。只要预先设计好使用规则,RPA就可以模拟人工,进行复制、粘贴、点击、输入等操作,协助人类完成大量“规则较为固定、重复性较高、附加值较低”的工作。

作为企业开启数字化转型的钥匙,RPA具有下列优势:

- 加快数字化转型:数字驱动高效业务创新,快速实施验证业务流程;敏捷抢占价值空间。
- 降本增效:降低运营成本,提升工作效率,基于数据决策。
- 智慧流程:洞察企业痛点,快速响应交付,快速联结却不干扰底层。
- 员工体验:减少重复劳动,鼓励员工创新。

简单来讲,RPA可以帮助企业或者员工完成重复单调的流程性工作,让员工可以专注于更高价值的事务,同时还可以深入洞察企业存在的痛点问题,快速响应交付,帮助企业降低运营成本,加快数字化转型,该技术已广泛应用在多个领域。

3　基于RPA的数字化流程应用实施

3.1　数字化流程改造目标的选择

通过对网络日常运营工作的梳理,决定从移动核心网监控入手,选取“告警工单受理”和“投诉信令回溯查询”两项具有固定操作工序流程的工作,对其进行数字化改造。这两项工作在监控值班人员每天的工作中，占据了相当大的比重，对完成的时效性和准确性都有较高的要求。

告警工单受理工作需要值班人员登录 OSS 告警工单管理系统进行处理，每一个工单必须在 5 min 内完成接单，值班人员需要时刻关注新工单是否受理超时，正常情况下平均日接单量达到上百条。如关键核心节点故障，将并发导致关联节点产生大量的告警，值班人员需逐条受理，耗时长，难以保证及时受理；且后续回单过程，需人工逐条回复重复的故障原因，带来大量重复性操作。

投诉信令回溯查询是值班人员根据语音投诉查询单，人工登录系统，手动输入多个查询条件，对查询结果进行筛选，然后对筛选结果，做全流程分析，最后对分析结果进行提取相应的信息，整个流程繁琐且全程需要人工参与，平均一个工单查询处理历时近 30 min，有时候一天会有十余个工单要处理，此项工作给值班监控人员的工作带来很大的压力，影响告警监控专注度。

3.2　基于 RPA 的数字化流程设计

对选取的流程梳理，将每一个流程分解成不同的动作，对每一个动作（步骤）设定基本操作规则并嵌入操作逻辑，形成功能组件，根据功能实现的需求和逻辑判断，调用对应的功能组件，由程序机器人模拟人工来实施操作。

流程数字化改造的设计框架主用包括机器人调度平台、功能流程、人工智能辅助、机器人、标准化基本组件五部分，其构架示意图如图 1 所示。

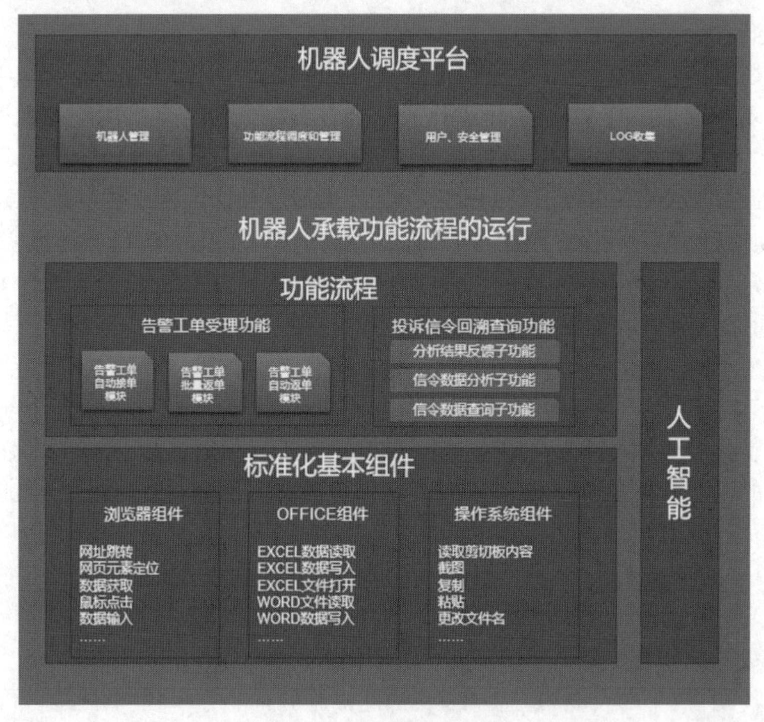

图 1　RPA 架构示意图

3.2.1　标准化基本组件

人工操作的过程可以分为鼠标点击、键盘输入、打开浏览器等基本动作，模拟人的操作方式，RPA 提供了对应的标准化基本功能组件，主要分为浏览器组件、Office 组件、操作系统组件等类别。

3.2.2　功能流程

基于标准化的基本组件，按照实际工作的逻辑，形成了告警工单受理功能和投诉信令回溯查询功能。告警工单受理功能分为告警工单接单、批量返单、自动返单 3 个功能模块，投诉信令回溯查询功能分为信令数据查询、信令数据分析、分析结果反馈 3 个子功能。

3.2.3　人工智能辅助

人工智能负责对告警工单数据中的告警内容、告警处理的方式和处理结果进行分析，计算告警各要素对于故障处理方法、最终故障设备的增益率，为维护人员提供数据参考，并预测新告警的可能的处理方法和最终故障设备。

3.2.4 机器人

机器人是安装了功能流程所需运行环境、能与机器人管理平台交换的机器，是功能流程运行的载体。

3.2.5 机器人调度平台

机器人调度平台是各个功能流程和机器人进行管理平台，负责功能流程运行方式、发送参数、监控运行状态、收集运行反馈结果，并对机器人进行管理，分配可用机器人等，以及对用户权限和安全的管理和LOG的收集。

3.3 告警工单受理的流程改造

通过RPA实现告警工单的自动受理、自动返单、批量返单功能，由机器人辅助代替人工来完成这些工作。通过C4.5机器学习算法，对以往告警内容、告警处理的方式和处理结果进行多次扫描，形成新的告警处理规则或对原先规则做更新以提升准确率，供维护人员参考，应用在告警经验库迭代更新，具体实现方法为：

(1)定义数据元组，包含网元名称、网格名称、网元类型、厂家、地市名称、告警类型、告警级别、告警标题、可能原因、处理方法、最终故障设备名称、最终故障网格名称。

(2)读取告警工单，从中提取网元名称、网格名称、网元类型、厂家、地市名称、告警类型、告警级别、告警标题。

(3)根据网元类型、厂家、告警级别、告警标题，从厂家告警梳理表中提取本告警可能原因。

(4)读取本告警工单的反馈单，从中提取处理方法、最终故障设备名称（如最终故障设备名称和告警的网元名称一致，修改最终故障设备名称为“自身”）、最终故障网格名称。

(5)存储上述步骤中提取到的数据到数据库。

(6)以网元名称、网格名称、网元类型、厂家、地市名称、告警类型、告警级别、告警标题、可能原因为分支节点，分别计算到处理方法、最终故障设备名称、最终故障网格为树叶节点的增益率，并发送给维护人员参考。

(7)根据各属性增益率，计算得出新告警最可能的处理方法、最终故障设备名称、最终故障网格名称，发送给维护人员以便协助处理告警。

整个告警工单受理流程由以下三个功能模块构成。

3.3.1 告警工单自动接单模块

告警工单自动接单目的是代替监控人员，登录工单系统，时刻查询关注账户下是否有工单出现，一旦有派单出现，就自动接单，从而避免接单超时，实现的原理为：以一定的时间粒度登录到工单系统，检查是否有未接工单，如果有未接工单则点击受理，并记录这些工单到Excel文件，以天为粒度对这些工单做区域、厂家、设备类型等方面的分类统计，并发送工单总览报告给运维人员。流程图如图2所示。

3.3.2 告警工单批量返单模块

告警工单批量返单模块针对的是突发大量工单，维护人员需逐个回单的情况，这些突发的大量工单经常是同一原因或几个原因引起的，在时间点、告警类型、设备名称、设备类型等某一个或多个工单要素上存在共同点，本功能就是通过指定这些共同点对这些工单做匹配，实现一次输入，多个返单。流程图如图3所示。

3.3.3 告警工单自动返单模块

告警工单自动返单模块针对部分类型的告警工单多次出现的问题，部分工单的处理方法已经形成经得起考验的处理流程，但仍需人工完成。本功能对此种情况，对这些已经形成经验流程的工单，把运维人员的工作经验形成标准处理流程，并借助RPA实现自动处理。流程图如图4所示。

3.4 投诉信令回溯查询的流程改造

投诉信令回溯工作，主用是针对语音投诉，通过登录回溯系统对一次呼叫涉及的环节进行全流程的

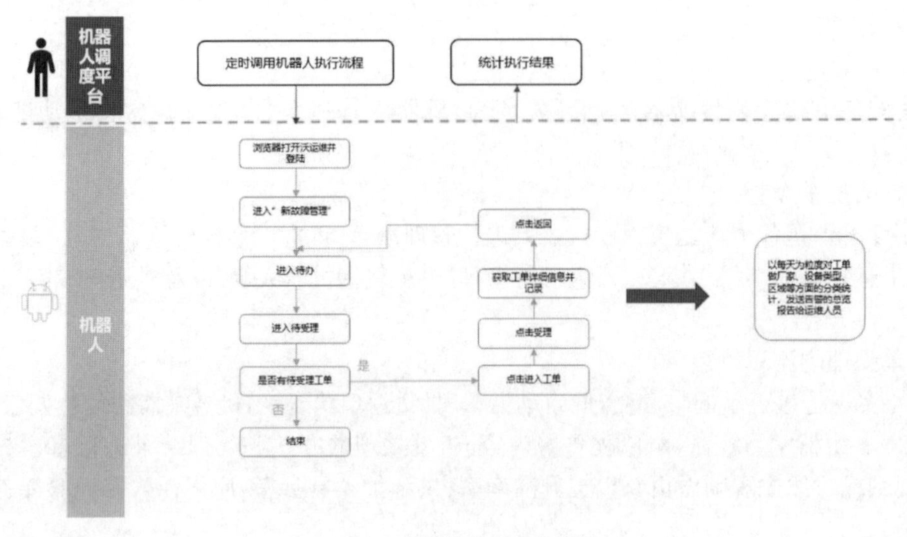

图 2　自动接单处理逻辑

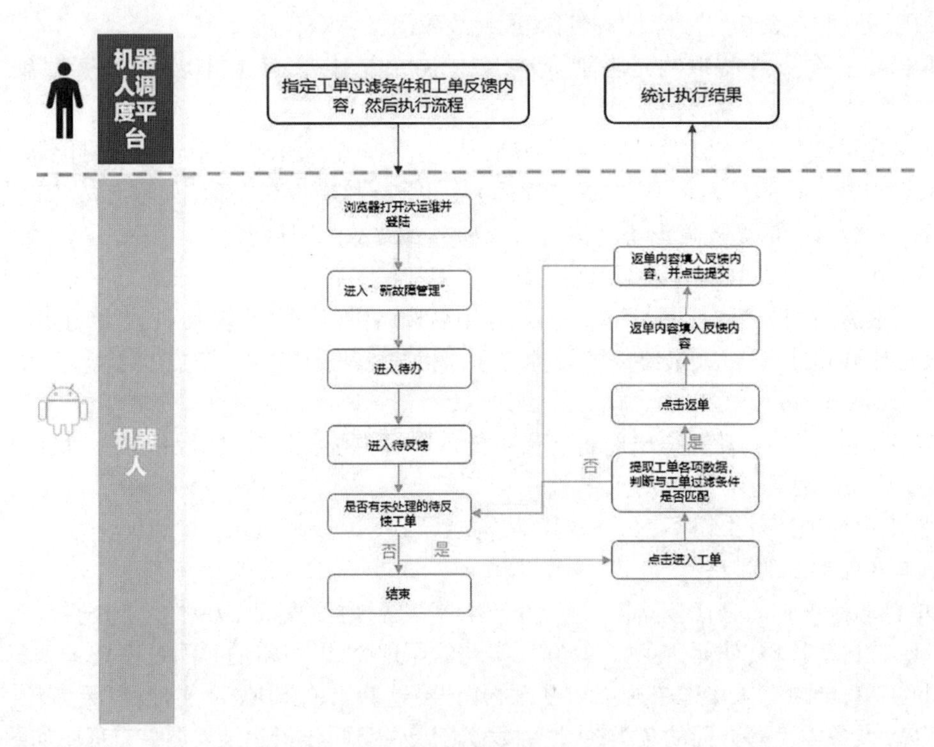

图 3　批量返单处理逻辑

查询，需要输入多个参数，操作工序烦琐且查询等待时间长。借助 RPA 模拟人的操作流程，实现了自动输入→自动提取查询结果→自动做数据分析→自动发送查询结果的全过程，主用包含以下三个功能模块。

3.4.1　信令数据查询功能模块

根据投诉单相关信息登录到对应信令系统进行信令数据查询，具体流程为：

(1)对投诉单相关数据进行标准化，以投诉单时间点加、减 30 min 分别作为查询的结束时间和开始时间，对主叫号码和被叫号码删除起始位置的“+”“0”“00”“86”，并加上“ * ”，以匹配信令查询系统中的数据格式。

(2)根据投诉业务类型登录到对应固网信令查询系统或移网信令查询系统，如投诉业务类型未知，则两套系统同时查询。

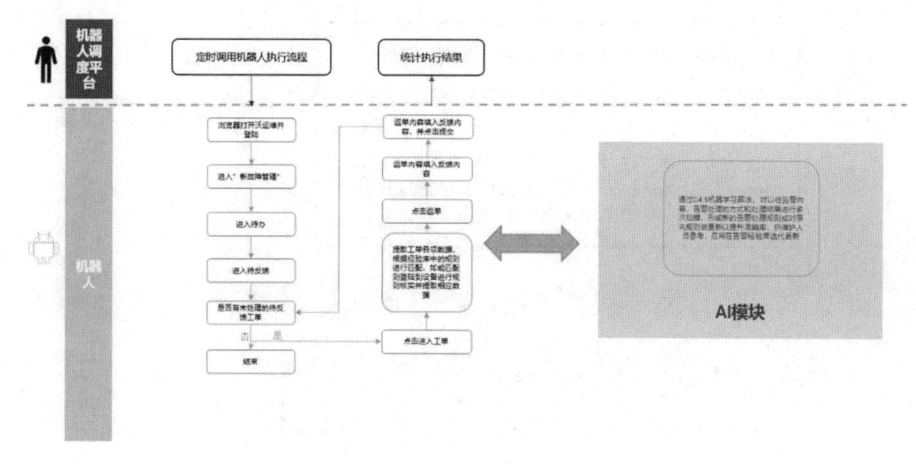

图 4　自动返单处理逻辑

(3)在信令查询系统相应未知输入主叫号码、被叫号码、开始时间、结束时间进行查询,等待查询结果。

(4)获取查询结果,当存在多条结果时,选择时间点与投诉单时间点最接近的记录。

(5)选择全流程分析按钮,等待全流程分析结果,获取全流程数据中的各个节点及业务类型并截图。

信令查询处理逻辑见图 5。

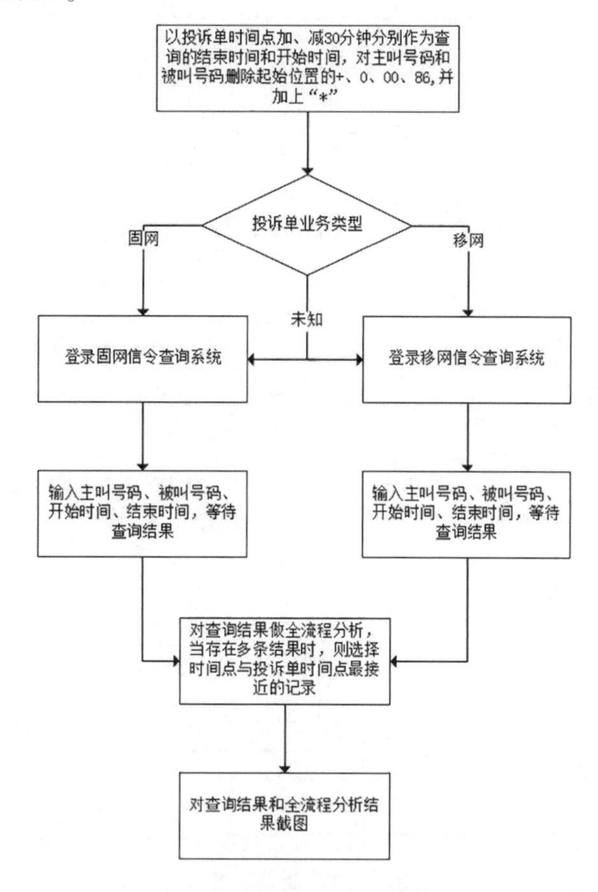

图 5　信令查询处理逻辑

3.4.2　信令数据分析功能模块

根据全流程分析中的数据做基本分析,业务接入源头是否为异运营商接入、是否为异省设备接入、中间是否经过呼叫转移、关口局等,提供问题分析和定位所需的信息(见图 6),具体步骤如下:

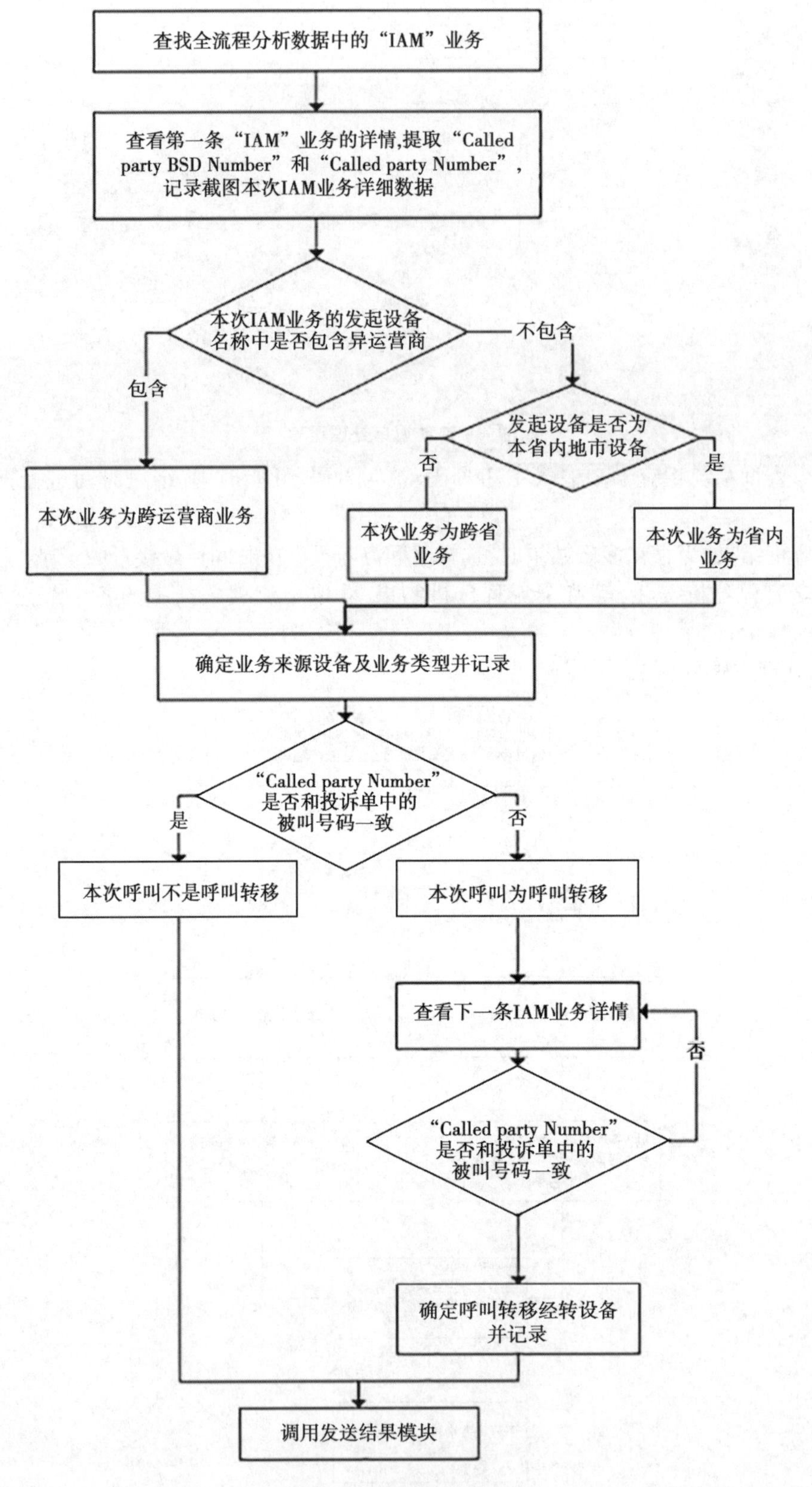

图6　信令分析处理逻辑

(1)提取全流程分析数据中的源头设备及IAM业务详情数据并记录。

(2)根据第一条IAM业务的发起设备的名称判断是否为异运营商设备,如果是,则为跨运营商业务,如果否,则进一步判定是省内业务或跨省业务。

(3)根据第一条 IAM 业务的“Called party Number”与投诉单中的被叫号码是否一致,判断是否为呼叫转移,如果为呼叫转移,则查询下次 IAM 业务详情,直至本次 IAM 业务中的“Called party Number”与被叫号码一致,并记录本次 IAM 业务的发起设备。

3.4.3 分析结果反馈功能模块

将全流程分析的结果和截图,记录到 Excel 文件,自动发送文件给投诉处理的维护人员,以便维护人员做最终的问题分析和故障定位(见图 7),具体步骤如下:

(1)根据投诉单详情中的主送人和抄送人获取相关人员。

(2)发送查询结果、分析结果及截图的 Excel 文件给相关人员。

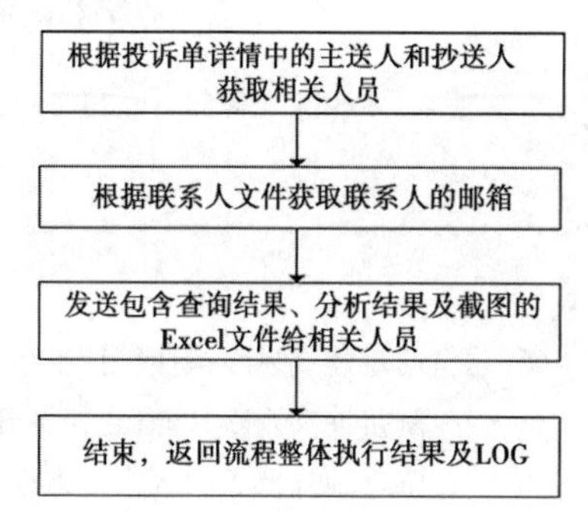

图 7 结果反馈处理逻辑

4 结束语

利用 RPA 技术,圆满完成了“告警工单受理”和“投诉信令回溯查询”两项工作的数字化流程改造,实现了 100%代替人工操作的自动化辅助处理,极大节省了监控人员在两项工作上的精力和时间,大幅压缩了操作历时近 90%,有效改善和提升了监控工作效率。通过项目的实践,体现了数字化转型驱动生产变革带来的工作质量提升,为网络运营数字化流程改造积累了宝贵经验,进一步增强网络运营人员数字化转型的信心和决心。

通过对项目总结提炼,可将经验进行复制,应用在类似具有高重复性、强规则性的工作流程。项目成果得到了集团公司高度认可,作为网络数字化转型样板案例,在全国进行推广,推动运用数字化手段驱动高效业务创新,降低网络运营成本,提升网络管理效能,实现网络智慧运营,助力企业高质量发展。

参考文献

[1] 童杰斌. RPA 在电信网络数字化运营转型中的研究及应用[J]. 数码设计,2020,9(9):30.
[2] 龚光庆,积极应用 RPA 技术,推进银行数字化转型[J]. 中国金融电脑,2021(6):33-36.
[3] Automation Anywhere 公司亚太区. AI+RPA 助力企业开启数字化劳动力时代[J]. 软件和集成电路,2019(9):36-37.
[4] 曾韶丽. 基于 RPA 的通信行业财务管理优化研究[J]. 中国市场,2019(21):71-72.
[5] 刘子闻. RPA+AI 引领智能办公的机器人时代[J]. 上海信息化,2020(8):31-33.

风险操作智能管控系统

王亮亮　牛照坤

摘　要:通过建立风险操作管控平台,实现了工程割接预约从发起工程割接单,到主管审核、割接影响分析、割接冲突判断、网管告警屏蔽、割接工单结单的自动化操作,通过 AI 手段实现全专业的综合分析,大幅度地降低了因人为因素误操作造成的业务中断,以及将割接流程管控与过程实施连接起来形成完整的闭环。

关键词:人工智能;冲突判断;闭环管控;自动化

1　背景与起因

随着网络规模的扩大、集中程度越来越高,涉及网络的割接调整工作的难度也越来越高。在日常的维护工作当中,由于市政施工、设备升级改造等原因引起的割接操作越来越多,每天的割接窗口中,均会安排大量的割接操作,由于目前没有一种非常有效的支撑手段来辅助维护人员进行割接工作,在割接的各个流程中,均需要维护人员人为的进行流转和判断,这样就有可能出现由于人为的原因造成误判和漏判。建立一个管理风险操作相关的模型,囊括风险管理的各个环节,以便降低风险,提高工作效率。

2　割接工作中的风险管控难题

2.1　冲突判断

在现实的维护工作中,有按照正常的割接流程安排的割接,也有突发情况下需要进行的紧急割接,如何在大量的割接任务中及时、安全、合理地安排割接任务,这就需要割接审核人员进行割接冲突判断。

如何实现工程割接冲突判断,冲突判断不仅要在割接时间上判断是否对存在人力方面的冲突,还要根据割接影响的业务进行综合分析判断,判断同时进行的割接是否最终导致重大业务中断。目前,割接的冲突判断主要通过审核人员进行人工判断,并且割接当晚需要现场人员割接现网告警和故障情况再次进行判断割接是否可以进行,只有通过冲突判断割接才能正常的实施。但是用人工的方法在面对当前割接数量大、承载业务复杂的形势下,容易出现错判和漏判,从而造成重大的人为事故。因此,利用技术手段,实现割接冲突判断的自动化和智能化判断是一种可行和急需的需求。

2.2　割接影响分析

在当前割接中的影响业务范围,通过人工的办法利用资源系统对影响业务进行统计和分析,工程割接影响分析,如何分析计算工程割接会造成哪些设备有告警上报,有哪些业务会受到割接影响,提前分析预知以便提前通知客户知悉。

2.3　流程融合

实割接前风险判断,割接后业务确认要求,需要与各个专业网管或设备打通接口,能够时时查询设备上的告警或性能。

3　做法与诀窍

如何实现风险操作的管控,这就需要我们建立并完善相关的模型。考虑到由于工程割接涉及人员多,操作步骤多,后台支撑系统多,故对工程割接工作进行分隔。因为综合服保系统作为工单发起系统,故综合服保系统负责工程割接流程管控。而综合告警系统与各个专业综合网管都和资源系统有对接,而且综合告警系统具备告警关联分析处理经验,故综合告警系统负责后台数据计算分析,包括割接影响分析,割接冲突判断分析以及割接前后状态确认分析。各个系统扬长避短,发挥各个系统平台的优点长处,提高工作效率。

综合服保系统流程模型:

(1)割接发起人在综合服保系统发起工程割接工单,割接的影响范围已经紧急程度,把工程割接分为A,B,C共3类割接,割接类型包括设备割接、板卡割接、端口割接、IP割接、电路割接、网管割接、传输系统割接、光缆割接。割接选择所需数据信息从综合告警系统获取,综合告警系统的数据根据资源信息进行梳理。

(2)割接发起人在提交割接工单前,首先进行工程割接冲突判断检测,确认本次割接没有与其他割接有冲突;其次进行割接影响范围检测,清晰了解本次割接影响的设备和业务。如果冲突判断检测通过则提交工程割接单。

(3)工程割接工单会签审核,包括地市会签、地市主任审批、省主管审批、省公司会签、省公司主任审批,各级审批会签前都必须进行割接冲突判断,工程割接影响范围分析检测。审核通过则进行下一级,否则驳回上一级。

A/B/C三类割接,割接等级不同,涉及的流程流转环节不一样,C类割接,仅仅需要在本地流转,无须省公司进行批复;A/B类割接由于涉及汇聚层以上的业务,或者是割接的影响范围较大,需要省公司进行统一安排和审理批复。

(4)工程割接实施完成,综合服保系统根据集中告警反馈的工程割接实施结果对工程割接工单进行结单归档,至此工程割接工单完成。

综合告警系统流程模型:

综合告警系统进行冲突判断分析,依据当前已审批通过的工程割接单,分析其影响范围,通过逻辑算法分析对比,确认当前工程割接单是否与已通过的割接工单存在冲突现象。

3.1 冲突判断分析算法

集中告警将所有已审批完成待割接工单保存,新割接申请单与已有割接工单进行比较。比对内容包括割接时间是否存在冲突,如果两个割接需要同一实施人在同一时段完成则判断为割接冲突;割接设备影响范围是否存在冲突,即如果已审批通过的割接影响设备的一个上联口,新申请割接影响同一设备的另外一个上联口,而该设备只有两个上联口且两个割接工单时间重复,则代表这两个割接如果同时进行会影响到该设备脱网直至影响业务;割接影响业务存在冲突,如果已审批通过割接影响某个电路或光缆的主线路,新申请割接会影响到该电路或光缆的备用线路,且二者割接时间存在重复,则两个割接如果同时进行可能会影响业务中断,故也判断为割接冲突。

综合告警系统进行割接影响范围分析,根据资源系统,分析当前割接除割接设备或光缆等本身有告警外,还要分析其拓扑关联或业务关联的设备是否会有告警,同时分析本次割接会影响到哪些业务,以便进行告警屏蔽。

3.2 工程割接影响范围分析方法

依托资源信息,分析设备拓扑连接关系,当某个设备割接时,计算其拓扑对端设备,割接期间拓扑对端设备也纳入割接屏蔽范围内;割接影响业务分析,根据割接设备信息,查询资源信息得到其影响的电路或传输系统(传输专业),再根据该电路或传输系统的路由信息查询出电路或传输系统经过的所有设备,割接期间这些设备全部纳入各级屏蔽范围内;光缆割接根据资源信息查询出光缆或光缆段所属复用段或传输段,再根据复用段信息查询到所对应的设备信息,根据设备信息查询电路或传输系统,最终将电路或传输系统所经所有设备纳入割接屏蔽范围内。

综合割接系统进行割接前后状态查询分析,割接前查询割接设备的告警状态或性能状态,确定是否具备割接条件;割接后查询割接设备的告警和性能,确定割接是否成功。

3.3 告警或性能查询确认方法

综合告警系统与各个专业网管对接,具备时时查询专业网管上设备告警或性能的功能,综合服保系统工程割接申请页面发起告警或性能查询请求给综合告警系统,综合告警系统将查询的时时结果反馈给综合服保系统,综合服保系统将结果展示给工程割接申请人或审批人。

综合告警系统进行工程割接告警屏蔽,根据综合服保系统发送的工程割接信息,综合告警系统将割接设备在割接期间引起的告警进行屏蔽或标识,以免造成大量的故障工单派发。

综合告警系统将工程割接信息整理规范后,发送给集团 IP 一体化网管,由集团 IP 一体化网管对数据设备进行告警屏蔽。

3.4 综合告警系统与综合服保系统信息交互工作

综合告警系统与综合服保系统开发割接基础数据共享接口,综合告警系统将割接选择需要用到的基础数据开放给综合服保系统,以保证二者数据格式一致,方便进行信息交互。综合告警系统与综合服保系统通过数据库接口的方式交互基础数据信息,综合告警每天定时同步资源最新数据信息,并按照规定格式重新梳理后开放给综合服保系统,综合服保系统定时同步更新割接预约所需数据信息。

综合告警系统与综合服保系统开发工程割接预约信息交互接口,接口采用 webservice 接口协议,综合服保系统将割接信息内容发送给综合告警系统,以便综合告警系统进行告警屏蔽;同时该接口也会将综合服保系统的割接工单变更信息发送给集中告警,集中告警根据变更信息及时修正屏蔽计划。该接口综合服保系统在多个步骤中调用,如当割接预约审批人在审批通过预约割接申请后,调用该接口服务将割接预约结果发送给综合告警系统;当割接前已审批过的预约发生变更时,割接预约变更包括修改时间和取消割接,提前结束割接,延时割接,调用该接口将最新割接预约信息发送给综合告警系统。

综合告警系统与综合服保系统开发工程割接冲突判断查询接口,接口采用 webservice 接口协议,综合服保系统将割接信息发送给综合告警系统,综合告警系统将计算分析获得的冲突判断信息反馈给综合服保系统。割接预约申请人或审批人在割接预约过程中会多次调用该接口,首先割接申请人在提交割接申请时调用该接口确认是否冲突,如果冲突则取消或修改预约申请,割接审批人在审批前调用该接口服务确认是否冲突,冲突则取消或修改预约申请,或者审批人需要修改割接预约时间时同样调用该服务以确认是否可以修改割接时间。

综合告警系统与综合服保系统开发工程割接影响范围查询接口,接口采用 webservice 接口协议,综合服保系统将割接信息发送给综合告警系统,综合告警系统根据割接信息进行割接影响范围分析计算,并将影响的设备和影响的业务信息发送给综合服保系统。割接预约申请人或审批人在割接预约过程中都会调用该接口,首先割接申请人在提交割接申请时调用该接口确认其割接影响范围,用于评估割接预约是否可行;割接审批人也需要调用该服务以评估割接预约风险。

综合告警系统与综合服保系统开发工程割接前后状态确认接口,接口采用 webservice 接口协议,综合服保系统将割接信息发送给综合告警系统,综合告警系统将割接设备当前的告警或性能信息反馈给综合服保系统。割接实施前调用该接口服务,确认当前设备所处状态,评估割接是否可以照常进行;割接完成后,调用该接口查看割接后设备状态用于确认割接是否成功,并且将该结果作为工程割接预约单结单归档依据。

工程割接流程示意图如图 1 所示。

4 成效

通过建立割接风险管控平台,实现了整个风险操作管控流程的完整闭环,实现了风险操作的自动化和智能化水平。建立风险管控的一体化流程模型,利用支撑系统实现风险操作全流程的自动化,从而解放人力、降低风险,持续推进工作由运维向运营转型,打造高质量的网络,推进网运工作再上新台阶。

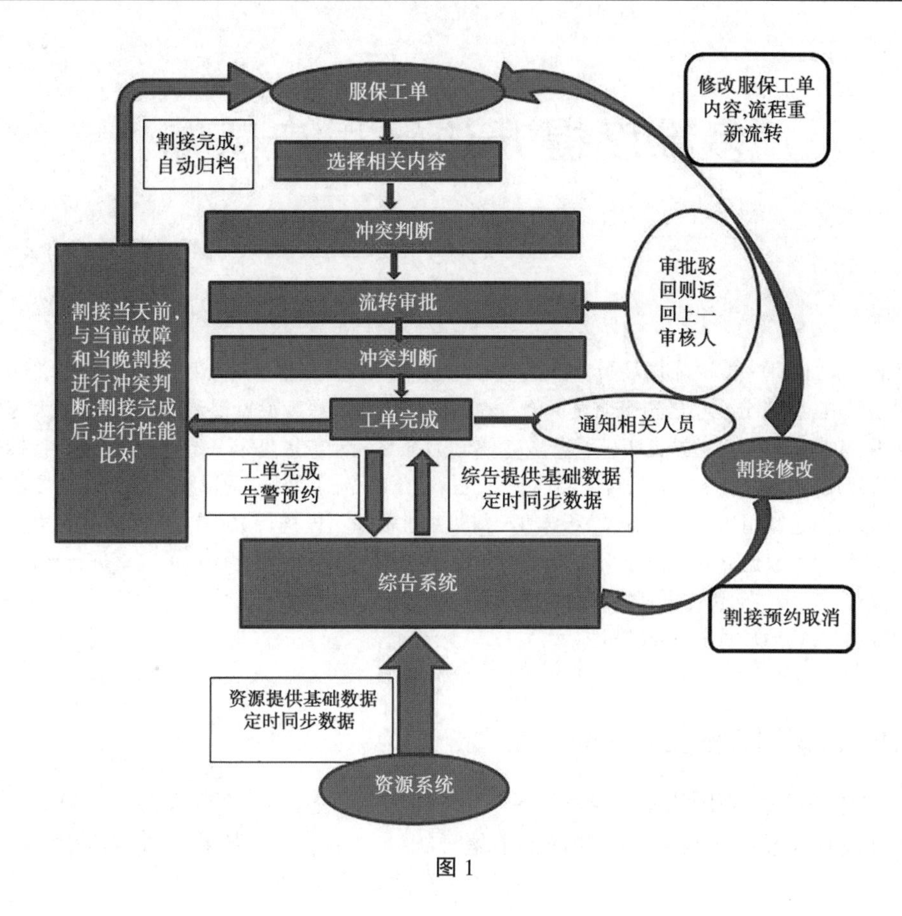

图 1

参考文献

[1] 张良均. Python 数据分析与挖掘实战[M]. 北京:机械工业出版社,2016.
[2] 董西成. 大数据技术体系详解:原理、架构与实践[M]. 北京:机械工业出版社,2018.
[3] 饶元. 舆情计算方法与技术[M]. 北京:电子工业出版社,2014.
[4] 赵卓. Selenium 自动化测试指南[M]. 北京:人民邮电出版社,2013.
[5] 傅宁. 基于深度学习的场景结构化描述方法研究[D]. 南京邮电大学,2020.
[6] 高婷. 大数据时代人工智能在计算机网络技术中的运用[J]. 电子技术与软件工程, 2019(1):25-27.
[7] 谭印. 人工智能在计算机网络技术中的应用[J]. 通讯世界,2017(6):33-39.
[8] 彭凯. 简析大数据时代人工智能在计算机网络技术中的应用[J]. 计算机与网络,2018(1):67-73.

多维度提升边缘用户感知

洪清玲　宋太奎

摘　要:随着 VoLTE 用户增多,不同场景参数差异化优化迫在眉睫,其中室外小区边缘区域受邻区干扰和弱覆盖影响,MOS 分在小区边缘明显下降。在密集城区室内深度覆盖较差,而语音通话大部分集中于室内,MOS 分值随穿透损耗明显下降,VoLTE 语音质量较差, 上、下行丢包率增加,MR 指标较差。同时边缘用户使用手机上网时,可能会遇到手机信号不满格、上网慢、看视频卡顿的现象导致用户感知差;通过对边缘用户小区的筛选, 根据 TA 判断对过覆盖小区进行 RF 优化,根据重叠覆盖度进行重叠覆盖优化、根据 PRH 上下行不平衡进行 RF 与功率协同优化,根据 MR 覆盖率进行覆盖提升、热点区域进行宏微协同优化可有效减少问题小区边缘用户数。

关键词:边缘用户;VoLTE 质量;感知提升

1　边缘用户小区识别方法及其提升流程

边缘用户占比高的小区识别的标准是小区 PDCCH 聚合级别为 8 的占比大于 80%,计算公式为小区 PDCCH 聚合级别为 8 的次数/(小区 PDCCH 聚合级别为 1、2、4、8 的总次数,见图 1)。

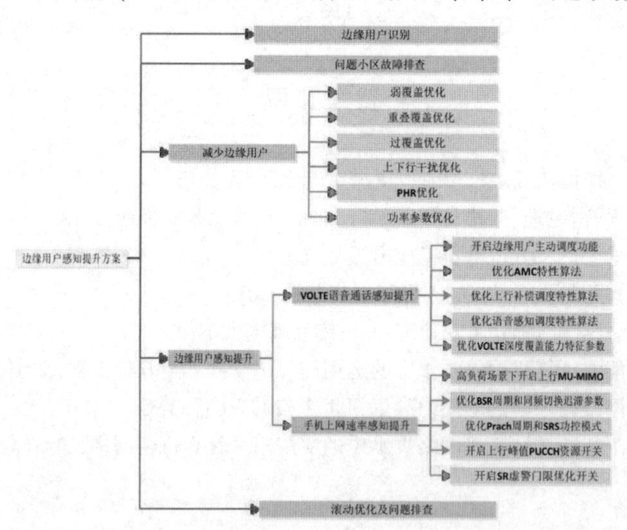

图 1　边缘用户感知优化提升流程

2　减少边缘用户优化方案

2.1　上行弱覆盖优化

弱覆盖是影响无线空口质量的主要原因,空口质量是判断丢弃包的关键。通过小区上行 PUSCH 的 RSRP 低于-130 的比例来判断上行弱覆盖。上行弱覆盖一般多发于室内分布场景,需现场排查是否存在室内覆盖空洞,天线点位分布是否合理,对分布不合理的场景需进行点位增补,提升功率可以作为辅助手段。室外场景上行弱覆盖主要是过覆盖导致的, 需对该类小区进行 RF 和功率优化控制覆盖。

2.2　重叠覆盖优化

重叠覆盖优化的根本目的是在原来的重叠覆盖地方产生一个足够强的主导信号使网络信号尽可能

纯净不杂乱以提高网络性能，同时重叠覆盖也是影响网络各项指标的根本原因之一。由于造成重叠覆盖的原因可能是多方面的，因此我们在进行优化时要注意优化方法综合使用；有时候需要对几个方面都要进行调整，或者由于一个内容的调整导致相应的其他内容也要调整，这个要在实际的问题中进行综合考虑。对于网络中存在的重叠覆盖区域主要通过天线方位角调整、天线下倾角调整、天线高度调整、更换频段、调整参考功率等手段进行优化。

2.3 下行干扰分析和优化

下行干扰主要通过空口全带宽 CQI 低于 7 的占比、空口全带宽平均 CQI 来进行判断。根因在于重叠覆盖和模三干扰，需对小区进行 PCI 优化、频点优化和覆盖控制。

2.4 过覆盖优化

越区覆盖判定，通过查看小区 TA 区间值及对应的比例，同时结合站点地图，地理环境综合判定是否越区覆盖，越区覆盖会导致上行覆盖受限产生弱覆盖，同时会与其他小区重叠，产生重叠覆盖。越区覆盖小区，需要进行覆盖范围的收缩，可以通过功率优化、增大天线俯仰角、降低天线挂高等方法，对覆盖范围进行收缩调整。

2.5 高负荷优化

对于大话务场景调度资源不足引起的上行速率低，主要通过参数均衡和小区扩容来解决，目前由于不限量套餐的开启，用户行为的改变，高负荷日益增多，大多集中在居民区以及高校，针对高负荷处理方法一般为负荷均衡和扩容，对于多层网可均衡小区优先负荷均衡，否则申请扩容。

2.6 上行干扰整治

上行干扰：上行干扰主要受外部干扰源影响，通过近期 XX 上行干扰情况来看，主要是 FDD1800 小区受外部设备影响。需加强扫频，对长期强干扰小区排查处理。

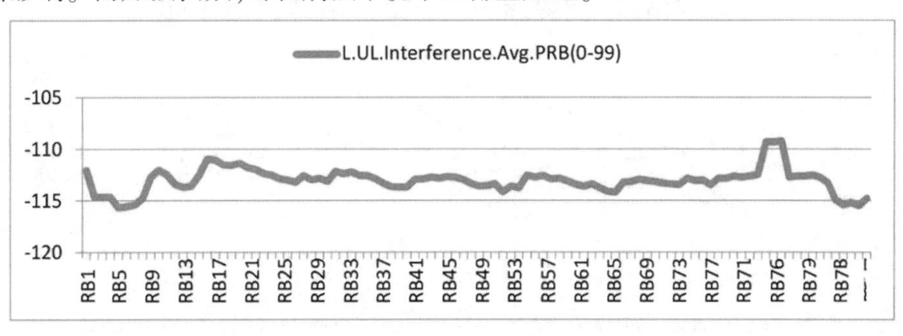

图 2

3 边缘用户 VoLTE 通话质量分场景参数优化

边缘语音用户主要从“PUSCH 上检测到用户级别的 RSRP 为 Index0-8 次数占比”“上行 MCS 低阶占比”“在路损区间 PL10 的发生业务的用户数占比”三方面综合定位。

3.1 AMC 特性算法提升边缘用户感知

在连续覆盖的密集城区，由于覆盖场景的不同导致基站的负荷均不同，为保障 VoLTE 终端在轻载保持较好的语音感知，故研究 VoLTE 校正算法改善终端感知 。

· 轻载场景

(1)轻载场景 TOP 小区筛选：

a. 20<VoLTE 用户数<50；

b. 5%<上行 PRB 利用率 & 下行 PRB 利用率<20%；

c. VoLTE 上行丢包率 &VoLTE 下行丢包率大>全网平均水平；

d. 结合路损区间[135, inf)发生业务的用户数比例较高的小区 & 上行 MCS 低阶占比较高的小区。

(2)语音用户 SINR 校正算法 IBLER 目标值由 10%依次修改为 9%、8%、7%、6%。VoLTE 上行丢包率在语音用户 SINR 校正算法 IBLER 目标值为 8%时相对其他值最低 1. 89%,VoLTE 下行丢包率在语音用户 SINR 校正算法 IBLER 目标值为 9%时相对其他值最低 216%(见图 3)。

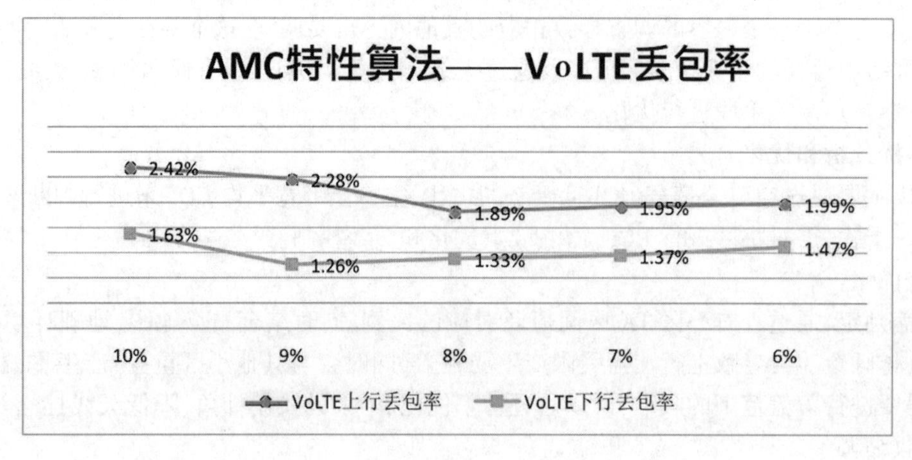

图 3

(3)语音用户 SINR 校正算法 IBLER 目标值由 10%依次修改为 9%、8%、7%、6%(见图 4)。VoLTE 上行语音质量 Good 及以上占比语音用户 SINR 校正算法 IBLER 目标值为 8 时相对其他较好 90. 92%,VoLTE 上行语音质量 Accept 及以上占比语音用户 SINR 校正算法 IBLER 目标值为 8 时相对其他较好 94. 62%,VoLTE 上行语音质量 Poor 及以下占比语音用户 SINR 校正算法 IBLER 目标值为 8 时相对其他较好 5. 38%。

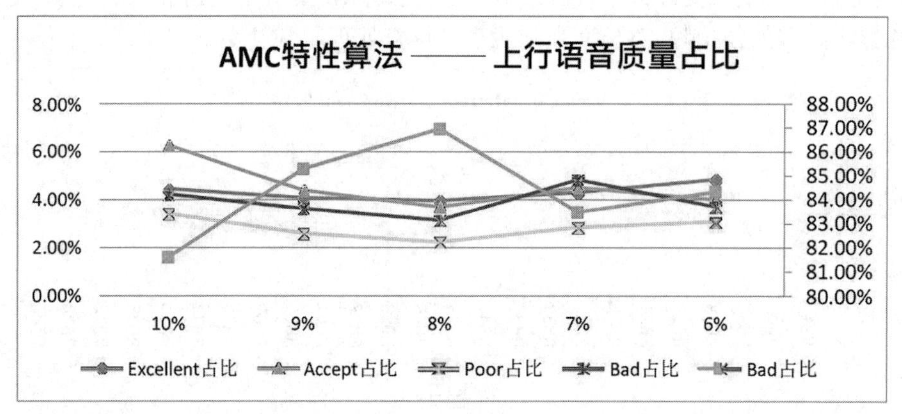

图 4

3. 2　VoLTE 深度覆盖能力特征参数提升边缘用户感知

3. 2. 1　原理介绍

UE 允许接收端将错误的数据包储存起来,并将当前接收到的重复数据流与缓存中先前未能正确译码的数据流相对应并按照信噪比加权合并后译码,相当于起到了分集的作用。HARQ 主要是由速率匹配这个模块实现的。UE 接收到 NAK 信息后向 eNode B 重传同一个 TTI 的数据包,接收端将解速率匹配模块输出的数据流与收端缓存中的数据流进行软合并,然后进行 Turbo 译码和 CRC 校验。如此重复直到传输正确或者重传次数达到预定的最大重传次数,UE 接着再发送下一个 TTI 的数据块,增强了合并后的数据包的纠错能力。

3. 2. 2　特征参数说明

VoLTE 深度覆盖能力提升特性,通过增加空口可允许的时延,降低由于空口拥塞导致的上行丢包,改善语音用户上行覆盖,通过优化 eNodeB 下发给 UE 的 QCI1 承载的 PDCP 丢弃定时器、上行 HARQ 最大传输次数以及 AM/UM 模式接收端重排序定时器,根据 VoLTE 待调度数据量,选择最优 MCS 和 RB 个数。

QCI1discardTimer:该参数表示 PDCP 丢弃定时器的大小。如果参数配置过大,会造成业务延时不能满足 QCI 要求;如果配置过小,会造成 PDCP 层数据丢弃严重,影响吞吐量。

QCI1 的 eNB UM 模式接收端重排序定时器:该参数用于配置 eNodeB,表示 UM 模式接收端重排序定时器的大小。如果该定时器配置较小,则导致发送端无效的 HARQ 重传及大量丢包。如果配置过大,则导致接收端传输失败延时较大,从而造成业务延时和吞吐量下降。

上行 HARQ 最大传输次数:该参数表示除 TTI bundling 外的上行 HARQ 的最大传输次数。当有 QCI1 承载时,上行 HARQ 的最大传输次数的取值为 5 和该参数值中较小的值;当无 QCI1 承载时,上行 HARQ 的最大传输次数为该参数取值。

3.3 上行补偿调度特性算法提升边缘用户感知

随着 4G 终端用户的增多,4G 终端用户占用资源越来越多,保障在大用户场景下 4G 终端用户通话高清面临挑战,研究 4G 终端用户在不同场景下保持高清语音迫在眉睫。

大话务场景 TOP 小区筛选:

(1)VoLTE 用户数>50;

(2)VoLTE 上行丢包率 &VoLTE 下行丢包率大>全网平均水平;

(3)结合路损区间[135, inf)发生业务的用户数比例较高的小区 & 上行 MCS 低阶占比较高的小区。

上行 VOIP 调度优化开关 & 语音业务通话期上行补偿调度最小间隔 & 语音业务静默期上行补偿调度最小间隔参数修改,VoLTE 上行丢包率由 1.92%下降到 1.88%,改善 0.04%,VoLTE 上行丢包数由 323 069 下降到 302 053,减少 21 016;VoLTE 下行丢包率由 0.81%下降到 0.60%,改善 0.21%,VoLTE 下行丢包数由 190 180 下降到 161 176,减少 29 004。上行补偿调度特性算法在大话务场景下对 VoLTE 下行丢包率改善好于 VoLTE 上行丢包率(见图 5)。

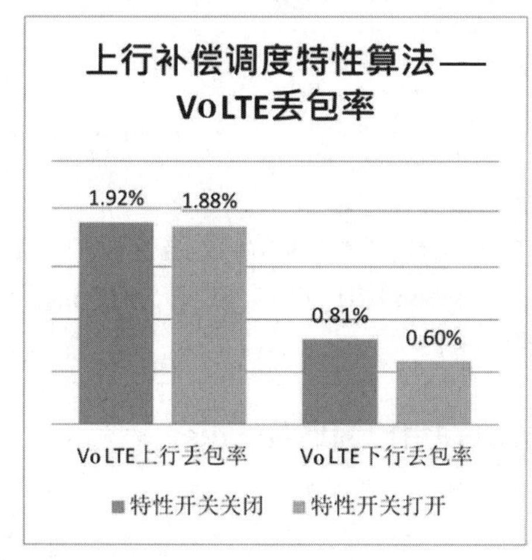

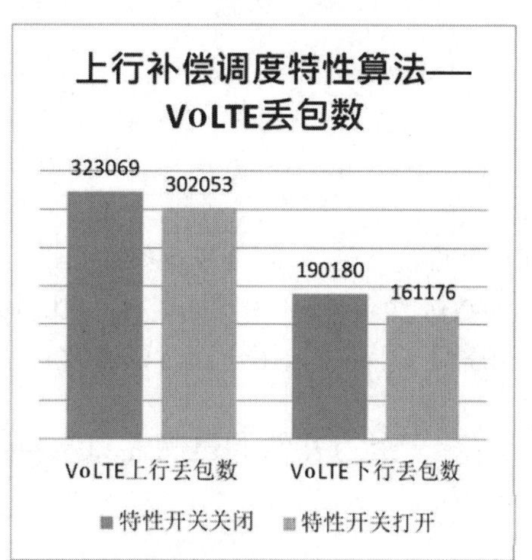

图 5

上行 VOIP 调度优化开关 & 语音业务通话期上行补偿调度最小间隔 & 语音业务静默期上行补偿调度最小间隔参数修改, 上行语音质量 Good 及以上占比由 89.73%提升到 90.00%, 改善 0.27%, 上行语音质量 Accept 及以上占比由 93.56%提升到 93.90%,改善 0.34%,上行语音质量 Poor 及以下占比由 6.45%下降到 6.10%, 改善 0.35%, 特性开关在大话务场景下对上行语音质量有改善(见图 6)。

上行 VOIP 调度优化开关 & 语音业务通话期上行补偿调度最小间隔 & 语音业务静默期上行补偿调度最小间隔参数修改,下行语音质量 Good 及以上占比由 93.52%提升到 95.41%,改善 1.89%,下行语音质量 Accept 及以上占比由 97.64%提升到 98.53%,改善 0.89%,下行语音质量 Poor 及以下占比由 2.35%下降到 1.48%,改善 0.87%,特性开关在大话务场景下对下行语音质量改善明显(见图 7)。

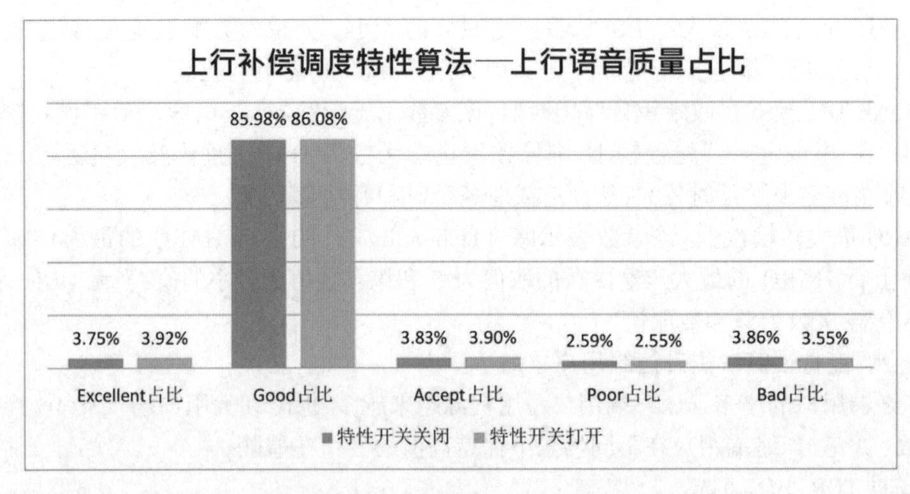

图 6

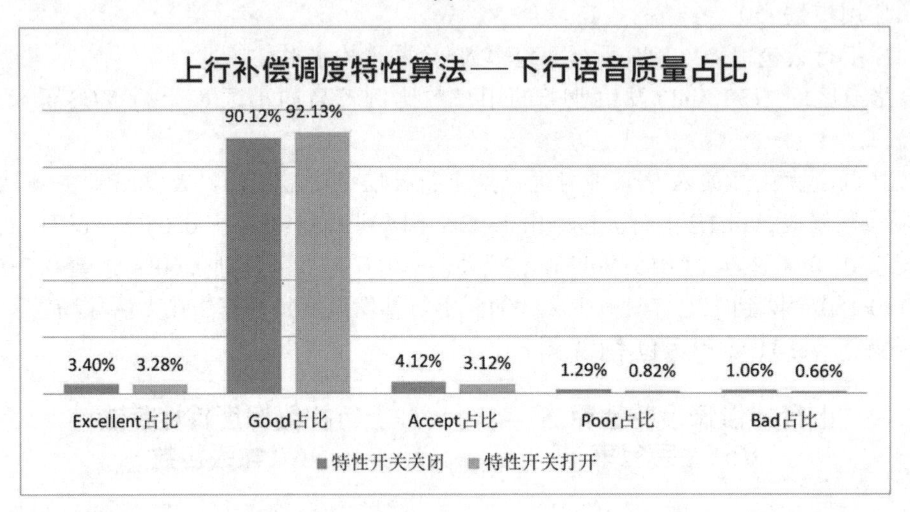

图 7

上行 VOIP 调度优化开关 & 语音业务通话期上行补偿调度最小间隔 & 语音业务静默期上行补偿调度最小间隔参数修改，VoLTE 用户面时延由 10.19 ms 下降到 10.07 ms，改善 0.12 ms，上行补偿调度算法在大话务场景下对 VoLTE 用户面时延有改善（见图 8）。

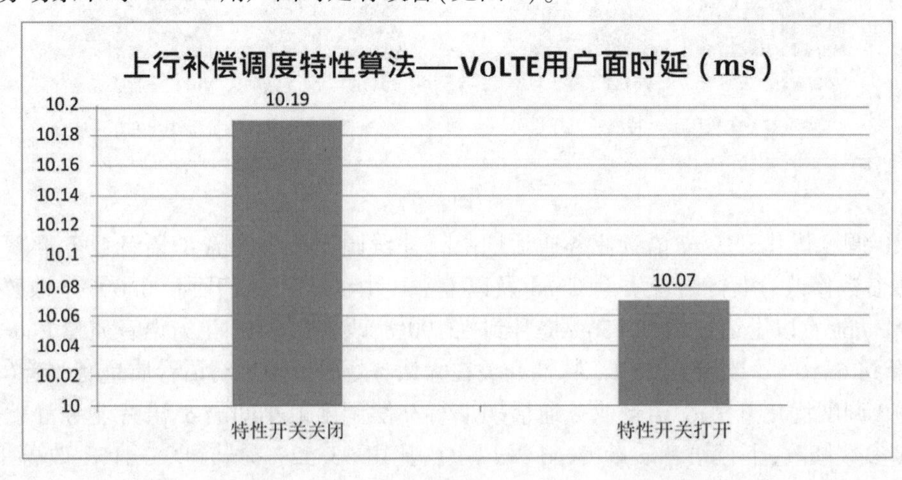

图 8

综上观察上行补偿调度算法在大话务场景下对 VoLTE 上行丢包率、VoLTE 下行丢包率、VoLTE 上行语音质量、VoLTE 下行语音质量及 VoLTE 用户面时延均有改善，但 VoLTE 下行丢包率改善好于

VoLTE 上行丢包率，VoLTE 下行语音质量改善幅度好于 VoLTE 上行语音质量。

4 边缘用户手机上网速率感知提升

4.1 高负荷场景开启上行 MU-MIMO 速率提升用户上网速率

MU-MIMO 又称为虚拟 MIMO,将为基站将多个单发用户虚拟成单用户多天线在相同的时频资源上发送数据,基站采用多天线接收技术来处理接收信号的技术称为 MU-MIMO(见图 9)。

未开启MU-MIMO

每个PRB同一时刻只能为一个用户调度，终端只有1根发展送天线，上行无法获得多天线的复用增益

开启MU-MIMO后

- 将两个终端的天线配对，与基站形成MIMO信道，占用同一时频资源进行MIMO发送
- 通过正交的上行参考信号
- 通过配对算法决定所配对的终端

图 9

上行 MU-MIMO 将多个终端间通过空分隔离,使基站能区分出不同终端的发射信号,形成虚拟 MIMO 传输,满足条件的终端可以采用相同时频资源,提升频谱资源利用率、小区吞吐量、小区速率。

上行 MU-MIMO 分为:普通 MU-MIMO、增强 MU-MIMO、基于 VoLTE 的虚拟 MIMO 相较于普通 MU-MIMO,增强 MU-MIMO 更适用于负荷较大的场景(用户数多、业务量大),而基于 VoLTE 的虚拟 MIMO 是保障 VoLTE 语音用户也可参与配对,实现 MU-MIMO 的功能。

4.2 FDD 站点参数试点区域性提升用户上网速率

方案原理描述:从 SRS 和 PRACH 配置方面入手,通过关闭 SRS 信号和减小 PRACH 频率偏置,以达到增加上行速率的效果。上行参考信号用于 eNodeB 与 UE 之间的上行同步和上行信道估计。上行参考信号有两种:解调参考信号 DMRS:Demodulation Reference Signal 和监听参考信号 SRS:Sounding Reference Signal。

其中 Sounding 参考信号 SRS 是无 PUSCH 和 PUCCH 传输时的导频信号。

SRS 在每个子帧的最后一个符号发送,周期和带宽可以配置。当 SRS 算法开关配置为“BOOLEAN_FALSE”时表示小区不配置 SRS,用户也不配置 SRS,上行小区峰值吞吐量最优, 但由于无 SRS 相关测量量,依赖 SRS 测量的相关特性无法获得更好的性能增益。SRS 在每个子帧中的位置如图 10 所示。

PRACH 是物理随机接入信道,承载随机接入前导。PRACH 频率偏置表示 FDD 小区的每个 PRACH 所占用的频域资源起始位置的偏置值。调整该参数影响 PRACH 资源的频域位置,影响本小区 PRACH 受到的干扰,邻小区 PRACH 以及 PUSCH 受到的干扰,并且影响 PUSCH 上能够连续调度的最大 RB 数量。PRACH 配置索引对应的 PRACH 周期越大,eNodeB 支持的接入负载越低,占用的上行资源越少;该参数对应的 PRACH 周期越小, eNodeB 支持的接入负载越大,占用的上行资源越多。当 PRACH 配置索引配置指示等于 CFG 时, PRACH 配置索引配置的值才有效,否则 PRACH 配置索引配置的值无效。

通过分析以上技术特性,我们可以通过减小 PRACH 频率偏置和 PRACH 配置索引来提升上行的吞吐率。

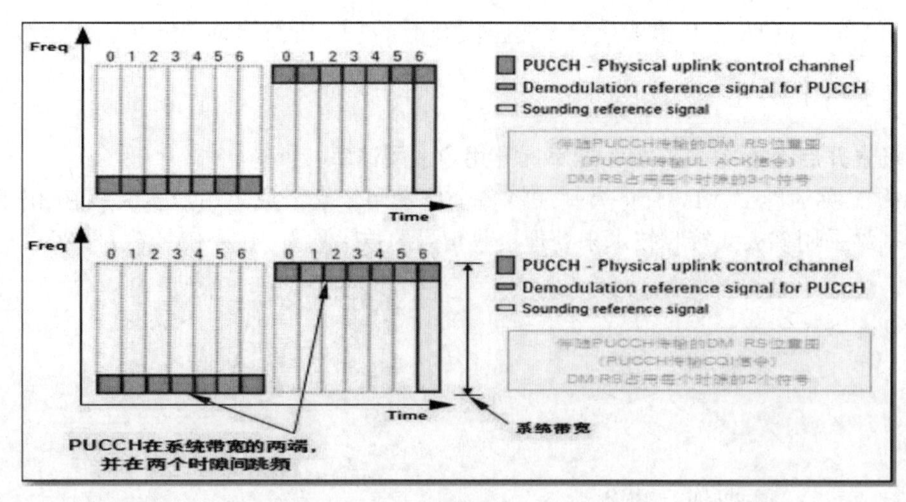

图 10

5　边缘用户感知提升案例

5.1　VoLTE 深度覆盖能力特征参数提升边缘用户感知案例

5.1.1　问题现象

筛选 VoLTE 语音用户数较多、边缘语音业务量较高同时语音上行边缘丢包率高作为本次试点对象,本次验证选取站点如表 1 所示。

表 1

项目	本地小区标识	上行 QCI1 平均丢包率
获嘉人民-移动 10	1	2. 04
获嘉人民-移动 11	2	2. 46
获嘉人民-移动 12	3	2. 35

5.1.2　网管参数配置

开启修改特征参数,网管配置流程如下:

(1)开启 VoLTE 上行跨层优化开关(目前现网开关默认均为关闭)。

(2)配置上行 HARQ 最大传输次数。

(3)配置 QCI1 discardTimer (ms) (目前现网默认设置均为 100 ms) 。

(4)配置 QCI1 的 eNB UM 模式接收端重排序定时器(ms) (目前现网默认设置均为 40 ms)。

(5)参数优化(调整设置不同的参数,并测试分析参数优化后的效果,见表 2)。

表 2

项目	VoLTE 上行跨层优化开关	上行 HARQ 最大传输次数(非 TTI Bundling 状态)	QCI1 discardTimer/ms	QCI1 的 eNB UM 模式接收端重排序定时器/ms
修改前	OFF	由参数 U1HargMaxTxNum 设置,缺省值 5	缺省值(100 ms)	缺省值(100 ms)
修改后	ON	S	150 ms	70 ms

5.2　高负荷场景开启上行 MU - M IMO 速率提升用户上网速率案例

5.2.1　验证用例

验证用例见表 3。

表 3 验证用例

测试场景	日期 (年-月-日)	测试方式	工作内容
小区整体效果验证	2021-07-25	监控指标	开启增强 MU-MIMO
		监控指标	开启增强 MU-MIMO
		监控指标	开启基于 VoLTE 的 MU-MIMO
功能验证	2021-07-25	近点 CQT	RSRP 值在-70 左右,SINR 值在 18 左右
		近点 CQT	开启普通 MU-MIMO 测试验证
		近点 CQT	开启增强 MU-MIMO 测试验证
		近点 CQT	开启基于 VoLTE 的 MU-MIMO 测试验证
		远点 CQT	RSRP 值在-90 左右,SINR 值在 15 左右
		远点 CQT	开启普通 MU-MIMO 测试验证
		远点 CQT	开启增强 MU-MIMO 测试验证
		远点 CQT	开启基于 VoLTE 的 MU 基 MU 的 MUDLTE 的

5.2.2 普通 MU-MIMO 验证

针对开启普通 MU-MIMO 前后进行测试对比,挑选 1 个高负荷小区,分别针对近点区域与远点区域进行测试,具体测试如图 11、图 12 所示。

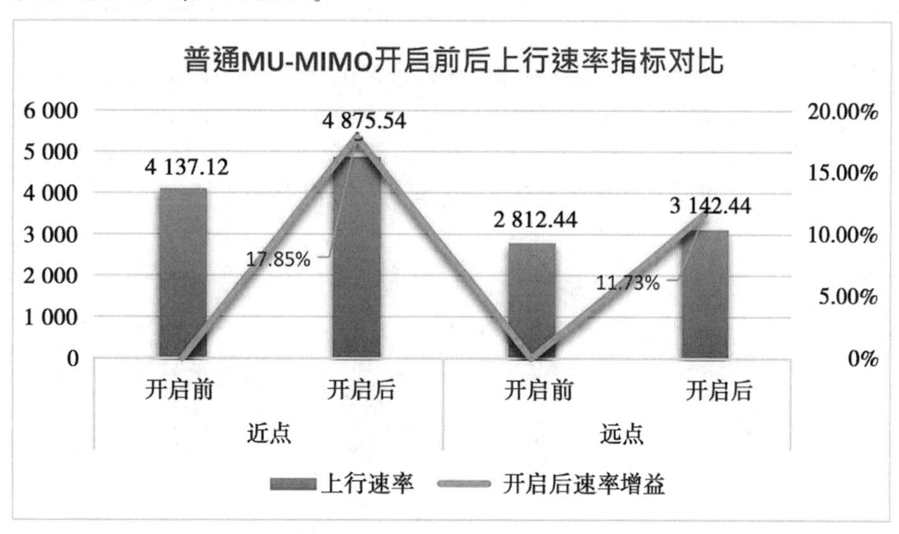

图 11

测试发现,上行速率与业务量提升较为明显,其中上行流量整体由 0.97 GB 提升至 1.44 GB,提升 48.45%,利用率有轻微降低;上行速率方面:近点时速率由 4 137.12 kbps 提升至 4 875.54 kbps,提升至 17.85%;远点测试时上行速率由 2 812.64 kbps 提升至 3 142.44 kbps,提升至 11.73%;速率受覆盖电平影响,在近点增益高于远点增益。上行速率整体优于开启前,能得到 15%左右的提升。

5.2.3 基于 VoLTE 的虚拟 MIMO

针对基于 VoLTE 的虚拟 MIMO 开启前后进行测试对比,测试发现开启前后 MOS、时延等均未受影响,具体测试如表 4 所示。

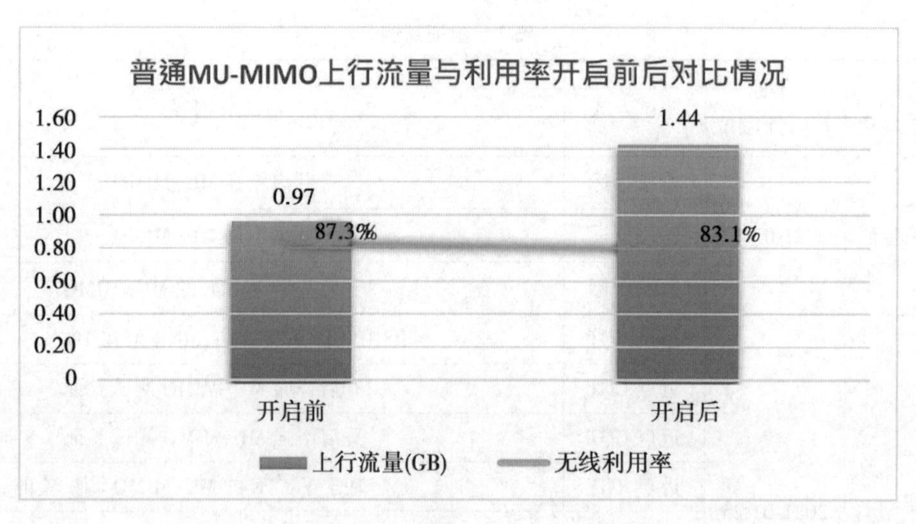

图 12

表 4

位置	状态	平均 MOS	RTP 抖动	RTP 端到端时延	呼叫建立时延
近点	未开启	3. 93	14. 35 ms	0. 071 s	3. 348 s
	开启	3. 95	14. 47 ms	0. 071 s	3. 352
远点	未开启	3. 81	14. 13 ms	0. 073 s	3. 376 s
	开启	3. 84	14. 08 ms	0. 072 s	3. 352 s

通过后台指标统计基于 VoLTE 的虚拟 MIMO 开启前后的速率与容量对比，速率由 6. 02 kbps 提升至 6. 98 kbps，上行流量由 5. 98 kB 提升至 6. 2 kB；具体对比情况如图 13 所示。

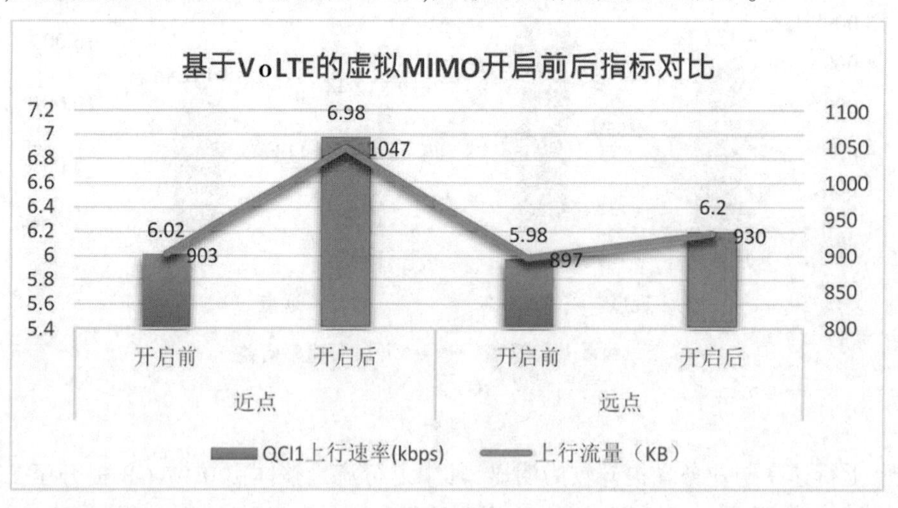

图 13

从测试结果来看，QCI1 的上行速率和流量有明显提升，平均 MOS、时延等指标有小幅提升，但变化不大。

5. 2. 4　增强 MU – MIMO 验证

验证普通 MU-MIMO 开启后，速率与业务量均有明显提升，随机对比普通与增加 MU-MIMO 的增益情况，具体测试如表 5 所示。

表 5

位置	开关状态	RSRP	SINR
近点	普通	-70. 62	19. 17
	增强	-69. 33	18. 3
远点	普通	93. 05	15. 24
	增强	-92. 13	16. 32

速率与业务量对比情况如图 14 所示。

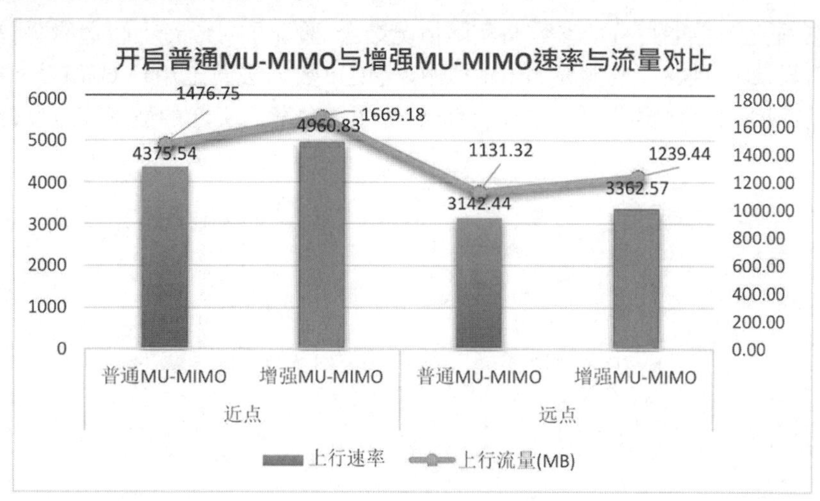

图 14

测试发现,在无线环境相同的场景下, 增强 MU-MIMO 相较于普通 MU-MIMO 在上行速率和业务量方面均有明显提升, 在近点区域, 上行速率由 4 375. 54 kbps 提升至 4 960. 83 kbps,提升 13. 38% ,容量由 1 476. 75 MB 提升至 1 669. 18,提升 13. 03%;在远点区域,上行速率由 3 142. 44 kbps 提升至 3 362. 57,提升 7. 06%,上行流量由 1 131. 32 提升至 1 239. 44,提升 9. 56%;由此可知,增强 MU-MIMO 在高负荷场景下可较好地增强上行感知,提升用户满意度。

5. 2. 5 无线 KPI 性能指标对比

针对开启的 MU-MIMO 功能开关后,提取开启前后的无线 KPI 性能指标,预防影响小区基本性能指标,提取指标具体如表 6 所示。

表 6

开关状态	无线接通率	无线掉线率	切换成功率	上行 PRB 利用率
关闭	100	0	100	79. 45%
开启普通	100	0	100	78. 83%
开启增强	100	0	100	78. 55%
开启 VoLTE	100	0	100	79. 47%

通过观察小区的无线接通率、无线掉线率、切换成功率,均未发现明显恶化情况。其中 PRB 利用率由于业务量增多,上行 PRB 利用率开启前、后无明显增益。

高负荷场景下,小区上行流量、PRB 利用率、用户数无法满足用户对 LTE 网络的需求,在此基础上开启 MU-MIMO 可有效提升用户体验、解决高校、居民区场景因负荷高引起的满意度低的诉求。

(1)增强 MU-MIMO 在普通 MU-MIMO 技术的基础上,优化用户终端配对准则,不仅释放了高负荷下抑制的流量,对上行速率也有较为明显的提升。

(2)开启基于 VoLTE 的虚拟 MIMO 功能后,平均 MOS 值与时延等指标影响不大,针对上行速率有明显增益。

(3)MU-MIMO 功能开启后,无线 KPI 性能指标变化不大。

6　总结

通过多维度优化方案减少边缘用户数,同时提升边缘用户感知速率,不仅从常规的覆盖、容量、质量等手段进行优化,还对边缘用户 VoLTE 通话质量分场景参数和边缘用户手机上网速率分场景参数进行研究验证:

(1)将 VoLTE 深度覆盖能力特征参数与实际情况结合,验证了对语音上行边缘丢包率的改善情况。

(2)在高负荷场景下,小区上行流量、PRB 利用率、用户数无法满足用户对 LTE 网络的需求, 在此基础上开启 MU-MIMO 可有效提升用户体验、验证解决了因负荷高引起的速率满意度低的诉求,提高了用户满意度。

“装维云助手 APP”应用推广

祁　骏　王立澎　陈伟光

摘　要:随着移动宽带业务的蓬勃发展,宽带业务受理量有很大增长,随之而来的便是对我公司宽带装维能力的极大考验。在实际工作中,基层装维人员仍然延续着以往“在装维现场电话寻求技术支撑”的工作模式,无法独立自主完成装维任务,频繁需要后台技术支撑协助,沟通成本高,工作效率低。传统的对基层装维人员的支撑方式,已经无法满足当前业务飞速发展的需要,对装维人员的支撑变革迫在眉睫。

关键词:智能查询;故障定位;业务管理;协同营销

1　前言

为提升宽带装维现场处理效率、减轻后台人工压力,特开发“宽带装维云助手 APP”,整合现有网络资源,装维通过一个 APP 就可以实现宽带故障一键定位,快速判断故障产生原因,辅助装维高效解决客户问题和日常维护所需。该产品通过逐步迭代升级,应用功能不断丰富,目前该应用共计包含“检测工具、业务管理、协同随销、其他功能”四大类 15 项功能点,涵盖宽带装维经理日常工作的各个方面,已经成为装维经理日常工作必不可少的支撑工具。

2　成果形成背景

随着移动宽带业务的蓬勃发展,宽带业务受理量有很大增长,随之而来的便是对我公司宽带装维能力的极大考验。在实际工作中,基层装维人员仍然延续着以往“在装维现场电话寻求技术支撑”的工作模式,无法独立自主完成装维任务,频繁需要后台技术支撑协助,沟通成本高,工作效率低。传统的对基层装维人员的支撑方式,已经无法满足当前业务飞速发展的需要,对装维人员的支撑变革迫在眉睫。

2.1　一线装维人员

经常需要寻求技术支撑,无法独立完成装维任务。装维经理在现场经常需要查询宽带用户设备光衰、分光器端口等必要信息,但是没有相关工具,只能通过电话寻求后台值班人员支撑,才能够完成装维任务。

2.2　业务支撑人员

支撑人员工作压力过大,不能满足一线支撑需要。技术人员人均支撑 133 名装维,日均接待呼入的支撑电话 1 200 min 以上,超负荷工作。一线装维经常打不进值班电话,已经影响到现场装维工作的正常开展。

2.3　业务管理人员

装维考评数据不够精准,装维工作缺乏科学管理。业务管理人员期望通过对装维工作的精细化管理,提升装维工作效率和满意度,但是由于缺乏相应的管理工具,造成装维工作考评数据无法精准统计。

2.4　宽带业务客户

宽带安装维护耗时太长,已经严重影响客户感知。由于装维经理需要花费大量时间进行沟通,造成装维耗时过长,给用户造成的印象是人员技术低,工作能力差,直接影响了用户满意度。

3　成果内容和主要创新点

针对装维工作存在的问题,焦作分公司在宽带装维人员支撑管理工作中进行技术创新,通过实地调研、自主研发、技术攻关等环节,开发了“装维云助手 APP”应用,形成本项目成果。该应用实现了装维检测自动化和业务管理精细化两大成果,大幅提升装维工作效率和管理水平。

3.1　装维检测自动化

装维人员可以在现场随时查询网络设备分光器端口、设备光衰等信息,在宽带安装和清端场景中,实现完全自主检测。提供了多种宽带故障检测工具,可以随时检测定位客户业务故障发生原因。

3.2　业务管理精细化

装维服务工作规范化管理。一是通过电子服务单实现装维工作的精准统计;二是通过退撤单流程化管理,杜绝恶意退单行为。宽带网络设备的科学管理。通过对分纤箱信息摸排,提升宽带网络建设水平。

装维云助手 APP 基于一线装维工作的实际需要,逐步迭代升级,应用功能不断丰富。目前该应用共计包含四大类 15 项功能点,涵盖装维经理日常工作的各个方面,已经成为装维经理日常工作必不可少的支撑工具。

4　主要创新点及简述

4.1　宽带网络设备一键查询

整合装维人员上门服务场景的查询需求,实现宽带设备实时光衰数据、资管业务数据、业务订购信息、历史投诉记录等一键查询(见图 1)。装维经理通过该工具可以预判宽带故障原因,可以远程指导客户快速解决。该功能上线后装维人员不再需要通过电话咨询支撑人员查询相关信息,装维工作能够独立自主完成,充分释放支撑压力,提升了整体工作效率。

图 1

4.2　自动化检测工具

宽带业务的故障检测和修复是装维工作的重要部分,但是实际工作中装维人员对宽带业务检测缺乏工具。为实现客户端设备故障快速检测,本应用提供了实时网络测速、Wi-Fi 信号检测、PING 工具等相关自动化检测工具(见图 2),装维人员的检测效率和精准度得到大幅提升。

4.3　自动化清端工具

在清端场景下,借助本应用中的自动化清端工具,装维经理通过 PON 口或分纤箱中任意用户号码即可反查该设备下所有用户号码及空闲端口,无号码标签的端口通过拔插光纤操作可在 2 s 内快速识别,将清端操作对客户的影响降至最低(见图 3)。解决以往清端中盲目拔插客户光纤,引发客户投诉的问题。

4.4　装维上门服务管理

装维经理上门服务时,通过本应用登记上门服务信息(见图 4)。主要优势:一是嵌入定位和实时网络测速功能,可以自动抓取填报时的位置信息,自动填报服务前后宽带网速变化;二是服务完结后自动向客户推送服务满意度调查短信,客户短信回复进行打分;三是实现装维服务单自动化汇总分析,降低管理人员的管理成本。

图 2

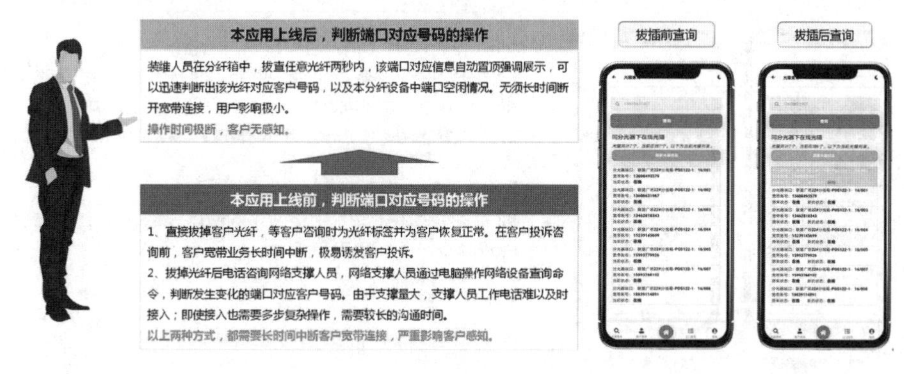

图 3

图 4

4.5 宽带分纤箱摸排

通过对自有宽带分纤箱的摸排，可以精准掌握移动宽带覆盖情况，对宽带网络覆盖欠缺、分纤箱隐患排查等问题精准收集；同时，通过对对手分纤箱摸排，可以对标对手网络建设情况，快速识别覆盖欠缺区域，实现对移动宽带网络的精准扩容（见图 5）。该成果可以降低摸排难度，将分纤箱资源管理嵌入装维日常工作。

4.6 宽带退撤单管理

通过本应用可以实现宽单退撤单的闭环管理，可以对宽单退撤单原因实现精准统计。发生退撤单情况时，装维人员提交退撤单申请，说明具体原因；由该网格长负责核实，对非网络覆盖问题的客户进行二次挽留，最大程度挽回营销机会。装维人员根据网格长的核实结果进行最终处理（见图 6）。

4.7 装维学习专区

本应用中开发了学习专区功能。装维人员可以随时以视频、在线文档等方式学习装维知识，提高个人的装维水平。对于必学必会的学习内容在首页中进行推荐；同时提供全文关键字检索功能，便于查询

图 5

图 6

指定内容(见图 7)。

图 7

5　主要功能的关键技术和创新性

创新研发网络设备实时查询：创新研发基于 TELNET 协议实现的网络设备信息查询服务接口，通过调用接口服务实现光衰等设备信息的实时查询。将以往支撑人员手工操作项目，转换为装维人员自主化操作。

整合多平台数据进行展示：整合铁通综调平台投诉数据，铁通综调平台的历史投诉记录与 10086 投诉记录合并展示；整合业务订购信息，对业务基础信息、机顶盒信息进行展示。

调用手机终端原生接口能力：Wi-Fi 信号、PING 命令、基站信号等检测工具直接调用手机终端原生接口，无须额外硬件投入。

复用现有测速服务能力:在现有测速服务器环境自主开发专署的测速服务程序,实现硬件设备复用,没有额外硬件成本。

固化装维上门服务流程:装维上门定位服务位置、整改前测速 2 次、按步骤逐个检查家庭网络、整改后使用千兆路由器替换法测速 2 次(2.4G 频段、5G 频段)、为客户展示和讲解路由器位置性能等对感知的影响、推荐组网方案、提交服务单、客户收到服务完结短信。整个服务流程固化到 APP 上(装维按步骤执行即能完成上门检测),并将服务结果留存至服务器上,方便后期质检分析。

接入国家地理信息公共服务平台地图服务:由国家地理信息公共服务平台提供精准地图,确保分纤箱位置信息采集的精准。

创新移动分纤箱覆盖算法自动识别弱覆盖区域:一是通过移动分纤箱间距离计算,精准统计未覆盖区域中心坐标;二是通过对手分纤箱对标,判定对手覆盖我方缺失区域。实现对未覆盖区域的快速、精准计算。

6 结束语

实施方案、系统架构、软件开发等全部流程由当前团队人员自主完成,没有第三方厂家参与,拥有 100%自主知识产权。目前已经申请 1 项国家专利(已进入实质审查阶段),项目成果可快速移植复用。团队人员从事宽带运维管理工作达 5 年以上,有着丰富的宽带支撑经验,熟悉装维所需,产品贴近生产实际,能够真正满足装维需求。

当前该产品已完成宽带光猫查询(含状态、上下线时间、基础告警等信息)、上门检测、网络诊断和测速、满意度测评、退撤单、问题建议、学习专区、网络摸排等功能的设计开发和上线使用。在某地市进行规模使用,活跃用户超 400 人,日均使用查询量超 5 000 次,已成为宽带装维经理日常装维不可或缺的工具。后续将会根据当前宽带业务发展的重点和装维诉求,进一步完善宽带装维云助手 APP 的功能,使之成为更好的装维 IT 支撑工具。

目前,该应用已在焦作、周口等多个地市完成部署,装维队伍应用覆盖率 100%,装维人员人均日访问量超过 500 人次。该成果从装维实际工作出发,形成了一套完整有效的支撑工具,软件系统可快速移植,降本增效效果显著。

“1+3 模式”深化网格服务赋能

王　达　苗晓巧　刘艺玮

摘　要:网格化运营是适应基层运营实际需要、进一步深化基层市场化经营机制的重要行动。网格作为公司最小作战单元,是与客户接触最紧密的触点,是提升服务质量、打造服务优势的基础力量。服务对网格的赋能是网格化运营的重要内容,是网格落实属地化客户服务工作的前提。随着网格化运营不断深入,有必要针对服务入格进一步梳理,以更好地赋能一线、快速响应客户需求以及助推精准服务运营。

关键词:服务赋能网格

1　前言

为更全面了解服务能力入格的整体情况,启动了全省调研,从调研结果来看,河南移动服务能力入网格工作需要进一步深化与加强。服务数据入格缺乏系统性,多数已入格服务数据仅实现了数据展示,对网格服务工作指导性有待加强,还无法达到对网格服务工作的支撑赋能要求。对服务的系统支撑能力仍停留在支撑调访、派单等生产工作,以及服务数据的展示、分析等基础管理工作层面,对服务能力入格的 IT 支撑不够体系、较为薄弱,智能化管理手段欠缺,系统支撑的可操作性不强。网格内触点多,服务标准分散,缺乏有机整合,有的仍然按照入格前人员的服务规范执行,不能完全契合新的管理模式和体系。各触点人员没有明确的服务标准动作,要干什么、该干什么、能干什么,一线执行人员不了解,网格管理人员没有抓手,全凭一线人员的经验总结和责任意识,各触点线条人员服务没有重点,执行没有章法。高目标与发展能力不匹配问题在基层表现突出,网格缺少服务氛围,网格内人员关注服务不够,没有精力深入了解客户需求,有时候为了完成考核任务,容易产生过度营销行为,影响客户感知。

2　构建“1+3 模式”深化网格服务赋能的方案

构建“1+3 模式”深化网格服务赋能的方案,“1”即“服务数据‘显’格”,是深化网格服务赋能的核心举措,对于网格服务工作的其他短板问题,通过“3”即“服务规范‘严’格、服务动作‘定’格、服务理念‘润’格”三项举措,推动网格服务能力全面提升,塑造网格服务品质。

2.1　服务数据“显”格

服务赋能网格的关键在于数据赋能,可称为服务数据“显”格,数据赋能的核心是明确“入什么、怎么入、如何用”,围绕这三个命题,课题组拟输出一套较完备的实施模板。具体包括三部分:制定网格与服务密切相关的指标体系,成为网格做优服务的指挥棒;通过系统支撑固化指标,并同步至网格人员所用日常生产工具,成为网格做实做精服务的助推器;加强服务指标在网络中的应用,成为衡量网格服务质量的度量仪。

2.1.1　网格服务指标体系

整合投诉、满意度、用后即评、客户画像等服务数据,实现服务数据的精准支撑,让网格人员对服务效果有感知,服务提升有抓手。

(1)投诉数据在格:直观展示网格内客户投诉情况,涵盖 CHBN 广义投诉、服务触点等投诉数据指标,焦点、难点投诉指标重点展示,使网格人员能够及时洞察投诉状况。

(2)满意度数据在格:一是聚焦三大市场以及服务触点客户感知,分别做好满意度数据支撑,展示网格内客户满意度的具体商业过程表现和满意度结果表现。二是基于网络、家宽等模型,搭建端到端客户关怀修复流程,向网格输出辖区内潜在不满客户。

(3)用后即评数据在格:聚焦网格的服务场景,拓展用后即评评测维度。围绕CHBN业务体验感知,细分场景调研维度,丰富用后即评场景,由单一渠道的使用感知评价收集,拓展到网格日常服务及营销场景的服务评价收集,支撑网格人员及时获取并改善服务薄弱环节,为进一步完善各类规范提供支撑。

(4)客户画像在格:丰富客户服务标签,将客户感知、投诉数据等服务接触数据沉淀,对网格内客户实施服务画像,画像信息可以包括基础标签和客户满意指数两类。通过系统将多维度的客户画像推送至网格人员日常生产系统。

(5)服营一体化指标在格:将后台系统与服务能力平台融合,实现客户服务标签与营销标签相互嵌入。一是在一线生产工具同步输出客户服务和营销两类标签,指导网格一线人员同时了解客户的营销需求和服务需求,让网格人员在营销的同时能够兼顾服务,达到"以客户为中心,高质量发展"的工作要求。二是在平台内构建以用户为中心的场景化策略魔方,形成"一客一网一策"的智能营销服务体系,将客户的营销标签和服务标签,通过系统大数据的综合分析,得出服营一体化策略。

2.1.2 系统支撑赋能网格

系统支撑是赋能网格的关键抓手,是网格做实服务的助推器。服务能力系统支撑的整体架构以客户服务平台为枢纽,贯通汇集支撑系统、分析系统、客服系统等一线生产系统的服务数据,将相关指标细化至网格,推送相关数据及策略至网格人员所用的生产工具,实现服务数据的实时传递与应用。

客户服务平台是服务管理中心,全面掌控智慧服务运营的总体情况,是服务一条线的"智慧大脑"。平台需要与支撑系统、分析系统、办公系统、客服系统对接,实现服务监控、管理支撑和生产调度功能,对服务管理系统整合、客户服务数据归集和分析、客户服务洞察、模型建立、服营一体化运营进行支撑。

2.1.2.1 与后台系统对接

与支撑系统对接:通过接口向平台提供全客户感知评测数据,包括:客户投诉数据,客户感知数据等。提供用户服务标签,实现"服务+业务"标签体系双向融合,并提供服务类实时事件,拓展场景化运营体系,实现服务营销融合。

与客服系统对接,将各类客户服务信息通过接口方式传送至客服系统,由客服系统创建并下发工单推送给一线人员。

与办公系统对接,通过接口向办公系统推送服务类预警信息以及服务督办信息,实现服务督办问题的监管闭环,提升服务管理效率。

2.1.2.2 与网格生产系统对接

客户服务平台通过与网格生产系统对接,实现服务数据同步嵌入至网格人员所用的生产工具,一方面用于管理,支撑网格人员随时掌握服务动态;另一方面用于生产,支撑网格人员高效、便捷完成服务任务。

一是提供数据支撑能力。客户服务平台向网格系统提供服务入格数据,包括服务指标、投诉数据、满意度指标、用后即评数据、用户服务画像,以及服务营销标签等,服务规范指标数据等。

二是提供数据服务能力。自上而下派发任务工单、反馈任务的进展及结果信息;客户投诉统一处理、反馈处理情况和处理进度。

三是提供自下而上的"倒三角"支撑能力,打造逆向派单流程,向区(县)、市、省按需求请求服务支撑,确保一线服务问题顺畅处理,保障后台对生产一线的支撑响应。

2.1.3 服务数据应用

一是整合前后端数据,对照KPI数据,引入生产结果、服务过程的KQI/KCI数据,建立网格服务质量评估体系,根据公司发展要求动态调整评估内容,全面监控网格服务质量。综合采用比高法、比低法,评估各网格服务质量健康度情况。通过网格生产管理工具,输出所属网格服务健康度和健康度排名情况,使网格长直观了解管辖网格的服务情况。网格服务质量评估结果可通过按季排名、按年评比等方式进行应用。同时,遵循网格运营管理要求,按照"可量化、可管控、可溯源"的原则,合理设计网格服务考核权重。

二是考虑网格间渠道覆盖,调研样本的不同,各指标周期不同等,细化指标评分规则。明确各指标评估周期和评估口径。按季度计算网格评估结果:针对周期是季度的,按季度样本合并计算结果;针对周期是月度的,取当季月平均值。按月度跟踪网格评估过程:针对周期是季度的,按当季月累计合并计算结果;针对周期是月度的,取当月值;针对低样本指标明确兜底政策。

三是考核机制。依据网格化运营要求,细分网格内人员责任,明确服务工作要求,结合不同服务场景,形成精简高效、可供选择的考核指标库,支撑基层公司运营。同时,做好指标预警,指导网格管理人员和一线人员开展网格服务工作。

2.2 服务规范“严”格

一是服务规范“共性+个性”的梳理与落地。共性规范是指整合各网格一线人员相关服务规范,建议组织编写《网格服务工作手册》,明晰网格工作方法、规章制度、基础技能、职责分工、服务标准、服务任务、团队管理、经营分析等,进行运营思路的显著化输出,以规范筑基础。个性规范是指结合统一部署的《网格服务工作手册》,综合各一线人员服务场景、服务流程差异,分线条制定网格内各线条个性化规范。

二是持续加强团队能力提升,提出明确工作意见,常态化组织网格内学习网格服务手册和各服务触点的服务规范,通过视频教学、现场教学、线上展示、集中测试等方式,将服务规范与要求融入各类营销和装维活动中,推动服务规范落地。

三是加强服务规范执行质量的检查评估。将主要服务规范、服务禁忌在网格办公区域内上墙张贴,并通过专项暗访、现场巡检、流程穿越等方式针对网格服务标准规范执行情况进行检查,对于不符合服务标准规范的情况进行督促问题整改。

2.3 服务动作“定”格

一是明确网格人员应执行的具体服务动作。营业厅内重点解决排队等候、业务办理时间长等客户痛点,利用“AI巡检”等技术,智能分析厅店排队时长和日常排队高峰时段,针对排队等候高峰时段和排队时长高峰厅店,实行动态排班管理,缓解前台办理压力和客户等候时长。客户经理常态开展营销服务一体化活动。家宽装维明确从“联系客户-上门服务-售后维系”的标准化服务流程。

二是开展质差出入库督办管理。制定各触点感知不达标入库督办标准,针对网格内服务质量不达标人员进行重点帮扶,制订“先进带后进”的员工成长计划,组织落后人员开展督导驻点帮扶、脱产培训、黑点约谈等,帮助员工提升服务质量。

2.4 服务理念“润”格

一是着力打造网格服务氛围,开展“服务授牌”等服务行动,网格班组建立“服务文化墙”及“服务规范阵地”,服务“口号”及服务规范一目了然,呈现“看得见”的服务,从意识上有效提升服务入格工作落地实施,让“以客户为中心”的服务理念渗入到网格内每个人员以及与客户的每一次营销服务行为,在网格内营造“服务从我做起”的工作氛围。

二是完善评优机制。开展“服务明星”评选活动。在年度服务明星评选中,侧重网格班组服务人员参选,释放网格服务能动性。

三是开展服务岗位技能大赛,营造网格内一线人员“比、学、赶、超”的良好氛围,选树具有先进性、模范性、创新性的服务标杆,在网格内部大力弘扬“专业、专注、精细、创新”的服务文化,激发基层服务热情。

3 结束语

按照“1+3模式”持续加强全网服务能力入格工作,提升网格服务品质,塑造网格服务优势,支撑保障市场发展,推动末梢触点的营销服务一体化运营,将网格打造成为落实“三全”服务的尖兵与模范,成为贴近客户、提供优质业务与服务体验的“全能作战单元”。

基于数字化应用实践的财务数字化转型探讨

秦莉婷

摘　要:在数字经济崛起的背景下,2020年2月集团公司下发《中国联通统一抓好疫情防控和改革发展推进全面数字化转型的指导意见》(中国联通党组〔2020〕28号),在思想上和行动上为联通数字化转型指明道路。我们作为财务人员怎样更好地助力公司数字化转型?在财务工作中怎样应用数字化转型提高工作效率?财务数字化转型中目前存在哪些痛点、难点呢?

本文首先从数字化转型的背景、目的和意义出发,在全面介绍数字化转型布局的基础上,结合"数字菁英"人才数字化赋能培训中数字化思维、数字化技术以及数字化财务应用板块中相关体系的介绍,基于财务工作中的数字化应用探索财务数字化转型过程中的实际问题及数字化转型的优化方向。在公司数字化转型进程中,发展模式带来的财务、业务以及系统支撑中的变化需要我们不断地发现问题、改善方法、提出解决方案,用最适应、最实际的方法来解决目前财务数字化转型过程中遇到的问题。

关键词:数字化;应用;财务数字化转型;优化

1　前言

1.1　研究背景

2020年8月21日,国资委印发《关于加快推进国有企业数字化转型工作的通知》,旨在推进新一代信息技术与国有企业的融合创新,加速传统产业全方位、全角度、全链条的数字化转型,加快构建国企高质量发展新格局;2021年9月7日,省委工作会议在郑州召开。省委书记楼阳生同志在会上提出"两个确保"和"十大战略",确保高质量建设现代化河南、确保高水平实现现代化河南 ,全面实施"十大战略"。其中指出要实施数字化转型战略,准确把握产业数字化、数字产业化的内涵和外延,把加快数字化转型作为引领性、战略性工程,构建新型数字基础设施体系,发展数字核心产业,全面提升数治能力,全方位打造数字强省,加快推进高质量发展。

我单位已于2015年开始"混改"新进程,并通过建设"五新"联通、全面互联网化运营转型奠定了数字化转型的基础。2020年2月集团下发《中国联通统一抓好疫情防控和改革发展推进全面数字化转型的指导意见》(中国联通党组〔2020〕28号)(简称《意见》),在思想上和行动上为数字化转型指明道路。数字化转型实施后,财务角色、职责以及工作方式的转变,财务在数字化转型中的应用、取得的成效、遇到的问题和优化措施等问题值得我们深入研究和思考。

1.2　研究目的和意义

1.2.1　研究目的

探索数字化转型实施后,财务角色、职责以及工作方式的转变,财务在数字化转型中的应用及变化、取得的成效、遇到的问题和优化措施,财务和业务之间的关系,通过实践验证数字化实施方案体系在财务数字化转型应用过程中的实际问题及优化方向。

1.2.2　研究意义

通过发现实际问题研究数字化转型的优化方向,探索帮助财务更好、更快、更优地实现数字化转型,助力业财融合及财务数字化转型,从而加快公司整体数字化进程转型及高质量发展。

1.3　研究思路框架图

研究思路框架图见图1。

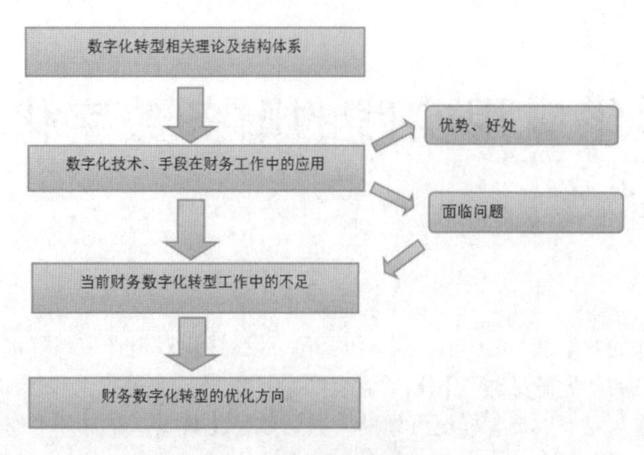

图 1　研究思路框架图

2　数字化转型相关概念

2.1　数字化转型的内涵

含义:利用数字化技术(例如云计算、移动化、大数据/分析、社交和物联网)能力来驱动组织商业模式创新和商业生态系统重构的途径或方法。

数字化转型是利用创新技术和商业模式重塑企业经营体系,建立基于数据变现的用户体验交付闭环,最终实现数据驱动的高速增长模式。它是信息技术引发的系统性变革,是将适应物质经济、规模经济的生产力和生产关系转化为适应数字经济、范围经济的生产力和生产关系。其本质是使用互联网化思维、数字化技术手段转变要素配置方式和运营模式,实现业务、产品、运营、服务、管理价值创造体系优化、创新和重构,产生有机效能,提高要素市场化配置效率。

数字化转型的目标:以消费者运营为核心,实现消费端与供给端全要素、全场景、全生命周期的数据智能,建立企业智能运营和决策体系,持续推动企业产品创新、业务创新、组织创新,构建强大的新竞争优势。

2.2　联通数字化转型的表现和方式

2.2.1　业务侧数字化转型的表现及方式

公司开展全面数字化转型后,渠道、公众市场、政企市场、创新业务以及网络线纷纷开展了相应的行动。以集团“1+5+5”战略为统领,以《建议》中 8 方面共 49 项重点工作为抓手,涉及公众、政企、渠道、中台建设、人才管理等多项工作。

表现比较突出的有:渠道及公众业务线上线下一体化运营、网络建设和创新项目自助交付能力建设及自主交付项目实施、云网资源一盘棋运营等,一站式服务赋能客户数字化转型。

2.2.2　财务侧数字化转型的表现、方式及效果

财务聚焦数据运营与数字治理,在系统侧优化智能中台建设,加快业财融合、业会拉通。

(1)财务智能共享核算系统优化:持续优化财务智能共享系统,设置更贴近业务使用的差异化流程,如保证金实施支付流程,在考虑司库系统资金整体统筹的安排下照顾到了业务差异;持续增加智能审核上线业务,不断加强财务培训,将标准差旅、房租等业务流程纳入智能审批业务大类,大大提升了财务报账的时效性。

(2)深入发掘价值管理系统功能:将价值管理系统优化为集预算、分析、KPI 数据展示、专业线数据等为一体的综合性系统。

(3)上线资产管理系统:上线资产管理系统,使资产调拨、报废、盘活在同一系统内实现,实现了业务集约化和系统优化。

2.2.3　系统支撑数字化转型的表现及方式

建立“两纵一横”数据运营体系依托管理体系(预算考核、经营分析、运营支撑、财务评价),基于会

计体系的财务数据与统计体系的业务数据而实现的数据运营体系,聚焦数据资源,实现数据资产化,提升数据运营能力,帮助挖掘企业数据价值,为生产经营分析、决策提供思路和方向,提升生产经营效率,助力企业高质量发展。

系统支撑更加完善,在系统建设的基础上实现全流程自动化、数据可视化、从而达到业务数据化、数据业务化及业务智能化。开发业务系统,在系统内数据校验、自动传数,提高了业务智能化,降低了人为操作数据的风险,一定程度上提升了数据质量,是数字化转型不可或缺的基础条件。

2.3 联通数字化转型的目的和意义

联通数字化转型有利于实现生产经营效率的提高、业务内生创新动力的提升、持续盈利能力的获取、人才使用及人力资源管理效能的提升。通过数据分析及数据驱动发现新的创新业务发展点、聚焦问题制定优化措施,从而促进管理决策智能化、内外组织协同化、业务流程敏捷化、产业生态一体化,最终达到企业科学决策、降低成本、优化管理、提升创新能力,实现企业持续健康高质量发展的目标。

数字化转型是生产发展的必然趋势,是驱动生产、生活和治理方式变革的必由之路,有利于提升资源配置使用效率。对内实现了数据拉通、赋能、集约化运营,对外实现了数字化赋能,是贯彻新发展理念、构建新发展格局的必然要求,是提供高品质产品服务实现持续健康发展的必然要求。

3 数字化技术及手段在财务工作中的应用

3.1 标准化管理

财务数字化转型的基础在于数据治理,只有将财务数据夯实,才能达到数据准确、数据分析有效,从而使数据治理成效发挥出最大的效用。为实现标准化管理,夯实数据基础,采取以下措施:①根据业务划分不同群组,实现问题充分讨论、学习及高效处理,避免同类问题反复发生;②针对重点业务、易错点制定操作指引,实现集约化管理;③通过整理业务报账“明白表”,实现了业务-财务报账一览式索引,有效地提升了业务部门报账的准确性,降低了操作难度,用通俗易懂的方式将文件内容中报账部门关心的应用场景、报账事例、报账大小类选择、附件注意事项、标准附件事例融合在一张表同时应用于财务管理中,有效实现了业务报账标准化。

通过线上有效支撑很大程度改善了中台部门“电话不停、问题重复”的现象,降低了管理成本,提升了工作效率。标准化管理有效避免了成本归集错误、业务报账与实际不符的问题,夯实了基础数据质量。

3.2 系统化支撑

财务数字化转型中业财拉通有赖于各类系统的支撑:价值管理系统、海波龙报表系统、人力资源工资系统、能耗系统等,通过业财系统自动传数、校验,提升生产效率的同时保证了数据准确性,减少人为调整。

在数字化转型的运营过程中,很多系统处于优化期,不可避免地出现很多大小不一的问题,各类客服平台起到了重要作用。沃运营、IT 支撑平台,为解决我们的系统问题、提取数据需求、研究业会数据提供了必要支撑。

3.3 高效集约的流程

为提升管理效能,适应财务数字化转型短、平、快的转变,优化业务系统。比如新上线的商旅 2.0 系统,优化了需要起草商旅单审批后重新跳转报账平台的操作,简化操作页面的同时将操作流程进行了集约化处理,在同一页面、同一应用内实现了商旅申请、发票验证、业务报账、会计凭证生成,方便差旅人员掌握,提高了审批时效。将标准差旅设置为自动审批,更有效减少了审批环节,在考虑业务实质的同时优化了财务管理,提升了管理效能和业务感知。

3.4 多场景多方式培训

财务作为业务支撑部门,经常需要开展培训。在应用数字技术手段后,可以将现场培训转化到线上钉钉视频培训,或者通过采取录制视频课件的方式进行课程培训,将培训时间碎片化、培训地点线上化,在节约时间成本的同时避免了一线单位由于工作任务重不方便整块时间培训的问题。钉钉群直播支撑回放功能，即便临时有事不能参与的同事也能在事后进行自学，有效提高了培训参与率，降低了管理成本，提高了工作时效。

3.5　系统智能支撑

优化财务报账平台系统支撑，上线智能审批业务流程，将简单业务、标准场景业务在系统内设置校验标准，满足简单审批条件的实现智能审核；商旅2.0系统中发票、车票均实现了拍照上传自动验证的功能；设置强校验规则，校验供应商信息、发票信息与合同信息的一致性、金额校验、发票大小类校验等，提高了财务报账自动化水平。

上线财务共享服务平台，针对各单位报账单质量、起草人报账质量根据退单率等关键数据设置信用评级，针对报账时效性数据抓取数据进行汇总分析，通过横向、纵向对标发现共享报账的不足，制定改善措施；提取财务报账系统中的明细数据，根据报账时间节点及审批节点，按照不同指标进行排队归集，票据审核岗可根据分析数据及系统明细分析、定位问题原因，制定改善措施，持续提升财务智能共享质量，改善自动审核通过率及退单率等关键指标。

3.6　数据分析支撑

每季度将财务智能共享明细数据进行专项分析，结合关键指标锁定高退单率明细、异常时长单据、智能审批拦截明细，将数据可视化处理，分析问题并制定改善措施；每月财务报账结束后，通过财务报表、财务指标变动、财务报账明细，检查异常数据，针对成本报账专项分析。例如，渠道费用变动分析、大额行政综合费用部门分析、维系费用来源及金额、创新项目毛利率监控，核查是否存在数据不准确或数据来源异常、数据金额异常的报账事项。依托各类系统数据，进行数据加工、归集、分析。

4　当前财务数字化转型工作中的不足

4.1　数据治理工作有待加强

前部分系统的交叉数据存在数据口径不统一或不清晰，数据无法溯源或数据需要二次加工采用的现象。如价值管理系统中的各项指标数据不能直接应用于各个市分公司的经营业绩考核，存在部分口径调整差异；针对内部商城订单归集传送数据，存在会账差异无法核对，明细数据由于经过多次传送、归集，无法追溯源数据；针对渠道费用中来源于收入管理系统中的成本分摊数据，无明确分摊规则，系统无法支撑前端溯源，数据无责任人支撑，无法实现业会核对。

业务部门对数据准确性认识不足，存在业务归集错误、全成本指标不按照规则选择的情况，需要加强培训，提升思想认识。

4.2　系统智能性有待进一步提升

部分系统存在漏洞，如新兴ICT系统漏传报账平台数据、报账平台丢单、报账平台审批环节异常等；报账起草人在起草报账电子流时部分信息缺乏必要信息提示和明确说明，如租赁费发票未写备注或建筑安装类发票无关键字不识别，未能提示租赁发票备注格式标准要求及建筑安装类发票关键字信息，仍需线下二次支撑说明。

5　财务数字化转型的优化方向

5.1　业财融合，在系统中实现高效窗口化支撑

优化报账起草人在起草报账电子流拦截提示窗口，细化关键信息提示、针对问题明确说明，租赁费发票及建筑安装类备注设置标准事例，从而实现高效窗口化支撑，在同一个页面最大程度地高效解决问题。

在系统中增加常用业务报账场景事例，如其他营业费用下课事例座签制作、非业务宣传类标牌制作等；在报账平台内置标准模板下载中心，根据业务索引目录查询标准模板及模板填写示例；在各个业务流程下增加审核要点提醒及业务风险提示，实现一站式管理。

5.2 建立畅通的沟通渠道及体系

各项业务做到主管到人,形成省公司-业务-财务-地市公司-业务-财务的有效配合,高效沟通;各主管基于业务形成专项业务支撑团队,针对业务发展或财务报账中的痛点和系统问题予以专业支撑,更好地了解数字化转型过程中的各类问题;拓宽沟通方式、提高主动性:通过问卷调查、基层调研、座谈沟通会等方式,财务主动到一线了解实际问题,寻求最优解决,从而反馈于系统应用优化。

5.3 提高自身的数字化水平及财务管理水平

5.3.1 掌握数据分析方法与应用

掌握简单的数据分析、数据清洗方法及应用操作,能够熟练使用数据分析工具进行数据处理和分析,围绕财务关键指标进行数据专项分析,通过图、表等方式选择最合适的分析展现形式,实现数据可视化。在数据中发现规律、发现问题,分析制订解决方案。

5.3.2 掌握系统中的业务循环与财务循环

加强前端业务知识、业务政策的研究学习,针对业务到财务的映射及业务归集进行掌握、学习,只有和系统做朋友,才能在数字化转型后在复杂、冗杂的数据中提取出最关键、有用的数据信息,结合业务发生及归集迅速定位业务问题所在和财务处理问题,从而优化数字化转型过程中的系统、业务、财务等问题,助力数字化转型。

5.3.3 加强财务检查及内控管理

注重在数字化转型过程中的财务自查及内控管理,基于业务风险管理、财务风险管理,对照标准化操作规范及时核查系统操作、财务核算的准确性及合规性,从而达到夯实数据基础,做好数据治理和数据运营的效果。

6 结束语

经过“数字菁英”人才数字化赋能培训后,参考相关文件及学习培训资料,结合数字化转型过程中基于本人现岗位财务工作经验的数字化实践应用,整理并梳理了现阶段财务数字化转型过程中实际工作应用及在财务智能共享报账、创新业务财务支撑方面的实例,结合数字化技术应用的好处与不足进一步剖析下一步改善方向。如有不足之处,请批评指正。谢谢!

参考文献

[1]《中国联通统一抓好疫情防控和改革发展推进全面数字化转型的指导意见》(中国联通党组〔2020〕28 号) 2021. 02.
[2] “数字菁英”人才数字化赋能培训资料. 2021. 08.
[3]《数字时代电信业的高质量发展策略》中兴通讯股份有限公司,2021,06.
[4]《河南联通 2021 年财务工作会会议材料》2021. 06.
[5]《河南日报省委工作会议材料》2021. 09

中国电信新乡分公司饮马口机房“7·21”防汛抢修

高桂梅 韩 军

摘 要:本案例主要探讨7月21日新乡出现暴雨,城市发生严重内涝,地面积水高于一楼机房地面,水渗入机房时,中国电信新乡分公司饮马口核心机房紧急防水应对措施。

关键词:暴雨;内涝;沙袋墙;防护

1 前言

7月21日新乡遭遇历史最强暴雨,城市内涝严重,7月22日凌时,中国电信新乡分公司饮马口机房一楼门口积水1.2 m;该机房为中国电信新乡分公司主核心B类机房,一楼为电力室,里面有蓄电池,开关电源,二楼有干线、关口局、BSC及本地汇聚及接入层设备。一楼电力室地面距地平面60 cm高,该处位置相对较高,自2002年建成以来,从未发生城市地面水位高于机房地面的事件。一楼机房通石膏板与一楼营业厅相隔(隐患点,但汛前未发现)。如果封堵不力,存在洪水倒灌机房、设备被淹、电源断电的情况,新乡电信所有网络存在脱网风险,豫北安阳、鹤壁、焦作、濮阳等地市网络出口同时受影响。

2 “7·21”防汛抢修及整改

2.1 饮马口机房防汛抢修过程

2.1.1 核心机房一楼汛前物资准备

沙袋40袋、防雨布4 m×5 m 4块、潜水泵1个、防火泥2块、铁钎水桶簸箕等若干。

2.1.2 饮马口一楼机房防汛应急措施

7月21日18~23点,新乡突降暴雨,超过历史极值,城市发生内涝,地面水位快速上升,至23:00,雨势减少,但地面积水已有50 cm高 ,积水距饮马口中机房地面还有10 cm(机房地面高于地平面60 cm),快速组织人员对一楼机房门口进行加固预防,当时探讨有两种方法:

方法一:机房门口有防鼠板,从机房里顺着防鼠板往上铺防雨布,防雨布上再压沙袋避免机房从外往里进水,然后把门关住,再在门口铺防雨布,往上摞沙袋,把门堵死,避免机房进水,通过视频监控查看机房房内进水情况(见图1)。

优点:沙袋、防雨布、门、防鼠板、防雨布、沙袋共6层防护,很难通过门口往机房渗水。

缺点:机房门堵死,人进不去,一旦水从其他地方进入机房,将无法补救。

方法二:打开门,先用防雨布铺到机房门口防鼠板两边,做第一层防雨措施,在门两边防雨布上摞沙袋(见图2)。

优点:人员在一楼机房里可以随时关注水漫入机房情况,并随时调整抢修方案。

经过现场讨论,采用方法二对饮马口一楼机房进行防堵,事后了解,因饮马口附近排水高压水泵损坏,导致城市地面积水无法排出,形成内涝,地面水位快速上升,00:10左右,积水已超过地面高度,水通过电力室地面接地排的孔洞从地底涌出。

抢修过程:因水浅,无法用潜水泵抽水,当时值班人员6人,他们不断通过簸箕往桶里舀水或直接排出室外,排出地面积水,同时用沙袋和防火泥堵地排引线洞,减缓洪水涌入速度。机房地面水位控制在1 cm以下,设备暂无水浸风险。

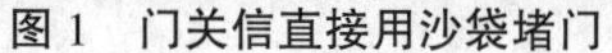

图 1　门关信直接用沙袋堵门　　图 2　门开，沙袋防鼠板相结合

01:30 左右，积水除从地排洞里涌出外，石膏板隔墙泡坏了，积水从机房里边通过与营业厅相连的石膏板隔墙渗入机房，情况十分危急，通过讨论，现场应对措施如下：4 个人继续通过水桶、簸箕等原始方法排水，一个人用防火泥堵住石膏板漏水的地方，再一人试图挖开地排引线洞，通过潜水泵排水，但因潜水泵事前未测试，运行 20 min 后热保护停止运转，再次用沙袋和防火泥将地排引线洞堵住，通过人工快速排水。为避免水进入设备，情急之下，从里面隔墙和机房门口间用棉被做了个流水通道，在门口不断地用簸箕往外排水，饮马口值守人员持续将近 3 h。

03:00，公司领导带着抢修人员、水泵及部分沙袋乘坐铲车赶至饮马口机房，快速投入到抢修队伍中。马上调整抢修措施如下：

抢修措施一：6 人排水，进入机房水的速度与排出水速度相当，但人员极其疲惫，人员 10 min 一换。

抢修措施二：在机房原地排引线洞处再次把洞挖开挖深，把潜水泵放入，通过潜水泵往外排水，同时，用笤帚或拖把往放潜水泵的洞里扫水，避免洞里无水潜水泵停止运转。此措施能减轻人力负担，但无法阻止水进入机房。

抢修措施三：用大量沙袋在与机房石膏板相隔的营业厅做了两道防水墙，先用沙袋把门堵住，避免水通过门渗入房内，同时在石膏板处又用沙袋围了一堵墙，门内放置一台水泵，抽出门内与石膏板沙袋墙间的积水，避免水通过石膏板渗入机房。自此，饮马口一楼机房内渗水逐级减少，仅少量渗入，通过机房内潜水泵断续排出。机房抢修进入相对稳定状态。07:00，部分地势高的商户开门后，快速增补防汛物资。

抢修措施四：抢购 6 台潜水泵，作为排水备用，抢购堵漏宝，用堵漏宝把机房四面墙和防鼠板处全部抹一遍，防止水渗入；用堵漏宝把机柜与地面接触处堵住，避免水进入设备里面；用堵漏宝把地排引线洞抹住，防止水通过引线洞涌入机房，至此，室外水基本堵住，不渗入机房。

抢修措施五：为预防万一，又在机房门口做了第二道防水坝抽水，让水位持续低于机房地面高度，保障机房内不渗水。操作要点如下：

(1) 先贴地放置防水布，沙袋贴地压实，防水布在内侧，防止无防水布保护导致沙袋漏水。

(2) 沙袋墙高度根据水位随时加高。

(3) 两道坝间放置合适功率的水泵，排至二道坝外。

(4) 根据渗水程度增加水泵，如潜水泵，注意完全没入水中，防止过热停止工作。

(5) 水位特别高时，随时增加沙袋做梯形加固，防止溃坝。饮马口一楼电力室二道坝平面示意图见图 3。

饮马口防汛稳定后抢修现场(第二道防水坝)见图 4。

饮马口防汛排水作业见图 5。

2.2　暴雨事件事后反思和整改

"7 · 21"特大暴雨，饮马口机房虽然保住了，但在抢救过程中惊险万分，01:00~03:00 大部队未到来前抢修饮马口轮值的抢修人员全凭意志抢修，抢救过程精疲力竭。机房进水，交流电距地面仅 10 cm，存在漏电风险。

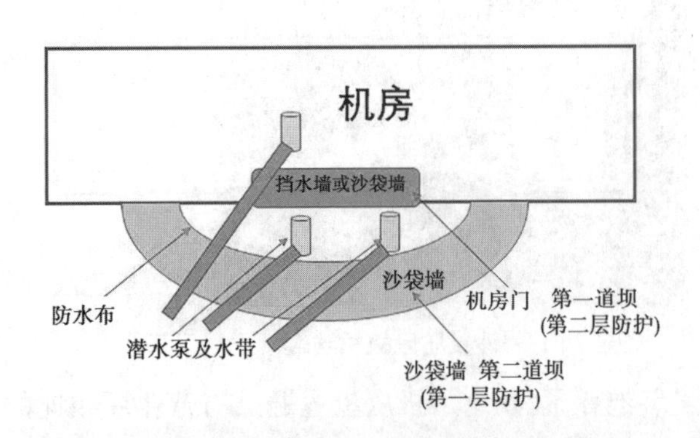

图 3　饮马口一楼电力室二道坝平面示意图

图 4　饮马口防汛稳定后抢修现场(第二道防水坝)

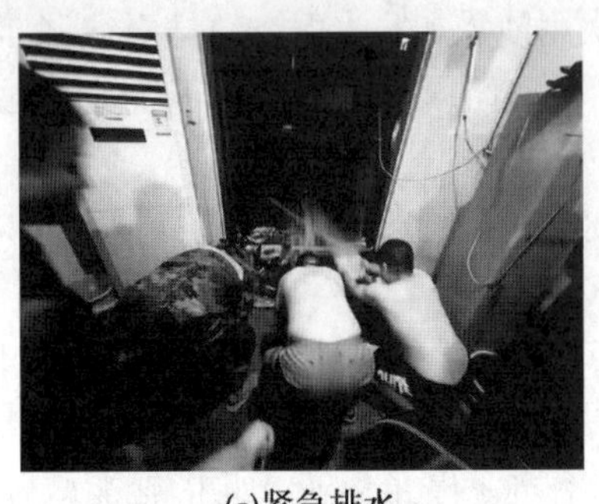

(a)紧急排水

(b)排水流水作业

图 5　饮马口防汛排水作业

图 6

2.2.1　反思及问题

(1)防汛准备工作在思想上应对不足,认为水位不会超过机房地面,导致防汛物料准备不足,沙袋只有 40 个,不能满足机房大量浸水防汛需求,同时,潜水泵也未事前测试,不能保证使用时设备运行正常。

(2)事发时为凌晨,抢修人员严重不足,加之城市内涝,交通不便,只通靠铲车及人工涉水支援,支援人员很难及时赶到,物料在凌晨也很难筹集。

(3)重要业务交流电源输出端子距离地面仅 10 cm,一旦浸水,极易漏电,存在很大的设计缺陷,之前排查隐患时也未发现此问题(见图 6)。

(4)机房内地排孔洞未封堵严实,一旦机房地面水位上升,积水很快通过孔洞渗出地面。

(5)一楼机房前面为石膏板,不结实,无防水功能,存在很大的风险隐患。

2.2.2　经验总结及后续整改

2.2.2.1　抢修应急到位

(1)汛前省市两级连续预告,将发暴雨,饮马口机房各专业主管 7×24 值守机房,公司领导坐镇,均未离开单位,突发汛情时,领导第一时间响应调度支援,上下一心,共同抗汛。给足抢险现场人员战胜洪水的信心,只要坚持住,我们有大量后援。

(2)抢修方法得当:出现汛情时,头脑保持高度冷静,分板防汛方法利弊,果断采用开门迎战,用防鼠板与防雨布、沙袋相结合，阻挡洪水浸入。抢修过程中，利用现有条件，挖开地排孔洞，放置潜水泵，同时引导积水流入孔洞，减少人工排水。物料及人员到位后，快速在机房门口及营业厅门口构筑第二道防水坝，避免水直接浸入机房。

(3)沟通到位，发生汛情，公司领导迅速与供水局沟通，要求供电局保障核心机房供电，当晚，供电局未停电，为我们防汛提供了有效的电力保障。

2.2.2.2 事后整改

(1)饮马口电力室交流输出柜整体抬高20 cm，抬高后交流输出端子距地30 cm，避免再次出现渗水风险。同时，在今后核心机房设计时，如果物理条件允许，除发电机房，交流配套尽量不放在一楼，若确需放置到一楼，需结合历年汛情，对设备做抬高处理。重要设备的电源端子尽量放置在上端，同时在一楼综合柜安装设备时，设量从上往下装。

(2)对饮马口一楼电力室机房进行快速整改，避免再次发生内涝时水浸入机房，整改如下：机房门口做60 cm高防水台石膏板墙，前面用砖混墙隔断，见图7。

图7 机房整改

(3)一楼电力室低洼处做个积水罐，放置潜水泵，核心机房建议备用两个潜水泵。机房内准备接水水泵用的插排固定放置在高处。

(4)汛前对易渗水的机房准备堵漏宝、防火泥等能快速防渗水的防汛物资。

(5)新建机房时，地排引入、线缆引入等避开从机房内地面引上，穿管从机房墙面引入，做好防水弯，避免出现汛情时积水从机房内地面孔洞渗出，防不胜防。

3 结束语

经过中国电信新乡分公司一夜的抢修及第二天的增补措施，饮马口机房在“7·21”特大暴雨中挺住了，确保了新乡电信网络畅通，为政府和人民防汛抢险网络畅通提供了有力的保障，实现了“人民邮电为人民”的初心。

多数据融合,实现互联网重点业务流量及质量精细化管理

李汶龙　郝文胜　王莉莉

摘　要:随着宽带中国战略的实施和互联网+业务的快速发展,4G、家宽、集客、CDN 和物联网等新业务"四轮驱动" 高速发展,业务承载网络 CMNET 流量规模几何式增长,网络规模持续扩大。需完成从过去传统"业务运营"到"流量经营"的转变。"流量经营"要求我们流量的规模、流量的分类、流量的流向、流量的成分等信息有精准的判断和掌握,而传统运维手段恰恰难以满足我们对流量识别的要求。我省主要通过引入"四维五步方法论",依托 DNS 系统及 NetFlow 流量分析系统实现对用户的流量识别和管理。

关键词:互联网;流量经营;精细化管理

1　前言

互联网的出现放大了人的社会属性,随着网络空间的扩展,网络成为人们工作和生活的组成部分。移动互联网的出现改变了用户使用互联网、使用手机的习惯,出现前所未有的业务大爆发。

从全球范围看,云计算、大数据、物联网、视频高清、4G/5G 等业务的快速发展极大地推动了用户对带宽需求的增长,宽带网络正推动新一轮信息化发展浪潮,在未来相当长的一段时间内,带宽仍将是用户的首要需求。众多国家纷纷将发展宽带网络作为战略部署的优先行动领域,作为抢占新时期国际经济、科技和产业竞争制高点的重要举措。

中国移动通信集团河南有限公司依托流量可视化系统建设项目,在 2021 年上半年对爱奇艺、腾讯、阿里、抖音、快手这 5 大用户建立对象 IP 资源库,通过 netflow 流量分析系统建立流量分析方案模型获取我省家宽、手机用户访问 5 大用户的流量规模、流量分布等详细信息。

主要通过引入"四维五步方法论",依托 DNS 系统及 netflow 流量分析系统实现对五大用户的流量识别。通过 DNS 系统多维聚类/DNS 反查获取 5 大客户 9 类业务域名、IP 资源归属,通过 netflow 流量分析系统建立机器学习模型分析,实现 5 大客户 9 类业务家宽、手机用户业务质量监测。

该成果的应用具备 2 个创新点:①通过多维聚类详单过滤获取业务域名、IP,结合 DNS 域名反查补充 IP 资源,从而建立 5 大用户 9 类业务资源地址库;②基于 netflow 流量分析,获取各重点业务的流量流向及流量规模,通过统计计算出 9 类业务的流量规模、服务对象、流量发展趋势等信息。

2　背景概述

2.1　河南互联网情况

中国移动互联网(简称 CMNet)骨干网建成于 2001 年,在发展过程中,CMNet 除了实现针对中国移动拨号、WLAN、专线、IP 电话业务网接入、GPRS、宽带接入等上网用户的 Internet 服务外,还作为移动增值应用的联网平台。

随着宽带中国战略的实施和互联网+业务的快速发展,4G、家宽、集客、CDN 和物联网等新业务"四轮驱动" 高速发展,业务承载网络 CMNet 流量规模几何式增长,网络规模持续扩大。需完成从过去传统"业务运营"到"流量经营"的转变。"流量经营"要求我们流量的规模、流量的分类、流量的流向、流

量的成分等信息有精准的判断和掌握,而传统运维手段恰恰难以满足我们对流量识别的要求。

2.2 技术方案介绍

该成果依托 2021 年流量可视化系统建设项目,在 2021 年上半年对爱奇艺、腾讯、阿里、抖音、快手这 5 大用户建立对象 IP 资源库,通过 netflow 流量分析系统建立流量分析方案模型获取我省家宽、手机用户访问 5 大用户的流量规模、流量分布等详细信息。

该成果的实现主要通过引入"四维五步方法论",依托 DNS 系统及 netflow 流量分析系统实现对五大用户的流量识别。通过 DNS 系统多维聚类/DNS 反查获取 5 大客户 9 类业务域名、IP 资源归属,通过 netflow 流量分析系统建立机器学习模型分析,实现 5 大客户 9 类业务家宽、手机用户业务质量监测。

3 技术方案

3.1 基于 netflow 和新的质量管理分析体系

基于 netflow 和新的质量管理分析体系见图 1。

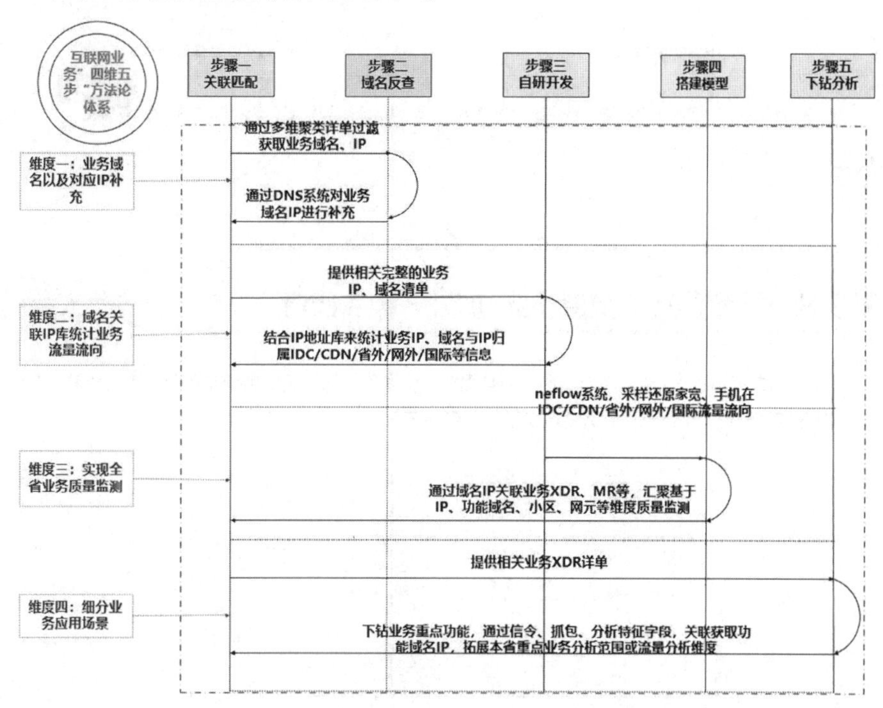

图 1 基于 netflow 和新的质量管理分析体系

3.1.1 四维体系

➢ 资源管理(业务域名及对应 IP 补充):通过多维聚类/DNS 反查获取 5 大客户 9 类业务域名、IP 资源归属。

➢ 流量流向(域名关联 IP 库统计业务流量流向):根据地址库爬取 5 大客户 9 类业务域名、IP 地址的流量流向情况。

➢ 质量监测(实现全省业务质量监测):通过 netflow 数据建立机器学习模型分析,实现 5 大客户 9 类业务家宽、手机用户业务质量监测。

➢ 场景下钻(细分业务应用场景):实现重要客户热点业务应用场景细分和下钻,如微信红包/朋友圈流量占比、质差网元、小区聚类等。

3.1.2 五步体系

➢ 关联匹配:通过多维聚类详单过滤获取业务域名、IP(见图 2)。

➢ 域名反查:通过 DNS 系统对重点业务域名 IP 进行补充(见图 3)。

➢ 自研开发:通过自主开发自研工具获取 CP 业务 IP、域名、归属等多维度信息(见图 4)。

基于四维五步的互联网流量流向分析-关联匹配

河南公司基于省网可视化流量运营分析体系系统，实时采集固网/移网XDR，将数据流进行多维聚类，实现域名、IP、URL、特征等关联，并匹配基础业务资源信息初级表。

业务数据流多维聚类

业务	资源	特征
app_major_class	app_server_ipv4	refer_uri
app_minor_class	host	user_agent
……	……	……

DPI数据流维度关联

业务关联匹配

协议中文名称	Host	RemoteIPv4
爱奇艺视频		
iQIYI	data6.video.iqiyi.com	101.44.59.52
iQIYI	hlslive.video.iqiyi.com	111.6.167.248
iQIYI	data6.video.iqiyi.com	184.25.254.194
iQIYI	221.15.56.167	221.15.56.167
iQIYI	112.36.36.121:8440	112.36.36.121
iQIYI	112.36.36.191:8440	112.36.36.191
iQIYI	data.video.ptqy.gitv.tv	101.227.12.85
iQIYI	data.video.iqiyi.com	220.181.109.111
iQIYI	tpa-hcdn.iqiyi.com	183.214.91.14
iQIYI	cache.m.iqiyi.com	122.190.65.237
iQIYI	111.202.83.34:809	111.202.83.34
iQIYI	tpa-hcdn.iqiyi.com	39.165.116.69
iQIYI	data.video.iqiyi.com	112.17.1.171
iQIYI	baiducdntest.inter.iqiyi.com	221.1.33.16
iQIYI		120.194.149.134
iQIYI	data.video.iqiyi.com	119.84.78.179
iQIYI	pcw-data.video.iqiyi.com	218.201.39.207
iQIYI	119.84.75.79	119.84.75.79
iQIYI	tpa-hcdn.iqiyi.com	120.221.91.61
iQIYI	dx-aliyuncdnct.inter.iqiyi.com	111.19.174.188
iQIYI	alimov2.a.yximgs.com	111.7.88.243
iQIYI	meta-cdn.video.iqiyi.com	123.129.246.14

基础业务资源信息初级表

□ 通过互联网重点业务家宽XDR话单与手机信令XDR话单，多维聚类，业务关联，匹配业务整体域名、流量等情况。

图 2

基于四维五步的互联网流量流向分析-域名反查

为进一步保障业务识别准确性，对基础业务资源信息初级表业务IP及HOST等资源开展DNS域名反查，进行重点业务域名IP资源反查补充。

域名	IP
zhongsouwulian.oss-cn-shenzhen.aliyuncs.com	120.77.166.117
yunpan-cdn.iqiyipic.com	111.6.170.41
yunpan-cdn.iqiyipic.com	111.6.170.41
yanchupic.bj.bcebos.com	112.34.111.44
yanchupic.bj.bcebos.com	39.156.69.23
yanchupic.bj.bcebos.com	2409:8c00:6c21:10ad:0:ff:b00e:67d
wxmng.tju.edu.cn	202.113.2.199
www.zzuli.edu.cn	202.196.0.13
www.zzuli.edu.cn	2001:250:4802:1008:501::2
www.pangolin-dsp-toutiao.com	111.62.36.150
www.iqiyipic.com	111.7.168.41
www.iqiyipic.com	2409:8c44:b00:a00::6f06:aa29
www.iqiyi.com	111.6.167.221
www.iqiyi.com	111.6.167.220
www.iqiyi.com	2409:8c44:b00:301::1e
www.iqiyi.com	2409:8c44:b00:301::1f
www.idiabetes.com.cn	114.113.230.209
www.dandanav1.com	104.21.52.173
www.dandanav1.com	172.67.201.147
www.dandanav1.com	2606:4700:3031::6815:34ad
www.dandanav1.com	2606:4700:3033::ac43:c993
wn.pos.baidu.com	112.34.113.91
wechatfile.91era.com	111.7.163.156
wap.cmpassport.com	120.197.235.27
wap.cmpassport.com	2409:8057:840:152::1:27
vs2.sexopedia.me	51.83.228.90

爱奇艺　优酷　腾讯视频　抖音　快手　今日头条　手机百度　淘宝　微信

□ DNS系统基于域名信息解析出全量IP信息和点击量，通过解析地址库，反查域名库，实现域名IP业务维度关联、校验、过滤、提取等。

5G++

图 3

➤ 模型搭建：①在 CMNET 中 PB、MB 及 IDC 核心上进行 FLOW 流量采集通过自主开发自研工具获取 CP 业务 IP、域名、归属等多维度信息；②通过提取爱奇艺、快手等 IP 地址来定义业务对象，从而识别各业务对象的流量规模（见图 5）。

➤ 下钻分析：完善业务流量分析工作深度及广度，拓展、深挖业务分析范围与场景（见图 6）。

基于四维五步的互联网流量流向分析-自研开发

省内自主开发自研工具实现业务域名、IP及资源归属信息的自动关联匹配，获取CP业务IP、域名、归属等多维度信息。

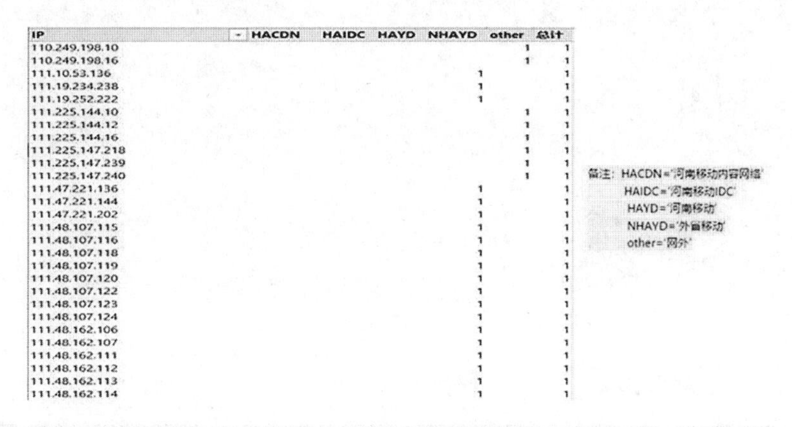

IP	HACDN	HAIDC	HAYD	NHAYD	other	总计
110.249.198.10					1	1
110.249.198.16					1	1
111.10.53.136				1		1
111.19.234.238				1		1
111.19.252.222				1		1
111.225.144.10					1	1
111.225.144.12					1	1
111.225.144.16					1	1
111.225.147.218					1	1
111.225.147.239					1	1
111.225.147.240					1	1
111.47.221.136				1		1
111.47.221.144				1		1
111.47.221.202				1		1
111.48.107.115				1		1
111.48.107.116				1		1
111.48.107.118				1		1
111.48.107.119				1		1
111.48.107.120				1		1
111.48.107.122				1		1
111.48.107.123				1		1
111.48.107.124				1		1
111.48.162.106				1		1
111.48.162.107				1		1
111.48.162.111				1		1
111.48.162.112				1		1
111.48.162.113				1		1
111.48.162.114				1		1

备注：HACDN='河南移动内容网络'
HAIDC='河南移动IDC'
HAYD='河南移动'
NHAYD='外省移动'
other='网外'

□ 河南在DPI流向库的基础上，通过自研工具对本省详细IP地址信息进行了细分IDC/CDN/省内其他，对出省详细IP地址集中归类，对出网IP地址细化进行到它类运营商，作为每次数据分析的流向库开展分析。

5G++

图 4

基于四维五步的互联网流量流向分析-模型搭建

我省基于业务IP地址归类实现9类重点业务的流量流向分析：

➢ 在PB,MB及IDC核心上flow流量采集，然后以IDC及CDN等相关链路建立端口组进行流量分析。

➢ 通过提取的爱奇艺，快手等IP地址来定义业务对象，从而识别各业务对象的流量规模。

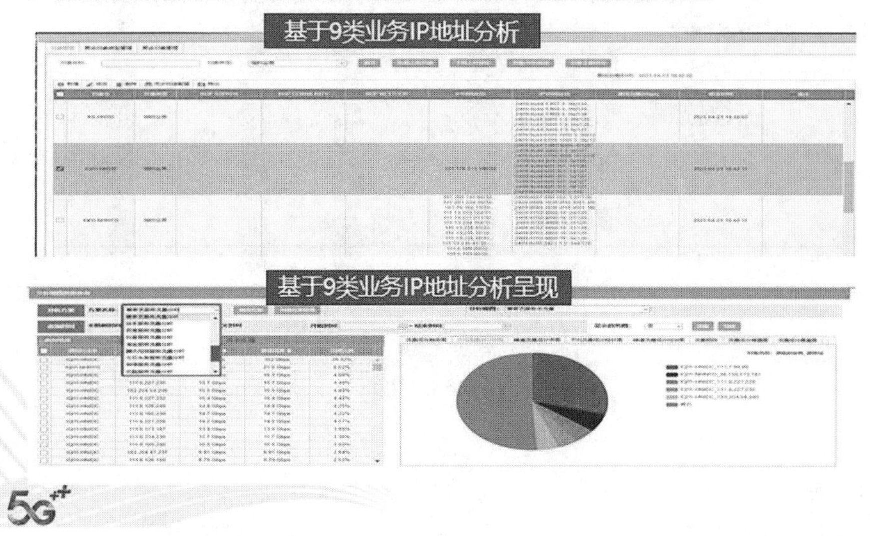

5G++

图 5

3.2 流量流向分析 & 流量成分识别

3.2.1 netflow 流量分析流程

➢ 采集机通过接受设备发送的 netflow UDP 包，分析识别后生成原始文件（每分钟一个文件）存放在本地采集机。该文件存储时长根据实际需求配置。

➢ 根据前台配置的分析方案，定时根据具体的汇总方案分析原始文件，将分析后的数据存储到对应的汇总视图表中。“分析视图”查询时，根据对应的汇总视图表进行二次汇总后组织数据后展现。

➢ “自定义分析”通过后台接口实时分析原始文件生成查询结果（见图 7）。

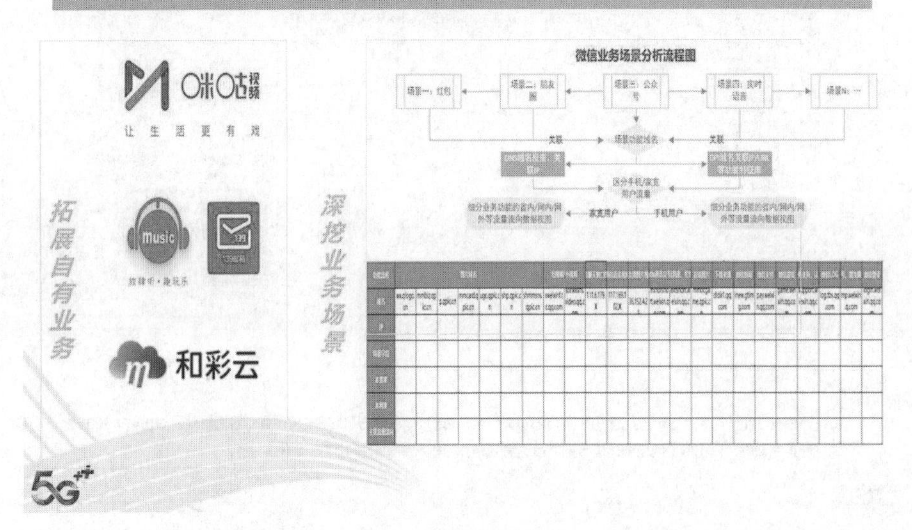

图6

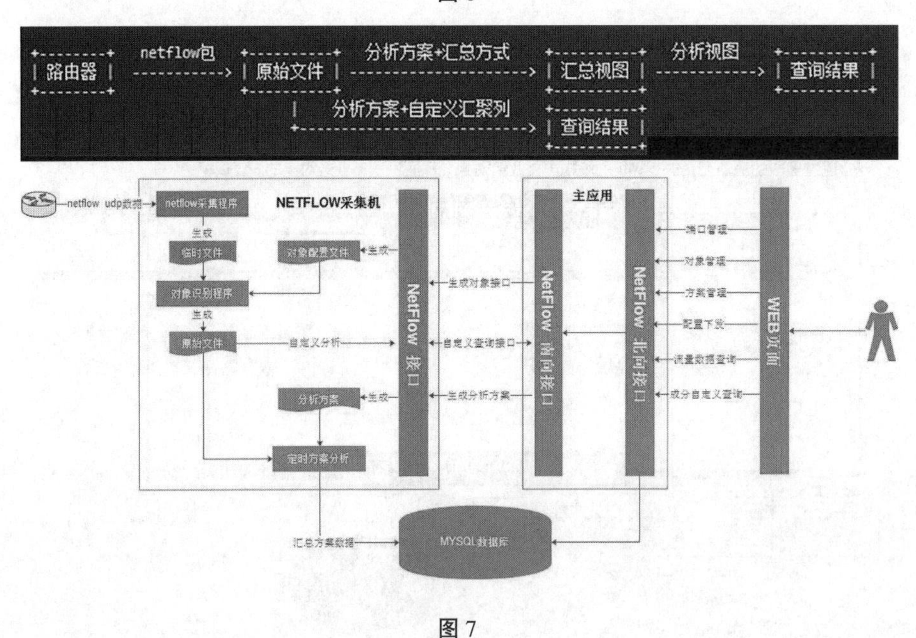

图7

3.2.2　端口组管理

端口组用于过滤流量成分用，基于 netflow 包中的 INPUT/OUTPUT 字段来识别对应设备的对应端口。

端口组主要应用在分析方案中配置了端口过滤条件的地方(见图8)。

3.2.3　流量分析维度和对象定义

➢ 对象用于对 netflow 流(基于源、目的 IP)进行归类。

➢ 可以从多个维度(如:用户、业务、网络)对流所属对象进行归类，每个维度下有多个对象，每个对象属于一个维度;同一个维度下各对象对应的 prefix 应该是没有重叠(冲突)的，否则会导致流识别到非预期的对象上，出现不准确的情况;系统提供对象定义冲突检查功能。

➢ 按 BGP ASPATH/BGP COMMUNITY/BGP NEXTHOP 定义的对象会根据 BGP 路由转换成 prefix

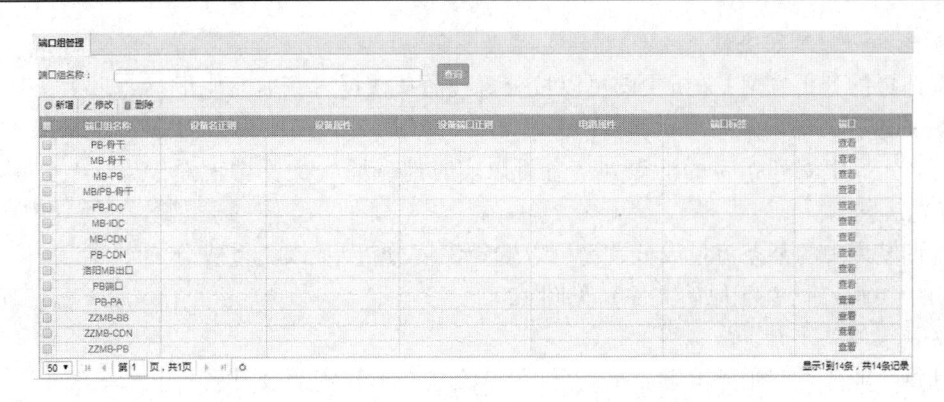

图 8

去识别 netflow(见图 9)。

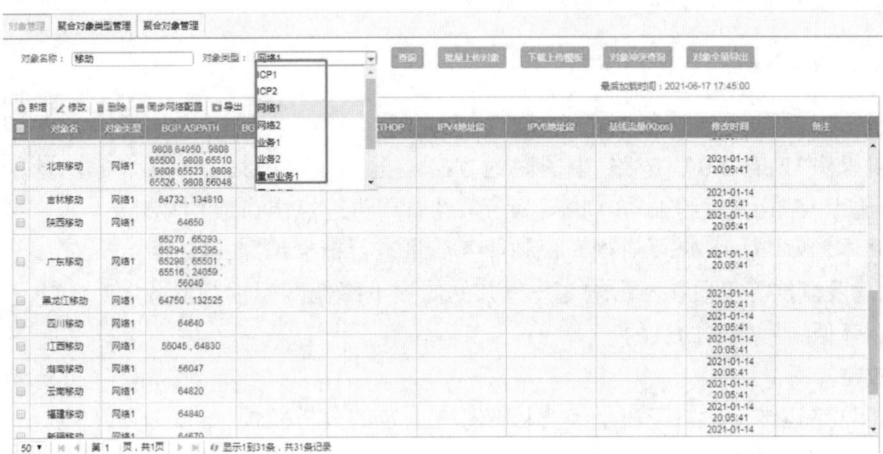

图 9

3.2.4 流量分析方案管理

分析方案用于根据统计需求定期对 netflow 流进行分析后保存到数据库中,供查询分析和统计报表使用(见图 10)。

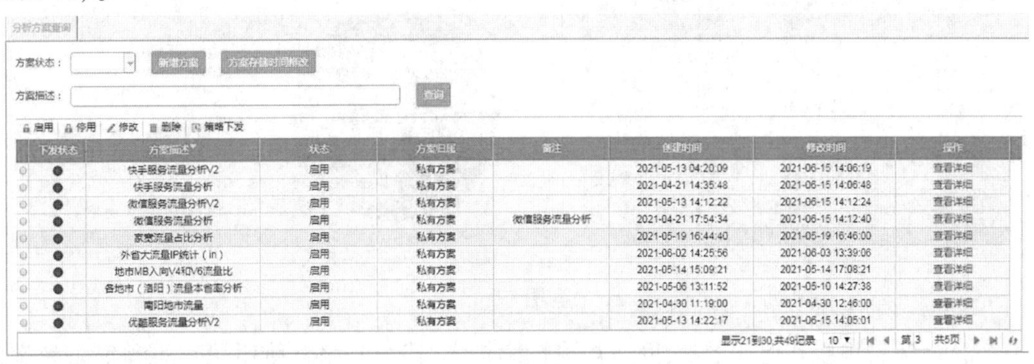

图 10

3.2.5 netflow 流量识别及标记

基于 3.2.3 的分析维度及对象定义和 3.2.4 的流量分析方案管理,采集机将收到的 netflow 流进行过滤后根据分析维度及对象打上相应的标签(网络维度标签、业务维度标签、用户维度标签等),见图 11。

3.2.6　流量流向分析结果查询

➢ 根据选择的分析方案+分析视图可以按分析视图从数据库获取对应汇总方式数据,并进行二次汇聚后展示流量信息。

➢ 根据自定义汇聚列指定的汇聚列信息可以实时地从原始文件中汇总指定列的流量信息。

➢ 对查询结果中的某条流量成分右键可以选择深度分析,对该流量成分进行进一步的详细分析(基于原始文件),见图12。

3.2.7　业务流量本省率计算

➢ 统计每个业务类型服务本省家宽、手机用户流量的本省资源及外省资源对象流量规模,根据流量规模计算本省资源占比得出流量本省率(见表1)。

➢ 针对流量本省率低的业务类别,可通过数据指导政企部门进行资源引入,从而降低出省流量规模并为省内流量经营创收。

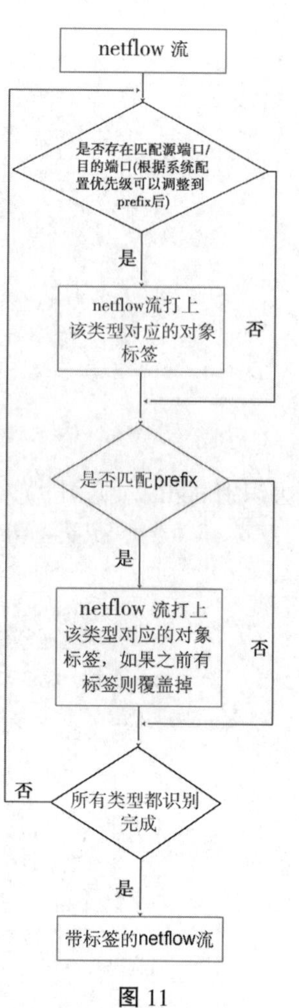

图 11

4　应用场景及成果效益

4.1　应用场景

目前,开封机房12条100 G链路,中国联通方向流量17 Gbps,其中视频类业务流量占比10.5%,流量约1.78 Gbps,为了节约骨干直连点出口成本,响应集团公司"降本增效"号召,需要对网间视频业务流量进行精准识别,通过资源引入调度优化及流控等手段在不影响客户感知的前提下降低网间视频业务流量,进而达到降低结算成本的目的。

4.2　成果与效益

(1)传统的网络运维手段对于流量经营目标存在一定的分析瓶颈,难以为流量经营提供强有力的数据支撑及指导。

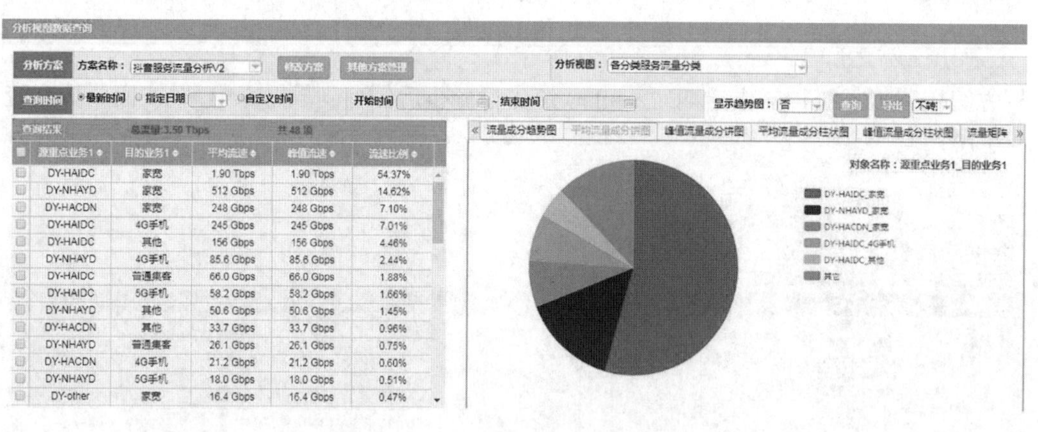

图 12

对于CMNet流量规模几何式增长,网络规模持续扩大,传统网络运维手段很难精准细致定位流量的规模、流量的分类、流量的去向、流量的成分。

①无法感知流量去向:传统运维手段只能基于链路或链路组进行网络总体流量评估,无法细化分析流量的流向。

②无法感知流量成分:传统运维手段只能基于链路或链路组进行流量成分分析,当链路组上多业务融合时则无法进行细致区分。

③无法感知单一业务/用户流量发展趋势:传统运维手段只能感知链路或链路组的总体流量发展趋势,无法针对单一业务类型或流向进行流量变化分析评估。

表 1

客户名称	业务名称	手机用户（峰值流量）				
		本省手机用户访问总流量	落地本省流量	落地外省移动流量	本省率	本网率
腾讯	微信	222.7 G	148.3 G	72.8 G	66.6%	99.3%
	腾讯视频	24.4 G	20.0 G	4.4 G	81.8%	99.8%
阿里	淘宝	19.7 G	18.7 G	1.0 G	94.8%	99.9%
	优酷	78.3 G	44.2 G	34.1 G	56.4%	100.0%
百度	手机百度	3.1 G	2.3 G	0.8 G	73.2%	99.4%
	爱奇艺	55.3 G	54.4 G	0.7 G	98.5%	99.8%
字节跳动	今日头条	390.4 G	303.0 G	86.5 G	77.6%	99.8%
	抖音短视频	186.2 G	100.7 G	84.9 G	54.1%	99.6%
快手	快手短视频	50.4 G	43.5 G	5.2 G	86.4%	96.8%

客户名称	业务名称	家宽用户（峰值流量）				
		本省家宽用户访问总流量	落地本省流量	落地外省移动流量	本省率	本网率
腾讯	微信	3405.2 G	3544.2 G	537.0 G	84.0%	99.8%
	腾讯视频	313.9 G	336.5 G	45.2 G	84.3%	98.7%
阿里	淘宝	454.0 G	471.6 G	7.8 G	98.2%	99.9%
	优酷	417.4 G	465.2 G	8.1 G	98.1%	100.0%
百度	手机百度	83.1 G	61.8 G	4.7 G	94.3%	99.9%
	爱奇艺	330.7 G	386.3 G	33.6 G	89.6%	99.8%
字节跳动	今日头条	4841.6 G	5019.9 G	552.0 G	88.5%	99.9%
	抖音短视频	2078.7 G	2197.6 G	501.0 G	75.7%	99.8%
快手	快手短视频	777.6 G	827.8 G	34.0 G	94.8%	99.2%

基于 netflow 引入重点业务流量分析后，通过 DNS 系统建立重点业务 IP 地址库，然后建立 5 大用户流量分析模型，精准捕捉 5 大用户 9 类业务在河南移动 CMNet 流量规模中的比重，流量的分布情况，流量的发展趋势情况。为未来网络建设提供数据指导，为资源引入增加收入指引方向。

（2）对于提高工作效率、节约成本、产生经济/社会/生态效益等方面的情况。

①提升运维效率：通过该试点掌握本省的流量/流向分布情况及演进趋势后，根据流量曲线在日常网络运维及重大活动或节假日保障中可以制定针对性的应对方案和成员配置，避免盲目的运维计划和无效的应对方案，以此来提升运维效率。

②提升网络建设效率：网络建设可以根据本省的流量/流向分布情况及演进趋势进行下一期的网络流量规模评估，有针对性地提出网络建设及扩容方案，避免低性价比的网络建设甚至无效的网络建设，以此来提升网络建设的效率。

③减少投资：网络建设可以根据本省的流量/流向分布情况及演进趋势进行网络建设重点分析以及流量规模分析，对省内各业务的发展需求进行合理的建设及扩容，避免无效的投资或者低性价比的投资，从而间接减少投资。通过流量分析抓取出省访问大流量用户，针对流量本省率低的用户资源进行引入，从而降低出省流量规模，进而减少出省带宽需求，最终达到节省出省带宽这类宝贵资源。

④增量收入：通过流量/流向分布情况分析，可以有针对性的锁定意向客户（如 ICP 引源），以此来挖掘意向客户，从而为公司创收。

⑤提升公司竞争力：根据本省的流量分布情况，有针对性地保障省内各业务类型用户的内容建设和上网体验，以此来提升用户满意度。

5 价值与应用方向

在运营商由“业务运营”到“流量经营”转变的背景下，该成果的部署运用应运而生。通过对流量规模、流量流向、流量成分的细致下钻分析，从不同维度获取流量详情，从而指导“流量经营”的目标实现。

该成果的部署，需要引入一套基于 netflow 的流量分析系统。硬件设备由本省云资源池提供，在采集 CMNET+IDC 全流量的前提下，服务器数量大约需要 40 台标准服务器（16 核 CPU/32G 内存/1T 存储）。

腾讯、爱奇艺等 5 大用户的流量规模在整个 CMNET 网络中占据极其重要的位置,河南移动在近半年时间中针对 5 大用户的流量分析积累了一定的经验并取得一定的成果。为更快捷、更精确的完成 5 大用户流量分析,引入“思维五步质量管理分析体系”。

6 结束语

方案实施后,①对重点业务的流量规模及分布感知从无到有,从弱到强,为流量运营提供可靠的数据支撑;②流量流向分析数据提取速度及精度大幅提升,可以做到随时提取数据且提取时间控制在分钟级;③为流量运营降低流量出省率提供指导方向,通过流量分析可明确掌握出省访问流量规模,是何种 CP 用户的出省访问流量较高。如此可以为资源引入指引明确的方向,可在全国借鉴推广。

参考文献

[1] (英)迈尔-舍恩伯格,(英)库克耶. 大数据时代[M]. 杭州:浙江人民出版社,2013.
[2] 杨泽卫,李呈. 重构网络:SDN 架构与实现[M]. 北京:电子工业出版社,2017.
[3] 朱常波,王兴全. SDN/NFV 重构下一代网络[M]. 北京:人民邮电出版社,2019.

控源头、搭平台,实现政企欠费精细化管控

王 珂

摘 要:随着通信运营商在政企市场的开拓发展,其收入占比大幅提高,相较于大众市场,政企市场的滞后付费、费用感知迟钝、客户经理操作空间大、统付模型复杂等特性,造成欠费积累周期过长、异常费用处理不及时、集团客户单位人员无法直接掌握账单/缴费/欠费信息,欠费回收难。加强政企产品的欠费管控,是公司降本创收的需要,对公司的收入保障有重要影响。针对政企业务欠费管理现状,从欠费源头、既成欠费的催缴、长期欠费风险压降、无法回收欠费的坏账报损这四个环节着手,分别开展全面布控欠费预防措施、欠费催缴横向纵向延展、建立停机销号执行的闭环监控机制、坏账报损自动化的工作。建设一套欠费完整生命周期的管理体系,保障政企市场欠费管理的精细化管控,切实实现欠费压降。

关键词:欠费;通信运营商;欠费管理;政企市场

1 前言

近年来,通信运营商竞相发力政企市场,政企业务收入已经逐步成为增收的主要引擎,在发展的同时,问题也不断涌现,政企客户长期、高额欠费问题最为突出,基于政企市场欠费管理薄弱的现状,通过对政企业务欠费管理的整个条线进行梳理,发现传统的欠费管理系统存在欠费预防措施不到位、欠费催缴手段薄弱、停机销号闭环监控缺失、坏账报损机制不灵活这四个方面的问题,致使欠费不断增长、风险增加。因此,政企业务欠费管理进行精细化管控,对欠费压降意义重大。

本文从四个环节入手,对传统的欠费管理系统存在的问题进行逐一攻破、逐一完善。首先全面布控欠费预防措施,解决欠费预防措施不到位的问题;接着,针对欠费催缴手段薄弱的情况,进行了欠费催缴横向纵向延展;然后,通过建立停机销号执行的闭环监控机制,弥补停机、销号闭环监控缺失的现状;最后,开展坏账报损自动化的工作,攻克了坏账报损机制不灵活的问题。

通过对政企业务欠费管理进行精细化管控,后付费客户结构有很大的改善,坏账报损每个阶段处理效率明显提升;欠费增速开始大幅下降,全方位实现了欠费压降。

2 主要内容

2.1 全面布控欠费预防措施,防微杜渐

2.1.1 增加业务受理侧的互斥校验

在业务受理入口执行完善的互斥和依赖校验,以防出现大众市场与政企市场交叉互斥问题,同时对产品依赖的营销活动进行及时提醒,降低活动到期的欠费风险。

2.1.2 标准化账务模型

随着业务不断拓展,集团部分代付业务、集团全额统付业务、跨地市集团统付业务等业务快速增加,标准化有助于避免开发人员对产品规则了解不深入、导致产品模型制定错误。

2.1.2.1 政企业务付费模型标准化

措施:将现有政企业务按照有无成员、成员分布、统付方式三个维度分为 7 个标准模型(见图 1)。新上线业务可根据定位选用一个模型。目的是提升一次上线成功率,避免上线后出现付费逻辑错误,需修复存量数据、重复上线的情况。

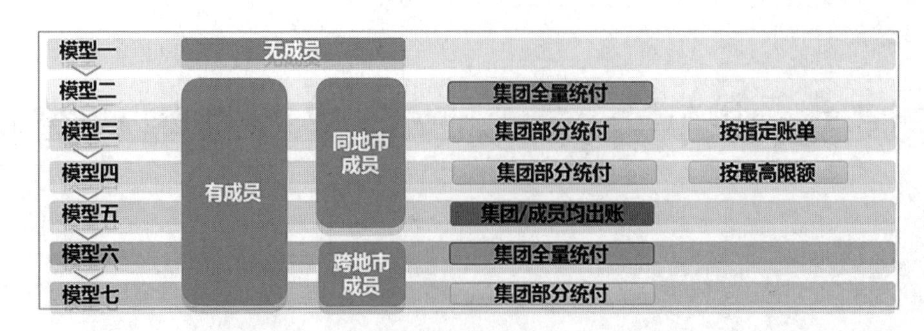

图 1

2.1.2.2　政企业务欠费管理模型归一化

措施:整合按用户/按账户、按预付费/按后付费、按实时停机管理/按历史欠费停机管理多模式管理、人工处理的方式,将 6 个模型归一化为 2 个模型(见图 2)。

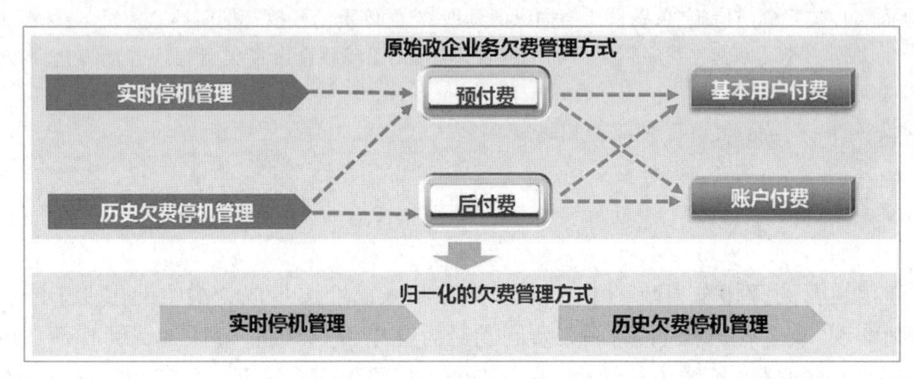

图 2

目的是降低人工维护表的数量,提升维护与支撑工作的质量。三个表整合为一个表。避免人为主观判断失误导致停机、销号工单未全量触发。

2.1.2.3　自用业务规范管理

自用业务执行费用实时减免规范,避免自用业务收入多确认、不合理欠费,对收入的波动影响较大。

(1)制定自用业务纳入公免流程规范。对营业厅专线、办公固话/专线、营销短信端口等自用业务可允许加入公免,避免自用业务收入多确认、不合理欠费。

(2)自用业务欠费稽核。每月对已纳入公免的自用业务的上月欠费金额、减免金额、公免限额等信息进行稽核,便于分公司管理员全面掌握公免情况、快速处理欠费、调整公免限额,避免自用业务纳入公免后的欠费风险。

2.1.2.4　优化客户结构

后付费、红名单政企客户(为提升客户感知,增加客户黏性,高级别政企客户可先享受服务,后缴纳费用)占比高,急需调整客户结构、培养客户预付习惯。后付费、红名单政企客户(为提升客户感知,增加客户黏性,高级别政企客户可先享受服务,后缴纳费用)占比高,全省预付费业务占比 63%、后付费业务占比 37%,后付费的平均缴费期为 8.7 个月,后付费账期为最长保护账期 12 个月,在后付业务中占比高达 73%。后付费、红名单设置周期越长、平均欠费越高,为降低潜在的欠费风险,需对后付费和红名单执行精细管控。

(1)调整政企客户后付费分布结构。压缩 6 个月以上的保护账期占比、后付费业务占比。收回 3 个月以上后付费账期的设置权限、3 个月内后付费账期纳入管控,严控新增后付费业务的保护账期。

(2)限制红名单的添加。收回分公司红名单添加限额,对新增红名单进行管控,避免无限度的红名单保护。

2.1.2.5 欠费黑名单预防新订购欠费

建立集团黑名单客户库,逐步控制新订购业务欠费;逾期欠费限制订购新业务。

(1)建立集团黑名单客户库,逐步控制新订购业务欠费。集团单位下任何一项业务欠费逾期欠费6个月以上且欠费金额大于5 000元。

(2)逾期欠费限制订购新业务。集团单位下任何一项业务欠费逾期,限制该单位订购所有政企类业务。

2.2 欠费催缴横向拓展渠道、纵向下钻落实

2.2.1 催缴渠道多元化、工具化

依托"走出去"APP和ESOP集团客户综合运营平台,实现分业务、分集团的进行预存信息、欠费信息、欠费预警、欠费提醒信息的展现。既能够弥补传统139邮件、短信催收方式内容篇幅的限制,同时也支撑了便捷办公(见图3)。

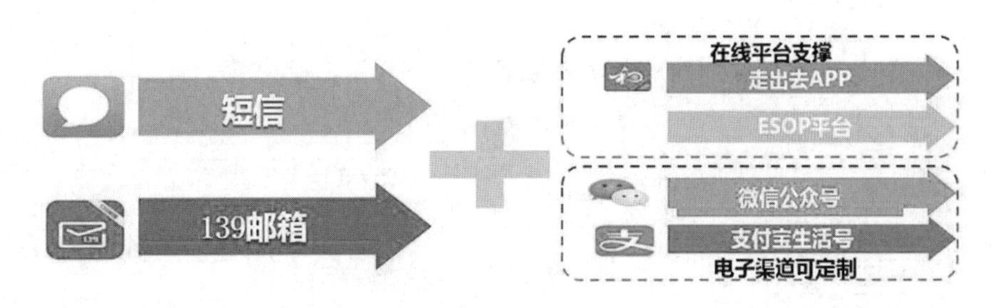

图3

根据客户经理及集团单位负责人日常交际、查阅习惯,在中国移动微信公众号、支付宝生活号这两个高频使用的电子渠道中进行政企业务的欠费提醒、欠费催缴信息推送,支持客户经理根据自己的使用习惯进行个性化渠道定制。

2.2.2 催缴回款效果跟踪

通过考核机制贯彻催缴力度,同时分层分级进行催缴回款的执行监督。

2.2.2.1 欠费回款考核,自上而下形成合力

从欠费回款能力看,各分公司水平差异较大,为避免一刀切下考核对分公司不公平,根据分公司水平制定考核标准。通过对标往年的欠费占收比,对总欠费、一年以上欠费回款执行分段分档考核,发挥考核的导向激励作用,自上而下强化催缴态势。

2.2.2.2 欠费催缴工单流转跟踪

以三大清单追缴为手段,紧盯回款、账期滚动清单、长期高额欠费清单,强化催缴回款意识。

欠费督办通知单自动流转-归档-核验,在各级主管和客户经理完成"工单派发-执行催缴-催缴成果回复-审核通过结单"整个督办单的流转后,系统依据回复结果稽核工单欠费回收的效果,达到"有单必回,每单有效"。

2.2.2.3 责任到人、强化执行

依据"谁发展、谁主管、谁负责"的原则,从省、市、县/区、客户经理四个级别,根据单业务欠费金额区间对应不同的催收负责人级别,实现"自下而上分层负责、自上而下逐层分解"(见图4)。

2.3 建立欠费停机、销号执行的闭环监管机制

2.3.1 在线停机、销号工单的全流程监控

监控尚未纳入欠费管理的产品、监控工单执行异况,避免应停未停、应销未销情况的发生。

(1)监控工单触发:由于政企产品开发上线与账务欠费管理工单是分工协作模式,每月对所有政企产品、账务欠费管理的政企产品进行对比,以监控尚未纳入欠费管理的产品、便于后期欠费管理工作的推进(见图5)。

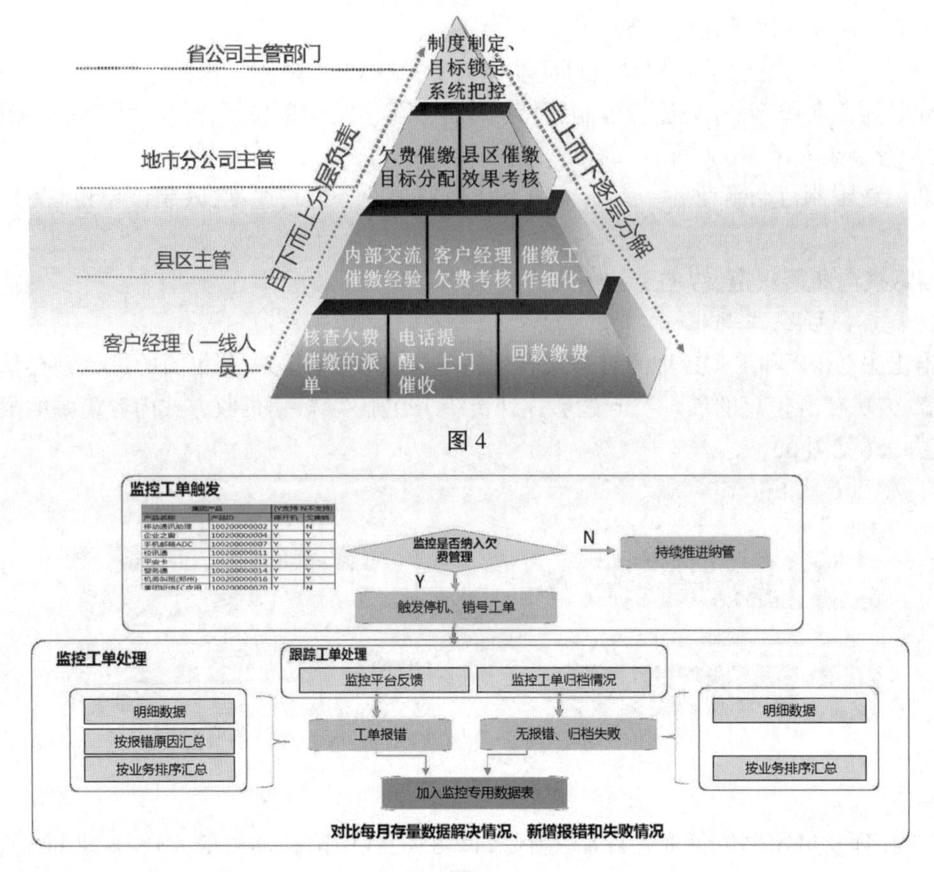

图 4

图 5

(2)监控工单处理:全量监控,提升监管覆盖面,发现异常及时整改、处理,避免因停机销号处理不成功,出现应停未停、应销未销的情况,导致收入流失、码号资源无法及时回收、长期欠费无法控制及报损等影响。

2.3.2　工单归档后新增欠费监管

为避免停机之后客户无法使用业务、欠费仍不断增长,提升费用收取合理性与客户满意度,制定了一系列的管控手段。

2.3.2.1　停机后整月欠费处理

为避免停机后客户无法使用业务、欠费仍不断增长,在欠费停机后(整月停机、有历史欠费、无缴费、无使用情况下)执行删除空月租,将固定费用进行删除,提升费用收取合理性与客户满意度。

2.3.2.2　强制开机的补充欠费停机机制

每月强制开机的政企用户高达 5 万户,为避免停机后的强制开机引起欠费累积,在原有停机规则、强开次数限制的基础上,每月 20 日至月底最后一天,每天都对符合停机的号码执行欠费停机。

2.3.2.3　增加政企业务账单补收限制

只有指定业务上预存款大于补收金额的情况下允许补收。防止各分公司为了保障收入,对已欠费、已停机销号的业务采取非常规收入确认手段造成欠费增长。

2.4　坏账报损流程化、自动化

原始处理方式:坏账报损数据预提取、数据比对、数据修复、上报数据核对、报损执行等流程,均是手工通过执行一系列的 SQL 语句逐个进行提取和处理,容易出现人为操作失误。

改造后:坏账报损程序化、流程化后,可直接配置提取账期,灵活支撑数据的自动提取,使操作更加规范、更加准确(见图 6)。

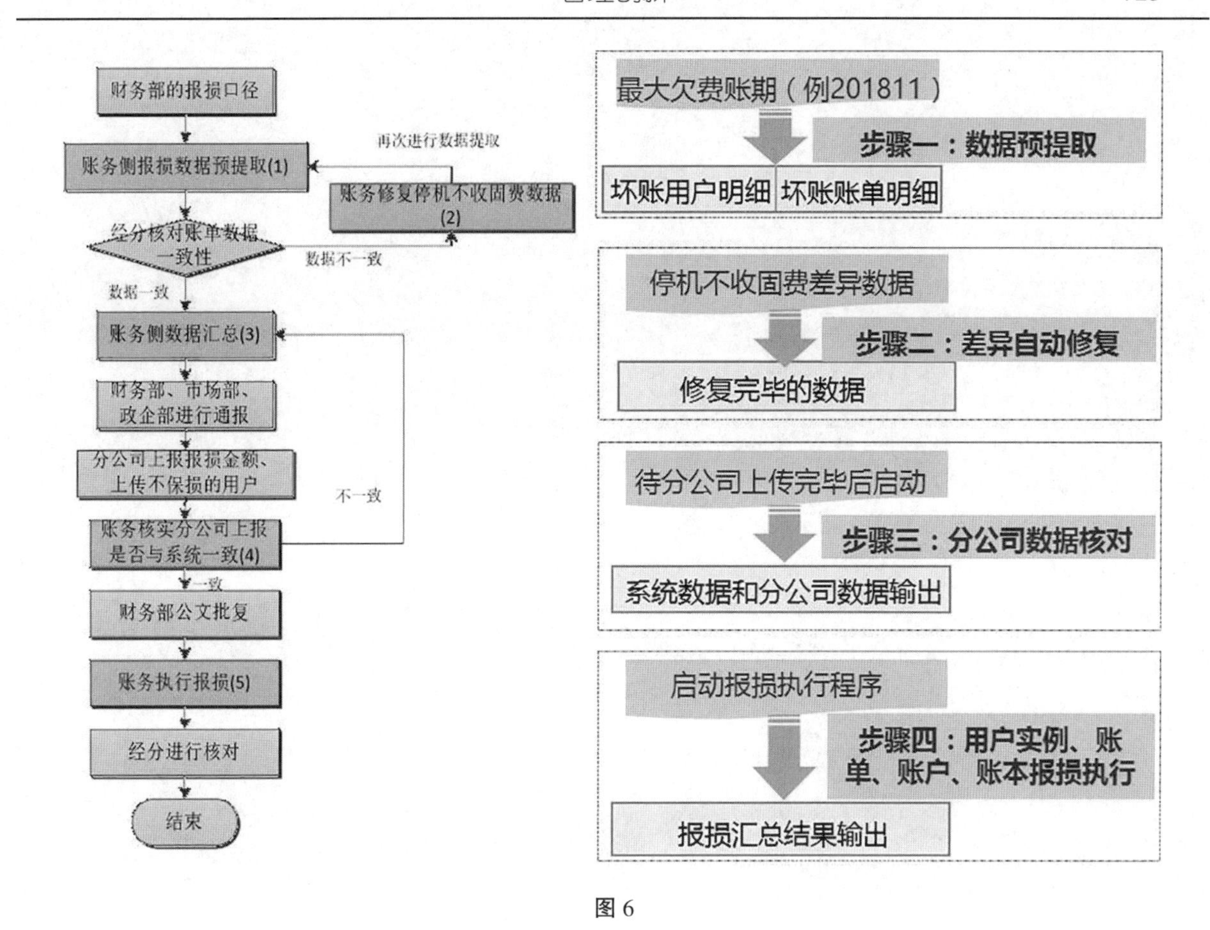

图 6

3 结束语

通过对政企业务欠费管理进行精细化管控,后付费客户结构有很大的改善,后付费用户总量降低、长保护周期的用户数减少、后付费保护周期 9 个月以上的占比由之前的 73%降至了 50%;红名单用户数由之前的平均 3 万个降至 1 万个,降幅多达 67%;坏账报损每个阶段耗时由之前的 9.5 d 下降至 2.7 d,处理效率明显提升;欠费增速从 2020 年 3 月开始大幅下降,由之前的 7%逐步改善为负增长,全方位实现欠费压降。

参考文献

[1] 余智跃. 电信运营企业的客户欠费问题与管控措施[J]. 环球市场,2019.
[2] 黄卫星,郭敏. 电信企业客户服务管理路径研究与思考[J]. 信息通信,2019.
[3] 高慧. 电信行业集团客户信用与欠费管理系统的设计研究[J]. 湖南大学,2015.